소방학개론

추병길 · 정경석 · 송영호

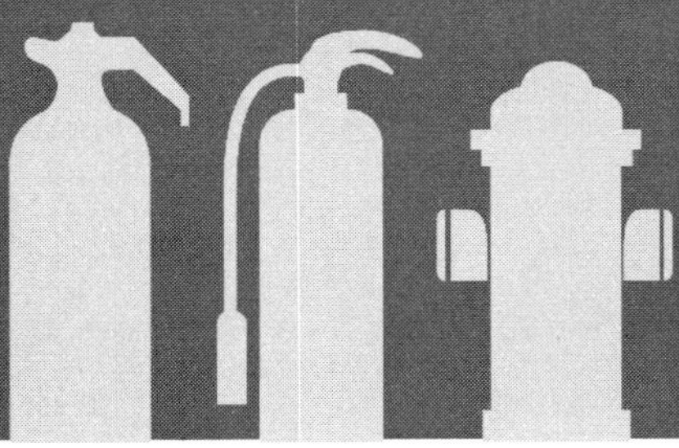

지우북스

머리말

화재나 폭발사고는 예측하기 힘든 시간과 장소에서 발생하여 인적·물적 피해가 매우 크며 그 피해는 발생 전의 상태로 회복되지는 않는다. 화재·폭발사고는 가스, 유류, 전기 등 에너지 사용량의 증가로 그 건수와 피해도 증가추세에 있으며 이는 개인과 산업체뿐만 아니라 국가적으로 매우 손실이 크다고 볼 수 있다. 특히 산업화재는 기업 자체의 존폐가 대두될 정도로 심각한 상태에 도달할 수 있다. 이러한 화재사고의 형태는 원인별, 장소별, 계절별, 사회적 상황 등 복잡한 메카니즘으로 발생하므로 진화하는 데도 매우 어려우며 앞으로도 화재·폭발사고는 에너지의 사용증가와 위험물의 다양화. 대형화 등으로 계속 증가될 것으로 생각한다.

따라서 화재사고로부터 생명과 재산을 보호하기 위해서는 소방·산업안전 및 가스안전 등 안전 관련학과에서 체계적인 교육으로 소방에 대한 이론과 실무를 갖춘 전문가를 양성하여야 한다. 이러한 전문가가 사업장에서 관련된 직무를 수행하는 것이 재난으로부터 화재의 예방과 방호를 할 수 있어 그 손실을 최소화할 수 있다. 또한 그 전문가가 사내 직원들과 사회인 등의 교육과 훈련을 통하여 가정 안전에도 도움을 크게 줄 수 있다.

이 교재는 소방안전 및 산업안전에 처음 입문하는 학생들을 위해 수년간 강의하면서 꼭 필요한 내용을 편집하고 정리하였으므로 소방공학에 필요한 전반적인 내용을 가르치는 데 도움이 되리라고 생각한다. 이 책은 크게 화재·소화 및 방화관리, 소방시설, 위험물, 폭발의 4개의 Part와 13개의 Chapter로 구성되어 있다. 그 내용은 연소이론, 소방에 필요한 열역학 및 열전달, 화재현상, 소화대책, 건축법 내에서 소방과 관련된 피난설비, 내화구조, 피난계단 등과 소방시설(기계·전기), 위험물성상, 위험물저장·취급 및 운반기준, 위험물시설 그리고 폭발의 내용을 주요 부분만 발췌하여 구성하였다. 따라서 소방설비, 산업안전, 위험물 등의 자격시험 준비를 하는 학생 및 수험생들에게 도움이 될 것이라고 생각한다. 이 교재는 그 범위가 넓고 양이 많으므로 학교에서는 한 학기에는 다 소화하지 못하고 두 학기로 나누어 강의하기를 부탁드린다.

아무쪼록 이 책이 소방에 입문하는 학생 및 수험생들에게 잘 적응되어 소방기술자로서 성장하는 데 밑거름이 되기를 바라며 앞으로 오류나 미비한 점, 추가할 내용은 계속 수정, 보완할 것이다. 끝으로 이 책을 발간하는 데 노력을 아끼지 않은 지우북스 서철종 대표님과 편집자님들에게 감사를 드린다.

저자 일동

목차

PART 1 화재·소화 및 방화 관리

04 건축물 방화대책 91

PART 2 소방시설

07 소화설비 186

11 소화활동설비 387

PART 3 위험물

PART 1

화재·소화 및 방화 관리

CHAPTER

01 연소이론

1.1 연소이론

1.1.1 연소의 정의

물질이 연소한다는 것은 화학반응의 일종으로 발열과 발광을 동반하는 산화반응을 뜻한다. 즉, 물질이 다른 곳에서 점화에너지를 받고 산소와 화합하여 산화반응을 일으켜 점화에너지 이상의 열에너지를 발생하여 다른 물질로 변화하는 것이다. 이러한 열에너지의 발생이 발열이다. 이 경우 산화되는 것은 연료이고 발광은 불로 되고 기체상태는 화염이 된다. 그리고 이 발열로 온도가 상승하면 그 온도에 대응하는 열복사선을 방출하는데 다시 온도가 고온으로 되었을 때의 열복사선은 가시광선대역으로 들어오는 파장으로 되돌아오는데 이것이 발광이다. 결국 연소란 열과 빛을 수반한 급격한 화학반응 현상을 말한다.

가연성 물질 + 산소 ⟶ 연소생성물 + 발열

(가연성 물질 + 산소: 산화반응)

1.1.2 연소의 발광반응 감지

연소되어 발열반응이 계속되면 가연물질이 고온화되고 원자, 분자의 운동에너지가 증가되어 연쇄반응을 일으켜 열복사선이 발생하고 이 열복사선에 의해 온도가 증가되어 파장이 짧아지면서 가시광선의 파장에 이르면 발광반응을 감지하게 된다.

1.1.3 연소의 구성요소

가연물과 산소공급원인 산화제와의 산화반응을 일으키기 위해서는 최소점화에너지인 활성화에너지가 필요하며, 이 활성화에너지를 점화에너지, 점화원 또는 발화원이라고 하며 충격, 마찰, 고온표면, 자연발화, 단열압축, 전기불꽃, 자외선, 충격파, 낙뢰, 나화, 화학열 등이 있다. 따라서 연소가 일어나기 위해서는 가연성 물질, 산소공급원, 점화에너지의 세 가지 요소가 필요하며 일반적으로 이들을 연소의 3요소라고 한다.

또한 정상적인 연소를 계속 유지하려면 계속해서 분자가 연속적으로 산화반응을 하는 연쇄반응과 연소의 3요소를 합하여 연소의 4요소라고 한다. 연소의 3요소인 가연물질, 산소공급원, 점화원이 동시에 존재하면 연소반응이 일어나는 온도는 가연물질의 형태와 성상에 따라 다르다. 발화원인 열원이 가연물질에 인화 또는 착화하여 계속적인 연소현상을 가져오며 필요이상의 재해나 재앙을 일으킬 때 이것을 화재라고 하므로 연소에 대한 사람들의 특별한 제어가 요구된다. 연쇄반응은 연소기구의 과정에 있어서 수소이온(H^+)과 수산화이온(OH^-)을 발생하고 이것이 여러 가지 단계를 거쳐 연쇄적으로 확대되어 나간다.

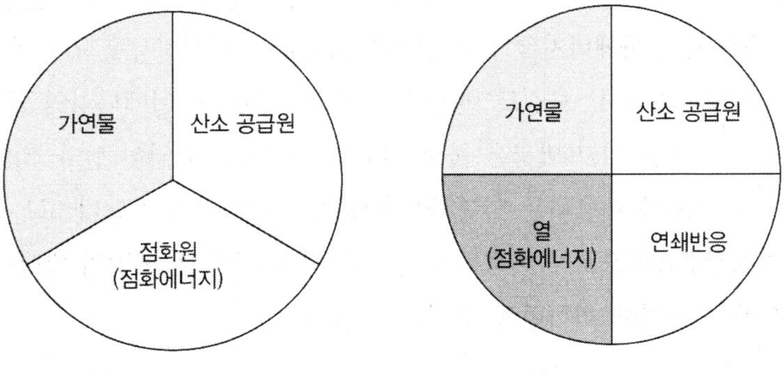

(a) 연소의 3요소 (b) 연소의 4요소

그림 1-1 연소의 3요소 및 4면체 이론

1) 가연성 물질

(1) 가연성 물질 정의

가연성 물질은 불에 잘 타거나 그러한 성질을 갖는 물질로 산화되기 쉬운 물질이라고 할 수 있다. 물질이 산화되기 쉽다는 것은 연소하기 쉽다는 것을 말하며, 활성화에너지 양이 적으며 발열량이 크다는 뜻과 같다. 결국 적은 에너지만으로 활성화상태에 도달하여 발화에 이르게 됨과 동시에 반응열이 크기 때문에 그것에 의해서 그 물질 내의 미반응 부분도 활성화하기 위해서 잘 연소하게 된다. 이에 반해서 불연성 물질은 산화가 용이하지 않은 것으로서 반응열의 양이 작은 것을 말한다.

(2) 가연성 물질의 특징

가연물질이 되려면 다음과 같은 구비조건을 갖추어야 한다.

① 활성화에너지 양이 적고 발열량이 크다. 적은 에너지 값으로 활성화 상태에 도달하는 물질

② 산화가 쉬운 물질

③ 열의 축척 용이하도록 열전도도 값이 적은 물질

④ 조연성 가스인 산소, 염소와의 결합력이 강한 물질

⑤ 연쇄 반응을 일으킬 수 있는 물질

⑥ 산소와 접촉할 수 있는 표면적이 큰 물질(기체 > 액체 > 고체)

(3) 불연성 물질

산화가 용이하지 않은 물질 또는 활성화에너지 양이 크게 필요로 하는 물질을 말한다.

① 이미 산소와 결합하여 그 이상의 화학 반응을 일으킬 수 없는 물질로, 물(H_2O), CO_2, P_2O_5, SO_3, Cr_2O_3, Al_2O_3, Sb_2O_3, SiO_2(규조토) 등이 있다.

② 산화반응이 일어나지만 발열반응이 아닌 흡열반응을 하여 외부로부터 열을 흡수하는 물질

$$N_2 + \frac{1}{2}O_2 \rightarrow N_2O - 19.5(Kcal)$$

$$N_2 + O_2 \rightarrow 2NO - 43.2(Kcal)$$

③ 주기율표상의 0족에 속하는 불활성 기체

주기율표상의 0족에 속하는 불활성 기체를 0족 원소물질이라고 하며 이들의 물질은 결합력이 없어 다른 물질과 화합하지 못한다.

예) He, Ar, Ne, Kr, Xe, Rn

④ 자체가 연소하지 않은 물질 : 돌, 흙 등

2) 산소공급원

가연물질이 연소하기 위해서는 일부 산소함유 물질을 제외하고는 일정 농도의 산소공급원이 필요하며 산소공급원은 다음의 3가지로 구분할 수 있다.

(1) 공기

공기 중에 산소는 체적비로는 21%, 중량비로 약 23%가 존재한다. 특히 가연물이 산소와 혼합되어 불이 붙을 수 있는 조건을 연소한계라고 부르며 산소의 농도가 높을수록 연소는 잘 일어난다.

(2) 산화제

강산화제인 제1류 및 제6류 위험물이다. 소방법상 제1류 위험물질은 위험성 화학약품이다. 그 물질로는 과염소산염류, 과산화물(과산화나트륨), 초산염류(초산암모늄) 등이 있다.

(3) 자기연소성(조연성) 물질

자기연소성 물질이란 제1류(산화성고체), 제5류(자기반응성물질), 제6류(산화성액체) 위험물은 가연성 물질에 산소가 함유되어 있어 화재 시 산소공급원 역할을 하는 위험물질로서 연소속도를 빠르게 하거나 폭발적인 연소현상을 일으키는 물질을 말한다.

가) 흑색화약

탄소 및 황, 초석(KNO_3)의 혼합물로서 초석에서 산소를 공급한다.

$$2KNO_3 + \frac{5}{2}C \rightarrow \frac{3}{2}CO_2 + N_2 + K_2CO_3 + 180\,Kcal$$

$$2KNO_3 + 2S \rightarrow K_2SO_4 + SO_2 + N_2 + 178\,Kcal$$

나) 가연물질 자체가 산소를 가지고 있는 폭발물질

① 나트로글리세린[$C_3H_5(ONO_2)_3$] : 다이나마이트의 원료로서 니트로글리세린을 규조토(SiO_2)에 흡수시킨 것을 말한다.

② 니트로셀룰로이드[$C_6H_7O_2(ONO_2)_3$] : 면화약의 원료

③ T.N.T[($C_6H_2(CH_3)(NO_2)_3$] : 니트로기를 함유하는 물질은 연소성이 있으나 피크린산은 니트로기를 포함하고 있어도 자기연소성 물질이 아니다.

3) 점화원(활성화에너지)

점화에너지라고 하며 생성계를 형성하는 데 필요한 에너지로서 그 형태는 열적, 기계적, 전기적 등 어느 것이든 좋지만 이것은 열의 형태로 주어지며 그 에너지의 강도는 온도로 표시된다.

(1) 충격, 마찰

두 개의 물체가 서로 충격, 마찰을 일으키면 열에너지가 발생하여 순간적으로 온도가 1000℃ 까지 상승할 수 있으므로 유의해야 한다. 인화성 물질이 저장된 장소에는 각종 공구류 등에서 일어날 우려가 많으므로 유의해야 한다.

(2) 나화 및 고온표면

일반적인 화기를 사용 시 유의해야 하며 중요한 발화원은 작업장의 환기, 작업 외의 환기, 가열로 건조장치, 굴뚝, 연도, 전기설비, 기계설비, 벼락 등에 유의해야 한다.

(3) 자연발화

착화원이 없어도 유류, 셀룰로이드, 석탄, 생석회, 금속가루, 황인 등에서는 상온에서는 장기간 열이 발생되어 열의 축척으로 인해 발화점까지 온도가 상승되어 나타나는 현상이다.

(4) 단열압축

외부와의 열의 출입이 없이 압축을 하는 것으로 디젤엔진 등이 좋은 예가 된다. 기관에서 압축시키면 압축비 13～14에서 500℃까지 상승된다. 고압가스 장치에서 밸브를 급히 개폐시킬 때 단열압축으로 일어나는 재해가 자주 일어난다.

(5) 전기불꽃

전기불꽃을 발생시키는 종류에는 고전압의 방전, 스파크에 의한 방전, 접전스파크 등이 있으며 전기불꽃에너지 방정식은 다음과 같다.

$$E = \frac{1}{2}CV^2 = \frac{1}{2}QV \qquad (1\text{-}1)$$

여기서, E : 전기불꽃에너지

C : 콘덴서 용량

Q : 전기량

V : 방전전압

① 고전압 방전

고전위차를 가진 물체를 대전시키면 공기절연이 파괴되고 코로나 방전이 발생하며 전위차가 높게 되면 스파크 발생되는 데 공기 중에는 약 400 V 이상이 되면 일어날 수 있다.

※ 코로나 방전 : 스파크 방전을 억제시킨 접지 돌기상 부분이 도체 표면에서 발생하여 공기 중으로 방전하거나 고체 전체 표면을 흐르는 방전.

② 스파크 방전

직접 또는 정전기 유도에 의하여 대전된 도체, 특히 금속으로 된 물체를 다른 접지 않은 도체에 근접시켰을 때 발생하는 방전이다. 누전, 전구 파괴 시 단락, 접촉불량, 단선, 스위치 개폐 시 등에서 발생한다.

③ 접점 스파크

자동제어기에서 릴레이 접점, 모터의 정류자 등에서 접점의 개폐 시 미소 스파크가 발생된다.

(6) 정전기

가) 종류

정전기는 물체의 마찰 등에 의하여 전하의 분리가 일어나 과잉전하가 물체에 축적되거나 두 종류의 물질이 접촉하고 떨어질 때 발생되며 정전압은 1,000～10,000 V 정도까지 발생하므로 착화가 가능하다.

① 액체 유동에 의한 대전(유동대전)

인화성 액체는 전기절연성이 높고 고유저항이 높으면 대전현상이 일어나기 쉬우므로 유동에 의한 대전이 없도록 해야 한다. 특히 충전작업 시 탱크로리 위에서 금속봉으로 액면을 측정하는 것은 피해야 한다.

② 분출가스에 의한 대전

순수가스가 분출될 때 대전이 잘 일어나지 않지만 이 가스가 분진, 무상입자를 함유하면 쉽게 대전한다.

③ 인체의 대전

인체에 의한 대전은 조건에 따라 다르지만 전기저항이 큰 신발을 신고 습도가 40% 이하인 상태의 대리석 같은 전기절연체를 걸을 때 1,000～1,500 V로 대전된다.

나) 정전기 발생원인

마찰로 인한 정전기는 이질물체 간의 마찰은 물론 동질물체 간의 마찰에도 발생하는 데 정전기 발생량은 두 마찰물질의 대전서열이 멀수록, 마찰의 정도가 심할수록 커지게 된다. 석유류 제품 취급 시 정전기가 발생할 경우인데 이송할 때 특히 마찰의 정도가 심하여 많은 양의 정전기가 발생하게 된다.

다) 정전기 예방대책

① 정전기 억제 : 접촉 전위차를 적게 하여 정전기의 발생을 억제시킨다.

② 접지(earth) : 일반적인 정전기 대책이며 중요하다. 인화성 물질을 취급하는 장치기기는 동으로 접지시키고 접지저항이 1～3 Ω 이하가 되도록 하며 정기적으로 접지상태를 점검한다.

③ 전도체물질 사용 : 전기저항이 큰 물질은 대전이 용이하게 일어나므로 반대로 전도체나 반도체물질을 사용하거나 약품을 사용하여 전도성을 증가시키고, 또 작업장에서는 바닥을 전도성 물질로 하고 작업화는 고무보다 가죽이 효과가 있다.

④ 공기 중의 습도를 상대습도로 70% 이상이 되도록 높인다.

⑤ 공기를 이온화시킨다.

(7) 복사열

물체에서 방출하는 전자기파를 직접 물체가 흡수하여 열로 변했을 때의 에너지로서 대류나 전도의 열전달을 거치지 않고 열의 전달이 순간적으로 일어나는 열이다. 예를 들어 햇빛이 유리나 거울에 반사되어 가연성 물질에 장시간 쪼일 때 열이 축적되어 발화될 수 있다.

1.1.4 연소반응 기초식

연료 중에 연소에 의해서 다량의 열을 발생하는 성분 원소는 탄소, 수소, 황 등이 있고 연소의 발열에 대해서는 이 3성분에 의하여 생각하면 된다. 가연성 물질이 연소하면 탄소, 수소가 열분해되고 이 C와 H가 공기의 O와 결합하는 반응이 연소반응이다. 이 때 주성분인 C, H 및 O에 의하여 CO, CO_2, H_2O가 발생한다.

C와 H로 구성된 탄화수소계 가연성 가스에 의한 연소 기초방정식은 다음 식으로 나타낼 수

있다.

$$C_mH_n + \left(m + \frac{n}{4}\right)O_2 \rightarrow mCO_2 + \frac{n}{2}H_2O + Q(Kcal)$$

탄소가 완전 연소하는 경우 이산화탄소가 발생하며 불완전 연소하는 경우는 일산화탄소가 발생한다. 수소가 완전 연소하는 경우는 수증기가 발생한다. 여기서 Q(발열량)는 C_mH_n의 종류에 따라 달라진다.

예제

옥탄(C_8H_{18})이 연소할 때 이론적인 공기량을 구하시오.

풀이

옥탄은 $n=8,\ \ m=18$이므로

$$n+\frac{m}{4} = \ 8+\frac{18}{4}=12.5$$

따라서 기초 화학방정식은

$$C_8H_{18} + 12.5O_2 \rightarrow 8CO_2 + 9H_2O$$

공기는 산소 21 mol%, 질소 79 mol%의 조성이기 때문에 이 경우 질소량은

$$12.5\times\frac{79}{21}=47.0\,Kmol$$

따라서 화학반응식은

$C_8H_{18} + 12.5O_2 \rightarrow 8CO_2 + 9H_2O + 47.0$ Kcal로 되어

연료 1 Kmol에 대하여 공기량은 12.5 + 47.0 = 59.5 Kcal이 필요하다.

1.1.5 연소의 형태

1) 인화점(flash-point)

가연성의 액체나 고체가 타기 위해서는 그 표면에 가연성 혼합기체가 형성되기까지의 온도에 달해 있지 않으면 안 된다. 여기에 착화원의 존재에 의해 발화가 일어나는데 이와 같이 착화원 존재시 발화가 일어날 수 있는 최저 온도를 인화점이라고 한다. 따라서 인화가 되려면 액체 온도에 한계온도가 있으며 이 온도를 인화점이라고 부른다.

※ 가연성 액체의 인화점(석유류)

$$A = 0.73 \times (B - 100) \qquad (1\text{-}2)$$

여기서, A : 인화점
B : 초유점

2) 발화점(ignition point)

외부에서 화염 등의 착화원을 주지 않고 물질을 가열시킴에 따라 증기가 주위의 에너지로부터 자발적으로 발화하는 최저온도이다. 발화온도는 증기의 압력, 증기의 농도, 부피, 촉매물질의 종류, 발화지연시간, 흐름의 조건 등에 대한 함수이다. 발화온도에 대한 영향을 살펴보면 산소농도가 클수록, 계의 압력이 클수록, 부피가 클수록, 탄화수소의 분자량이 클수록 발화온도는 낮아진다.

3) 연소의 형태

연소의 형태는 상(相)에 따라 가연물이 구성하는 분자구조, 원소의 성분, 물질의 성질 등에 따라 액체연소, 액체연소, 고체연소로 분류된다. 기체의 연소는 균일연소이고 액체나 고체의 연소는 불균일연소라고 한다. 연소반응이 전파하는 파(wave)의 구조에 따라 정상연소와 폭발적으로 연소하는 비정상연소(폭굉)로 구분된다. 통상 폭굉(detonation)은 반응대가 충격파와 일치된 것이다.

(1) 액체연소

액체 가연물이 휘방성인 경우는 외부로부터 열을 받아서 증발하여 연소하는 증발연소와 액체가 증발하기 어려운 경우 높은 온도를 가하여 열분해하여 분해가스를 연소시키는 분해연소로 분류되며 일반적으로 액체연소는 증발연소가 대부분이다.

① 증발연소(Evaporating combustion)

연소열의 일부를 이용하여 액체연료를 증발시켜 기체연료와 같은 양상으로 기화하여 연소되는 것으로서 가압식버너에 응용된다. 최근에는 증발관을 사용하지 않고 공기압축기에서 나온 고온공기에 연료를 뿜어 넣어 예증발시켜 연소실에서 희박 예혼합 연소시키는 방법이 있다. 에테르, 이황화탄소, 알코올류, 아세톤, 휘발유, 경유, 등유 등의 제4류 위험물인 인화성 액체가 연소하는 형태이다.

② 액면연소

화염에서 복사나 대류로서 연료표면에 열이 전하여 증발이 일어나고 발생한 증기가 공기와 접촉하여 유면의 상부에서 확산연소를 하는 것이다..

③ 등심연소

연료를 모세관 현상에 의해 등심선단으로 빨아 올려 등심의 표면에서 증발시켜 확산연소를 행하는 것으로서 심지상하식 버너와 석유램프가 있다.

(2) 기체연소(= 발염연소, 불꽃연소)

불꽃이 있으나 불티가 없는 연소이다. 기체연소는 액체연소나 고체연소와 다른 특징은 연소 이상 현상인 폭발이나 폭굉을 수반한다는 것이다. 가연성 기체가 적당한 부피비율로 섞여 연소범위에 들어가 산소와 점화원을 주게 되면 산소와 접하고 있는 부분의 가연성 기체만이 화염을 내면서 타는 연소이다. 예혼합연소와 확산연소, 폭발연소가 있다.

① 예혼합연소(Premixed Combustion)

기체연료 연소방식의 하나로 기체연료가 공기와 미리 혼합하여 혼합기를 통하며 여기에 점화시켜 연소하는 형태이다. 분젠버너 연소나 가솔린 엔진의 연소가 이러한 형태이다.

② 확산연소(Diffusive Combustion)

기체연료가 분출하면서 공기와 혼합하며 연소하는 형태이다. 화염의 안정범위가 넓고 역화위험이 없는 연소이다. 예를 들어 LPG, LNG, 아세틸렌 등의 가연성 기체 등의 연소이다.

③ 폭발연소

가연성 기체와 공기와의 혼합가스가 밀폐용기 중에서 점화되면 샤를의 법칙에 따라 온도가 상승하면 가스 팽창에 의한 압력의 증가로 연소속도가 순간적으로 빨라져서 폭발적으로 연소하는 현상이다.

(3) 고체연소

① 표면연소(Surface Combustion)

가열 시 열분해에 의해 증발되는 성분이 없이 물체 표면에서 산소와 직접반응하여 연소가능한 물질이 분해하여 연소하는 형태로 산화반응에 의해 열과 빛을 발생한다. 예를 들어 목탄, 코우크스, 금속분이 타는 형태이다.

② 분해연소(Decomposing combustion)

전도가 높고 비휘발성이거나 비중이 큰 액체 가연물이 가열 시 열분해에 의해 생성된 가연성 가스가 공기와 혼합 착화하여 불꽃을 내면서 연소가 진행되는 형태이다. 예를 들면 목재, 석재, 종이, 플라스틱 등이 연소하는 것이다.

③ 증발연소(Evaporative Combustion)

가열 시 열분해가 없이 직접 증발하여 증기가 연소하거나 용해된 액체가 기화하여 연소하는 형태로, 예를 들면 파라핀, 황, 나프탈렌, 기타 액체 가연물 등이다. 연소 시 현상은 액체와 동일하다.

④ 자기연소(내부연소)

니트로셀룰로스나 화약처럼 고체 가연물이 연소에 필요한 분자 내에 산소를 가지고 있어 열분해에 의해 가스생성물과 함께 산소를 발생하며 공기 중의 산소가 부족하더라도 연소가 진행되는 형태이다. 이 경우 외부 산소 존재 시는 폭발로 진행될 수도 있다. 예를 들면 니트로글리세린, 니트로셀룰로오스, 질산에스테르류 등 제5류 위험물인 폭발성 물질이 대부분 이 경우이다.

연습문제

01 연소(combustion)의 정의를 쓰시오.

02 연소의 3요소를 쓰시오.

03 연소의 4면체이론이란 무엇인가?

04 가연성 물질의 특성을 5가지만 쓰시오.

05 불연성 물질의 특성을 3가지만 구체적으로 쓰시오.

06 연소와 화재의 차이를 간단히 설명하시오.

07 국내에서 발생한 화재를 원인별, 장소별, 계절별 등의 종류에 따라 분석하여 제출하시오.
[세미나] 인터넷 사이트를 활용하여 분석할 것[조별로 발표 예정]

08 활성화에너지(점화에너지)의 종류를 쓰고 간단히 설명하시오.

09 점화에너지 방정식을 쓰고 설명하시오.

10 정전기의 종류, 정전기가 발생하는 원인 및 정전기 방지대책에 대하여 설명하시오.
[세미나, 조별 발표]
[인터넷을 이용하거나 전기공학, 전기화재공학 참고도서를 참조할 것]

11 인화점(flashpoint), 발화점(ignition point)을 설명하시오.

12 연소형태를 액체연소, 기체연소, 고체연소로 나누어 각 종류별로 설명하시오.

13 1994년도 서울 마포구에서 발생한 LNG 폭발사고의 원인 및 대책 등을 분석하시오.
[세미나, 조별발표]
[인터넷사이트, 기타 관계된 안전 월간지 등을 참고]

CHAPTER 02

화재의 열전달 및 기본열역학

2.1 열전달(Heat Transfer)

2.1.1 열의 이동(화재의 전파)

물체 사이에 온도차가 있으면 반드시 온도가 높은 쪽에서 낮은 쪽으로 열의 이동이 일어나는 방향성을 지닌 것이다. 열의 이동은 형태변화와 이동방향, 열의 이동속도에 관련된 분야가 열전달이라고 한다. 이러한 열전달은 전도, 대류, 복사의 3가지로 나눈다.

1) 전도(Conduction)

(1) 개요

화재현장에서 건물 내부에서 벽체를 통하여 외부로 열의 이동이 있었다면 이것은 주로 전도에 의한 열의 이동일 것이다. 어떤 물체에 부분적으로 온도차(ΔT)가 있을 때 그 물체를 통하여 고온부에서 저온부로 전해지는 것이다. 이 현상은 온도차가 있으면 반드시 생기는 일로서, 기체나 액체 중에서 일어나지만 기체나 액체에 있어서는 온도차로써 밀도차($\Delta\rho$)가 생기고 그 결과 유체의 유동이 생기며 그에 따라 열이 운반되는 일도 있으므로 순수한 열전도는 고체 내부에서만 일어난다고 해도 좋다.

여기서 전해지는 열량은 물질의 열전도계수(thermal conductivity) k와 온도차에 비례한다.

※ 고온부 : 분자의 운동활발 → 근처의 분자 자극 → 열전달

예) 뜨거운 커피 속의 티스푼 열전달

(물질의 열전도도의 크기 : 고체 > 액체 > 기체)

$$\frac{q}{A} \sim \frac{\partial T}{\partial x} \Rightarrow q = -kA\frac{\partial T}{\partial x} \quad (2\text{-}1)$$

여기서, q : 전도 전열량

$\frac{\partial T}{\partial x}$: 온도구배

k : 열전도계수(kcal/m · hr · ℃)

dx : 벽의 두께

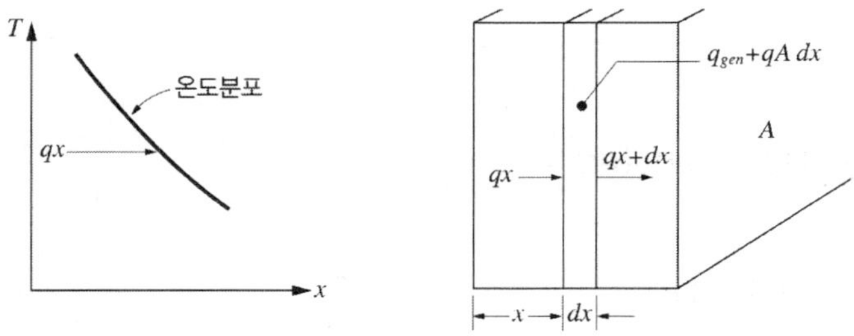

그림 2-1 온도와 거리의 관계

여기서 ㊀의미는 dt가 열의 흐름 방향으로 dl이 증가하면 온도는 감소하므로 전열량 q를 양으로 하기 위함이다. 이때 미소시간 dt사이에 전해지는 열량은 열의 흐름에 직각으로 측정된 단면적 A와 물질의 열전도계수와 온도차에 비례한다. (정상상태의 열전도) 식 (2-1)을 열전달의 Fourier 법칙이라 한다.

예제

면적 A가 10 m^2이고 두께가 3 cm인 단열재를 통과하는 전도열량이 2 Kw이다. 내부면 온도차가 335℃이고 단열재의 열전도도는 0.2(W/m · K)일 때 외부변의 온도는 몇 ℃인가?

풀이

전도열량은 Fourier 법칙에 따라

$q = -kA\frac{\Delta T}{\Delta x}$ 이므로

온도차 $\Delta T = \frac{Q \times \Delta x}{kA} = \frac{2\text{K w} \times 0.03\text{ m}}{0.2\text{ W/m} \cdot \text{K} \times 10\text{ m}^2} = 30^{\circ}\text{K}$

따라서 외부면의 온도 $T = 608\text{K} - 30\text{K} = 578^{\circ}\text{K} = 305^{\circ}\text{C}$이다.

(2) 열관류 및 열저항

다음 그림과 같은 다층 평면벽과 서로 다른 공기에 접하고 있는 벽을 통과하는 열량을 구해 보자.

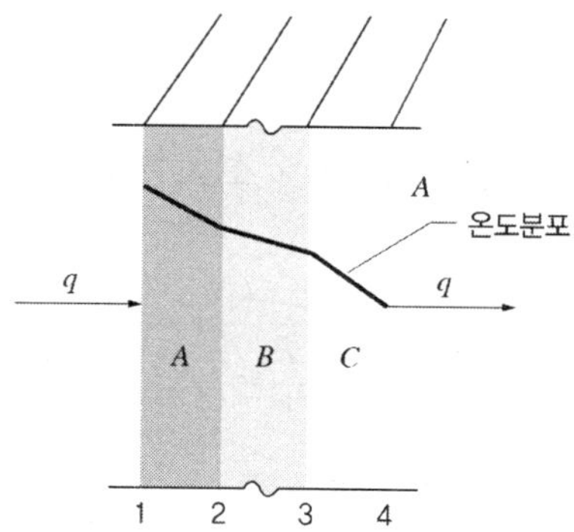

그림 2-2 다층벽의 전열

$$q = kA\frac{t_1 - t_2}{L} \tag{2-2}$$

$$= A\frac{t_1 - t_2}{\frac{L}{k}}$$

$$= A\frac{(t_1 - t_2)}{R}$$

$$R = \frac{L}{k}\ (\mathrm{m^2h℃/kcal})$$

$$\alpha = \frac{1}{R} = \frac{k}{L}$$

여기서, R : 열저항

α : 격막계수

또한, 다층벽일 때 전열량은(단위 면적당 열전도라고 가정하고 : A = 1)

Fourier 법칙 식 (2-3)을 이용하면

$$q = k\frac{dt}{dx} \quad (2\text{-}3)$$
$$= k\frac{t_1 - t_2}{L}$$

다층벽일 때 전도열은

$$q_n = k_1\frac{t_1 - t_2}{L_1} + k_2\frac{t_2 - t_3}{L_2} + k_3\frac{t_3 - t_4}{L_3} + \cdots + k_n\frac{t_{n-1} - t_n}{L_n} \quad (2\text{-}4)$$
$$= \frac{t_1 - t_2}{\frac{L_1}{k_1}} + \frac{t_2 - t_3}{\frac{L_2}{k_2}} + \frac{t_3 - t_4}{\frac{L_3}{k_3}} + \cdots + \frac{t_{n-1} - t_n}{\frac{L_n}{k_n}}$$
$$= \frac{t_1 - t_2}{R_1} + \frac{t_2 - t_3}{R_2} + \frac{t_3 - t_4}{R_3} + \cdots + \frac{t_{n-1} - t_n}{R_n}$$
$$= \frac{\Sigma t_1 - t_n}{\Sigma R_i}$$

2) 대류(Convection)

고체온도가 유체 온도보다 높다고 하면 고체에서 유체로 열전달이 일어나서 유체는 따뜻해진다. 그러나 유체가 흐르고 있으면 따뜻해진 유체는 하류로 이동하여 유체에 의한 열의 운반이 일어나는 열전달을 대류라고 한다. 이러한 대류 열전달은 강제대류와 자연대류가 있다. 화재 현장에서는 발화원 부근에서 온도가 증가하여 화재실 내부의 온도차가 발생하기 때문에 대류에 의한 열전달이 급격하게 진행된다. 공기 중에 놓여 있는 뜨거운 물질들은 공기층의 온도차를 만들고 이것은 밀도차를 만들기 때문에 공기유동을 일으켜 공기층이 이동한다. 화재실에서는 이러한 온도차에 의하여 밀도가 낮은 공기층은 부력에 의한 열상승기류를 만들어 상층부로 흐르고 천장기류를 형성한 다음 개구부 등의 실외 공기에 의해 냉각되어 밀도가 커져서 다시 하층부로 공기층이 형성된다. 열의 전달은 뉴튼의 냉각법칙으로 나타낸다.

- 자연대류(free of natural convection) : $\Delta t \rightarrow \Delta \rho$
  유체 내의 온도차에 기초를 두고 밀도차로 일어나는 대류
- 강제대류 (forced convection) :
  유체가 강제적으로 유동되어 일어나는 대류

※ 뉴튼 냉각법칙

$$dQ = \alpha(T_w - T_o)\,\mathrm{dsdt}\,(\mathrm{kcal}) \tag{2-4}$$

여기서, dQ : 열플럭스 [kcal/hr · m^2]

α : 대류 열전달계수[kcal/hr · m^2 · ℃]

ds : 미소면적

dt : 미소시간

T_w : 고체표면 온도

T_o : 유체표면 온도

즉, 고체벽면에서 유체로의 열전달은 뉴튼의 냉각법칙을 기준으로 하며, 단위 시간에 이동하는 열량(dQ)는 표면적 및 벽의 온도(T_w)와 유체의 온도(T_o) 사이의 온도차에 비례한다.

(1) 유체의 점성(viscosity)

점성이란 유체의 흐름에 대한 저항 즉, 유체의 전단응력을 말하며 운동하는 액체나 기체 내부에 나타나는 마찰력이므로 내부마찰이라고도 한다. 유체는 점성에 따라 분류하면 점성유체와 비점성유체로 구분한다. 유체의 점성이 지니는 특징은 다음과 같다.

① 액체의 점성은 온도가 상승하면 감소한다.

② 유체의 전단응력은 흐름방향에 수평인 방향으로의 속도변화율에 비례한다(뉴튼의 점성법칙).

③ 이상유체가 아닌 모든 실체유체는 점성을 가진다.

※ Newton 점성법칙

유체가 이동할 때 그 유체에 가해지는 저항은 유체의 속도기울기에 비례한다.

$$\tau = \mu \frac{du}{dx} \tag{2-5}$$

여기서, τ : 전단응력(shear stress)

μ : 점성계수(viscosity coefficient)

$\frac{du}{dx}$: 속도기울기(velocity gradient)

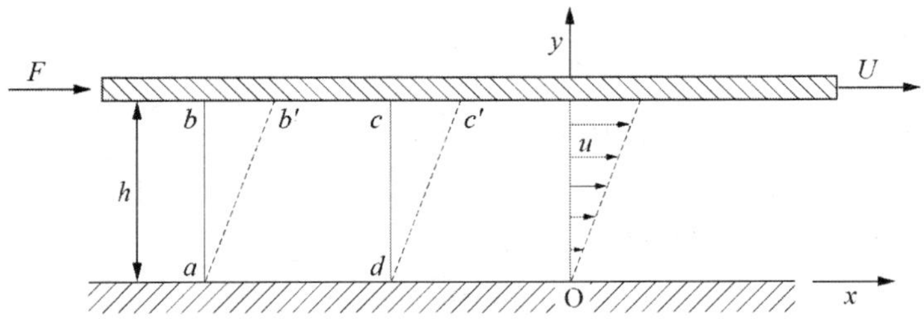

그림 2-3 두 평행 평판 사이의 유체전단

여기서, 점성계수 μ의 단위는 [g/cm · s(poise)]로 나타내고 점성계수를 밀도(ρ)로 나는 값을 동점성계수(ν)라고 한다. 동점성계수의 단위는 [cm^2/s (stokes)]로 나타낸다.

$$\nu = \frac{\mu}{\rho} \tag{2-6}$$

(2) 유체의 흐름(flow)

① 층류(laminar flow)

유체의 입자들이 서로 층을 형성하여 층과 층이 미끄러지면서 상호 서로 뒤섞임이 없이 질서정연하게 흐르는 상태를 말한다. 예를 들면 아주 느린 속도로 유체가 흐를 때 서로 이웃하는 유체의 층 사이에는 유체입자의 분자교환은 없으므로 회전운동이 일어나지 않은 규칙적인 운동상태가 된다. 레이놀즈 수(Re_N)는 보통 2,100 이하의 값을 가진다.

② 난류(turbulent flow)

유체입자들이 극히 불규칙한 경로를 따라 회전하는 불규칙한 운동을 말하며 상호 간에 격렬하게 운동량을 교환하면서 흐르는 상태를 말한다. 레이놀즈 수(Re_N)는 보통 4,000보다 큰 값을 가진다.

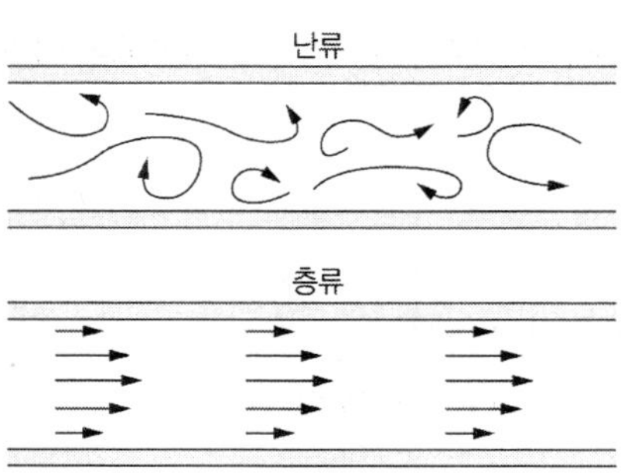

그림 2-4 층류와 난류 형상

③ Reynolds Number

레이놀드는 유리관의 지름을 여러 종류로 바꾸어 가면서 여러 가지 액체에 대하여 실험을 한 결과 레이놀드 수(Reynolds number, Re)라는 유동현상을 연구하는 데 중요한 무차원 수를 발견하여 다음과 같이 정의하였다.

$$Re_N = \frac{\text{관성력}}{\text{점성력}} = \frac{\rho VD}{\mu} = \frac{V \cdot D}{\nu} \tag{2-7}$$

여기서, ρ : 유체의 밀도
D : 관의 직경
V : 유체의 속도
μ : 점성계수(g/cm · s)
ν : 동점성계수(cm^2/s)

예제

직경이 6 cm인 소방호스 내를 유속 0.3 m/s의 속도로 소방용수가 흐르고 있다. 이 때 레이놀즈 수를 구하라. 또한 유체의 흐름형태는 무엇인가? (단, 이 흐름에서 ν는 $1.8 \times 10^{-6}\ m^2/s$이다)

풀이

$$Re_N = \frac{\rho VD}{\mu} = \frac{V \cdot D}{\nu} = \frac{0.06\ m \times 0.3\ m/s}{1.8 \times 10^{-6}\ m^2/s} = 10{,}000$$

따라서 이 흐름은 $Re_N > 4{,}000$이므로 난류흐름의 형태이다.

3) 복사(radiation)

빛과 마찬가지로 열에너지가 전자파의 형으로 되어 물체에서 방출되고 이것이 다른 물체에 닿아 흡수되면 열로 바뀌는 현상이다. 열복사선은 물질을 구성하는 분자의 운동에너지에 따라 방출되는 것이므로 진동하는 부분에 따라 파장이 달라진다. 일반적으로 이 운동이 전자 자체에 의한 것은 파장이 짧고 분자 내의 원자진동에 의한 것은 파장이 길게 되며, 결정의 격자 진동에 의한 것은 매우 파장이 긴 영역에 속한다. 열복사에서 문제가 되는 것은 0.3～10μ 정도이다.

전열에서 문제가 되는 것은 가시광선보다도 파장이 긴 적외선 영역에 있고 열선이라고 한다. 이 열선은 전자파이므로 그 속도는 $c = 2.997925 \times 10^{10}$ cm/s와 일치한다. 이 열복사 에너지가 물체에 닿으면 그 일부는 표면에서 반사되고 일부는 흡수되며 나머지가 투과된다.

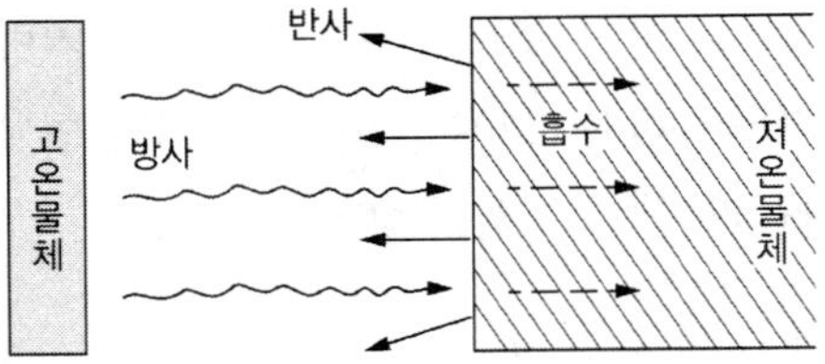

그림 2-5 복사 열이동

입사에너지 가운데 반사되는 비율, 흡수되는 비율, 투과되는 비율을 반사율(reflectivity) r, 흡수율(absorptivity) a, 투과율(transmissivity) t라고 하면,

관계식은

$$r + a + t = 1 \tag{2-8}$$

고체나 액체에서는 투과되지 않는다고 생각할 수 있어 $t = 0$이므로

$$r + a = 1 \tag{2-9}$$

이다.

특히 $a = 1$, $r = 0$ 즉, 입사에너지를 모두 흡수하는 물체를 완전흑체(absolute black body)라고 하며 반대로 입사에너지를 모두 반사하는 물체($a = 0$, $r = 1$)를 완전백체(absolute white body)라고 한다. 일반적으로 물체는 입사에너지의 일부를 반사하고 일부를 흡수한다. 이와 같은 물체를 회색체(gray body)라고 한다.

완전흑체의 복사에너지는 다음 식으로 표시된다.

$$E_b = \sigma T^4 = C_b\left(\frac{T}{100}\right)^4 (\mathrm{kcal/m^2 \cdot hr}) \tag{2-10}$$

여기서, σ : Stefan-Boltzmann 상수, 4.88×10^{-8}(kcal/m^{2}hk^4)

T : 흑체표면의 절대온도(°K)

C_b : 흑체복사상수, 4.88(kcal/m^{2}hk^4)

식 (2-10)을 Stefan-Boltzmann 법칙이라 한다.

그리고 회색체와 완전흑체와의 사이에는 다음과 같은 관계가 성립한다. 회색체의 복사에너

지를 E_b라고 하면

$$E = \epsilon E_b = aE_b \tag{2-11}$$

여기서, E_b : 완전흑체로부터 나오는 복사에너지

E : 회색체로부터 나오는 복사에너지

ϵ : 같은 온도, 표면상태에서 나오는 복사율(emissivity)

a : 흡수율

여기서 $\epsilon = a$ 즉, 물체의 복사율과 흡수율은 같다. 이것을 Kirchhoff 법칙이라 하고 식 (2-11)로 표현된다.

예제

다음은 열의 이동을 막기 위해 사용하는 방법들이다. 이와 관련된 열전달의 형태를 (   )에 쓰시오.

① 맑은 날에 햇빛을 막기 위해 하얀색 양산을 사용한다. (   )
② 주전자의 손잡이는 나무로 만든다. (   )
③ 보온병은 진공 이중벽으로 되어 있다. (   )

2.2 기본적인 열역학이론

2.2.1 계와 주위

1) 열역학적 계(system)

해석 및 연구의 대상이 되는 물질의 일정한 양 또는 어떤 한정된 공간 내의 구역

2) 주위(surroundings)

경계(boundary)의 외측에 있는 모든 물질

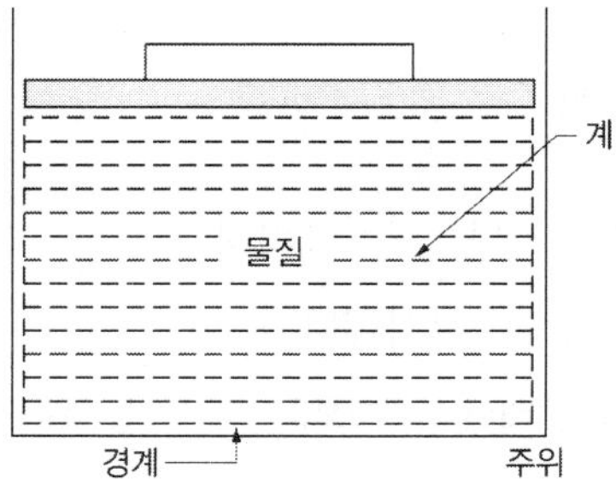

그림 2-6 계, 주위, 경계

3) 계(system)

① 밀폐계(closed system) : 비유동계(nonflow system)

계의 경계를 통하여 동작유체(working fluid)가 이동하지 않고 에너지만을 교환하는 계. 즉, 열이나 일의 형태로 에너지는 경계를 지나 주위와 교환하여도 질량의 이동을 수반하지 않고 변화하는 경우이므로 이를 비유동계(nonflow system)라 하며, 또한 동작유체의 질량이 일정한 계

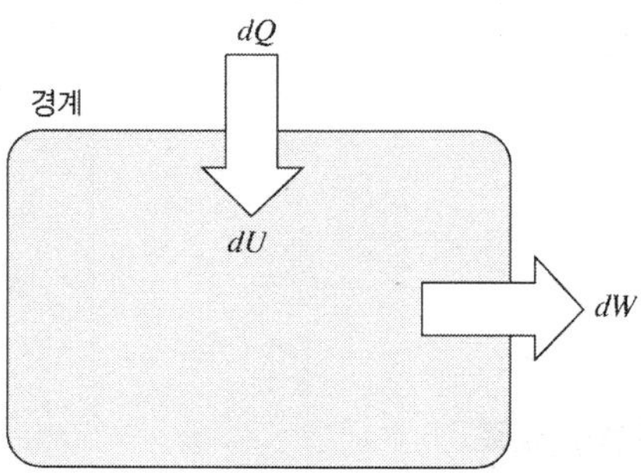

그림 2-7 비유동계

② 개방계(open system) : 유동계(flow system)

에너지가 열과 일의 형태로 계와 주위 사이를 이동될 뿐만 아니라 동시에 물질도 경계를 통하여 유입되거나 유출되는 계

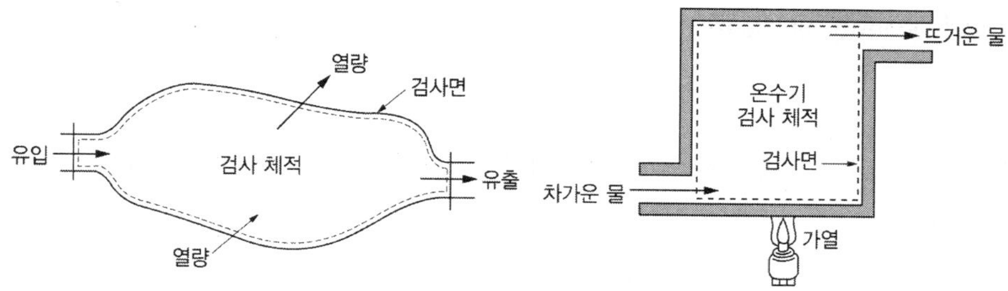

그림 2-8 개방계(유동계)

2.2.2 물질의 상태량과 상태변화

1) 상태량(quantity of state)

압력(P), 비체적(v), 절대온도(T), 비내부에너지(u), 비엔탈피(h), 비엔트로피 (s) 등과 같이 물질의 특정한 상태를 나타내는 물리량

① 강도성 상태량(intensive property)

물질의 양(질량)과 관계없는 성질 즉, 질량변화에 무관한 변화량

예) 압력(P), 비체적(v), 절대온도(T), 비내부에너지(u), 비엔탈피(h), 비엔트로피(s)

② 종량성 상태량(extensive property)

물질의 질량에 비례하는 성질. 즉 질량변화에 따라서 변하는 상태량

예) 체적 V, 내부에너지 U, 엔탈피 H, 엔트로피 S

2) 상태변화(Change of state)

계 내의 동작 유체가 한 상태에서 다른 상태로 바뀌는 것을 상태변화라고 하고 이때의 변화경로가 연속적인 것을 과정(process)이라고 한다.

① 가역변화(reversible process)

한 계가 임의의 과정을 거쳐서 한 상태로부터 다른 상태로 변화할 경우 그 변화를 반대방향으로도 주위에 어떤 변화를 남기지 않고 원래상태로 되돌아갈 수 있는 변화

② 비가역변화(irreversible process)

어떤 변화를 남기지 않고 원래 상태로 되돌아갈 수 없는 현실적인 변화

예) 물체의 영구변화, 마찰을 수반하는 일로부터 열로의 에너지 전환, 고온체에서 저온체로 열이동 등

2.2.3 열량(Quantity of Heat)

1) 정의

물체가 보유하고 있는 열의 양 즉, 열에너지의 양. SI 단위계에서는 J를 사용하고 중력단위계에서는 kcal를 사용

> **참고**
>
> 1 kcal = 4.2 J = 3.9671 BTU
> J = 1 N · s, 1 W = 1 J/s

2) 열의 종류

1) 현열(Sensible heat)

물질의 상태변화 없이 온도변화가 일어날 때 필요한 열

질량 m(kg)의 물체에 열량 dQ(kJ)가 주어졌을 때 온도상승을 dt(℃)라 하면

$$dt \propto \frac{dQ}{m}$$

$$dQ = mCdt \tag{2-12}$$

여기서, C : 비열 (specific heat) [kJ/kg · ℃] [kJ/kg · K]

> **참고**
>
> **비열(specific heat)**
>
> 어떤 물질 1 kg을 1℃ 변화시키는 데 필요한 열량
>
> ① 정압비열(Cp) : 기체의 압력을 일정하게 유지하면서 가열할 때의 비열
> ② 정적비열(Cv) : 기체의 체적을 일정하게 유지하면서 가열할 때의 비열
>
> $$Cp - Cv = AR$$
>
> 정압비열(Cp)은 항상 정적비열(Cv)보다 크다.
>
> ③ 비열비(k) : $\dfrac{Cp}{Cv} > 1$로 표시됨.
>
> 비열비가 크면 기체를 압축 후 토출가스 온도가 높아진다.
>
> **열량, 일, 동력의 SI단위계**
>
> ① 1 J : 1 N의 힘을 작용시켜 1 m 움직였을 때 일

$1\,J = 1\,N \cdot m$

② 1 W : 매초 1 J의 일을 발생하는 동력

$1\,W = 1\,J/S$

③ 일과 동력의 관계

$1\,J = 1\,N \cdot m = 1\,W \cdot s$

④ 비열의 중력단위와 SI단위 관계

$kcal/kg \cdot ℃ = 1\,BTU/lb \cdot °F = 4.186\,kJ/kg \cdot K$

2) **잠열**(latent heat)

물질의 온도변화 없이 상태(phase)가 변화될 때 열

$$Q = W \cdot \Delta H_l$$

여기서, Q : 잠열량(Kcal, kJ)

W : 물질의 질량

ΔH_l : 물질의 잠열(Kcal/kg, kJ/kg)

참고

물의 잠열

물의 응고잠열 및 융해잠열 : 79.68 Kcal/kg

물의 증발잠열 및 수증기의 응축잠열 : 539 Kcal/kg

예제

500 W의 전열기로 0.8 L의 물을 15℃에서 100℃까지 가열하는 데 20분이 걸린다. 외부로 방출되는 열량은 몇 %인가?

풀이

1 KW = 1 kJ/s이므로 20분 간 사용열량은 $0.5 \times 1 \times 20 \times 60 = 600$ kJ이다. 물 0.8 L를 15℃에서 100℃로 올리는 데 필요한 열량은 $dQ = m\,C dt$에서(물의 평균 비열 4.2 kJ/kg·K로 함)

$0.8 \times 4.2 \times (100 - 15) = 285.6\,kJ$

따라서 외부로 방출된 열량은

$[(600 - 285.6)/600] \times 100 = 52.4\%$

2.2.4 단위환산

1) 힘의 단위환산

① 1 kg_f(공학단위) : 질량 1 kg에 작용하는 가속도 9.81 m/s^2를 주는 힘

② 1 N(SI단위) : 질량 1 kg에 작용하여 1 m/s^2의 가속도를 주는 힘

$$1\ kg_f = 9.81\ N$$

2) 일의 단위환산

① 1 $kg_f \cdot m$ (공학단위) : 1 kg의 힘으로 1 m 움직이는 일

② $1\ N \cdot s$ (SI단위) $= 1\ J = 10^7 dyn \cdot cm = 10^7 erg$

3) 열량의 단위환산

① 1 kcal(공학단위) : 순수한 물 1 kg_f의 온도를 15℃의 부근(14.5 → 15.5)에서 1℃올리는 데 필요한 열량

$$1\ kcal = \frac{1}{860} kWh$$

② 1 J(SI단위) $= 1\ N \cdot m = 1\ W \cdot s = 2.78 \times 10^{-7}\ kWh$

4) 동력(일률)의 단위환산

① 1 ps(미터마력) : 1초간에 75 $kg_f \cdot m$의 일을 할 때의 동력

$$1\ ps = 75\ kg_f \cdot m/s = 735.5\ W = 735.5\ J/s = 632.3\ kcal/h$$

$$1\ ps \cdot h = 2648\ kJ$$

② 1 W(SI단위) : 1초간에 일을 할 때의 동력

$$1\ kW = 860\ kcal/h = 1.36\ ps = 102\ kg_f \cdot m/s$$

참고

동력단위

1 ps = 75 kg-m/s = 0.736 Kw
1 Hp = 550 ft-lb/s = 0.746 Kw
1 Kw = 102 kg-m/s = 1.36 ps = 1.34 Hp
1 PSH = 632.5 Kcal = 0.736 Kw
1 Kwh = 860 kcal = 1.36 psh

5) 비열의 단위환산

$1\ kcal/kg_f \cdot C = 1\ BTU/lb_f \cdot °F = 4.2\ kJ/kg \cdot K$

2.2.5 기체의 성질

1) 이상기체

(1) Boyle의 법칙(압력변화의 영향)

기체는 액체와 고체에 비하여 매우 압축될 수 있는 물질
일정온도 하에서 기체의 부피가 압력에 반비례한다.

$$V \propto \frac{1}{P} \text{ 또는 } V = k\frac{1}{P} \text{ (보일의 법칙)} \tag{2-13}$$

여기서, k : 비례상수

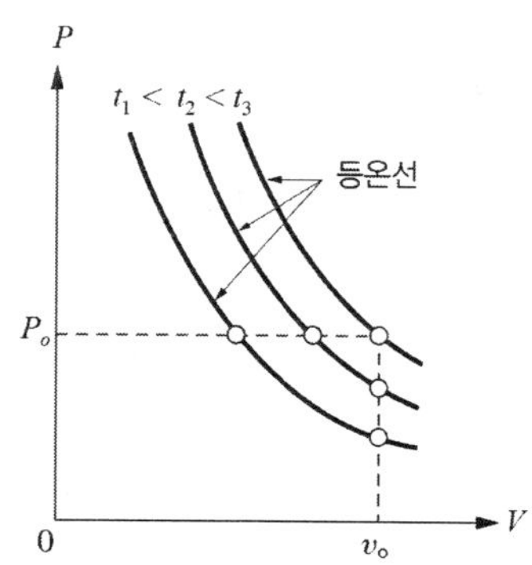

그림 2-9 일정온도 하의 P와 V의 관계

예제

공기가 1 atm의 압력에서 1000 cm^3의 부피를 차지하고 있다.

① 10 atm에서 부피는 얼마인가?

② 이것을 1 cm^3로 압축하기 위해서는 어느 정도 압력이 필요한가?

풀이

$P_1V_1 = P_2V_2 (T = C)$

① $V_2 = \left(\frac{P_1}{P_2}\right)V_1 = (1\text{ atm}/10\text{ atm}) \times 1000\text{ cm}^3 = 100\text{ cm}^3$

② $P_2 = \left(\frac{V_1}{V_2}\right)P_1 = (1000\text{ cm}^3/1\text{ cm}^3) \times 1\text{ atm} = 1000\text{ atm}$

(2) Gay-Lussac의 법칙(온도변화의 영향)

압력이 일정하다면 온도 t하에서 기체 부피는

$$V_t = V_0 + V_0at = V_0(1+at)$$

여기서, a : 기체의 열팽창계수(1/273)

V_0 : 0℃에서 기체의 부피

$$V_t = V_0\left(1+\frac{t}{273}\right) = V_0\left(\frac{273+t}{273}\right) \tag{2-14}$$

여기서, $T = t + 273$

T : Kelvine 온도, 절대온도

Gay-Lussac 법칙을 수학적으로 표기한 것은

$$V_t = V_0\left(\frac{T}{T_0}\right) \text{ 또는 } \frac{V_1}{T} = \frac{V_0}{T_0} = k \tag{2-15}$$

여기서, k는 상수

예제

어떤 공정에서 질소를 일정부피의 용기 중에서 500 K로 가열할 필요가 있었다. 만일 가열 전 이 용기에 압력 100 atm, 온도 300 K로 보관되어 있었다고 한다면 가열 후 용기의 압력은 얼마나 되는가? 단, 이상기체로 가정한다.

풀이

이상기체이므로 $P_2 = \frac{T_1}{T_2} \times P_1$ (V = 일정)

$= \frac{500}{300} \times 100 = 167[\text{atm}]$

---

(3) Boyle-Charles의 법칙

이상기체의 압력과 온도를 동시에 변화시킬 때 일어나는 부피변화를 나타내면 압력 P_1, 온도 T_1, 부피 V_1에서 기체의 새로운 상태($T_1 = T_2$조건) 압력 P_2, 부피 V_1, 온도 T_2가 얻는다. (Boyle의 법칙)

또 일정 압력 하에서 온도가 변화하면 Gay-Lussac 법칙($P_3 = P_2$조건) $\frac{V_2}{T_2} = \frac{V_3}{T_3}$으로 표현되므로 최종상태는 P_3 V_3 T_3가 된다. 이들의 관계에서 압력과 온도의 동시변화가 부피변화에 영향을 표현할 수 있다.

$$\frac{P_1}{P_2} = \frac{V_2}{V_1}, \quad V_1 = \frac{P_2 V_2}{P_1} \quad \text{(a)} \qquad \text{및} \qquad \frac{V_2}{T_2} = \frac{V_3}{T_3} \quad \text{(b)}$$

(b)식을 (a)식에 대입하면

$$V_1 = \frac{P_2 T_2 V_3}{P_1 T_3} \quad \text{또는} \quad \frac{P_1 V_1}{T_2} = \frac{P_2 V_3}{T_3}$$

여기서 $T_2 = T_1$, $P_2 = P_3$이므로

$$\frac{P_1 V_1}{T_1} = \frac{P_3 V_3}{T_3}, \text{ 또는 } \frac{PV}{T} = K \text{ (Boyle-Charles 법칙)} \qquad (2\text{-}16)$$

여기서, K : 상수

또한 일정 압력과 온도에서 이상기체의 부피는 기체의 몰수에 n에 비례하고 상수 K도 기체의 몰수에 비례한다. 즉,

$$K \propto n \text{ 또는 } K = nR$$

여기서, R : 기체상수

$$\frac{PV}{T} = nR \rightarrow PV = nRT \tag{2-17}$$

(이상기체 상태방정식)

표 2-1 이상기체 상수 R의 값

상수	단위	비고
8.31431	J/K · mol	(SI단위)
1.98717	cal/K · mol	
0.0820575	l · atm/K · mol	
8.31431×10^7	erg/K · mol	

예제

부피 25 L의 실린더에 압력 6.78×10^6 Pa에서 온도 25℃의 기체가 들어있다. 이상기체라고 가정한다면 실린더 속에 들어있는 기체의 몰수는 얼마인가?

풀이

$P = 6.78 \times 10^6$ Pa, $V = 25$ L $= 2.5 \times 10^{-2}$ m^3, $T = 298$K

이상상태 방정식

$$PV = nRT,$$

$$n = \frac{PV}{RT} = \frac{(6.78 \times 10^6 \text{ N/m}^2)(2.5 \times 10^{-2} \text{ m}^3)}{(8.314 \text{ J/Kmol})(298 \text{ K})} = 68.4 \text{ mol}$$

※ 1 Pa = 1 N/m^2, 1 J = 1 N · m

25℃ 1기압의 10 L의 기구가 온도가 −10℃, 압력이 500 mmHg와 같은 고도까지 상승했다. 이 고도에서 기체의 부피는 얼마나 되는가?

풀이

$P_1 = 1$ atm $= 760$ mmHg, $T_1 = 298$ K, $V_1 = 10$ L, $P_2 = 500$mm Hg,

$T_2 = 263$K, $V_2 = ?$

Boyle-Charles 법칙

$$\frac{P_1 V_1}{T_1} = \frac{P_2 V_2}{T_2} \rightarrow V_2 = \frac{P_1 V_1 T_2}{P_2 T_1} = \frac{(760) \times (10) \times (263)}{(298) \times (500)} = 13.4 \text{ L}$$

(4) 분자량의 결정법

① 이상기체의 법칙을 알고 있을 때

$$n = \frac{m}{M}$$

여기서, n : 기체의 몰수

m : 기체의 g수

M : 기체의 분자량

$$PV = nRT = \frac{m}{M}RT$$

② 화합물의 실험식을 알고 있을 때

밀도의 개념을 추가하여 사용

$$PV = nRT = \frac{m}{M}RT$$

$$\rho = \frac{m}{V} \text{이므로}$$

$$M = \frac{\rho RT}{P}$$

예제

벤젠을 화학 분석한 결과 수소 1원자에 대하여 탄소 1원자가 들어 있다는 사실을 알았다. 만일 100℃, 1 atm에서 2.58 g의 벤젠 증기가 1 L를 차지한다면 벤젠의 분자식은 무엇인가?

풀이

$$M = \frac{mRT}{PV} = \frac{(2.58)(0.0821)(373)}{1 \times 1} = 78.9$$

$C_1H_1 = 13$이므로 벤젠의 분자식은 78.9에 가장 가까운 배수를 구하면 C_6H_6이다.

2.2.6 열역학 제1법칙(=에너지보존의 법칙)

1) 개요

열은 본질상 에너지의 일종이며 열과 일은 서로 상호전환이 가능하다. 이때 열과 일은 일정한 비례관계가 성립한다.

$$Q = A \cdot W \tag{2-18}$$

$$W = \frac{Q}{A} = J \cdot Q$$

여기서, A : 일의 열당량

J : 열의 일당량 $\left(J = \frac{1}{A}\right)$

$J = 427\ \mathrm{kg_f \cdot m\ /kcal}$

$A = \frac{1}{427}\ \mathrm{kcal/kg_f \cdot m}$

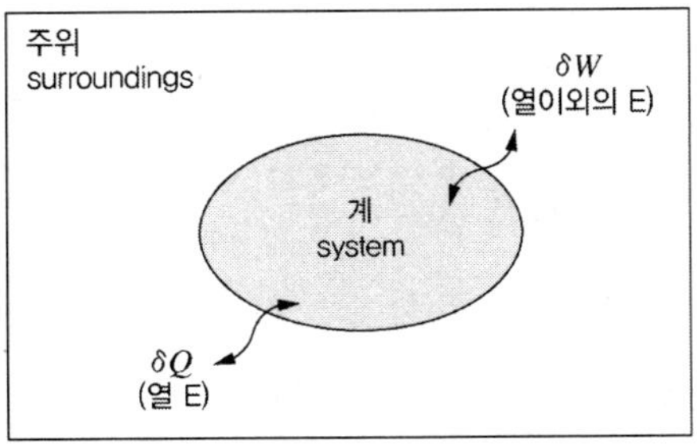

그림 2-10 열역학 제1법칙

2) 내부에너지(internal energy)

한 계(system)에 외부로부터 열이나 일을 가할 경우 그 계가 열을 주고받지 않고 또한 외부에 일을 하지 않았다면 이 에너지는 그 계의 내부에 저장되는데 이 저장된 에너지를 말한다. 즉 내부에너지는 계의 총 에너지에서 기계적 에너지를 뺀 나머지 에너지를 말한다.

$$\Delta U = Q - W$$

여기서, U : 내부에너지 (kJ)

열역학 1법칙에 내부에너지를 고려하면

$$dQ = du + Adw\ \text{(Kcal)}$$

이 시스템의 물질의 단위중량당에 대하여 쓰면

$$dq = du + Adw \text{ (Kcal/kg)}$$

가 된다. 이 식은 물체가 상변화하여 성립되는 식으로서 열역학 제1법칙을 나타내고, 일반적으로 에너지방정식이라 한다.

상태 1에서 2까지 적분하면

$$Q_{12} = U_2 - U_1 + AW_{12} \text{ (Kcal)} \tag{2-19}$$

또한 준정적 변화에서는 $dW = GdL = PdV$이므로 식(2-19)은

$$dQ = dU + APdV \text{ (Kcal)} \tag{2-20}$$

가 된다. 이 식을 에너지방정식, 열역학 제1법칙의 식이라 한다.

3) 엔탈피(enthalpy)

어떤 상태의 유체 1 kg이 가지는 열에너지, 유체가 갖는 내부에너지와 체적을 차지하기 위한 유동일(flow work)의 합이다. 여기서 pv는 유동에너지이다.

$$h = u + pv \text{ [kJ/kg]}$$
$$H = U + PV \text{ [kJ]} \tag{2-21}$$

여기서, H : 엔탈피 [kJ]
h : 비엔탈피 [kJ/kg]

예제

어느 계에 50 kJ를 공급했다. 만약 이 계가 외부에 대하여 20,000 N·m의 일을 하였다면 내부에너지의 증가량은 얼마인가?

풀이

$\Delta U = Q - W = 50\text{ kJ} - 20{,}000\text{ N}\cdot\text{m}(1\text{ J} = 1\text{ N}\cdot\text{m})$
$= 50{,}000 - 20{,}000 = 30{,}000\text{ J} = 30\text{ kJ}$

내부에너지 170 kJ를 보유하는 물체에 열을 가했더니 내부에너지가 188 kJ 증가하였다. 외부에 0.98 kJ의 일을 하였을 때 가해진 열량은 몇 kJ인가?

풀이

$Q = \Delta U + W = (188 - 170) + 0.98 = 18.98$ kJ

---

1 kg의 가스가 압력 50 kPa, 체적 2.5 m^3의 상태에서 압력 1.25 MPa, 체적 0.2 m^3의 상태로 변화하였다. 만약 가스의 내부에너지가 일정하다 하면 엔탈피의 변화량은 얼마인가?

풀이

$h = u + pv$

$h_2 - h_1 = (u_2 - u_1) + (p_2 v_2 - p_1 v_1),\ \ u_1 = u_2$

$$h_2 - h_1 = (p_2 v_2 - p_1 v_1) = (1.25 \times 10^6) \times 0.2 - (50 \times 10^3) \times 2.5$$
$$= 115{,}000\ \mathrm{N \cdot m/kg}$$
$$= 115{,}000\ \mathrm{J/kg} = 115\ \mathrm{kJ/kg}$$

---

50 m의 높이에서 강구를 마루바닥에 낙하시킬 때 운동에너지가 모두 열로 변환되고 그의 50%가 강구에 주어진다고 할 때 강구의 온도상승을 구하시오. 단 강구의 비열은 0.111 kcal/kg℃이다.

풀이

강구의 낙하에 의한 일은 강구의 중량을 G kg이라 할 때

$$W = GH = 50\ \mathrm{G\ kg \cdot m}$$

이 일이 전부 에너지로 바뀌어 그 50%가 주어지므로

$$Q = \frac{50G}{427} \times \frac{1}{2} = 0.05855\ \mathrm{G\ Kcal}$$

따라서 강구의 온도상승은

$Q = GcT$ 에서

$$\Delta T = \frac{0.05855G}{0.111G} = 0.527℃$$

2.2.7 열역학 제2법칙(=엔트로피 증가법칙)

1) 개요

열은 고온 물체에서 저온 물체로는 자연히 이동하나, 저온물체에서 고온물체로는 그 자신 스스로는 이동할 수 없다. 열에너지를 기계적 일로 변환하는 것은, 열이 고온물체에서 저온물체로 이동한다는 현상에 입각한 과정일 경우에만 가능하다. 이의 설명을 법칙화한 것이 열역학 제2법칙이다.

즉, 열과 일의 변환에 대한 방향성을 제시하는 법칙, 열이 일로 전환되는 비가역적인 현상이다.

(1) Clausius 표현

열은 스스로 다른 물체에 아무런 변화도 주지 않고 저온물체에서 고온물체로 이동하지 않는다.

(2) Kelvin-Plank 표현

자연계에 아무런 변화도 남기지 않고 어느 열원의 열을 계속해서 일로 바꿀 수 없다. 즉 고온물체의 열을 계속해서 일로 바꾸려면 저온물체로 열을 버려야 한다.

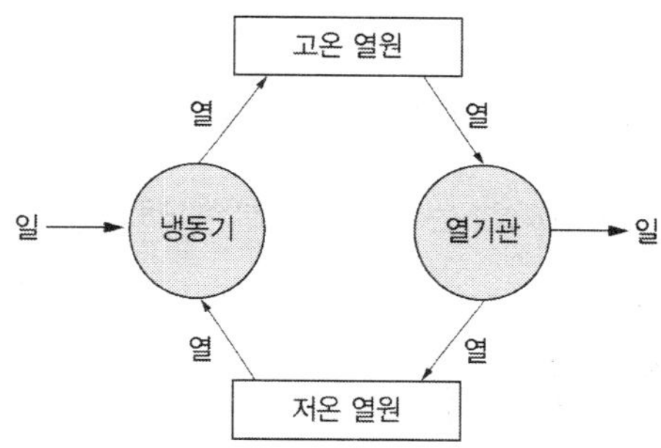

그림 2-11 열역학 제2법칙의 표현

이상의 표현은 다른 것 같이 생각되나 근본적으로는 두 표현 모두 열에 대하여 우리들이 경험하고 있는 본질을 나타낸 것이다. 즉, Clausius의 표현은 열이동의 방향성을, Kelvin은 열에너지를 일에너지로 바꾸는 데 고온물체와 저온물체 사이에서 열에너지를 이동시켜야 한다는 것을 말하고 있다.

2) 엔트로피(entropy)

(1) 정의

무질서도를 나타내는 상태량으로 엔트로피는 에너지도 아니고 열량의 이용가치를 나타낸 측정할 수 없는 물리학상의 상태량으로 어느 물체에 열을 가하면 엔트로피는 증가하고 냉각하면 감소하는 상상적인 양이다.

단위 중량당 가열량 dq kcal/kg을 그 때의 절대온도 T(°K)로 나눈값을 ds라고 하면

$$ds = \frac{dq}{T} \text{ (Kcal/kg K)} \tag{2-22}$$

이 s로 표시되는 양을 비엔트로피(specific entropy)라고 한다. 이 비엔트로피의 단위는 kcal/kg K로 되며 이를 클라우시우스 (Clausius)라고도 한다. 물질전체 G kg에 대한 가열량을 dQ kcal이라고 하면 여기에 대한 엔트로피 S는 다음과 같이 된다.

$$dS = \frac{dQ}{T} \text{ (kcal/K)} \tag{2-23}$$

한 시스템이 많은 물체로 이루어져 있을 때는 전체 물질의 엔트로피를 더하여 그 시스템의 엔트로피로 한다.

그림 2-12는 $P-v$ 선도상의 가역사이클에 $1a2b1$을 표시한 것으로 클라우지스 적분은 $\oint \frac{dQ}{T} = 0$이다. 이적분의 경로 $1a2b1$는 가역사이클이므로 $\int_{1\to a}^{2} \frac{dQ}{T} - \int_{1\to b}^{2} \frac{dQ}{T} = 0$이다.

$$\int_{1\to a}^{2} \frac{dQ}{T} = \int_{1\to b}^{2} \frac{dQ}{T}$$

$$\int_{1}^{2} \frac{dQ}{T} = const$$

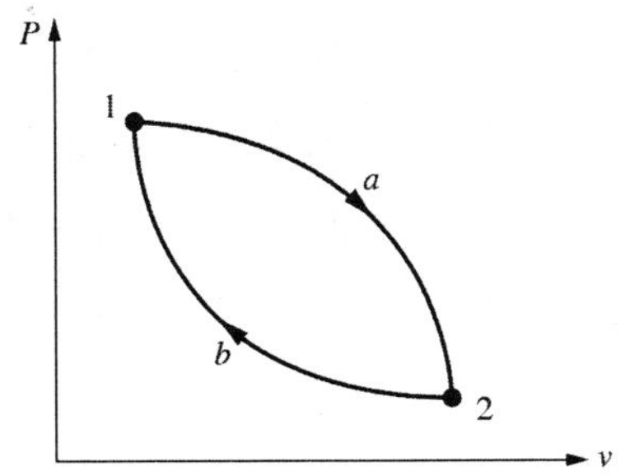

그림 2-12 $P-v$ 선도

여기서 점 1을 정점인 기준점으로 하고 점 2를 정하면 $\int_{1}^{2} \frac{dQ}{T}$의 값은 가역변화의 경로에 관계없이 결정된다.

그림에서 $1-a-2-b-1$의 경로를 따라 이루어질 때 $1 \to a \to 2$는 가역변화, $2 \to b \to 1$은 비가역변화라고 하면 $\int_{1\to a}^{2} \frac{dQ}{T} + \int_{1\to b}^{2} \frac{dQ}{T} < 0$ 이 된다. 상태 1, 2의 엔트로피를 S_1, S_2

라고 하면

$$S_2 - S_1 = \int_{1\to arev}^{2} \frac{dQ}{T} > \int_{1\to b}^{2} \frac{dQ}{T}$$

또 가역단열 변화이면 $dS = 0$, 비가역 단열변화이면 $dS > 0$이므로

$$dS = \frac{dQ}{T} > 0 \tag{2-24}$$

단열계에서는 $dQ = 0$이므로

$$dS \geq 0$$

엔트로피는 감소하지 않으며 가역이면 불변, 비가역이면 증가한다. 실제 자연계에서 일어나는 상태변화는 비가역변화를 동반하게 되므로 엔트로피는 증가할 뿐이고 감소하는 일은 없다.

(2) 엔트로피 증가법칙

가령, 시스템 안에서는 각 부분 사이의 열의 출입이 있더라도 시스템과 주위 사이에는 전혀 열의 출입이 없는 시스템을 단열시스템(adiabatic system)($dQ = 0$)이라 한다. 이와 같은 시스템 안에서 단열계가 비가역변화를 할 때는 반드시 시스템의 전체 엔트로피가 증가하고, 가역변화할 경우에만 시스템의 전체 엔트로피가 변화하지 않아 0이며 엔트로피가 감소하는 일은 없다. 이것을 일반적으로 확장하는 경우, 변화에 관여하는 모든 물체를 대상으로 하면 된다. 자연계에서 일어나는 실제 변화에는 마찰 등의 비가역변화를 포함하고 있다. 그래서 자연계에 있어서 일어나는 모든 변화는 거기에 관여하는 물질의 총 엔트로피의 총합이 증가하는 방향으로 진행한다는 법칙이 얻어진다. 이 법칙을 <u>엔트로피의 증가의 원리</u>라고 한다.

$$\Delta S \geq \frac{dQ}{T} \quad \text{(reversible)} \tag{2-25}$$

$$\Delta S \geq \frac{dQ}{T} + d\sigma \quad \text{(irreversible)} \tag{2-26}$$

엔트로피 변화감소($d\sigma$)는

① 마찰(friction)

② 열전달(heat transfer)

③ 돌연팽창(sudden expansion)

④ 화학반응(chemical reaction)

⑤ 확산(diffusion)의 ruddndle.

3) 카르노 사이클(Carnot cycle)

내연기관의 기본사이클로 완전가스를 작업물질로 하는 2개의 단열과정과 2개의 등온과정을 갖는 사이클로 이루어져 있다.

카르노사이클을 $p-v$, $T-s$ 선도상에 표시하면 다음과 같다.

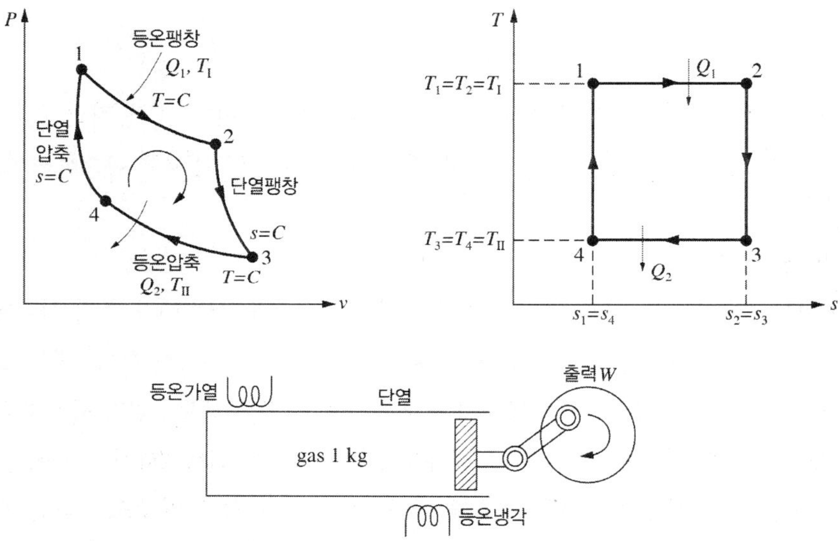

그림 2-13 카르노 사이클의 $p-v$, $T-s$ 선도

① $1 \rightarrow 2$: 동온팽창 (열량 Q_1을 받아 등온 T_1을 유지하면서 팽창하는 과정)

② $2 \rightarrow 3$: 단열팽창 과정

③ $3 \rightarrow 4$: 등온압축(열량 Q_2를 방출하면서 등온 T_1를 유지하면서 압축하는 과정)

④ $4 \rightarrow 1$: 단열압축과정

유효한 일은 $H = Q_1 - Q_2$

$$\text{열효율 } \eta_c = \frac{\text{유효일}(W)}{\text{공급열량}(Q_1)} = \frac{Q_1 - Q_2}{Q_1} = 1 - \frac{Q_2}{Q_1} \tag{2-27}$$

$$= 1 - \frac{T_2}{T_1}$$

예제

고열원 350℃, 저열원 15℃에서 작동하는 카르노 사이클이 1 사이클 당 3.36 kJ의 열을 받는다면 이 카르노 사이클의 1 사이클 당 일량은 얼마인가?

풀이

$$\eta_c = \frac{W}{Q_1} = 1 - \frac{Q_2}{Q_1} = 1 - \frac{T_2}{T_1} = 1 - \frac{15+273}{350+273} = 0.5377$$

$$W = \eta_c \cdot Q_1 = 0.5377 \times 3.36 = 1.807\ \text{kN} \cdot \text{m} = 184.35\ \text{kg}_f \cdot \text{m} = 1809\ \text{N} \cdot \text{m}$$

카르노 열기관이 700℃의 고열원으로부터 600 kcal의 열량을 받아서 30℃인 저열원에 방열하는 경우 다음 요구사항을 계산하시오.

① 열효율(η_c)

② 저열원에 방열하는 열량(Q_2)

풀이

① $\eta_c = 1 - \frac{Q_2}{Q_1} = 1 - \frac{T_2}{T_1} = 1 - \frac{30+273}{700+273} = 0.689$

공급받은 열량의 68.9%가 일로변환

② 발열량 Q_2

$$\eta_c = 1 - \frac{Q_2}{Q_1} \text{에서}$$

$$Q_2 = Q_1(1-\eta_c) = 600(1-0.680) = 186.6\ \text{kcal}$$

따라서 고열원으로부터 받은 열량 600 kcal 중 186,6 kcal을 방열함

어떤 엔진이 1 Hph 당 연료소모율이 1.96 N이면 이 엔진의 열효율은 얼마인가?(단, 가솔린의 발열량은 4.714 KJ/N이다.)

풀이

$$\eta = \frac{W}{q} = \frac{632 \times 4.2}{4.714 \times 1.96} = 0.2873 = 28.73\%$$

연습문제

01 화재에서 열의 전달의 방법을 3가지로 분류하고 그 차이점을 설명하시오.

02 화재 시 열의 이동 방식 중에서 가장 큰 영향을 미치는 열전달 방식은?

03 전도에서 Fourier 법칙을 설명하시오.

04 Fourier 법칙을 이용하여 다층벽을 가진 화재실의 전도에 의한 열량을 구하는 식을 유도하여 보시오.

05 높이 1 m, 폭이 0.5 m, 두께 0.5 cm 인 유리창(K = 0.78/mk)을 통한 전열량을 Fourier 법칙을 이용하여 계산하시오. (단, 외부표면온도는 24℃이고, 내부표면온도는 20℃이다.)

06 Newton의 냉각법칙을 설명하시오.

07 가열된 판의 온도가 28℃인 주위 공기로 q = 0.8 kw/m^2의 비율로 열을 방출한다. 가열판의 온도가 500℃일 때 가열판과 공기 사이의 대류열전달 계수를 계산하시오.

08 중간매질이 없이 열이 전달되는 방식은?

09 완전흑체의 복사에너지를 구하는 식을 쓰고 설명하시오.

10 열역학 제1법칙(에너지방정식)을 설명하시오.

11 내부에너지 40 Kcal를 보유하는 물체에 열을 가했더니 내부에너지가 50 kcal 증가하고 외부에 대하여 680 kg-m의 일을 하였다. 가해진 열량은 얼마인가?

12 내부에너지(internal energy)를 설명하시오.

13 엔탈피(enthalpy)를 정의하고 엔탈피를 구하는 식을 쓰시오.

14 열역학 제2법칙을 설명하시오.

15 엔트로피(entropy)를 설명하시오.

16 카르노 사이클(carnot cycle) 그림을 그려 변화과정을 설명하고 열효율을 구하는 식을 간단히 설명하시오.

CHAPTER

03 화재이론

3.1 화재분류

3.1.1 도시화재와 산업화재

1) 도시화재

화재에 의한 손실은 매우 큰 데 화재손해는 화재에 의한 물적소손과 인명사상, 소화작업에 따른 파괴 및 소방수에 의한 손해가 포함된다. 그 손해액은 지역에 따른 시가를 기준으로 산정되지만 소화에 요하는 경비, 소화 후의 정리비, 화재 후의 휴업에 따른 손실 등의 간접손비는 보통 포함시키지 않고 화재에 따른 직접손비만을 계산하고 있다. 도시에서 일어난 화재는 보통 밀집된 목조가옥, 점포 및 건물, 수리시설이 나쁘거나 지역적인 강풍에 의하여 대형화재를 일으키는 경우가 많다. 특히 고층건물의 화재는 실내에 설치되어 있는 내장재, 부속물, 장식품 등의 연소로써 그 화재 전파현상은 비슷하다.

초기에는 목재화재와 같이 건물 내부의 가연물에 착화하여 가연성 가스의 발산으로 연소를 시작하면서 백연을 맹렬히 분출하고, 중기에는 연기가 흑색으로 변하는 시기로 유리창이 파손되고 개구부에서 흑연을 분출하기 시작하며 연소에 필요한 산소량의 부족으로 불완전연소가스가 화점에 충만하여 시계(視界)가 악화된다.

화재 최성기에는 화점인 실내 또는 구획내가 완전히 화점(火點)에 충만하여 개구부·출입구, 통풍공 등으로부터 화염을 분출하여 천장의 콘크리트 등이 부서지는 소리를 내면서 부분적으로 파괴되고, 각 개구부나 계단 등을 경유하는 화연(火煙)에 의하여 입체적인 화재로 확대된다.

2) 산업화재

산업화재(공장화재)는 발생건수의 비율에 의하여 직접 및 간접손해액이 매우 크다. 특히 최근에는 석유화학공업의 발달에 따라 대량의 위험물의 탱크저장 및 배관수송이 행하여짐에 따라 재해 또한 대형화되고 있는 실정이다. 산업화재의 업종별 발생빈도가 높은 순서로 살펴보면 일반적으로 화학공업, 제재, 목재품공업, 금속주조, 제련업, 식료품공업, 기계기구공업, 방직공업, 인쇄 제본업 등으로 나눌 수 있으며 특히 화학공업에서는 가연성 가스, 인화성 액체, 폭발성물질 등의 화학약품을 원료 또는 제품으로 취급하고 있기 때문에 화재발생빈도가 크다. 대부분 화학공장에는 법적으로 자체소방대를 보유하고 있다(표 12-13 자체소방대 참조).

3) 도시화재와 산업화재 특징

(1) 출화

도시화재는 주택이나 점포의 연소에 의한 화재의 경우가 많다. 따라서 일정한 범위의 지역이 공통의 위험성을 갖는 경우가 많으며 바람 등의 기상조건이 영향을 받는다. 산업화재는 건물 등의 용도에 기인하여 자기출화에 의한 화재가 대부분을 차지하고 있다. 따라서 각 건물의 작업방법, 위험물의 종류·양 등에 따라 큰 영향을 받기 때문에 정전기 등의 출화 원인이 다양하고 복잡한 예가 많으며 기상조건 등은 2차적인 요소다.

(2) 화재손해

도시화재는 주로 소비재의 소손으로 화재건수당의 손해는 산업화재에 비하여 평균적으로 작은 편이다. 그러나 대형화재의 위험이 잠재되어 있다. 산업화재는 주로 원재료, 생산설비 등의 생산재 및 제품 등의 소손으로 이들의 가격이 고가이고 단지내에 집중되어 있기 때문에 화재건수당의 손해가 도시화재에 비하여 크다. 또한 화재로 인한 공장생산의 감소 및 정지에 의한 간접손해도 무시할 수 없다.

(3) 소방대책

도시화재는 개인의 방화에 대한 주의와 관심이 필요하고 공설소방력의 의존도가 크며, 일반적으로 물에 의한 냉각소화방법이 효과적인 경우가 많다. 산업화재는 작업시설, 위험물 등에 의한 화재가 많아 포 소화약제나 이산화탄소 등에 의한 화학소화가 효과가 크고 특수한 자위소방대책이 필요한 경우가 많다.

3.1.2 대상물에 의한 화재분류

① 건물화재 : 건물(건조물포함) 또는 그 수용물의 소손

② 차량화재 : 차량 또는 이들 적재물의 소손

③ 선박화재 : 선박 또는 그 적재물의 소손

④ 항공기화재 : 항공기 또는 그 적재물의 소손

⑤ 산림화재 : 산림이나 들 또는 이들 수목, 잡초 등의 소손

⑥ 위험물화재 : 유지류, 가연성 가스, 방사선, 동위원소, 전기, 약품 등의 소손

3.1.3 소손정도에 의한 화재 분류

① 전소화재 : 전체의 70% 이상 소손 또는 그 이하일지라도 재사용이 불가능한 소손

② 반소화재 : 전체의 20% 이상 70% 이하의 소손

③ 부분화재 : 전체의 10% 이상 20% 이하의 소손

④ 극소화재 : 전체의 10% 미만이 소손한 경우로써 소손바닥면적 $3.3m^2$미만 또는 수용물의 소손

3.1.4 가연물질에 의한 화재 분류

① A급 화재(일반화재) : 백색의연기가 발생하며, 연소 후 재를 남기는 화재, 산림, 지류, 목재 등의 화재이고, 냉각소화가 우수하다. 주 소화약제는 물을 사용한다.

② B급 화재(유류화재) : 황색의 연기가 발생하며, 연소 후 재를 남기지 않은 화재를 말하고, 에테르, 알코올, 석유, 등유 등의 가연성 물질이다. 주 소화약제는 포소화약제를 사용한다.

③ C급 화재(전기화재) : 청색의 연기가 발생하며, 전기, 기계기구 등의 화재를 말하고, 오버로드 분말, CO_2, 클로로브롬메탄의 소화제가 적용된다.

④ D급 화재(금속화재) : Mg, Ti, Zr, Li, 포타슘, 소슘 등의 화재로 분말 또는 건조사 등이 사용된다.

⑤ E급 화재(가스화재) : LPG, LNG, 도시가스 등의 화재로 가스밸브를 신속하게 차단해야 한다.

⑥ K급 화재(주방화재) : 주방에서 사용하는 식용유, 기름, 식물성 유지, 기타 동물성 유지에 의해 발생하는 화재로 K급 소화기는 A, B급 화재 모두 사용이 가능하다. 주방화재의 경우 식용유 등의 화재 시 물을 뿌릴 경우 화재를 빠르게 확산시킨다.

3.1.5 기타화재

① 대형화재 : 인명피해 사망 5명 이상, 부상 10명 이상 발생하거나 재산피해가 3억 원 이상 발생한 화재를 말한다.

② 중요화재 : 관공서, 학교, 정부미도정공장, 문화재, 지하철, 관광호텔, 고층건물, 지하상가, 시장, 백화점, 대형공장 등, 이재민 1000명 이상

③ 특수화재 : 철도 및 항만시설, 외항선, 항공기 화재, 외국공관, 사회의 이목이 집중된 화재 등

3.2 화재현상

3.2.1 연소(폭발)한계

1) 개요

가연물에서 연소작용이 일어나고 그 연소작용이 계속되기 위해서는 필요한 산소의 한계가 있다. 혼합물 중 가연성 가스의 농도가 너무 희박해도 또는 너무 농후해도 연소는 일어나지 않는다. 즉, 가연성의 가스와 공기 또는 산소의 혼합물은 어느 비율의 정해진 연소범위가 있는데 이 한계농도에서 연소가스의 희박한 저농도 쪽을 연소하한계(LCL)라고 하고 가스농도가 진한 고농도 쪽을 연소상한계(UCL)라고 한다. 연소범위는 가연성기체(가연성액체 또는 증기 포함)의 공기와의 혼합율에 있어서 점화원에 의해서 필요적으로 연소가 일어날 수 있는 범위를 말한다. 일반적으로 화재에서는 가연성기체가 누설 발생했을 때나 희박한 혼합가스를 연소시켰을 대 연소하한계의 의미를 중요시한다. 주요 기체의 연소한계를 표 3-1에 나타내었다.

(1) 연소 하한계(LCL)

공기 또는 산소와 더불어 가연성 혼합물을 형성하는 증기들은 공기 또는 산소내에서 점화원을 접촉시켜도 불꽃을 형성시키지 않는 최소 증기농도.

(2) 연소 상한계(UCL)

불꽃을 형성시키지 않는 최대 증기농도.

불연소	연소범위	불연소	
0	LCL	UCL	100(Vol%)

표 3-1 각종 기체의 연소(폭발)한계

물 질	연소한계(vol%)				폭굉(detonation)한계(vol%)			
	공기 중		산소 중		공기 중		산소 중	
	하한계	상한계	하한계	상한계	하한계	상한계	하한계	상한계
수소	4.0	75	3.9	96	18.3	59	15	90
아세틸렌	2.5	81	2.3	95	4.2	50	3.5	92
메탄	5.0	15	5.1	61	6.5	12	6.3	53
에탄	3.0	12.5	-	-				
프로판	2.1	9.5	2.3	52	-	-	3.2	37
부탄	1.8	8.4	-	-	-	-	-	-
에틸렌	2.7	36	2.9	-	-	-	-	-
일산화탄소	12.5	74	15.5	94	15	70	38	90
에틸에테르	1.9	36	2.1	82	2.8	4.5	2.6	>40
암모니아	15	28	14	79	-	-	25	75
이황화탄소	1.0	50	-	-	-	-	-	-
가솔린	1.0	6	-	-	-	-	-	-

가연성 가스 또는 증기의 위험도를 나타내는 기준으로서, 폭발범위의 하한계와 상한계의 차를 하한계로 나눈 값을 사용하고 H(Hazard)로 표시하면 위험도는 식 3-1로 표시된다.

$$H = \frac{UEL - LEL}{LEL} \tag{3-1}$$

예제

수소의 경우 하한계 4.1, 상한계 74.2이다. 위험도를 산출하라.

풀이

$$H = \frac{UEL - LEL}{LEL} = \frac{74.2 - 4.1}{4.1} \fallingdotseq 17.1$$

2) 연소한계와 위험성의 관계

어떤 가연성 물질이 폭발(연소)할 수 있는 범위를 말한다. 즉, 가연성 기체의 농도가 적거나 클 경우 공기, 산소 내에서 점화원을 접촉시켜도 활성화된 유효한 접촉이 일어나지 못하여 불꽃을 형성시키지 않는 최소, 또는 최대 증기 농도이다. 이러한 혼합가스의 착화조건은 연소한계, 착화온도, 온도범위, 압력범위 등 여러 조건이 있으며, 그 중 위험성과 관계가 깊은 것은 연소하한계이다.

① 한계범위가 넓은 것이 위험성이 크다.
② 하한계 범위가 낮을수록 위험성이 크다.
③ 한계범위가 클수록 연소속도가 크다.
④ 한계범위가 클수록 최소 점화에너지를 필요로 한다.
⑤ 수소, 일산화탄소를 제외하고 온도와 압력이 상승함에 따라 위험성이 크다.

3) 연소한계를 좁히는 대책

불활성 기체(Ne, Ar, Xe, Re, Kr)를 가연성기체와 공기의 혼합물에 첨가한 경우, 하한계는 별로 영향이 없으나 상한계는 현저하게 저하하여 첨가량이 어느 정도에 이르면 상한계는 하한계에 일치한다. 이 점을 피크치(inflammability peak)라 하며 이 값이 낮은 불활성 기체일수록 첨가효과가 크다. 한 예로서 그림 3-1에 가솔린－공기혼합계에서 실험결과를 나타낸 바와 같이 일반적으로 질소, 탄산가스, 수증기 등에 비하여 할로겐화탄화수소는 연소억제작용에 의해 peak치보다 낮다. 이러한 작용을 갖는 물질의 가연성(폭발성) 혼합기체의 작용은 폭발방지 또는 화재의 소화에 이용되는 안전공학상 중요한 문제이다.

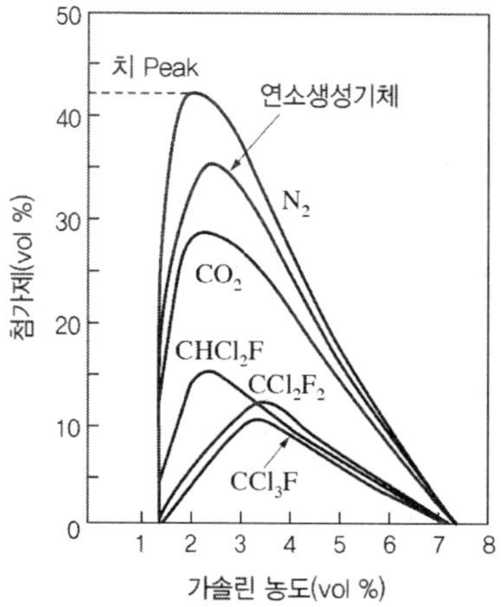

그림 3-1 불활성 기체를 가한 경우 가솔린–공기계의 연소한계

3.2.2 연소속도

연소속도는 화재에 있어서 연소해 가는 속도를 말하며 통상 단위시간을 분으로 하고 그 시간에 연소하는 거리를 m로 나타낸다. 연소속도는 대상물의 형태, 기상상황, 화재규모 및 경과시간 등에 따라 다르다. 예를 든다면 화약류, 액화석유가스 및 액화천연가스 등이 폭발할 때와 같이 대단히 빠른 경우도 있고 반대로 산림화재의 토화나 톱밥, 등겨가 훈소하는 때와 같이 느린 경우도 있다. 같은 목조 건물이라 할지라도 강풍시의 풍상과 풍하는 상당한 차이가 있다. 목조건물인 학교 등의 경우는 1분간에 10 m 전후의 속도로 연소하며 연립식 목조건물의 천장 속이나 건물의 집단지역일 경우 폭풍하에서는 1분간에 20 m에 달하는 경우도 있다. 특히 환기가 잘 안 되는 장소에 가연성 가스가 충만된 경우는 화원과 접촉되어 폭발적으로 불길이 확산되는 수도 있다.

연료의 연소속도는 혼합기체의 농도, 온도, 압력, 연소실내의 산소농도, 산소혼합비, 반응온도, 촉매, 활성화에너지에 영향을 많이 받는다. 연소속도가 급속히 증가하여 330[m/s]의 음속을 넘어 수천[m/s]에 달하는 폭굉 또는 폭굉파라고 하는 데 이 진행 전면에는 충격파가 일어나 직진한다. 표 3-2에는 대표적인 가연성 가스의 연소속도를 나타내었다.

표 3-2 연소속도

종류 \ 속도	화염속도[cm/s]		폭발속도[m/s]	
	공기중 용량(%)	속도	산소중용량(%)	속도
수 소	36.3	490	66.7	2,821
일산화탄소	44.8	60	66.7	1,264
메탄	9.96	66.2	33.0	2,146
아세틸렌	10.3	278	40.0	2,716
메틸에테르	5.05	93.8	-	-
에탄	6.53	85.6	-	-
프로판	4.71	82.1	-	-
부탄	3.66	82.6	-	-
에틸알코올	-	-	25.0	2,356

(1) 연소과정과 연소속도의 관계

연소 시작 → 연소생성물 발생(불연성 물질 : CO_2, H_2O, N_2) → 연소생성물의 농도 상승하면 산소가 연료에 접촉하는 것을 방해하므로 연소속도는 저하된다.

(2) 연소속도를 결정하는 인자

① 새로운 산소가 연소가스층과 교체되어 연료와 접촉하는 속도(주로 연소속도로 결정)

② 화학적인 산화반응을 일으키는 속도(접촉속도보다 빠르다)

③ 연료의 산소농도, 산소혼합비, 반응온도, 촉매, 활성화에너지 등

3.3 연기(smoke)

3.3.1 연기의 개요

연기란 고체 중에서 고체나 액체의 미립자가 부유하고 있는 상태를 말한다. 화재 시에 있어서 연기란 물질의 열분해생성물, 즉 유리탄소입자, 액적입자 등이 동시에 발생한 가스체와 동시에 공기 중에 부유, 확산한 상태를 말한다.

보통 유기질재료가 가열되면 열분해를 일으켜 휘발성가스 및 유리탄소를 방출한다. 그것을 1차 반응이라고 한다. 또는 이들 생성물질에 가열이 행하여지면 2차반응으로서 발열반응이 행하여진다. 2차반응을 할 때쯤 산화가 완전히 진행되지 않고 열분해로 생성된 유리탄소 입자나 혹은 탄소입자에 타르계물질이 부착한 것, 또는 액적입자가 가스입자화된 분해생성물과 동시에 대기 중에 부유, 확산하고 있는 상태를 연기라고 한다. 연기는 열에 의한 물질의 분해생성물이기 때문에 그 물질이 가진 화학조성과 연소시 얻은 온도 및 산소의 공급 조건에 의해 크게 영향을 받는다. 그러므로 물질의 연소에 따라 방출된 연기입자나 가스는 다양하지만 어떤 일정한 조건에서는 그 물질 특유의 값을 나타낸다.

온도가 낮아 그을리는 연소의 단계에서는 액적입자가 대부분이기 때문에 백색 혹은 청백색의 연기가 발생하고 온도가 상승해 착화연소의 단계에 도달하면 유리탄소의 발생에 의해 검정 연기가 나온다. <u>연기입자의 크기는 0.01～50μm 정도</u>로 매우 작은 것이다.

3.3.2 연기의 성질 및 피난

연기는 온도가 낮은 곳이나 공기가 희박한 곳에서 연소할 경우, 많은 입자가 생성되어 농도가 짙게 된다. 즉, 낮은 온도하의 연소에서는 가스가 냉각되기 쉬우므로 액적입자가 되기 쉽다.

또한 공기가 부족하면 불완전연소되어 탄소의 입자가 방출된다.

이러한 입자가 다량으로 포함된 연기는 농도가 짙으며 검게 보인다. 건물화재에서 대량의 연기가 발생하는 것은 건물 내부 공간에 산소의 공급이 한정되어 불완전연소가 되는 경우가 많다. 화재 시 연기는 건물 내부에 갇혀 있기 때문에 쉽게 대기 속에 확산되지 않는 경우가 많다. 이러한 연기가 주로 인체에 해를 끼치게 된다.

건물화재 시 연기는 화재실에서 복도 계단 또는 덕트를 통하여 그 위층으로 번져 건물 내부에 확산되며 특히 엘리베이터 샤프트, 피트, 층과 층의 틈이 있으면 쉽게 스며들어 빠르게 확산된다. 따라서 방화구획의 필요성이 얼마나 중요한지 알 수 있다.

출화점에서 발생한 연기는 열에 의한 부력을 얻어 천장면에 이르면 천장기류(ceiling jet)를 형성하여 사방으로 퍼지며 두터운 층을 형성하면서 실내에 가득 차게 되고, 실내가 플래쉬오버에 이르면, 온도가 상승되면서 압력의 상승으로 창문이나 기타 개구부를 통하여 분출된다. 이러한 화재 시의 연기는 피난을 저해하는 중요한 장애요인으로 나타난다.

화재 시 연기는 피난하려는 사람에게 시각적인 장애와 의식불명 또는 질식 등 생리적인 치명상을 주게 된다. 연기로 인한 시각적인 장애는 주로 연기속의 주성분인 탄소입자로 인하여 광선이 차단되어 피난 유도표지나 출입구를 찾기 어렵게 되는 한편, 연기로 인한 눈의 기능 장애도 일으키게 된다. 연기에 의한 시각장애는 연기의 농도에 의하여 좌우되며, 감광계수(C_s)로 표시한 연기의 농도와 가시거리는 반비례의 관계를 가지게 된다.

$$[R(\text{가시거리}) \propto \frac{1}{C_s}]$$

일반적
으로 피난에 지장을 주는 가시거리의 한계치를 연기의 농도로 환산하면 다음과 같다.

건물 내부에 익숙한 사람의 경우, 연기의 농도가 약 0.3 이상, 건물 내부에 익숙하지 못한 사람의 경우 0.1 이상이 되면 피난에는 지장이 없다고 한다. 표 3-3에는 연기의 농도와 가시거리에 따른 시야의 정도를 나타내었다.

화재 시 건물 내부의 연기로 인한 의식불명 또는 질식은 사람의 생리적인 기능장애로써 그 대표적인 것은 연기 속의 유해성분인 일산화탄소(CO) 가스로 인한 중독 증상과 산소의 호흡량 부족으로 인한 근육의 활동이나 정신활동의 저하로서 움직일 수 없거나 의식이 몽롱한 결과를 가져오게 된다. 또한 심리적으로 연기를 봄으로써 공포에 떨거나 광란상태로 되거나 비정상적인 행동을 하는 패닉(pannic)현상이 나타난다.

표 3-3 연기의 농도(감광계수)와 가시거리

감광계수	가시거리(m)	상황
0.1	20～30	연기감지기가 작동할 정도
0.3	5	건물 내부에 익숙한 사람이 피난에 지장을 느낄 정도의 농도
0.5	3	어두침침한 것을 느낄 정도의 농도
1.0	1～2	거의 앞이 보이지 않을 정도의 농도
10	0.2～0.5	화재최전성기 때의 농도, 유도등이 보이지 않을 정도의 농도
30	-	출화실에서 연기가 분출될 때의 농도

3.3.3 피난계획상 유의하여야 할 연기의 성상

① 연기는 자기 자신의 열에너지에 의해 유동 확산하며 수평방향에서는 0.5～1 m/s, 수직방향에서는 2～3 m/s 이동한다.

② 연기의 유동확산은 벽 및 천장을 따라 열기류와 함께 진행하며 계단이나 덕트 등의 샤프트가 있으면 급속히 상층으로 이동하여 상층계(upper layer)를 오염시키지만, 실내에 있어서 연기농도는 상층으로부터 점차적으로 하층으로 미치는 것이 보통이다. 보통 연기의 확산은 수평확산과 수직확산으로 나누어진다.

- 수직확산은 대류열이 화재 위의 물질을 예열함으로써 연소를 가속화시키면서 급속히 이루어진다.
- 수평확산은 수직확산보다는 덜 급속히 이루어진다. 왜냐하면 열은 아직 연소되지 않은 물질로부터 멀리 대류되기 때문이며, 따라서 바닥부분에서보다는 천장에서 수평확산이 급속히 이루어진다.

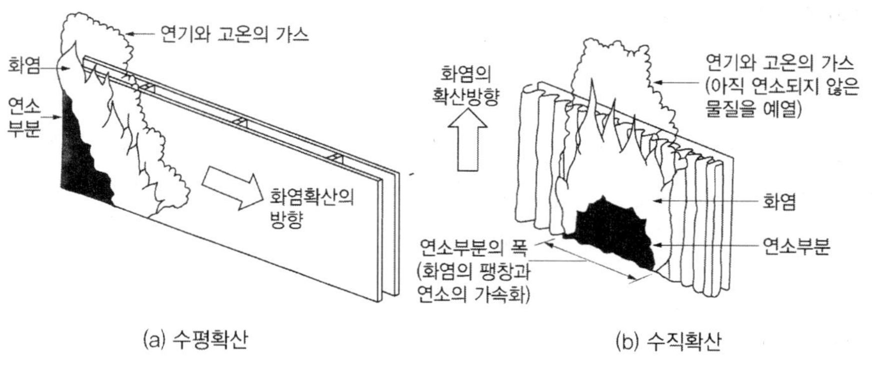

그림 3-2 연기의 확산

3.3.4 연돌효과(stack effect)

동절기에 있어서 실내를 난방하기도 하고 화재 시에 실온이 상승한 경우에는 실내의 공기의 밀도는 외기의 밀도보다 작기 때문에 부력이 커지고 그 때문에 건물의 고층부에서는 실내에서부터 실외로 향하는 압력이 생기며, 저층부에서는 역으로 외부에서 실내로 향하는 압력이 생긴다. 만약 외벽에 개구부가 있다면 고층부에서는 실내공기가 외부로 유출하고 저층부에서는 역으로 공기가 유입해간다. 이러한 현상을 연돌효과라고 한다.

이러한 연돌효과의 크기는 건물높이, 외벽의 기밀성, 건물의 층간 공기누출, 건물 안팎의 온도차의 함수이다. 이론적인 자연통기력(Draft)은 다음 식으로 나타낸다.

$$D_t = 7.63H\left(\frac{1}{T_0} - \frac{1}{T_1}\right) \tag{3-2}$$

여기서, D_t : 연돌효과

H : 높이

T_0 : 외부온도

T_1 : 내부온도

따라서 건물 내의 기류의 이동은 이러한 자연통기력 또는 연돌효과에 의하여 발생하고 있다. 위 식에서 연돌효과의 크기는 최하층과 최상층 내·외부의 온도차와 개구부 간의 수직거리에 좌우됨을 알 수 있다. 그리고 건물 내·외부의 온도와 압력이 같으면 자연기류의 이동은 일어나지 않고, 중간높이 부근에서 중성대(neutral zone)가 형성한다.

3.3.5 연기에 의한 피해

1) 연기의 독성

화재에 의한 피해가 발생할 때마다 최근 건축에 사용되고 있는 이른바 새로운 건축자재에서 연기문제가 대두된다. 이 새로운 자재로 사용하고 있는 플라스틱계 등의 재료는 유독성 가스가 발생한다. 그 유독성 가스를 들면 다음과 같다.

(1) 일산화탄소(CO)

연기흡입에 의한 중독의 주요원인으로는 일산화탄소가 가장 일반적이다. 흡입된 일산화탄소는 혈액 중의 헤모글로빈과 결합하여(CO-HB) 세포로의 산소운반 기능을 저해하여 질식사하게 된다. 화재 시 실내의 공기는 수천 ppm 농도까지 되는 것이 보통이며 1000 ppm의 농도로 1시간 미만 흡입하여도 치사한다.

(2) 시안화수소(HCN)

시안화수소는 작용이 가장 급격한 독극물의 하나이다. 시안화수소의 독 작용은 세포 내에서 산화반응의 촉매작용을 행하는 산화요소의 활성을 저해하는 데에 있으며, 그로 인해서 세포호흡의 정지를 초래한다. 시안화수소의 독성은 일산화탄소보다도 급성으로 고농도의 가스를 흡입하면 거의 순간적으로 질식되고 호흡이 정지된다.

(3) 자극성 가스

대표적인 자극성 가스인 염화수소는 물에 쉽게 녹고 눈, 코, 목의 점막을 자극, 기도를 파괴해서 기계적인 질식사를 초래한다.

(4) 이산화탄소(CO_2)

이산화탄소의 흡입은 호흡률을 증가시킴으로써 유독물이나 자극물의 흡입을 증가시키는 효과가 있다.

(5) 산소결핍

호흡 중 산소량이 저하되면 폐세포로부터 혈액 중으로의 산소 이동량이 적어져 생체조직으로의 산소공급량이 감소한다. 화재 시 피난자가 산소결핍만으로 치사에 이르는 예는 적다고 생각되지만 뇌의 기능을 저하시킴으로써 정확한 판단력과 행동을 저해한다는 의미에서 주의를 요한다.

(6) 염소(Cl_2)

가수분해하여 기관지에서 발생기산소와 Hcl로 된다.

(7) 기타가스

이산화질소(NO_2), 암모니아(NH_3), 할로겐산, 이산화유황과 같은 독성가스가 포함된다.

2) 연기의 유해성

(1) 시각적 유해성

연기에 의한 시각장애는 연기의 농도에 의하여 전방의 물체가 보이지 않게 되므로 유도등설비나 유도표지, 비상조명등이 동작되어도 피난방향을 인지하지 못해 시간이 지체되는 심리적 및 생리적 장애에 의하여 치명상을 입게 된다.

(2) 심리적 유해성

연기를 봄으로써 공포에 떨거나 불안감으로 인하여 광란상태나 비정상적인 행동을 하는 패닉현상을 일으켜 추락 등 2차 피해를 일으키는 것이 심리적인 장애이다.

(3) 생리적 유해성

직접 인간의 생리 기능에 영향을 주는 장애로 연소생성물에 의한 독성으로 가장 무서운 장애를 주는 것이다. 즉, 중독, 질식 및 연기입자에 의한 호흡장애 등이다.

3.3.6 연기농도(= 입자농도)

연기농도를 표시하는 방법에는 절대농도와 상대농도로 표시하는 방법이 있으며 방제연설비에는 일반적으로 감광계수에 의한 방법이 많이 사용되고 있다.

1) 절대농도

(1) 개수농도(입자농도)

단위체적 중에 포함되는 입자의 개수를 말하며 보통 개/cm^3로 표현된다. 이 방법에서는 단순히 입자의 개수만으로 평가되며 그 형상이나 크기 혹은 색과는 관계가 없다.

(2) 중량농도

단위체적 중에 입자의 중량으로 나타내며 입경이나 입자의 색에는 관계가 없다.

2) 상대농도

(1) 산란광농도

빛의 산란이나 감쇄 또는 전리전류의 감소 등에 의하여 나타내는 방법이 있다. 산란광농도는 빛이 입자에 부딪쳐서 산란하는 성질을 이용한 것이며 산란광의 강도는 입자의 수나 지름에 의하여 지배된다.

(2) 감퇴광농도(감광계수에 의한 농도)

연기 중에서 통과량으로부터 빛의 감쇄를 이용하는 것으로 감광계수에 의한 농도가 있다. 화재 시 사람의 피난을 목적으로 하는 경우 연기의 예측량으로 구해진 감광계수에 의한 광학적인 농도가 많이 사용된다. 이것은 Lambert-Beer의 법칙을 이용한 것이다.

$$I = I_o e^{-C_s L} \tag{3-3}$$

$$C_s = \frac{1}{L} \ln \frac{I_o}{I}$$

여기서, I : 연기층을 통과한 후의 강도(연기가 있을 때 빛의 강도) (Lux)

I_o : 입사광도 강도(연기가 없을 때 빛의 강도) (Lux)

C_s : 연기층의 농도에 관계된 감광계수

L : 연기층의 두께(광선과 수광점과의 거리)

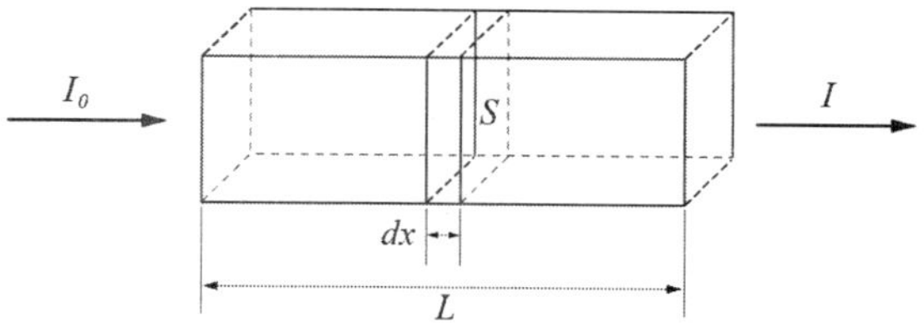

그림 3-3 Lambert-Beer의 법칙

3) 연기농도와 감광계수

① 감광계수 0.1 /m의 연기농도는 화재의 초기에 발생할 정도의 극히 적은 연기로서 연기감지기의 작동점도 거의 이 정도의 연기농도에 설정되어 있다. 이 농도에서 복도 또는 실내에서 속까지 훤히 비쳐 보이는 거리는 최대 20 m 정도이다.

② 불특정 다수가 출입하는 장소에서의 피난한계의 연기농도는 감광계수로서 0.1～0.2 /m이다.

③ 감광계수 1.0 /m의 연기농도에서는 겨우 2 m 정도밖에 볼 수 없다.

④ 화재 최전성기의 발화층에서의 연기농도는 감광계수로써 5～10 /m 정도의 농도이다.

⑤ 자동화재탐지설비의 연기감지기가 동작될 수 있는 감광계수는 0.1～0.2 정도이다.

3.3.7 재료에서 발생하는 연기의 양

1) 개요

미국 표준규격에 의한 상자 안에서 여러 가지 재료를 훈소 또는 연소시켰을 때의 연기의 농도와 시간 간의 관계를 조사하였다. 이것에 의하면 발연량에 미치는 영향은 고분자재료의 영향에 따라 다르므로 한 가지로 정할 수 없다. 다만 일반적으로 플라스틱 재료쪽이 목질계보다도 발연량이 많다고 할 수 있다. 그림 3-4와 3-5에는 재료가 연소할 때의 연기의 농도와 시간과의 관계를 나타내었다.

> **참고**
>
> 훈소(smoldering)
>
> 밀폐공간에서 산소 공급이 부족하든지 등의 조건이 생성된다면 가연성 혼합기체는 형성되지 않고 불꽃이 일어나지 않은 상태에서 분해생성물은 연소되지 않고 밖으로 빠져 나가는 현상

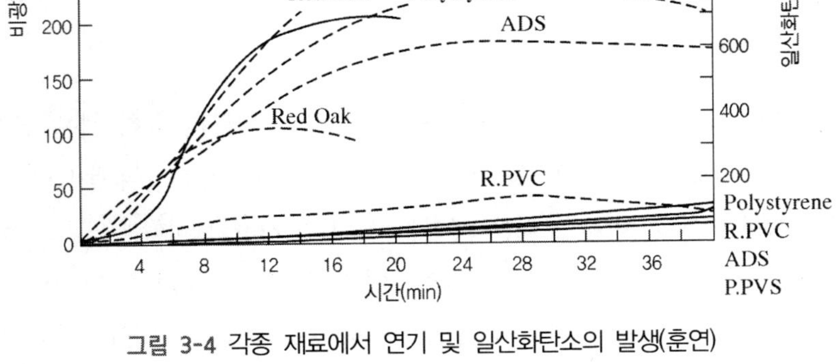

그림 3-4 각종 재료에서 연기 및 일산화탄소의 발생(훈연)

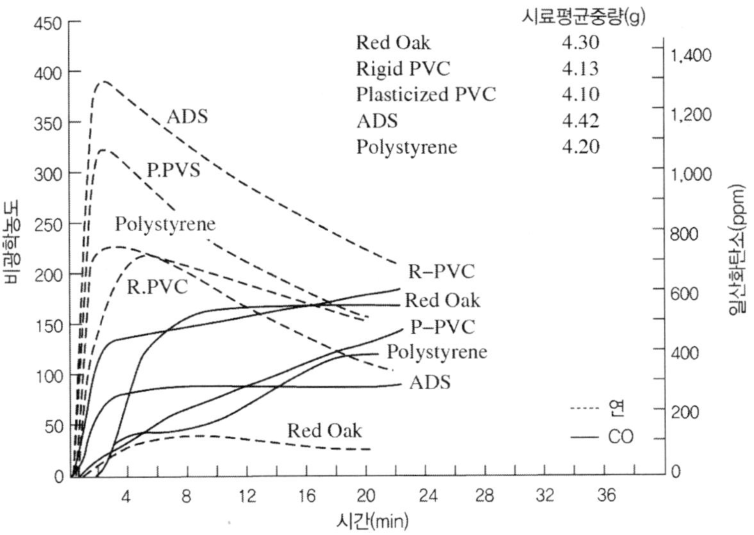

그림 3-5 각종 재료에서 연기 및 일산화탄소의 발생(연소)

2) 재료의 발연계수

온도를 고정하면 각 재료에 대하여 시료량과 발연량과의 사이에 직선관계가 성립함을 알 수 있다. 이로부터 재료의 발연계수를 다음과 같이 정의할 수 있다.

$$K = C_s \frac{V}{W} \text{ (합성화합물 > 목재류)} \tag{3-4}$$

여기서, K : 단위 중량당의 발연량(=발연계수) ($C_s \cdot m^3/kg$ 또는 m^2/kg)

V : 발생한 연기체적(m^3)

W : 재료의 분해, 연소중량(kg)

$$\text{단위중량당의발연량} = \frac{(\text{발연계수})(\text{발생한연기의체적, } m^3)}{(\text{재료의분해또는연소중량, kg})}$$

발연계수는 온도에 대하여 직선성을 가지고 있으므로 재료의 발연계수와 온도의 사이에는 식 (3-5)가 성립한다.

$$K = A - BT \tag{3-5}$$

단, A 및 B는 재료에 따라 달라지는 상수이며 다시 훈소영역과 착염 연소영역에서 달라진다.

3) 화재 시 유해가스의 발생

화재 시 실내에서의 유해가스 발생 상황을 내화구조물인 아파트에서 실행한 실험결과를 그림 3-6에 나타내었다.

그 결과 공기 중의 산소의 농도는 급속히 낮아지는 반면에 이산화탄소의 농도는 급히 높아지고, 일산화탄소도 약 6% 정도까지 상승한다. 그리고 산소결핍이 이산화탄소의 축적보다 빨리 나타나는 현상이 일어나는데 이는 이산화탄소가 산소결핍을 일으키는 주원인으로서 독성은 약하지만 화재 시 대량발생으로 산소의 농도를 감소시켜 질식사를 일으킬 수 있는 위험성이 크다. 일반적으로 산소농도가 16% 이하이면 질식사 우려가 매우 크다.

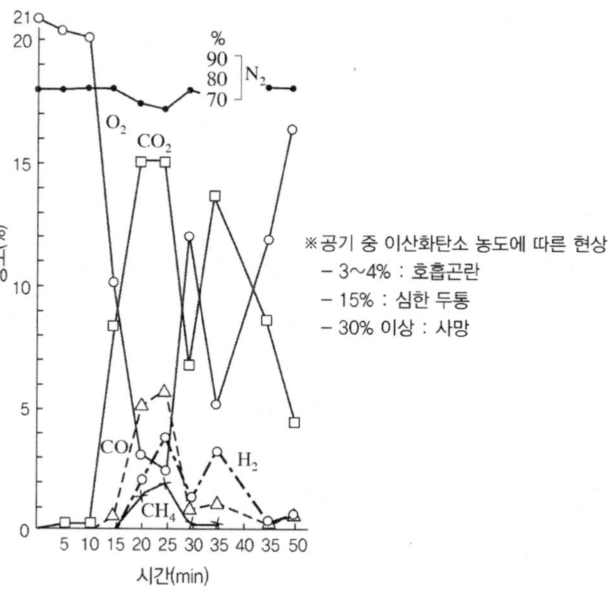

그림 3-6 아파트 화재 시 유해가스농도(JIS A 1302)

참고

공기 중 이산화탄소 농도에 따른 현상

2% : 호흡심도가 1.5배 증가

3~4% : 호흡심도가 2배 증가하여 호흡곤란

5% : 호흡속도 매우 빠르게 증가하여 유독가스 흡입량 가속화하여 위험

9% : 심한 두통, 10분 이내 의식 잃음

20% : 20~30분 이내 사망

30% 이상 : 사망

일산화탄소는 불완전연소 시 발생하는 것으로 질식사의 주요 원인이 된다. 일산화탄소는 혈액 중의 헤모글로빈과 결합하는 능력이 아주 높기 때문에 산소와 헤모글로빈의 결합을 방해하고 일산화탄소 자신이 HB-CO로 결합하여 산소결핍을 초래하여 보통 4～6%가 되면 인체에 치명적인 상태를 주기 때문에 화재 시 열에 의한 영향을 제외하더라도 생명의 보존이 어렵게 된다.

3.3.8 연기 제어방법

(1) 개요

연기의 유동원인은 화재 시 온도상승으로 인한 가스의 팽창, 굴뚝효과, 외부바람의 영향, 건물의 환기 및 덕트를 통한 건물 내의 연기의 유동이다. 연기제어의 방법은 희석(dilution), 배기(exhaust) 또는 차단(confinement)이며 보통은 이 3가지를 조합하여 적용하고 있다.

(2) 희석

건물 내의 연기를 계속하여 외부로 배출함으로써 연기나 연소생성물을 위험수준 이하로 희석한다. 인간은 피난처로 대피하는 동안 짧은 시간 내에는 2～3%의 연기에서도 견딜 수 있다. 일반적으로 희석은 자동소화가 가능한 곳에서 적용한다.

(3) 배기

고층건물이나 지하구조물에서 효과적으로 배기를 하려면 연기의 유동로와 유동력이 필요하며 이러한 유동력은 압력차를 이용한다. 스모크샤프트는 공기를 옥외로 배출시키는 통로의 하나로서 건물 밑에서 지붕꼭대기까지 수직으로 관통한다. 샤프트에는 각 층에 댐퍼를 두어 화재가 발생할 때까지 폐쇄상태로 유지한다.

(4) 차단

출입문, 벽 또는 연기가 있는 장소 사이의 압력차를 이용하는 방법이다.

3.4 건축물 화재현상

3.4.1 건축물화재 확대과정

건축물의 화재는 발화원의 불이 가연물에 착화하여 서서히 진행하다가 세워져 있는 가연물에서부터 착화가 시작되면서 천장으로 옮겨 붙어 본격적인 화재로 이어진다. 이에 따라 인접한 방이나 실내로 연소하면서 건물 전체의 화재를 일으키고 나아가서 인접건물을 연소시키는 경우도 있다. 그림 3-7은 건물화재의 확대과정을 나타낸 것이다.

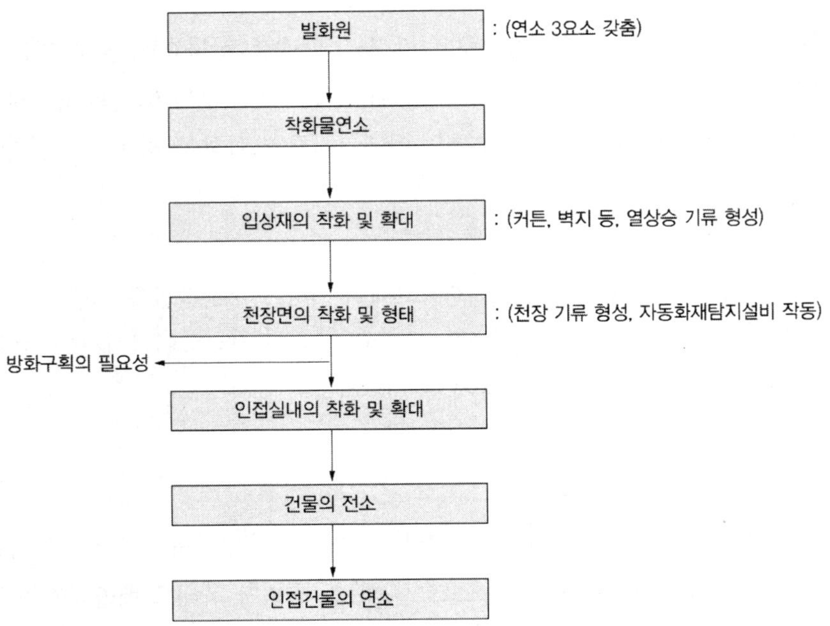

그림 3-7 건축물화재의 확대과정

3.4.2 건축물 실내화재 성장단계

건축물 실내에서 화재가 발생하면서 시간에 따른 온도변화를 그림 3-8에 나타내었다.

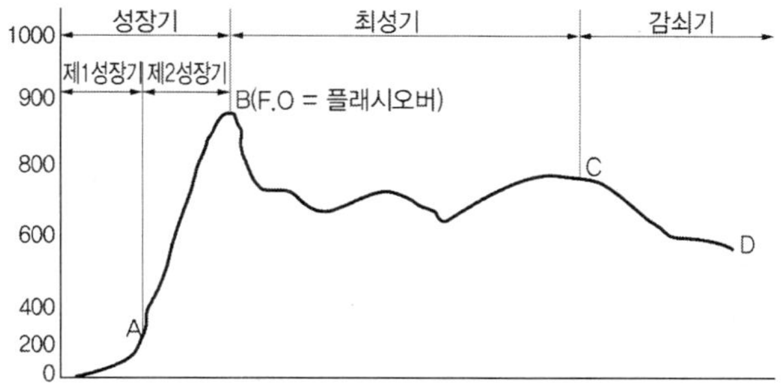

그림 3-8 실내화재의 성장단계

(1) 성장기(growth and development period)

실내화재에서 성장기는 제1성장기(초기)와 제2성장기(중기)로 나누어진다. 제1성장기는 발화 부위는 훈소현상으로부터 시작되어 실내의 온도는 크게 상승되지 않은 발화단계로서 점화원이나 착화물의 종류 등 조건에 따라 일정하지 않은 단계이다.

제2성장기는 실내 온도가 급격히 상승하여 천장 부근에 축적된 가연성 가스가 착화되면서 실내 전체가 높은 열과 화염에 휩싸이는 플래시오버(flashover)에 이르는 단계로 온도는 약 900~1,100℃까지 이른다.

(2) 최성기(peak period)

플래시오버 현상 이후 실내에 있는 가연물 또는 내장재가 격렬하게 연소되는 단계로서 실내 전체가 화염에 충만하고 화염이 개구부를 통해 출화하고 실내온도가 화재 중 최고온도에 이른 단계이다.

(3) 감퇴기(decay period)

실내에 있는 가연물이 대부분 소실되어 실내온도가 감소되어지는 시기이다. 완전히 타지 않은 연소물이 남아 있을 경우 실내온도 200~300℃ 정도를 나타내기도 한다.

참고

플래시오버(flastover) 현상

혼합연소 또는 비정상연소라고도 하고, 화재 초기 단계에서 실내 온도를 대류 열전달로 상승시키고 차츰 화세가 커지면서 복사열이 가연물에 전달되고, 연소물로부터 가연성 가스가 열상승기류에 의하여 천장 부위에 모이고 이 가스들이 일시에 인화하여 폭발적으로 연소하는 현상. 플래시오버 현상 때 실내온도는 약 900~1,100℃에 이른다.

3.4.3 건축물의 화재하중

1) 개요

화재의 규모를 결정하는 것은 화재실의 가연물의 양이다. 이 가연물에는 벽, 천장, 칸막이 등의 바탕재료, 내장재료나 가구 등이 고정 가연물과 서적, 의류 기타 수납물 등의 적재 가연물이 있다. 실내의 가연물에는 여러 종류의 재료가 있고 또 연소 시의 발열량도 다르기 때문에 가연물양은 실제로 존재하는 가연물을 같은 발열량의 목재로 환산한 값, 즉 등가 목재중량을 사용하는 것이 편리하다. 여기서 화재실 혹은 화재구획의 단위 바닥면적에 대한 등가 가연물양의 값을 화재하중이라 하고 식 (3-6)으로 계산된다.

$$q = \frac{\Sigma G_i H_i}{H_o A} \tag{3-6}$$

$$= \frac{\Sigma Q_i}{4500A}$$

여기서, q : 화재하중(Fire load)
G_i : 각종 가연물 량(kg)
H_i : 가연물의 단위 중량 당의 발열량(kcal/kg)
H_o : 목재의 단위 중량당의 발열량(4500 kcal/kg)
A : 화재구획의 단위 면적
Q_i : 화재구획에 있는 가연물의 전발열량(kcal)

화재하중은 건물용도에 따라 많은 차이가 있으며, 화재크기의 정도는 가연물의 양과 연소속도에 의하여 결정되므로 화재하중을 적게 하려면 구조재 및 수용물의 불연화율을 높이고 불연화할 수 없는 서류 등의 가연물은 불연성의 밀폐용기에 수용할 필요가 있다.

2) 화재하중에 대한 내화성능의 결정

① 건물 각 부재가 안전하게 결정될 수 있도록 결정하고, 보나 기둥의 변형이나 악영향을 주지 않도록 한다.
② 바닥은 화재 후의 보수를 고려 내화성능이 떨어지도록 한다.

3) 화재하중 추정

건축물의 내화설계는 해당 건물에서 발생할 수 있는 화재의 최대규모를 추정하며 이를 대상으로 설계하여야 한다.

실내의 화재온도는 창면적, 창높이, 실내표면적, 벽, 천장의 열정수 등에 지배되며 화재지속시간은 가연물양, 창면적, 창높이 등에 의하여 결정된다. 건물의 내화설계에는 화재온도, 화재지속시간을 추정하여 이를 표준화재온도곡선상의 시간을 구하고 이를 설계하중으로 하지만 일반건축물에서는 안정성을 고려하여 가연물양 50 kg/m^{2}인 경우 1.0～1.5시간, 100 kg/m^{2}인 경우 1.5～3.0시간, 200 kg/m^{2}인 경우는 3～4시간 정도로 하는 것이 일반적이다.

3.4.4 실내 가연물의 연소속도(R)

실내의 연소는 개구부의 환기에 의하여 지배적인 경우가 많다. 실내화재의 경우 실내 가연물양이 연소에 의해 중량이 감해지는 속도를 연소속도(R=kg/min)로 정의한다. 화재 최성기에서 R은 거의 일정치를 나타내고 정상적인 연소를 하며 유입공기량에 의해 지배되고 있음이 실험에 의해서도 확인되고 있다. 연구보고에 의하면 R치는 개구부 면적(A)와 높이(H)의 평방근의 곱에 비례한다.

$$\begin{aligned} R &= (5.5 \sim 6.0) A_B \sqrt{H} \\ &= k A_B \sqrt{H} \end{aligned} \tag{3-7}$$

여기서, R : 자연환기에 의하여 화재실내로 유입되는 공기량
A_B : 개구부 면적(m^2)
H : 개구부의 높이(m)

연소에 의한 실내 압력의 상승에 의해 개구부에는 압력의 중성대가 생기고 상부에서는 화염이 분출하고 하부로터는 외기가 유입된다. 식 (3-7)은 천장 및 벽이 콘크리트와 같이 열전도성이 다소 있고 열용량도 큰 경우에 목재와 같은 가연물의 연소에 적용할 수 있는 식이지만 단열성이 좋은 내장재의 연소의 경우에는 적용할 수 없다. 일반적으로 실내화재에 의한 열수지 계산은 식 (3-8)으로 나타낼 수 있다. 실내화재에 소비된 열량은 60～80%이고, 나머지는 외부로 방출하는데 이 외부로 방출된 화염 및 열기류가 화재를 확대하는 데 기여를 한다.

$$Q_H = Q_w + Q_B + Q_L + Q_R \tag{3-8}$$

여기서, Q_H : 총발열량(kcal)

Q_w : 벽 및 천장 등에 흡수되는 열량

Q_B : 개구부로의 방사열량

Q_l : 화염의 분출에 따라 없어지는 열량

Q_R : 실온을 상승시키는 열량

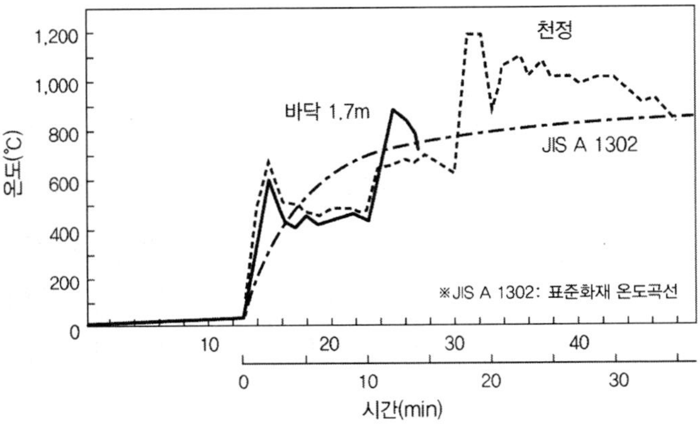

그림 3-9 아파트의 경우 실내화재 온도곡선(JIS A1302)

3.4.5 화재 시 구조재의 온도와 강도

1) 개요

그림 3-10에서는 시험로의 온도를 상온에서 950℃까지 상승시켰을 때 강재의 온도상승을 나타내었다. 시험시작 2시간 후에 재료온도는 600℃ 부근까지 상승하고 있으며 실측치와 계산치가 잘 일치하고 있다. 그러나 콘크리트재에서는 계산 정확도는 높지 않다.

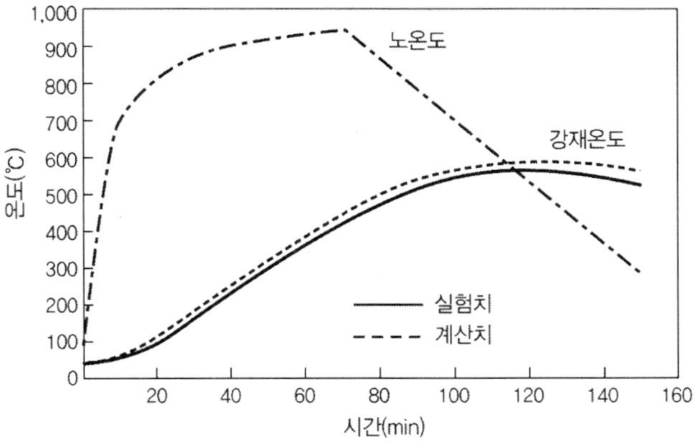

그림 3-10 실험로 온도와 강재온도

2) 온도상승에 의한 강재 및 콘크리트 강도 저하

그림 3-11에서는 온도상승에 의한 강재의 항복강도 감소와 탄성계수 감소를 나타내었다. 강재의 온도가 600℃로 상승하면 인장응력과 탄성이 모두 상온치의 30%까지 저하되는 것을 알 수 있다. 이 밖에도 다음과 같은 강도가 저하된다.

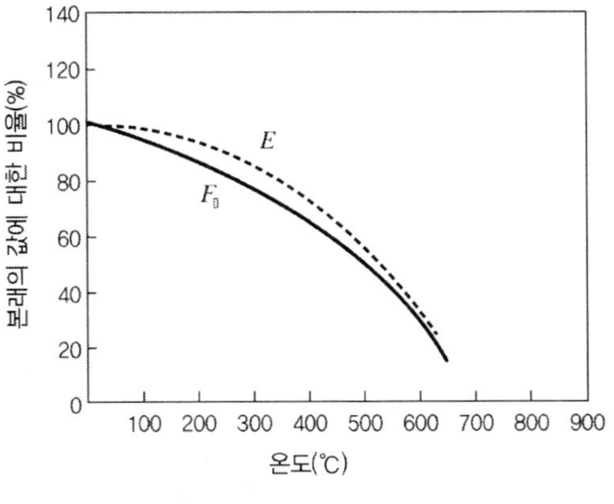

그림 3-11 강재의 온도에 의한 항복강도 및 탄소계수의 감소

(1) <u>온도상승에 따른 강도 저하 내용</u>

① 온도의 상승과 함께 콘크리트 강도가 저하하지만, 탄성 저하가 특히 현저하며 소성화된 콘크리트로 된다.

② 자주 사용되는 하천모래를 이용한 콘크리트는 500℃ 이상에서 탄성이 대부분 상실된다.

즉, 시멘트결합수가 가열에 의해 상실되고 조직이 해이되며 열응력과 함께 콘크리트 영계수 및 압축강도가 저하된다.

③ 콘크리트는 높은 온도에서 열팽창율은 비교적 크지만, 강재에 비교하면 20% 정도 작다. 따라서 철근과의 협동작용이 어렵다.

④ 콘크리트 열팽창과 함수율 때문에, 급격한 화재온도(1000～1200℃)에 이르면 내부 증기압으로 인하여 마루바닥이나 대들보의 표면이 폭열하며 콘크리트도 파편이 되어 비산하는 경우가 있다.

3.4.6 건물 간 연소

1) 방사열로 인한 연소

출화한 건축물로부터 화염이 직접 인접해 있는 건축물의 가연물에 접촉하면 곧 타기 시작하는데, 이러한 연소 외에 주로 복사열에 의한 연소를 생각할 수 있다. 이는 바람의 유무 및 착화물의 종류에 따라 다르다. 표 3-4에서는 건조된 시료의 인화 및 발화한계 복사열을 나타내었는데, 여기에서 인화는 시료표면 부근에 작은 화염이 있는 경우의 복사열에 의한 착화를 나타낸 것이고, 발화한계라고 하는 것은 15분간 열방사를 계속하였을 때의 한계치이다. 방사열로 인한 건물의 연소를 고려할 때는 작은 화염이 연소면 부근에 존재하는가를 충분히 주의하지 않으면 안 된다.

표 3-4 물질에 따른 복사강도

물질	복사강도[kcal/m^2·h]	
	발 화	인화
흑색레이온, 목면커텐	18,000	7,200
섬유판	21,000	9,360
흑색목재	28,800	10,800
합 판	-	14,400
표면이 거친 목재	-	14,400～16,920
바인드칠을 한 목재		14,400～21,600
하드-보드		10,800
열경화성 플라스틱	72,000	
직물	28,800	
목면 프린트지	20,880	10,880

2) 연소곡선

출화 건물 및 인접건물이 목조이며 거리 d만큼 떨어져 있을 경우 출화 건물의 외벽면의 아랫부분을 원점으로 했을 때 주어지는 포물선의 등온선으로 나타내어진다.

$$h = pd^2 \tag{3-9}$$

여기서, d : 건물과 건물의 거리

p : 인접벽면 재료에 의하여 정해지는 정수(JIS)

1급재료 : ∞

2급재료 : 0.82

3급재료 : 0.15

4급재료 : 0.04

h : 높이

그림 3-12에서와 같이 건물 상호 간의 간격이 클수록 연소가 어렵고 반대로 2급이 1급보다 연소가 쉬운 것을 알 수 있다. 그리고 많은 화재 사례로부터 목조건물 상호 간의 거리와 연소확률과의 관계를 그림 3-13에 나타내었는데 거리가 6~8 m인 경우에도 약 30% 정도의 연소율을 나타내고 있다.

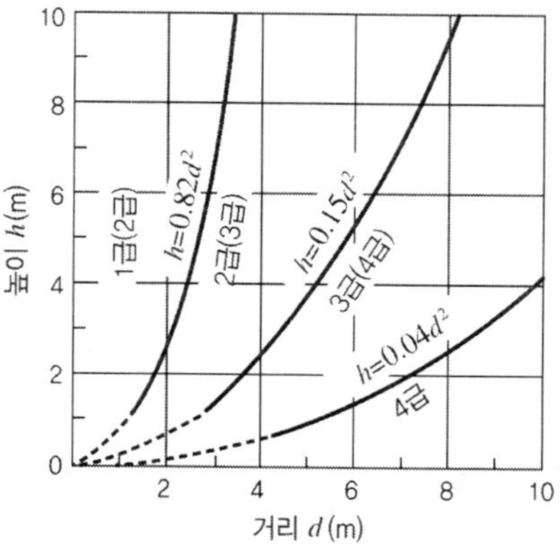

그림 3-12 화재 건물에서의 등온도(연소범위)

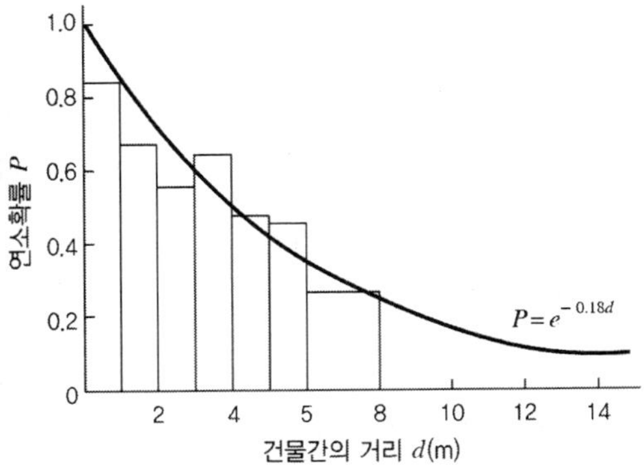

그림 3-13 목조 건축물간의 연소확률(풍속 Q~2.5 m/s)

3) 연소할 우려가 있는 경우

주로 목조 건축물의 연소방지를 위하여 만들어진 것으로 1층과 2층에 있어서 연소할 우려가 있는 부분의 거리에 간격(1층은 3 m, 2층은 5 m)을 둔 것은 본래 건축물이 연소할 때에 연소되지 않은 한계는 그림과 같은 포물선의 외측분이라고 알려져 있기 때문이다.

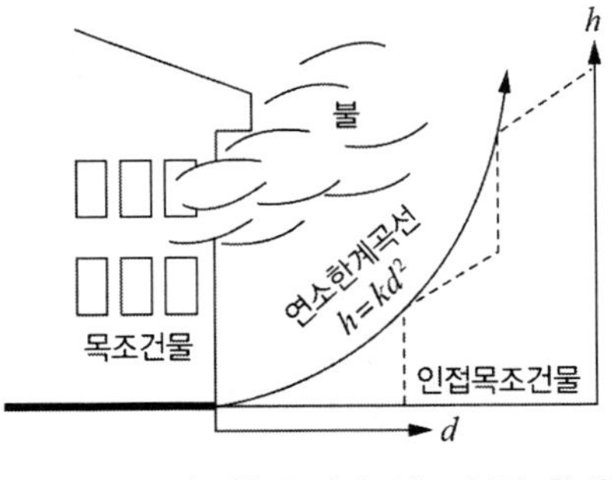

그림 3-14 연소할 우려가 있는 부문 한계

3.5 인간에 대한 열의 효과

3.5.1 개요

인간은 고온 분위기나 강한 방사열에 노출되면 대사가 촉진되어 혈액순환이나 호흡이 빨라지고 열로 인한 통증이나 화상을 입는다. 인간과 환경 사이에는 다음 4가지 경로에 의하여 교환된다.

① 방사열은 화염과 같은 높은 열원으로부터 피부로 직접 흡수된다.

② 신체는 대류에 의하여 분위기와 열교환을 한다.

③ 고열부가 직접 물리적으로 접촉하는 경우 열은 전도로 교환된다.

④ 받은 열은 폐로부터 호흡, 피부로부터의 땀의 발산 등으로 잃어버리지만 나머지는 신체, 조직 및 체액에 열로써 저장된다.

3.5.2 인간과 온도환경

바람이 없고 습도가 낮은 경우, 고온환경에 대하여 인간은 50℃에는 수 시간, 130℃에는 15분, 200~250℃에는 5분은 견딜 수 있다고 한다. 이 Buethner의 내용시간(耐容時間)과 온도와의 관계를 그림 3-15에 나타내었다.

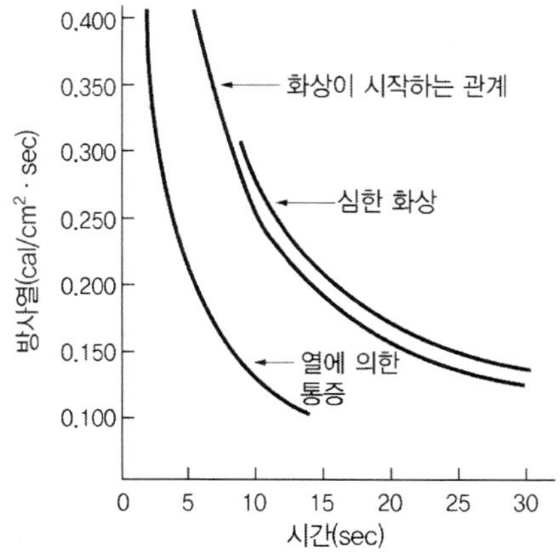

그림 3-15 주위 온도와 내용(耐容)시간

3.5.3 방사열의 영향

인간이 방사열을 받았을 때의 내용시간(耐容時間)은 방사열의 제곱에 반비례하며 열관성($k\rho C$: k는 인간의 피부의 열전도율 1.5×10^{-3} cal/cm · s · deg), ρ는 인간의 밀도(1.1 g/cm^3), C는 인간의 열용량(0.8 cal/g · deg)에 비례하고 온도차(ΔT)의 제곱에 비례한다. Stoll의 실험에 의해 구한 방사열과 내용(耐容)시간 온도의 관계는 다음 그림 3-16에 나타내었다.

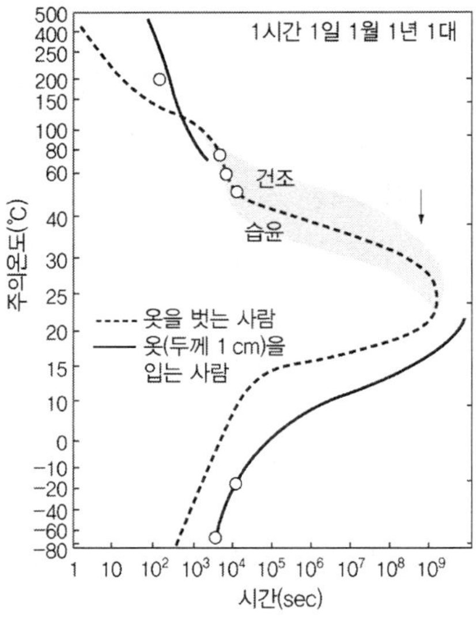

그림 3-16 내용시간(耐容時間)과 방사열 관계

3.5.4 열과 화상

1) 화상의 종류

① 1도 화상 : 홍반점 화상, 변화가 피부의 표층에 국한되는 것으로 환부가 빨갛게 되며 가벼운 부음과 통증을 수반한다.

② 2도 화상 : 수포성 화상, 화상 직후 혹은 하루 이내에 물집이 생긴다. 2주간 정도로 치유되는 잔재성과 겔로이드를 남기는 심재성 등 2종류가 있다.

③ 3도 화상 : 괴사성 화상, 피부의 전체층이 죽어 궤양화된다.

④ 4도 화상 : 흑색화상, 더욱 깊은 피하지방, 근육 또는 뼈에까지 이른 화상이다.

2) 인간의 내열한계

석유화학 탱크화재 실험에 있어서 보통 작업복을 착용하고 있을 때의 한계치는 2,400 kcal/m^2h이다.

3) 의복화재

화재 시 의복에 착화하면 착화하지 않은 경우에 비하여 인체에 손상을 주는 정도가 높아져 전신화상으로 되어 그 피해가 커진다. 의복 착화 시 전신의 70%가 2도 화상 이상의 화상을 입는 일이 있으나 착화하지 않으면 2%의 화상으로 끝날 수도 있다. 예를 들면, 면으로 된 잠옷에 착화할 때, 안면 도달 시까지 12～15초, 연소는 1분 30초 정도 걸린다고 알려져 있다.

연습문제

01 도시화재와 산업화재를 구별하여 간단히 설명하시오.

02 화재를 가연성 물질에 따라 분류하고 간단히 설명하시오.

03 연소(폭발)한계를 설명하고 위험도를 구하는 식을 쓰시오.

04 연소한계와 착화와의 관계를 설명하고 연소한계를 좁히는 대책을 쓰시오.

05 수소, 아세틸렌, 프로판, 이황화탄소, 가솔린의 위험도를 구하고 위험도가 높은 순서로 쓰시오.

06 연소속도와 연소압력파의 관계, 연소속도를 결정하는 인자를 설명하시오.

07 연기의 정의를 쓰시오.

08 연기에서 연소생성물을 구별하고 간단히 설명하시오.

09 화재 시 건물 내의 연기가 피난에 가장 큰 영향을 미치는 이유는 무엇인가?

10 연기의 농도와 감광계수, 피난과의 관계를 설명하시오.

11 피난 시 거주자의 패닉(pannic)현상을 설명하시오.

12 연돌효과(stack effects)를 설명하고 자연통기력을 구하는 식을 설명하시오.

13 연기의 농도표시방법과 Lambert-Beer 법칙을 설명하시오.

14 연기제어방법을 간단히 설명하시오.

15 화상의 종류를 쓰고 각 화상을 설명하시오.

16 화재 시 구조재(강재와 콘크리트)의 온도와 강도 저하 내용에 대하여 설명하시오.

CHAPTER

04 건축물 방화대책

4.1 소방과 관련된 건축용어

1) 건축물 정의

건축물이란 토지에 정착하는 공작물 중 지붕과 기둥 또는 벽이 있는 것과 이에 딸린 시설물, 지하나 고가의 공작물에 설치하는 사무소·공연장·점포·창고 그 밖에 대통령령으로 정하는 것

2) 공작물

① 지상이나 지중·해중에 인공을 가하여 제작한 물건, 건축물·다리·터널·정원·전신주·우물 같은 것

② 지하나 고가의 공작물 : 지하도나 고가 구조물 자체는 건축물이 아니다. 그러나 지하가의 공작물의 용도가 사무소, 공연장, 점포 등에 쓰일 때 건축법상 건축물로 정의한다.

3) 지하층

건축물의 바닥이 지표면 아래에 있는 층으로서 바닥에서 지표면까지 평균 높이가 해당 층 높이의 1/2 이상인 것을 말한다.

4) 거실

(1) 건축법상 거실 정의

건축물 안에서 거주·집무·작업·집회·오락 등의 목적으로 사용되는 방

(2) 거실로 보는 것

① 주택 : 침실 · 서재 · 대청 · 응접실 · 주방 · 식당 · 가사실 등

② 사무소 : 사무실 · 응접실 · 역원실 · 회의실 · 숙직실 등

점포 : 매장 · 사무실 · 조리실 등

공장 : 작업장 · 식당 · 사무실 · 조리실 등

공장 : 작업장 · 식당 · 사무실 · 휴게실 등

병원 : 병원 · 진찰실 · 수술실 · 간호사실 · 의사실 등

(3) 거실이 아닌 것

현관, 복도, 계단, 화장실, 세면소, 기계실, 차고, 창고 등

5) 주요 구조부

① 주요 구조부란 내력벽, 기둥, 바닥, 보, 지붕틀 및 주계단을 말함

② 주요 구조부가 아닌 것

비내력벽, 사이 기둥, 최하층 바닥, 차양, 옥외계단 기초

6) 건축

(1) 정의

건축물을 신축 · 증축 · 개축 · 재축하거나 건축물을 이전하는 것을 말한다.

(2) 신축

① 건축물이 없는 대지에 새로 건축물을 축조하는 것

② 부속건축물만 있는 대지에 새로 주된 건축물을 축조하는 것

③ 기존 건축물을 철거하고 그 대지에 종전의 기존 건축물 규모를 초과하여 다시 축조하는 것

④ 기존 건축물이 재난으로 인하여 멸실된 대지에 종전의 기존 건축물 규모를 초과하여 다시 축조하는 것

(3) 증축

증축이란 기존 건축물이 있는 대지에서 건축물의 건축면적, 연면적, 층수 또는 이를 증가시키는 행위

(4) 개축

개축이란 다음의 어느 하나에 해당하는 것을 말한다.

① 기존 건축물의 전부를 철거하고 그 대지에 종전의 기존 건축물 규모 안에서 건축물을 다시 축조하는 것

② 기존 건축물 내력벽·기둥·보·지붕틀 중 셋 이상을 포함한 일부를 철거하고 그 대지에 종전의 기존 건축물 규모 안에서 건축물을 다시 축조하는 것

(5) 재축

재축이란 천재지변이나 재해로 멸실된 경우에 그 대지에 기존 건축물 규모 안에서 건축물을 다시 축조하는 것으로서 재축은 개축과 결과적으로 동일한 축조로 보나 개축은 자위 또는 기타 행위에 의하여 건축물을 철거하고 다시 축조하는 데 대하여 재난으로 인하여 멸실된 건축물을 타의에 의하여 축조하는 데서 다르다.

(6) 이전

이전이란 건축물의 주요 구조부를 해체하지 아니하고 같은 대지의 다른 위치로 변경하는 것을 말한다. 건축물의 위치를 다른 대지의 위치로 바꾸는 경우, 그 다른 대지에 대하여 그 다른 대지가 건축물이 없는 대지이면 신축이 되고 기존 건축물이 있는 대지이면 증축으로 해석된다.

7) 대수선

(1) 정의

건축법상 대수선이란 건축물의 기둥, 보, 내력벽, 주계단 등의 구조나 외부형태를 수선·변경하거나 증설하는 것으로서 대통령령으로 정하는 것

(2) 대수선의 범위

다음의 어느 하나에 해당하는 것으로서 증축·개축·재축에 해당하지 않은 것

① 내력벽을 증설 또는 해체하거나 내력벽의 벽면적을 30 m^2 이상 수선 변경하는 것

② 기둥을 증설 또는 해체하거나 기둥을 3개 이상 수선 변경하는 것

③ 보를 증설 또는 해체하거나 보를 3개 이상 수선 변경하는 것

④ 지붕틀을 증설 또는 해체하거나(한옥에서는 지붕틀의 범위에서 써가래 제외) 지붕틀을 3개 이상 수선 변경하는 것

⑤ 방화벽 또는 방화구획을 위한 바닥 또는 벽을 증설 해체하거나 수선 변경하는 것
⑥ 주계단·피난계단 또는 특별피난계단을 증설 해체하거나 수선 변경하는 것
⑦ 다가구 주택의 가구 간 경계벽 또는 다세대주택의 세대 간 경계벽을 해체하거나 수선 변경하는 것
⑧ 미관지구 안에서 건축물의 외부형태(담장포함)를 변경하는 것

8) 내화구조

내화구조란 화재 시 일정 시간 동안 건물이 강도 및 그 성능을 유지할 수 있는 것을 말한다. 부연 설명하면, 철근콘크리트, 연화조, 기타 유사한 구조로써 화재 시 쉽게 연소가 되지 않음은 물론, 상당한 시간 동안에 구조상 내력을 감소시키지 않고, 보통 방화구획 내에서 진화되어 인접부분에 화기의 전달을 차단할 수 있으며 또한 최종적 단계에서 전소해도 수리하여 재사용할 수 있는 구조이다.

9) 방화구조

화염의 확산을 막을 수 있는 성능을 가진 구조임

10) 불연재료·준불연재료·난연재료

① 불연재료 : 불에 타지 않은 성질을 가진 재료
예) 콘크리트, 석재, 벽돌, 기와, 석면판, 철망, 알루미늄, 유리, 시멘트, 모르타르·회 등
② 준불연재료 : 불연재료에 준하는 방화성능을 가진 재료
③ 난연재료 : 불에 잘 타지 않은 성능을 가진 재료

11) 고층·준초고층·초고층 건축물·발코니

① 고층 건축물 : 층수가 30층 이상이거나 높이가 120 m 이상인 건축물
② 준초고층 건축물 : 고층건축물 중 초고층 건축물이 아닌 것
③ 초고층 건축물 : 층수가 50층 이상이거나 높이가 300 m 이상인 건축물
④ 발코니(balcony)
건축물의 내부와 외부를 연결하는 완충공간으로서 전망이나 휴식 등의 목적으로 건축물 외벽에 부가적으로 설치되는 공간으로 층별로 가구별 면적이 똑같은 아파트 등에서 집집

마다 똑같이 건물 외벽으로부터 1.5 m 가량씩 튀어 나오게 지어진 공간

참고

베란다(veranda)

공동주택에서 위층이 아래층보다 면적이 작아 아래층 지붕 위에 생긴 공간을 말하며 베란다를 발코니와 같이 만들기 위해서는 지붕을 씌우고 벽체를 설치하는 등 새로운 공간을 만들어야 한다.

12) 다중이용건축물

① 다음 용도로 사용되는 바닥면적의 합계가 5천 m^2 이상인 건축물

- 문화 및 집회시설(전시장 및 동·식물원 제외)
- 판매시설, 운수시설(여객용시설만 해당)
- 의료시설 중 종합병원
- 숙방시설 중 관광숙박시설

② 16층 이상인 건축물

13) 바닥면적

건축물의 각 층 또는 그 일부로써 벽·기둥 기타 이와 유사한 구획의 중심선으로 둘러싸인 부분의 수평 투영면적으로 건축물대장이나 등기부등본 등 공부상 등재되는 연면적의 산정과 용적률 산정을 위한 기준이 되며, 방화 및 피난에 관한 규정 중 방화구획 및 옥외로의 출구의 넓이 등을 산정하는 기준이 됨

14) 연면적

하나의 건축물의 각 층(지하층 포함)의 바닥면적의 합계를 말함

15) 층고

방의 바닥구조체로부터 윗면으로부터 위층 바닥 구조체의 윗면까지의 높이로 한다.

16) 건폐율과 용적률

① 건폐율 : 대지면적에 대한 건축 바닥면적(대지에 둘 이상의 건축물이 있는 경우에는 이들

건축면적의 합계)의 비율을 의미한다. 즉 수평적 건축 밀도를 말한다.

② 용적률 : 대지면적에 대한 건축물의 연면적(1개의 대지에 둘 이상의 건축물이 있는 경우에는 이들 연면적의 합계)의 비율을 말한다. 즉 입체적(수직적)인 건축면적과 밀도를 말한다.

17) 설계도서

건축물의 건축 등에 관한 공사용의 도면과 구조계산서 및 시방서, 건축설비 계산 관계서류, 토질 및 지질 관계서류, 기타공사에 필요한 서류를 말한다.

4.2 건축물 방화대책

4.2.1 건축물 방화대책의 기본 요건

① 출화방지
② 건물 내 연소확대 방지
③ 피난확보
④ 화재에 따른 조기 붕괴 방지
⑤ 주변공간 가해 방지
⑥ 소화활동의 원활화
⑦ 시가지 화재 방지

4.2.2 방화구획

(1) 방화구획 설치 목적

건축물의 화재는 건축물의 내부에서 발생하는 경우 건축물의 화재에 대한 피해를 최소한으로 줄이기 위하여 방화구획을 한다.

(2) 방화구획 설치기준

주요구조부가 내화구조 또는 불연재료로 된 건축물로서 연면적이 1,000 m^2를 넘는 것은 다음 기준에 의하여 바닥·벽 및 갑종방화문(자동방화셔터 포함)으로 구획하여야 한다.

표 4-1 방화구획 설치 기준

단위구획의 종류		구획의 기준	
층단위	• 3층 이상의 층 • 지하층	각 층마다 구획할 것	
면적 단위	• 10층 이하의 층	바닥면적 1,000 m^2(3,000 m^2) 이내마다 구획할 것	
	• 11층 이상의 층	실내마감재가 불연재료가 아닌 경우	200 m^2(600 m^2) 이내마다 구획할 것
		실내마감재가 불연재료인 경우	500 m^2(1,500 m^2) 이내마다 구획할 것

※ ( )내의 숫자는 스프링클러 기타 유사한 자동식 소화설비를 설치한 경우의 면적임

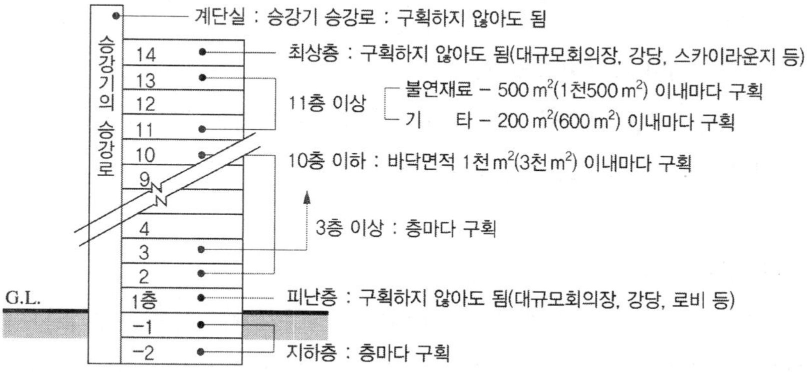

그림 4-1 방화구획

(3) 방화구획의 완화

다음 각 호의 하나에 해당하는 경우에는 앞의 (2) 규정을 적용하지 않거나 완화하여 적용할 수 있다.

표 4-2 방화구획 완화 적용기준

1. 문화 및 집회시설(동·식물원 제외), 종교시설, 운동시설 또는 장례식장의 용도로 쓰는 거실로서	시설 및 활동공간의 확보를 위하여 불가피한 경우
2. 물품의 제조·가공·보관 및 운반 등에 필요한	고정식 대형기기·설비의 설치를 위하여 불가피한 경우
3. 계단실 부분·복도 또는 승강기의 승강로 부분	그 건축물의 다른 부분과 방화구획으로 구획된 부분
4. 건축물의 최상층 또는 피난층	대규모 회의장, 강당, 스카이라운지, 로비 또는 피난안전구역 등 해당용도로써 사용상 불가피한 부분
5. 복층형인 공동주택	세대 간 층간 바닥부분
6. 주요구조부가 내화구조·불연재료로 된	주차장 부분
7. 단독주택, 동물 및 식물관련시설 또는 교정 및 군사시설(집회, 체육, 창고 등의 용도로 사용되는 시설만 해당)	해당용도에 쓰이는 건축물

(4) <u>건축설비가 방화구획을 관통하는 경우 구획</u>

① 급수관, 배전관 기타의 관이 방화구획을 통과하는 경우에는 그 관과 방화구획과의 틈을 시멘트 몰타르 기타 불연재료로 메울 것

② 환기, 난방 또는 냉방 사용의 풍도가 방화구획을 관통하는 경우에는 그 관통부분 또는 이에 근접한 부분에는 적합한 댐퍼를 설치할 것

(5) 아파트 대피공간의 설치

아파트로서 4층 이상인 층의 각 세대가 2개 이상의 직통계단을 사용할 수 없는 경우에는 발코니에 인접세대와 공동으로(대피공간의 바닥면적 3 m^2 이상) 또는 각 세대별로(대피공간의 바닥면적 2 m^2 이상) 다음 하나의 요건을 모두 갖춘 대피공간을 하나 이상 설치하여야 한다.

① 대피공간은 바깥의 공기와 접할 것

② 대피공간은 실내의 다른 부분과 방화구획으로 구획될 것

③ 대피공간의 바닥면적은 공동으로 설치할 경우 : 3 m^2 이상
각 세대별로 설치하는 경우 : 2 m^2 이상

④ 국토교통부장관이 정하는 기준에 적합할 것

(6) 방화구획의 구조

표 4-3 방화구획의 구조

1. 방화구획으로 사용하는 갑종 방화문	언제나 닫힌 상태를 유지하거나 화재 시 연기의 발생 또는 온도의 상승에 의하여 자동적으로 닫히게 할 것
2. 외벽과 바닥 사이에 틈이 생길 때나 급수관·배전관 등이 방화구획을 관통하는 경우 그로 인하여 방화구획에 틈이 생길 때	그 관과 방화구획의 틈을 내화충전 성능을 인정한 구조로 된 것으로 메울 것
3. 환기·난방·냉방시설의풍도가 방화구획을 관통하는 경우	적합한 댐퍼를 그 관통부분 또는 근접부분에 설치할 것

4.2.3 방화구획 설비

(1) 방화문(fire door)

① 정의

화재의 확대, 연소를 방지하기 위해 개구부에 설치하는 문으로 건물 위주의 개구부에 설치하는 경우는 주로 연소를, 내부의 방화벽 등의 방화구획에 있는 개구부에 설치하는 경우는 확대를 방지하는 것이 목적이다.

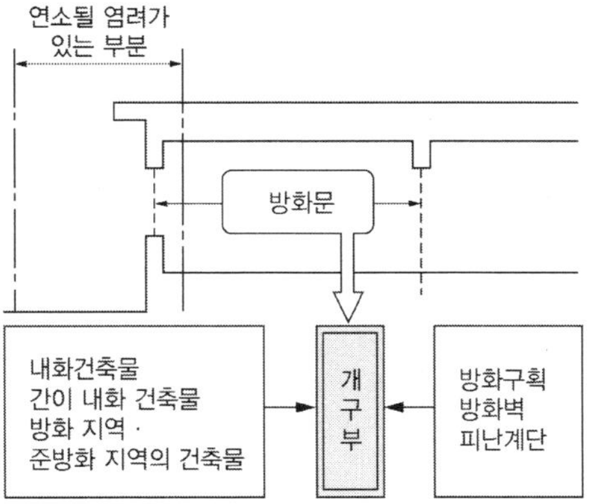

그림 4-2 방화문 정의

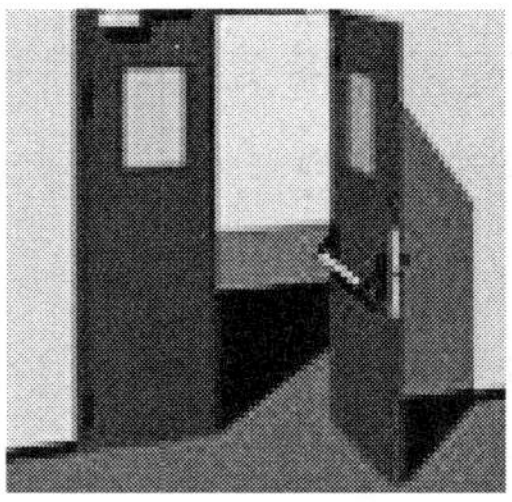

그림 4-3 방화문

(2) 방화문 구조기준

방화성능에 따라 갑종방화문과 을종방화문으로 구분되며 갑종방화문은 비차열 1시간 이상, 을종방화문은 비차열 30분 이상의 성능이 확보되어야 한다.

① 갑종방화문의 구조기준

철제문은 철제골구 위에 0.5 mm 이상의 철판을 양면으로 붙이고 두께 1.5 mm 이상의 철판으로 제작된 문이다.

② 을종방화문의 구조기준

- 철제문은 철제 및 망입유리로 되고 두께 0.8 mm 이상 1.5 mm 미만의 철판으로 된 문으로 한다.
- 목재문은 문틀이 방화목재로 하고 옥내면은 1.2 cm 이상의 석고판을 붙여야 하며, 옥외면은 철판을 붙여야 한다.

표 4-4 방화문의 구조기준

구분 / 종류	사용장소	설치기준
갑종방화문	• 면적별·층별방화구획 • 용도별 방화구획 • 방화벽 방화구획 • 비상용승강기 출입구	언제나 닫힌 상태를 유지하거나 화재 시 연기의 발생 또는 온도상승에 의하여 자동적으로 닫히는 구조일 것
갑종방화문 및 을종방화문	• 피난계단의 출입구 • 특별피난계단의 전실[갑종] (계단실[을종]), 출입구 연소우려가 있는 외벽개구부	

(3) 방화셔터

① 정의

방화구획의 용도로 화재 시 자동화재탐지설비의 감지기가 연기 및 열을 감지하여 자동폐쇄되는 것으로서, 공항·체육관 등 넓은 공간에 부득이하게 내화구조로 된 벽을 설치하지 못하는 경우에 사용하는 방화셔터를 말하고 일체형 자동방화셔터는 방화셔터의 일부에 피난을 위한 출입구가 설치된 셔터를 말한다.

② 구조기준

- 자동방화셔터란 건축물의 옥내방화구획으로 사용할 수 있는 것
- 갑종방화문으로부터 3 m 이내 설치하고
- 개폐장치는 전동 및 수동에 의하여 수시 작동하고, 임의의 위치에서 정지시킬 수 있으며 자중에 의한 폐쇄가 가능할 것
- 연동폐쇄장치는 화재발생 시 열·연기 감지기 및 온도휴즈에 의하여 자동으로 작동하

고, 화재발생 시 연기 및 열에 의하여 자동폐쇄되는 장치 일체로서 주요구성부재·장치·규모 등은 KS F 4510(중량셔터)에 적합하여야 한다.

- 셔터는 화재발생 시 연기감지기에 의한 일부폐쇄와 열감지기에 의한 완전폐쇄가 이루어질 수 있는 구조를 가진 것이어야 한다.
- 셔터의 상부는 상층 바닥에 직접 닿도록 하여야 하며, 부득이하게 발생한 바닥과의 틈새는 화재 시 연기와 열의 이동통로가 되지 않도록 방화구획에 준하는 처리를 하여야 한다.
- 일체형 방화셔터는 비상구유도등 또는 비상구유도표지를 하여야 하고, 출입구 부분은 셔터의 다른 부분과 색상을 달리하여 쉽게 구분되도록 하여야 하며, 출입구의 유효너비는 0.9 m 이상, 유효높이는 2 m 이상이어야 한다.
- 갑종방화문용, 을종방화문용, 방화셔터로 구분되어 있다.

그림 4-4 방화셔터

(4) 방화댐퍼(fire damper)

화재 시 환기 및 냉난방 풍도를 통하여 화염 및 연기가 확산되는 것을 방지하기 위하여 방화구획 벽상을 관통하는 덕트 내에 설치되어 있는 감지기 또는 온도휴즈에 의하여 자동적으로 폐쇄되는 방화설비이다.

건축물 내부에서의 확대방지라고 하면 우선, 방화문이나 방화셔터 등이 연상되지만 이들과는 달리 방화댐퍼는 설정된 방화구획의 벽을 덕트가 관통할 경우에 천장 속의 덕트와 연결 설치되어 화재발생 시 연돌효과에 의하여 다른 방화구획으로 급속하게 확산되는 화염이나 연기의 흐름을 자동적으로 차단시키는 기구이다.

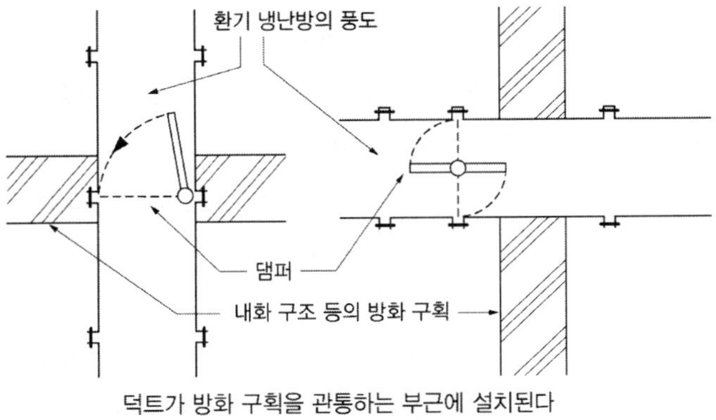

그림 4-5 방화댐퍼

4.2.4 건축물의 경계벽 및 간막이벽

① 건축물에 설치하는 경계벽 및 간막이벽은 내화구조로 하고 지붕 및 바로 위층의 바닥판까지 닿게 하여야 한다.

② 다음에 해당하는 건축물에는 경계벽 및 간막이벽을 설치하여야 한다.

- 공동주택(기숙사 제외)의 각 세대 간 경계벽(발코니 벽)
- 공동주택 중 기숙사의 침실, 의료시설의 병원, 교육연구 및 복지시설 중학교의 교실 또는 숙박시설의 객실 간의 간막이벽

그림 4-6에서 B의 방에 화재가 발생했을 경우 A의 방으로는 반자 속이 공간으로 되어 있어서 쉽게 불이 옮겨 붙거나 연기의 확산으로 큰 피해를 초래할 것이다. 그러나 C의 방으로는 반자 속 바로 위층 바닥판까지 닿게 막은 벽으로 인하여 재해를 방지할 수 있다.

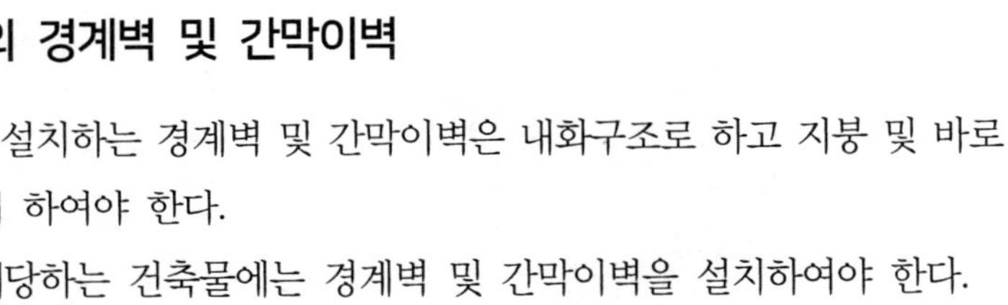

그림 4-6 경계벽 및 간막이벽

4.2.5 건축물의 마감재료

(1) 정의

화재 시 건축물의 내부 및 외부를 마감한 내장재의 연소를 통하여 건축물의 다른 부분으로 화염이 확산되지 않도록 하기 위하여, 연소를 지연시켜 화재의 규모를 최소화하며 연기 및 유독가스의 발생을 억제하여 질식으로 인한 인명피해 등을 최소화하기 위하여 불연·준불연·난연재료를 사용하여야 한다.

특히 단란주점·게임제공업 및 노래연습장 등은 다중이용업에 해당하므로 거실의 경우 난연재료의 사용을 금지하고 있으며 내부 마감재료를 불연재료 또는 준불연재료를 사용하여야 한다.

참고

내부마감재료

건축물의 내부의 천장·반자·벽(칸막이벽 포함)·기둥 등에 부착되는 마감재료를 말함.

(2) 공동주택 내부에 오염물질방출 건축 자재 사용금지

공동주택에는 다중이용시설 등은 실내공기질관리법에 따라 오염물질을 방출하는 건축자재의 사용을 해서는 안 되도록 규정하고 있다. 즉, 포름알데히드, 또는 휘발성 유기화합물이 일정 기준 이상 방출되는 접착제, 페인트 등의 건축자재는 공동주택의 내부마감재료로 사용할 수 없도록 함으로써 실내공기질의 개선을 하기 위해서이다.

(3) 건축물의 마감재료 기준

표 4-5 건축물 마감재료 기준

<table>
<tr><th colspan="2" rowspan="2">용도 또는 규모</th><th rowspan="2">적용대상</th><th colspan="2">벽 및 반자의 실내에 접하는 부분
(반자돌림대·창대 제외)의 마감</th></tr>
<tr><th>거실</th><th>복도·계단·통로</th></tr>
<tr><td colspan="2">① 문화 및 집회시설(예식장제외)종교시설, 판매시설, 운수시설, 위락시설(단란주점 및 주점 영업장 제외)</td><td>거실의 바닥면적의 합계가 200 m^2 (주요구조부가 내화구조 또는 불연재료로 된 경우 400 m^2) 이상인 건축물</td><td rowspan="5">불연재료
준불연재료
난연재료</td><td rowspan="14">불연재료
준불연재료</td></tr>
<tr><td colspan="2">② 단독주택 중 다중주택, 다가구주택, 공동주택, 제2종근린생활시설 중 학원·독서실·고시원·숙박시설(여관및여인숙제외)·의료시설·교육연구시설중학원, 노유자시설 중 아동관련시설·노인복지시설·수련시설 중 유스호스텔, 업무시설 중 오피스텔 또는 장례식장</td><td>3층 이상인 층의 해당 용도로 쓰는 거실의 바닥면적의 합계가 200 m^2 (주요구조부가 내화구조 또는 불연재료로된 경우 400 m^2) 이상인 건축물</td></tr>
<tr><td colspan="2">③ 위험물저장 및 처리시설, 자동차관련시설, 방송통신시설 중 방송국·촬영소·발전시설</td><td>면적에 관계없이 적용</td></tr>
<tr><td colspan="2">④ 공장</td><td>공장의 용도로 쓰는 건축물(다만 건축물이 1층 이하이고 연면적이 1,000 m^2 미만)</td></tr>
<tr><td colspan="2">⑤ 5층 이상인 건축물</td><td>5층 이상인 층의 거실의 바닥면적의 합계가 500 m^2 이상인 건축물</td></tr>
<tr><td colspan="2">⑥ 앞의 ①②③④의 용도에 쓰이는 거실(출입문, 문틀 포함)을 지하층 또는 지하의 공작물에 설치한 경우</td><td>면적에 관계없이 적용</td><td rowspan="8">불연재료
준불연재료</td></tr>
<tr><td rowspan="6">⑦</td><td>제2종근린생활시설 중</td><td>공연장·당구장</td></tr>
<tr><td>문화 및 집회시설 중</td><td>예식장</td></tr>
<tr><td>교육연구시설 중</td><td>초등학교</td></tr>
<tr><td>수련시설 중</td><td>생활권수련시설·자연권수련시설</td></tr>
<tr><td>숙박시설 중</td><td>여관·여인숙</td></tr>
<tr><td>위락시설 중</td><td>주점영업</td></tr>
<tr><td colspan="2">⑧ 다중이용업소 용도로 쓰는 건축물</td><td>유흥주점영업은 제외</td></tr>
<tr><td colspan="2">⑨ 창고로 쓰이는</td><td>바닥면적 3,000 m^2 스프링클러 설치 6,000 m^2 이상인 건축물</td><td></td></tr>
</table>

4.2.6 건축물의 내화구조

(1) 정의

내화구조란 화재 시 일정 시간 동안 건물이 강도 및 그 성능을 유지할 수 있는 것을 말한다. 부연 설명하면, 철근콘크리트, 연화조, 기타 유사한 구조로써 화재 시 쉽게 연소가 되지 않음은 물론, 상당한 시간 동안에 구조상 내력을 감소시키지 않고, 보통 방화구획 내에서 진화되어 인접부분에 화기의 전달을 차단할 수 있으며 또한 최종적 단계에서 전소해도 수리하여 재사용할 수 있는 구조이다.

(2) 주요 구조부를 내화구조로 하여야 하는 건축물

표 4-6 주요 구조부를 내화구조로 하여야 하는 건축물

건축물의 용도	해당 용도의 바닥면적의 합계	비 고
문화 및 집회시설(전시장 및 동식물원을 제외),종교시설,위락시설 중 주점 또는 장례식장	200 m^2	옥외 관람석의 경우에는 1,000 m^2 이상
문화 및 집횟시설 중 전시장 또는 동·식물원, 판매시설, 운수시설, 교육연구시설에 설치하는 체육관·강당, 수련시설, 운동시설 중 체육관·운동장, 위락시설(주점제외),창고시설, 위험물 저장 및 처리시설, 자동차관련시설, 방송통신시설 중 방송국·전신전화국·촬영소, 묘지관련시설 중 화장장 또는 관광휴게시설	500 m^2	
공장	2,000 m^2 이상	화재의 위험이 적은 공장
건축물의 2층이 단독주택 중 다중주택, 다가구주택, 공동주택, 제1종 근린생활시설중 유스호스텔, 업무시설 중 오피스텔, 숙박시설 또는 장례식장	400 m^2 이상	
3층 이상인 건축물 및 지하층이 있는 건축물	모든 건축물	단독주택(다중주택, 다가구주택 제외), 동물 및 식물 관련시설, 발전시설, 교도소 및 감화원 또는 묘지관련시설의 용도로 쓰는 건축물과 철강관련업종의 공장 중 제어실로 사용하기 위하여 연면적 50 m^2 이하로 증축하는 부분은 제외함

통상의 화재 시 가열에 충분히 견딜 수 있고, 화재 후 간단한 수리로 재사용이 가능하여야 하며 특정용도 또는 불특정 다수인이 사용하는 건축물, 방화지구 내 건축물, 공동주택의 경계벽, 학교, 의료시설, 숙박시설의 칸막이 벽은 내화구조로 하도록 의무화하고 있다.

(3) 내화구조 기준

① 벽돌조로서 두께 19 cm 이상

② 철근콘크리트조, 철골 철근 콘크리트조로서 두께 10 cm 이상

③ 철제에 덮은 콘크리트 블록 두께 5 cm 이상의 철재보강 콘크리트 블록조

④ 골구를 철골조, 양면에 두께 4 cm 이상 철망 모르터 또는 두께 5 cm 이상 블록, 벽돌을 붙일 것

(4) 대상건축물 내화구조

① 방화지구 내 건축물은 주요구조부 및 외벽을 내화구조로 하여야 하고

② 지붕이 내화구조가 아닌 것은 불연재료로 하여야 하고

③ 외벽의 개구부에 연소우려가 있는 부분은 방화문 등의 방화설비를 갖추어야 한다.

④ 불특정 다수인이 출입하는 건축물 등은 가능하면 내화구조의 건축물로 하여 연소 우려를 막고, 진화 후 재사용할 수 있도록 하여야 한다.

4.2.7 건축물의 방화벽

(1) 설치대상

연면적이 1,000 m^2 이상으로서 내화구조이거나 불연재료인 건축물

① 주요 구조부가 내화구조이거나 불연재료인 건축물

② 단독주택(다중주택 및 다가구주택 제외), 동물 및 식물관련시설, 발전시설, 교도소 및 감화원 또는 묘지관련시설(화장장 제외)

③ 내부설비의 구조상 방화벽으로 구획할 수 없는 창고시설

(2) 구획단위

바닥면적의 합계가 1,000 m^2 미만마다 방화벽으로 구획해야 한다.

(3) 방화벽의 구조

① 내화구조로서 홀로 설 수 있는 구조일 것
② 방화벽의 양쪽 끝과 위쪽 끝을 건축물의 외벽면 및 지붕면으로부터 0.5 m 이상 튀어 나오게 할 것
③ 방화벽에 설치하는 출입문의 너비 및 높이는 각각 2.5 m 이하로 하고 당해 출입문에는 갑종방화문을 설치할 것
④ 피난 및 방화규칙에 의한 방화벽에 따른 규칙을 준용할 것
⑤ 급수관, 배전관 기타의 관통부에는 시멘트 몰타르, 불연재료로 충전할 것
⑥ 환기·난방·냉방시설의 풍도에는 방화댐퍼 설치
⑦ 개구부에 설치하는 갑종방화문은 항상 닫힌 상태를 유지하거나 화재 시 자동으로 닫히는 구조로 할 것

(4) 방화벽 설지 제외 대상 건축물

단독주택, 공관, 축사, 식품관련시설, 교정시설, 군사시설 및 요지 관련시설(화장장은 제외)의 용도에 쓰이는 건축물 또는 내부설비의 구조상 방화구획할 수 없는 창고시설인 경우에는 방화벽을 설치하지 않아도 됨

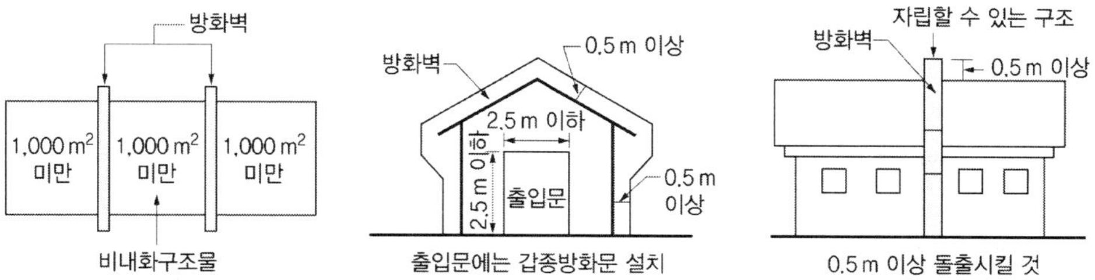

그림 4-7 방화벽

4.2.8 고층건축물의 피난 및 안전관리

고층건축물에는 대통령령으로 피난안전구역을 설치하거나 대피공간을 확보한 계단을 설치하여야 한다.

4.2.9 대규모 목조건축물의 외벽

(1) 연면적 1,000 m^2 이상인 목조건축물

대상	외벽 및 처마 밑의 연소할 우려가 있는 부분
기준	방화구조로 하되 그 지붕은 불연재료로 하여야 한다.

(2) 연소할 우려가 있는 부분

• 인접대지 경계선 • 도로 중심선 • 동일한 대지 안에 있는 2동 이상의 건축물 (연면적의 합계 500 m^2 이하인 건축물은 하나의 건축물로 본다)상호의 외벽 간의 중심선	좌측란의 각선으로부터 1층 : 3 m 2층 이상 : 5 m 이내의 거리에 있는 건축물의 각 부분

(3) 제외되는 부분

공원·광장·하천의 공지나 수면 또는 내화구조의 벽 기타 유사한 것에 접하는 부분

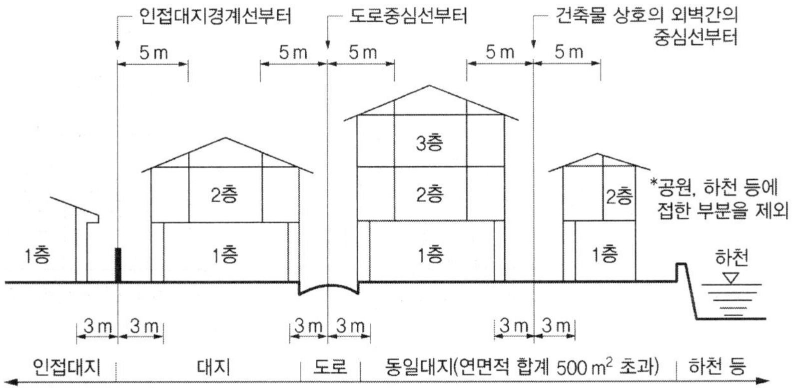

그림 4-8 대규모 건축물 외벽

(4) 연소할 우려가 있는 부분

① 주로 목조 건축물의 연소방지를 위하여 만들어진 것으로 1층과 2층에 있어서 연소할 우려가 있는 부분의 거리에 차(1층은 3 m, 2층은 5 m)를 둔 것은 본래 건축물이 연소할 때에 연소되지 않은 한계는 그림과 같은 포물선의 외측부분이라고 알려져 있기 때문이다.

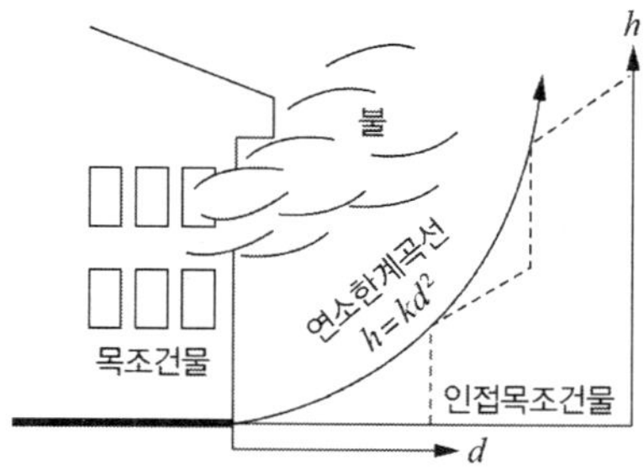

그림 4-9 연소할 우려가 있는 부분 한계

② 2층 건축물(일부 1층)의 연소할 우려가 있는 부분 외벽길이 L_1(1층)과 L_2(2층)의 산정방법

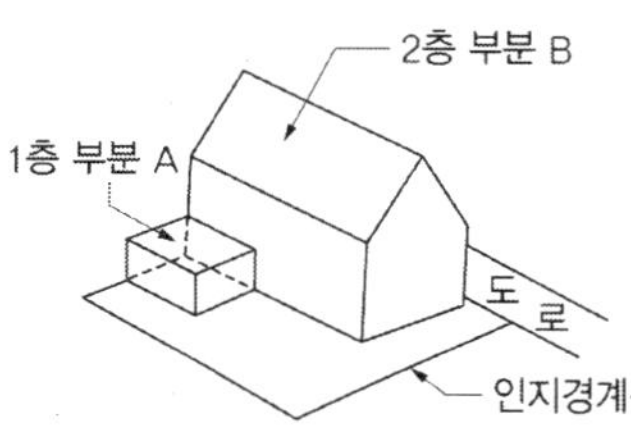

위 건축물의 연소할 우려가 있는 부분 산정 ⇨

도시 : □ 연소할 우려가 있는 부분
── 연소할 우려가 있는 부분의 외벽길이

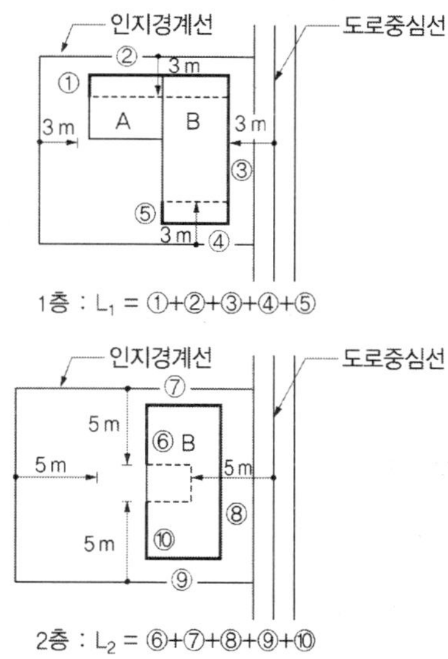

그림 4-10 연소할 우려가 있는 부분 외벽길이 산정

③ 동일대지 위에 2동 이상의 건축물이 있을 경우

- 연면적 합계 500 m^2 이하 (A+B ≤ 500 m^2)인 경우와
- 연면적 합계 500 m^2 넘는 (A+B > 500 m^2) 경우의 산정방법

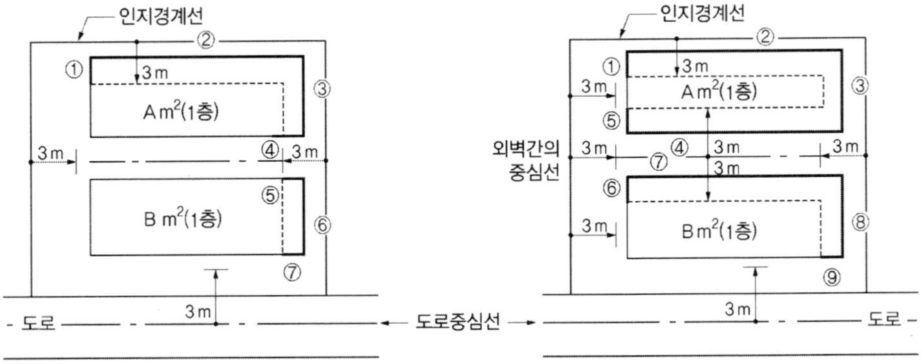

① A+B≤500m²인 경우
A동과 B동을 1개의 건축물로 보고 산정한다
L_1 = (①+②+③+④)+(⑤+⑥+⑦)

② A+B>500m²인 경우
A동과 B동을 별개의 건축물로 보고 산정한다
L_2 = (①+②+③+④+⑤)+(⑥+⑦+⑧+⑨)

도시 : □ 연소할 우려가 있는 부분
── 연소할 우려가 있는 부분의 외벽길이

그림 4-11 동일대지 위에 2동 이상 건축물이 있을 경우 외벽길이 산정

4.3 소방관련 건축설비

4.3.1 승용승강기

(1) 설치대상

① 층수가 6층 이상으로서 연면적이 2,000 m² 이상인 건축물

② 예외 : 층수가 6층 이상인 건축물로서 각 층 거실 바닥면적 300 m² 이내마다 1개소 이상의 직통계단을 설치한 경우는 제외

(2) 승용승강기 설치기준

표 4-7 승용승강기 설치기준

건축물의 용도	6층 이상의 거실바닥면적의 합계(Am²)	
	3,000 m² 이하	3,000 m² 초과
문화 및 집회시설(공연장·집회장 및 관람장에 한함)판매 및 영업시설(도매시장·소매시장 및 상점에 한함)의료시설(병원 및 격리병원)	2대	$2대+\frac{A-3{,}000\ m^2}{2{,}000\ m^2}대$
문화 및 집회시설(전시장 및 동식물원에 한함), 업무시설, 숙박시설, 위락시설	1대	$1대+\frac{A-3{,}000\ m^2}{2{,}000\ m^2}대$
공동주택, 교육연구 및 복지시설, 기타	1대	$1대+\frac{A-3{,}000\ m^2}{3{,}000\ m^2}대$

※ 1대로 보는 기준 : 8인승~15인승, 2대로 보는 기준 : 16인승 이상

4.3.2 비상용승강기

(1) 정의

비상용승강기는 화재 시 소화활동에 사용하기 위하여 설치하는 것으로 정전 시에도 예비전원에 의하여 비상용승강기가 가동할 수 있게 하고 2대 이상의 비상용승강기를 설치하는 경우에는 화재가 났을 때 소화에 지장이 없도록 일정한 간격을 두고 설치해야 한다.

(2) 비상용승강기 설치대상

① 높이 31 m를 넘는 건축물

② 예외 : 승용승강기를 비상용승강기의 구조로 하는 경우는 예외임

(3) 비상용승강기 설치대상에서 제외되는 건축물

높이 31 m를 넘는 각 층 부분에 있어서 다음 각 호에 해당하는 경우는 제외한다.

① 높이 31 m를 넘는 각 층을 거실 외의 용도로 쓰는 건축물

② 높이 31 m를 넘는 각 층의 바닥면적의 합계가 500 m² 이하인 건축물

③ 높이 31 m를 넘는 층수가 4개층 이하로서 당해 각 층의 바닥면적의 합계가 200 m²(벽 및 반자가 실내에 접하는 부분의 마감을 불연재료로 한 경우에는 500 m²) 이내마다 방화구획으로 구획한 건축물

(4) 비상용승강기 설치대수 산정

표 4-8 비상용승강기 설치대수 산정

높이 31 m를 넘는 각층의 바닥면적 중 최대바닥면적($A\,m^2$)	설치대수
1,500 m^2 이하	1대
1,500 m^2 초과	1대 + $\frac{A-1,500\,m^2}{3,000\,m^2}$ (대)

(5) 비상용승강기의 승강장 및 승강로 구조

① 승강장의 구조

내 용	승강장 및 승강로 구조 기준
승강장과 다른 부분과의 구획	승강장은 창문·출입구 기타 개구부를 제외한 부분은 건축물의 다른 부분과 내화구조의 바닥 및 벽으로 구획할 것 (다만, 공동주택의 경우에는 승강장과 특별피난계단의 부속실과의 겸용부분을 특별피난계단의 계단실과 별도로 구획하는 때에는 승강장을 특별피난계단의 부속실과 겸용할 수 있다.
각 층 내부와의 연결부	승강장은 각 층의 내부와 연결될 수 있도록 하되, 그 출입구에는 갑종방화문을 설치할 것. 다만, 피난층에는 갑종방화문을 설치하지 않을 수 있다.
배연설비	노대 또는 외부를 향하여 열 수 있는 창이나 배연설비를 설치할 것
실내 마감재료	벽 및 반자가 실내에 접하는 부분의 실내 마감재료는 불연재료로 할 것
조명설비	채광창이 있거나 예비전원에 의한 조명설비를 할 것
승강장의 바닥면적	승강장의 바닥면적은 비상용승강기 1대에 대하여 6 m^2 이상으로 할 것 (다만, 옥외에 승강장을 설치하는 경우에는 제외)
승강장 출입구로부터의 거리	피난층이 있는 승강장의 출입구로부터 도로 또는 공지에 이르는 거리가 30 m^2 이하일 것
비상용승강기 표지설치	승강장 출입구 부근의 잘 보이는 곳에 비상용승강기임을 알 수 있는 표지 설치

② 비상용승강기의 승강로의 구조

- 승강로는 당해 건축물의 다른 부분과 내화구조로 구획해야 한다.
- 각 층으로부터 피난층까지 이르는 승강로를 단일구조로 연결하여 설치하여야 한다.

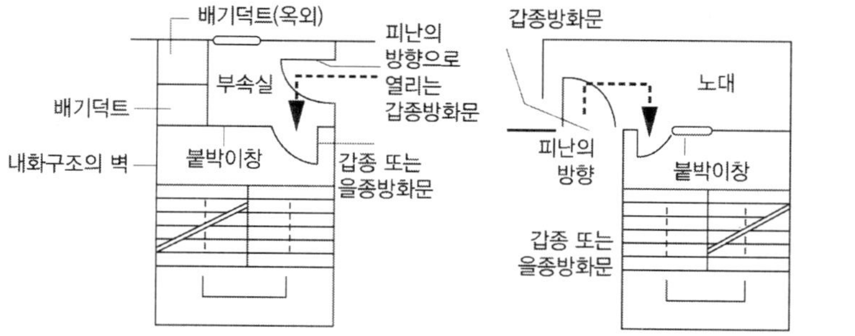

(a) 부속실을 설치하는 경우 (b) 노대를 설치하는 경우

그림 4-12 비상용 승강장 구조

4.3.3 배연설비

(1) 건축법상 배연설비 설치대상

건축법상 배연설비 설치 의무 대상물	소방법상 제연설비 설치 의무 대상물
6층 이상의 건축물로서 • 문화 및 집회시설 • 종교시설 • 판매 및 영업시설 •운수시설 • 의료시설 • 교육연구시설 중 연구소 • 노유자시설 중 아동관련시설 • 노인복지시설 • 수련시설 중 유스호스텔 • 운동시설 • 업무시설 • 숙박시설 • 위락시설 및 관광휴게시설 • 장례식장	• 문화집회 및 운동시설로서 무대부의 바닥면적이 200 m^2 이상 또는 문화집회 및 운동시설 • 근린 생활시설·위락시설, 판매시설 및 영업시설, 숙박시설로서 지하층 또는 무창층의 바닥면적이 1,000 m^2 이상인 당해용도로 사용되는 모든 층 • 판매시설 및 영업시설 중 시외버스정류장, 철도역사, 공항시설 해운시설의 대합실 또는 휴게시설로서 지하층 또는 무창층의 바닥면적이 1,000 m^2 이상인 것 • 지하가(터널제외)로 연면적 1,000 m^2 이상인 것 • 지하가 중 터널로서 터널길이가 1,000 m 이상인 것 • 특정소방대상물에 부설된 특별피난계단 및 비상용승강기의 승강장

※ 피난층의 경우에는 설치하지 않아도 된다고 규정되어 있다.

(2) 건축물의 배연설비 기준

건축법에서 배연설비의 기술적 기준은 다음과 같다.

① 건축물에 방화구획이 설치된 경우에는 그 구획마다 1개소 이상의 배연창을 설치하되 배

연창의 상변과 천장 또는 반자로부터 수직거리가 0.9 m 이내일 것. 다만 반자높이가 바닥으로부터 3 m 이상인 경우는 배연창의 하변이 바닥으로부터 2.1 m 이상의 위치에 설치하여야 한다.

② 배연창의 유효면적은 산정된 면적이 1 m^2 이상으로서 그 면적의 합계가 당해 건축물의 바닥면적(방화구획이 설치된 경우에는 구획된 부분의 바닥면적을 말한다.)의 1/100 이상일 것. 이 경우 바닥면적의 산정에 있어서 거실 바닥면적의 1/20 이상으로 환기창을 설치한 거실의 면적은 이에 삽입하지 아니한다.

③ 배연구는 연기감지기 또는 열감지기에 의하여 자동으로 열 수 있는 구조로 하되 손으로도 열고 닫을 수 있도록 할 것

④ 배연구는 예비전원에 의하여 열 수 있도록 할 것

⑤ 기계식 배연설비를 할 경우에는 소방관계법령의 제연설비 규정에 적합하도록 할 것

(3) 특별피난계단 및 비상용승강기의 승강장에 설치하는 경우 배연설비 기준

특별피난계단 및 비상용승강기의 승강장에 설치하는 배연설비의 구조는 다음 기준에 적합하여야 한다.

① 배연구 및 배연풍도는 불연재료로 하고 화재가 발생한 경우 원활하게 배연시킬 수 있는 규모로서 외기 또는 평상시에 사용하지 아니하는 굴뚝에 연결할 것

② 배연구에 설치하는 수동개방장치 또는 자동개방장치(열감지기 또는 연기감지기에 의한 것을 말한다.)는 손으로 열고 닫을 수 있도록 할 것

③ 배연구의 개폐상태는 평상시 닫힌 상태를 유지하고 연 경우에는 배연에 의한 기류로 인하여 닫히지 아니하도록 할 것

④ 배연구가 외기에 접하지 아니하는 경우에는 배연기를 설치할 것

⑤ 배연기는 배연구의 열림에 따라 자동적으로 작동하고 충분한 공기배출 또는 가압능력이 있을 것

⑥ 배연기에는 예비전원을 설치할 것

⑦ 공기유입방식은 급기가압방식 또는 급·배기방식으로 하는 경우에는 소방관계법령의 기준에 적합하게 할 것

4.3.4 피뢰설비

(1) 피뢰설비 설치대상

낙뢰의 우려가 있는 건축물, 높이 20 m 이상의 건축물이나 공작물이 높이 20 m 이상의 공작물(건축물에 공작물을 설치하여 그 전체높이가 20 m 이상인 것을 포함)

(2) 피뢰설비 설치 기준

① 피뢰설비는 한국산업표준이 정하는 피뢰레벨 등급에 적합한 피뢰설비일 것
다만, 위험물 저장 및 처리시설에 설치하는 피뢰설비는 한국산업표준이 정하는 피뢰시스템레벨Ⅱ 이상이어야 한다.

② 돌침은 건축물의 맨 윗부분으로부터 25 cm 이상 돌출시켜 설치하되 설계하중에 견딜 수 있는 구조일 것

③ 피뢰설비의 재료는 최소단면적이 피복이 없는 동선을 기준으로 수뢰부, 인하도선 및 접지극은 50 mm^2 이상이거나 이와 동등 이상의 성능을 갖출 것

④ 피뢰설비의 인하도선을 대신하여 철골조의 철골구조물과 철근콘크리트조의 철근구조체 등을 사용하는 경우에는 전기적 연속성이 보장될 것. 이 경우 전기적 연속성이 있다고 판단되기 위해서는 건축물 금속구조체의 최상단부와 지표레벨 사이의 전기저항이 0.2 Ω 이하여야 한다.

⑤ 측면 낙뢰를 예방하기 위하여 높이가 60 m를 초과하는 건축물 등에는 지면에서 건축물 높이의 4/5가 되는 지점부터 최상단부분까지 측면에 수뢰부를 설치하여야 하며, 지표레벨에서 최상단부의 높이가 150 m를 초과하는 건축물은 120 m 지점부터 최상단부분까지의 측면에 수뢰부를 설치할 것

⑥ 접지는 환경오염을 일으킬 수 있는 시공방법이나 화학첨가물 등을 사용하지 아니할 것

⑦ 급수·급탕·난방·가스 등을 공급하기 위하여 건축물에 설치하는 금속배관 및 금속제 설비는 전위가 균등하게 이루어지도록 전기적으로 접속할 것

⑧ 전기설비의 접지계통과 건축물의 피뢰설비 및 통신설비 등의 접지극을 공용하는 통합접지공사를 하는 경우에는 낙뢰 등으로 인한 과전압으로부터 전기설비 등을 보호하기 위하여 KS에 적합한 서지보호장치를 설치할 것

참고

서지보호장치(SPD : Serge Protector Device)

전력계통의 전원선, 통신선, 신호선 등의 도체를 통하여 발생, 침입되는 과도 이상 전압을 Surge라 하며 Surge의 침입으로 인하여 전기기기, 전자부품의 파손, 소프트웨어의 오작동 등 많은 피해가 초래되고 있으므로 이러한 장비들을 보호하기 위하여 서지보호장치 (Surge Protector Device : SPD) 가 필요하다.

SPD의 필요성

① 기계 자체에서 발생되는 과도이상 전압 : 각종 대·소형의 유도전동기, pump, compressor 등의 운전 기동 및 정지시에 발생되는 서지, 전기 기계 구동시, 스위치의 on, off로 인한 개폐서지, 계통 고장 서지 발생(지락, 순간정전)한다.

② 낙뢰에 의해 발생되는 (직격뢰, 유도뢰) 서지 전압 : 직격뢰는 지상에 존재하는 구조물, 전자장비의 안테나, 가스관 또는 급수관 등에 직접 떨어지는 현상으로 대단히 큰 뇌격 전류의 에너지 전체가 지상에 유입됨으로서 국지적인 대지의 전위 상승을 수반하고 극심한 파괴력을 동반한다. 반면 간접 뢰는 낙뢰가 장비를 포함하고 있는 건축물로 인입되는 전력선 또는 신호/통신회로를 통해 건축물로 부터 거리가 떨어진 곳으로부터 뇌 방전 에너지가 외부인입선을 따라 장비로 침입하는 경우로 직격뢰에 비해 뇌격전류 에너지는 적은 편이나 뇌 서지의 대부분을 차지하고 있다.

4.4 건축물의 피난시설

4.4.1 건축물의 피난시설 용어

(1) <u>피난층</u>

직접 지상으로 통하는 출입구가 있는 층으로 지형 등에 따라 여러 개의 피난층이 있을 수 있다. 그림에서는 1층과 4층이 피난층이 된다.

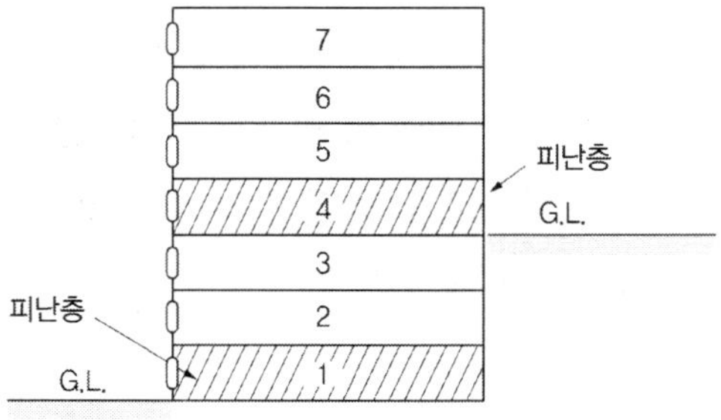

그림 4-13 피난층

(2) 직통계단

건축물의 어떤 층에서 피난층 또는 지상까지 이르는 경로가 계단과 계단참 만을 통하여 오르내릴 수 있는 직통된 계단을 말하며 그 경로가 명백하여 쉽게 피난층까지 이를 수 있는 것이다.

그러나 지하층에 전용되는 계단은 지상 계단과 직통되지 않았어도 지상 피난층까지 직통되었다면 건축법상 직통계단으로 해석된다.

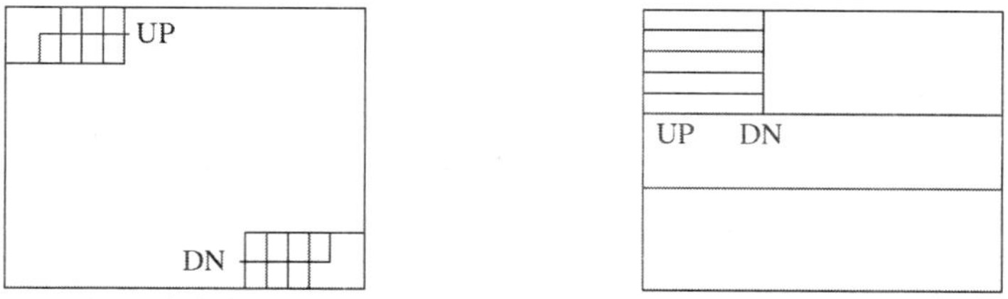

직통계단이 아닌 것　　　　직통계단

그림 4-14 직통계단 구분

(3) 피난계단 · 특별피난계단

① 피난계단

직통계단에 주로 방화 및 배연시설에 대한 기준을 강화한 것으로 옥내피난계단과 옥외피난계단이 있다.

② 특별피난계단

직통계단으로서 피난계단보다 더욱 안전한 피난을 위해 부속실이나 노대(발코니)가 딸린 계단을 말한다.

4.4.2 직통계단의 설치

(1) 직통계단까지의 보행거리

건축물의 피난층 외의 층에 있어서 피난층 또는 지상으로 통하는 직통계단(경사로 포함)은 각 부분으로부터 계단(거실로부터 가장 가까운 거리에 있는 계단)에 이르는 보행거리를 다음 값 이하가 되도록 설치하여야 한다.

① 일반원칙 : 30 m 이하

② 단서규정

건축물(지하층에 설치하는 것으로서 바닥면적의 합계가 300 m^2 이상인 공연장 · 집회장

·관람장 및 전시장 제외)의 주요 구조부가 내화구조 또는 불연재료로 된 건축물은 다음과 같이 할 수 있다.

- 층수가 16층 이상인 공동주택 : 40 m 이하
- 일반용도의 건축물 : 50 m 이하
- 자동식 소화설비를 설치한 공장으로서 반도체 및 디스플레이 페널을 제조하는 공정 : 75 m 이하(무인화공장인 경우 100 m 이하)

(2) 직통계단의 출입구

피난에 지장이 없도록 일정한 간격을 두어 설치하고, 각 직통계단 상호 간에는 각각 거실과 연결된 복도 등 통로를 설치하여야 한다.

(3) 2개소 이상의 직통계단 설치 의무

다음의 각호에 해당하는 건축물은 피난층 또는 지상으로 통하는 직통계단(경사로 포함)을 2개소 이상 설치해야 한다.

표 4-9 2개소 이상의 직통계단 설치 의무

해당 용도와 층	거실의 바닥면적의 합계	
1. 문화 및 집회시설(전시장 및 동식물원제외), 종교시설, 장례식장의 위락시설 중 주점영업 또는 장례식장의 용도로 쓰는 층	그 층의 해당용도로 쓰는 바닥면적의 합계	200 m^2 이상인 것
2. 단독주택 중 다중주택·다가구주택, 제2종 근린생활 시설 중 학원·독서실, 판매시설, 운수시설, 의료시설, 교육연구시설 중 학원, 노유자시설 중 아동관련 시설·노인복지시설, 수련시설 중 유스호스텔, 숙박시설 또는 장례식장 용도로 쓰는 3층 이상의 층	그 층의 해당용도로 쓰는 바닥면적의 합계	200 m^2 이상인 것
3. 공동주택(층당 4세대 이하인 것은 제외) 또는 업무시설 중 오피스텔의 용도로 쓰는 층	그 층의 해당용도로 쓰는 바닥면적의 합계	300 m^2 이상인 것
4. 제1호 내지 3호에 규정된 용도에 해당하지 않은 3층 이상의 층	그 층의 거실 바닥면적의 합계	400 m^2 이상인 것
5. 지하층	그 층의 거실 바닥면적의 합계	200 m^2 이상인 것

4.4.3 피난안전구역

(1) 설치의무

① 초고층 건축물에는 피난층 또는 지상으로 통하는 직통계단과 직접 연결되는 피난 안전구역(건축물의 피난·안전을 위하여 건축물 중간층에 설치하는 대피 공간)을 지상층으로부터 최대 30개층마다 1개소 이상 설치

② 준초고층 건축물에는 피난안전구역을 해당 건축물 전체의 층수의 1/2에 해당하는 층으로부터 상하 5개층 이내에 1개소 이상 설치하여야 함

③ 지하연계 복합건축물 피난안전구역의 설치기준

16층 이상 29층 이하인 지하연계 복합건축물의 피난안전구역은 지상층별 거주밀도가 1.5명/m^2 초과하는 층은 해당층의 사용형태별 면적의 합이 1/10에 해당하는 면적을 피난안전구역으로 설치할 것

(2) 피난안전구역의 설치기준

① 초고층 건축물 및 준초고층 건축물의 피난안전구역은 해당 건축물의 1개 층을 대피공간으로 하며, 대피에 장애가 되지 않은 범위에서 기계실, 전기실 등 건축설비를 설치하기 위한 공간과 같은 층에 설치할 수 있다. 피난안전구역은 건축설비가 설치되는 공간과 내화구조로 구획하여야 한다.

② 피난안전구역에 연결되는 특별피난계단은 피난안전구역을 거쳐서 상·하층으로 갈 수 있는 구조로 설치하여야 한다.

(3) 피난안전구역의 구조 및 설비 기준

① 피난안전구역의 바로 아래층 및 윗층은 적합한 단열재를 설치할 것

② 피난안전구역의 내부 마감재료는 불연재료로 설치할 것

③ 건축물의 내부에서 피난안전구역으로 통하는 계단은 특별피난계단의 구조를 가질 것

④ 비상용승강기는 피난안전구역에서 승하차 할 수 있는 구조로 설치할 것

⑤ 피난안전구역에는 식수공급을 위한 급수전을 1개 이상 설치하고 예비전원에 의한 조명설비를 할 것

⑥ 관리사무소 또는 방재센터 등과 긴급연락이 가능한 경보 및 통신시설을 설치할 것

⑦ 피난안전구역의 높이는 2.1 m 이상일 것

⑧ 배연설비를 설치할 것

⑨ 소방청이 정하는 소방 등 재난관리를 위한 설비를 갖출 것

(4) 피난계단의 설치

다음에 해당하는 건축물은 그 층의 위치에 따라 그 층으로부터 피난층 또는 지상으로 통하는 직통계단은 피난계단 또는 특별피난계단을 설치하여야 한다.

표 4-10 피난계단 또는 특별피난계단 설치대상

<table>
<tr><th>층의 위치 및 용도</th><th>설치해야 할 계단의 종류</th><th>비고</th></tr>
<tr><td>① 5층 이상의 층
지하 2층 이하의 층</td><td>피난계단 또는 특별피난계단(판매시설의 용도에 쓰이는 층의 경우 그 중1개소 이상은 특별피난계단)</td><td rowspan="2">주요구조부가 내화구조 또는 불연재료로 된 건축물로서 다음의 경우에는 예외
- 5층 이상의 층의 바닥면적 의 합계가 200 m^2 이하인 경우
- 5층 이상의 층의 바닥면적의 합계가 200 m^2 이내마다 방화구획이 되어있는 경우</td></tr>
<tr><td>② 앞의 ①항의 경우에 판매시설의 용도에 쓰이는 층</td><td>직통계단 중 1개소 이상은 특별피난계단으로 해야 함</td></tr>
<tr><td>③ 11층(공동주택은 16층 이상)의 층
지하3층 이하의 층</td><td>앞의 ①항의 규정에도 불구하고 특별피난계단으로 함</td><td>갓복도식 공동주택 제외
바닥면적이 400 m^2 미만인 층 제외</td></tr>
<tr><td>④ 5층이상의 층으로서 문화 및 집회시설 중 전시장 및 동·식물원, 판매시설, 운수시설(여객용시설만 해당), 운동시설, 관광휴게시설(다중용), 수련시설 중 생활권 수련시설의 용도로 쓰는 층</td><td>피난계단 또는 특별피난계단
(직통계단)+
$\frac{(\text{그 층의 바닥면적합계} - 2,000\ m^2)}{2,000\ m^2}$</td><td>직통계단외에 그 층의 해당 용도의 바닥면적의 합계가 2,000 m^2를 넘는 2,000 m^2 이내마다 1개소의 비율로 4층 이하의 층에 쓰이지 않도록 설치</td></tr>
</table>

※ 갓복도식 공동주택 : 각 층의 계단실 및 승강기에서 각 세대로 통하는 복도의 한쪽 면이 외기에 개방된 구조의 공동주택을 말함

예제

각 층의 바닥면적이 6,000 m^2 인 6층의 문화 및 집회시설 중 전시장을 건축하는 경우에 5층 이상의 층에서만 전용으로 사용하게 하는 피난계단 또는 특별피난계단은 최소 몇 개소가 필요한가?

풀이

$$\text{피난계단의 수} = \frac{(\text{그 층의 바닥면적 합계} - 2{,}000\ \text{m}^2)}{2{,}000\ \text{m}^2}$$

$$= \frac{6{,}000\ \text{m}^2 - 2{,}000\ \text{m}^2}{2{,}000\ \text{m}^2} = 2\text{개소}$$

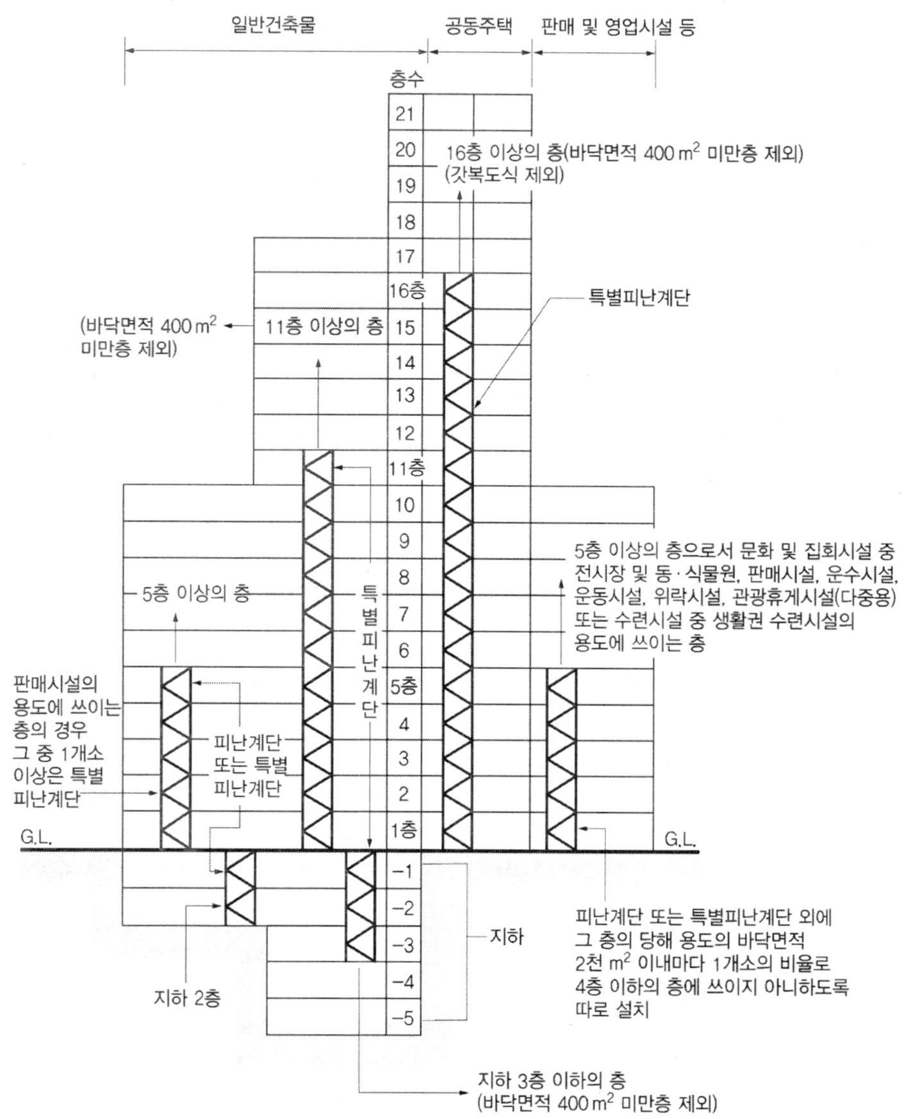

그림 4-15 피난계단의 설치기준

4.4.4 피난계단 및 특별피난계단의 구조

건축물의 5층 이상 또는 지하 2층 이하의 층으로부터 피난층 또는 지상으로 통하는 직통계단은 피난계단 또는 특별피난계단으로 설치하여야 한다.

(1) 옥내피난계단 및 특별피난계단 구조

표 4-11 옥내피난계단 및 특별피난계단 구조

<table>
<tr><th>구분</th><th>옥내피난계단</th><th>특별피난계단</th></tr>
<tr><td>건축물의 내부와 계단실의 연결</td><td>직접</td><td>노대를 통하여 연결하거나 외부를 향하여 열 수 있는 면적 1 m^2 이상인 창문(바닥으로부터 1 m 이상의 높이에 설치한 것에 한함) 또는 배연설비가 있는 면적 3 m^2 이상인 부속실을 통하여 연결</td></tr>
<tr><td>벽의 구획</td><td colspan="2">계단실 (노대 및 부속실)은 창문 등을 제외하고는 내화구조의 벽으로 구획할 것</td></tr>
<tr><td>실내마감</td><td colspan="2">계단실(부속실)의 벽 및 반자 등 실내에 접하는 모든 부분이 마감은 불연재료로 할 것</td></tr>
<tr><td>조명설비</td><td colspan="2">계단실에는 예비전원에 의한 조명설비를 할 것</td></tr>
<tr><td>창문 등의 거리</td><td colspan="2">계단실(노대 및 부속실)의 바깥쪽과 접하는 창문 등은 일반창문 등으로부터 2 m 이상의 거리를 두고 설치할 것</td></tr>
<tr><td rowspan="2">창문 등</td><td colspan="2">건축물의 내부와 접하는 계단실의 창문 등은 망입유리의 붙박이창으로서 그 면적을 각각 1 m^2 이하로 할 것</td></tr>
<tr><td>-</td><td>• 계단실에는 노대 또는 부속실에 접하는 부분 외에는 건축물의 내부와 접하는 창문 등의 설치금지
• 노대 및 부속설비에는 계단실 외의 건축물의 내부와 접하는 창문 등(출입구는 제외)을 설치하지 아니할 것</td></tr>
<tr><td rowspan="2">출입구</td><td colspan="2">출입구의 유효너비는 0.9 m 이상으로 하고 피난의 방향으로 열 수 있을 것</td></tr>
<tr><td>건축물의 내부에서 계단실로 통하는 출입구에는 갑종방화문 설치</td><td>• 건축물의 내부에서 노대 또는 부속실로 통하는 출입구에는 갑종방화문 설치
• 노대 또는 부속실로부터 계단실로 통하는 출입구에는 갑종 방화문 또는 을종방화문 설치
• 갑종방화문 또는 을종방화문은 언제나 닫힌 상태를 유지하거나 화재를 신속감지하여 자동적으로 닫힌 구조로 한다.</td></tr>
<tr><td>계단</td><td colspan="2">• 내화구조로 하고 피난층 또는 지상까지 직접 연결되도록 할 것
• 돌음계단으로 해서는 안 된다.
• 옥상광장을 설치해야할 건축물의 피난계단 또는 특별피난계단은 건축물의 옥상으로 통하도록 설치하여야 한다. 이 경우 옥상으로 통하는 출입문은 피난방향으로 열리는 구조로서 피난시 이용에 장애가 없어야 한다.</td></tr>
</table>

(2) 옥내피난계단의 구조 피난형태 : 옥내 → 계단실 → 피난층

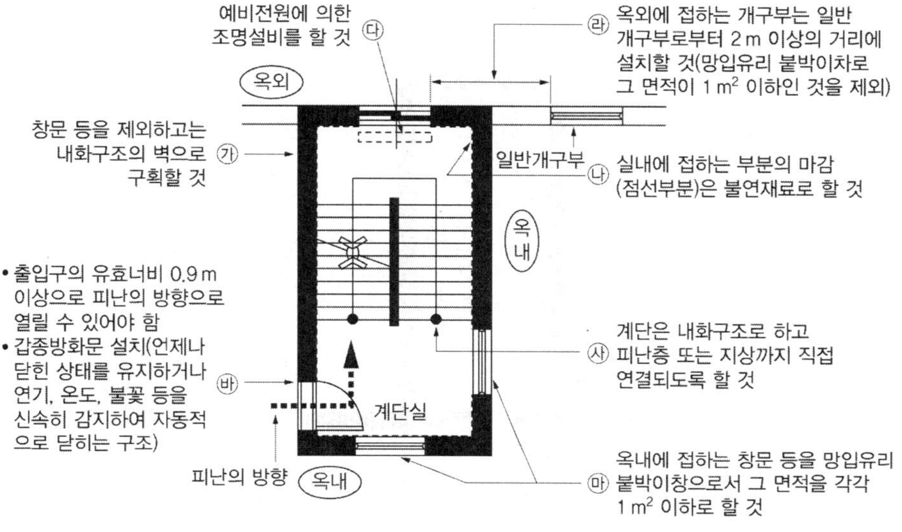

그림 4-16 옥내피난계단의 구조

(3) 특별피난계단(노대를 통하여 연결) 피난형태 : 옥내 → 노대 → 계단실 → 피난층

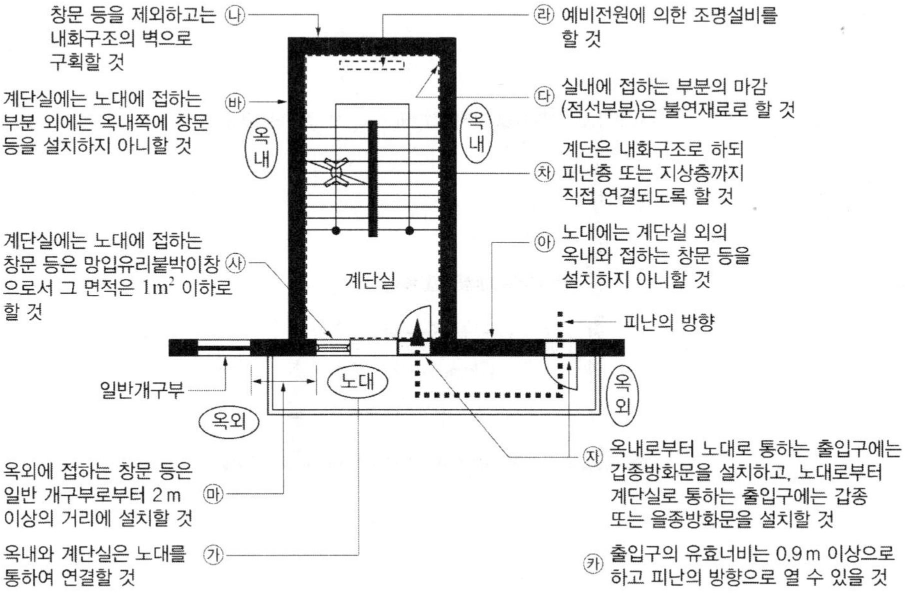

그림 4-17 특별피난계단의 구조(노대연결)

(4) 특별피난계단(외부개방창이 있는 부속실로 연결) 피난형태 : 옥내 → 부속실 → 계단실 → 피난층

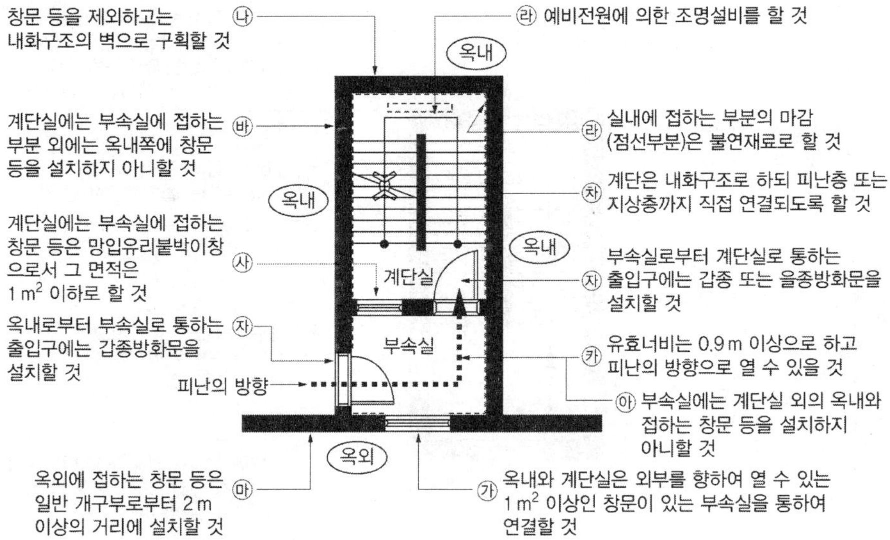

그림 4-18 특별피난계단의 구조(외부 개방창 있는 부속실 연결)

(5) 특별피난계단(제연설비가 있는 부속실로 연결) 피난형태 : 옥내 → 부속실 → 계단실 → 피난층

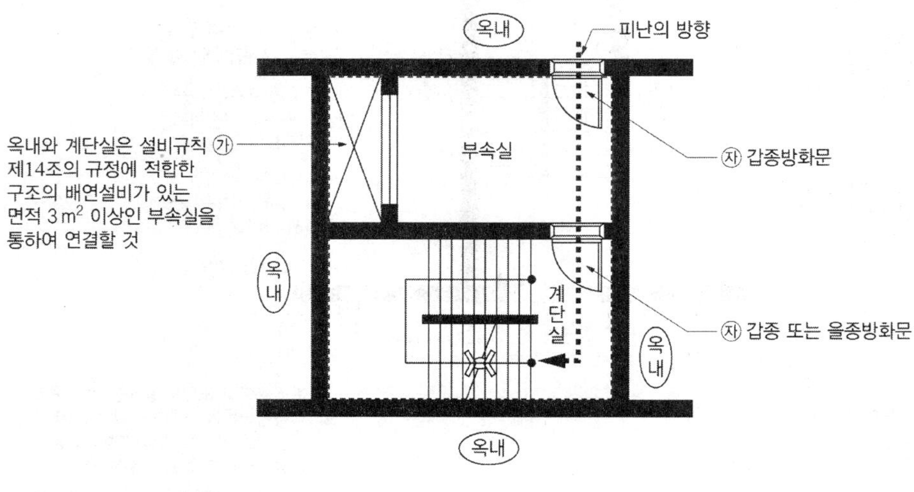

그림 4-19 특별피난계단의 구조(배연설비가 있는 부속실 연결)

참고

피난계단 및 특별피난계단

직통계단에 방화 및 배연설비에 대한 기준을 보강한 것을 피난계단이라 하며 그 기준을 더욱 보강(전실 설치 등)한 것을 특별피난계단이라 한다.

(6) 옥외피난계단

① 옥외피난계단의 설치대상

3층 이상인 층(피난층은 제외)으로서 다음 하나에 해당하는 경우 직통계단 외에 옥외피난계단을 따로 설치해야 한다.

표 4-12 옥외피난계단 설치대상

용도	거실의 바닥면적의 합계	층의 위치
문화 및 집회시설 중 공연장 위락시설 중 주점영업	300 m^2 이상	피난층을 제외한 3층 이상인 층
문화 및 집회시설 중 집회장	1천 m^2 이상	피난층을 제외한 3층 이상인 층

② 옥외피난계단의 구조

표 4-13 옥외피난계단의 구조

구분	설치 기준
창문 등의 거리	계단은 그 계단으로 통하는 출입구 외의 창문 등으로부터 2 m 이상의 거리를 두고 설치할 것
출입구	건축물의 내부에서 계단으로 통하는 출입구에는 갑종 또는 을종방화문을 설치할 것
계단	• 계단의 유효너비는 0.9 m 이상으로 할 것 • 내화구조로 하고 지상까지 직접 연결되도록 할 것 • 돌음계단으로 해서는 안 된다. • 옥상광장을 설치하여야 하는 건축물의 피난계단은 당해 건축물의 옥상으로 통하도록 설치하여야 한다.

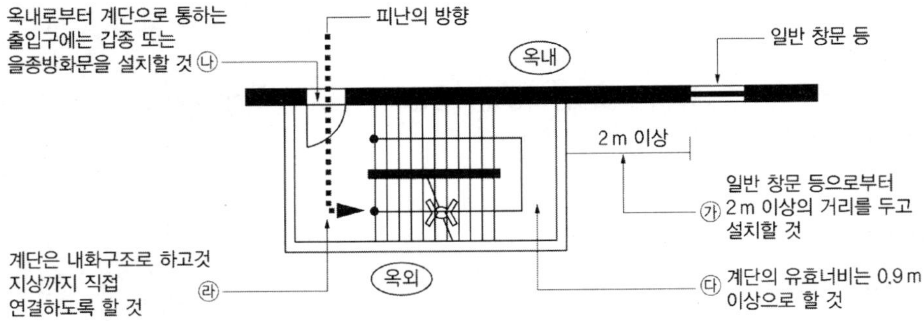

그림 4-20 옥외피난계단

(7) 지하층과 피난층 사이의 개방 공간 설치

① 개요

바닥면적의 합계가 3,000 m^2 이상인 공연장·집회장·관람장 또는 전시장을 지하층에 설치하는 경우 재실자가 건축물 밖으로 쉽게 대피할 수 있도록 천장이 개방된 외부공간을 설치해야 함

② 설치이유

지하층 각 실에 있는 자가 지하층 각층에서 건축물 밖으로 피난하여 옥외계단 또는 경사로를 이용하여 피난층으로 대피할 수 있도록 하기 위함

(8) 관람석으로부터 출구 설치

① 출구설치기준

표 4-14 관람석으로부터 출구 설치기준

구 분		설치기준
① 문화 및 집회시설(전시장 및 동식물원 제외), 종교시설, 위락시설, 장례식장	관람석 또는 집회실로부터 바깥쪽으로의 출구에 쓰이는 문	안여닫이로 해서는 안 된다.
② 앞의 ①항의 경우에 공연장의 개별관림석(바닥면적 300 m^2 이상인 것)의 출구	1. 관람석별로	2개 이상 설치할 것
	2. 각 출구의 유효넓이	1.5 m 이상일 것
	3. 개별관람석출구의 유효너비의 합계	$\frac{\text{개별관림석의 바닥면적}(m^2)}{100\ m^2} \times 0.6\ m$ 이상

② 관람석 · 집회실로부터의 출구문

안여닫이문으로 해서는 안 된다.

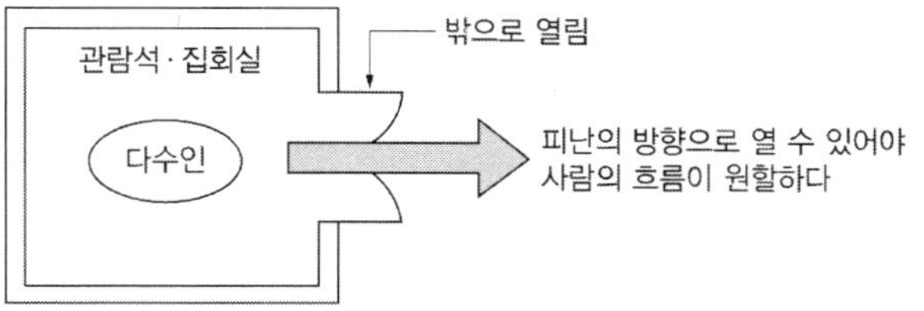

그림 4-21 관람석 출구문

예제

영화관의 관람석 1개 층의 바닥면적이 1,000 m^2인 경우 출구 너비를 2 m로 했을 때 출구는 최소한 몇 개를 확보해야 하는가?

풀이

① 관람석 출구의 유효너비의 합계

$$= \frac{\text{개별관림석의 바닥면적}(m^2)}{100\ m^2} \times 0.6\ m \text{ 이상}$$

$$= \frac{1{,}000\ m^2}{100\ m^2} \times m$$

$$= 6\ m \text{ 이상}$$

② 출구개소

$$= \frac{\text{유효너비의 합계}}{\text{출구의너비}}$$

$$= \frac{6\ m}{2\ m} = 3\text{개소}$$

(9) 건축물 바깥쪽으로 출구설치대상

① 출구설치대상

다음 중 어느 하나에 해당하는 건축물은 건축물의 바깥쪽으로 나가는 출구를 설치하여야 한다.

- 문화 및 집회시설
- 종교시설
- 판매시설

- 업무시설 중 국가 또는 지방자치단체의 청사
- 위락시설
- 연면적이 5,000 m^2 이상인 창고시설
- 교육연구시설 중 학교
- 장례식장
- 승강기를 설치하여야 하는 건축물

② 피난층에서 보행거리 등

표 4-15 피난층에서 보행거리

구 분	원 칙	주요구조부가 내화구조·불연재료
피난층의 계단으로부터 건축물의 바깥쪽 출구까지의 보행거리	30 m 이하	16층 이상인 공동주택 : 40 m 이하 기타건축물 : 50 m 이하
거실의 각 부분으로부터 건축물의 바깥쪽 출구까지의 보행거리	위 값의 2배 이하	위 값의 2배 이하

③ 안여닫이문 금지

다음 용도에 쓰이는 건축물의 바깥쪽으로의 출구로 쓰이는 문은 안여닫이문으로 해서는 안 된다.

- 문화 및 집회시설(전시장 및 동·식물원 제외)
- 종교시설
- 위락시설

④ 보조출구 또는 비상구설치

관람석의 바닥면적의 합계가 300 m^2 이상인 집회장 또는 공연장에 있어서는 주된 출구 외에 보조출구 또는 비상구를 2개소 이상 설치해야 한다.

(10) 경사로 설치

다음에 하나에 해당하는 건축물의 피난층 또는 피난층의 승강장으로부터 건축물의 바깥쪽에 이르는 통로에는 경사로를 설치해야 한다.

표 4-16 경사로 설치

1. 제1종 근린생활시설 중(당해 용도의 바닥면적의 합계가 1,000 m^2 미만인 것)	지역자치센터 · 파출소 · 지구대 · 소방서 · 우체국 · 방송국 · 보건소 · 공공도서관 · 지역건강보험조합 · 기타 유사한 것
2. 제1종 근린생활시설 중(면적제한 없음)	마을회관 · 마을공동작업소 · 마을공동구판장 · 변전소 · 양수장 · 정수장 · 대피소 · 공중화장실 기타 이와 유사한 것
3. 연면적이 5,000 m^2 이상인	판매시설, 운수시설
4. 교육연구시설 중	학교
5. 업무시설 중	국가 또는 지방자치단체의 청사와 외국공관의 건축물로서 제1종 근린생활시설에 해당되지 않은 것
6. 승강기를 설치하여야 할 건축물	

(11) 대지 안의 피난 및 소화에 필요한 통로 설치

① 건축물 대지 안에는 그 건축물의 주된 출구와 지상으로 통하는 피난계단 및 특별피난계단으로부터 도로 또는 공지로 통하는 통로를 다음 기준에 따라 설치해야 한다.

표 4-17 대지 안의 피난 및 소화에 필요한 통로

건축물의 용도	통로의 유효 넓이
1. 단독주택	0.9 m 이상
2. 바닥면적의 합계가 500 m^2 이상인 문화 및 집회시설 · 종교시설 · 의료시설 · 위락시설 또는 장례식장	3m 이상
3. 그 밖의 용도로 쓰는 건축물	1.5m 이상

② 다중이용건축물과 층수가 11층 이상인 건축물이 건축되는 대지에는 그 안의 모든 다중이용 건축물의 층수가 11층 이상인 건축물에 소방자동차의 접근이 가능한 통로를 설치하여야 한다. 다만, 모든 다중이용건축물과 층수가 11층 이상인 건축물에 소방자동차의 접근이 가능한 도로 또는 공지에 접한 경우에는 그러하지 아니하다.

연습문제

01 대수선의 정의와 그 범위를 설명하시오.

02 바닥면적과 연면적, 건폐율과 용적률의 정의를 설명하시오.

03 소방대상물의 방화구획을 설명하시오.
[세미나, 인터넷사이트와 건축법을 참고할 것. 조별발표]

04 방화문의 종류 및 구조기준, 방화셔터, 방화댐퍼 구조기준을 설명하시오.

05 건축물의 내화구조의 정의와 주요 구조부를 내화구조로 하여야 하는 건축물 및 내화구조의 기준을 설명하시오.

06 비상용승강기 정의, 설치대상과 설치대수를 산정하는 방법을 설명하시오.

07 피뢰설비 설치대상 및 그 설치기준을 설명하시오.

08 건축물의 마감재료(불연재료, 준불연재료, 난연재료)에 대하여 설명하시오.

09 피난안전구역의 설치 의무 대상 및 그 설치기준을 설명하시오.

10 직통계단, 피난계단, 특별피난계단에 대하여 간단히 그 개념을 설명하시오.

11 특별피난계단에 노대경유, 부속실 경유, 배연설비가 있는 부속실 경유의 피난형태를 설명하시오.

12 특별피난계단 및 비상용승강기의 승강장에 설치하는 경우 배연설비의 기준에 대하여 설명하시오.

13 옥내피난계단 및 특별피난계단 구조의 차이점을 비교 설명하시오.

CHAPTER

05 화재대책 및 소화

5.1 화재의 대책

화재의 대책으로는 예방대책, 국한대책, 소화대책, 피난대책 등으로 나누어 다루어져야 한다.

5.1.1 예방대책

근본적인 방화대책으로 화재가 발생하지 않도록 최초의 발화를 방지하는 대책이다. 이것은 출화 물질이 되는 위험성 물질과 여기에 발화의 에너지를 주는 발화원을 유효적절하게 관리하는 방법 이외는 없다. 따라서 화재예방을 위해서는 교육 및 계몽을 해야 하고 산업시설 등에 대한 교육훈련을 적극 장려해야 하며 새로운 연구기술 및 과학적 실험결과에 맞는 건축법, 소방법 등 안전관련 규정의 개선, 점검의 강화, 발화를 방지하는 방법을 강구해야 한다.

또한 화재 시에는 이에 대한 신속한 감지와 그 대책이 필요하다. 고층건물은 일반적으로 층수가 높을 뿐 아니라 그 연면적이 큰 특징을 가지고 있다. 따라서 고층건물에서는 건물 전체에 자동화재탐지설비를 설치하여 집중적인 감시가 가능한 시스템을 갖추어야 하는데 그 중심이 방재센터이다.

5.1.2 국한대책

화재가 발생하게 되었을 때 그 화재를 연소에 의해 확대되지 않도록 하는 것이 국한대책이다. 이러한 확대방지대책에는 초기 확대방지와 연소 확대방지가 있다.

초기 확대방지대책의 예를 든다면 건축물 내장재의 불연화와 방화구획을 들 수 있다. 옥내의 수납물이 연소되더라도 벽이나 천장이 연소되지 않는 구조로 되어 있거나 방화구획이 되어 있다면 화재의 초기 확대를 억제할 수 있을 것이다.

연소확대방지 대책으로는 화재가 발생한 경우 그 성장을 한정된 범위로 억제하여 건물 내 다른 곳으로 확대되지 않도록 하기 위하여 내화성능을 가진 벽이나 바닥 등으로 수직(층별), 수평(면적별), 용도별로 구획할 필요가 있으며 또한 방연구획을 병행하는 것이 바람직하다.

1) 가연물의 집적방지

화재가 확대하면 출화점 근처에 다량의 가연물이 집적되어 있으면 여기에 연소하는 경우가 많다. 발화위험이 있는 작업장에 불필요한 원료, 제품, 상품 등을 다량으로 집적하면 매우 위험하다. 따라서 안전한 창고 또는 집적장을 설치하고 여기에 저장, 보관시켜야 한다.

2) 건물설비의 불연화

건물은 방화구조가 되어 있는 내화구조로서 내부의 가구, 기구 등의 설비도 가능한 불연성의 재료를 사용한다. 또한 화재가 났을 때 난연성 물질과 같이 다량의 연기 및 유해가스를 발생하는 재료는 피하여야 한다.

3) 방화벽, 방유제 및 방액제 등의 정비

건물의 중간이나 통로에 방화벽을 세운다. 가연성 액체의 탱크 주변에는 방유제, 액화가스탱크 주변에는 급격한 폭발을 예방하기 위한 방액제를 설치하고 내용물이 누출할 때는 누출물이 멀리 확대되지 않도록 대책을 강구해야 한다.

(1) 방화벽

방화벽은 방화상 유효한 구획으로서 화재 시 일정범위 이외로의 연소를 방지하여 피해를 국부적으로 한정시키기 위한 것이다(제5장 방화벽 참조).

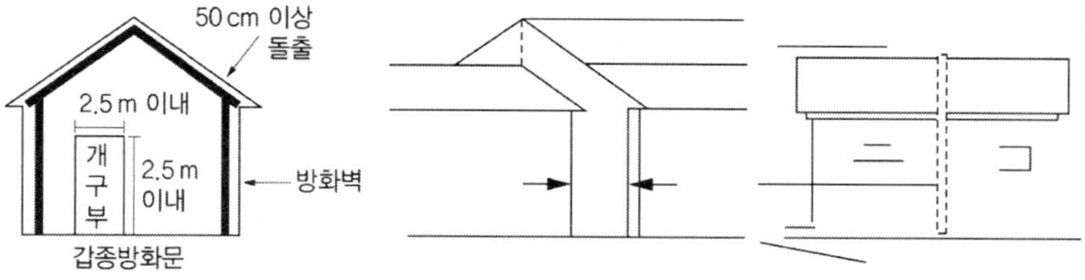

그림 5-1 방화벽

(2) 방유제

방유제는 위험물 탱크 외부 누출 시 화염 표면을 갖는 액체의 확산을 방지하고, 방유제 내부 누출 유류화재는 포소화전에 의해 진압이 가능해야 하며, 탱크 자체는 고정포소화설비로 화재를 진압해야 한다.

① 방유제 높이는 0.5 ~ 3.3 m로 한다.

② 방유제 면적은 80,000 m^2로 한다.

③ 하나의 방유제 내 탱크는 10기 이하로 한다.

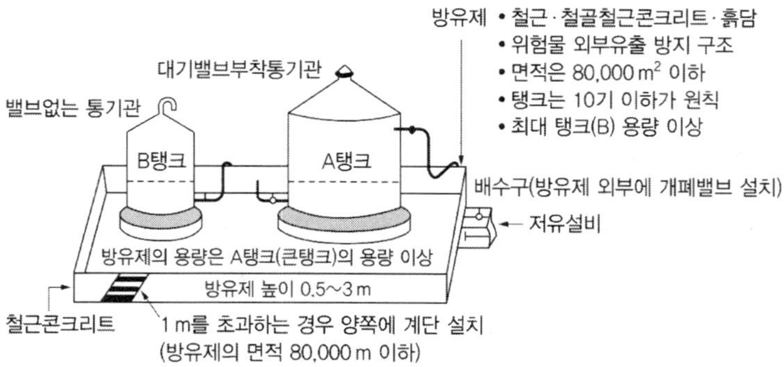

그림 5-2 방유제

4) 공한지의 확보

위험성 물질의 저장소 및 위험작업을 행하는 건물의 주변에는 일정한 공한지를 확보하고(보유공지) 거리를 보유하여 화재위험이 다른 시설에 미치지 않도록 한다.

또한 도시계획에 의거하여 녹지대를 공장지역과 주거지역 간에 설치하여 공장의 재해 및 공해로부터 주민을 보호하는 대책을 세우는 것도 필요하다.

(1) 위험물제조소 등의 안전거리와 보유공지

① 안전거리

안전거리란 위험물시설 또는 그 구성부분과 방호대상물(건축물) 사이에 안전성을 확보하기 위하여 소방안전 또는 환경안전상 확보해야 할 수평거리를 말한다. 여기서 확보해야 할 수평거리에 있어서 위험물과 방호대상물 사이에는 상호 간에 다른 물건 등이 존치할 수 없으며, 방화상 유효한 벽을 설치하여 안전거리를 단축할 수 있다.

② 보유공지

보유공지란 위험물시설 또는 그 구성부분의 주위에 확보해야 할 공지를 말한다. 이 보유공지는 연소방지상의 필요성뿐만 아니라 소화활동상의 공지까지도 의미하는 것이므로 여기에는 어떤 물건도 놓여서는 안 된다. 따라서 안전거리가 단순히 물리적 길이의 규제 개념인 데 비하여 보유공지는 공간규제 개념으로 안전거리보다 엄격히 규제해야 한다.

③ 안전거리 및 보유공지의 규제 대상 위험물시설

- 안전거리 : 제조소, 일반취급소, 옥내저장소, 옥외저장소, 옥외탱크저장소, 주유 취급소
- 보유공지 : 제조소, 일반취급소, 옥내저장소, 옥외저장소, 옥외탱크저장소, 간이탱크저장소

5) 위험물시설 등의 지하매설

도시의 급유소는 현재 대부분 인화성 위험물 탱크 또는 가스저장 탱크를 지하에 매설하고 있으며 지하에 매설하는 것이 소방안전 또는 환경오염 안전에 유리하다.

위험물제조소 등은 크게 제조소, 취급소, 저장소가 있다. 이러한 위험물제조소 등은 다음과 같은 안전에 필요한 설비를 해야 한다.

(1) 위험물제조소의 채광, 조명 및 환기설비

① 채광설비는 단열재 사용, 연소우려가 없는 장소에 설치, 채광면적을 최소로 한다.

② 환기설비는 다음 기준으로 한다.

- 환기는 자연배기 방식으로 한다.
- 급기구는 바닥면적 150 m^2마다 1개 이상, 크기는 800 cm^2 이상으로 한다.
  단, 바닥면적 150 m^2 미만의 경우는 다음의 크기로 한다.

바닥면적(m^2)	급기구의 면적(cm^2)
60	150
60～90	300
90～120	450
120～150	600

③ 급기구는 낮은 곳에 설치하고 인화방지망(가는 눈의 동망)을 설치한다.

④ 환기구는 지붕 위 또는 지상 2 m 이상 높이에 회전식 고장 벤틸레이터 또는 Roof 방식으로 설치한다.

⑤ 제조소 안의 전기설비는 전기설비 기술기준에 관한 규정에 의할 것

(2) 위험물제조소의 배출설비

가연성 증기 또는 미분 체류 우려의 건축물에는 증기나 미분을 옥외로, 높은 곳으로 배출할 수 있도록 설비한다.

① 배출설비는 국소방식으로 한다. 다만 다음의 경우는 전역방식도 가능하다.
- 위험물의 취급설비가 배관이음 등으로만 된 경우
- 건축물의 구조, 작업장소의 분포 등 조건에 의해 전역방식이 유효한 경우

② 배출설비는 배풍기, 배출덕트, 후드 등을 이용한 강제배출로 한다.

③ 배출능력은 1시간당 배출장소 용적의 20배 이상으로 한다.

④ 배출설비 설치 기준
- 급기구는 높은 곳에 설치, 인화방지망 설치한다.
- 배출구는 지상 2 m 이상, 연소우려가 없는 장소에 설치, 배출덕트에는 자동폐쇄 방화댐퍼를 설치한다.

⑤ 배풍기는 강제배기 방식으로 하고, 옥내 덕트의 내압이 대기압 이상이 안 되는 위치에 설치한다.

(3) 정전기 제거 설비

위험물 취급 시 정전기 발생 우려의 설비에는 다음 방법의 정전기 제거설비를 설치한다.

① 접지에 의한 방법

② 공기 중의 상대습도를 70% 이상으로 하는 방법

③ 공기를 이온화하는 방법

(4) 위험물제조설비의 금속 사용 제한

아세트알데이드 또는 산화프로필렌 취급설비는 은, 수은, 구리, 마그네슘 또는 이들 성분을 함유한 합금을 사용해서는 안 된다.

(5) 불연성 가스 봉입장치 등

① 아세트알데이드, 산화프로필렌 취급설비에는 폭발방지를 위해 불연성 가스 또는 수증기를 봉입하는 장치를 설치, 상시 봉입 경우의 압력은 위험물 취급설비의 상용압력 이하로 해야 한다.

② 아세트알데이드, 산화프로필렌의 취급 시설 중 저장탱크에는 냉각장치 또는 저온을 유지하기 위한 장치를 해야 한다.
다만, 지하탱크 저장시설로서 아세트알데이드, 산화프로필렌의 온도를 저온으로 유지할 수 있는 경우는 그러하지 아니하다.

③ 알킬알루미늄, 알킬리튬을 취급하는 설비에는 불활성 기체를 봉입할 수 있는 장치를 설치해야 한다.

5.1.3 소화대책

1) 초기소화

초기소화는 최초의 출화 직후에 대처하는 응급조치이다. 작은 불을 끌 때 효과적인 방법이다. 초기소화에는 소화기를 사용하는데 소화기에는 분말, 탄산가스, 휘발성액체, 기포, 산·알칼리, 청정소화약제 소화기 등의 종류가 있다.

소화기는 소화제의 성질 및 기구의 차이가 있으므로 적응화재 및 가연물의 성질에 따라 이에 적절한 형식의 소화기를 선택하여야 한다. 그리고 모래, 중탄산소다, 물통 등도 초기소화용으로 효과적이다. 또한 화기를 취급하는 주방 등에는 자동확산소화용구도 적절한 초기 소화기이다.

또한 초기소화 설비로는 스프링클러설비, 물분무 등 소화설비(포, 물분무, 할로겐화합물, 이산화탄소, 소화설비) 등의 고정식 소화설비, 드렌처, 살수소화설비 등도 적합한 장소에 설치한다. 그러나 이들 설비 중 물을 사용하는 소화설비는 동절기의 동결 등에 대처하고 수시로 작동 여부를 확인하여야 할 것이다.

2) 본격적 소화

공장 내의 자위소방대 또는 도시의 공설소방대에 의한 소화활동으로서 어느 규모 이상으로 화재가 확대되면 본격적인 소방력에 의존하여야 한다.

소방용 수리로는 상하수도, 공업용수, 하천, 해수 등이 이용되고 별도로 저수조 등의 설치 등도 고려하여야 한다.

다량의 위험성 물질을 저장, 취급하는 공장에서는 직접 물을 뿌리는 것은 매우 위험한 경우가 많기 때문에 소방펌프에 의한 방수로 냉각을 시키고 화학소방펌프로 직접소화를 시키는 것이 필요하다. 최근 건설되고 있는 대형 원유탱크 및 대형 유조선은 일단 화재가 나면 현재의 소방력(3대 소방력 : 인원, 장비, 수리)을 이용하여 소화시킬 수 없는 경우가 대부분이기 때문에 인명의 구조를 제일로 하고, 화재가 다른 곳에서 연소되는 것을 방지하며 가연물을 빨리 다른 장소로 옮겨야 한다.

또한 가스화재인 경우는 신속히 가스밸브를 폐쇄시키는 것이 중요하며 가스탱크가 폭발하지 않도록 탱크에 스프링클러 소화설비를 설치하거나 많은 양의 주수를 하여 온도를 낮추는 것이 필요하다.

5.1.4 피난대책

화재가 발생하면 위험구역에서 안전한 장소로 대피하지 않으면 안 된다. 평상시에 미리 화재에 대비하여 안전한 피난구역을 지정하여 익히고 옥내의 피난계단은 각 층마다 방화문이나 방화셔터를 설치하여 연기 및 화염이 계단실에 들어오지 않도록 하여야 할 것이다.

옥의 피난계단은 창문으로부터 화염이 미치지 않는 위치에 설치하도록 한다. 긴급을 요하는 경우에 대비하기 위하여 활강대, 완강기 등를 설치하는 것도 효과적이다. 실내의 복도에는 피난통로의 방향을 제시하는 발광식 유도표지를, 창이 없는 건물 및 야간용으로서 정전 중에도 꺼지지 않은 통로유도등, 비상조명등을 설치할 필요가 있다.

1) 피난대책의 일반 원칙

① 2개 방향의 피난로를 상시 확보한다.
건물 내 임의의 지점에서 피난 시 한 방향이 화재로 사용불가이면 다른 방향이 사용되도록 한다.

② 피난 경로는 간단 명료해야 한다.

복잡하게 굴곡하고 길이가 긴 것은 부적당하다.

③ 피난의 수단은 원시적 방법에 따르는 것을 원칙으로 한다.
비상상태에서는 복잡한 조작을 필요로 하는 장치는 부적당하며, 가장 원시적인 보행에 의한 것을 첫째로 한다.

④ 피난 설비는 고정적인 시설에 따라야 하며 피난 기구와 장치 등은 도피하는 소수의 인원을 위한 것으로써 보조 수단을 생각해야 한다. 이들 설비에는 피난용 로프, 이동식 사다리, 완강기, 완강곤돌라, 구조대, 비상용승강기 등이 있다.

⑤ 피난유도등이나 제연설비 등 전기를 이용하는 설비에는 반드시 축전지 등 예비전원을 갖추어야 할 필요가 있다. 또한 피난통로에는 정전 시에도 피난방향을 명백히 할 수 있는 표시를 한다.

⑥ 피난경로에 따라서 일정한 구획을 한정하여 피난지역을 설정하고, 최종적으로 안정성을 높이는 것이 합리적이다.

⑦ 피난구는 항시 사용할 수 있도록 하고 관리상의 이유로 자물쇠를 채워두는 것은 큰 위험을 초래하므로 피해야 한다. 최근에는 옥상 등에는 방호용 자물쇠를 설치하는 경우가 많은데 이 때에는 원격 조정이나 화재 시 열·연기를 감지하면 자동으로 개방되는 시스템으로 전환되는 구조로 전환하여야 한다.

2) 피난계획 수립 시 고려해야 할 인간의 본능

(1) 귀소본능(歸巢本能)

인간은 본능적으로 비상시 자신의 신체를 보호하기 위하여 원래 온 길 또는 늘 사용하는 경로에 의해 탈출을 도모하고자 한다. 따라서 일상의 경로 즉, 복도나 계단 등이 그 말단까지 알기 쉽고, 안전하게 보호하는 것이 중요하다.

(2) 지광본능(指光本能)

화재 시 정전 또는 검은 연기의 유동으로 주위가 어두워지면 사람들은 밝은 곳으로 피난하고자 한다. 따라서 채광이 나쁜 옥내의 피난경로는 집중적으로 밝게 하고, 이와 혼동하기 쉬운 장식 등은 소등될 수 있도록 하여야 한다.

(3) 추종본능(追從本能)

비상시에는 많은 군중이 한 사람의 리더를 추종하는 경향이 있다. 불특정 다수인이 모이는 시설에서는 피난 유도를 할 수 있는 리더의 육성이 중요한 문제가 된다.

(4) 퇴피본능(退避本能)

이상상황이 발생하면 확인하려 하고 긴급사태가 확인되면 반사적으로 그 지점에서 멀어지려고 한다. 건물의 중심부에서 연기와 불꽃이 상승하면 외주 방향으로, 외주부가 위험하면 중앙 방향으로 퇴피하려고 한다.

(5) 자회본능(左廻本能)

오른손잡이의 경우 오른손, 오른발이 발달해 있기 때문에 왼쪽으로 도는 것이 자연스럽다. 피난로의 관리에 이를 적용할 수 있을 것이다.

3) 피난 시 행동

① 발화점으로부터 조금이라도 멀리 피난한다.
② 평상시 사용에 익숙한 경로를 사용한다.
③ 밝은 방향을 택하여 그 방향으로 피난한다.
③ 군중심리에 의해 남을 따르기 쉬워 적극적인 사람이 있으면 그 사람을 따르기 쉽다.
④ 연기나 불의 차폐물이 있는 곳으로 도망하여 숨는다. 방의 중심보다 구석 쪽으로 도망한다.
⑤ 혼잡이 적은 방향으로 도망한다.
⑥ 화재 시에는 엘리베이터 사용을 금하고 가능한 계단을 이용한다. 호흡기를 보호할 수 있는 젖은 수건 등을 휴대하고 가능한 낮은 자세로 피난한다.

4) 피난시설의 계획

(1) 피난방법과 시설계획

화재발생 시 피난의 방법은 요구자들이 처해 있는 상황에 따라 다르다. 일반적인 피난경로를 보면 다음의 두 부류로 구분할 수 있다.

각실출구 – 복도 – 계단 ┬ 피난층 – 출구 – 지상
　　　　　　　　　　　└ 옥상층 – 구조 – 지상

연기나 화염으로 인하여 하나의 피난로가 차단되더라도 다른 방향으로 피난할 수 있도록 2방향 이상의 피난로를 계획하여야 하고, 피난인들의 집중으로 인한 패닉현상이 일어나지 않도록 상호 반대 방향으로의 대칭인 형태로 위치하는 것이 이상적이다.

(1) 각실 → 창·발코니 → 구조 → 지상

상황이 급박하여 피난할 시간적 여유가 없을 때의 경우이므로 구조의 손길이 미칠 때까지 피난인들의 생명보호를 위하여 피난 발코니, 피난 노대 등을 설치하는 것이 이상적이다.

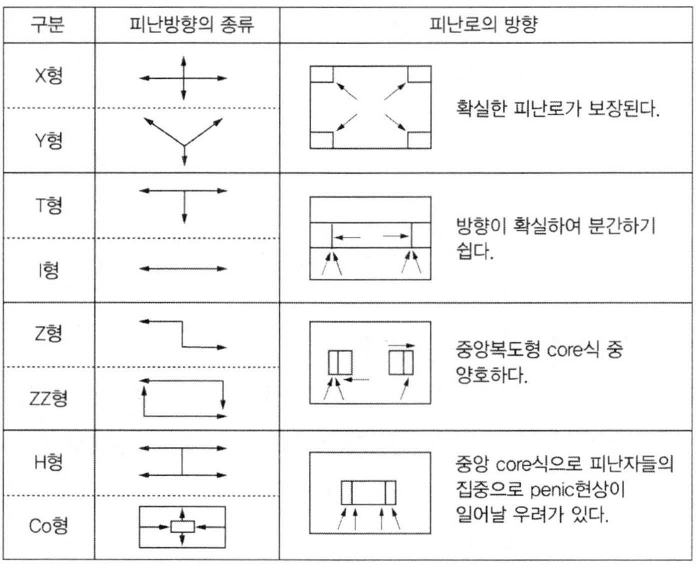

그림 5-3 피난방향 및 피난로의 유형

(2) 수평방향의 피난시설 계획

화재 시 안전한 피난을 위한 1차적인 대피단계는 각 실에서 계단실까지의 수평방향으로의 이동이며 따라서 수평방향의 이동에 있어서 중요한 것은 복도라고 할 수 있는데 복도의 피난계획 시 고려해야 할 사항은 다음과 같다.

① 피난복도의 폭은 피난인원이 빠른 시간 내에 계단 등의 안전한 피난처로 갈 수 있도록 하는 것이 좋다.

② 피난복도의 천장은 복도에 연기가 차는 것을 막기 위하여 가능한 높게 하고 천장에는 불연재를 사용한다.

③ 피난복도에는 자동판매기, 휴지통 등 피난에 방해가 되는 시설물을 설치하지 않아야 한다.

그림 5-4에서는 막다른 복도의 예를 나타낸 것이다. 막다른 복도에 접한 각 실에서는 대피자의 경우 각 실에서 A 지점까지 도달해야 피난경로의 선택이 가능하게 되고 B 실에서 화재가 발생하여 복도에까지 확산하였을 경우 막다른 복도에 면한 타실의 재실자들은 피난의 방법이 없게 되어 치명적인 사태가 발생하게 된다.

또한 C의 막다른 복도의 경우 엘리베이터 홀(Elevator Hall)로서 건축물 내의 주요 동선의 일부분이지만 화재 시는 역시 막다른 복도로 규정되기 때문에 이에 관한 충분한 고려가 필요하다.

그림 5-5에서는 막다른 복도와 이에 면한 실과의 관계를 나타낸 것으로 막다른 복도에 면한 실이라도 가능한 한 출입구는 막다른 복도에 면하지 않도록 계획하는 것이 인명보호를 위한 피난계획이다.

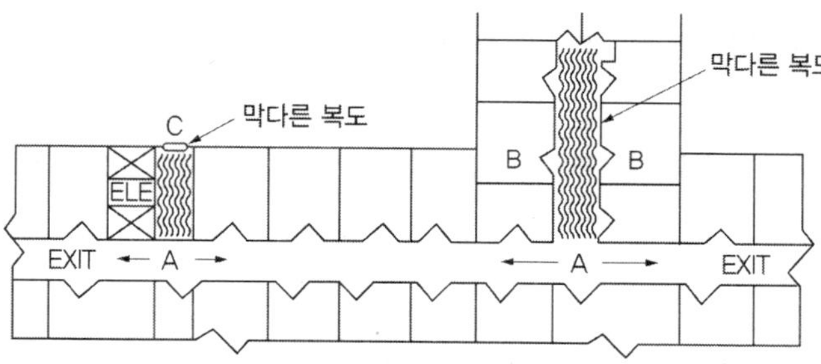

그림 5-4 막다른 복도의 예

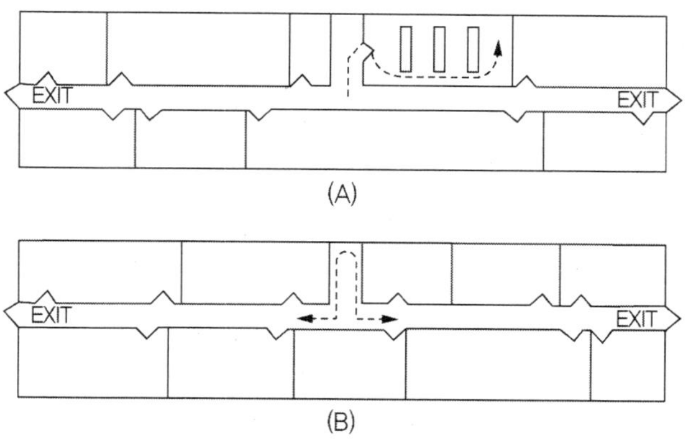

그림 5-5 막다른 복도에서의 출입구의 위치

(3) 수직방향 피난시설계획

고층건물의 일상적인 수직 동선은 엘리베이터이고 계단은 보조수단으로서 한두 층 간의 보행 시에만 사용되지만 피난계획 시에는 엘리베이터의 사용이 불가능하므로 계단이 수직적인 피난시설이다. 주 피난시설인 계단의 피난계획 시 고려사항은 다음과 같다.

① 피난 시 연기가 침입하지 않도록 계단실에는 타실보다 높은 일정한 압력을 가하는 것이 좋다(가압방식).

② 계단실에 유입되는 연기를 배출할 수 있는 제연설비를 한다.

③ 피난층을 지나쳐 지하실로 내려가지 않도록 지하실과의 경계에는 확실한 방지책을 실시한다.

④ 피난계단은 직접 옥상층으로 피난이 가능하도록 옥상층까지 연결시킨다.

⑤ 계단실의 내장은 불연재료로 하고 특히 손잡이 등에는 가연재를 사용하지 않도록 한다.

⑥ 계단실은 2시간 이상의 내화성능을 가진 방화구획을 한다.

⑦ 계단실에는 한 사람이 넘어지면 연쇄반응이 일어나 많은 사람이 다칠 우려가 있으므로 바닥면의 미끄럼 방지를 위한 조치와 난간 등을 설치한다.

화재가 발생한 경우 피난경로는 복도, 계단전실, 계단을 거쳐 안전한 지상으로 탈출시키는 통로가 일반적이다. 각각 구획의 방화벽이나 방연벽으로 구획되어 있고 차례차례 피난해가면 안전도는 높게 된다.

그림 5-6에는 연기와 관련된 안전구획을 나타낸 것으로 복도는 1차 안전구획, 계단전실이 2차 안전구획, 계단이 3차 안전구획이 된다. 안전구획 사이의 벽은 기밀성이 높은 벽으로 하고 출입문은 방화문으로 한다.

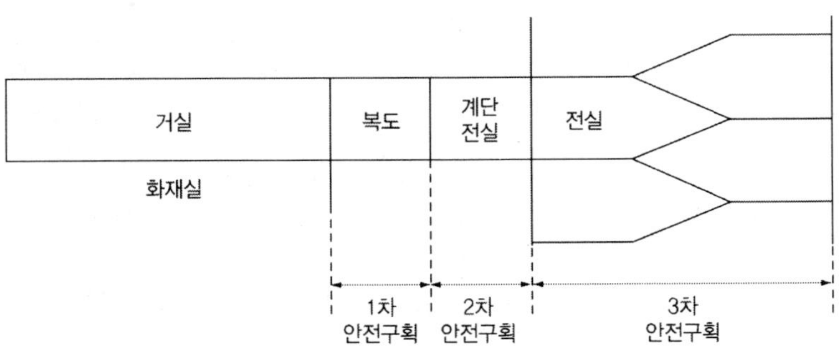

그림 5-6 연기와 관련된 안전구획의 개념

5.2 화재소화

5.2.1 소화원리

연소가 계속되려면 연소에 필요한 가연성 물질과 산소의 공급 및 열원이 필요하며 이 중에 전부 또는 한 가지만이라도 제거하면 연소는 일어나지 않는다. 최근에는 여기에 연소반응을 계속시키는 데 필요한 연쇄반응의 조건을 가한 부촉매소화방법 등 소화방법이 이용되고 있다. 이와 같이 3요소 중 어느 하나를 제거하면 소화라는 목적을 달성하게 된다.

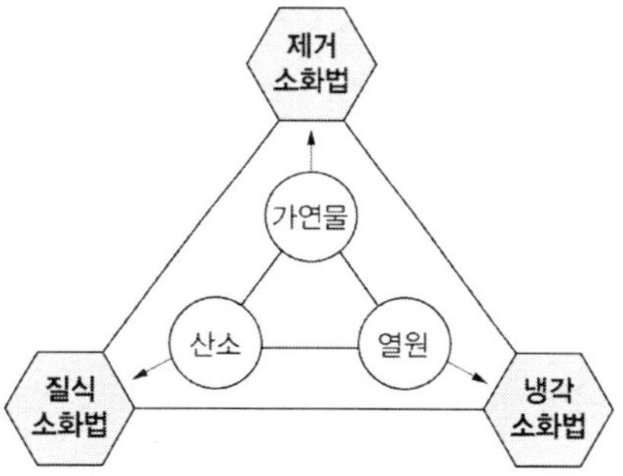

그림 5-7 화재의 소화원리

5.2.2 소화방법의 분류

소화작용 면에서 소화방법을 크게 나누면 물리적 작용에 의한 것과 화학적 작용에 의한 것이 있다. 물리적 작용을 이용하는 것은 열, 화재의 흐름 등의 물리량의 변화를 이용하여 연소반응을 중단시켜 소화시키는 것이고(냉각, 질식소화), 화학적 작용을 이용하는 것은 화염 중에서 원자 및 라디컬 반응(radical reaction)을 저지시킴에 따라 소화시키는 연소억제에 의한 소화방법(부촉매소화)이다.

1) 냉각소화

계속하여 연소하는 데는 연소의 화학반응에 의하여 발생된 열이 미반응의 기체 및 이들을 발생하는 고체와 액체를 공급하지 않으면 안 된다. 따라서 이 도중에서 열을 뺏는 흡열반응이 일어나서 냉각이 행하여지면 연소는 중단되고 소화가 된다. 이 원리를 이용하는 것이 냉각소화방법이다.

전형적인 냉각소화제로 많이 사용하는 것은 물이다. 이외에도 증발성 액체도 있지만 현재 소방법에서는 할로겐화합물 소화약제라고 부르고 있다. 이 경우는 연쇄반응에 의한 억제작용이 크다. 전기화재의 경우는 봉상주수가 엄금되어 있다.

또 위험물 3류에서도 주수는 엄금이다. 제3류 위험물은 금수성 물질이라고 부르며 산화력이 강하고 물속의 산소를 탈취하여 맹렬하게 연소하기 때문이다.

(1) 물소화약제의 물리적 성질

① 물은 비열, 증발잠열, 기화 팽창율이 매우 큰 물질로서 소화의 주체는 냉각소화이며 보조적으로 질식작용이 있다.

② 비열(1.0 Kcal/kg)이 커서 물입자가 많은 열량을 흡수한다.

③ 증발잠열(539 Kcal/kg)이 커서 기화시 다량의 열을 탈취하여 냉각효과가 크다.

④ 기화팽창율(1,650배)이 커서 수증기가 연소면을 덮어 질식효과를 발생한다.

⑤ 물 입자는 공기저항, 기류, 중력 등을 이기고 화점에 도달하여야 소화가 될 수 있으며, 가연성 액체의 경우에 인화점이 37.8℃ 미만에는 적응성이 없다.

(2) 주수방법

① 봉상(stream) 주수 : 옥내소화전, 옥외소화전에 적용

② 입자상(droplet) 주수 : 스프링클러소화설비, 연결살수설비에 적용

③ 분무상(spray) 주수 : 불꽃 속에 분무상의 미세한 물방울을 다수 주입하면 그것들이 증발할 때 증발 잠열을 탈취해서 화염을 냉각시켜 연소를 저지한다. 주로 물분무설비에 적용된다.

(3) 물소화약제의 장단점

① 장점

- 냉각, 질식소화의 효과가 매우 높은 물질이다.
- 가격이 저렴하고 변질의 우려가 없으며 장기보관이 가능하다.
- 인체에 무해하며 각종 약제를 혼합하여 수용액으로 사용할 수 있다(강화액, 포소화약제 등).

② 단점

- 영하에서는 동파 및 응고현상으로 적응성이 없다.

- 금수성 화재 및 C급 화재에는 적응성이 없다.
- 소화 후 물에 의한 2차 피해가 발생한다.

2) 질식소화(희석소화)

어떤 물질이 연소하는 데 필요한 공기량을 조절하여 소화하는 방법이다. 산소 양은 공기 중 21%에 해당하나 이것을 16% 이하로 농도를 희박하게 하면 가연성 물질은 산소의 양이 부족하여 연소하지 못한다. 이러한 공기 중의 산소농도를 희박하게 하는 소화방법을 질식소화라고 한다.

또, 가연성 물질의 농도에 바탕을 둔 소화방법으로 희석소화 방법이 있다. 이 방법에는 가연성 액체의 농도를 희석하는 방법과 가스농도를 희석하는 방법이 있는데, 전자는 연소 중인 액체를 불연성의 다른 액으로 엷게 하면 액면상의 증발하는 가연성 증기량이 감소하고 결국 연소하한계 이하로 떨어지게 되어 연소하지 않게 된다. 후자는 연소물에 바람을 불면 가연성의 증기가 바람에 날려 농도가 엷어지면서 소화하는 방법으로 희석소화에 해당한다고 할 수 있다.

질식이라는 것은 반드시 산소를 0으로 한다는 뜻이 아니고 혼합기 중의 산소 농도가 어느 일정치 이하가 되면 연소가 계속될 수 없도록 하는 것이다. 때문에 사람에 따라서는 희석이라고도 한다. 이산화탄소에 의한 소화가 여기에 해당한다.

이 밖에 희석소화제로서 수증기와 포소화제가 있다. 수증기에 의한 질식소화효과를 응용하는 것으로 수증기소화설비라든가, 물분무소화설비가 있다. 또한 포에 의한 질식효과도 성능 상 중요한 소화약제이다. 포소화약제는 연소하는 가연물질의 표면을 공기 중의 산소와 접촉하지 못하도록 덮어서 소화한다.

3) 제거(파괴)소화

제거소화는 가연성 물질을 연소로부터 제거함으로써 불의 확산을 저지하는 소화방법으로, 이는 협의적인 방법과 광의적인 방법이 있다.

협의적인 제거소화 방법은 가스화재 시 주밸브를 차단시켜 가스공급 중단으로 연소를 멈추게 하거나, 수용성 액체(알코올, 아세톤 등) 화재 시 물을 다량 살포함으로써 연소를 그치게 하는 등의 방법이 있다. 최근에는 압력센서에 의한 자동폐쇄밸브나 원격조정에 의한 차단밸브 사용이 사용되고 있다.

광의적인 제거 소화방법은 연소 중인 가연물를 안전한 곳으로 이동시키거나 연소 직전의 인근건물 등을 파괴한 후 방어선을 구축하여 화재확대 방지나 인명구출 수단으로 필요 시에 활용하게 된다. 제거소화를 하는 주된 대상은 목조건물 및 방화구조 건물이지만 경우에 따라서 내화건물의 요소에 파괴를 실시하는 일도 있다.

전기화재의 경우는 신속하게 전원을 단절시키고 전기의 공급을 중지시키는 경우도 해당된다. 일반적으로 화재가 대규모인 경우는 소화제로 소화시키는 것이 불가능할 때 제거소화가 효과적이다. 그 대표적인 예는 걸프전 때 유정(油井)화재에 폭탄을 투하하여 소화한 것도 그 한 예다.

4) 화염의 불안정화에 의한 소화(강풍소화법)

버너에서 분출되는 가연성 혼합기체에 점화하면 버너 부근의 화염면에서는 혼합기체의 유속과 연소속도 사이에는 다음과 같은 근사식이 사용된다.

$$S_u = u \sin\theta \tag{5-1}$$

여기서, S_u : 혼합기체의 연소속도

u : 혼합기체의 유속

θ : 화염의 반경각

※ 연소속도 : 화염이 점화원을 중심으로 확대할 때 화염면의 이동속도

식(5-1)은 혼합기체의 유속을 증가시키고 연소속도가 일정하면 화염의 길이는 점차 길어진다. 이러한 관계를 만족시키지 않으면 불이 커진다. 이 현상을 이용하여 소화하는 방법을 화염의 불안정화에 의한 소화라고 한다. 성냥불을 불어 꺼지게 하는 것도 이러한 근거이다. 실제로는 유정(油井)의 화염을 폭약의 폭풍으로 꺼지게 하는 시도도 있다. 또한 지표면 및 화재현장의 요철부분에 음각이 진 경우 불이 완전히 꺼지지 않은 경우도 이러한 원리이다. 현재는 이 방법은 거의 사용되지 않고 있다.

5) 연소억제에 의한 소화

화염을 일으키는 연소반응은 유리기 반응이 주역으로 이 시스템 내에 할로겐 및 알칼리금속을 첨가하면 연소를 계속시키는 주요 역할을 하는 유리기와 반응하여 불활성화 된다. 이 작용을 이용한 소화법이 연소억제에 의한 소화라고 한다.

이 억제작용은 할로겐에서는 불소 < 염소 < 브롬 < 요오드의 순으로 강하고 (소화제로의 안정

성은 그 반대이다.), 알칼리금속에서는 리튬 < 나트륨 < 루비듐 < 세시움의 순으로 증대된다. 현재 실용화되고 있는 할로겐화탄화수소를 주성분으로 한 증발성 액체소화제와 중탄산소다(중조), 중탄산칼륨을 주성분으로 한 분말소화제가 있는데, 후자는 화염에서의 열복사 저지효과와 고체입자에 의한 냉각효과도 지니고 있는 장점이 있으나 중탄산염의 분해 비율이 적지 않기 때문에 이에 의한 효과는 기대되지 않는다.

할로겐화탄화수소의 억제작용에 관한 반응기구는 할로겐화탄화수소가 연소에 필요한 OH, O 및 H 등의 활성라디칼 및 원자와 반응하여 연소가 억제된다. 모든 가연물질의 구성 원소 속에 포함되어 있는 수소분자는 공기 중의 산소분자와 결합하여 연소한다. 가연물질의 구성원소인 수소원자가 연소에 필요한 활성화가 되어 공기 중의 산소분자와 반응하여 OH기와 활성화된 산소를 생성하며 이때 생성된 OH기는 가연물질 속에 함유되어 있는 수소분자와 결합하여 최종 생성물인 H_2O를 생성하며 활성화된 수소 원자를 발생시킨다. 이 활성화된 수소원자는 다시 공기 중의 산소 분자와 결합하는 연쇄반응을 하게 된다.

이와 같이 연쇄반응에 의한 가연성 물질의 연소가 진행되므로 연소과정 중에 발생된 활성화된 수소원자를 공기 중의 산소 분자와의 화학반응을 차단 또는 억제시킬 수 있는 부촉매로서 수소 원자와의 친화력이 우수한 할로겐 원소가 함유된 소화약제가 우수하며 할로겐화합물 1301, 1302, 2402 등이 있다.

알칼리금속의 억제작용은 사용 연료가 분말로서 입경, 입도분포, 비표면적 등의 영향이 혼재되어 있어 그 작용기구를 자세히 설명할 수 없으나 할로겐화탄화수소와 같이 금속원자가 OH, H, O 등의 활성라디칼을 불활성하여 연소반응을 차단하거나, 알칼리금속화합물의 고체입자 표면이 연소의 활성라디칼을 흡착함에 따라 연소를 억제시킨다.

참고

유리기(free radical)

대전되지 않은 전자를 가진 화학 종으로 분자의 열분해, 광분해, 방사선문제 등에 의해 화학결합이 절단되어 생김. 메틸기(CH_3), 메틸렌기(CH_2)와같이 화학적 활성이 풍부하고 같은 유리기끼리 반응이 안정됨.

유리기 반응

반응과정에 유리기가 관여하는 화학반응. 기체상태에서는 광학적 반응, 열반응이 있다.

유리기 반응의 종류

① 안정된 분자의 결합이 끊어져서 유리기가 되는 반응

$$C_3H_8 \rightarrow CH_3 + C_2H$$

② 유리기와 안정된 분자가 반응하여 다른 유리기가 되는 반응

$$CH_3 + CH_3COCH_3 \rightarrow CH_4 + CH_2COCH_3$$

③ 유리기에 안정된 분자가 반응하여 큰 유리기를 만드는 반응

$$CH_3 + C_2H_4 \rightarrow C_3H_7$$

④ 유리기가 분해하여 작은 유리기와 분자로 되는 반응

$$n\text{-}C_3H_7 \rightarrow C_2H_4 + CH_3$$

5.3 소화약제

소화약제는 여러 가지 화학물질이 사용되고 있다. 그 중에서도 물이 가장 오래된 소화제이며 근대과학의 발달에 따라 다른 여러 가지 소화약제가 개발되어 왔다.

소화약제를 분류하면 물질의 상태에 따라 기체, 액체, 고체 등으로 분류하기도 한다. 그러나, 여기에서는 방출의 수단인 가스의 압력을 이용하는 것과 펌프 동력을 이용하는 것, 그리고 수동식으로 된 것 등으로 분류된다.

가스의 압력을 이용하는 것, 즉 가스계소화약제의 것은 기체로 되어 있으므로 고압으로 저장하여 사용 시 밸브를 개방하고 방출하는 것으로서 질소나 이산화탄소 등 고압가스를 가압원으로 하는 할로겐화합물이 있고 가스의 흐름이 소화약제를 실어 방출하는 것으로 소화분말이 있다. 물계통의 소화약제는 소화기와 같은 소규모의 것으로 가스를 가압원으로 방출하는 것도 있으나 대량을 사용하는 경우 펌프를 사용한다.

물에 첨가제나 포원액을 혼합하는 것은 펌프의 힘과 수류의 힘을 이용하는 것이다. 소화약제를 대량으로 사용할 때는 이상의 2가지 방법 즉, 가스 또는 펌프가 적당하나 소화약제의 특성상 지장이 없는 경우에는 원시적인 수동방식에 의하여도 적당하다. 강화액 소화약제는 물에 금속염류를 첨가한 약제이다.

5.3.1 액체소화제

1) 물소화제

(1) 소화제로서의 물의 특성

물소화약제에 대한 장단점 및 주수방법은 위의 냉각소화에서 다루었다. 소화약제로 사용되

는 물은 A급 화재에 효과가 큰 것으로 수소와 산소의 화학적 결합에 의하여 생성된 물질이므로 전기의 양도체로서 전류를 통하면 (H^+) (OH^-)로 된다. 그러므로 전기화재 시에는 사용할 수 없으며(봉상주수) 유류화재 시에도 가연물질의 연소면적을 확대시켜 주는 역할을 하므로 부적당하다.

전기화재 시 봉상주수가 아닌 무상주수일 경우는 적합하다. 그 이유는 무상으로 주수할 경우 물의 미세한 입자가 서로 격리되어 있으므로 전기의 부도체 역할을 하기 때문이다. 소화용 소화약제로 사용되는 물은 배관이나 관 부속품 및 소화설비용 헤드류를 부식시키거나 퇴적물에 의해 유로를 차단시키는 사례가 발생하므로 불순물이 함유되지 않은 양질의 소화용수를 사용하여야 한다.

(2) 물소화약제의 저장·취급 및 유지관리

① 소화약제로 사용되는 물은 불순물을 함유하지 않은 양질의 소화용수로서 지하의 저장탱크 또는 지상 옥상의 지상탱크에 저장하며 이물질의 침입을 방지하기 위해 항상 뚜껑을 닫아 두어야 하며, 동절기에 빙결되지 않도록 보호조치를 하여야 한다.

② 저장탱크 내의 소화용수의 양은 화재 시 유효하게 사용할 수 있도록 소방법의 소화 용수량에 적합하도록 유지한다.

③ 저장기간이 장기간 경과되어 저장 탱크 하부에 불순물에 의한 퇴적물이 생성될 우려가 있으므로 저장탱크 내의 소화용수를 정기적으로 양질의 소화용수로 교환해주어야 한다.

④ 물을 저장하는 용기나 탱크는 물 소화약제에 의하여 부식되지 않도록 내식성 재료로 제조되었거나 내식성 도료로 피복 가공한 것을 사용하여야 한다.

⑤ 물을 송수하는 배관의 관, 부속품 또는 배관의 말단에 설치되어 있는 청소구를 사용하여 배관 내의 퇴적물을 정기적으로 제거한다.

2) 포소화약제

약제에 포안정제, 기타의 약제를 첨가하여 액상으로 제조한 것으로 물과 일정한 농도로 혼합하여 공기, 불활성 기체를 기계적으로 혼입시켜 포를 발생시켜 소화에 사용되는 약제이다.

소화효과는 물과 포약제를 혼합(포수용액)하여 가연물의 표면을 거품(폼)으로 덮어 공기를 차단하여 거품에 의한 질식효과와 물로 인한 냉각효과를 동시에 얻을 수 있다.

이 약제를 사용한 설비로는 포소화설비가 있다. 이 설비는 폐쇄형 스프링클러헤드를 사용하는 것과 감지기를 사용하는 포헤드를 사용하는 것으로 구분할 수 있다.

① 폐쇄형 스프링클러를 사용하는 것은 헤드의 감열 부분이 용해 또는 파괴하여 헤드에서 물이 분출하게 하는 것이다. 이때 배관 내의 수압 변동에 따라 자동밸브가 작동하여 포헤드의 배관에 발포성의 용액이 흐르므로 주배관 내의 압력변동과 유수에 따른 압력스위치, 아람스위치 또는 플로우트(float) 스위치 등이 작동하여 펌프 등의 가압장치가 자동적으로 가동되어 연속적으로 포방사가 행하여진다.

② 감지기를 사용하는 것은 감지기가 감열(感熱)하면 자동밸브에 설치된 전자 솔레노이드가 동작하여 자동개방밸브가 개방되고 압력스위치에 의하여 펌프 등의 가압장치가 자동적으로 가동되어 포헤드의 배관에 발포성의 용액이 흐르게 되고 연속적으로 포방사가 행하여지는 것이다.

(1) 포소화약제의 종류 및 성상

포소화약제라 함은 약제에 포안정재 기타의 약제를 첨가한 액상의 것으로 물과 일정한 농도로 혼합하여 공기 또는 불활성 기체를 기계적으로 혼입시킴으로써 포(거품)을 발생시켜 소화에 사용하는 약제를 말한다.

포소화약제는 성분상으로 분류하여 발포기구에 따라 크게 화학포(chemical foam)와 기계포(mechanical foam)로 나누고, 기계포는 기계적인 방법으로 공기와 혼합되어 있으므로 공기포(air foam)라고도 한다.

팽창율에 따라서 팽창비가 20 이하인 것은 저팽창포(low expansion foam concentartes)라고 하고, 팽창비가 80～1,000 미만인 것을 고팽창포(high expansion foam concentrates)라고 한다.

$$\text{팽창비산출식} = \frac{\text{포방출구에 의하여 방사하여 발생한 포의 체적}}{\text{포를 발생시키는데 필요한 포수용액}} = \frac{E_2}{E_1} \quad (5\text{-}2)$$

팽창비	포의 종별	포방출구의 종별
20 이하	저팽창포	포헤드
80 이상 1,000 미만	고팽창포	고발포용 포방출구

화학포는 탄산수소나트륨(중조 또는 중탄산나트륨이라고도 한다)의 수용액과 황산알루미늄의 수용액과의 화학반응에 따라 발생하는 이산화탄소를 이용하여 포를 발생시키는 것으로써 포의 안정제로는 카세인 등의 단백질이 사용된다. 화학포의 화학방정식은 다음과 같다.

$$6NaHCO_3 + Al_2(SO_4)_3 \leftrightarrows 6CO_2 + 3Na_2SO_4 + 2Al(OH)_3$$

화학포소화약제는 원래 분말상태로서 이것을 설비에 사용하는 경우에는 사용 시 수류(水流) 중에 혼입하여 용해시키는 방식(건식)과 미리 수용액으로 하여 용해시키는 방식(습식)이 있다. 건식에 의한 약제를 화학포소화약제라고 하고, 습식의 경우를 화학포소화액이라고 한다. 건식 및 습식 모두가 A약제와 B약제로 구분되며 A약제로는 탄산수소나트륨, B약제로는 황산알루미늄을 생성한 것이다.

화학포소화약제로는 포의 발생 및 안정을 위하여 카세인, 젤라틴, 사포닌 등이 첨가되어 있고 건식의 경우에는 A약제와 B혼합약제가 있다. 우리나라에서는 화학포소화약제는 인정하지 않고 있다.

기계포소화약제는 동식물의 성질(소의 뿔, 발톱, 동물의 피)의 가수분해 생성물을 기본약제로 하는 용액(단백포소화약제), 계면활성제를 기제로 하는 용액을 수용액에 희석한 것을 기계적으로 교란시킴과 동시에 공기를 흡입하는 것에 의하여 발생하는 공기를 이용하여 포를 발생시키는 것(합성계면활성제)과 불소계 계면활성포의 일종인 수성막포가 있다.

공기포소화약제는 팽창율(생성된 포의 용적과 포를 생성하는 데 소요되는 포 수용액의 비), 내열성, 내유성, 유동성 및 기계적, 물리적 강도 등에 따라 소화효과가 달라진다. 그리고 포소화약제의 일반적인 결점으로는 포가 남게 되므로 생기는 오손이 있다.

(2) 공기포소화약제의 종류

공기포소화약제는 크게 나누어 저팽창포액, 고팽창포액, 내알코올형으로 구분된다.

가) 저팽창포액

팽창비가 20배 이하인 것을 말하며, 주로 단백포, 불화단백포액, 수성막포액, 수용성 액체용 포소화약제 등이다.

① 단백포(Protein foam)

소의 뿔, 발톱, 동물의 피, 뼈 등 동물성 단백질의 가수분해 생성물을 기본 약제로 하고 여기에 안정제로서 제일철염을 첨가한 것으로 물에 혼입시켜 규정 농도의 수용액으로 사용하는 것이다. 일반적으로 수용액을 100%로 한 경우 물 97%, 약제 3%인 경우를 3%형이라고 하고 3%형, 6%형이 있다.

동물성 단백질 분말을 사용하여 수산화나트륨 또는 수산화칼슘에 의해 100℃ 부근에서 수 시간 가수분해를 일으킨 다음, 염산이나 유기산을 가하여 중화한 후 가압로를 통과시켜 여기에 안정제인 제일철염(유산제일철, 염화제일철)과 방부제인 나트륨염을 첨가하고 동결방지제로서 에틸렌글리콜, 에틸렌글리콜 모노부틸 에테르를 약간 첨가 처리한 것이다.

단백포소화약제의 색깔은 흙갈색이며, 특이한 냄새가 나며 끈끈한 액체로 pH 6～7.5, 비중 1.12 전후이다. 6%형은 3%형을 약 1.5배 농축한 것이다. 그리고 포의 안정제로서 제일철염을 쓰고 있으나 철염을 가하지 않았을 때 보다 침전하기 쉽고 동시에 시간이 경과함에 따라 쉽게 부패되는 결점도 있어 장기보관은 어렵다 .

단백포소화약제는 부동액이 첨가되어 있어 －15℃에서도 동결되지 않으며 인축(人畜)에도 무해하지만 포의 유동시간이 낮아 소화속도가 느리고 침전물이 생겨 오염되기 쉽다.

② 불화단백포(Fluoroprotein foam)

불화단백포는 단백포에 불소계 계면활성제를 첨가한 약제이다. 포가 기름에 오염되지 않아 표면하 주입방식에도 사용할 수 있으며 거품이 타오르거나 열에 의해 소멸되지 않아 대형 유류저장탱크에 적합하다.

③ 합성계면활성제포(Synthetic foam)

계면활성제를 기본 약제로 하고 여기에 안정제 등을 통과시킨 것이다. 역시 단백포와 마찬가지로 물과 혼합하여 포 수용액으로 사용된다. 이 약제는 1%, 1.5%, 2%, 3%, 6%형의 여러 가지가 있다. 이것은 포 방출구의 종별에 따라 사용하는 형이 결정된다. 즉, 다음식에 의하여 산출한 것을 팽창비로 하며, 이 수치에 따라 다음과 같은 명칭으로 분류되며 3%, 6%형은 저발포형으로, 1%, 1.5%, 2%의 것은 고발포용으로 사용된다.

이 포소화약제는 갱도, 지하가, 고층건물 등에 한하여 사용되는 것이 많고, 밀실화재용 소화약제로 개발된 고팽창포를 기본약제로 하여 석유류 화재에도 병용할 수 있도록 개량한 것이다. 이 포소화약제를 고팽창포로 사용했을 때 최적팽창율은 빌딩, 지하가, 선창 같은 소위 밀실화재나 화학공장의 플랜트화재 및 L.P.G와 같은 액화가스화재는 500배 이상(고팽창포), 유출유와 같은 기름화재는 200～300배 이상이 적당하다.

적응 소방대상물은 차고, 주차장 그리고 일반 기름화재이다. 이 약제는 저팽창포에서 고팽창포로 팽창율을 변화할 수 있으나 음이온계 계면활성제는 친수성이 생기게 되어 침전을 일으키게 되고 기포성능도 현저히 저하되는 단점이 있다. 또 고팽창포로 사용하는 경우, 포의 방출구에서 화재지점까지 포를 도달시키는 거리 즉, 사정거리가 짧다. 사정거리를 늘리는 것이 고팽창포의 문제점이다. 합성계면활성제 포소화 약제는 위험물화재에서 연소면을 신속히 덮는 장점이 있다.

④ 수성막포(aqueous film foaming foam, AFFF)

일명 라이트 워터라고 하고, 불소계 계면활성포의 일종으로서 현재 기름화재 진압용으로 뛰어난 소화력을 가지고 있어 널리 사용되고 있는 포소화제이다. 불소계 습윤재를 기본

약제로 하고 물과 혼합하여 사용하며, 혼합비는 2%, 3%, 6%의 것이 있다. 이것은 연소하고 있는 액체 위에 기포로 흘러들어 액체표면 위에 산소를 견고하고 조밀하게 차단하고, 동시에 연소 액체의 증기 확대 및 전개를 억제하도록 수성막을 생성함으로서 질식작용과 냉각작용으로 소화하는 것이다.

그러나 1,000℃ 이상 적열된 탱크 벽에서 탱크 주변의 표면막이 파괴되어 소화가 곤란한 단점이 있다. 이러한 단점을 보완하기 위하여 포의 팽창율을 3～4배 정도 높임으로서 포 속에 들어 있는 수분의 양을 많이 하여 냉각도를 상승시켜 표면막 형성을 쉽게 하고 있다. 이 소화약제는 단백포 액과 섞어 두지 못하며, 단백포 액과 차이는 단백포용 소화약제에 비해 같은 화재 조건에서 소화능력이 단백포의 것보다 150～400% 정도 높으며, 드라이 케미칼과 함께 사용했을 때는 700～800% 정도이다.

재착화에 의한 재연소 저항력이 단백포에 비하여 33% 정도 높으며 내열성, 내포화성도 높다. 원액이든 수용액이든 장기보존성이 단백포 등 타 포원액보다 높으며 독성이 없고 색깔은 흙갈색이다.

나) 고팽창포액

팽창비가 80 이상 1,000 미만인 것을 말하며, 주성분은 합성세제로서 이것에 안정제가 첨가된 것이다. 주로 물을 충분히 얻을 수 없는 경우와 흐르는 기름의 화재와 연소 방지 등에 한정되어 사용한다. 합성 계면활성제 포소화약제가 여기에 속한다. 고팽창율형은 포의 공급속도가 크므로 유동성이 크게 되어 있으며 포는 거의 불용해분을 남겨 액상으로 되기 쉬우므로 사용 후 오손의 우려는 없다.

다) 내알코올형(수용성 액체용 포말 소화약제)

이 약제는 단백질의 가수분해 생성물과 합성세제 등을 주성분으로 하고 있다. 보통의 단백포소화약제에서는 알코올·아세톤과 같은 수용성 액체는 포말이 용해해서 순식간에 파괴되고 지속성이 없으므로 소화 기능을 발휘할 수 없다. 그러므로 이러한 것을 방지하기 위하여 단백의 가수분해물에 금속 비누를 첨가하여 유화 분산시킨 금속비누형, 불화단백형 , 고분자겔형이 있다. 금속비누형은 물과 혼합하면 불용성이 되며, 사용시에는 물과 혼합하여 사용하고 있는 혼합비는 6%이다.

이 약제의 단점으로는 단백포의 가수분해물에 불용성의 지방산 금속염을 분산시킴으로써 장시간 저장 중에 침전을 이루기 쉬운 것으로서 특히 미리 혼합 상태가 되면 수분이내에 침전이 생긴다. 따라서 화재현장에서는 물과 혼합 후 2～3분 이내에 사용하지 않으면 수류 중에 침전이 생겨 소화효과가 크게 떨어진다. 그러나 소화 후 재연소 방지에는 그 성능이 뛰어나다.

(3) 포소화약제의 소화원리

일반적으로 재연 방지를 중시하는 위험물화재에는 연소 면을 확실히 피복할 수 있는 포를 사용하는 것이 가장 적당하다. 그리고 포소화약제는 B급 화재뿐만 아니라 목재, 원면 등 A급 화재에도 사용된다. 소화는 주로 포 중에 함유된 수분에 의한 냉각작용과 포 층에 의한 가연성 가스와 산소의 차단효과에 의한 것이다. 고체연료 화재에 있어서는 계면활성제 등의 침수작용에 의하여 물이 연료 내부까지 침수하게 되어 쉽게 소화하게 되는 것이다. 즉, 포소화약제의 소화원리는 냉각 및 질식작용에 의한 소화이다.

(4) 포소화약제 저장·보존·취급 및 유지 관리

가) 포소화약제의 저장탱크 등

포소화약제의 저장 탱크 누설 점검에 편리하고 화재 등의 재해로 인한 피해를 받거나 소화약제가 변질된 우려가 없는 곳에 설치해야 한다.

① 가압송수장치 또는 포소화약제 혼합장치의 기동에 의하여 압력이 가해지는 것 또는 상시 가압된 상태로 사용되는 것에 있어서는 압력계를 설치할 것
② 포소화약제 저장량의 확인이 쉽도록 액면계 또는 계량봉 등을 설치할 것
③ 가압식이 아닌 저장탱크는 그라스 게이지를 설치하여 액의 양을 측정할 수 있는 구조로 할 것 등이다.

원액탱크의 형식을 대별하면 탱크 내부에 가압수를 압입한 것과 탱크에 내압을 가하지 않은 것의 2종류가 있다. 이것은 포 혼합장치의 설비의 방식에 따라 전자는 프레샤프로포셔너 방식, 후자는 프레샤 사이드 프로포셔너 방식, 펌프 프로포셔너 방식 등에 이용된다.

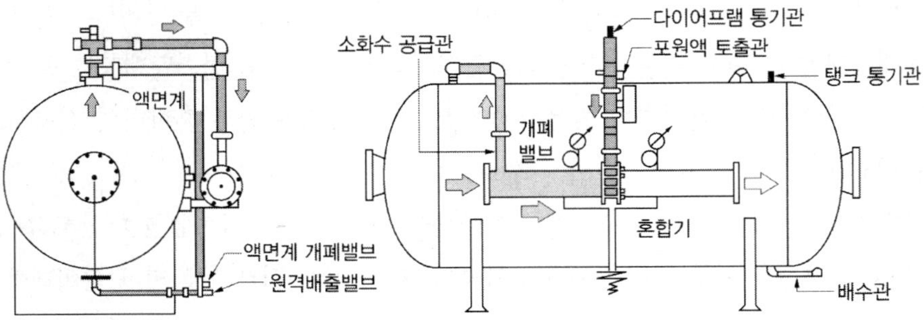

그림 5-8 포원액탱크

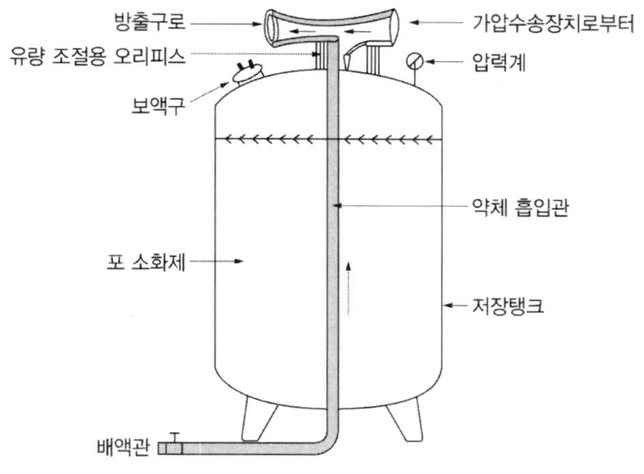

그림 5-9 압력이 가해져 있는 원액 탱크

나) 공기포 소화원액 저장조

공기포 소화원액 저장탱크에는 공기포 소화원액 비례혼합탱크도 포함되지만 일반적으로 단순한 저장탱크를 말한다. 저장탱크의 구조는 적은 용량의 것에는 하나의 실이 있는 형이 좋지만 큰 용량의 경우에는 여러 실이 있는 형으로 하여 몇 개의 실로 나누고 소화원액을 새로운 것으로 교환하여 일시에 전량을 교환하지 않은 방법을 사용하는 것이 좋다.

다) 공기포소화약제의 저장 중의 현상

공기포 소화원액에서 가수분해 단백질을 주성분으로 하는 것은 공기, 세균, 온도변화 등에 노화, 변질되기 쉽다. 이러한 세균에 의한 변질, 즉 부패를 방지하기 위하여 방부제를 사용하여 예방하고 있다.

① 공기포 소화원액 중의 침전물

소화원액은 가수분해된 단백질에 포안정제로서 제일철염을 첨가한 것이 대부분이다. 이것은 발포할 때, 물에 3～6%로 희석되어 공기와 함께 교란되므로 제일철염은 산화되어 제이철염으로 되고 동시에 단백질은 응고되어 포막 중에 반고체의 물질을 생성하여 포막을 강화시키는 효능을 갖고 있다. 공기 중에 노출하여 저장하면 원액 표면에 불용성 피막이 생겨 그것이 침하하여 또 다른 피막이 생기고 이것이 반복되어 탱크 밑바닥에 침전물이 쌓이게 된다. 이러한 현상을 방지하기 위하여 공기를 차단함으로써 산화를 방지하는 방법이 사용될 수 있고 이러한 방법으로써 질소를 봉입함으로써 산화를 방지하고 있다. 그러나 이산화탄소는 물에 녹기 쉬울 뿐만 아니라 철염과 반응을 일으키기 쉬우므로 사용하지 말아야 할 것이다.

② 저온저장의 영향

공기포 소화원액의 저장온도는 10～35℃ 또는 －3.9℃ 이하로 하여야 된다고 하고 있으나, 이러한 저장온도는 원액의 점도를 높이게 되고 소화약제 혼합장치의 혼합비율을 낮게 하므로 좋지 않다.

③ 자외선의 영향

자외선은 화학선이라 해서 여러 가지 화학변화를 일으키고 가용성 단백질에 대하여도 변성 반응을 일으켜서 침전물을 생기게 하는 것이다. 그러므로 소화약제의 저장탱크는 직사광선을 피하여 저장해야 한다.

5.3.2 가스계 소화약제

가스계 소화약제는 불활성 기체, 할로겐화합물 등이 있다. 이러한 소화약제는 공기 중에 일정 농도로 혼합되었을 때 소화할 수 있다. 가연성 기체와 공기와의 혼합물은 어느 혼합 범위 내에서 착화하면 화재가 되고 이 범위를 연소범위로 보며, 가연성 기체의 아래쪽은 하한계, 높은쪽을 상한계라고 한다. 이러한 2성분계는 3성분계로 된 경우에도 연소범위가 존재한다. 특히 가스계 소화약제와 같은 소화효과가 있는 것을 제3성분으로 한 경우에는 상한계와 하한계 등이 제3성분의 농도에 따라 그 차이가 좁아져 소화약제가 가지고 있는 농도 이상이 되면 상하한이 일치하게 되고 연소범위가 존재하지 않게 되는 것이다.

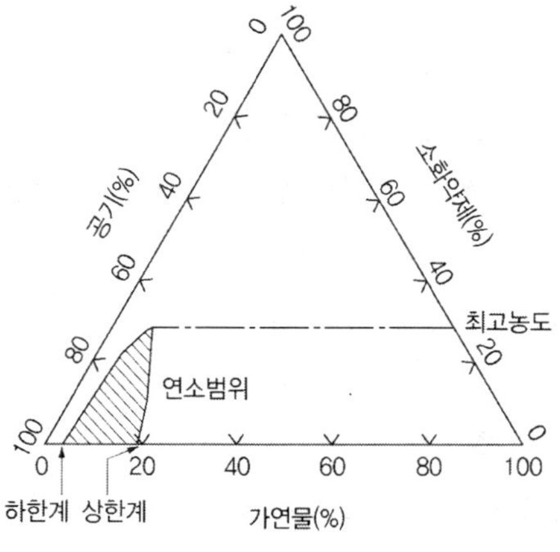

그림 5-10 3성분계의 연소범위도

그림 5-10에서 최고농도는 제3성분의 소화효과의 척도라고 볼 수 있다. 연소범위 내의 모든 성분이 완전히 혼합한 상태로 착화하여 불꽃이 전파하므로 소위 예비 혼합불꽃의 상태로 되어 가연성 기체와 공기가 순차적으로 확산함에 따라 확산불꽃이 생긴다. 이 때 확산불꽃을 소화하는 데 필요한 소화약제의 농도는 최고 농도 때의 공기와 소화약제의 비율로 된다.

1) 불활성 기체

N_2, CO_2, Ar 등처럼 화학적으로 산화되지 않은 안정된 물질로서, 소위 연소 상한계와 연소 하한계를 일치시키려 한다. 즉, 소화제가 가지고 있는 농도 이상이면 연소범위가 존재하지 않게 된다. 불활성 기체는 하나로 혼합되는 것으로부터 3성분계의 연소범위에 영향을 주는 효과로 나타나며 이러한 효과를 희석효과라고 한다.

또한 불활성 기체는 그 물성에 있어서 조금 차이가 있는데 그것은 불꽃의 전파에 있어 열적인 조건을 받아 열용량이 같은 열전도율에 따라서 고려되어야 하고 이산화탄소 > 수증기 > 질소 > 아르곤의 순으로 그 효과가 떨어진다.

(1) 질소(N)

질소의 소화효과는 질소의 불연성에 의한다. 질소의 산화반응은 다음의 화학식으로 주어진다.

$$\frac{1}{2}N_2 + \frac{1}{2}O_2 \rightarrow NO - 90.3\,KJ/mol$$

즉, 흡열반응이다. 그러므로 자동적인 연소가 계속되지 않는다. 저장은 액화질소 형태로 저장한다.

(2) 이산화탄소(CO_2)

소화효과는 질식소화이다. 산소원자가 탄소원자에 대하여 포화상태로 결합, 산소의 농도를 저하시킨다. 즉, 더 이상 산화반응을 진행 못하게 하며, 탄소의 최종산화물로서 더 이상 연소성이 없다. 화재 시 산소농도가 어느 농도 이하에 이르게 되면 산화반응이 완전히 중단된다. 산화가 불가능하게 되는 상태의 산소농도는 가연물의 종류에 따라 많은 차이가 있기는 하지만 가연성 물질마다 산화반응을 더 이상 일으킬 수 없는 최저 농도가 있다. 그러므로 이산화탄소와 같은 불연성 기체를 공기 중에 방사하여 혼합시킴으로써 산소의 농도의 감소를 가져오게 할 수 있고, 소화가 가능하게 하여 희석소화와 산소결핍에 의한 질식소화를 동시에 가져올 수 있다.

① 이산화탄소의 열·유체역학적 성질

이산화탄소는 대기압하에서 무색, 무취의 부식성이 없는 기체로 존재하고 전기전도성이 없으며 공기보다 약 1.5배 무겁다(비중 약 1.53).

냉각 및 압축에 의하여 쉽게 액화 가능하고, 냉각 및 팽창을 적절히 반복함으로써 고체상태로 변화시킬 수 있다. 이산화탄소의 물리적인 상태를 보면 액체의 온도가 상승하면 압력이 증가하고, 압력이 증가하면 액체의 자유표면 상부의 증기밀도도 증가한다. 그러나 온도가 계속 상승하면 액체는 점점 더 팽창하고 동시에 그 밀도는 감소하게 되며, 반면에 증기상태의 밀도가 상승한다. 이 온도를 임계점(crytical point) 또는 임계온도라고 한다. 이산화탄소의 특이한 성질은 계기압력 4.2 kg/cm^2 이하에서는 액체상태로 존재할 수 없으며, 온도의 변화에 따라 기체 또는 고체상태로 존재한다. 이산화탄소가 액체, 기체, 고체 상태로 동시에 존재할 때의 압력은 4.2 kg/cm^2, 온도는 −56.6℃이다. 이 때의 압력을 삼중점 압력, 온도를 삼중점 온도라 하며, 이런 상태 조건을 만족하는 것을 3중점(triple point)이라 한다.

이산화탄소를 액화시켜 용기 속에 넣고 액상의 CO_2 증기를 방출시키면 용기 내 증기압은 감소되고 일부가 증발하면서 잔존 액체는 점점 더 냉각된다. 냉각된 액체가 삼중점(triple point)에 이르면 드라이아이스로 변한다. 드라이아이스의 압력을 저하시켜 대기압까지 이르게 하면 −79℃까지 냉각되고, 이것을 노즐을 통하여 대기 중으로 방사하면 방출되는 액체의 상당 부분이 즉시 증기상태로 변하지만 나머지는 −79℃의 온도를 가진 극히 미세한 입자상태의 드라이아이스로 변하고 주위 공간에 하얀 운무의 모습이 된다. 액화탄산가스는 압축가스와 달리 기화팽창율이 커서 1 kg의 액화탄산가스는 15℃에서 대기 중에 방출하면 534 L의 가스체로 된다. 드라이아이스 1 g이 200℃의 가스체로 될 때까지 약 170 kcal의 열량을 흡수한다. 이산화탄소의 급속 냉각효과는 화재 시 불타는 물체 위에 소화제가 직접적으로 분사되는 곳에서 현저히 나타난다. 급속 냉각은 분사가 끝나고 대기가 다시 화재지역에 불타게 될 때 재연소가 일어나지 않도록 필요한 것이다.

② 이산화탄소 독성

이산화탄소는 화재 시 대량 발생하며 CO_2 자체는 독성이 미약하나 소화에 사용되는 농도에서는 호흡곤란이 일어나 호흡속도가 빨라지고 (CO_2 농도 3～4%), 상승작용 효과에 의해 주위 다른 독성가스를 마시므로 그 위험성은 더 커지게 된다. 이산화탄소는 약 9% 농도에서는 대개 10분 이내에 의식을 잃게 되고, 약 20%의 농도에서는 인사불성이 되므로 신선한 공기를 충분히 호흡할 수 있도록 신속히 조치하여야 한다. 그대로 방치할 경우 약 20～30분 이내에 사망하게 된다. 공기 중에 이산화탄소의 농도가 약 20% 정도 되었다는 것은 상대적으로 산소의 농도가 약 17% 정도로 감소되었다는 것을 말하며, 이 20% 농도가 인명이 소생할 수 있는 한계농도라고 볼 수 있다. 보통 남자의 경우 CO_2 농도가 5% 정도에서 후유증 없이 견딜 수 있는 시간은 약 1시간 정도라고 한다.

(3) 할로겐화합물 소화제

할로겐화합물 소화약제는 약간의 냉각·질식효과는 있으나 주된 효과는 화학소화(부촉매효과이다)이다. 즉, 연소의 연쇄반응을 억제하는 부촉매작용이라고 하는 방법에 의해 소화를 하는 것이다. 이는 소화제가 고온의 화염에 접하면 그 일부가 분해되어 유리할로겐이 발생하고 이 유리할로겐이 가연물의 활성기와 반응하여 연쇄반응을 차단하는 것이다.

우리나라에서는 할로겐화합물소화설비에 사용되는 소화약제는 할론 2402, 할론 1211, 할론 1301를 사용하고 있다. 사염화탄소(CCl_4)는 증발성 액체소화설비에 쓰이기도 하였으나 분해 시 사염화탄소($COCl_2$) 같은 유독성 가스 발생으로 때문에 사용하지 못하도록 삭제되었다.

가) 할로겐화합물 소화약제의 소화이론

할로겐화합물 소화약제의 소화 반응기구는 아직도 정확하게 규명되어 있지는 않지만 다음과 같은 기구에 의해서 소화가 된다고 설명되고 있다. 즉, 어떤 가연성 물질이 공기 중의 산소와 결합하여 연소가 되면 최종적으로는 탄산가스와 물로 변화되는데 이 과정에서 유리기(free radicals)가 참여하는 다음과 같은 중간단계가 일어나게 된다.

$$\underset{\text{(가연물질)}}{RH} + \underset{\text{(산소)}}{O_2} \rightarrow \underset{\text{(유리기)}}{HO\cdot} + O\cdot + H\cdot$$

할로겐화합물 소화약제가 열을 받으면 다음과 같이 분해된다.

$$CF_3Br \xrightarrow{(500℃)} CF_3\cdot + Br\cdot \quad \text{(할론 1301)}$$

여기서 생긴 Br·이 가연물질과 반응을 하면 HBr이 생성된다.

$$RH + Br\cdot \rightarrow R\cdot + HBr$$

이 HBr은 연소 시에 불을 전파시키는 인자인 HO·와 반응을 하여 물과 Br·이 생성하게 된다.

$$HBr + HO\cdot \rightarrow H_2O + Br\cdot$$

이렇게 해서 다시 생성된 Br·이 다시 연료와 반응하여 HBr을 생성하고 이 HBr이 계속 활성 HO·와 반응하는 연쇄반응을 일으킴으로써 HO·를 감소시켜 소화하게 된다.

나) 할로겐화합물 소화약제 표시법

물질의 순수한 화학명칭 대신 숫자를 붙여 명명하는 것은 1950년 미육군 기술연구소에서 소방기술 연구에 종사하던 James Malcolm 박사가 제안한 명명법에서 시작되었다. 즉, 할로겐화합물 소화약제를 표시하기 위하여 일단 할론(Halon)이라는 명칭을 쓰고 그 뒤에 구성원소들의 숫자를 적되 C, F, Cl, Br의 순서로 하고 맨 끝에 오는 숫자가 연속적으로 0이 되면 0의 숫자는 표시하지 않는다. 즉,

할로겐화 탄화수소	Halon 명칭
$C_A\ F_B\ Cl_C\ Br_D\ I_E$	Halon $_{ABCDE}$

예를 들어 $CBrF_3$는 할론 1301이라는 기호로 표시하게 된다. 화학기호로 읽으면 일취화 삼불화 메탄이라고 읽는다.

예)

		원자수		분자식
할론 1211	⟶	①②①①	⟶	CF_3ClBr
할론 1301	⟶	①③⓪①	⟶	CF_3Br
할론 2402	⟶	②④⓪②	⟶	CF_2BrCF_2Br
		탄소 불소 염소 취소		

다) 할로겐화합물 약제의 소화능력 및 안정성

F　Cl　Br　I

⟵ 안정성이 크다.

⟶ 소화능력이 크다(연쇄반응을 차단하는 연소억제 작용이 크다).

라) 할로겐화합물소화설비에 있어서 소화약제의 방출시간과 농도의 제한

① 발화장소에 방출된 할로겐 가스는 약하나마 마취성이 있을 뿐 아니라 열분해에 의해서 할로겐 가스가 유리된 후에 공기 중의 수증기 및 이산화탄소와 반응하여 맹독가스인 HCl · HBr · $COCl_2$(포스겐) 등이 생성되고, 이 생성량은 할로겐가스가 열에 노출되고 있는 시간과 그 농도에 따라 증가하게 된다. 그러므로 소화에 필요한 가스 농도의 조성시간과

그 농도를 제한할 필요가 있다.

② 할로겐화합물소화설비에 있어서 여러 방사구역을 1군의 약제 용기로 공용하고자 할 때에는 집합관 및 배관의 일부도 공용하게 된다. 이 경우 방사구역별로 소요 소화약제량이 적은 방사구역의 소화약제 방출 시 방출 경로가 되는 공용의 집합관 및 배관의 내용적이 소화약제량의 체적에 비하여 필요 이상 크게 되면 약제의 방출시간을 지연하게 된다. 그러므로 소화약제 방출경로가 되는 집합관 및 배관의 내용적이 방출되는 약제량의 체적(액화상태의 체적)보다 1.5배 이상일 때는 약제용기를 공용하지 않고 별도 방사 시스템을 갖도록 하여야 한다.

③ 할로겐화합물 소화약제 최대 농도를 10%로 제한하여야 한다(개구부 면적에 따라 추가되는 소화 약제량은 제외한다.).

마) 할로겐화합물 소화약제의 종류 및 특징

우리나라에서는 할로겐화합물소화설비에 사용하고 있는 소화약제는 할론 2402, 할론 1211, 할론 1301를 사용하도록 되어 있다. 할로겐화합물 소화약제의 특징으로는 불소가 함유되어 있어 높은 안정성과 낮은 독성을 띠며, 브롬을 함유하고 있어 우수한 소화능력을 갖추고 있고, 찌꺼기가 남지 않은 소화제이다. 전기적 화재에도 사용 가능한 비전도성 소화제이고 침투성이 우수하며 빠른 불꽃에의 진화에 효과가 있다. 할론 1301은 증기압이 높고 인체에 미치는 독성이 낮기 때문에 건물의 총괄 소방시스템에 주로 사용되고 있으며, 할론 1211과 할론 2402는 증기압이 상대적으로 낮아 휴대형 소형소화기에 주로 이용되고 있다.

① 할론 1301(bromotrifluoro)

㉮ 능력

- 통상 5%의 농도로 탄화수소 불꽃 소화할 수 있다.

㉯ 성상

- 대기압 및 상온에서 기체로만 존재
- 무색, 무취
- 전기전도성이 없고 공기보다 약 5배 무겁다.
- 밀폐실의 압력상승이 거의 없다.
- 분해생성물(482℃) : 열분해시 독성이 강하고 부식성이 있는 불화수소(HF), 취화수소(HBr), 유리취소 가스 발생
- 21℃ 온도에서 약 14 kg/cm^2의 압력을 가하면 액화 가능
- 평상온도에서 고압용의 용기 내에 액체상태로 보존 가능

표 5-1 소화능력의 비교

소화약제	화학식	소화능력	비고
할론 1301	$CBrF_3$	3.0	
분말		2.0	
할론 2402	$C_2Br_2F_4$	1.7	이산화탄소의 소화능력을 1로 한 경우 소화능력임.
할론 2422	$CBrClF_2$	1.4	
사염화탄소	CCl_4	1.1	
이산화탄소	CO_2	1.0	

표 5-2 할로겐화합물 1301의 특징 요약

구분	내용	비고
성능	화학적으로 연소반응에 간섭하여 소화하는 약제로서 액화가스 상태로 기기의 심부까지 침투하여 저농도로 화재를 신속히 소화할 수 있다. 또한 고농도의 할론 1301은 연소의 계속 또한 폭발을 저지하는 것도 가능하며 A급 화재, B급 화재, C급 화재에도 효과적이다.	
인명의 안전	무색, 무취로 실내에서 5% 정도를 방출하면 화재를 정지시킬 수 있고 독성도 극히 적으며 산소결핍에 의한 질식 위험성도 전혀 없다. 또한 시야를 가리지 않으므로 안전하게 대피할 수 있다.	
기물의 오손	금속에 대하여 부식성은 전혀 없으며, 액화가스로 존재하고 방사 후 기물의 오손 등이 없다.	
전기의절연성	전기의 절연성은 최고에 있어 질소(N_2)의 1.8배 이상이며, 과냉각의 우려가 없다. 그러므로 전기관계의 설비에 적당하다.	
내구성	평상의 보관상태로는 반영구적으로 변질되지 않으며, 누설 등의 사고가 없는 한 재충전할 필요가 없다.	
용기의 설치	이산화탄소(CO_2)에 비교하여 그 설치 용량은 1/3 이하가 되고, 설치면적을 줄일 수 있다.	
기타	절연저항 · 가스 : 20℃, 68.7×10^6 MΩ/cm · 액체 : 20℃, 69.0×10^6 MΩ/cm	

② 할론 1211(Bromochlorodifluoro methane)

할론 1211은 비점이 0℃ 가까이 있기 때문에 −4℃로 방출 시에는 액으로 되어 나온다. 저장 중의 압력은 너무 높지 않으나 사용할 때는 자체압력으로 부족하므로 질소를 가압하여야 하고 일부의 질소는 용해하므로 내압변화의 균형은 복잡하다.

③ 할론 2402(Dibromotetrafluor ethane)

할론 2402는 실용 소화약제의 선구이며, 유일한 에탄(C_2H_6)의 유도체이다. 그러나 할론

2402는 제4류 준위험물을 저장·취급하는 소방대상물 또는 그 부분에 한하여 사용할 수 있는 약제인데 반하여 할론 1301, 1211은 사용범위가 높다.

또한 독성에 있어서도 사염화탄소보다는 독성이 약하나 할론 1301, 1211, 1011보다 강하다. 그러므로 실제 이 약제를 사용하는 경우는 거의 없다고 보아도 틀림없다. 할론 1301이 독성이 가장 적고 사용상 인체에 대한 안정성이 크지만 생산 가격은 할론 1211이 싸므로 보통의 경우 할론 1301과 할론 1211이 가장 많이 사용된다.

④ 사염화탄소(Carbon tetrachloride)

사염화탄소는 오래된 소화약제로서 증기와 공기에 비하여 무겁고 자체 독성이 있으며 불꽃에 닿아서 열분해하고 무서운 맹독의 포스겐($COCl_2$)을 발생하므로 지금은 사용되지 않는다.

무색투명한 액체로 비중은 1.632(0℃)로 불연성이며 알코올, 벤젠, 크로로포름, 에텔, 이유화탄소, 석유, 벤젠 등과 혼합하고 물에 잘 녹지 않는다. 그리고 20℃에 있어서의 증기압은 91.3 mmHg이다.

5.3.3 분말소화약제(dry chemicals)

1) 개요

분말소화설비는 분말약제 탱크에 소화약제를 충전하고 외부에 가스용기를 설치하며 가압용기 내의 질소가스를 분말탱크로 밀어 넣어 질소가스의 힘에 의해 분말탱크에 충전되어 있는 소화약제를 분말 헤드를 통해 소방대상물에 방사하여 소화하는 원리이다. 이 설비는 소화약제와 가압가스의 충전상태에 따라 축압식과 가압식으로 나누어진다.

분말소화약제는 고체상태로 소화에 사용할 수 있는 미세한 분말로 만들어 유동성을 높인 것으로서 동력원은 비축된 가스압(N_2, CO_2)으로 전력과 내연기관 등의 동력이 필요 없다. 그리고 분말에는 습기에 의하여 잘 굳어지거나 덩어리가 되는 것을 막기 위하여 금속의 스테아린산염이나 실리콘 등을 첨가제로 사용하여 표면처리를 한다. 이러한 특수 첨가제는 첨가제 상호 간에도 점착성이 거의 없기 때문에 분말이 가스압에 의하여 진동할 경우에도 덩어리가 되거나 굳어지는 가능성이 거의 없다.

분말소화약제는 입도가 작을수록 비표면적이 커지기 때문에 연쇄반응 억제를 위한 화학반응이 더욱 촉진됨으로써 연쇄반응효과가 커지는 경향이 있다. 분말 소화약제의 입도가 10~75μ의 범위에 있을 때 소화효과가 크며, 최적의 효과를 나타내는 입도는 20~25μ일 때이다.

2) 분말소화약제의 종류 및 성상

분말소화약제는 약제의 주성분에 따라 제1종 분말(중탄산나트륨), 제2종 분말(중탄산칼륨) 제3종 분말(제일인산암모늄), 제4종 분말(중탄산칼륨+요소) 등으로 분류되어 사용되고 있으며 이들의 약제는 무기산이나 유기산에 의해 방습 가공되며, 소화약제의 구별이 용이하게 될 수 있도록 소화약제에 착색하였다.

① 제1종 분말(중탄산나트륨 : $NaHCO_3$)

중탄산나트륨 염으로 물에 용해하면 약 알칼리성($Na^+ + HCO_3^-$)을 나타내며, 화재 시 열에 의하여 분해되면 다음과 같이 반응한다(B급 화재, C급 화재).

- 반응 시의 온도가 270℃인 경우

$$2NaHCO_3 \rightarrow Na_2CO_3 + H_2O + CO_2 - 30.3\ (kcal)$$: 흡열반응

- 반응 시의 온도가 850℃인 경우

$$2NaHCO_3 \rightarrow Na_2O + 2CO_2 + H_2O - 104.5\ (kcal)$$: 흡열반응

주위의 화재온도가 850℃인 경우, 화재 주위로부터 탄산수소나트륨($NaHCO_3$)이 CO_2와 H_2O로 분해되는 데 많은 열을 흡수하므로 온도가 높은 곳의 화재는 낮은 곳의 화재 시보다 $NaHCO_3$에 의한 냉각효과가 높다. 즉, 소다회(Na_2CO_3)가 산화나트륨(Na_2O)과 이산화탄소(CO_2)로 분해될 때 741 Kcal의 열을 흡수한다.

제1종 분말의 주성분인 중탄산나트륨의 소화약제는 스테아린산 아연 또는 마그네슘 등에 의해 방습 가공되었으며, 백색으로 착색되어 있다.

표 5-3 탄산수소나트륨 성상

조성	탄산수소나트륨 약 97%, 방습가공제 (실리콘) 약 3%
입도	325 mesh 이상 약 20%, 325 mesh 이하 약 80%
비중	2.18
색	백색, 담홍색
흡습성	0.1% 이하
함유수분	0.05%
소화효능	기름화재, 전기화재, 알칼리금속화재

② 제2종 분말(중탄산칼륨 : $KHCO_3$)

주성분이 중탄산칼륨으로서 물에 용해하면 약알칼리성($K + HCO_3^-$)로 해리되며, 화재 시 열에 의하여 분해되면 다음과 같은 반응이 일어나고 A급 화재에는 적당하지 않다. B급 화재, C급 화재 소화에는 제 1 종 분말약제보다 약 1.67배 소화효과가 높은 것으로 되어 있다.

• 반응식은 반응 시의 온도가 190℃에 있어서

$$2KHCO_3 \rightarrow K_2CO_3 + H_2O + CO_2 - Q\,(kcal)$$: 흡열반응

• 반응 시의 온도가 590℃에 있어서

$$2KHCO_3 + K_2O + H_2O + 2CO_2 - Q\,(kcal)$$: 흡열반응으로 된다.

제2종 분말의 주성분인 중탄산칼륨의 소화약제는 스테아린산 아연, 또는 마그네슘 등에 의하여 방습 가공되었으며, 자색으로 착색되어 있다.

표 5-4 탄산수소칼륨 성상

조성	탄산수소칼륨 약 97%, 방습가공제 실리콘 약 3%
입도	325 mesh 이상 15~20%, 325 mesh 이하 80~85%
비중	2.14
흡습성	1(%) 이하
착색	자색, 담청색
함유수분	0.05(%) 이하
소화효능	기름화재, 전기화재

③ 제3종 분말($NH_4H_2PO_4$)

주성분이 제일인산암모늄으로서 물에 용해하면 약산성 ($NH_4^+ + H_2PO_4^+$)로 해리되며, 화재 시 열에 의하여 분해되면 다음과 같이 메타인산(HPO_3) 암모니아(NH_3), 수증기의 생성반응이 일어난다(A, B, C급 화재에 적응성).

제3종 분말 소화약제의 반응식은 다음과 같다.

$$NH_4H_2PO_4 \rightarrow HPO_3 + NH_3 + H_2O - Q\,(kcal)$$: 흡열반응

제3종 분말의 주성분인 제일인산암모늄의 소화약제는 실리콘 오일 등에 의하여 방습 가공 되었으며 담홍색으로 착색되어 있다.

미국에서 제조되는 제일인산암모늄의 소화약제는 황색으로 착색되어 있다. 제3종 분말소화약제가 일반화재에 적합한 것은 제일인산암모늄의 분해에 의하여 생성된 메타인산(HPO_3)이 일반 가연물의 표면에 부착되므로 산소와의 접촉을 차단하기 때문이다(질식 소화).

표 5-5 인산암모늄 성상

조성	인산암모늄 약 96%, 방습가공제(실리콘) 약 4%
입도	325 mesh 이상 30～40%, 325 mesh 이하 60～70%
비중	1.82
착색	담홍색, 백색
흡습성	1% 이하
함유수분	0.05% 이하
소화효능	A,B,C 급 화재

④ 제4종 분말($KHCO_3 + (NH_2)_2CO$, 중탄산칼륨 + 요소)

주성분이 중탄산칼륨과 요소로 구성되어 있으며 물에 용해하면 ($K^+ + HCO_3^+ + 2H^+ + NH_3\uparrow$)로 되며, 화재 시 열에 의하여 분해되면 다음과 같이 탄산칼륨, 암모니아, 이산화탄소 생성반응이 일어난다(B, C급 화재 적응).

제4종 분말소화약제의 반응식은 다음과 같다.

$$2KHCO_3 + (NH_2)_2CO \rightarrow K_2CO_3 + 2NH_3 + 2CO_2 - Q\ (\text{kcal})$$

제4종 분말의 중탄산칼륨과 요소의 혼합약제는 유·무기산에 의하여 방습 가공된다.

5.3.4 분말소화약제 특성

1) 공통적인 특성

① 소화약제는 현저한 독성이나 부식성이 있어서는 아니 되며 열과 접촉 시 열 분해물은 현저한 독성이나 부식성의 가스를 발생하지 않아야 한다.

② 열, 습기 등에 의하여 굳거나 덩어리지거나 변질 기타의 이상이 발생하지 않아야 한다.

③ 겉보기 비중은 0.820이어야 한다.

④ 소화약제의 분말을 수면에 균일하게 살포할 경우에 1시간 이내에 침강하지 않아야 한다.

2) 분말소화약제의 소화 원리

① 제1종과 제2종 분말소화약제는 화재 시 발생하는 열을 흡수하여 중탄산나트륨은 탄산소다(소다회), 이산화탄소 및 수증기를, 중탄산칼륨은 탄산칼륨, 이산화탄소 및 수증기를 생성하므로 나트륨염(Na_2CO_3)과 칼륨염(K_2CO_3)의 금속이온에 의한 부촉매, 이산화탄소와 수증기에 의한 산소를 차단하여 질식효과를 나타낸다.

② 제3종 분말소화약제인 제일인산암모늄은 열분해에 의한 냉각효과, 열분해 시 발생한 불연성 가스인 NH_3와 H_2O 등에 의한 질식효과, 셀룰로오즈로부터의 탈수작용, 열분해과정에서 생성된 메타인산의 방진작용, 유리된 이온의 부촉매 효과를 나타낸다.

3) 분말소화약제의 독성

① 분말소화약제인 중탄산나트륨, 중탄산칼륨은 열에 의하여 열분해물인 나트륨과 칼륨의 탄산염, 이산화탄소 및 수증기를 생성하며 이들의 열분해물은 인체에 해가 되는 독성이나 피부에 손상을 끼치지 않는다고 해도 좋을 정도로 미약하다.

② 제3종 분말의 제일인산암모늄은 열에 의하여 열분해물인 메타인산(HPO_3), 암모니아(NH_3) 및 수증기 (H_2O)를 생성하며 이 때 생성된 암모니아는 사람의 호흡기와 피부에 미세한 영향을 끼치므로 제3종 소화분말을 충전한 소화기나 소화설비를 사용한 후에는 물로 깨끗하게 닦아야 한다.

5.3.5 분말소화약제의 저장 및 취급 유지 관리

① 분말소화약제의 저장

분말소화약제를 용기에 충전하여 저장하려면 분말약제인 제1종, 제2종, 제3종, 제4종의 주성분에 따라 각각의 충전비(저장 용기 내용적의 수치와 소화약제의 중량 수치와의 비)에 적합하게 충전한 후 저장하여야 한다.

각 분말 소화약제에 대한 충전비는 표 5-6과 같다.

표 5-6 분말소화약제의 충전비

소화제의 종류	소화제1(kg)당의 저장 용기의 내용적(L)
제1종 분말	0.80 이상
제2종 분말	1.00 이상
제3종 분말	1.00 이상
제4종 분말	1.25 이상

② 소화약제는 희석, 농축, 고화, 흡습, 변질 등이 기타 이상이 생기지 아니하도록 방습이 되는 포장에 밀봉하여야 한다.
③ 주차장에 설치하는 분말소화설비에는 제3종 분말소화약제를 충전하여야 하며 차량이나 유류와 접촉이 우려되는 장소를 피하여 저장하여야 한다.
④ 연소할 우려 또는 충격에 의한 손상을 입을 우려가 없는 곳에 저장하여야 한다.
⑤ 중탄산나트륨의 제 1종 분말은 50℃부터 서서히 열분해 되므로 저장실의 온도는 40℃ 이하로 유지하여야 한다.
⑥ 용기를 저장할 때는 방호구획 이외의 장소에 저장한다.
⑦ 부식성 가스 또는 수분 발생이 없는 장소에 저장한다.

연습문제

01 화재의 대책은 예방대책, 국한대책, 소화대책, 피난대책으로 크게 나누어진다. 각 화재의 대책을 서술하시오.

02 아세트알데이드, 산화프로필렌 취급설비 시 이들과 접촉해서는 아니 되는 금속과 폭발방지 대책을 쓰시오.

03 위험물 제조설비의 방유제에 대하여 설명하시오.

04 위험물 제조설비의 보유거리와 안전거리에 대하여 서명하시오.

05 위험물 제조설비의 환기설비의 기준에 대하여 설명하시오.

06 피난계획 수립 시 고려해야 할 인간의 본능을 설명하시오.

07 소화약제로 가장 많이 사용하는 물소화약제의 물리적 성질과 장단점을 설명하시오.

08 소화방법 중 냉각소화 효과를 이용하기 위한 주수방법의 종류 및 방법에 대하여 간단히 설명하시오.

09 분말소화약제와 가스계소화약제의 차이점에 대하여 3가지 이상 기술하시오.

10 할론소화약제의 특성과 그 종류에 대하여 설명하시오.

11 전산컴퓨터실에 어떤 소화약제를 사용하는 것이 가장 효과적인가?

12 포소화약제의 종류 및 성상에 대하여 기술하시오.

13 공기포소화약제의 종류 및 그 특성에 대하여 설명하시오.

14 포소화약제에서 팽창비를 설명하고 저팽창포에는 어떤 약제들이 있는가?

15 수성막포(AFFF) 소화약제의 특성을 설명하시오.

16 포소화약제 혼합장치를 4가지로 나누고 그림을 그려 설명하시오.

17 할로겐화합물 소화약제의 소화원리는 무엇인가?

18 가스계소화약제의 종류 및 특성에 대하여 간단히 설명하시오.
[세미나, 인터넷, 소화약제, 소방법 등의 참고교범 이용, 조별발표]

19 이산화탄소 소화약제 소화원리는 무엇인가?

20 이산화탄소가 3중점(triple point)에 이르렀을 때 압력, 온도는 얼마인가?

21 이산화탄소소화설비 방출방식의 종류 및 각 방식에 따른 특징을 간단히 설명하시오.

22 할로겐화합물 1211, 1301, 2402의 화학식을 쓰시오.

23 할로겐화합물 1301의 특징을 설명하시오.

24 분말소화약제를 분류하고 각 약제의 특성에 대하여 설명하시오.

25 제1종 분말소화약제의 화학반응식을 기술하시오.

26 제3종 소화약제의 화학반응식을 쓰고 소화원리를 화학식과 관련하여 설명하시오.

27 A,B,C급 화재에 적응되는 분말소화약제를 쓰시오.

28 분말소화약제의 저장 및 취급유지관리에 대하여 설명하시오.

PART 2
소방시설

6. 소방설비 종류 및 설치기준
7. 소화설비
8. 경보설비
9. 피난설비
10. 소화용수설비
11. 소화활동설비

CHAPTER

06 소방설비 종류 및 설치기준

6.1 소방설비 종류

소방시설은 크게 전기분야설비와 기계분야설비로 나눈다. 소방시설은 화재를 감지하여 사람들을 피난시키고 화재진압을 하는 데 필요한 설비 시스템을 말한다. 소방시설에는 소화설비, 경보설비, 피난설비, 소화용수설비 그리고 소화활동설비로 크게 나눈다.

1) 소화설비

소화설비는 주로 물과 물을 혼합한 수용액 형태의 소화약제를 사용하여 진화하는 기계 및 기구 또는 설비로서 소화기구, 옥내·외소화전설비, 스프링클러설비, 간이스프링클러설비, 화재조기진압용 스프링클러설비, 물분무 등 소화설비 및 동력소방펌프 등이 있다.

소화기구에는 소화기, 간이소화 용구, 자동확산소화장치가 있으며, 소화제에 따라 팽창질석, 팽창진주암, 건조사 등이 있다.

물분무 등 소화설비에는 물분무소화설비를 비롯하여, 미분무소화설비, 포소화설비, 이산화탄소소화설비, 할로겐화합물소화설비, 청정소화약제소화설비, 분말소화설비, 강화액소화설비가 있다.

2) 경보설비

경보설비는 화재발생을 자동 또는 수동에 의하여 건축물 내에 있는 인원 또는 소방관서에 통보하는 기계·기구 또는 설비이다, 경보설비에는 단독경보형감지기, 비상경보설비, 시각경보기, 비상방송설비, 자동화재탐지설비, 자동화재속보설비, 통합감시시설, 누전경보기, 가스누설경보기가 있다.

비상경보설비는 비상벨설비, 자동식사이렌설비 및 단독경보형감지기를 포함한다. 자동화재속보설비는 화재를 자동으로 인근 소방관서에 통지하는 통신 시스템을 말한다.

3) 피난설비

피난설비는 화재 시 수용인원이 안전한 다른 장소로 피난하는 데 쓰이는 기구 및 설비를 말한다.

피난설비에는 피난기구, 인명구조기구, 유도등설비, 비상조명등 및 휴대용 비상조명등이 있다. 피난기구에는 미끄럼대, 피난사다리, 구조대, 완강기, 피난교, 피난밧줄, 공기안전매트와 그 밖의 피난기구가 있으며 인명구조기구에는 방열복, 공기호흡기, 인공소생기 등이 있으며, 유도등설비에는 피난유도선, 피난구유도등, 통로유도등, 객석유도등, 유도표지가 있다.

4) 소화용수설비

소화용수설비는 화재를 진압하는 데 필요한 물을 저장하거나 공급하는 설비이다. 종류에는 상수도소화설비, 소화수조(저수조, 고가수조) 그 밖의 소화용수설비가 있다.

5) 소화활동설비

소화활동설비는 화재를 진압하거나 인명구조활동을 하는 사람을 위하여 사용하는 설비이다. 제연설비, 연결송수관설비, 연결살수비, 비상콘센트설비, 무선통신보조설비, 연소방지설비가 있다.

6.2 특정소방대상물의 소방시설기준

특정소방대상물의 규모·용도 및 수용인원 등을 고려하여 갖추어야 하는 소방시설의 종류 「화재예방, 소방시설 설치·유지 및 안전관리에 관한 법률」 [별표 5]

6.2.1 소화설비

표 6-1 특정소방대상물의 관계인이 갖추어야 하는 소방시설의 종류

소방시설 적용기준
1. 소화기구를 설치하여야 하는 특정소방대상물 가. 수동식소화기 또는 간이소화용구를 설치해야 하는 것 (1) 연면적 33 m^2 이상인 것. 노유자시설의 경우에는 투척용 소화용구 등을 산정된 소화기 수량의 1/2 이상으로 설치 가능 (2) (1)에 해당하지 않는 시설로서 지정문화재 및 가스시설 (3) 터널 나. 자동소화장치를 설치하여야 하는 특정소방대상물 (1) 주거용 주방자동소화장치를 설치하여야 하는 것 : 아파트 및 30층 이상 오피스텔의 모든 층 (2) 캐비닛형 자동소화장치, 가스자동소화장치, 분말자동소화장치 또는 고체에어로졸자동소화장치를 설치하여야 하는 것 : 화재안전기준에서 정하는 장소
2. 옥내소화전설비를 설치하여야 하는 특정소방대상물 (위험물 저장 및 처리 시설 중 가스시설, 지하구 및 방재실 등에서 스프링클러설비 또는 물분무 등 소화설비를 원격으로 조정할 수 있는 업무시설 중 무인변전소는 제외) (1) 연면적 3천 m^2 이상(지하가 중 터널 제외)이거나 지하층·무창층(축사 제외) 또는 층수가 4층 이상인 것 중 바닥면적이 600 m^2 이상인 층이 있는 것은 모든 층 (2) 지하가 중 터널로서 다음에 해당하는 터널 ㉮ 길이가 1천 m 이상인 터널 ㉯ 예상교통량, 경사도 등 터널의 특성을 고려하여 행정안전부령으로 정하는 터널 (3) ㉮에 해당하지 않는 근린생활시설, 판매시설, 운수시설, 의료시설, 노유자시설, 업무시설, 숙박시설, 위락시설, 공장, 창고시설, 항공기 및 자동차 관련 시설, 교정 및 군사시설 중 국방·군사시설, 방송통신시설, 발전시설, 장례식장 또는 복합건축물로서 연면적 1,500 m^2 이상이거나 지하층·무창층 또는 층수가 4층 이상인 층 중 바닥면적이 300 m^2 이상인 층이 있는 것은 모든 층 (4) 건축물의 옥상에 설치된 차고 또는 주차장으로서 차고 또는 주차의 용도로 사용되는 부분의 면적이 200 m^2 이상인 것 (5) (1) 및 (3)에 해당하지 않는 공장 또는 창고시설로서 「소방기본법 시행령」 별표 2에서 정하는 수량의 750배 이상의 특수가연물을 저장·취급하는 것
3. 스프링클러설비를 설치하여야 하는 특정소방대상물 위험물 저장 및 처리 시설 중 가스시설 또는 지하구는 제외 (1) 문화 및 집회시설(동·식물원은 제외), 종교시설(주요구조부가 목조인 것은 제외), 운동시설(물

놀이형 시설 제외)로서 다음의 어느 하나에 해당하는 경우에는 모든 층

㉮ 수용인원이 100명 이상인 것

㉯ 영화상영관의 용도로 쓰이는 층의 바닥면적이 지하층 또는 무창층인 경우에는 500 m^2 이상, 그 밖의 층의 경우에는 1,000 m^2 이상인 것

㉰ 무대부가 지하층·무창층 또는 4층 이상의 층에 있는 경우에는 무대부의 면적이 300 m^2 이상인 것

㉱ 무대부가 ㉰ 외의 층에 있는 경우에는 무대부의 면적이 500 m^2 이상인 것

(2) 판매시설, 운수시설 및 창고시설(물류터미널에 한정함)로서 바닥면적의 합계가 5,000 m^2 이상이거나 수용인원이 500명 이상인 경우에는 모든 층

(3) 층수가 6층 이상인 특정소방대상물의 경우에는 모든 층

(주택 관련 법령에 따라 기존의 아파트 등을 리모델링하는 경우 건축물의 연면적 및 층높이가 변경되지 않는 경우에는 해당 아파트 등의 사용검사 당시의 소방시설 적용기준을 적용함.)

(4) 다음의 각목에 해당하는 용도로 사용되는 시설의 바닥면적의 합계가 600 m^2 이상인 것은 모든 층

㉮ 의료시설 중 정신의료기관

㉯ 의료시설 중 요양병원(정신병원은 제외한다)

㉰ 노유자시설

㉱ 숙박이 가능한 수련시설

(5) 창고시설(물류터미널은 제외)로서 바닥면적 합계가 5,000 m^2 이상인 경우에는 모든 층

(6) 천장 또는 반자(반자가 없는 경우에는 지붕의 옥내에 면하는 부분)의 높이가 10 m를 넘는 랙크식 창고(rack warehouse)로서 바닥면적의 합계가 1,500 m^2 인 것

(7) (1)부터 (6)까지의 특정소방대상물에 해당하지 않는 특정소방대상물의 지하층·무창층(축사 제외) 또는 층수가 4층 이상인 층으로서 바닥면적이 1,000 m^2 이상인 층

(8) (6)에 해당하지 않는 공장 또는 창고시설로서 다음의 어느 하나에 해당하는 시설

㉮ 「소방기본법 시행령」 별표 2에서 정하는 수량의 1천 배 이상의 특수가연물을 저장·취급하는 시설

㉯ 「원자력안전법 시행령」 제2조제1호에 따른 중·저준위방사성폐기물의 저장시설 중 소화수를 수집·처리하는 설비가 있는 저장시설

(9) 지붕 또는 외벽이 불연재료가 아니거나 내화구조가 아닌 공장 또는 창고시설로서 다음의 어느 하나에 해당하는 것

㉮ 창고시설(물류터미널에 한정함) 중 (2)에 해당하지 않는 것으로서 바닥면적의 합계가 2,500 m^2 이상이거나 수용인원이 250명 이상인 것

㉯ 창고시설(물류터미널은 제외함) 중 (5)에 해당하지 않는 것으로서 바닥면적의 합계가 2,500 m^2 이상인 것

㉰ 랙크식 창고시설 중(6)에 해당하지 않는 것으로서 바닥면적의 합계가 750 m^2 이상인 것

㉱ 공장 또는 창고시설 중 (7)에 해당하지 않는 것으로서 지하층·무창층 또는 층수가 4층 이상

인것 중 바닥면적이 500 m^2 이상인 것

㉮ 공장 또는 창고시설 중 (8)가)에 해당하지 않는 것으로서 「소방기본법 시행령」 별표 2에서 정하는 수량의 500배 이상의 특수가연물을 저장·취급하는 시설

(10) 지하가(터널 제외)로서 연면적 1,000 m^2 이상인 것

(11) 기숙사(단, 교육연구시설·수련시설 내에 있는 학생 수용을 위한 것) 또는 복합건축물로서 연면적 5,000 m^2 이상인 경우에는 모든 층

(12) 교정 및 군사시설 중 다음의 어느 하나에 해당하는 경우에는 해당 장소

㉮ 보호감호소, 교도소, 구치소 및 그 지소, 보호관찰소, 갱생보호시설, 치료감호시설, 소년원 및 소년분류심사원의 수용거실

㉯ 「출입국관리법」 제52조제2항에 따른 보호시설(외국인보호소의 경우에는 보호대상자의 생활공간으로 한정한다. 이하 같다)로 사용하는 부분. 다만, 보호시설이 임차건물에 있는 경우는 제외

㉰ 「경찰관 직무집행법」 제9조에 따른 유치장

(13) (1)부터 (12)까지의 특정소방대상물에 부속된 보일러실 또는 연결통로 등

4. 간이스프링클러설비를 설치하여야 하는 특정소방대상물

(1) 근린생활시설로 사용하는 부분의 바닥면적 합계가 1,000 m^2 이상인 것은 모든 층

(2) 교육연구시설 내에 합숙소로서 연면적 100 m^2 이상인 것

(3) 의료시설 중 정신의료기관 또는 요양병원으로서 다음의 어느 하나에 해당하는 시설

㉮ 요양병원(정신병원과 의료재활시설은 제외)으로 사용되는 바닥면적 합계가 600 m^2 미만인 시설

㉯ 정신의료기관 또는 의료재활시설로 사용되는 바닥면적 합계가 300 m^2 이상 600 m^2 미만인 시설

㉰ 정신의료기관 또는 의료재활시설로 사용되는 바닥면적의 합계가 300 m^2 미만이고, 창살(철재·플라스틱 또는 목재 등으로 사람의 탈출 등을 막기 위하여 설치한 것을 말하며, 화재 시 자동으로 열리는 구조로 되어 있는 창살은 제외한다)이 설치된 시설

(4) 노유자시설로서 다음의 어느 하나에 해당하는 시설

㉮ 제12조제1항제6호 각 목에 따른 시설(단독주택 또는 공동주택에 설치되는 시설은 제외하며, 이하 "노유자 생활시설"이라 한다)

㉯ ㉮에 해당하지 않는 노유자시설로 해당 시설로 사용하는 바닥면적의 합계가 300 m^2 이상 600 m^2 미만인 시설

㉰ ㉮에 해당하지 않는 노유자시설로 해당 시설로 사용하는 바닥면적의 합계가 300 m^2 미만이고, 창살(철재·플라스틱 또는 목재 등으로 사람의 탈출 등을 막기 위하여 설치한 것을 말하며, 화재 시 자동으로 열리는 구조로 되어 있는 창살은 제외)이 설치된 시설

(5) 건물을 임차하여 「출입국관리법」 제52조제2항에 따른 보호시설로 사용하는 부분

(6) 숙박시설 중 생활형 숙박시설로서 해당 용도로 사용되는 바닥면적의 합계가 600 m^2 이상인 것
(7) 복합건축물(별표2 제30호나목의 복합건축물만 해당)로서 연면적 1천 m^2 이상인 것은 모든 층

5. 물분무 등 소화설비를 설치하여야 하는 특정소방대상물
(위험물 저장 및 처리 시설 중 가스시설 또는 지하구는 제외)
(1) 항공기 및 자동차 관련 시설 중 항공기격납고
(2) 차고, 주차용 건축물 또는 철골 조립식 주차시설. 이 경우 연면적 800 m^2 이상인 것만 해당.
(3) 건축물 내부에 설치된 차고 또는 주차장으로서 차고 또는 주차의 용도로 사용되는 부분의 바닥면적이 200 m^2 이상인 층
(4) 기계장치에 의한 주차시설을 이용하여 20대 이상의 차량을 주차할 수 있는 것
(5) 특정소방대상물에 설치된 전기실·발전실·변전실·축전지실·통신기기실 또는 전산실 등 바닥면적이 300 m^2 이상인 것[하나의 방화구획 내에 둘 이상의 실(室)이 설치되어 있는 경우에는 이를 하나의 실로 보아 바닥면적을 산정함].

6. 옥외소화전설비를 설치하여야 하는 특정소방대상물
(아파트 등, 위험물 저장 및 처리 시설 중 가스시설, 지하구 또는 지하가 중 터널은 제외한다)
(1) 지상 1층 및 2층의 바닥면적의 합계가 9,000 m^2 이상인 것. 이 경우 같은 구(區) 내의 둘 이상의 특정소방대상물이 연소(延燒) 우려가 있는 구조인 경우에는 이를 하나의 특정소방대상물로 본다.
(2) 「문화재보호법」 제23조에 따라 보물 또는 국보로 지정된 목조건축물
(3) (1)에 해당하지 않는 공장 또는 창고시설로서 「소방기본법 시행령」 별표 2에서 정하는 수량의 750배 이상의 특수가연물을 저장·취급하는 것

6.2.2 경보설비

소방시설 적용기준

1. 비상경보설비를 설치하여야 할 특정소방대상물
(지하구, 모래·석재 등 불연재료 창고 및 위험물 저장·처리 시설 중 가스시설은 제외)
(1) 연면적 400 m^2 (지하가 중 터널 또는 사람이 거주하지 않거나 벽이 없는 축사 등 동·식물 관련 시설은 제외) 이상이거나 지하층 또는 무창층의 바닥면적이 150 m^2(공연장의 경우 100 m^2) 이상인 것
(2) 지하가 중 터널로서 길이가 500m 이상인 것
(3) 50명 이상의 근로자가 작업하는 옥내 작업장

2. 비상방송설비를 설치하여야 하는 특정소방대상물
(위험물 저장 및 처리 시설 중 가스시설, 사람이 거주하지 않는 동물 및 식물 관련 시설, 지하가 중 터널, 축사 및 지하구는 제외)
⑴ 연면적 3,500 m^2 이상인 것
⑵ 지하층을 제외한 층수가 11층 이상인 것
⑶ 지하층의 층수가 3층 이상인 것

3. 누전경보기를 설치하여야 하는 특정소방대상물
⑴ 계약전류용량(같은 건축물에 계약 종류가 다른 전기가 공급되는 경우에는 그 중 최대계약 전류용량을 말함)이 100암페어를 초과하는 특정대상물
(내화구조가 아닌 건축물로서 벽·바닥 또는 반자의 전부나 일부를 불연재료 또는 준불연재료가 아닌 재료에 철망을 넣어 만든 것만 해당)에 설치하여야 한다. 다만, 위험물 저장 및 처리 시설 중 가스시설, 지하가 중 터널 또는 지하구의 경우에는 그러하지 아니하다.

4. 자동화재탐지설비를 설치하여야 하는 특정소방대상물
⑴ 근린생활시설(목욕장은 제외), 의료시설(정신의료기관·요양병원은 제외), 숙박시설, 위락시설, 장례식장 및 복합건축물로서 연면적 600 m^2 이상인 것
⑵ 공동주택, 근린생활시설 중 목욕장, 문화 및 집회시설, 종교시설, 판매시설, 운수시설, 운동시설, 업무시설, 공장, 창고시설, 위험물 저장 및 처리 시설, 항공기 및 자동차 관련 시설, 교정 및 군사시설 중 국방·군사시설, 방송통신시설, 발전시설, 관광 휴게시설, 지하가(터널은 제외한다)로서 연면적 1,000 m^2 이상인 것
⑶ 교육연구시설(교육시설 내에 있는 기숙사 및 합숙소를 포함), 수련시설(수련시설 내에 있는 기숙사 및 합숙소를 포함하며, 숙박시설이 있는 수련시설은 제외), 동물 및 식물 관련 시설(기둥과 지붕만으로 구성되어 외부와 기류가 통하는 장소는 제외), 분뇨 및 쓰레기 처리시설, 교정 및 군사시설(국방·군사시설은 제외) 또는 묘지 관련 시설로서 연면적 2,000 m^2 이상인 것
⑷ 지하구
⑸ 지하가 중 터널로서 길이가 1,000 m 이상인 것
⑹ 노유자 생활시설
⑺ ⑹에 해당하지 않는 노유자시설로서 연면적 400 m^2 이상인 노유자시설 및 숙박시설이 있는 수련시설로서 수용인원 100명 이상인 것
⑻ ⑵에 해당하지 않는 공장 및 창고시설로서 「소방기본법 시행령」 별표 2에서 정하는 수량의 500배 이상의 특수가연물을 저장·취급하는 것
⑼ 의료시설 중 정신의료기관 또는 요양병원으로서 다음의 어느 하나에 해당하는 시설
㉮ 요양병원(정신병원과 의료재활시설은 제외)
㉯ 정신의료기관 또는 의료재활시설로 사용되는 바닥면적의 합계가 300 m^2 이상인 시설

㉰ 정신의료기관 또는 의료재활시설로 사용되는 바닥면적의 합계가 300 m^2 미만이고, 창살(철재·플라스틱 또는 목재 등으로 사람의 탈출 등을 막기 위하여 설치한 것을 말하며, 화재 시 자동으로 열리는 구조로 되어 있는 창살은 제외)이 설치된 시설

5. 자동화재속보설비를 설치하여야 하는 특정소방대상물
   (1) 업무시설, 공장, 창고시설, 교정 및 군사시설 중 국방·군사시설, 발전시설로서 바닥면적이 1천5백 m^2 이상인 층이 있는 것. 다만, 사람이 24시간 상시 근무하고 있는 경우에는 자동화재속보설비를 설치하지 않을 수 있다.
   (2) 노유자 생활시설
   (3) (2)에 해당하지 않는 노유자시설로서 바닥면적이 500 m^2 이상인 층이 있는 것. 다만, 사람이 24시간 상시 근무하고 있는 경우에는 자동화재속보설비를 설치하지 않을 수 있다.
   (4) 수련시설(숙박시설이 있는 건축물만 해당한다)로서 바닥면적이 500 m^2 이상인 층이 있는 것. 다만, 사람이 24시간 상시 근무하고 있는 경우에는 자동화재속보설비를 설치하지 않을 수 있다.
   (5) 「문화재보호법」 제23조에 따라 보물 또는 국보로 지정된 목조건축물.
   (6) (1)부터 (5)까지에 해당하지 않는 특정소방대상물 중 층수가 30층 이상인 것
   (7) 의료시설 중 요양병원으로서 다음의 어느 하나에 해당하는 시설
      ㉮ 요양병원(정신병원과 의료재활시설은 제외한다)
      ㉯ 정신병원과 의료재활시설로 사용되는 바닥면적의 합계가 500 m^2 이상인 층이 있는 것

6. 단독경보형감지기를 설치하여야 하는 특정소방대상물
   (1) 연면적 1,000 m^2 미만의 아파트 등
   (2) 연면적 1,000 m^2 미만의 기숙사
   (3) 교육연구시설 또는 수련시설 내에 있는 합숙소 또는 기숙사로서 연면적 2천 m^2 미만인 것
   (4) 연면적 600 m^2 미만의 숙박시설
   (5) 4목 (7)에 해당하지 않는 수련시설(숙박시설이 있는 것만 해당)

7. 시각경보기를 설치하여야 하는 특정소방대상물
   (1) 근린생활시설, 문화 및 집회시설, 종교시설, 판매시설, 운수시설, 운동시설, 위락시설, 창고시설 중 물류터미널
   (2) 의료시설, 노유자시설, 업무시설, 숙박시설, 발전시설 및 장례식장
   (3) 교육연구시설 중 도서관, 방송통신시설 중 방송국
   (4) 지하가 중 지하상가

8. 가스누설경보기를 설치하여야 하는 특정소방대상물(가스시설이 설치된 경우만 해당)
   (1) 판매시설, 운수시설, 노유자시설, 숙박시설, 창고시설 중 물류터미널

(2) 문화 및 집회시설, 종교시설, 의료시설, 수련시설, 운동시설, 장례식장

9. 통합감시시설을 설치하여야 하는 특정소방대상물
   (1) 지하구

6.2.3 피난설비

소방시설 적용기준

1. 피난기구
   (1) 피난기구는 특정소방대상물의 모든 층에 설치
   다만, 피난층, 지상 1층, 지상 2층(별표 2 제9호에 따른 노유자시설 중 피난층이 아닌 지상 1층과 피난층이 아닌 지상2층은 제외한다) 및 층수가 11층 이상인 층과 위험물 저장 및 처리시설 중 가스시설, 지하가 중 터널 또는 지하구의 경우에는 그러하지 아니하다.

2. 인명구조기구를 설치하여야 하는 특정소방대상물
   (1) 방열복 또는 방화복, 인공소생기 및 공기호흡기를 설치하여야 하는 특정소방대상물 : 지하층을 포함하는 층수가 7층 이상인 관광호텔
   (2) 방열복 또는 방화복 및 공기호흡기를 설치하여야 하는 특정소방대상물 : 지하층을 포함하는 층수가 5층 이상인 병원
   (3) 공기호흡기를 설치하여야 하는 특정소방대상물
      ㉮ 수용인원 100명 이상인 문화 및 집회시설 중 영화상영관
      ㉯ 판매시설 중 대규모 점포
      ㉰ 운수시설 중 지하역사
      ㉱ 지하가 중 지하상가
      ㉲ 물분무등 소화설비 및 이산화탄소소화설비를 설치하여야 하는 특정소방대상물

3. 유도등을 설치하여야 할 대상
   (1) 피난구유도등, 통로유도등 및 유도표지는 별표 2의 특정소방대상물에 설치한다. 다만, 다음의 어느 하나에 해당하는 경우는 제외한다.
      ㉮ 지하가 중 터널 및 지하구
      ㉯ 동물 및 식물 관련 시설 중 축사로서 가축을 직접 가두어 사육하는 부분
   (2) 객석유도등은 다음의 어느 하나에 해당하는 특정소방대상물
      ㉮ 유흥주점영업시설(「식품위생법 시행령」 제21조제8호라목의 유흥주점영업 중 손님이 춤을 출

수 있는 무대가 설치된 카바레, 나이트클럽 또는 그 밖에 이와 비슷한 영업시설만 해당한다)
㉯ 문화 및 집회시설
㉰ 종교시설
㉱ 운동시설

4. 비상조명등을 설치하여야 하는 특정소방대상물
(창고시설 중 창고 및 하역장, 위험물 저장 및 처리 시설중 가스시설은 제외)
(1) 지하층을 포함하는 층수가 5층 이상인 건축물로서 연면적 3천 m^2 이상인 것
(2) (1)에 해당하지 않는 특정소방대상물로서 그 지하층 또는 무창층의 바닥면적이 450 m^2 이상인 경우에는 그 지하층 또는 무창층
(3) 지하가 중 터널로서 그 길이가 500 m 이상인 것

5. 휴대용 비상조명등을 설치하여야 하는 특정소방대상물
(1) 숙박시설
(2) 수용인원 100명 이상의 영화상영관, 판매시설 중 대규모점포, 철도 및 도시철도 시설 중 지하역사, 지하가 중 지하상가

6.2.4 소화용수설비

소방시설 적용기준

1. 소화용수설비
(1) 상수도소화용수설비를 설치하여야 하는 특정소방대상물
다만, 상수도소화용수설비를 설치하여야 하는 특정소방대상물의 대지 경계선으로부터 180 m 이내에 지름 75 mm 이상인 상수도용 배수관이 설치되지 않은 지역의 경우에는 화재안전기준에 따른 소화수조 또는 저수조를 설치하여야 한다.
㉮ 연면적 5천 m^2 이상인 것.
다만, 위험물 저장 및 처리 시설 중 가스시설, 지하가 중 터널 또는 지하구의 경우에는 그러하지 아니하다.
㉯ 가스시설로서 지상에 노출된 탱크의 저장용량의 합계가 100톤 이상인 것

6.2.5 소화활동설비

소방시설 적용기준

1. 제연설비를 설치하여야 하는 특정소방대상물
   (1) 문화 및 집회시설, 종교시설, 운동시설로서 무대부의 바닥면적이 200 m^2 이상 또는 문화 및 집회시설 중 영화상영관으로서 수용인원 100명 이상인 것
   (2) 지하층이나 무창층에 설치된 근린생활시설, 판매시설, 운수시설, 숙박시설, 위락시설, 의료시설, 노유자시설 또는 창고시설(물류터미널만 해당)로서 해당 용도로 사용되는 바닥면적의 합계가 1천 m^2 이상인 층
   (3) 운수시설 중 시외버스정류장, 철도 및 도시철도 시설, 공항시설 및 항만시설의 대합실 또는 휴게시설로서 지하층 또는 무창층의 바닥면적이 1,000 m^2 이상인 것
   (4) 지하가(터널은 제외한다)로서 연면적 1,000 m^2 이상인 것
   (5) 지하가 중 예상 교통량, 경사도 등 터널의 특성을 고려하여 행정안전부령으로 정하는 터널
   (6) 특정소방대상물(갓복도형 아파트등는 제외)에 부설된 특별피난계단 또는 비상용승강기의 승강장

2. 연결송수관설비를 설치하여야 하는 특정소방대상물
   (위험물 저장 및 처리 시설 중 가스시설 또는 지하구는 제외)
   (1) 층수가 5층 이상으로서 연면적 6천 m^2 이상인 것
   (2) (1)에 해당하지 않는 특정소방대상물로서 지하층을 포함하는 층수가 7층 이상인 것
   (3) (1) 및 (2)에 해당하지 않는 특정소방대상물로서 지하층의 층수가 3층 이상이고 지하층의 바닥면적의 합계가 1,000 m^2 이상인 것
   (4) 지하가 중 터널로서 길이가 1,000 m 이상인 것

3. 연결살수설비를 설치하여야 하는 특정소방대상물(지하구는 제외)
   (1) 판매시설, 운수시설, 창고시설 중 물류터미널로서 해당 용도로 사용되는 부분의 바닥면적의 합계가 1천 m^2 이상인 것
   (2) 지하층(피난층으로 주된 출입구가 도로와 접한 경우는 제외)으로서 바닥면적의 합계가 150 m^2 이상인 것. 다만, 국민주택규모 이하인 아파트 등의 지하층(대피시설로 사용하는 것만 해당)과 교육연구 시설 중학교의 지하층의 경우에는 700 m^2 이상인 것으로 한다.
   (3) 가스시설 중 지상에 노출된 탱크의 용량이 30톤 이상인 탱크시설
   (4) (1) 및 (2)의 특정소방대상물에 부속된 연결통로

4. 비상콘센트설비를 설치하여야 하는 특정소방대상물
   (위험물 저장 및 처리 시설 중 가스시설 또는 지하구는 제외)
   (1) 층수가 11층 이상인 특정소방대상물의 경우에는 11층 이상의 층

(2) 지하층의 층수가 3층 이상이고 지하층의 바닥면적의 합계가 1,000 m^2 이상인 것은 지하층의 모든 층
(3) 지하가 중 터널로서 길이가 500 m 이상인 것

5. 무선통신보조설비를 설치하여야 하는 특정소방대상물
(위험물 저장 및 처리 시설 중 가스시설은 제외한다)
(1) 지하가(터널은 제외한다)로서 연면적 1,000 m^2 이상인 것
(2) 지하층의 바닥면적의 합계가 3,000 m^2 이상인 것 또는 지하층의 층수가 3층 이상이고 지하층의 바닥면적의 합계가 1,000 m^2 이상인 것은 지하층의 모든 층
(3) 지하가 중 터널로서 길이가 500 m 이상인 것
(4) 「국토의 계획 및 이용에 관한 법률」 제2조제9호에 따른 공동구
(5) 층수가 30층 이상인 것으로서 16층 이상 부분의 모든 층

6. 연소방지설비는 지하구(전력 또는 통신사업용인 것만 해당)에 설치

비고 : 별표 2 제1호부터 제27호까지 중 어느 하나에 해당하는 시설(이하 이 표에서 "근린생활시설등"이라 한다)의 소방시설 설치 기준이 복합건축물의 소방시설 설치기준보다 강한 경우 복합건축물 안에 있는 해당 근린생활시설등에 대해서는 그 근린생활시설 등의 소방시설 설치기준을 적용한다.

연습문제

01 소방법 시행령에 따른 소방시설의 종류를 크게 분류하시오.

02 스프링클러 소화설비를 설치하여야 할 대상물을 쓰시오.

03 물분무 등 소화설비 종류를 쓰시오.

04 경보설비의 종류를 쓰시오.

05 자동화재탐지설비를 설치해야할 소방대상물을 쓰시오.

06 피난설비의 종류를 쓰시오.

07 피난설비 중 인명구조장비를 설치해야할 소방대상물을 쓰시오.

08 소화용수설비 중 상수도소화용수설비를 설치해야할 소방대상물을 쓰시오.

09 소화활동설비를 분류하시오.

10 소화활동설비 중 제연설비를 설치해야할 특정소방대상물을 쓰시오.

11 소화활동설비 중 연결살수설비를 설치해야할 특정소방대상물을 쓰시오.

13 소화활동설비 중 비상콘센트설비를 설치해야할 특정소방대상물을 쓰시오.

12 옥내소화전 설치 소방대상물에 대하여 설명하시오.

CHAPTER

07 소화설비

7.1 소화기구

소화기구는 화재를 초기에 소화할 목적으로 물이나 다른 소화약제를 압력에 의해 방사하는 기구이다. 소화제의 종류 및 방출에 필요한 가압방식에 따라 축압식과 가압식으로 분류된다.

7.1.1 가압방식에 의한 분류

축압식 소화기는 소화기의 용기 내부에 소화약제가 항상 가압되어 있으며 밸브의 개방에 의해서 즉시 소화약제를 방출하는 것이다. 압력원으로 사용하는 불연성 가스는 질소(N_2) 또는 이산화탄소(CO_2)를 사용한다. 축압식 소화기에는 반드시 지시압력계를 설치하고, 사용압력의 범위를 녹색으로 명시한다.

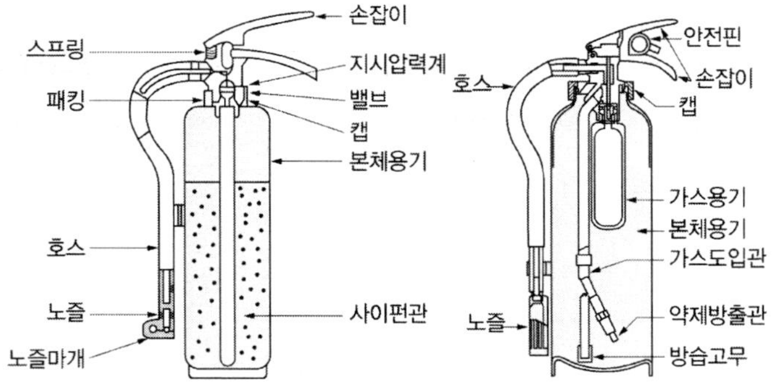

그림 7-1 가압방식에 의한 소화기 분류

가압식 소화기는 평상시에는 가압되어 있지 아니하고 방출원이 되는 압축가스를 소화기 내부 또는 외부 별도의 용기에 저장했다가 소화기 사용시 가스의 압력으로 방출시키는 방식이다. 펌프가압식, 질소나 이산화탄소에 의한 가압식, 화학반응에 의한 가압식이 있다.

표 7-1 소화기의 종류

가압방법 / 소화약제	축압식	펌프에 의한 가압식	화학반응에 의한 가압식	탄산가스, 질소에 의한 가압식
물소화기	○	○		○
산·알칼리 소화기			○	
강화액 소화기	○		○	○
포말소화기			○	
이산화탄소 소화기	○			
할로겐화합물 소화기	○			
분말소화기	○			

7.1.2 소화약제에 의한 분류

1) 물 소화기

물을 소화약제로 사용하는 소화기로서 물을 방사하는 압력원의 발생 형태에 따라 수동펌프식, 가스가압식 및 축압식으로 분류한다. 소화원리는 냉각소화, 희석소화, 질식소화효과가 있다.

2) 화학포 소화기

외통 A액(탄산수소나트륨이 주성분인 사포닌, 젤라틴 등이 첨가한 수용액)과 내통 B액(유산알루미늄 수용액)과 혼합에 의하여 화학반응에서 발생하는 탄산가스를 이용하여 소화하는 것이다. 주로 A급 화재나 B급 화재에 적용된다.

3) 분말 소화기

현재 가장 많이 사용하고 있는 소화기이다. ABC 분말을 사용하는 것과 BC 분말을 사용하는 것이 있다. ABC 분말은 제일인산암모늄을 주성분으로 하는 것인데, 이것을 실리콘계 수지에 의한 코팅을 하여 습기 흡수를 방지하였다. BC 분말은 중탄산소다를 주성분으로 한 물질이다. 용기 본체에 충전된 분말에 이산화탄소 또는 질소가스를 압축시켜 방출원으로 사용한다. 가압식과 축압식이 있으며 지금은 축압식이 많이 사용되고 있다. 주 소화작용은 부촉매소화이고 이 밖에 질식, 냉각소화도 있다. ABC 소화기의 화학반응식의 예는 그림 7-2와 같다.

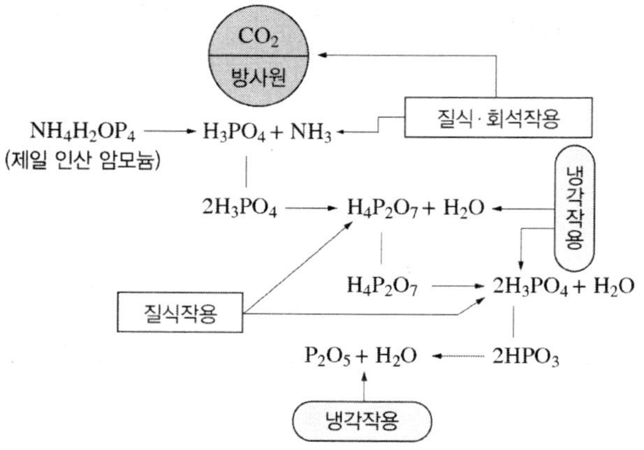

그림 7-2 ABC 소화기의 화학반응식

표 7-2 분말소화약제의 종류

종별	화학식	적응화재	색깔	충전비
제1종 분말	$NaHCO_3$	*B, C*	백색	0.8 L/kg
제2종 분말	$KHCO_3$	*B, C*	담자색	1.0 L/kg
제3종 분말	$NH_4H_2PO_4$	*A, B, C*	담홍색	1.0 L/kg
제4종 분말	$KHCO_3+(NH_2)_2CO$	*B, C*	회색	1.25 L/kg

4) 이산화탄소 소화기

내부압력 250 kg/cm^2 이상의 고압가스 용기에 소화제인 탄산가스(20℃, 60 kg/cm^2)를 충진시킨 소화기이다. 화재 시 이산화탄소를 방출하여 화원 주변 산소농도를 희석시켜 질식소화시킨다. 이산화탄소를 방출할 때 급격히 냉각되므로 약간의 냉각소화도 있다. B급, C급, E급 화재에 적용된다.

5) 할로겐화합물 소화기

할로겐화합물 소화약제는 연쇄반응을 억제하는 부촉매소화효과가 주된 소화원리이고 질식과 냉각, 희석소화 효과도 있다. 온도가 높은 화재의 소화시에 유독성 포스겐가스를 발생할 수 있으므로 지하층이나 밀폐공간에서는 설치하지 않아야 하고 소화기는 폭발할 염려가 있으므로 직사광선을 받거나 온도가 40℃ 이상의 실에서는 설치하지 않는다.

보통 할로겐화합물 1211, 1301, 2402 등이 많이 사용된다. 할로겐화합물은 압력 24～42 kg/cm^{2}의 압축질소에 의하여 손잡이 조작으로 노즐로 분사한다. B, C급 화재에 적용된다.

6) 강화액 소화기

강화액 소화기는 물은 동절기에 동결될 염려가 크므로 물에 금속염류를 첨가한 수용액을 주성분으로 강알칼리성 수용액을 용기 내에 봉입하여 압축공기 또는 질소가스로 압축하여 사용한다. 일반적으로 담황색의 알칼리(pH 12 이상)로 비중은 1.35/15℃ 이상의 것을 말한다. 강화액의 사용온도범위는 －20℃ 이상 －40℃ 이하이므로 동절기, 한랭지에서도 동결되지 않으므로 보온의 필요가 없을 정도로 소화능력이 증가된다. 무상(霧狀)으로 방사될 때 소규모의 C급 화재에도 적용된다. 주 소화효과는 냉각소화이고 연쇄반응을 차단하는 부촉매소화효과도 있다.

7.1.3 소화기 유지관리

1) 소화기 설치

① 소화기는 바닥면으로부터 1.5 m 이하의 높이에 설치할 것
② 통행, 피난에 지장이 없고 사용하기 쉬운 곳에 설치할 것
③ 사람의 눈에 잘 띄는 곳에 설치할 것
④ 습기가 많지 않은 곳에 설치할 것
⑤ 소화제의 동결, 변질 또는 분출할 우려가 없는 곳에 설치할 것
⑥ 설치지점이 잘 보이도록 ‘소화기’ 표시를 할 것

2) 소화기 점검

① 수압시험

물소화기, 강화액소화기, 포소화기, 분말소화기, 산·알칼리소화기

② 기밀시험

강화액 소화기, 분말 소화기, 할로겐화합물 소화기

3) 소화기 사용 후 처리

① 강화액 소화기의 내액을 완전히 배출시키고 용기는 물로 세척한다.
② 산·알칼리 소화기는 유리파편을 제거하고 용기를 물로 세척한다.
③ 거품 소화기는 용기 내외면 및 호스를 물로 세척한다.

연습문제

01 가압식 소화기와 축압식 소화기의 차이점에 대하여 설명하시오

02 소화기 종류를 5가지 이상 쓰고 각 소화약제의 주된 소화효과를 쓰시오

03 소화기 설치 기준 및 소화기 사용 후 처리방법에 대하여 설명하시오.

04 ABC 분말 소화기의 소화원리를 화학식을 쓰고 소화원리를 설명하시오.

05 축압식 소화기의 내부압력 점검방법에 대하여 설명하시오.

06 강화액 소화기의 사용약제와 이 소화기의 특성을 설명하시오.

07 할로겐화합물 소화기의 소화약제 따른 종류 및 소화원리를 쓰시오.

7.2 옥내소화전설비

7.2.1 설비의 개요

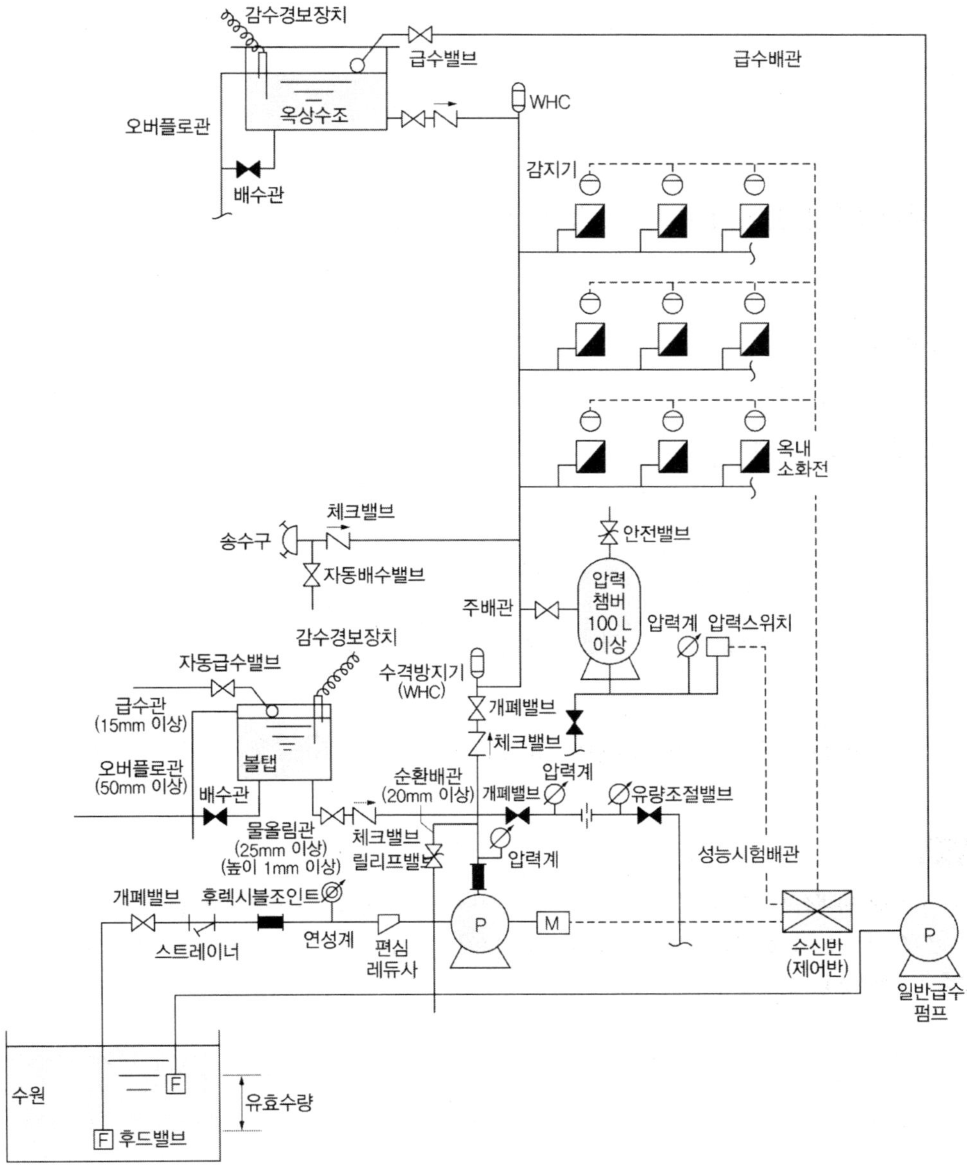

그림 7-3 옥내소화전설비 계통도

이 설비는 건물 내에서 화재 발생 시 소방대상물의 거주자, 관계인 등이 발화 초기에 가압송수장치를 가동해서 소화활동에 필요한 방수압력, 방수량을 확보함과 동시에 소화전 상자에 수납된 소화호스를 연장 조작함으로서 방화대상물 등에서 발생한 화재를 진화할 수 있는 고정식물 소화설비이다.

옥내소화전설비 구성은 수원, 가압송수장치, 배관, 옥내소화전함 및 제어반, 비상전원 소화용호스, 노즐 등이다.

7.2.2 옥내소화전설비의 주요 구성 요소

1) 수원

(1) 1차 수원

1차 수원은 옥내소화전설비에서 필요로 하는 전체 수원의 양을 말한다. 수원의 양은 130 L/min를 20분간 방수할 수 있는 양에 한 개 층에 설치된 소화전 개수(5개 이상 설치된 경우 5개)를 곱한 양 이상으로 산정한다.

$$\text{수원의 양} \geq N \times 130\ \text{L/min} \times 20\ \text{min} = N \times 2.6\ \text{m}^3$$

여기서, N : 1개 층에 설치된 최대 소화전 수(최대 5개)

호스릴 옥내소화전설비는 60 L/min로 20분간 방수할 수 있는 양으로 계산한다.

예제

A 시장 내 옥내소화전설비의 층별 설치개수는 다음과 같다. 본 소화설비에 필요한 전용 수원량은 얼마 이상이어야 하는지 계산하시오(단, 옥내소화전함의 설치 개수는 1층 : 5개, 2층 : 5개, 3층 : 4개, 4층 : 4개, 5층 : 3개이다.).

풀이

한 개 층에 설치된 소화전 개수가 5개 이상 설치된 경우는 5개를 곱한 양 이상이므로

수원량 $= N \times 130\ \text{L/min} \times 20\ \text{min} = N \times 2.6\ \text{m}^3 = 2.6 \times 5 = 13\ \text{m}^3$

표 7-3 옥내소화전설비의 수원의 수량 산출 방법

설치개수	수원량
1개	1개×130 L×20분 = 2,600 L = 2.6 m^3
2개	2개×130 L×20분 = 5,200 L = 5.2 m^3
3개	3개×130 L×20분 = 7,800 L = 7.8 m^3
4개	4개×130 L×20분 = 10,400 L = 10.4 m^3
5개	5개×130 L×20분 = 13,000 L = 13 m^3

(2) 2차 수원(옥상수원)

유효수량의 1/3 이상을 옥상탱크에 설치하여야 한다.

$$\text{옥상수원} \ = \ = N \times \ 2.6\ \mathrm{m}^3 \times \frac{1}{3} \ \text{이상}$$

(3) 유효수량의 산정

① 다른 설비와 겸용으로 사용하는 경우

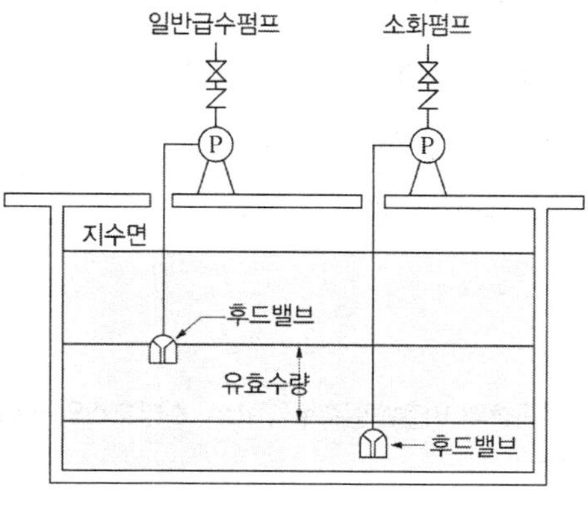

그림 7-4 다른 설비와 겸용일 경우 유효수량

② 전용으로 사용할 경우

수조의 저수면과 소화전 설비의 후드밸브 또는 입상배관의 흡입구 사이의 수량을 유효수량으로 한다.

2) 가압송수장치

가압송수장치는 전동기 또는 내연기관에 의한 펌프방식, 자연 낙차압에 의한 고가수조방식, 압력탱크 압력으로 급수하는 압력수조방식 및 별도 공기압을 이용하여 가압하는 가압수조방식으로 나눌 수 있으며, 펌프 및 내연기관에 의한 가압송수장치는 펌프, 물올림장치, 펌프성능시험장치, 기동용 수압개폐장치 등으로 구성된다. 옥내소화전의 방수압력은 0.17 MPa 이상이어야 하고 단, 0.7 MPa을 초과하면 호스접결구의 인입 측에 감압장치를 설치해야 한다. 방수량은 130 lpm 이상이어야 한다.

(1) 펌프방식

펌프방식은 전동기나 내연기관에 의하여 펌프를 회전시켜 펌프의 토출압력을 이용하여 송수하는 방식이다. 펌프방식에는 주펌프와 보조펌프(충압 펌프)를 설치한다. 펌프의 전양정(H)은 다음 식과 같다.

$$H = h_1 + h_2 + h_3 + 17(\mathrm{m}) \tag{7-1}$$

여기서, H : 전양정(m)

h_1 : 실양정(흡입양정 + 토출양정)

h_2 : 배관 및 부속품의 마찰손실수두(m)

h_3 : 소방용 호스의 마찰손실수두(m)

17 : 노즐 선단의 방수압력 환산수두(m)

예제

옥내소화전설비의 배관 및 관부속품의 마찰손실수두가 4 m, 소방호스의 마찰손실수두가 3 m일 때 설치해야 할 옥상수조의 최소 설치높이는?

풀이

옥상수조의 최소 설치높이

$$H = h_1 + h_2 + 17(\mathrm{m}) = 4 + 3 + 17 = 24(\mathrm{m})$$

(2) 고가수조방식

고가수조방식은 고가수조로부터 자연낙차압력을 이용하는 방식으로 가압송수장치 중 가장 안전하고 신뢰성 있는 설비이다. 고가수조의 하단에서 최상층에 설치된 방수구까지 규정의 방수압력을 얻을 수 있는 높이에 수조를 설치해야 한다. 이 때 최상층의 방수구 압력은 규정 방수압력을 얻기 위하여 자연압보다 0.2 Mpa 이상 되어야 한다.

고가수조의 자연낙차압력은 다음 식에 의하여 산출한 수치 이상이 되도록 하여야 한다.

$$H = h_1 + h_2 + 17(\mathrm{m}) \tag{7-2}$$

여기서, H : 필요한 낙차(m)
h_1 : 배관의 마찰손실 수두(m)
h_2 : 헤드 선단에서 방수압력1 kg/cm^{2}의 환산수두(= 10 m)
17 : 노즐 선단의 방수압력 환산수두(m)

(3) 압력수조방식

압력수조방식은 탱크 내에 소화용수와 공기를 채우고 가압하여 압축된 공기의 압력에 의하여 송수하는 방식이다. 이 압력수조방식은 압력탱크에 압축공기 및 물을 공급하는 공기압축기와 펌프를 부착하여야 한다. 압력탱크의 필요한 압력은 다음 식에 의하여 산출한 수치 이상이어야 한다.

$$P = P_1 + P_2 + 0.17(\mathrm{MPa}) \tag{7-3}$$

여기서, P : 전압력 (MPa)
P_1 : 낙차의 환산수두압력(MPa)
P_2 : 배관 및 관 부속품의 마찰손실 수두압력(MPa)
0.17 : 노즐 선단의 방수압력(MPa)

참고

펌프용량계산

(1) 펌프의 수동력(water horse power : L_h)
펌프에 의하여 액체에 공급되는 동력

$$L_h = \frac{\gamma HQ}{75 \times 60} \ [\mathrm{PS}]$$

$$L_h = \frac{\gamma HQ}{102 \times 60} \ [\mathrm{KW}]$$

(2) 축동력(제동동력)(Shaft horse power : L_s)과 효율(efficiency)

원동기에 의하여 펌프를 운전하는 데 필요한 동력

- 효율

$$E = \frac{수동력}{축동력} = \frac{L_h}{L_s}$$

- 효율내용

$$E = E_v \cdot E_m \cdot E_h$$

E_v : 체적효율

E_m : 기계효율

E_h : 수력효율

(3) 원동기동력(L_d)

펌프를 구동시키는 원동기 동력

$$L_d = kL_s$$

k : 여유계수

※ 국가화재안전기준

$$P(\mathrm{Kw}) = \frac{0.163 \times Q(\mathrm{m^3/s}) \times H(\mathrm{m}) \times k}{E}$$

예제

가압송수장치의 펌프용량이 30 kw이고 토출량이 1000 L/min인 펌프의 양정(H)은 몇 m인지 계산하시오. 단, 방수계수(K) = 1.2, 효율(E)은 0.85이다.

풀이

동력 계산식은 다음식과 같다.

$$P = \frac{0.163 \times Q \times H \times K}{E}$$

$$H = \frac{P \times E}{0.163 \times Q \times K} = \frac{30 \times 0.85}{0.163 \times 1{,}000/60 \times 1.2} = 7.82(\mathrm{Kw})$$

3) 가압송수장치 구성요소

① 제어밸브

일제개방밸브(gate valve)와 개폐표시형(OS&Y)밸브, 체크밸브(check valve) 전체를 말한다.

참고

체크밸브(checl valve)

한 쪽 방향으로는 흐르지만 역방향으로는 자동적으로 폐쇄되어 흐르지 않게 되어 있는 밸브

② 후드밸브(foot valve)

수원이 펌프보다 아래에 있을 때 흡수고 말단에 설치하여 펌프 내에 물이 빠지지 않도록 하는 체크기능과 수조 내의 이물질이 흡입되지 않도록 여과기능을 하는 밸브이다.

③ 스트레이너(strainer)

펌프 이전에 설치하여 모래, 침전물 등의 불순물이 펌프 케이싱 내로 들어오는 것을 방지한다.

④ 연성계(compound gauge) 또는 진공계

수조가 펌프보다 아래에 위치하고 있을 때 펌프 흡입배관에 설치하여 양과 음의 게이지 압력을 측정한다.

⑤ 압력계(pressure gauge)

펌프의 토출 측에 설치하여 게이지 압력을 측정한다.

⑥ 플렉시블 조인트(Flexible joint)

펌프의 흡입 측과 토출 측에 설치하여 펌프의 진동 및 유체 흐름시 급격한 압력차에 의한 충격을 흡수하기 위하여 설치한다.

4) 펌프

(1) 원심펌프 종류

물을 저압부에서 고압부로 이송시키는 기계요소로 소방용 펌프로는 원심용 펌프가 널리 사용된다. 원심용 펌프는 안내날개의 부착 유무에 따라 볼류트 펌프와 터빈펌프가 있다.

① 볼류트 펌프(volute pump)

안내날개가 없으며 임펠러가 직접 물을 케이싱으로 유도하는 펌프로 저양정, 고유량 펌프에 사용한다.

② 터빈펌프(turbine pump)

안내날개가 있으며 임펠러 회전운동을 할 때 물을 일정하게 유도하는 펌프로 고양정, 저유량에 적합하다.

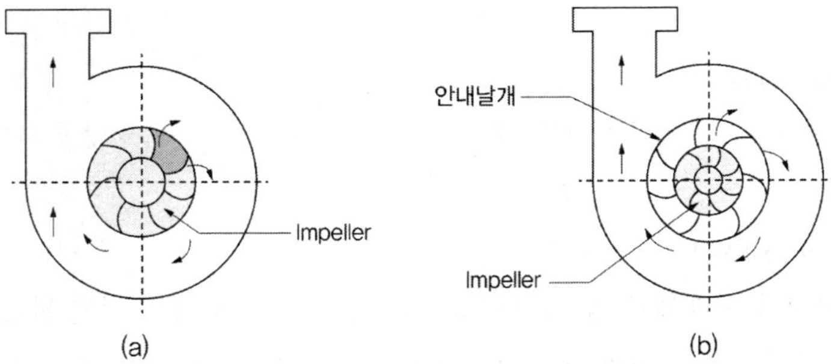

그림 7-5 볼류트 펌프(a)와 터빈펌프(b)

(2) 소방용 펌프

① 주펌프

소방대상물에 필요한 방사압력과 토출량을 확보하기 위하여 설치한다. 필요 시 2대를 병렬연결하여 운전한다.

② 충압펌프(보조펌프)

배관 내 일정한 압력을 유지하기 위해 설치한다. 토출압력은 주펌프의 토출압력과 같거나 호스 접결구 자연압 + 0.2 MPa로 한다.

(3) 펌프의 병렬 및 직렬운전

펌프를 2대 이상 연결하여 운전할 경우 병렬연결운전과 직렬연결운전하는 방법이 있다.

① 병렬연결운전

양정은 일정하나 유량은 약 2배 증가한다(1H, 2Q).

② 직렬연결운전

유량은 일정하며 양정은 약 2배 증가한다(2Q, 1H).

(4) 소방용 펌프 특성

소방용 펌프는 펌프의 토출량이 매우 가변적이다. 소화전(1개에서 최대 5개) 개수가 변화하여도 방수 규정압력이 0.17 MPa, 방수량은 130 L/min을 유지하여야 한다.

5) 부속장치

(1) 성능시험배관

펌프의 성능시험배관은 펌프의 성능을 시험하기 위하여 펌프의 토출 측의 개폐밸브 이전 주관에서 분기하여 설치한다. 성능시험배관의 직관부에는 개폐밸브, 유량측정장치(오리피스), 유량조절밸브 순으로 설치한다.

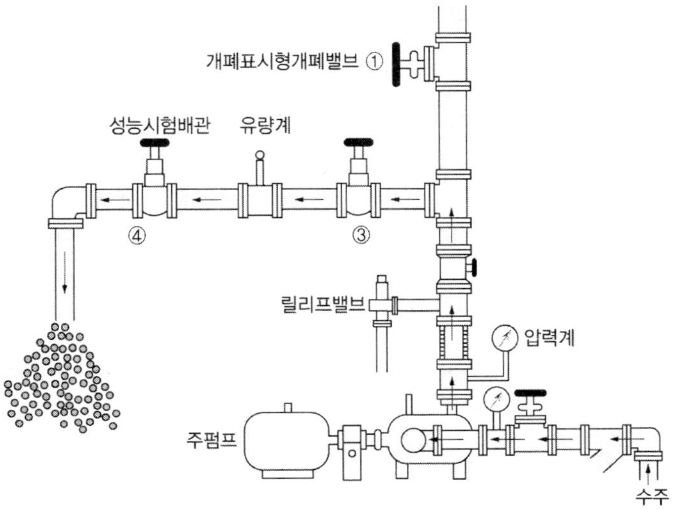

그림 7-6 성능시험배관

성능시험 방법은 다음과 같다.

① 충압펌프 작동스위치를 정지 위치로 한 다음 소화펌프 2차 측 개폐밸브를 차단한다.

② 성능시험배관의 개폐밸브를 개방한 후 기동용 수압개폐장치의 압력챔버 하단의 배수밸브를 열어 주 펌프가 기동되면 배수밸브를 다시 잠근다.

③ 펌프의 성능은 체절운전 상태에서 정격토출압력의 140% 이하인지 확인하고 유량조절밸브를 개방하여 정격 토출유량의 150%로 운전 시 정격토출압력의 65% 이상이 되어야 한다.

④ 유량측정장치는 펌프의 정격토출량의 175%까지 측정할 수 있는 성능이 있어야 한다.

⑤ 방수량은 소화 시 펌프의 분당 토출량으로 나타내며 다음 식으로 계산한다.

$$Q = 0.653D^2\sqrt{P} \qquad (7\text{-}4)$$

여기서, Q : 분당 토출량(L/min)

D : 관경(mm)

P : 방수압력(kg/cm^2)

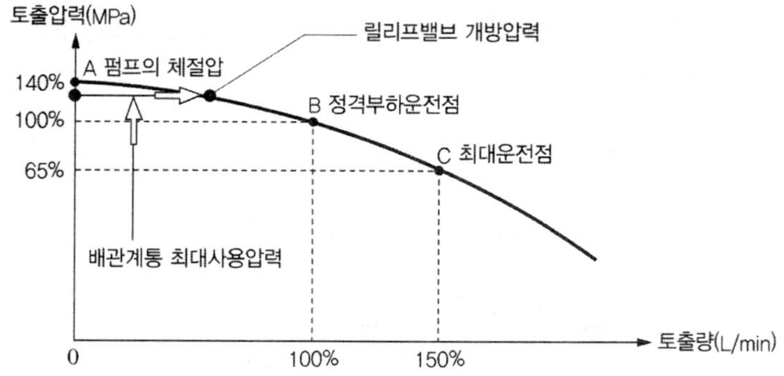

그림 7-7 펌프의 성능곡선

예제

옥내소화전설비의 소화전함을 열고 호스 노즐을 통하여 20분간 방수하면서 받아낸 물의 양을 측정했더니 3,000 L였다. 이 노즐에서 방수압은 얼마인가?(단, 노즐의 방수계수(K)는 100이다.

풀이

$$Q = 0.653D^2\sqrt{P} = K\sqrt{P} = \frac{3,000}{20} = 150\,\text{L/min}$$

$$P = \frac{(Q/K)^2}{10} = \frac{(150/100)^2}{10} = 0.225\,\text{MPa}$$

(2) <u>순환배관</u>

펌프의 체절운전 시 펌프가 계속 운전을 하게 되면 수온이 상승되어 펌프나 모터에 무리가 가게 되어 고장의 원인이 되므로 이를 방지하기 위하여 설치한다. 충압펌프는 사용하지 않는다.

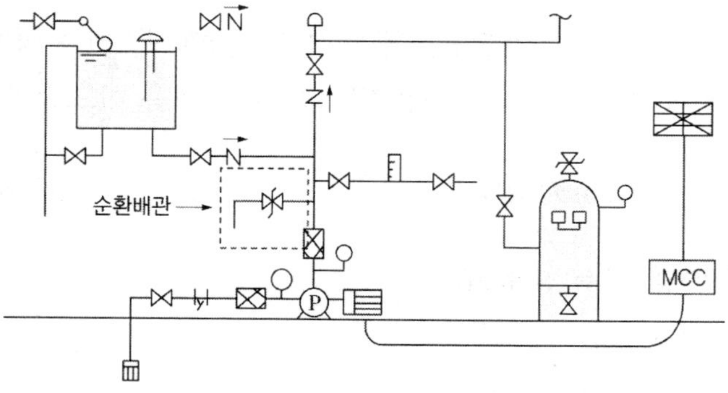

그림 7-8 순환배관

① 순환배관은 펌프의 토출 측 체크밸브 이전에서 분기한다.

② 순환배관의 구경은 20 mm 이상의 배관으로 설치한다.

③ 순환배관에는 체절운전시 체절압력 미만에서 개방되는 릴리프 밸브를 설치한다.

참고

펌프 체절운전

물을 토출하지 않은 상태로 운전되는 것을 말한다.

릴리이프 밸브(Relief Valve)

소화배관에서 액체 압력의 상승방지 하기 위하여 사용되고 액체의 압력이 규정 압력 이상이 되면 압력의 상승에 따라서 자동적으로 열리게 되어 압력을 방출하는 밸브로 설정된 압력 이하에서 작동되고 압력을 조절할 수 있다.

(3) 물올림장치(Priming tank)

물올림장치는 수원의 수위가 팜프의 위치보다 아래에 있을 때 설치한다. 그 기능은 후드밸브 고장이나 흡입 측 배관의 누설로 인하여 물이 없을 경우 흡입 배관 내에 물을 채워 주는 장치이다. 따라서 흡입관 내의 공동현상(cavitation)을 방지해주는 역할을 한다.

참고

공동현상(Cavitation)

펌프의 흡입양정이 높거나 펌프의 마찰손실이 크거나 유속의 급변, 와류의 발생등으로 의해서 유체의 포화 증기압 아래로 압력이 떨어져 부압이 되면 액체는 기화되어 기포를 발생하고 액체 속에 공동이 생기는 현상.

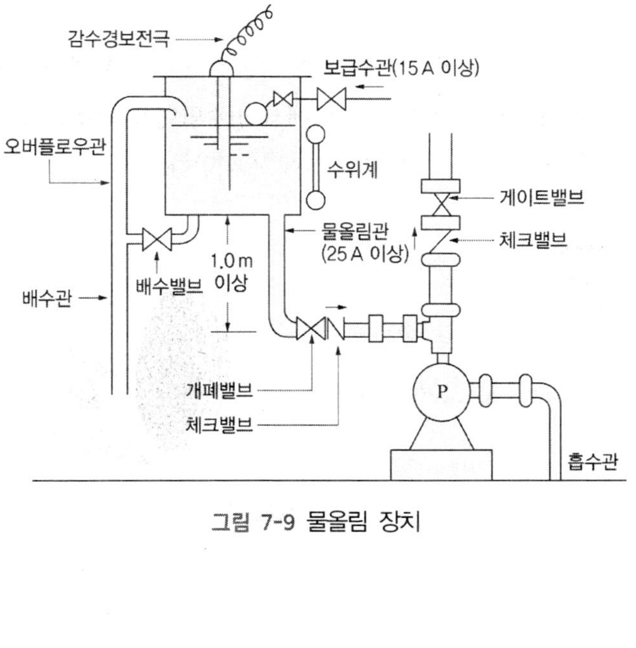

그림 7-9 물올림 장치

① 물올림 장치에는 전용의 탱크를 설치할 것

② 물올림탱크는 유효수량이 100 L 이상으로 하고, 급수배관은 구경 15 mm 이상으로 하여 해당 탱크에 물이 계속 공급되도록 한다.

③ 물올림관은 펌프에 물을 공급하는 배관으로 구경 25 mm 이상의 배관을 사용한다.

(4) 기동용 수압개폐장치(압력챔버)

옥내소화전 기동장치의 일종으로 옥내소화전 함의 앵글밸브를 개방하였을 때 배관 내의 압력을 감지하여 감압현상을 감지하면 압력스위치가 작동되어 충압펌프나 주 펌프의 모터를 기동하게 하는 장치이다. 압력챔버의 용량은 100 L 이상으로 한다.

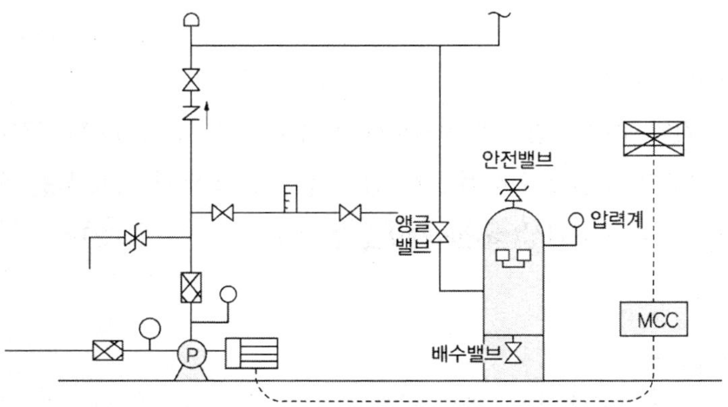

그림 7-10 기동용 수압개폐장치(압력챔버)

(5) 감압장치

오리피스를 설치하여 물이 이를 통과할 때 심한 마찰로 인하여 유체가 갖고 있는 압력에너지의 일부를 열에너지로 변환하게 하여 노즐 선단에서 방수압력을 낮추는 장치이다. 방수압력이 0.7 MPa를 초과할 경우 호스 체결구의 인입 측에 설치한다.

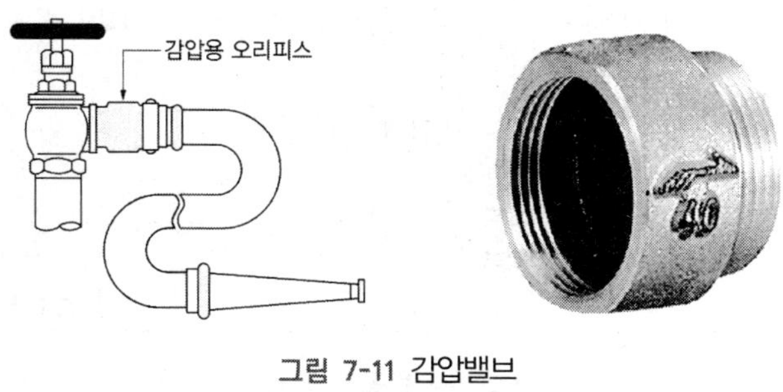

그림 7-11 감압밸브

(6) 수격방지기

수격방지기는 입상관 최상부나 수평주행배관과 교차배관이 맞닿는 곳에 설치하여 신축성이 없는 배관 내에서 발생하는 수격(water hammer)에 의한 충격을 줄여주는 쿠션 역할을 하는 부품이다.

참고

수격작용

배관 내를 펌프로 압력수송 하는 경우, 운전 중 펌프가 정전 등에 의해 정지 및 기동, 밸브의 급격한 개폐, 배관의 급격한 굴곡 등에 의하여 관내를 흐르고 있던 유체가 갑자기 유속이 급변화하면 유체가 갖는 운동에너지가 압력에너지로 순간적으로 압력변화가 일어나는 현상. 충격파가 발생되고 소음 및 진동, 배관 및 밸브가 손상되어 기능이 저하된다.

7.2.3 옥내소화전함

옥내소화전함은 화재가 발생하였을 때 사용하는 기기와 용구를 보관하는 함을 말한다. 함 내부에는 소화전 개폐밸브, 호스와 방사형 노즐, 접속기구가 내장되어 있고, 외부에는 적색표시등, 기동장치, 음향장치 등이 부착되어 있다.

1) 방수구

① 방수구(개폐밸브)는 층마다 설치하되 층의 각 부분으로부터 수평거리 25 m(호스릴 옥내소화전설비 포함) 이하로 그림 7-12처럼 전부를 포용할 수 있어야 한다. 다만, 복층형 구조의 공동주택인 경우는 세대의 출입구가 설치된 층에만 설치할 수 있다.

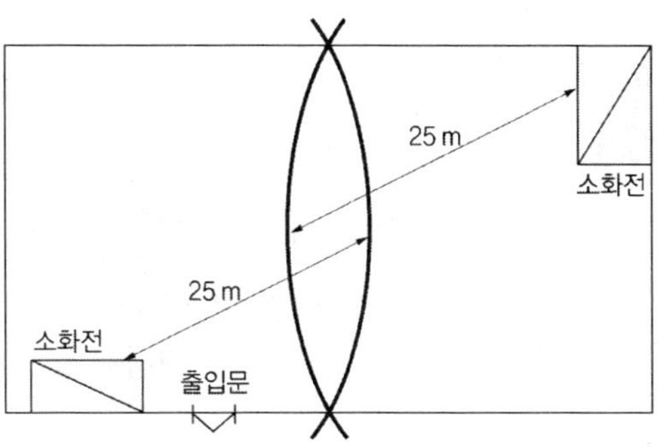

그림 7-12 옥내소화전 수평 포용거리

② 방수구 설치 위치는 바닥으로부터 1.5 m 이하가 되도록 할 것

③ 호스는 구경 40 mm (호스릴 옥내소화전설비의 경우는 25 mm) 이상의 것으로 소방대상물의 각 부분에 물이 유효하게 뿌려질 수 있도록 설치할 것

2) 옥내소화전함 설치기준

① 옥내소화전함의 재질은 두께 1.5 mm 이상의 강판 또는 두께 4 mm의 합성수지재로 한다.

② 문짝의 면적은 0.5 m^2 이상으로 하여서 밸브의 조작, 호스의 격납 등에 충분한 여유를 가질 수 있게 한다.

③ 연결송수관의 설비의 방수구를 함내에 함께 설치할 경우에도 호스의 결합과 조작이 충분하도록 여유를 확보하여야 한다.

④ 함의 재질이 강판인 경우에는 염수분무 시험방업에 의하여 시험한 경우 변색 또는 부식되지 않아야 한다.

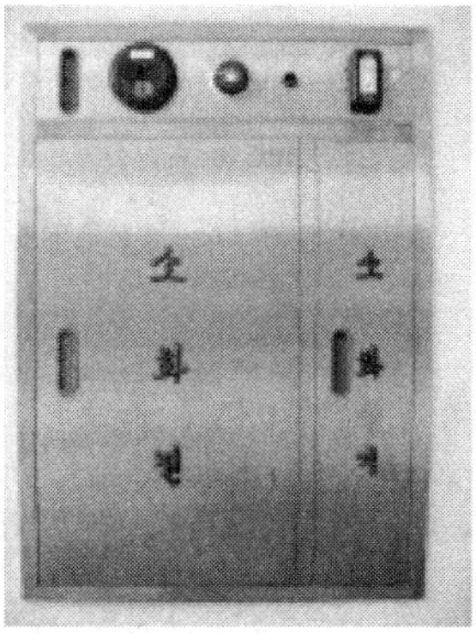

그림 7-13 옥내소화전함

⑤ 옥내소화전 함의 앞면에 "소화전"이라는 표시와 작동 요령을 기재한 표시판을 붙여야 한다.

⑥ 위치표시등은 함의 상부에 설치하되 그 불빛과 부착면이 15° 이상의 범위 안에서 부착지점으로부터 10 m 이내의 어느 곳에서도 쉽게 식별할 수 있는 적색등으로 한다.

⑦ 적색등은 사용전압의 130%인 전압을 24시간 연속하여 가하는 경우에도 단선, 현저한 광속변화, 전류 변화 등의 현상이 발생되지 않아야 한다.

3) 옥외송수구

옥내소화전설비에는 지상1층에 바닥으로부터 0.5 m 이상 1 m 이하의 높이에 65 mm 쌍구 또는 단구형의 옥외송수구를 소방차 접근이 용이한 위치에 설치하여 자체 수원 고갈 시에도 필요에 따라 옥내소화전설비를 사용할 수 있도록 하여야 하며 송수구 인근에 자동배수밸브 및 체크밸브를 설치하여야 한다.

7.2.4 옥내소화전설비의 제어반

1) 제어반은 감시제어반과 동력제어반으로 구분 설치하여야 한다. 다만, 다음과 같은 경우에는 구분하여 설치하지 않을 수 있다.

① 내연기관에 의한 가압송수장치를 사용하는 옥내소화전설비
② 고가수조에 의한 가압송수장치를 사용하는 옥내소화전설비
③ 가압수조에 의한 가압송수장치를 사용하는 옥내소화전설비
④ 2개 이상의 변전소에서 동시에 전력을 공급받을 수 있는 경우

2) 동력제어반(MCC)은 점검이 편리하며 화재의 위험이나 침수의 우려가 없는 곳에 설치하고, 옥내소화전 전용으로 해야 한다. 다만, 옥내소화전설비의 제어에 지장이 없는 경우에는 다른 설비와 겸용할 수 있다.

① 앞면은 적색으로 하고 "옥내소화전설비용 동력제어반"이라고 표시한 표지를 설치
② 외함은 두께 1.5 mm 이상의 강판 또는 이와 동등 이상의 강도 및 내열성능이 있는 것으로 하여야 한다.

3) 감시제어반

① 펌프의 작동 여부를 확인할 수 있는 표시등 및 음향 경보기능이 있어야 한다.
② 각 펌프의 자동·수동으로 작동시킬 수 있는 기능이 있어야 한다,
③ 상용전원 및 비상전원 공급 여부 확인 및 전환기능이 있어야 한다,
④ 저수위 감시기능, 회로 도통시험 및 작동시험기능, 예비전원 시험기능이 있어야 한다.

7.2.5 옥내소화전설비의 전원

소방설비의 전원에는 상용전원과 비상전원이 있다.

1) 상용전원

소방대상물의 수전방식에 따라 상용전원 회로의 배선을 설치하여야 한다. 다만, 고압수조방식으로서 모든 기능이 20분 이상 유효하게 지속될 때에는 그렇지 않다.

2) 비상전원

(1) 설치대상

일반 상용전원이 정전된 경우에도 소방용 설비 등이 정상적으로 작동할 수 있도록 설치하는 전원을 말하며, 소방법령상 전용수전설비, 자가발전설비 및 축전지 설비 등이 있다.

① 지하층을 제외한 층수가 7층 이상으로서 연면적이 2,000 m^2 이상인 것

② (1)에 해당하지 않는 소방대상물로서 지하층의 바닥면적의 합계가 3,000 m^2 이상인 것

(2) 설치기준

① 비상전원은 점검에 편리하고 화재 및 침수 등의 자해로 인한 피해를 받을 우려가 없는 곳에 설치한다.

② 옥내소화전설비를 유효하게 20분 이상 작동할 수 있어야 한다.

③ 상용전원이 정전된 경우에 자동적으로 비상전원으로 전환되는 구조로 할 것

④ 비상전원의 설치장소는 다른 장소와 방화구획회로에 의해 차단되지 않는 것을 말한다.

⑤ 비상전원을 실내에 설치할 때는 점검 및 조작에 필요한 조명설비와 비상전원의 표시를 할 것

(3) 비상전원 종류

① 비상전원 전용설비 수전(受電)설비 : 소방용 설비 등 전용의 변압기에 의해 수전하든가 또는 주 변압기의 2차 측에서 직접 전용의 개폐기에 의해 수전하는 것으로 기타의 정전된 경우 즉시 상용전원에서 축전지 설비로 절환되고 정전 복구 시에는 자동적으로 축전지 설비에서 상용전원으로 전환될 수 있는 일정 용량 이상을 갖는 것을 말한다.

② 자가발전설비 : 상용전원이 정전된 경우에 자동적으로 내연기관을 기동하여 발전기를 회전시켜 즉시 전원을 발생하여 일정량의 비상전원을 확보함으로서 설비를 가동시키는 역

할을 한다.

③ 축전지 설비 : 상용전원이 정전되었을 때 자가발전설비가 작동하여 정격 전압을 확보할 때까지 중간전원으로 쓰이고 축전지는 항상 충전되어 있어야 한다.

7.2.6 옥내소화전설비의 배관

① 급수배관(수원으로부터 옥내소화전 방수구에 급수하는 배관)은 배관용 탄소강관 또는 압력배관용 강관이나 이와 동등 이상의 강도, 내식성 및 내열성을 가진 것으로 하여야 한다.

② 배관은 전용으로 하여야 한다. 단, 옥내소화전의 기동장치의 조작과 동시에 다른 설비의 용도에 사용하는 배관의 송수를 차단할 수 있거나 옥내소화전설비의 성능에 지장이 없는 경우에는 다른 설비와 공용할 수 있다.

③ 펌프의 흡입 측 배관은 공기 고임이 생기지 않은 구조로 하되 여과장치를 설치하여야 한다.

④ 펌프의 토출측의 구경은 유속이 3 m/sec 이하로 되도록 하여야 한다.

⑤ 옥내소화전과 연결되는 가지관의 구경은 40 mm 이상 주배관 중 입상관의 구경은 50 mm 이상으로 하여야 한다. 이 때 연결송수관의 배관과 겸용할 경우에는 주배관은 100 mm 이상, 방수구로 연결되는 배관의 구경은 65 mm 이상으로 하여야 한다.

⑥ 가압송수장치의 체절운전 시 수온의 상승을 방지하기 위하여 체크밸브와 펌프 사이에서 분기한 구경 20 mm 이상의 배관에 체절압력 미만에서 개방되는 릴리프밸브를 설치하여야 한다.

⑦ 배관은 동결방지조치를 하거나 동결의 우려가 없는 장소에 설치하여야 한다.

연습문제

01 옥내소화전에 사용되는 비상전원 3가지를 쓰고 간단히 설명하시오.

02 옥내소화전 방수구의 설치기준에 대하여 설명하시오.

03 옥내소화전의 압력수조방식에 사용되는 구성요소를 쓰시오.

04 어떤 소방대상물에 옥내소화전이 1층에 3개, 2층에 5개, 3층에 6개가 설치되어 있다. 이 건물의 옥내소화전 수원양을 계산하시오.

05 옥내소화전설비 펌프 흡입구 및 토출구에 설치하는 연성계와 압력계의 차이점을 설명하시오.

06 옥내소화전설비의 가압송수장치에서 물올림장치에 대하여 설명하시오.

07 펌프의 성능시험배관에 대하여 설명하시오.

08 가압송수장치에서 순환배관을 설명하고 설치 이유를 쓰시오.

09 스프링클러의 송수구는 지면으로부터 (　　　) 이상 (　　　) 사이의 위치에 설치하고 구경은 (　　　mm)로 한다.

10 $Q = k\sqrt{p}$ 는 스프링클러헤드의 어떠한 시험을 나타낸 것인가?

11 1차 측 배관에는 물이 차 있고 2차측 배관에는 대기압상태인 스프링클러 유수검지장치는?

12 스프링클러설비 형식 중 개방형 헤드를 사용하는 설비방식은?

13 소방용 펌프의 종류와 펌프의 체절운전에 대하여 설명하시오.

14 옥내소화전설비의 비상전원 용량은 몇 분 이상 동작되어야 하는가?

15 옥내소화전설비 방수량은 분당 몇 리터 이상이어야 하는가?

16 볼류트 펌프와 터빈펌프를 설명하고 그 차이점을 설명하시오.

17 이 펌프보다 높은 위치에 있을 경우 필요 없게 되는 구성요소를 3가지만 쓰시오.

풀이 물올림장치, 진공계, 푸트밸브

18 소화설비 가압송수장치에서 물올림장치의 구성요소를 5가지 쓰시오(그림참조).

19 수압개폐장치의 역할을 설명하시오.

20 감압장치에 대하여 간단히 설명하시오.

21 템퍼스위치에 대하여 간단히 설명하시오.

풀이 개폐표시형 밸브에 부착되어 평상시에는 개폐표시형 개폐상태를 제어반에 표시해주고, 슈퍼비조리 패널 감지회로가 고장으로 작동하지 않는 유사시의 경우 이 스위치를 조작하여 슈퍼비조리 패널의 기능을 회복시켜 준비작동식 밸브를 작동시키는 비상용 스위치이다.

22 체절양정에 대하여 설명하시오.

풀이 펌프의 토출 측 배관이 전부 막힌 상태에서 운전(체절운전)시 정격토출양정의 140% 미만의 양정을 말하는 것으로 체절양정 미만에서는 순환배관에 설치된 릴리이프 밸브가 동작하는 것을 확인할 수 있다.

23 수격방지기 설치 목적을 쓰시오.

24 펌프의 공동현상에 대하여 간단히 설명하시오.

25 옥내소화전함 설치기준에 대하여 설명하시오.

26 펌프의 성능기준을 유량과 양정관계에 따라 펌프성능곡선을 그려서 설명하시오.

7.3 옥외소화전설비

7.3.1 개요

옥외소화전설비는 1, 2층의 낮은 인접건물과 옥외설비 등에서 화재발생 시 화재진압과 연소확대를 방지를 목적으로 사용되는 수동식 고정식 소화설비이다. 사용상의 주체는 소방대상물의 관계인이나 소방대가 도착한 이후에는 소방대의 연소방지용으로도 사용한다. 옥외소화전 주요 구성요소나 사용방법도 옥내소화전과 거의 동일하지만 방수압력과 방수량이 옥내소화전보다 높다.

7.3.2 종류

옥외소화전 종류는 지상식과 지하식으로 구별되며 방수구에 따라 쌍구형과 단구형으로 구분된다.

1) 지상식

건물 외벽 주위의 지반보다 1.5 m 이하의 지상에 소화전 몸체를 설치하고 방수구는 지상에서 제어할 수 있도록 설치되어 있다. 밸브 몸체는 지상 상부에 물이 체류하게 되면 동결의 우려가 있어 지하에 설치한다. 또 소화전을 사용한 후에 밸브를 폐쇄하면 자동배수밸브가 개방되어 입상관 내부의 물을 배수하도록 되어 있다.

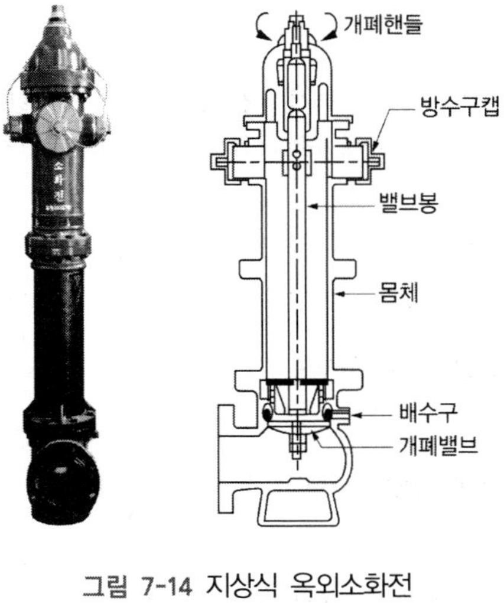

그림 7-14 지상식 옥외소화전

2) 지하식

소화전 몸통을 지하에 설치하여 매립식이라고도 한다. 상부 밸브개방장치가 건물 주위의 지표면에서 0.6 m 설치되어 지상에서 개폐기구를 이용하여 개방할 수 있도록 한다.

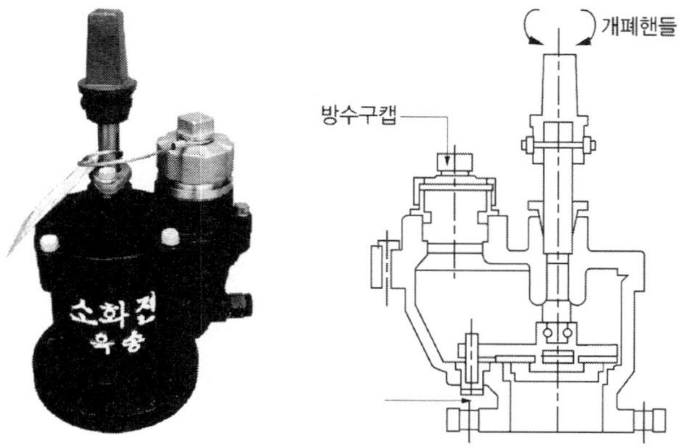

그림 7-15 지하식 옥외소화전

7.3.3 옥외소화전설비기준

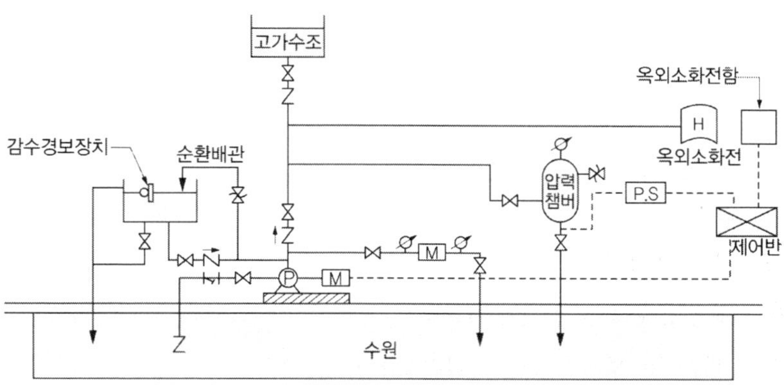

그림 7-16 옥외소화전 구성도

1) 수원

수원은 옥외소화전의 설치개수(2개 이상일 경우 2개까지)에 노즐의 법정 방수량인 350 L/min를 20분 간 사용할 수 있는 양을 산정하여 정하며, 수원에 관한 일반적인 기준은 옥내소화전과 동일하게 적용된다.

$$Q(\mathrm{m}^3) = 350\,(\mathrm{L/min}) \times 20\,(\mathrm{min}) \times N = 7\mathrm{m}^3 \times N \qquad (7\text{-}5)$$

여기서, N : 설치개수(2개 이상일 경우 2개까지)

예제

옥외소화전설비의 소화전함이 3개 설치되었을 때 수원의 양을 구하시오.

풀이

$Q(\mathrm{m}^3) = 350\,(\mathrm{L/min}) \times 20\,(\mathrm{min}) \times N = 7\mathrm{m}^3 \times \mathrm{N}$

$= 7\,\mathrm{m}^3 \times 2 = 14\,\mathrm{m}^3$

2) 가압송수장치

가압송수장치는 옥내소화전의 가압송수장치에 적용되는 고가수조방식, 압력수조방식, 펌프방식의 원리가 그대로 적용되나 방수압력이 다르므로 양정 계산 시 방수압력 및 방수량에 따른 기준적용이 약간 달라진다.

옥외소화전설비의 법정 방수압력이 2.5 MPa, 방수량은 350 L/min이므로 양정계산은 다음 식으로 한다.

(1) 펌프방식

$$H = h_1 + h_2 + h_3 + 25\ \mathrm{m} \qquad (7\text{-}6)$$

여기서, H : 펌프의 전양정(m)

h_1 : 소방용호스의 마찰손실(m)

h_2 : 배관 및 부속밸브류 마찰손실(m)

h_3 : 낙차(m)

25 m : 노즐선단의 방수 압력 환산수두

(2) 고가수조방식

$$H = h_1 + h_2 + 25\ \mathrm{m} \qquad (7\text{-}7)$$

여기서, H : 펌프 전양정(m)

h_1 : 소방용호스의 마찰손실(m)

h_2 : 배관 및 부속밸브류 마찰손실(m)

25 m : 노즐선단의 방수압력 환산수두

(3) 압력수조방식

$$P = P_1 + P_2 + P_3 + 0.25(\text{MPa}) \tag{7-8}$$

여기서, P : 펌프의 전압력(MPa)

P_1 : 소방용 호스의 마찰손실(MPa)

P_2 : 배관 및 관 부속품 마찰손실(MPa)

P_3 : 낙차의 환산수두압(MPa]

0.25 MPa : 옥외소화전 노즐선단의 방수압

3) 배관 및 방수구

배관은 옥내소화전설비에 준하여 설치하되 구경을 65 mm 이상으로 하며 호스 접결구는 지면으로부터 0.5 m 이상 1 m 이하의 위체 설치하고, 방수구는 소방대상물의 각 부분으로부터 수평거리 40 m 이내마다, 호스구경은 65 mm의 것으로 취급이 원할한 장소에 설치한다. 옥외소화전설비는 1층과 2층에 한하여 당해설비의 유효범위에 포함한다.

4) 소화전함

① 옥외소화전설비에는 옥외소화전으로부터 5 m 이내에 소화전함을 설치하여야 한다.

② 옥외소화전 개수가 10개 이하 설치할 때는 옥외소화전마다 5 m 이내의 장소에 1개 이상의 소화전함을 설치하여야 한다.

③ 옥외소화전 개수가 11개 이상 30개 이하 설치할 때는 11개 이상의 소화전함을 각각 분산 설치하여야 한다.

④ 옥외소화전 개수가 31개 이상 설치할 때는 옥외소화전 3개마다 1개 이상의 소화전함을 설치하여야 한다.

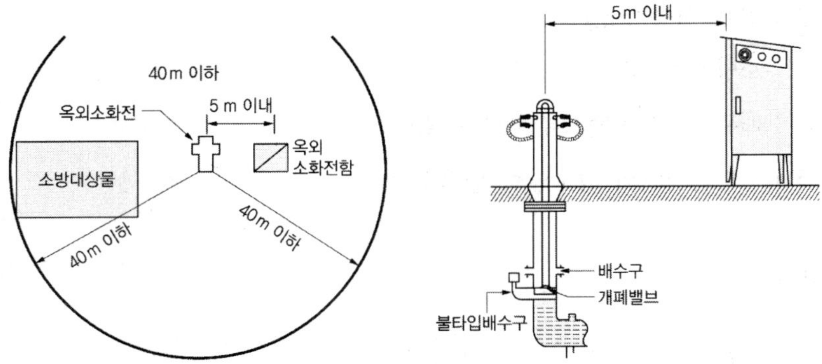

그림 7-17 옥외소화전 수평거리

연습문제

01 옥외소화전설비의 소화전함은 옥외소화전으로부터 몇 m 이내에 설치하는가?

02 옥외소화전이 40개 설치하였을 때 소화전함의 설치개수는?

풀이 소화전함 개수는 31개 이상일 때 소화전 3개마다 1개 이상 설치하므로 $N \div 3 = 40 \div 3 = 13.3$ 이므로 14개 설치함

03 옥외소화전 노즐의 방사 형태는?

정답 방사형

04 어떤 옥외소화전의 노즐 방사압력을 피토게이지로 측정하였더니 압력이 0.55 MPa이었다. 방수량 Q (m^3/min)는 얼마인가?(단, 노즐구경은 19 mm이다.)

풀이 방수량 $Q = 0.653 \times d^2 \times \sqrt{10P} = 0.653 \times 19^2 \times \sqrt{10 \times 0.55}$

$552.8 \text{ L/min} = 0.553 \text{m}^3/\text{min}$

7.4 스프링클러 소화설비

7.4.1 개요

스프링클러설비는 수력학적으로 설계된 배관과 스프링클러헤드, 자동경보장치(유수검지장치) 등으로 구성되어 있다. 화재 시 천장면 또는 반자에 설치된 헤드의 감열부분이 열을 감지하면 파괴되면 배관 내에 압력을 갖고 있는 물 또는 압축공기가 방출되어 배관 내의 압력이 저하되므로 경보체크 밸브 및 소화펌프가 작동하여 물을 배관 내에 공급하여 헤드로부터 물을 살수하는 자동식 고정소화설비이다.

이 설비는 소화제가 물이기 때문에 이산화탄소소화설비 등에 비하여 장시간 인명피해 없이 사용되고 초기소화율이 높은 장점이 있으나 물에 의한 피해가 큰 것이 단점으로 지적되고 있다.

7.4.2 스프링클러설비의 분류

스프링클러설비는 크게 폐쇄형 스프링클러헤드와 개방형 스프링클러헤드 방식이 있다. 폐쇄형 경우는 감열부가 있는 습식, 건식, 준비작동식 등이 있고, 개방형은 감열부가 없는 일제살수식이 있다.

표 7-4 스프링클러 소화설비 종류와 특성

순번	종류	설비의 내용	사용밸브	사용헤드
1	습식	1차 측, 2차 측 가압수가 상시 충만되어 있고 건식과 비교하면 구조가 간단하기 때문에 설비비가 적게 들고 화재 시 헤드가 개방되어 즉시소화가 가능하나 동결의 위험이 있는 장소에는 부적당하다.	알람 밸브	폐쇄형
2	건식	1차 측에는 가압수, 2차 측에는 압축공기나 질소가스로 충압되어 있는 설비로서 동결의 위험이 없고 오동작으로 인한 피해가 적으나 화재 시 소화활동시간이 걸리고 설비비가 많이 든다.	건식밸브	폐쇄형
3	준비작동식 (폐쇄형) 일제살수식 (개방형)	최신의 설비방식으로 건식방법을 보완하기 위하여 별도감지기를 설치하여 화재 시 헤드가 작동하기 델루지 밸브가 작동하여 밸브하측의 가압수를 헤드까지 개방하게 되어 즉시 소화가 가능하도록 한 것이다.	준비작동밸브 일제개방밸브	준비작동식 (폐쇄형) 일제살수식 (개방형)

1) 폐쇄형 스프링클러헤드 방식

(1) 습식(wet pipe system)

습식 스프링클러 장치는 보통 이용되는 방식으로 1차 측 및 2차 측 배관 내에 항상 가압수가 충수(充水)되어 있어 화재가 발생하면 폐쇄형 스프링클러헤드가 열을 감지하여 개방되어 살수가 시작하게 되는 시스템이다. 동결의 우려가 없는 장소에 적용된다. 유수검지장치는 하나의 방호구역마다 설치되는 알람 체크밸브가 가장 많이 사용되며 여기에는 리타팅 챔버, 압력스위치, 워터모터공으로 구성되어 있다. 알람 체크밸브의 1차 측에 개폐밸브를 설치하여 헤드 교환 시 물이 방출되지 않게 하고 알람 체크밸브 및 알람 체크밸브 2차 측 배관의 유지 보수를 위하여 설치한다. 리타팅 챔버는 누수로 인한 경보밸브의 오동작을 방지와 안전밸브 역할을 하지만 최근에는 사용되지 않는다.

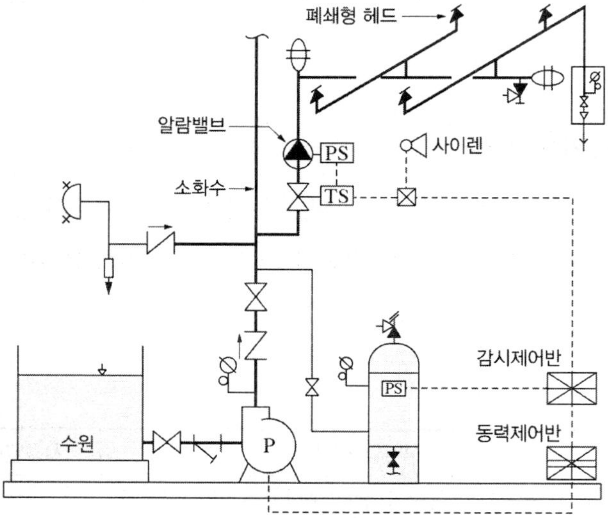

그림 7-18 습식 스프링클러설비 구성도

(2) 건식(dry pipe system)

사용하는 헤드는 폐쇄형이지만 건식밸브를 기준으로 1차 측까지 가압수를, 밸브의 2차 측에는 공기압축기로부터 유도된 압축공기나 질소를 충전되어 있다. 스프링클러헤드가 감열(感熱)에 의하여 작동되면 건식밸브의 2차 측 물의 분출을 누르고 있던 압축공기가 우선 헤드로부터 빠져나가 건식밸브가 수압에 의해서 개방되고 물은 관로를 거쳐서 헤드로부터 분출된다. 2차 측의 배관에는 물이 들어 있지 않아 동파의 위험이 있는 주차장 등에 사용한다. 건식밸브는 압축공기가 방출 후 살수까지 시간이 지연되는 단점이 있어 급속개방장치가 부착되어 있다.

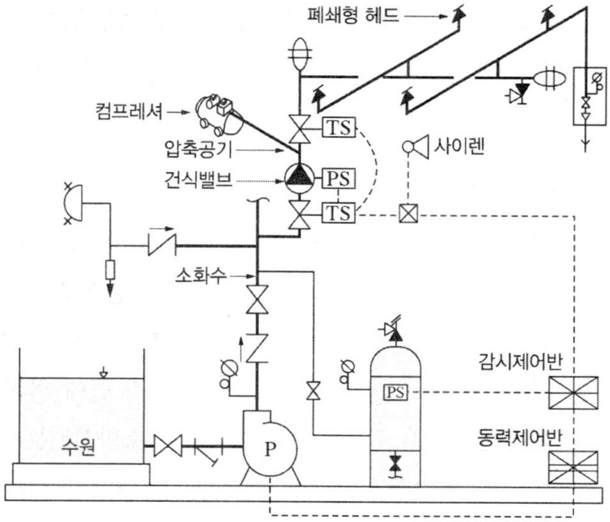

그림 7-19 건식 스프링클러설비 구성도

(3) 준비작동식(pre-action system)

준비작동식은 습식 스프링클러설비의 장점을 살리고, 건식 스프링클러의 단점을 보완한 설비이다. 가압송수장치에서 유수검지장치 1차 측에까지 항상 물이 가압되어 있고, 2차 측은 스프링클러헤드까지 대기압 상태로 있다. 화재 발생시 화재감지기의 작동과 동시에 준비작동식 유수감지장치가 작동하여 2차 측 배관의 폐쇄형 헤드까지 송수되고, 화재가 성장되어 헤드에

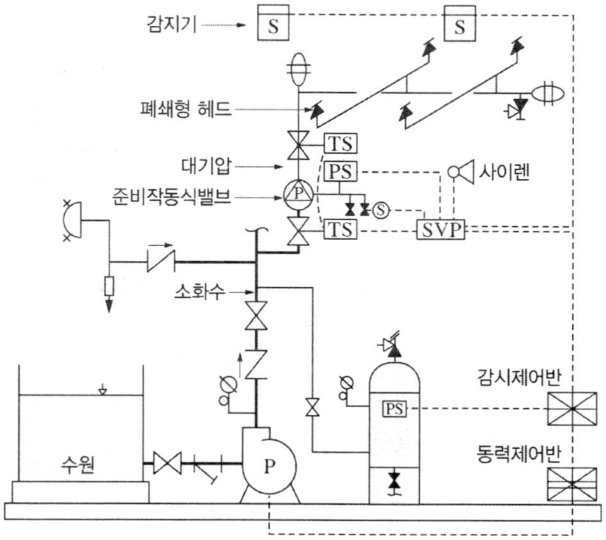

그림 7-20 준비작동식 스프링클러설비 구성도

열이 가해지면 개방되면서 살수가 이루어지는 스프링클러 시스템을 말한다. 구성요소로는 준비작동밸브, 슈퍼비조리판넬 및 전자밸브(솔레노이드 밸브)로 구성되어 있다.

2) 개방형 스프링클러헤드 방식

개방형 스프링클러헤드 방식은 폐쇄형 스프링클러헤드로서 유효하게 화재를 감지하여 작동될 수 없는 천장이 높은 장소와 화재가 급격히 확대될 수 있는 방호구역 등에 (무대부, 특수한 공장, 창고 등)대량의 물을 동시에 살수하여야 하는 장소에 설치하는 설비로서 일제살수식(deluge system)이라 한다. 감지용 스프링클러헤드나 연기감지기 등에 의해 델루지밸브가 개방되고 경보를 울림과 동시에 가압펌프를 가동시켜 일제살수로 소화시키는 시스템이다. 이 방식은 방호 공간 전체에 살수되므로 대량의 물을 공급할 수 있는 급수시스템이 필요하고 물에 의한 2차 수손 피해가 크다.

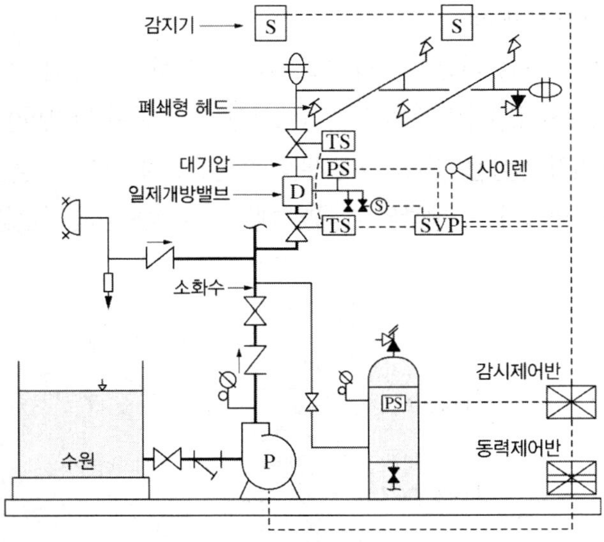

그림 7-21 일제살수식 스프링클러설비 구성도

7.4.3 스프링클러설비 구성요소 용어 정리

(1) 개방형 스프링클러헤드

감열체 없이 방수구가 항상 열려져 있는 헤드를 말한다.

(2) 폐쇄형 헤드

정상상태에서 방수구를 막고 있는 감열체가 주위온도가 일정 온도에 도달하면 자동적으로 파괴·용해 또는 이탈됨으로써 방수구가 개방되는 헤드를 말한다.

(3) 측벽형 스프링클러헤드

가압된 물을 헤드의 축심을 중심으로 반원상에 균일하게 분산시키는 헤드를 말한다.

(4) 조기반응형 헤드

표준형 스프링클러헤드보다 기류온도 및 기류속도에 조기에 반응하는 헤드를 말한다.

(5) 유수검지장치

습식, 건식, 준비작동식 유수검지장치를 말하고 본체내의 유수현상을 자동적으로 검지하여 신호 또는 경보를 발하는 장치를 말한다.

(6) 일제개방밸브

개방형 헤드를 사용하는 일제살수식 유수검지장치로서 화재발생 시 자동 또는 수동식 기동장치에 따라 밸브가 열려지는 것을 말한다.

(7) 리타팅챔버(retarding chamber)

습식 스프링클러설비에서 누수로 인한 경보의 오동작 방지, 안전밸브 역할, 배관 및 압력스위치가 손상되는 것을 방지하는 역할을 하는 기구를 말한다.

(8) 급속개방장치

건식설비에서 2차 측 배관에서 압축기체가 모두 방출되어야 물이 헤드를 통해 방사될 수 있기 때문에 습식밸브보다 작동시간이 늦어지므로 헤드가 개방되었을 때 단시간 내에 압축기체를 배출시키는 역할을 한다.

(9) 디플랙타(deflector)

방수구에서 유출되는 물을 세분시키는 작용을 한다.

(10) 설계하중

폐쇄형 스프링클러헤드에서 방수구를 막고 있는 감열체가 정상상태에서 이탈하지 못하게 하기 위하여 헤드를 조립할 때 헤드에 가하여지도록 미리 설계된 하중을 말한다.

(11) 표시온도

폐쇄형 스프링클러헤드에서 감열체가 작동하는 온도로서 미리 헤드에 표시한 온도를 말한다. 헤드의 작동온도 범위는 100 ±3%이다.

(12) 최고 주위온도

다음 식에 의하여 구하여진 온도(표시온도가 75℃ 미만인 것은 39℃)를 말한다.

$$t_a = 0.9t_m - 27.3 \qquad (7\text{-}9)$$

여기서, t_a : 최고 주위온도

t_m : 헤드의 온도표시

(13) 프레임

스프링클러헤드의 나사부분과 디플렉터를 연결하는 이음쇄 부분을 말한다.

(14) 슈퍼비조리판넬(Supervisory Panel)

스프링클러설비의 밸브와 전원 상태를 항상 감시하는 기능을 하는 장치로서 준비작동식 밸브를 동작시키고 방화댐퍼 폐쇄 등 작동 기능을 가진다.

7.4.4 스프링클러설비(sprinkler equipment)의 주요 구성 요소

1) 수원(지하수조, 고가수조, 압력수조)
2) 제어반
3) 가압송수장치
4) 배관
5) 유수검지장치

(1) 리타팅 챔버 (2) 압력스위치 (3) 워타 모터 공 (4) 급속개방장치

(5) 공기압축기(에어 컴프레셔) (6) 슈퍼비조리 판넬

6) 제어밸브

7) 헤드

8) 송수구

9) 기동용 수압개폐장치

10) 경보장치

11) 물올림장치

12) 비상전원설비

13) 말단시험장치

스프링클러 구성요소 중에서 가압송수장치, 제어반, 기동용수압개폐장치, 물올림장치, 비상전원설비의 구성이나 동작원리는 옥내소화전과 거의 비슷하므로 이미 설명했던 옥내소화전설비를 참고하고, 스프링클러설비에 필요한 구성요소만 설명하도록 한다.

1) 수원

스프링클러설비 전용수원은 용도에 따른 기준개수에 따라 달라진다. 그 기준개수는 표 7-5와 같다.

표 7-5 헤드 호칭구경별 방수계수(K) 값

호칭구경	15 mm	20 mm
K 허용범위	80(1±5/100)	114(1±5/100)

(1) 폐쇄형 스프링클러헤드를 사용하는 경우

설치장소별 헤드(아파트 경우 설치개수가 가장 많은 층 또는 설치개수가 가장 많은 세대)의 기준개수 16.3 m^{3}을 곱한 양

$$Q = 1.6\text{m}^3 \times N \tag{7-10}$$

여기서, Q : 수원량(m^3)

N : 헤드 기준개수

(2) 개방형 스프링클러헤드를 사용하는 경우

최대방수구역에 설치된 헤드의 개수가

① 30개 이하일 때

$$Q = N \times 80(l/\text{min}) \times 20\text{min} = 1.6(m^3) \times N \text{ 이상} \tag{7-11}$$

② 30개를 초과할 때

방수압력 0.1 Mpa 기준으로 80 L/min 이상의 방수량에 가압송수장치의 1분당 송수량 20 min을 곱한 양 이상

예제

아파트에 설치된 스프링클러설비의 헤드를 4개를 설치하였다. 이 때 수원의 양은 얼마 이상 되도록 하여야 하는가?

풀이

아파트 경우 설치개수가 가장 많은 층 또는 설치개수가 가장 많은 세대의 기준개수에 1.6 m^3를 곱하여 얻은 수치 이상이 되어야 하므로

$$Q = N \times 1.6\ m^3 = 4 \times 1.6 = 6.4\ m^3$$

표 7-6 스프링클러헤드의 기준개수

소방대상물 스프링클러 설치장소			헤드수
지하층을 제외한 층수가 10층 이하인 소방대상물	고장 또는 창고 (랙크식창고 포함)	특수 가연물 저장, 취급하는 것	30
		그 밖의 것	20
	근린생활시설, 판매시설 및 영업시설 또는 복합건축물	슈퍼마켓·도매시장·소매시장 또는 복합건축물 (슈퍼마켓·도매시장·소매시장이 설치된 복합건축물을 말한다)	30
		그 밖의 것	20
	그 밖의 것	헤드 높이가 8 m 이상인 것	20
		헤드 높이가 8 m 미만인 것	10
아파트			10
지하층을 제외한 층수가 11층 이상인 소방대상물(아파트 제외) 지하가 또는 지하역사			30

③ 헤드 방수량

$$Q = K\sqrt{P} \quad (7\text{-}12)$$

여기서, Q : 헤드 방수량(L/min)
K : 방수계수
P : 방수압력(Mpa)

2) 가압송수장치

스프링클러설비의 가압송수장치는 헤드, 양정, 소방호스, 방수압력, 방수량 등만 다를 뿐 옥내소화전설비와 유사하므로 스프링클러설비와 관계된 기준만 설명하도록 한다.

(1) 설치기준

① 가압송수장치의 정격토출압력은 하나의 헤드 선단에 0.1 MPa 이상, 1.2 MPa 이하의 방수압력이 될 수 있도록 할 것

② 가압송주장치의 송수량은 0.1 MPa의 방수압력기준으로 80 L/min 이상의 방수성능을 가진 기준개수의 모든 헤드로부터 방수량을 충족시킬 수 있는 양 이상으로 할 것

③ 기동용 수압개폐장치를 기동장치로 사용할 경우 펌프의 토출압력은 그 설비의 최고위 살수장치의 자연압보다 적어도 0.2 MPa이 더 크도록 하거나 가압송수장치의 정격토출압력과 같게 할 것

④ 가압송수장치에는 "스프링클러펌프"라고 표지를 할 것

예제

스프링클러설비의 스프링클러헤드에서 방사되는 방수량(L/min)을 최소 방수량과 최대 방수량으로 구분하여 계산하시오(단, 방출계수 K는 80이다.).

풀이

스프링클러헤드의 방수압력 범위는 0.1 ~ 1.2 MPa이므로

① 최소 방수량 : $Q_{min} = K\sqrt{10P} = 80\sqrt{10 \times 0.1} = 80$ L/min

② 최대 방수량 : $Q_{max} = K\sqrt{10P} = 80\sqrt{10 \times 1.2} \fallingdotseq 277$ L/min

---

스프링클러설비에서 충압펌프의 자연압이 0.6 MPa이면 충압펌프의 정격 토출압력은 얼마 이상인가?

풀이

충압펌프 정격토출압력 = 자연압 + 0.2 MPa = 0.6 + 0.2 = 0.8 MPa
(자연압은 압력 스위치에서 최고층 헤드까지의 높이를 압력으로 환산한 값)

---

(2) 양정계산

① 펌프방식

$$H = h_1 + h_2 + 10(\mathrm{m}) \tag{7-13}$$

여기서, H : 펌프의 전양정(m)
h_1 : 실양정(m)
h_2 : 배관 및 관 부속품 마찰손실(m)
10 m : 헤드 선단의 방수압력 환산수두

② 압력수조방식

압력수조에는 수위계 · 급수관 · 배수관 · 급기관 · 멘홀 · 압력계 · 안전장치 및 자동식 공기압축기를 설치할 것

$$P = P_1 + P_2 + 0.1(\mathrm{MPa}) \tag{7-14}$$

여기서, P : 필요한 압력 (MPa)
P_1 : 낙차의 환산 수두압(MPa)
P_2 : 배관의 마찰손실 수두압(MPa)
0.1 MPa : 헤드선단의 방수압

③ 고가수조의 자연낙차수두(수조의 하단에서부터 최고층에 설치된 헤드까지의 수직거리를 말한다.)는 다음 식에 의하여 산출한 수치 이상이 되도록 하여야 하고 수위계 · 배수관 · 급수관 · 오버플로우관 및 맨홀을 설치한 것

$$H = h_1 + 10\ \mathrm{m} \tag{7-15}$$

여기서, H : 필요한 낙차(m)
h_1 : 배관의 마찰손실 수두(m)
10 m : 헤드 선단의 방수압력 환산수두

(3) 펌프의 동력

펌프의 동력으로는 전동기와 내연기관을 사용하나 일반적으로 전동기가 사용된다. 전동기의 용량은 다음 식에 의하여 구한다.

$$P(\mathrm{Kw}) \geq \frac{0.163 \times Q \times H \times K}{E} \quad (7\text{-}16)$$

여기서, P : 전동기의 출력(Kw)

Q : 펌프의 토출량(m^3/min)

H : 펌프의 전양정(m)

K : 펌프효율

E : 전달계수

예제

어느 건물의 스프링클러설비의 펌프 토출량이 2,400 L/m 의 전양정이 80 m 펌프구경이 100 mm고, 전동기와 직결되어 있다. 이 때 전동기의 출력은 얼마인가? 단, 펌프의 효율은 0.65로 한다.

풀이

식 7-16에 의하여

$$P = \frac{0.163 \times Q \times H \times K}{E}$$

$$= \frac{0.163 \times 2.4 \times 80}{0.65} \times 1.1$$

$$= 53 \mathrm{~Kw}$$

3) 스프링클러설비 배관

배관에는 그림 7-22와 같이 입상관, 수평주행배관, 교차배관, 가지배관 등이 있다.

(1) 입상관(주배관)

입상관은 가압송수장치로부터 각 층을 관통하여 층마다 물을 보급시켜 주는 배관을 말한다.

① 입상배관은 전용으로 설치한다.

② 급수를 차단할 수 있는 개폐밸브(게이트밸브)는 개폐표시형(OS&Y)으로 한다.

(2) 수평주행배관

당해 층에서 유수검지장치로부터 교차배관까지 물을 공급시켜주는 배관을 지칭하나, 층의 구조 및 배관 형태에 따라서 교차배관이 수평주행배관을 대신하여 쓰이는 경우가 많다. 수평주행배관에는 4.5 m 마다 1개 이상의 행거를 설치한다.

(3) 교차배관

스프링클러헤드가 달린 가지배관을 분기시켜 급수하는 배관을 말한다.

① 교차배관은 가지배관 밑에 수평으로 설치하고 구경은 최소구경은 40 mm 이상이 되도록 한다.

② 청소구는 교차배관 끝에 40 mm 이상 크기의 개폐밸브를 설치하고 호스 접결 가능한 나사식, 또는 고정 배수관식으로 한다. 이 경우 나사식의 개폐밸브는 옥내소화전 호스 접결용으로 하고 나사보호용의 캡을 설치한다.

(4) 가지배관

가지배관은 스프링클러헤드가 부착되는 배관을 말한다.

① 배관의 배열은 토너먼트 방식이 아니어야 한다.

② 교차배관에서 분기되는 지점을 기준으로 한쪽 가지배관에 설치되는 헤드의 개수는 8개 이하로 하여야 한다.

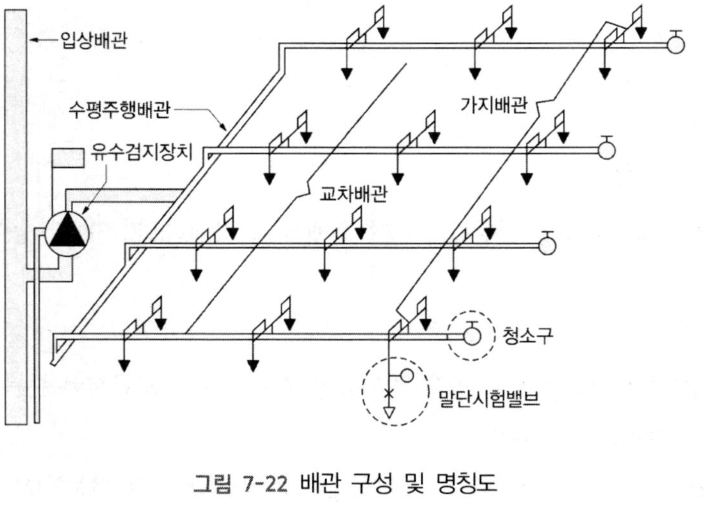

그림 7-22 배관 구성 및 명칭도

4) 스프링클러설비 배관 설치방식

스프링클러 소화설비 가지배관방식은 토너먼트 방식(Tournament System)과 가지형 방식(Tree System), 격자형 방식(Grid System), 루프형 방식(Looped System)이 있다. <u>토너먼트방식은 가스계 및 분말소화설비에 사용</u>되고, 토너먼트 외의 배관방식은 수계 소화설비에 사용되는 방식이다.

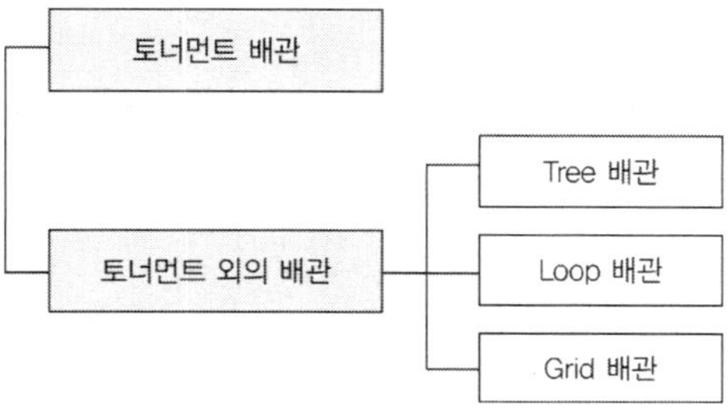

그림 7-23 스프링클러설비 배관 설치방식

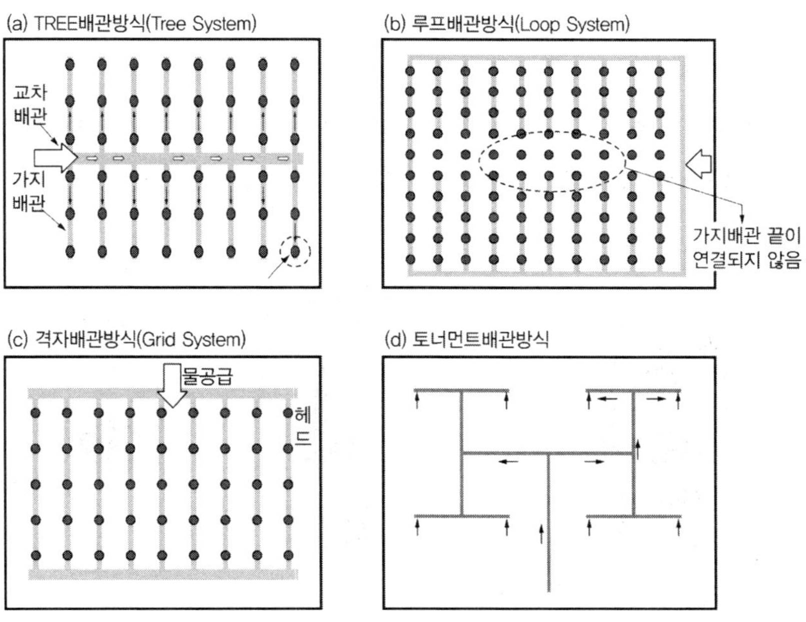

그림 7-24 스프링클러 배관 배열 방식

5) 스프링클러헤드

(1) 작동상 분류

① 폐쇄형

용융형(인장방식 메탈휴즈, 압축식 케미컬 휴즈)과 비용융형(글라스벌브)이 있으며 평소 물이 차 있고 화재 시 감열체가 일정온도에 도달하면 즉시 헤드가 열려 물이 쏟아지도록 한 구조이다.

② 개방형

감열장치가 없고 방수구가 개방되어 있다.. 평소에는 개방되어 있다가 화재 시 일제개방 밸브가 열림에 따라 물이 쏟아지는 구조이다.

(2) 디프렉타(deflector) 설치방향에 따른 분류

① 상향형

디프렉타를 천장면을 향하여 부착

② 하향형

디프렉타를 바닥면을 향하여 부착

③ 측벽형

횡으로 살수하는 것으로 실내 벽면에 설치하여 디프렉타가 열려 있는 쪽을 방호하는 방향으로 부착한다. 실내의 폭이 9 m 이하인 경우나 기계식 2단 주차 하단부에 주로 설치한다.

(a) 폐쇄형(휴지블 링크형, 글로브 벌브형) (b) 개방형

그림 7-25 헤드의 감열부의 유무에 따른 분류

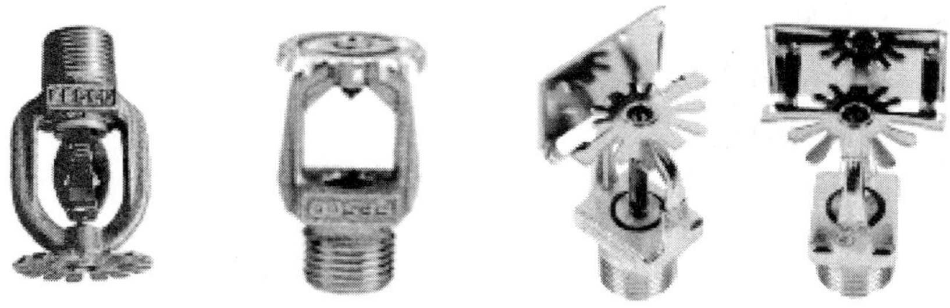

(a) 하향형 (b) 상향형 (c) 측벽형

그림 7-26 헤드의 디프렉타에 의한 분류

6) 헤드의 설치 위치

① 스프링클러헤드는 소방대상물의 천장, 반자, 천장과 반자 사이, 덕트, 선반 기타 이와 비슷한 부분에 설치하며, 설치부분의 폭은 1.2 m를 초과한 것에 한한다. 다만, 폭이 9 m 이하인 실내에 있어서는 측벽에 설치한다.

② 랙크식 창고인 경우 특수 가연물을 저장 또는 취급하는 것에 있어서는 랙크 높이 4 m 이하마다 설치하여야 한다. 그 밖의 것을 취급하는 것은 6 m 이하마다 설치하여야 한다.

③ <u>스프링클러 설치 부분으로부터 헤드까지의 수평거리</u>는 다음과 같다.

- 무대부, 특수가연물저장·취급 장소 : 1.7 m 이하
- 락크식 창고 : 2.5 m 이하
- 공동주택(아파트) : 3.2 m 이하
- 위의 것을 제외하고는 2.1 m 이하(내화구조인 경우는 2.3 m 이하)

7) 헤드의 배치

스프링클러설비 헤드 배치는 정사각형 배치. 직사각형 배치, 지그재그형 배치 방법이 있다.

(1) 정사각형 배치

헤드 간의 거리와 급수관의 상호 간의 거리가 같을 경우 정사각형 형태로 배치한다. 해드 간의 간격은 다음 식으로 결정한다.

$$\underline{S = 2R\cos 45, \qquad L = S} \tag{7-17}$$

여기서, S : 헤드 간의 간격
R : 수평거리
L : 배관간격

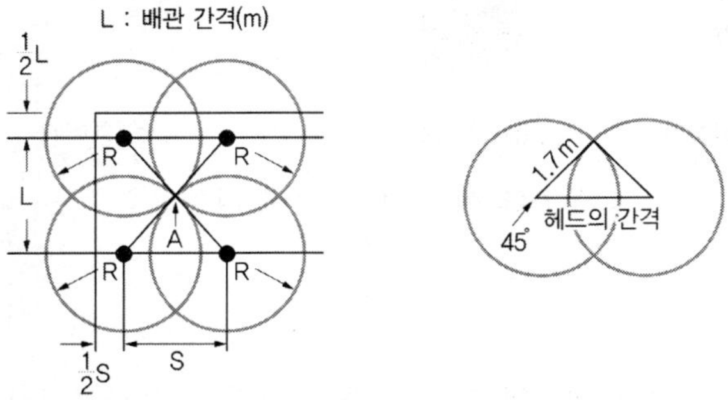

그림 7-27 정사각형 헤드 배치

(2) <u>직사각형 배치</u>

헤드 간의 거리와 배관 간의 거리가 같지 않은 경우 직사각형 형태로 배치한다.

$$S = \sqrt{4R^2 - L^2} \qquad L = 2R\cos\theta \tag{7-18}$$

여기서, S : 수평헤드 간격(m)
R : 수평거리(m)
L : 배관간격(m)

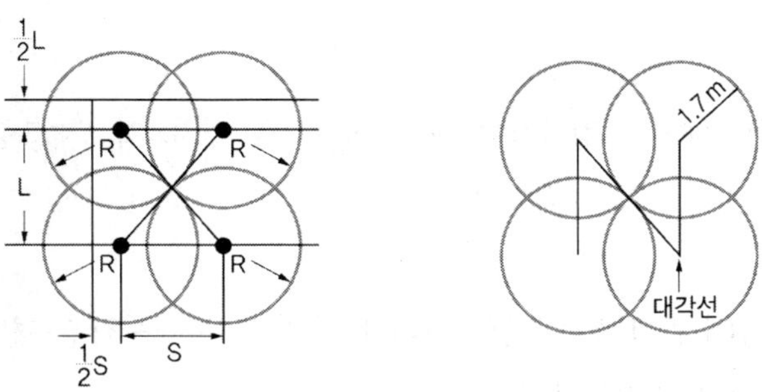

그림 7-28 직사각형 헤드 배치

(3) 지그재그(나란히 꼴) 배치

3개의 헤드가 정삼각형을 이루고 4개의 헤드는 나란히꼴을 이루는 형태이다.

$$S = 2R\cos 30, \quad b = 2S\cos 30, \quad L = \frac{b}{2} \tag{7-19}$$

여기서, S : 헤드 간의 간격
R : 수평거리(m)
L : 배관간격(m)

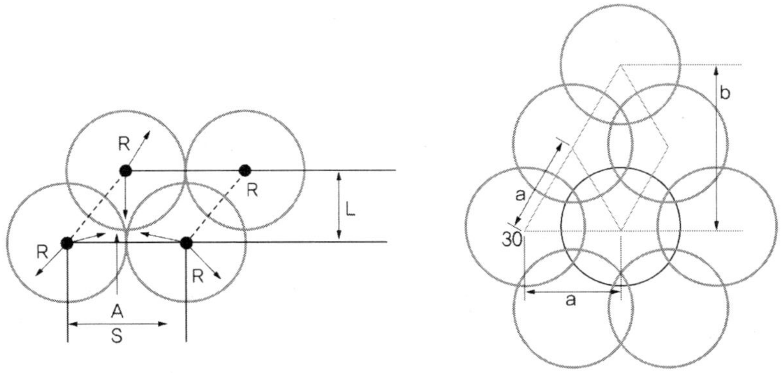

그림 7-29 지그재그형 헤드 배치

8) 스프링클러헤드의 감도 및 RTI(Response Time Index)

스프링클러헤드에서 가장 중요한 특성은 헤드의 감도(Sensitivity)와 반응시간지수(RTI)이다. 감도란 감열부의 반응시간지수와 도전율에 근거를 두고 있으며, RTI란 감열부의 작동에 충분한 양의 열을 주위로부터 얼마나 빠른 시간 내에 흡수할 수 있는지를 나타내는 헤드의 작동시간에 따른 지수이다. RTI는 기류의 온도 및 가열된 공기의 속도에 따라 결정되고 다음의 식으로 표현된다.

$$RTI = \gamma\sqrt{u} \tag{7-20}$$

여기서, RTI : 반응시간지수$(m \cdot sec)^{1/2}$
γ : 감열체의 시간지수
u : 기류속도(m/s)

9) 자동경보장치

(1) 개요

자동경보장치는 발신부와 수신부로 구성되어 있는 일종의 지구경보장치이다. 자동경보밸브는 리타팅챔버 및 압력스위치를 조합하여 사용한다. 이 밸브는 체크밸브 구조를 가지고 있으며, 유수(流水)에 수반하는 밸브의 작동에 의해 주밸브를 열어서 대부분의 물을 2차 측에 흘리고, 일부는 측로를 통해서 리타팅챔버로 흘려보낸다. 현재는 압력스위치 타이머를 부착하고 경보는 벨, 사이렌 등 전기식 경보장치가 많이 사용되고 있다.

(2) 스프링클러 자동경보장치 작동 순서

① 폐쇄식

화재발생 → 헤드개방 → 감압 → 펌프운전 → 유수검지장치 동작 → 발신부동작 → 수신부작동(구역표시) → 음향발신

② 개방식

화재발생 → 감지장치동작 → 일제개방밸브개방 → 감압 → 펌프운전 → 유수검지장치 동작 → 발신부작동(구역표시) → 음향발신

10) 말단시험장치

스프링클러 유수검지장치를 시험하기 위하여 가지배관의 말단에 설치한다. 말단시험밸브를 개방시키면 스프링클러헤드가 개방된 것과 동일한 효과로 유수검지장치가 작동되는 것을 확인할 수 있다. 시험밸브함에는 앵글밸브, 압력계, 개방형 헤드가 설치된다.

연습문제

01 무대부 또는 연소할 우려가 있는 개구부에 설치하는 스프링클러헤드를 쓰시오.

정답 개방형 스프링클러헤드

02 스프링클러소화설비의 유수검지장치에 따른 종류를 폐쇄형과 개방형으로 나누어 쓰시오.

03 스프링클러설비의 가압송수장치로 펌프가 설치되는 경우 그 펌프는 어떠한 경우에 자동으로 작동되는지 쓰시오.

풀이 화재발생으로 헤드가 개방되고 살수되면서 배관 내 압력이 압력탱크에 설치한 압력스위치의 설정압력까지 내려가면 자동 기동된다.

04 준비작동식 밸브의 2차 측에는 압력스위치와 자동배수장치를 설치해야 하는데 이 두 장치의 기능을 각각 설명하시오.

풀이 ① 압력스위치는 2차 측 압력저하로 준비작동식 밸브의 클래퍼가 열려 밸브에 유수시 수신반으로 신호를 보내어 경보를 울리는 기능

② 자동배수장치 : 2차 측 배관 내에 있는 물을 자동으로 배수하여 사용 후 2차 측에 물이 남아 있어 배관을 부식시키거나 동파를 방지하는 기능을 가진다.

05 리타팅챔버가 설치된 알람 체크밸브의 습식스프링클러설비에서 비화재 시에도 수시로 오보가 울릴 경우 그 원인을 찾기 위하여 점검해야 할 사항 3가지를 쓰시오.

풀이 ① 리타팅 챔버의 자동배수밸브 점검

② 리타팅 챔버에 연결된 압력스위치 고장여부 점검

③ 알람 체크밸브 1차, 2차 측 설정압력 점검

06 준비작동식 스프링클러설비의 작동원리를 설명하시오.

07 스프링클러헤드의 반응시간지수(RTI)에 대하여 설명하시오.

08 습식스프링클러설비에서 알람 체크밸브의 1차 측에 개폐밸브를 설치하는 이유를 쓰시오.

09 스프링클러설비의 헤드에서 표시온도와 최고 주위온도에 대하여 설명하시오.

11 말단시험장치에 대하여 설명하고 그 구성요소 3가지를 쓰시오.

12 소방대상물의 용도별, 구조별 스프링클러헤드 수평거리를 채워 넣으시오.

소방대상물	수평거리(m)
일반건축물	
내화구조 건축물	
극장 무대부	
랙크식 창고	
특수가연물 저장소	
아파트	

13 유수검지장치의 작동시험방법을 설명하시오.

풀이 ① 유수검지장치의 작동시험밸브를 개방한다.
② 클래퍼가 개방되어 압력스위치가 작동하여 경보장치 작동 여부를 확인한다.
③ 수신반에 의하여 방호구역의 화재표시등의 점등 여부를 확인한다.
④ 가압송수장치의 작동을 확인한다.
⑤ 작동상태 확인 후 배수밸브 폐쇄 시 가압송수장치 작동 정지를 확인한다.
⑥ 수신반의 복구 또는 자동복구스위치를 복구시킨다.

14 자동경보장치의 알람체크밸브와 수압개폐장치에 설치된 압력스위치의 설치목적과 작동원리에 대하여 설명하시오.

풀이 ① 자동경보장치의 알람체크밸브(압력스위치)
- 목적 : 음향경보장치를 작동시킨다.
- 작동원리 : 가압에 의하여 스위치가 작동한다.

② 기동용 수압개폐장치(압력탱크)
- 목적 : 소화펌프를 자동 기동시킨다.
- 작동원리 : 감압에 의하여 스위치가 작동한다.

15 습식 스프링클러설비의 배관 동파방지방법을 설명하시오.

풀이 ① 보온재로 보온하는 방법
② 배관 내에 부동액을 넣는 방법
③ 가열코일을 배관 표면에 설치하는 방법

16 준비작동식 밸브에 대한 다음의 물음에 답하시오.

① 헤드의 종류를 쓰시오.
② 1차 측 배관상태에 대하여 설명하시오
③ 2차 측 배관상태에 대하여 설명하시오

풀이 ① 폐쇄형 헤드
② 1차 측 배관은 가압수로 충압된 상태
③ 2차 측은 공기로 채워진 자연압상태

7.5 간이스프링클러설비

7.5.1 개요

불특정 다수인이 시용하는 규모가 크지 않은 다중이용업소 등에 화재 시 예상되는 인명피해 및 재산피해를 최소화하기 위하여 스프링클러설비를 약식으로 설치한 설비이다. 간이스프링클러헤드는 조기반응형이어야 한다.

7.5.2 구성요소

1) 수원

상수도설비에 직접 연결하는 경우는 수돗물이 사용된다. 수조를 사용하고자 할 때에는 적어도 1개 이상의 자동급수장치를 갖추어야 하며, 2개의 간이헤드에서는 최소 10분 이상 방수할 수 있는 양 이상을 수조에 확보해야 한다(근린생활시설, 생활형 숙박시설, 복합건축물의 경우는 5개의 간이헤드가 20분간 방수할 수 있는 양).

수원량 = 2개 × 50(L/min) × 10 min = 1.0 m^3
수원량 = 5개 × 50(L/min) × 20 min = 5.0 m^3
(근린생활시설, 생활형 숙박시설, 복합건축물)

2) 가압송수장치

① 정격토출압력은 가장 먼 가지배관에서 2개의 간이헤드를 동시에 개방할 경우 간이헤드 선단 방수압력이 0.1 MPa 이상, 방수량은 50 L/min 이상일 것. 단, 주차장에 표준반응형 스프링클러헤드를 사용할 경우 헤드 1개의 방수량은 80 L/min 이상이어야 한다.
② 상수도설비 직결·펌프·고가수조·압력수조·가압수조 방식이 있다.

3) 간이헤드

① 폐쇄형 간이헤드를 사용할 것
② 간이헤드의 작동온도
㉮ 실내 최대주위 천장온도가 0～38℃ 이하 : 공칭작동온도 57～77℃의 것

㉯ 실내 최대주위 천장온도가 39～66℃ 이하 : 공칭작동온도 79℃～109℃의 것

㉰ 간이헤드를 설치하는 천장·반자·천장과 반자사이·덕트·선반 등의 각 부분으로부터 간이헤드까지의 수평거리는 2.3 m 이하가 되도록 하여야 한다.

예제

간이스프링클러설비에서 폐쇄형헤드를 사용하는 경우 상수도설비에 직접 연결하는 구성요소들을 순서대로 쓰시오.

풀이

폐쇄형 간이헤드 사용시 : 수도용계량기 → 개폐표시형 밸브 → 체크밸브 → 압력계
→ 유수검지장치(압력스위치 등) → 시험밸브

4) 송수구

① 송수구는 소방차가 쉽게 접근할 수 있는 잘 보이는 장소에 설치하되 화재층으로부터 지면으로 떨어지는 유리창 등이 송수 및 그 밖의 소화작업에 지장을 주지 아니하는 장소에 설치할 것

② 송수구로부터 간이스프링클러설비의 주배관에 이르는 연결배관에 개폐밸브를 설치한 때에는 그 개폐상태를 쉽게 확인 및 조작할 수 있는 옥외 또는 기계실 등의 장소에 설치할 것

③ 구경 65 mm의 단구형 또는 쌍구형으로 하여야 하며, 송수배관의 안지름은 40 mm 이상으로 할 것

④ 지면으로부터 높이가 0.5 m 이상 1 m 이하의 위치에 설치할 것

⑤ 송수구의 가까운 부분에 자동배수밸브(또는 직경 5 mm의 배수공) 및 체크밸브를 설치할 것. 이 경우 자동배수밸브는 배관안의 물이 잘 빠질 수 있는 위치에 설치하되, 배수로 인하여 다른 물건 또는 장소에 피해를 주지 아니하여야 한다.

⑥ 송수구에는 이물질을 막기 위한 마개를 씌울 것

7.6 물분무소화설비

7.6.1 개요

물분무소화설비는 개방형 스프링클러설비와 유사하다. 미세하고 균일한 물방울을 무상형태로 방사하여 효과적으로 소화하는 한편 냉각효과가 우수하여 특수한 대상물을 화재로부터 보호하기 위한 목적으로 설치하는 것으로 다음과 같은 특징이 있다.

① 물방울이 미세하므로 열에 흡수가 쉽고 비교적 균일하다(냉각소화).

② 기화할 때 체적 팽창율이 1,650배로 연소면을 덮어 산소를 차단한다(질식소화).

③ 유면으로 날아들어 표면에 불연성의 유화층을 만든다(유화소화).

④ 물입자가 세분되기 때문에 전기 절연도가 높고 감전, 또는 접지의 위험이 없어 전기화재에도 적용된다(C급 화재).

그러나 물분무소화설비는 가솔린 등의 인화점이 낮은 것의 화재를 소화하기에는 곤란하며 설비의 구조상 동시에 다량의 방수량을 요구하기 때문에 용량이 많은 가압송수장치를 필요로 하며, 용량이 많은 수조를 설치하지 않으면 안 되는 등 결점이 많다. 또한 스프링클러설비보다 냉각효과가 낮고 침투력이 약해 A급 화재에는 소화효과가 낮다. 따라서 물분무소화설비를 설치하여야 하는 차고 주차장에 스프링클러설비를 화재안전기준에 적합하게 설치한 경우에는 그 설비의 유효범위 안의 부분에 설치가 면제된다.

7.6.2 물분무소화설비 구성 요소

자동화재감지장치, 수원, 가압송수장치, 일제개방밸브, 개방밸브 시험장치, 물분무헤드, 배관 등으로 구성되어 있다.

1) 물분무소화설비의 가압송수장치

① 펌프방식

$$H = h_1 + h_2 + h_3 \tag{7-21}$$

여기서, H : 전양정(m)

h_1 : 실양정(m)

h_2 : 배관의 마찰손실수두(m)

h_3 : 물분무 헤드의 설계압력 환산수두(m)

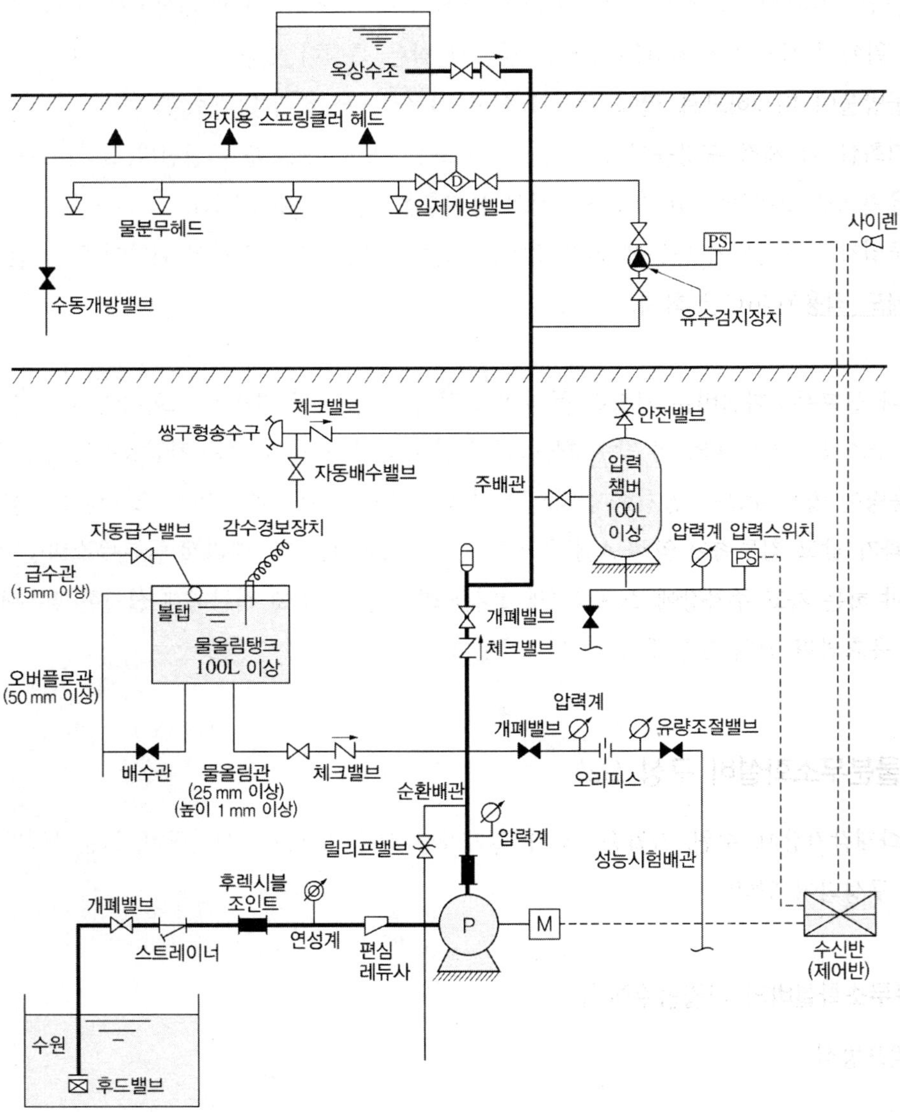

그림 7-30 물분무소화설비의 계통도

② 고가수조방식

$$H = h_1 + h_2 \tag{7-22}$$

여기서, H : 필요한 낙차(m)
h_1 : 물분무헤드의 설계압력 환산수두(m)
h_2 : 배관의 마찰손실수두(m)

③ 압력수조방식

$$P = p_1 + p_2 + p_3 \tag{7-23}$$

여기서, P : 필요한 압력(MPa)
p_1 : 물분무헤드의 설계압력(MPa)
p_2 : 배관의 마찰손실 수두압(MPa)
p_3 : 낙차의 환산 수두압(MPa)

2) 수원

물분무소화설비의 수원량은 용도에 따라서 다음 표의 기준에 적합하도록 하여야 한다.

표 7-7 물분무설비의 수원량

소방대상물	수원 양(L)
특수가연물 저장 또는 취급	바닥면적(50 m^2 초과시 50 m^2) × 10 L/min · m^2 × 20min
차고, 주차장	바닥면적(50 m^2 초과시 50 m^2) × 20 L/min · m^2 × 20min
절연유 봉입변압기	표면적(바닥부분 제외) × 10 L/min · m^2 × 20min
케이블 트레이, 덕트	투영된 바닥면적 × 12 L/min · m^2 × 20min
콘베이어 벨트	벨트부분 바닥면적 × 10 L/min · m^2 × 20min

예제

지하 주차장에 물분무소화설비를 하고자 한다. 바닥면적이 200 m^{2}일 경우 설치하여야 할 물분무헤드는 몇 개인가?(단, 헤드 1개당 방사압력 0.3 MPa, K값은 80이다.)

풀이

① 송수펌프의 분당 토출량

$$Q = \text{바닥면적}(\text{m}^2) \times 20\ \text{L/min} \cdot \text{m}^2 = 200\text{m}^2 \times 20\ \text{L/min} \cdot \text{m}^2 = 4{,}000\ \text{L/min}$$

② 헤드 1개당 분당 방사량

$$Q = K\sqrt{10P} = 80\sqrt{10 \times 0.3} = 138.56\ \text{L/개} \cdot \text{min}$$

③ 헤드 수 $= \dfrac{4{,}000}{138.56} = 29\text{개}$

컨베이어 벨트 부분 바닥면적이 200 m²라면 수원의 양은 얼마인가?

풀이

수원량 $= 200\ \text{m}^2 \times 10\ \text{L/min} \cdot \text{m}^2 \times 20\ \text{min} = 40{,}000\ \text{L/min}$

---

3) 물분무헤드

유체의 에너지를 이용하여 물 입자를 고압으로 분사시켜 물의 응집력을 파괴시켜 미세한 입자 상태로 방사되도록 한다. 일종의 가습기와 유사한 원리이다.

물분무헤드는 미분화 방식에 따라 충돌형, 분사형, 산화류형, 디플렉터형으로 구분된다.

① 충돌형

물입자들의 서로 충돌하면서 미세한 물분무 상태를 만드는 물분무 헤드를 말한다.

② 분사형

물이 작은 지름의 오리피스를 고압으로 통과할 때 미세한 물입자를 형성하는 물분무헤드를 말한다.

③ 선회류형

선회류에 의한 확산방출 및 선회류와 직선류 충돌에 의해 확산 방출하여 미세한 물방울로 만드는 물분무헤드를 말한다.

④ 디플렉터형

물입자를 반사판에 충돌시켜 미세한 물입자를 만드는 물분무헤드를 말한다.

⑤ 슬리터(slit)형

물을 작고 긴 슬리트을 통하여 방출시켜 수막상의 분무를 만드는 물분무헤드를 말한다.

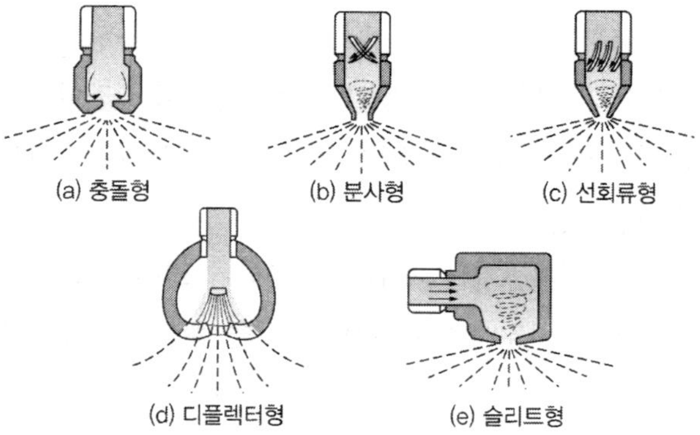

그림 7-31 미분화방식에 따른 물분무 헤드 종류

4) 기동장치

① 수동기동장치

- 직접조작 또는 원격조작에 의하여 각각의 가압송수장치 및 수동식 개방밸브 또는 가압송수장치 및 자동개방밸브를 개방할 수 있도록 설치하여야 한다.
- 기동장치의 가까운 곳의 보기 쉬운 곳에 "기동장치"라고 표시한 표지를 할 것

② 자동기동장치

자동화재탐지설비의 감지기의 작동 또는 폐쇄형 스프링클러헤드의 개방과 연동하여 경보를 발하고, 가압송수장치 및 자동개방밸브를 기동할 수 있는 것으로 하여야 한다. 단, 자동화재탐지설비의 수신기가 설치되어 있는 장소에 상시 사람이 근무하고 있고, 화재 시 물분무소화설비를 즉시 작동시킬 수 있는 경우에는 그러하지 아니하다.

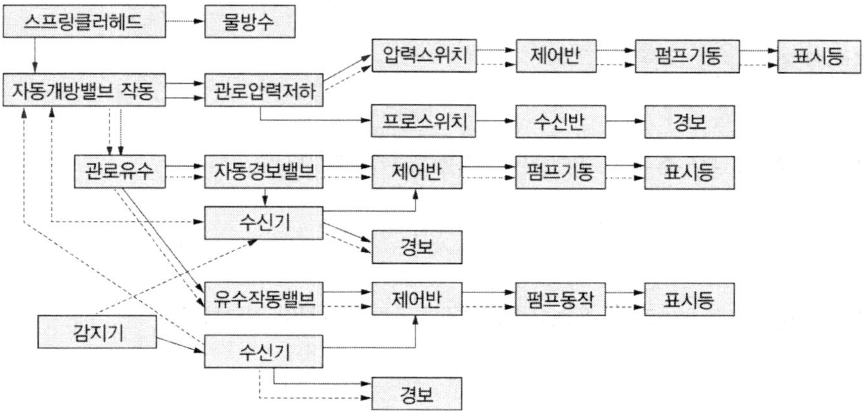

그림 7-32 감지기 및 스프링클러헤드를 통한 화재감지 전달 경로

5) 배수설비

① 차량이 주차하는 장소의 적당한 곳에 높이 10 cm 이상의 경계턱으로 배수구를 설치한다.

② 배수구에는 새어나온 기름을 모아 소화할 수 있도록 길이 40 m 이하마다 집수관·소화피트 등 기름분리장치를 설치한다.

③ 차량이 주차하는 바닥의 기울기는 배수구를 향하여 2/100 이상으로 한다.

④ 배수설비는 가압송수장치의 최대송수능력의 수량을 유효하게 배수할 수 있는 크기 및 기울기로 한다.

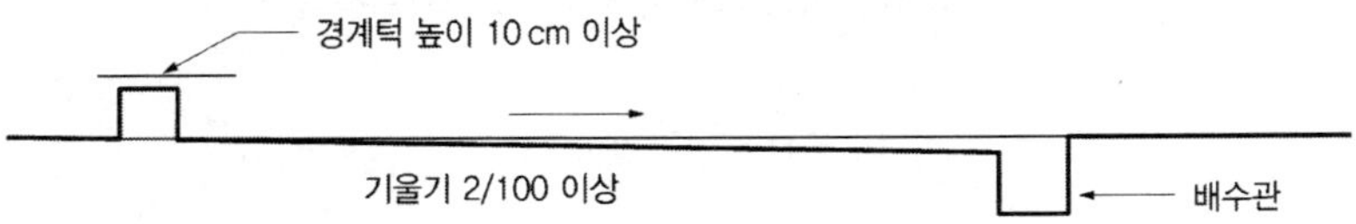

그림 7-33 배수설비 경사도

7.6.3 물분무소화설비 설치 제외 장소

① 금수성 물질을 저장·취급하는 장소

② 고온물질 또는 증류범위가 넓어 끓어 넘치는 위험이 있는 물질을 저장·취급하는 장소

③ 운전 시의 표면온도가 260℃ 이상으로 물분무 소화 시 손상을 입힐 우려가 있는 기계장치 등이 있는 장소

연습문제

01 물분무소화설비의 분무주수 시 기대되는 소화효과 4가지를 쓰시오.

풀이 ① 질시효과 ② 냉각효과 ③ 유화효과 ④ 희석효과

02 물분무소화설비의 소화효과 중 유화효과와 희석효과를 구분하여 설명하시오.

풀이 ① 유류표면에 유화층의 막을 형성하여 공기와의 접촉을 막는 것
② 다량의 물을 주수하여 가연물의 농도를 연소농도 이하로 낮추는 것

03 물분무헤드 분사형태에 따른 종류 5가지를 설명하시오.

04 물분무소화설비 설치 제외 장소 3가지를 쓰시오.

05 물분무소화설비의 일제개방밸브 작동방식 2가지를 쓰시오.

풀이 ① 화재감지기에 의한 작동
② 폐쇄형 스프링클러헤드에 의한 작동

06 기름화재는 물로는 소화가 곤란하지만 물분무로는 소화효과가 있는 이유 2가지를 쓰시오.

풀이 ① 유면에 떨어진 물이 열을 흡수하고 수증기로 되면서 상승할 때 의 공기유입을 차단하는 생각, 질식효과를 얻을 수 있다.
② 유면에 떨어진 물의 입자 일부가 기름의 분자 표면을 막으로 둘러싸 기름의 증발을 억제시키는 유화소화 효과를 얻을 수 있다.

07 물분무소화설비의 배수설비 기준 4가지를 쓰시오.

08 고압전류가 흐르는 전기실에 물분무소화설비의 설치가 가능한 이유를 설명하시오.

풀이 물분무 상태의 물은 미세한 미분무가 되어 수증기로 기화되고 비전도성을 나타내기 때문이다.

09 물분무소화설비에서 소화피트를 사용하는 이유를 쓰시오.

풀이 가솔린 등 가연성 액체의 유출로 인한 2차 재해를 방지하기 위한 오일 분리장치로 물과 가연성 액체를 분리하기 위하여 사용한다.

7.7 포소화설비

7.7.1 개요

소화전설비, 스프링클러설비, 물분무 소화설비 등은 소화제로서 물을 사용한 설비이지만 포소화설비는 포와 물을 혼합한 포수용액 소화제이며 이 포수용액에 다시 공기를 혼입시키거나 화학변화로 인하여 발생하는 포를 이용하는 설비이다.

포소화약제는 물만으로는 소화가 불가능하고, 소화효과가 적거나 또는 주수에 의하여 오히려 화재를 확대시킬 우려가 있는 경우 사용된다. 연소물의 표면을 포로 덮어 연소에 필요한 공기를 차단하여 질식시킴과 동시에 포에 포함되어 있는 물에 의하여 냉각시키는 2가지 소화원리로 소화하는 것이다.

포소화설비는 폐쇄형 홈워터스프링클러헤드를 사용하는 것과 감지기를 사용하는 것으로 크게 구분할 수 있다. 폐쇄형 홈워터 스프링클러헤드를 사용하는 것은 헤드의 감열(感熱)부분이 용해 또는 파괴되어 헤드에서 배관 내의 물이 분출하는 것이다. 이 때 배관 내의 수압변동에 따라 자동밸브가 작동하여 포헤드의 배관에 발포성의 액이 흐르므로 주배관 내에 압력변동, 유수 등에 따라 압력스위치, 알람스위치 또는 플로우트 스위치 등이 작동하여 펌프 등의 가압장치가 자동적으로 가동되어 연속적으로 포가 방사되는 것이다.

감지기를 사용하는 것은 감지기가 감열하여 전기 회로에 접점을 구성함에 따라 자동밸브에 설치된 전자 솔레노이드가 동작하여 자동밸브가 개방됨으로써 압력스위치에 의하여 펌프 등의 가압장치가 자동적으로 가동되어 포헤드의 배관에 발포성의 용액이 흐르게 되고 연속적으로 포 방사가 이루어진다. 포소화설비는 주로 B급 화재에 적응되며 옥내의 대형 주차장, 위험물 저장취급소, 특수가연물 저장취급소 및 석유류 저장탱크 등에 설치한다.

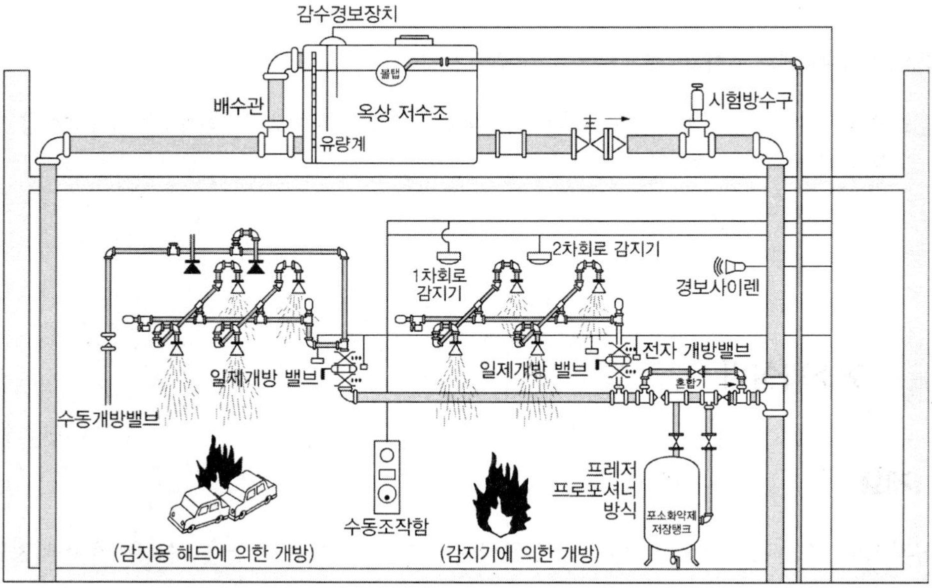

그림 7-34 포소화설비 시스템

7.7.2 포소화설비의 특징

① 포화 내화성이 크므로 대규모 화재의 소화에 효과가 있다.
② 옥외 소화에도 효력을 충분히 발휘한다.
③ 재연소가 예상되는 화재에도 소화가 가능하다.
④ 인접되는 방호대상물에 연소 방지책으로 최적격이며
⑤ 소화제는 인체에 무해하고 유독성 가스의 발생도 없으며, 소화작업에 지장을 주지 않는다.

7.7.3 포방출구에 의한 포소화설비 종류

포방출구 방식에 의한 포소화설비는 고정포방출구방식, 포헤드방식, 포소화전방식, 호스릴방식, 포모니터방식으로 구분되며, 고정포소화방식은 I형, II형, 특형, 표면하주입방식, 반표면하주입방식으로 구분된다.

1) 고정포 방출구 방식

(1) I형 방출구

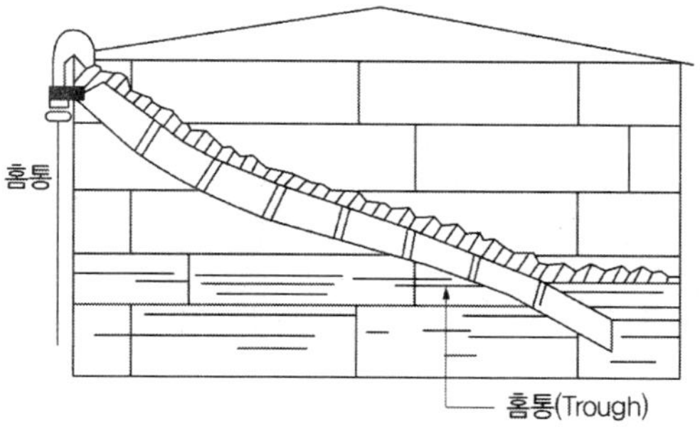

그림 7-35 I형 방출구

방출된 포가 위험물과 섞이지 아니하고 탱크의 액면 위로 흘러들어가 소화작용을 하도록 통계단(Foam Trough), Tube 등이 설치된 방출구이다. 위험물 표면에 요동을 주지 않아 위험물의 오버 플로우(over flow)를 막을 수 있으며 CRT(Cone Roof Tank)에 사용된다.

(2) II형 방출구

방출된 포가 반사판에 의해 탱크 벽면을 따라 흘러들어가 액면으로 전개되어 소화 하도록 된 포방출구이며, CRT에 사용된다.

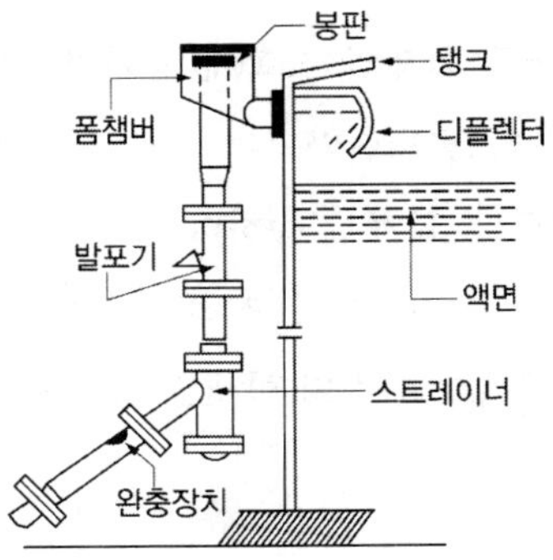

그림 7-36 II형 방출구

(3) 특형 방출구

FRT(Floating Roof Tank)의 벽면과 굽도리판에 의하여 형성된 환상부분에 포를 방출하여 소화하도록 구성된 포방출구를 말한다. FRT에 사용한다.

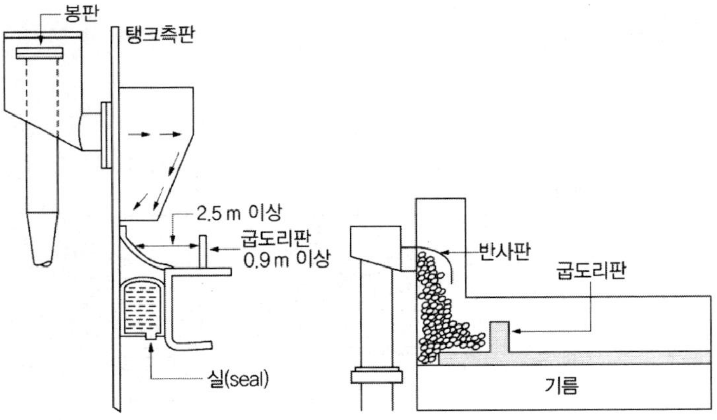

그림 7-37 특형 방출구

(4) 표면하주입식 방출구

표면하주입식은 탱크 하부에서 포를 방출하면, 방출된 포가 탱크 안의 유류를 통해서 표면으로 떠올라 소화하도록 구성된 포방출구이다. CRT 탱크에 사용한다.

이 방식은 고압형 포방출기를 사용하여 탱크하부에서 유압으로 거품을 밀어 넣어 주입하여야 한다. 여기에 사용되는 포소화약제는 기름 속에서 부상하므로 내유염성이 좋은 불화단백포 또는 수성막포소화약제를 사용하여야 하고, 수용성 위험물을 저장하는 탱크에는 사용할 수 없다.

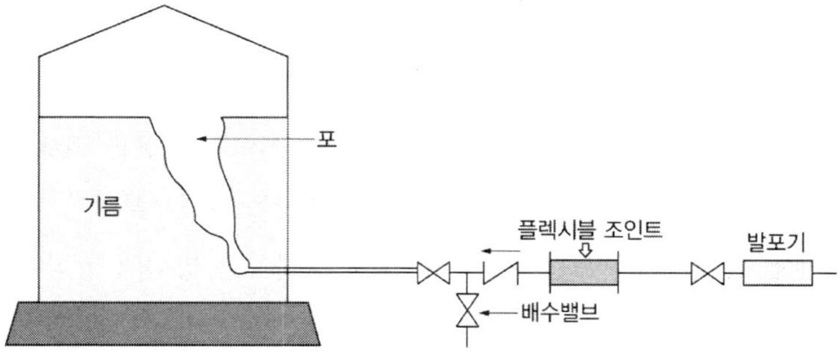

그림 7-38 표면하 주입식 방출구

(5) 반표면하 주입식 방출구

반표면하 주입방식은 표면하 주입방식의 단점을 보완한 방출구로서 포는 탱크의 저부에서 공급되지만 포가 방출 시 포의 압력에 의하여 hose container 속에 보관된 호스가 액면 위로 떠오르면서 소화하는 방출구이다. CRT에 사용한다.

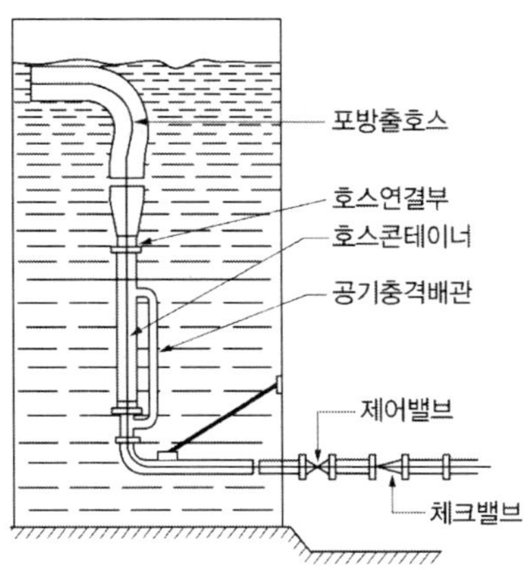

그림 7-39 반표면하 주입식 방출구

표 7-8 고정포 방출구 적용

탱크의 종류	포방출구
콘루프탱크(CRT)	Ⅰ·Ⅱ·Ⅲ·Ⅳ형 방출구
플루팅루프탱크(FRT)	특형 방출구

2) 포헤드 방식

(1) 개요

포헤드 방식은 팽창비가 20 이하인 저팽창포의 포방출구이다. 소화를 위해서 화재 시 화점 가까이 접근하기 곤란한 장소에 설치하는 것으로 소방대상물 해당부분까지 고정식 배관을 설치하고, 배관 선단에 접속된 포헤드를 이용하여 포를 방출하는 방식의 방식이다. 포헤드에는 포워터 스프링클러헤드, 포헤드 등이 있다.

(2) 포헤드 설치기준

① 포워터스프링클러헤드는 소방대상물의 천장 또는 반자에 설치하되 바닥면적 8 m^2마다 1개 이상으로 하여 당해 방호대상물의 화재를 유효하게 소화할 수 있도록 할 것

② 포헤드는 소방대상물의 천정 또는 반자에 설치하되 바닥면적 9 m^2마다 1개 이상으로 하여 당해 방호대상물의 화재를 유효하게 소화할 수 있도록 할 것

예제

포소화설비에서 바닥면적이 600 m^2, 높이가 4 m일 때 포워터스프링클러헤드를 설치할 경우 설치개수는 몇 개인가?

풀이

$$\text{포워터스프링클러헤드 개수}(N) = \frac{\text{바닥면적}}{8\ m^2/\text{개}} \text{이므로 } N = \frac{600\ m^2}{8\ m^2/\text{개}} = 72\text{개}$$

3) 포소화전방식

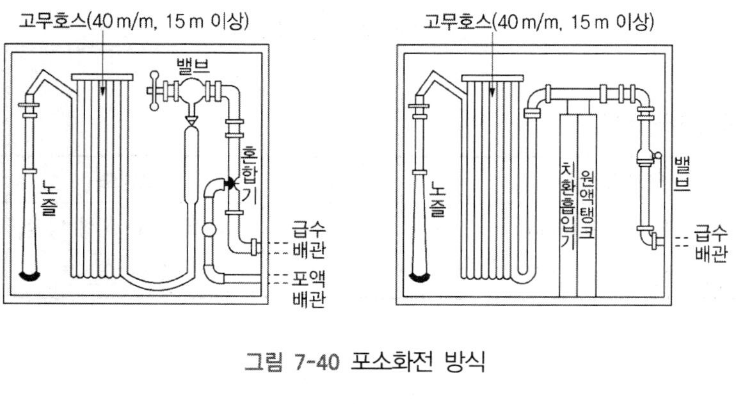

그림 7-40 포소화전 방식

포소화전 방식은 특수노즐을 사용하여 호스로부터 압송된 물과 흡입관에 의하여 흡입된 소화약제가 혼합되어 방출하는 것과 별도의 혼합기에 의하여 포수용액이 압송되는 경우가 있다. 주로 개방된 주차장, 옥외탱크저장소의 보조포 설비용으로 사용한다.

4) 호스릴 방식

호스릴 방식은 소방대상물이 화재발생 시 고정설비만으로는 소화효과를 달성할 수 없는 경우와 개방된 주차장 또는 차고에 설치하는 방식으로 방출량이 적고 취급이 간편한 간이설비이다.

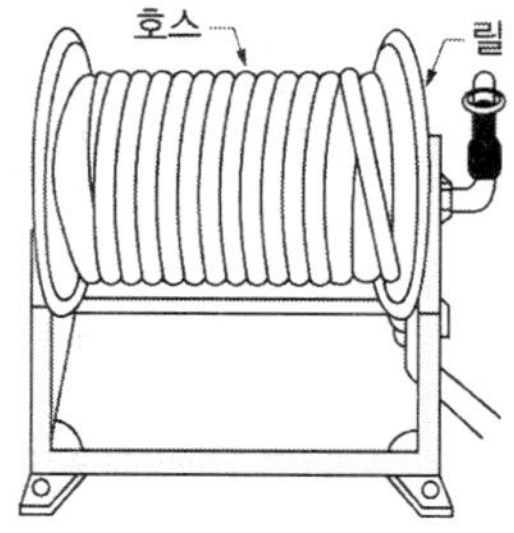

그림 7-41 호스릴 방식

5) 포 모니터 방식

석유화학공장, 대형 위험물저장탱크, 석유비축기지, 원유하역장 등을 방호하기 위하여 설치하는 설비로서 소화활동이 가능한 장소로부터 원격조작 또는 수동 조작할 수 있도록 설치한 장비이다.

7.7.4 포소화설비 구성요소

포 설화설비는 보통 수원, 가압송수장치, 소화약제 혼합장치, 포 방출구 (포헤드, 포노즐, 고발포용방출구 등), 소화약제 탱크, 배관, 화재감지장치로 구성되어 있다.

1) <u>수원</u>

(1) 특수가연물의 저장, 취급하는 공장 또는 창고

① <u>포워터 스프링클러헤드 또는 포헤드 설비</u>

$$Q = N \times Qs \times 10(\min) \tag{7-27}$$

여기서, Q : 수원의 양(L)

N : 가장 많이 설치된 층의 포 헤드 수(바닥면적 200 m^2 이내)

Q_s : 분당방사량($L/m^2 \cdot min$)

10 : 방사시간(min)

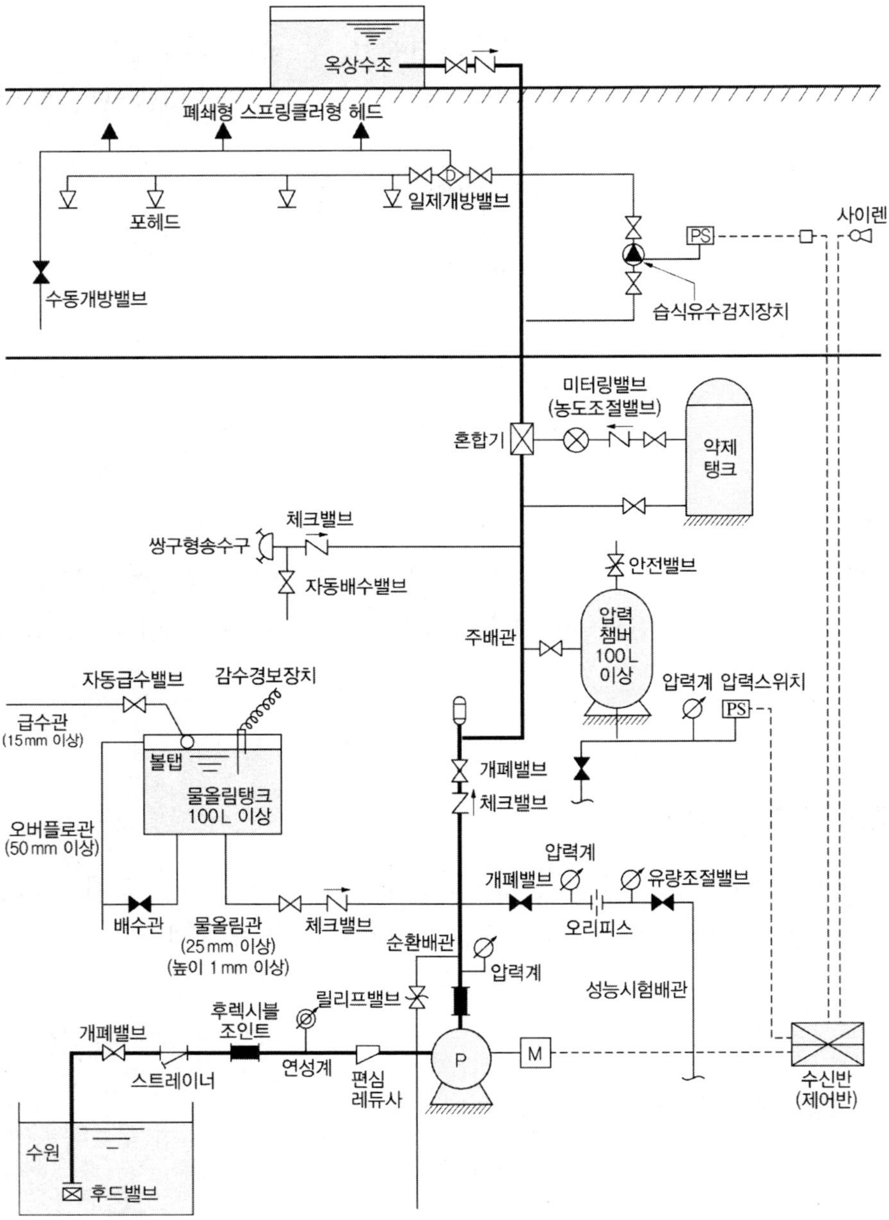

그림 7-42 포소화설비 계통도

② <u>고정포 방출구</u>

$$Q = N \times Qs \times 10(\text{min}) \tag{7-25}$$

여기서, Q : 수원의 양(L)

N : 방호구역 내 최대로 설치된 고정포 방출구 수

Q_s : 하나의 고정포방출구의 포수용액 양(L/min)

10 : 방사시간(min)

(2) 차고 또는 주차장의 경우

① 호스릴설비 또는 포소화전설비

$$Q = N \times 6(\text{m}^3) \tag{7-26}$$

여기서, Q : 수원의 양(m^3)

N : 층별로 설치된 최대 방수구 수(최대 5개 이내)

6(m^3) : $300(\text{L/min}) \times 20(\text{min}) = 6{,}000\ \text{L} = 6\ \text{m}^3$

② 포헤드 설비 또는 고정포 방출구설비

$$Q = N \times Qs \times 10(\text{min}) \tag{7-27}$$

여기서, Q : 수원의 양(L)

N : 가장 많이 설치된 층의 포 헤드 수 (바닥면적 200 m^2 이내)

Q_s : 분당 방사량($\text{L/m}^2 \cdot \text{min}$)

10 : 방사시간(min)

(3) 항공기 격납고

① 포워터 스프링클러설비, 포 헤드설비 또는 고정포 방출구 설비

$$Q = N_1 \times Qs \times 10(\text{min}) \tag{7-28}$$

여기서, Q_1 : 수원의 양

N_1 : 비행기격납고 내 최대 설치 헤드 수 또는 고정포방출구의 수

Qs : 헤드나 방출구가 동시에 개방한 경우의 표준방사량(L/m^2 · min)

② 포워터 스프링클러설비, 포헤드설비 또는 고정포 방출구설비 + 호스릴 포설비

$$Q = [N_1 \times Qs \times 10] + [N_2 \times 6{,}000] \tag{7-29}$$

여기서, Q : 수원의 양

N_1 : 비행기격납고 내 최대 설치 헤드 수 또는 고정포방출구의 수

Qs : 헤드나 방출구가 동시에 개방한 경우의 표준방사량(L/m^2 · min)

N_2 : 비행기격납고 내 최대 설치된 호스릴포의 방수구 수(최대 5개 이내)

2) 포소화약제의 혼합장치

포소화약제 혼합장치는 물과 소화원액을 혼합하여 규정농도의 수용액을 만드는 장치이다. 이 설비의 지정농도는 3%형과 6%형이 있고 비례 혼합장치가 부설되어 있어 미터링 밸브에 따라서 조정하는 것이다.

소화약제 혼합장치는 공기포 혼합장치와 화학포 혼합장치가 있으며 공기포 혼합장치에는 비례 혼합장치와 정량 혼합장치가 있다.

① 펌프 프로포셔너(Pump Proportioner)

펌프의 토출관과 흡입관 사이의 배관의 도중에 설치한 흡입기에 펌프에서 토출된 물의 일부를 보내고, 농도 조절밸브에서 조정된 포소화약제의 필요량을 포소화약제 탱크에서 펌프 흡입 측으로 보내어 이를 혼합하는 방식이다.

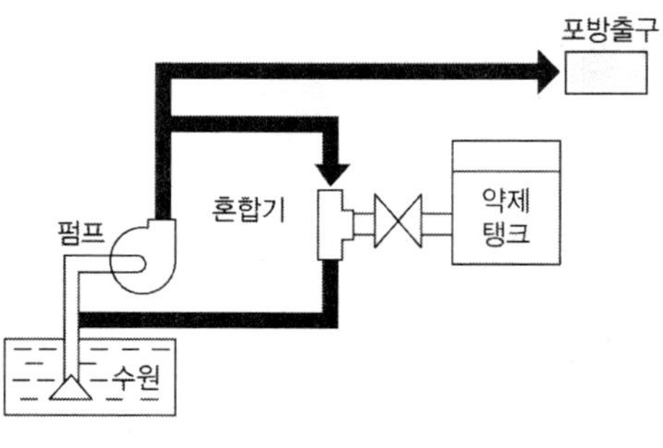

그림 7-43 펌프 프로포셔너 방식

② 프레져 프로포셔너(Pressure Proportioner : 차압혼압방식)

펌프와 발포기의 배관 도중에 벤튜리관을 설치하여 벤튜리의 작용과 펌프 가압수의 포소화약제 저장 탱크에 대한 압력에 의하여 포소화약제를 흡입·혼합하는 방식이다.

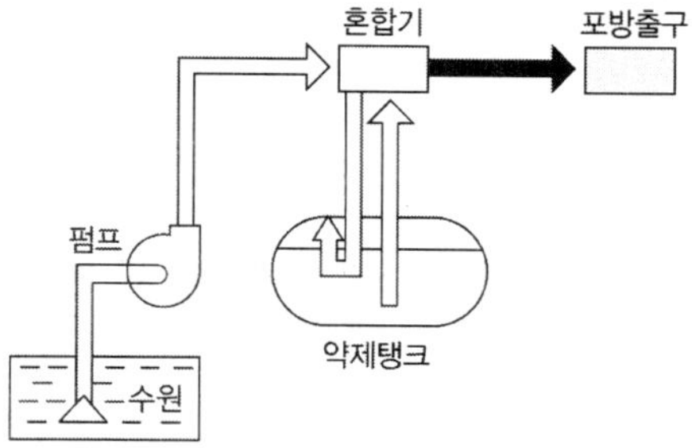

그림 7-44 프레셔 프로포셔너 방식

③ 라인 프로포셔너 방식(Line Proportioner : 관로혼합장치)

급수관의 배관 도중에 포소화약제 혼합기를 설치하여 그 흡입관에서 포소화약제를 혼입하여 혼합하는 방식이다. 혼합장치 중에서 가장 단순해서 소규모 또는 이동식 간이설비에 사용하는 방식이다.

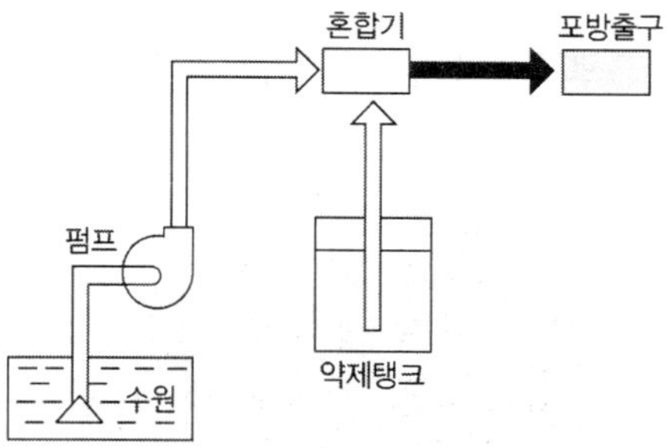

그림 7-45 라인 프로포셔너방식

④ 프레져 사이드 프로포셔너 방식(Pressure side proportioner : 압입혼합장치)

펌프의 토출관에 압입기를 설치하여 포소화약제 압입용 펌프로 약제를 압입시켜 혼합하는 방식이다. 비행기 격납고, 대규모 유류, 석유화학 플랜트시설 등 대단위 고정식 포소화설비에 사용한다. 소화용수와 약제혼합의 혼합 우려가 없어 장기간 보존이 가능하고 재사용이 가능하다.

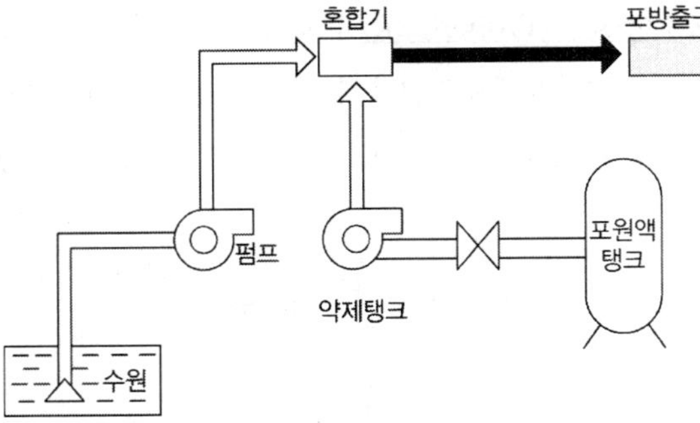

그림 7-46 프레셔 사이드 프로포셔너 방식

3) 포 원액탱크

포 원액탱크는 소화원액을 저장하는 탱크로서 이 설비의 주요 부분이다. 단백계의 소화원액은 특히 부식성이 있어 탱크에는 적당한 방식도료가 시공되어 있거나 합성수지의 코팅을 하거나 스테인레스강 또는 합성수지 등을 사용하여야 한다. 또 소화원액은 물의 혼입, 공기와의 접촉, 습기 및 진동에 의하여 화학변화를 일으켜 성능의 저하가 우려되기 때문에 원액탱크 등은 한정되어 있는 것이다.

원액탱크의 형식을 보면 탱크 내부에 가압수를 압입한 것과 탱크에 내압을 가하지 않은 것의 2종류가 있다. 이것들은 설비의 양식에 따라 달라지는 것이므로 전자는 프레져 프로포셔너 방식에 이용되고, 후자는 펌프 프로포셔너 방식에 이용된다.

그림 7-47 포 원액탱크

예제

팽창비가 18인 포소화설비에서 6% 원액 저장량이 200 L이라면 포를 방출한 후의 포의 체적은 몇(m^3)가 되겠는가?

풀이

① 팽창비는 $= \dfrac{\text{발포된 포체적}(m^3)}{\text{포수용액}}$

② 포 원액량 200 L에서 사용농도 6%시 물의 양은 $6 : 94 = 200 : x$

$x = 3{,}133$ L

③ 발포된 포 체적 $= 18 \times (3{,}133 + 200) = 60{,}000$ L $= 60$ m^3

---

4) 포소화설비의 개방밸브

자동화재감지장치인 스프링클러헤드 및 감지기가 화재발생을 감지하여 자동적으로 개방밸브(일제개방밸브)를 작동하여 포 헤드로부터 포소화약제를 방사한다. 이 경우 자동개방밸브는 기계적(밸브 내의 압력차에 의하여 작동) 및 전기적(전자밸브)인 방법 두 가지가 있다. 또한 이와 같은 자동개방밸브가 만약 고장이 생길 경우에 대비 수동개방밸브를 반드시 병행 설치하여야 한다.

모든 밸브에는 화재 시 쉽게 접근할 수 있는 위치에 설치하여야 하며, 만약 방유제가 없는 경우에는 탱크의 직경에 따라 탱크로부터 일정한 거리를 확보하여야 한다. 즉, 탱크의 직경이 15 m 미만일 때는 15 m 이상, 탱크의 직경이 15 m 이상일 경우에는 탱크 직경 이상 떨어진 장소에 설치하여야 한다.

그림 7-48 자동개방밸브(일제개방밸브)

5) 포소화설비의 기동장치

(1) 수동식 기동장치

① 직접조작 또는 원격조작에 의하여 가압송수장치, 수동식 개방밸브 및 소화약제 혼합장치를 기동할 수 있을 것

② 2 이상의 방사구역을 가진 포소화설비에는 방사구역을 선택할 수 있는 구조로 할 것

③ 기동장치의 조작부는 화재 시 쉽게 접근할 수 있는 곳에 설치하되, 바닥으로부터 높이

0.8 m 이상 1.5 m 이하의 위치에 설치하고 유효한 보호 장치를 설치할 것

④ 기동장치의 조작부 및 호스접결구에는 가까운 곳의 보기 쉬운 곳에 각각 '기동장치의 조작부' 및 '접결구'라고 표시한 표지를 설치할 것

⑤ 차고 또는 주차장에 설치하는 포소화설비의 수동식 기동장치는 방사구역마다 1개 이상 설치할 것

⑥ 항공기격납고에 설치하는 포소화설비의 수동식 기동장치는 방사구역마다 2개 이상을 설치하되, 그 중 1개는 방사구역으로부터 가장 가까운 곳 또는 조작에 편리한 곳에 설치하고, 1개는 화재감지 수신기를 설치한 감시실 등에 설치할 것

(2) 자동식 기동장치

자동화재탐지설비의 감지기 작동 또는 폐쇄형 스프링클러헤드의 개방과 연동하여 가압송수장치와 일제개방밸브 및 포소화약제 혼합장치를 기동시킬 수 있도록 다음의 기준에 의하여 설치하여야 한다(다만, 자동화재탐지설비의 수신기가 설치된 장소에 상시 사람이 근무하고 있고, 화재 시 즉시 당해 조작부를 작동시킬 수 있는 경우에는 그러하지 아니하다.)

① 폐쇄형 스프링클러헤드를 사용하는 경우

- 표시온도가 79℃ 미만인 것을 사용하고, 1개의 스프링클러헤드의 경계면적은 20 m^2 이하로 할 것
- 부착면의 높이는 바닥으로부터 5 m로 하고, 화재를 유효하게 감지할 수 있도록 할 것
- 하나의 감지장치 경계구역은 하나의 층이 되도록 할 것

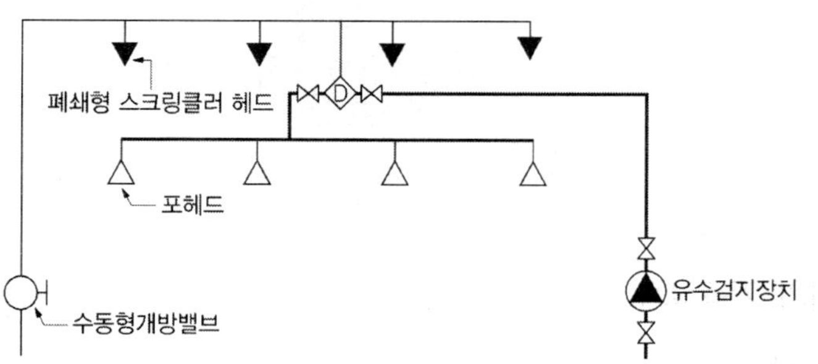

그림 7-49 폐쇄형 스프링클러헤드 이용방법

② 화재감지기를 사용하는 경우

- 화재감지기는 자동화재탐지설비의 감지기 설치기준에 따라 설치할 것

- 화재표시 및 경보장치는 자동화재탐지설비의 발신기 기준에 준한다.
- 동결 우려가 있는 장소의 포소화설비의 자동식 기동장치는 자동화재탐지설비와 연동으로 할 것

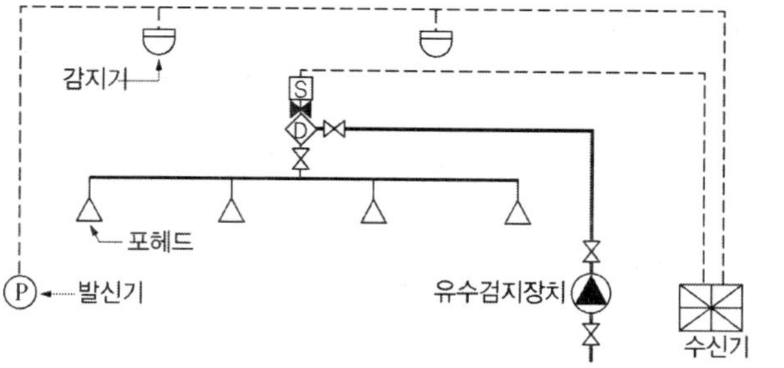

그림 7-50 화재감지기 이용방법

6) 배액밸브

포소화설비의 배관방식에서 송액관은 포의 방출 종료 후 배관 안의 액을 방출하기 위하여 적당한 기울기를 유지하고 송액관의 가장 낮은 부분에 배액밸브를 설치해야 한다.

7.7.5 포소화약제의 저장량

포소화약제의 저장량은 고정포 방출구 방식, 옥내포소화전 방식 또는 호스릴 방식 및 포 헤드방식으로 구분하여 저장량을 정하고 있다.

1) 고정포 방출구 방식

이 방식은 고정포 방출구에서 방출하기 위하여 필요한 량, 보조 소화전에서 방출하기 위하여 필요한 양 및 가장 먼 탱크까지의 송액관(내경 75 mm 이하의 송액관을 제외)에 충전하기 위하여 필요한 양을 합한 양으로 저장토록 되어 있다.

① 고정포 방출구에서 방출하기 위하여 필요한 양

$$Q = A \times Q_1 \times T \times S \tag{7-30}$$

여기서, Q : 포소화약제의 양(L)

A : 탱크의 액 표면적(m^2)

Q_1 : 단위 포 소화 수용액의 양($L/m^2 \cdot min$)

T : 방출시간(min)

S : 포소화약제의 사용농도(%)

표 7-9 고정포 방출구의 방출량 및 방사시간 (방출량단위 : $L/m^2 \cdot min$)

방출구종류, 방출량, 방사시간 / 위험물종류	Ⅰ형		Ⅱ형		특형	
	방출량	방사시간(분)	방출량	방사시간(분)	방출량	방사시간(분)
제4류위험물(수용성의 것은 제외) 중 인화점이 21℃ 미만의 것	4 (수성막포의 경우는 2.27)	30	4 (수성막포의 경우는 2.27)	55	8	30
제4류위험물(수용성의 것은 제외)중인화점이 21℃ 이상 70℃ 미만의 것	4 (수성막포의 경우는 2.27)	20	4 (수성막포의 경우는 2.27)	30	8	20
제4류 위험물 중 인화점이 70℃ 이상의 것(수용성의 것은 제외)	4 (수성막포의 경우는 2.27)	15	4 (수성막포의 경우는 2.27)	25	8	15

② 보조소화전에서 방출하기 위하여 필요한 양

$$Q = N \times S \times 8{,}000\ \mathrm{L} \qquad (7\text{-}31)$$

여기서, Q : 포소화약제의 양

N : 호스 접결구 수(3개 이상의 경우는 3개)

S : 포소화약제의 사용농도(%)

③ 가장 먼 탱크까지 송액관(내경 75 mm 이하의 송액관은 제외)에 충전하기 위하여 필요한 양

$$Q = Q_A \times S \qquad (7\text{-}32)$$

여기서, Q_A : 배관용적 (면적×길이×10^3) L

S : 포소화약제의 사용농도(%)

예제

위험물 탱크의 액표면적이 962 m^2(직경 35 m)이고 인화점이 21℃ 미만인 제4류 위험물을 저장하고 있을 경우에 방출구 I형을 사용한다면 고정포 방출구 방식에 있어서 포소화약제의 저장량을 산출하라(단, 원액의 혼합율은 3%, 송액관의 내경은 65 mm로 가정한다).

풀이

① 고정포 방출구

$Q = A \times Q_1 \times T \times S$이므로

$= 962\ m^2 \times 12 L \times 30 \times 0.03$

$\fallingdotseq 10,390\ L$

(탱크의 직경이 35 m인 경우 방출구의 수 3개, 분당 방출량 4 L/m^2이므로 $Q_1 = 12\ L$)

② 보조포 소화전

$Q = N \times S \times 8,000\ L$이므로

$= 3 \times 0.03 \times 8,000$

$= 720\ L$

③ 위험물 탱크에 소요되는 소화약제의 저장량은

$10,390 + 720 = 11,110\ L$가 된다.

고정포 방출구의 보조 포소화전이 6개 설치되어 있을 때 저장해야 할 약제의 양(m^3) 및 수원의 양(m^3)은 얼마인가?(단, 3% 단백포를 사용한다.)

풀이

① 보조포소화전 약제의 양(Q)

$Q = N \times S \times 8,000\ L$(여기서, N : 호스 접결구수(최대 3개)

$= 3 \times 0.03 \times 8,000 = 720 L = 0.72\ m^3$

② 보조포소화전 수원의 양(Q)

$Q = N \times S \times 8,000\ L$

$= 3 \times 0.97 \times 8,000 = 23,280 = 23.28\ m^3$

2) 옥내 포소화전방식 또는 호스릴방식

바닥면적이 200 m^2 미만인 건축물에 있어서는 75%로 할 수 있다.

$$Q = N \times S \times 6,000 \tag{7-33}$$

여기서, Q : 포소화약제의 양(L)

N : 호스접결구 수(5개 이상의 경우는 5개)

S : 포소화약제의 사용농도(%)

3) 포헤드방식

하나의 방사구역 안에 설치된 포헤드를 동시에 개방하여 표준 방사량으로 10분간 방사할 수 있는 양 이상으로 하고 주로 위험물 저장소, 격납고 등에 사용한다.

표 7-10 포헤드방식 방사량

헤드의 구분	표준 방사량
홈워터 스프링클러헤드	1분당 75 L 이상
홈워터·고정포방출구 또는 이동식 방출구	각 홈 헤드·고정포 방출구 또는 이동식 포노즐의 설계압력 의하여 방출되는 소화약제 양

그리고 포헤드는 소방대상물에 적응하는 포소화약제 종류에 따라 바닥면적 1 m^2에 대한 1분간 방사량을 다음의 표 7-11에 의한 양 이상으로 방사할 수 있도록 설치해야 한다.

표 7-11 포소화약제에 따른 분당 방사량

소방대상물	포소화약제 종류	방사량(L/min)
차고 및 주차장	단백포소화약제	6.5 L 이상
	합성계면활성제 포소화약제	8.0 L 이상
	수성막포소화약제	3.7 L 이상
위험물제조소·일반취급소·옥내저장소·옥내탱크저장소·특수가연물을 저장·취급하는 소방대상물	단백포소화약제	6.5 L 이상
	합성계면활성제 포소화약제	6.5 L 이상
	수성막 포소화약제	6.5 L 이상
알코올류를 제조·저장 또는 취급하는 소방대상물	알코올포소화약제	13 L 이상

연습문제

01 기계포(공기포) 소화약제의 종류를 4가지만 쓰시오.

02 포헤드의 종류 2가지를 쓰시오.

03 포소화설비의 수동식 기동장치 설치기준을 쓰시오.

04 포소화설비의 배관방식에서 배액밸브 설치 목적과 설치장소를 설명하시오.

0 포소화설비에서 포소화약제의 혼합방식 4가지를 그림을 그려 설명하시오.

06 차고, 주차장에 설치할 수 있는 포소화설비의 종류를 3가지 쓰시오.

풀이 ① 포워터스프링클러설비 ② 포헤드설비 ③ 고정포소화설비

07 다음 표는 위험물탱크 종류에 따른 고정포방출구 방식의 적용 예다. 각 탱크에 따른 적정한 포방출구를 쓰시오.

탱크의 종류	포방출구
콘루프탱크(CRT)	
플루팅루프탱크(FRT)	

08 포소화설비의 포헤드에 대한 물음에 답하시오.

① 팽창비에 대하여 설명하시오.
② 저팽창포의 팽창비의 범위를 쓰시오.
③ 고팽창포의 팽창비의 범위를 쓰시오.

09 고정포방출구에 설치된 통계단과 반사판의 설치 이유를 간단히 쓰시오.

풀이 ① 통계단 : 포방출 시 유면의 요동 방지를 위하여 탱크 내부의 아래로부터 위로 떠 올라와 유면을 덮도록 하기 위해서 설치한다.
② 반사판 : 포방출 시 유면의 요동방지를 위하여 포가 반사판에 반사되어 탱크 내 측판을 따라 흘러내려 유면을 덮기 위해서 설치한다.

10 포소화약제 혼합방식 중 프레셔 프로포셔너 방식을 간단히 설명하시오.

11 다음 그림은 포소화설비의 펌프프로포셔너 약제 혼합장치 설명도이다. 그림을 보고 물음에 답하시오.

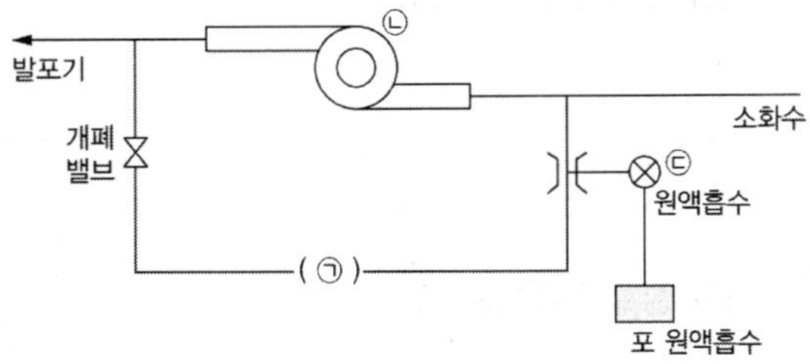

① 바이패스배관에 표시된 ㉠의 (　　　)에 유체의 흐르는 방향을 화살표로 표시하시오.
② ㉡의 요소의 명칭을 쓰시오.
③ ㉢의 요소의 명칭을 쓰시오.

12 포소화설비에서 물 방사 시 포헤드와 포워터스프링클러헤드의 기능적 차이에 대하여 쓰시오.

풀이 ① 포워터스프링클러헤드 : 수용액과 공기가 섞인 상태로 반사판에 충돌하여 포를 형성한다.
② 포헤드설비 : 수용액과 공기가 섞여있지 않은 상태로 그물망에서 공기와 섞여 포를 형성한다.

7.8 이산화탄소소화설비

7.8.1 개요

불연성 가스인 탄산가스는 화재의 소화뿐만 아니라 화재 시 인화 또는 폭발의 예방에도 적당한 설비이다. 소화약제로서의 탄산가스는 오손, 부식, 손상의 우려가 없고 소화 후에도 전혀 흔적이 남지 않으며, 기체이기 때문에 어떠한 장소에서도 침투 확산되어 소화가 가능하다. 소화의 원리는 질식효과, 냉각효과, 피복효과가 있다.

비전도성의 불연성 가스로서 전류가 통하고 있는 장소에서도 사용이 가능하고 자체의 압력으로 배관을 통하여 어느 곳이든 방출할 수 있어 니트로셀룰로오스나 활성금속을 제외하고 거의 모든 가연성 물질의 소화에 사용할 수도 있다.

※ 이산화탄소의 소화약제의 특성은 제5장 소화약제를 참조

7.8.2 이산화탄소소화설비 분류

이산화탄소소화설비 분류는 소화약제 방출방식, 저장방식에 따라 분류된다.

1) 이산화탄소 방출방식에 의한 분류

① 전역방출방식

밀폐된 방호구역 전체에 이산화탄소 소화약제를 방사해서 소화하는 방식이다. 방호구획 내의 모든 부분에서 이산화탄소의 농도가 일정하게 되도록 유지할 수 있는 공간에 적용된다. 따라서 기밀성이 중요한 요소가 된다.

② 국소방출방식

전역방출방식으로 큰 효과가 없는 경우 또는 큰 개구부가 있는 경우에 직접 소방대상물에 소화약제를 방사하여 한정된 작은 범위 내를 일시적으로 공기를 차단하여 소화하는 방식이다.

③ 호스릴방식

이동식 설비라고도 하며 배관에 분사헤드가 고정되어 있지 않고 사람이 직접 조작하여 호스를 이동하면서 연소부분에 직접 방사하여 소화하는 방식이다.

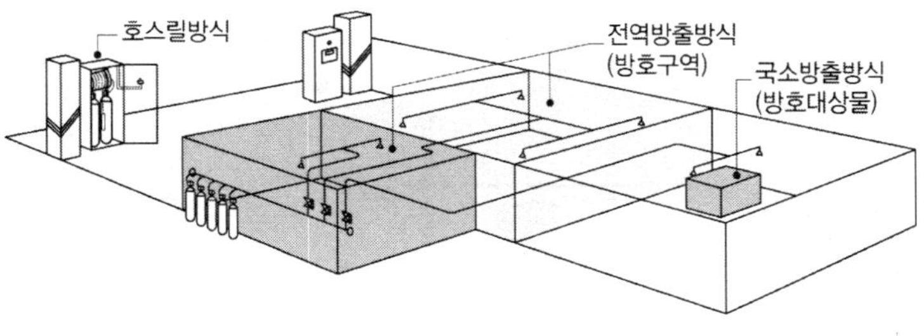

그림 7-51 이산화탄소소화설비 방출방식

2) 저장방식에 의한 설비의 분류

① 고압저장방식

이 방식은 탄산가스가 액체 상태로 용기에 저장된다. 고압저장용기의 충전비는 1.5 이상 1.9 이하로 하는데 충전비는 다음 식으로 계산된다.

$$C = \frac{V}{G} \tag{7-34}$$

여기서, C : 충전비
V : 용기의 내용적(L)
G : 충전하는 액화탄산가스의 중량(kg)

충전비에 따른 온도와 압력의 관계는 20℃에서 게이지압력 60 atm을 갖는 것으로 주위 온도의 변화에 따라 용기 내의 압력도 변하므로 소방법상 용기 설치장소를 40℃ 이하인 장소에 저장하고, 온도변화가 작은 곳에 설치토록 하고 있다. 이러한 저장 방식을 고압저장방식이라고 하고 일반적으로 가장 많이 설치하는 방식이다.

② 저압저장방식
상온에서 저장하는 고압저장 방식에 대하여 단열구조 자동냉동기를 장치한 저압용기를 사용하여 약 −18℃, 게이지압력 21 atm 이상의 압력을 유지하며, 액화탄산가스를 저장하여 사용하는 방식으로, 충전비는 소방법상 1.1 이상 1.4 이하로 하도록 되어 있다. 특히 저압저장 방식은 소화상 대량의 탄산가스가 필요한 곳에 유효하다.

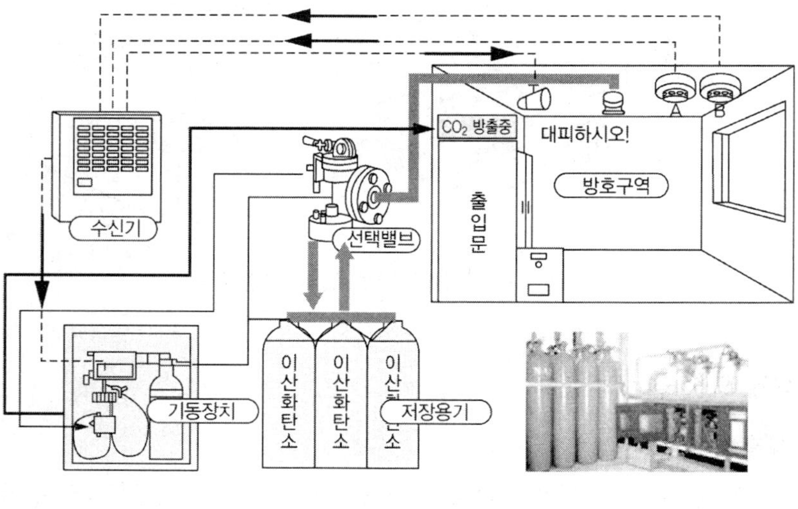

그림 7-52 이산화탄소소화설비 구성도

예제

이산화탄소 약제 저장용기의 내용적이 90 L인 용기에 이산화탄소 45 kg을 저장하였을 경우 충전비는 얼마인가?

풀이

충전비 $C = \frac{V}{G} = \frac{90}{45} = 2$

7.8.3 이산화탄소소화설비의 동작 체계

1) 동작 순서

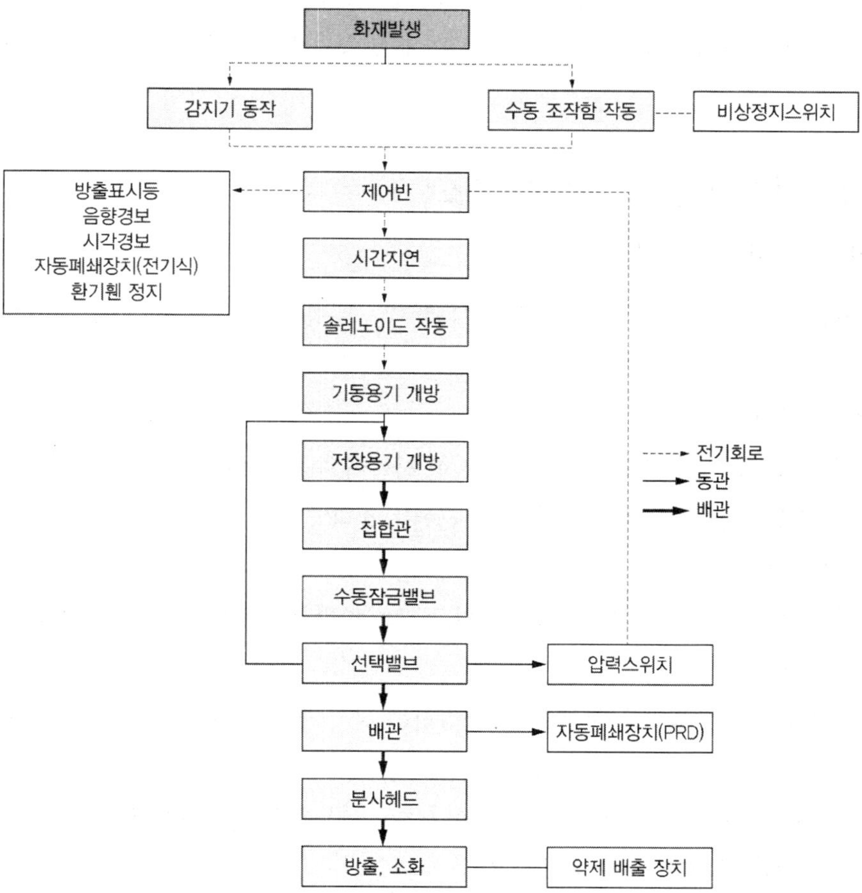

그림 7-53 이산화탄소소화설비 작동순서

① 감지기에 의해서 화재가 감지되거나 사람이 발견 시 수동기동장치의 누름단추를 누르면 수신반에 화재표시등이 점등되고 해당 방호구역의 음향장치가 화재경보를 울린다.
② 환기설비를 정지하고 동시에 방화셔터를 폐쇄한다.
③ 지연장치에서 20초 이상 경과 후 기동용기 솔레노이드가 작동되고 기동용 가스용기밸브의 봉판을 뚫어서 기동가스를 방출시킨다.
④ 방출된 기동 가스는 조작동관을 따라 선택밸브의 피스톤 릴리져로 들어가 선택밸브의 잠금 장치를 해제한다.
⑤ 선택밸브의 개방으로 당해 방호구역으로 가스유입을 허용하고 나머지 가스는 조작동관을 따라서 저장용기밸브의 파괴침(공이)이 직전의 피스톤을 가압하여 파괴침으로 하여금 저장용기밸브의 봉판을 뚫어 저장된 가스를 개방시킨다.
⑥ 저장용기의 가스가 집합관을 통해 선택밸브를 거치면서 압력스위치를 동작시키며 송출배관을 따라 분사헤드에서 당해 방호구역에 방출되어 소화작업이 이루어진다.

7.8.4 이산화탄소소화설비 주요 구성요소

1) 이산화탄소소화설비의 기동장치

기동장치는 수동식 기동장치와 자동식 기동장치로 분류된다.

(1) 수동식 기동장치

수동식 기동장치는 인위적으로 화재를 목격한 사람이 수동기동장치의 누름단추를 누름에 의해서 설비가 작동되는 방식이다. 기동장치 부근에는 소화약제의 방출을 지연시킬 수 있는 비상스위치를 설치한다.

① 전역방출방식에 있어서는 방호구역마다, 국소방출방식에 있어서는 방호대상물마다 설치할 것
② 당해 방호구역의 출입구 부분 등은 조작하는 자가 쉽게 피난할 수 있는 장소에 설치할 것
③ 기동장치의 조작부는 바닥으로부터 높이 0.8 m 이상 1.5 m 이하의 위치에 설치하고 보호판 등에 의한 보호장치를 설치할 것
④ 기동장치에는 그 가까운 곳의 보기 쉬운 곳에 '이산화탄소소화설비 기동장치'라고 표시한 표지를 할 것

⑤ 전기를 사용하는 기동장치에는 전원 표시등을 설치할 것

⑥ 기동장치의 방출용 스위치는 음향경보장치와 연동하여 조작될 수 있는 것으로 할 것

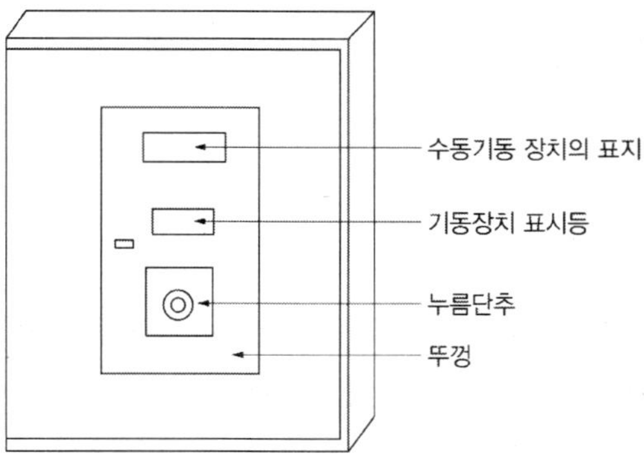

그림 7-54 수동식 기동장치

(2) 자동식 기동장치

자동화재탐지설비의 감지기의 작동과 연동하는 것으로 수신반에 화재표시등이 점등되고 해당 방호구역의 음향장치가 화재경보를 울린다. 이 방식은 수동으로도 기동할 수 있는 구조로 하여야 한다. 전기식과 가스압력식, 기계식이 있다.

① 전기식 기동장치로서 7병 이상의 저장용기를 동시에 개방하는 설비에 있어서는 2병 이상의 저장용기에 전자개방밸브를 부착할 것

② 기계식 기동장치는 저장용기를 쉽게 개방할 수 있는 구조로 할 것

③ 기동용 가스용기 및 당해 용기에 사용하는 밸브는 25 MPa 이상의 압력에 견딜 수 있는 것으로 할 것

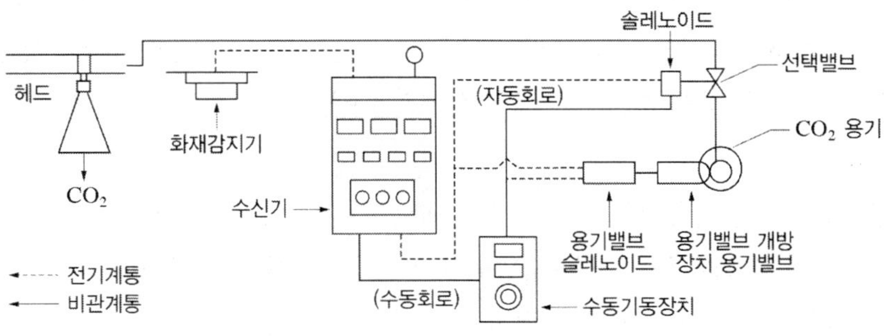

그림 7-55 자동식 기동장치(전기식)

④ 기동용 가스용기에는 내압시험압력의 0.8배 내지, 내압시험압력 이하에서 작동하는 안전장치를 설치할 것

⑤ 가스용기기동용의 용적은 1 L 이상으로 하고, 당해 용기에 저장하는 이산화탄소의 양은 0.6 kg 이상으로 하며, 충전비는 1.5 이상으로 할 것

2) 저장용기

① 고압저장용기

이산화탄소 소화약제를 고압으로 저장하는 고압저장용기는 고압가스안전관리법의 적용을 받는 것으로 보통 68 L의 내용적을 가지는 용기를 사용하고 충전비는 1.5 이상 1.9 이하로 한다.

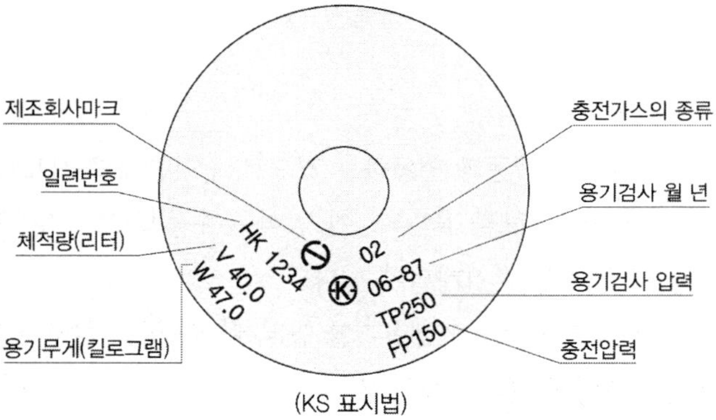

그림 7-56 이산화탄소 저장용기 표기법

② 저압저장용기

자동식냉동기를 설치한 단열구조의 저압용기로서 액체이산화탄소가 보관되며, 온도를 항상 −18～−20℃로 유지하고, 용기 내부압력은 1.9 MPa 이상～2.0 MPa 이하로 유지시켜 저장하는 방식이다. 충전비는 1.1 이상에서 1.4 이하로 규정되나 일반적으로 1.1을 사용한다.

안전밸브는 내압시험압력의 0.64배 또는 0.8배의 압력에서 작동하도록 하고, 봉판은 내압시험압력의 0.8배 또는 내압시험압력에서 작동하도록 설치한다.

또한 저장용기에는 액면계 및 압력계와 압력경보장치를 설치한다.

3) 기동용기

저장용기를 기동시키기 위한 가압용 가스를 저장하는 용기로서 내용적이 1 L 이상으로 이산화탄소가 0.6 kg 이상 충전되어 있다.

4) 선택밸브

방호구역의 저장용기는 공통으로 설치하고 당해 방호구역 및 방호대상물마다 설치하여 방사구역을 선택해주는 밸브를 말한다.

5) 집합관

집합관은 각각의 저장용기에서 방출된 이산화탄소 소화약제를 모아주는 관으로서 높은 압력에 견디는 압력배관으로 설치해야 한다.

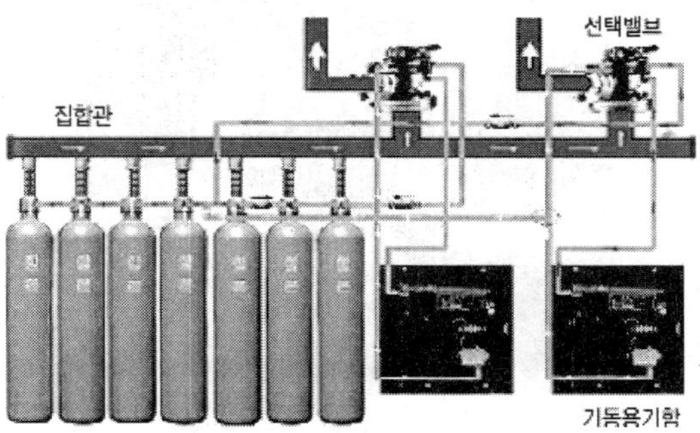

그림 7-57 저장용기, 기동용기, 선택밸브, 집합관

6) 저장용기밸브

기동용기로부터 압송된 가스압력으로 저장가스를 개방하는 밸브로서 용기밸브를 개방하는 니들밸브가 부착된다.

(a) (b)

그림 7-58 저장용기밸브(a)와 니들밸브(b)

7) 체크밸브

체크밸브는 기동용 동관 및 집합관과 연결관 사이 설치하여 가스가 역류하는 것을 방지하는 밸브이다. 화살표(→)로 표시되어 있어 가스 흐름 방향을 나타내고 있으므로 설치 시 방향에 주의하여야 한다. 저장용기를 공용으로 하고 각 방호구역마다 필요로 하는 소요 저장용기만을 개방시켜 주고 개방되지 아니한 다른 용기의 개방을 방지하기 위하여 설치한다.

8) 기동용 솔레노이드

화재감지기의 작동에 따라 화재신호가 수신부(제어반)로 수신되면 솔레노이드가 작동되어 커터(파괴침)가 기동용기밸브의 봉판을 뚫어서 기동용 가스를 방출시키는 역할을 한다.

그림 7-59 기동용 솔레노이드

9) 이산화탄소소화설비의 분사헤드

배관 내를 유출한 액화 이산화탄소를 기화시켜 방사하는 부분으로서 분사구 및 폰이 일체로 되어 있다. 분사구는 규정량의 이산화탄소를 규정시간 내에 방사하기 위하여 각각 정량의 가스를 방출하도록 제작되어 있다. 분사 방향 확산 각도를 결정함으로써 분사속도를 감속하는 효과 및 적정량의 드라이 아이스를 발생시키기 위한 효과를 얻을 수 있다. 분사헤드는 전역방출방식, 국소방출방식 및 호스릴방식의 분사헤드가 있다.

① 전역방출방식 분사헤드

- 방사된 소화약제가 전역에 균일하게 확산되도록 분사헤드를 배치하고 소방대상물 또는 그 부분에 설치된 이산화탄소소화설비의 소화약제의 저장량은 기준 시간 이내에 방사할 수 있도록 할 것

표 7-12 방사압력

구분	고압식	저압식
방사압력	2.1 MPa 이상	1.05 MPa 이상

- 소방대상물 또는 그 부분에 설치된 이산화탄소소화설비의 소화약제의 저장량을 소방대상물 또는 그 부분에 따라 표 7-13에 의한 시간 이내에 방사할 수 있도록 할 것

표 7-13 소방대상물별 소화약제 방사시간

소방대상물	시간
가연성액체 또는 가연성 가스등 표면화재 방호 대상물	1분
종이, 목재, 석탄, 섬유류, 합성수지류 등 심부화재 방호대상물 (설계농도가 2분 이내에 30% 도달)	7분
국소방출방식	30초

② 국소방출방식 분사헤드

- 소화약제의 방사에 의하여 가연물이 비산하지 않는 장소에 설치할 것
- 소화약제의 저장량은 30초 이내에 방사할 수 있는 설치할 것

③ 호스릴방식

- 방호대상물의 각 부분으로부터 하나의 호스접결구까지의 수평거리는 15 m 이하가 되도록 할 것
- 노즐은 20℃에서 하나의 노즐마다 60 kg/min 이상의 소화약제를 방사할 수 있는 것으로 할 것
- 소화약제 저장용기는 호스릴을 설치하는 장소마다 설치할 것
- 약제 개방밸브는 호스의 설치장소에서 수동으로 개폐할 수 있을 것

10) 음향경보장치

화재 시 방호구역 내에서 작업 중인 사람에게 이산화탄소 방출 전에 방사구역 밖으로 대피를 촉구할 목적으로 설치되는 것으로서 대단히 중요한 설비이다.

만약 경보가 발하지 않은 상태에서 이산화탄소가 방출되거나 경보와 동시에 이산화탄소가 방출하게 되면 질식에 의한 인명피해가 발생하므로 소화약제 방사 전에 유효하게 경보를 발할 수 있도록 하여야 한다.

11) 압력스위치 및 방출표시등

압력스위치는 저장용기의 가스가 방출될 때 가스압력에 의해 접점신호를 제어반으로 입력시켜 방출표시등을 점등시키는 역할을 하는 스위치로 기동용기함 내에 설치한다.

방출표시등은 출입구 바깥쪽 상단에 설치하여 가스 방출시 "소화약제 방출중" 라고 점등되어 옥내로 사람이 입실하는 것을 막아주는 역할을 한다.

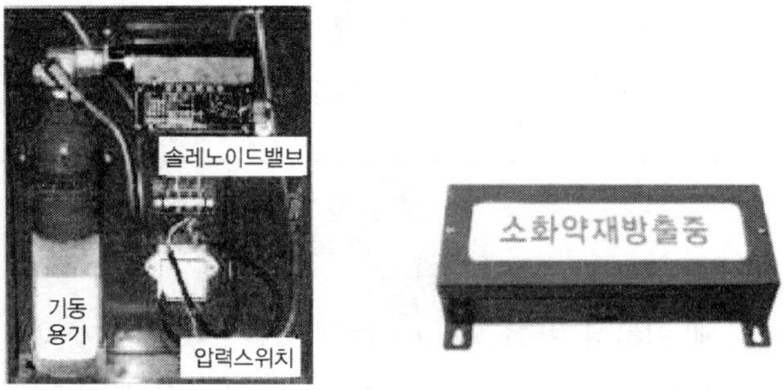

그림 7-60 압력스위치 및 방출표시등

12) 자동폐쇄장치

자동폐쇄장치는 이산화탄소 소화약제를 방사하는 실내에 출입문, 창문, 환기구 등 개구부가 있을 때 약제 방출 전 이들 개구부를 폐쇄하여 방사된 가스의 누출로 인한 소화 효과의 감소를 최소화하기 위하여 설치한다. 이는 방출되는 소화약제의 방사압력으로 피스톤 릴리져를 작동하여 개구부를 폐쇄하게 된다.

그림 7-61 피스톤 릴리져와 댐퍼

참고

피스톤 릴리저

기동용 가스용기의 가스압력이나 저장용기 내의 가스압력을 이용하여 선택밸브를 개방하거나 자동 폐쇄장치, 급·배기 덕트의 방화댐퍼, 창문, 환기 팬 등의 개구부를 자동으로 폐쇄하는 장치이다.

7.8.5 이산화탄소 소화약제 저장량

이산화탄소설비는 그 방출방식에 따라 전역방출방식, 국소방출방식, 이동식의 3가지로 나눈다.

1) 전역방출방식

(1) 가연성 액체 또는 가연성 가스 등 표면화재일 경우

① 가연성 액체 또는 가연성 가스 등

방호구획의 체적(불연재료나 내열성의 재료로 밀폐된 구조물이 있는 경우에는 그 체적을 감한 체적) 1 m^3에 대하여 다음 표에 의한 양으로 하고 산출한 양이 표의 저장량의 최저한도의 양 미만일 경우는 그 최저한도의 양으로 한다.

$$Q = (V \times q) + (A \times S) \tag{7-35}$$

여기서, Q : CO_2 저장량

V : 방호구역 체적(m^3)

q : 방호구역 체적 1 m^3에 대한 소화약제량(kg/m^3)

A : 개구부 면적(m^2)

S : 개구부 가산량(5 kg/m^2)

표 7-14 전역방출방식의 이산화탄소 저장량

방호구역 체적	필요 약제량	최저한도의 양	가산량
45 m^3 미만	1.00 kg/ m^3	45 kg	5 kg/m^2
45 m^3 이상 150 m^3 미만	0.90 kg/ m^3		
150 m^3 이상 1,450 m^3 미만	0.80 kg/ m^3	135 kg	
1,450 m^3 이상	0.75 kg/ m^3	1,125 kg	

② 방호구역의 개구부에 자동폐쇄장치를 설치하지 아니한 경우에는 위의 기준에 의하여 산출한 양에 개구부를 면적 1 m^2당 5 kg의 소화약제를 가산하여야 한다. 이 경우 개구부의 면적은 방호구역 전체 표면적의 3% 이하로 하여야 한다.

③ 설계농도가 34% 이상인 방호대상물의 소화약제량은 위의 기준에 의하여 산출한 소화약제량에 아래의 그래프에 의한 보정계수를 곱하여 산출한다.

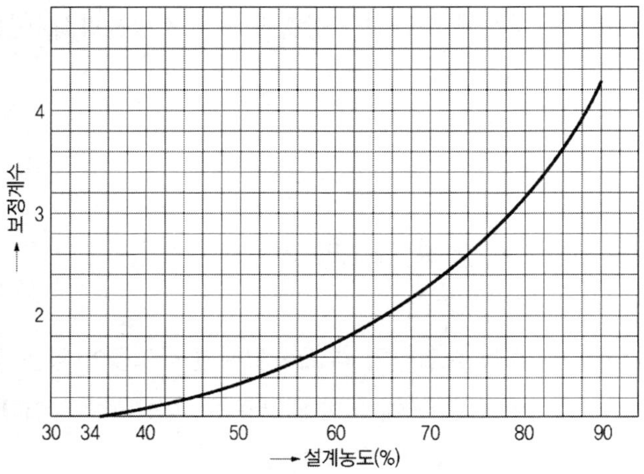

그림 7-62 설계농도보정계

표 7-15 가연성 액체 또는 가연성 가스의 소화에 필요한 설계농도

방호대상물	설계농도(%)
수소(Hydrogen)	75
아세틸렌(Acetylene)	66
일산화탄소(Carbon Monoxide)	64
산화에틸렌(Ethylene Oxide)	53
에틸렌(Ethylene)	49
에탄(Ethance)	40
석탄가스, 천연가스(Coal, Natural gas)	37
사이크로 프로판(Cyclo Propane)	37
이소부탄(Iso Butane)	36
프로판(Propane)	36
부탄(Butane)	34
메탄(Mathane)	34

(2) 종이, 목재, 석탄, 섬유류, 합성수지류 등 심부화재 방호대상물(A급 화재)

① 방호구역의 체적(불연재료나 내열성의 재료로 밀폐된 구조물이 있는 경우에는 그 체적을 감한 체적) 1 m^3 대하여 표 7-16에 의한 양 이상으로 하여야 한다.

표 7-16 방호대상물의 소화약제량(심부화재)

방 호 대 상 물	필요 약제량	설계농도	가산량
유압기기를 제외한 전기 설비, 케이블실	1.3 kg/m^3	50%	10 kg/m^2
체적 55 m^3 미만의 전기설비	1.6 kg/m^3	50%	
서고, 전자제품창고 , 목재가공품창고, 박물관	2.0 kg/m^3	65%	
고무류·면화류 창고, 모피창고, 석탄창고 집진설비	2.7 kg/m^3	75%	

② 방호구역의 개구부에 자동폐쇄장치를 설치하지 않았을 때에는 ①의 기준에 의하여 산출한 양에 개구부 면적 1 m^2당 10 kg의 소화약제를 가산하여야 한다. 이 때 개구부 면적은 방호구역 전체 표면적의 3% 이하로 하여야 한다.

예제

특수가연물(합성수지)의 저장창고 체적이 1,500 m^3인 곳에 이산화탄소소화설비를 하였다면 저장하여야할 약제량을 계산하시오(단, 개구부면적은 30 m^2이고, 1 m^3당 2.7 kg의 약제량이 필요하며 자동폐쇄장치는 설치하지 않았다.).

풀이

$Q = (V \times q) + (A \times S) = 1500\ m^3 \times 2.7\ kg/m^3 + 30\ m^2 \times 10\ kg/m^2 = 4350\ kg$

2) 국소방출방식

국소방출방식에 있어 저장량은 다음의 기준에 의하여 산출한 양에 고압식의 것에 있어서는 1.4, 저압식의 경우에 있어서는 1.1을 곱한 양 이상으로 한다.

① 특수가연물(제1종 가연물 또는 제2종 가연물에 한함)을 윗면이 개방된 용기에 저장하는 경우와 화재 시 연소면이 한정되고 가연물이 비산할 우려가 없는 경우에는 방호대상물의 표면적 1 m^2에 대하여 13 kg 이상으로 한다.

② ①의 경우에는 방호공간의 체적 1 m^3에 대하여 다음의 식에 의하여 산출한 양(제1종 가연물 또는 제2종 가연물)으로 한다.

③ 제1종 가연물 또는 제2종 가연물의 경우

$$\underline{Q = [8 - 6\frac{a}{A}]K} \tag{7-36}$$

여기서, Q : 방호공간 $1\,m^3$에 대한 이산화탄소 소화약제의 양(kg/m^3)

a : 방호대상물 주위에 설치된 벽의 면적의 합계(m^2)

A : 방호공간의 벽면적(벽이 없는 경우에는 벽이 있는 것으로 가정한 당해 부분의 면적)의 합계(m^2)

K : 저압식 1.1, 고압식 1.4

참고

① 방호공간 : 방호대상물 각 부분으로부터 0.6 m의 거리에 의하여 둘러싸인 공간
② 방호대상물 주위에 설치된 벽면의 합계(이는 고정상태를 말한다.)에 이를 적용하는 것이며 벽이 없는 경우는 0이 된다.
③ 방호공간의 벽면적(A)
벽이 없는 경우에도 0.6 m 연장된 공간의 벽을 가상하여 벽면을 구하는 것이다. a(방호대상물에 설치된 벽면적) 및 A(방호공간의 벽면적)를 구할 경우 벽의 면적만 계산하는 것이며, 윗부분의 면적은 계산하는 것이 아니다.

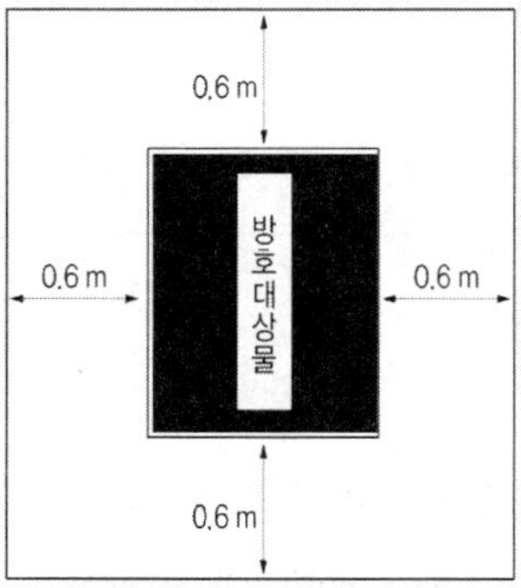

(방호공간)

예제

가로(2 m)×세로(1 m)×높이(1.5 m)인 고정벽이 없는 소방대상물에 국소방출방식의 이산화탄소소화설비를 설치하고자 한다. 다음 물음에 답하시오(단, 고압식으로 설치한다.).

① 방호공간의 체적(m^3)은 얼마인가?

② 소화약제 저장량(kg)은 얼마인가?

③ 하나의 분사헤드에 대한 방사량(kg/s)은 얼마인가?(단, 분사헤드는 4개이다.)

풀이

① 방호대상물의 각 부분으로부터 0.6 m 거리 안의 방호공간

방호공간의 체적 = $3.2 \times 2.2 \times 2.1 = 14.78\ m^3$

② 국소방출방식의 CO_2 저장량(Q)

- a : 방호대상물 주위에 설치된 벽의 면적의 합계(m^2)

$$a = 0$$

- A : 방호공간의 벽면적(벽이 없는 경우에는 벽이 있는 것으로 가정한 당해 부분의 면적)의 합계 (m^2)

$$A = (3.2 \times 2.1 \times 2\text{면}) + (2.1 \times 2.2 \times 2\text{면}) = (3.2 \times 2.2) = 29.72\ m^3$$

- Q : 방호공간 $1\ m^3$에 대한 이산화탄소 소화약제의 양(kg/m^3)

$$Q = \text{방호공간 체적} \times \left[8 - 6\frac{a}{A}\right] \times K = 14.78\ m^3 \times (8-0) \times 1.4 = 165.6\ kg$$

③ 하나의 분사헤드에 대한 방사량(kg/s)

분사헤드는 4개이고 국소방출방식 약제 방사간은 30 sec 이내이므로

하나의 분사헤드에 대한 방사량(kg/s) $= \dfrac{165.6\ kg}{30\ s \times 4\text{개}} ≒ 1.38\ (kg/s)$

---

3) 호스릴(이동식) 방식

이동식은 조작하는 자가 화점에 접근하여 소화하여야 하기 때문에 그 설치 장소가 한정되어 있고 가연성 가스나 미분이 발생하여 화재가 갑자기 확대할 우려가 있는 장소 또는 화재 시 연기가 충만할 우려가 있는 장소에는 설치하지 않는 것이 좋으며, 일반적으로 양측이 개방되어 있는 소규모의 주차장 등의 경우에 사용된다.

이산화탄소 저장량은 호스릴 방식은 <u>하나의 노즐에 대하여 90 kg 이상</u>으로 하여야 한다.

7.8.6 이산화탄소소화설비의 이론소화농도와 설계소화농도

1) 이론소화농도

$CO_2 = \dfrac{21 - O_2}{21} \times 100$에 연소한계농도 $O_2 = 15\%$를 적용하면

$CO_2 = \dfrac{21 - 15}{21} \times 100 = 28.57\%$이고 이을 CO_2 가스의 이론소화농도라고 한다.

2) 설계소화농도

이론소화농도는 최소소화농도로서 설계 시에는 가스계 설비인 경우 안전율 20%를 고려하여 28.57% × 1.2 = 34.28%가 되며 이를 설계소화농도라고 한다.

7.8.7 이산화탄소 소화약제 저장방법

이산화탄소 저장 용기는 캐비넷 내장형으로서 약제 방사기능과 제어 기능을 함께 갖추고 있는 것을 제외하고는 방호구역 외의 장소에 설치해야 한다. 이것은 화재 시 작동하기 쉽고, 화재 시 열에 의하여 가열될 우려가 없도록 하기 위함이다. 직사광선을 받는 장소, 습기가 많은 장소, 빗물이 새는 곳 등도 열을 받거나 부식이 생겨 좋지 않다.

온도의 변화가 적고 주위의 온도가 40℃ 이하인 곳에 설치하여야 하며, 용기의 설치 장소에는 갑종방화문 또는 을종방화문으로 구획하여야 한다. 또 방호구역을 통하지 않더라도 다른 곳에서 출입할 수 있어야 하고 설치 장소 표지를 하여야 한다.

저장용기의 충전비(용적과 소화약제의 중량과의 비)는 고압식에 있어서는 1.5 이상 1.9 이하, 저압식의 경우에는 1.1 이상 1.4 이하로 충전하여야 한다.

연습문제

01 CO_2의 삼중점에 대하여 설명하시오.

풀이 드라이아이스(고체), 액화탄산(액체), 이산화탄소(기체)의 3상이 동시에 공존하는 점으로 삼중점은 온도 −56.7℃, 압력 5.2 kg/cm^2 점을 삼중점이라고 한다.

02 CO_2 약제와 CCl_4를 혼합하여 사용하지 않은 이유를 쓰시오.

풀이 CO_2 약제와 CCl_4는 열반응에 의하여 유독한 포스겐($COCl_2$) 가스를 방생하므로 사람에게 위험하므로 혼합하여 사용하지 않아야 한다.

03 소화설비 중 토너먼트 배관을 하는 소화설비를 쓰시오.

풀이 ① 이산화탄소소화설비 ② 할로겐화합물소화설비 ③ 분말소화설비 ④ 청정소화약제소화설비

04 이산화탄소소화설비에서 사용되는 화재감지기 회로에서 교차회로방식이란 무엇인지 설명하시오.

풀이 하나의 방호구역 내에 2개 이상의 화재감지회로를 설치하고 인접한 2개 이상의 화재감지기가 동시에 감지될 때에 이산화탄소소화설비가 작동하여 소화약제가 방출되는 방식으로 감지기의 오동작에 의한 이산화탄소 소화약제의 방출을 방지하기 위한 방식이다.

05 이산화탄소 소화약제의 저장용기 설치기준을 5가지 쓰시오.

06 피스톤 릴리저란 무엇인지 간단히 설명하시오.

풀이 기동용 가스용기의 가스압력이나 저장용기 내의 가스압력을 이용하여 선택밸브를 개방하거나 자동폐쇄장치, 급·배기 덕트의 방화댐퍼, 창문, 환기 팬 등의 개구부를 자동으로 폐쇄하는 장치이다.

07 다음은 이산화탄소소화설비의 수동식 기동장치의 설치기준이다. ( )을 채우시오.

전역방출방식에 있어서는 (①)마다, 국소방출방식에 있어서는 (②)마다 설치한다. (③)는 바닥으로부터 높이 (④) 이상 (⑤) 이하로 설치하며, 전기를 설치하는 기동장치에는 (⑥)를 설치한다.

풀이 ① 방호구역 ② 방호대상물 ③ 기동장치조작부 ④ 0.8 m ⑤ 1.5 m ⑥ 전원표시등

08 실내의 산소농도를 14% 이하로 떨어지지 않도록 하기 위하여 이산화탄소소화설비의 농도가 몇[%] 이하가 되도록 방출하여야 하는가? (단, 개구부 등에 의한 누설은 없다고 가정한다.)

풀이 CO_2 농도 $= \frac{21 - O_2}{21} \times 100 = \frac{21 - 14}{21 \times 100} = 33\%$

7.9 할로겐화합물소화설비

7.9.1 개요

할로겐화합물소화설비는 이산화탄소소화설비와 거의 비슷하지만 CO_2 대신 불소, 염소, 취소, 요오드와 같은 소화약제의 차이가 있다. 할로겐화합물의 원소 중 하나 또는 여러 개의 원자를 함유하고 있으며, 화학적으로 한정되고 우수한 성능을 가지고 있다.

할론약제는 화재의 연소반응을 억제하는 소화효과로 최초에 개발된 것은 항공기 엔진의 소화설비용이었으나 그 우수성에 따라 지상의 항공기, 컴퓨터실, 전기실 등에 주로 소화용으로 사용된 것이다.

할로겐화합물은 중량 및 용적이 적어도 단위 용적당의 소화력이 크고 액체연료의 화재에 대하여서는 소화시간이 짧다. 한편 내부식성, 안정성, 휘발성 등이 크며, 방사 후에는 오염과 소화흔적이 전혀 없다는 것이 특징이다. 고가의 소화약제이며 통상 액화된 상태로 저장되어 가스로 방사한다. 그러나 오존층 파괴 물질에 관한 몬트리얼(Montreal) 의정서에 의해 선진국에서는 1994년 1월 1일부터 생산 및 사용이 중지되었고 우리나라는 개발도상국으로 인정받아 2010년 1월 1일 이후 생산 및 사용을 중지하도록 하였다.

할로겐화합물 소화약제는 제5장 소화약제에서 설명하였다. 소화설비의 구성은 소화약제 저장용기, 가압용 가스용기, 기동장치, 분사헤드, 화재감지장치, 음향장치, 배관, 전자개방장치 등으로 구성되어 있다.

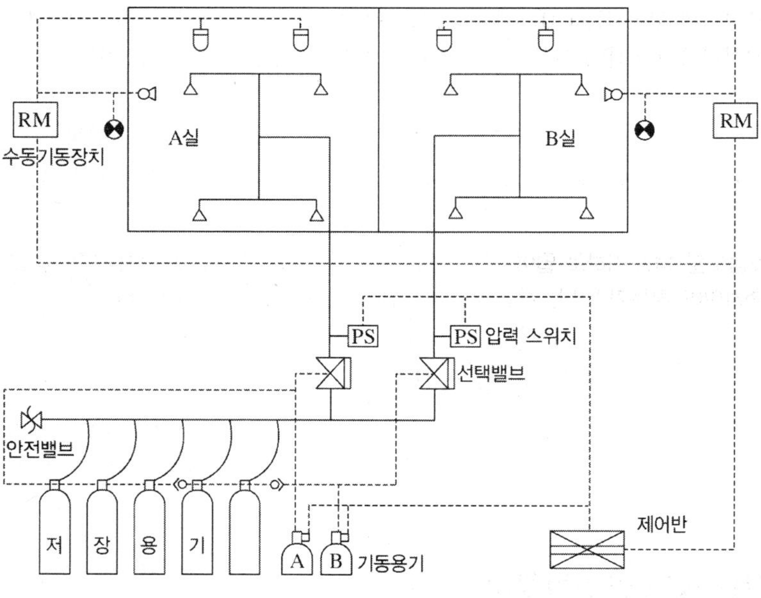

그림 7-63 할로겐화합물소화설비 계통도

7.9.2 할로겐화합물소화설비 종류

1) 방출방식에 의한 분류

이산화탄소소화설비의 방출방식과 같다.

① 전역방출방식
② 국소방출방식
③ 호스릴방식

2) 가압방식에 의한 분류

할로겐화합물 소화약제를 방출하는 방식에 따라 축압식과 가압식으로 나눈다.

① 축압식

할로겐화합물 약제 용기에 질소가스를 사전에 축압하여 충전시켜 놓은 것을 말한다.

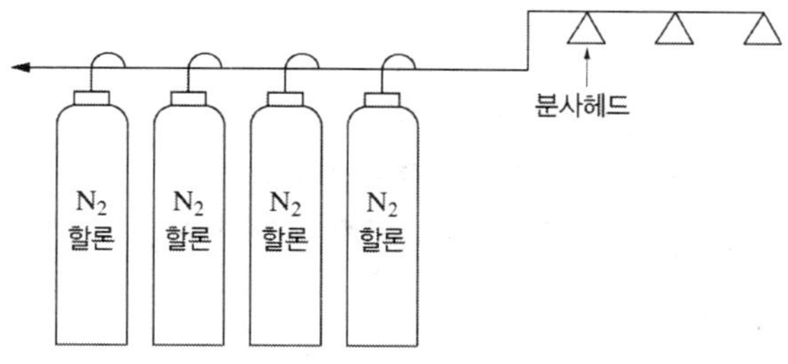

그림 7-64 축압식 방출방식

② 가압식

할로겐화합물 약제용기와 가압용기가 따로 있어 분사 시에는 가압용기의 질소가스가 할론소화약제를 밀어내는 힘에 의하여 약제를 방사하는 방식이다.

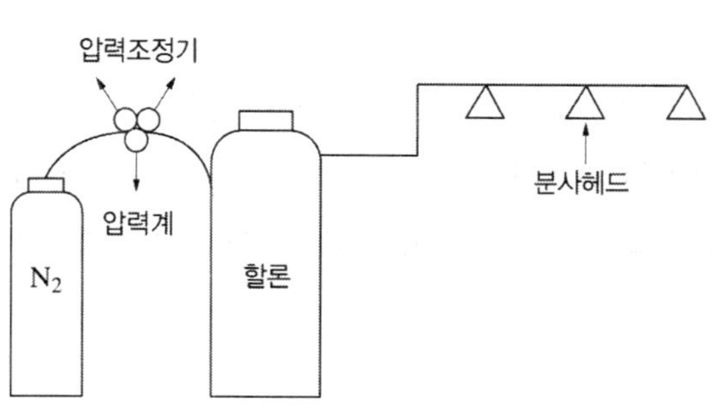

그림 7-65 가압식 방출방식

7.9.3 할로겐화합물 소화약제 저장 용기

저장용기는 가압식과 축압식의 두 종류로 분류할 수 있다. 가압식 및 축압식의 용기 내 압축가스는 주로 질소가 사용된다.

표 7-17 용기 압력과 충전비

가압방식	가압식	축압식		
소화약제	2402	2402	1211	1301
압력(MPa)			1,1 또는 2.5	2.5 또는 4.2
충전비	0.51～0.67	0.67～2.75	0.7～1.4	0.9～1.6

1) 가압식 저장용기

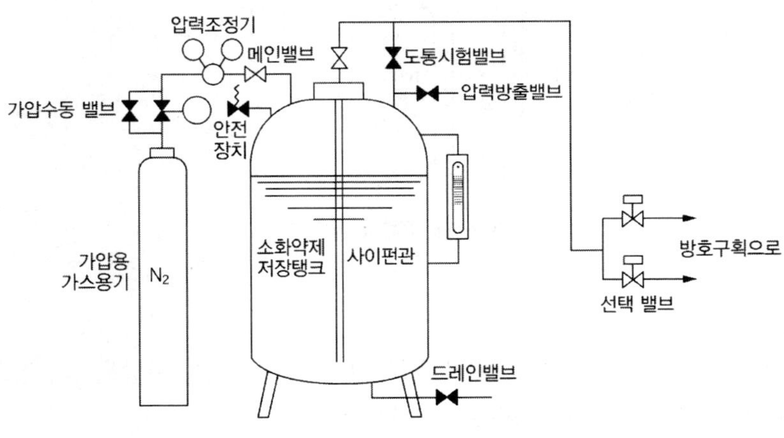

그림 7-66 가압용 저장용기

할론 2402의 소화약제는 상온에서 액상으로 존재하고 자기 증기압이 없기 때문에 소화약제와 별도로 가압용 가스용기에 저장된 이산화탄소나 질소가스를 이용하여 소화약제 저장 용기 내에 압송시켜 소화약제를 방출하는 것이다. 가압용 가스용기의 압력은 21℃에서 2.5 MPa～4.2 MPa가 되도록 한다.

2) 축압식 저장용기

축압식 저장용기는 자기 증기압이 형성되지 못하는 할론 가스를 방출하기 위하여 소화약제의 저장 용기 내에 별도의 가압용 가스인 질소나 이산화탄소 가스를 축압시키는 것이다. 축압식의 용기 내 압력은 온도 20℃에서 할론 1211은 1.1 MPa∼2.5 MPa, 할론 1301을 저장하는 용기는 2.5 MPa∼4.2 MPa이 되도록 충전하여야 한다.

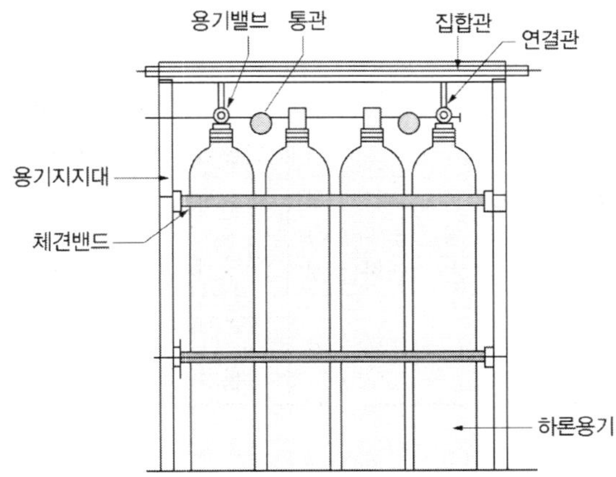

그림 7-67 축압식 저장용기

예제

할론 1301 약제 저장용기의 내용적이 65 L이다. 이 용기에 할론 1301 약제 충전량을 45 kg 저장하였을 경우 충전비는 얼마인가?

풀이

$$C=\frac{V}{G}=\frac{65}{45}=1.44$$

7.9.4 소화약제 저장량

1) 전역방출방식

① 기본량

방호구역의 체적(불연재료나 내열성의 재료로 밀폐된 구조물이 있는 경우에는 그 체적을 제외) 1 m^3에 대하여 표 7-18에 의한 양

$$\text{할론가스저장량(kg)} = \text{방호구역체적}(m^3) \times \text{필요가스량}(kg/m^3) + \text{개구부면적}(m^2) \times \text{가산량}(kg/m^3)$$

표 7-18 방호구역의 소화 약제량

소방대상물 또는 그 부분		약제 종별	방호구역의 체적 1 m^3 당 소화약제의 양
차고·주차장·전기실·통신기기실·전산실 기타 이와 유사한 전기설비가 설치되어 있는 부분		할론 1301	0.32 kg 이상~0.64 kg 이하
특수가연물	가연성 고체류, 가연성 액체류	할론 2402	0.40 kg 이상~1.1 kg 이하
		할론 1211	0.36 kg 이상~0.71 kg 이하
		할론 1301	0.32 kg 이상~0.64 kg 이하
	면화류·목재가공품·톱밥·고무류·넝마 및 종이 부스러기·사류 또는 볏짚류를 저장·취급하는 것	할론 1211	0.60 kg 이상~0.71 kg 이하
		할론 1301	0.52 kg 이상~0.64 kg 이하
	합성수지류를 저장·취급하는 것	할론 1211	0.36 kg 이상~0.71 kg 이하
		할론 1301	0.32 kg 이상~0.64 kg 이하

예제

가로 6 m, 세로 4 m, 층고 4 m인 전산실에 할론 1301 소화설비를 하고자 한다. 법정 최소 소화약제는 몇 [kg] 이상으로 저장하여야 하는가?(단, 4 m^2 개구부가 1개소 있으며, 전역방출방식이다.)

풀이

할론 1301의 소화약제 저장량은 표 7-18 및 7-19를 참조하여 계산한다.
표에서 전산실의 약제량은 0.32[kg/m^3], 개구부 가산량은 2.4[kg/m^2]이므로
할론 저장량은

[방호구역의 체적(m^3)×약제량(kg/m^3)+[개구부 면적(m^2)×개구부 가산량(kg/m^2)]

$=(6\times4\times4\times0.32)+(4\times2.4)=42$ kg

② 가산량 : 개구부에 자동폐쇄장치가 없는 경우에 누설되는 양을 보충하는 것으로 표 7-19에 의하여 산출한 양

표 7-19 소화약제 가산량

소방대상물 또는 그 부분	약제 종별	가산량(개구부 1 m^2당 약제양) (자동폐쇄장치 미설치)
차고·주차장·전기실·통신기기실·전산실 기타 이와 유사한 전기설비가 설치되어 있는 부분	할론 1301	2.4kg

특수가연물	가연성 고체류,가연성 액체류	할론 1301	2.4 kg
		할론 2402	3.0 kg
		할론 1211	2.7 kg
	면화류·목재가공품·톱밥·고무류·넝마 및 종이 부스러기·사류 또는 볏짚류를 저장·취급하는 것	할론 1301	3.9 kg
		할론 1211	4.5 kg
	합성수지류를 저장·취급하는 것	할론 1301	2.4 kg
		할론 1211	2.7 kg

2) 국소방출방식

국소방출방식에 있어서는 다음의 기준에 의하여 산출한 양에 할론 2402에 있어서는 1.1을, 할론 1211 또는 할론 1301에 있어서는 1.25를 각각 곱하여 얻은 양 이상으로 할 것

① 윗면이 개방된 용기에 저장하는 경우와 화재 시 연소면이 한 면에 한정되고 가연물이 비산할 우려가 없는 경우에 표 7-20에 의한 양

표 7-20 국소방출방식의 소화약제 양

소화약제의 종별	방호대상물의 표면적 1 m^2에 대한 소화약제의 양
할론 1301	6.8 kg
할론 1211	7.6 kg
할론 2402	8.8 kg

예제

위험물의 용기가 윗면이 개방되고 그 표면적이 60 m^2 경우 할론 2402를 사용할 때 저장량을 구하시오.

풀이

할로겐화합물가스저장량 = 방호구역 표면적(60 m^2)×8.8 kg(1 m^3당 약제)×1.1(가산량)

= 580.8(kg)

② ①외의 경우에는 방호공간(방호대상물의 각 부분으로부터 0.6 m의 거리에 싸인 공간)의 체적 1 m^3에 대하여 다음의 식에 의하여 산출한 양

$$Q = X - Y\frac{a}{A} \tag{7-37}$$

여기서, Q : 방호공간 1 m^3에 대한 할로겐화합물 소화약제의 양(kg)

X 및 Y : [표 7-21]의 수치

a : 방호대상물 주위에 설치된 벽의 면적의 합계(m^2)

A : 방호공간의 벽면적(벽이 없는 경우에는 벽이 있는 것으로 가정한 당해 부분의 면적)의 합계(m^2)

표 7-21 X, Y의 수치

소화약제의 종별	X의 수치	Y의 수치
할론 1301	4.0	3.0
할론 1211	4.4	3.3
할론 2402	5.2	3.9

3) 호스릴 방식

호스릴 할로겐화합물화 소화설비에 있어서는 하나의 노즐에 대하여 표 7-22에 의한 양 이상으로 할 것

표 7-22 호스릴 소화약제 양

소화약제의 종별	소화약제의 양
할론 2402, 할론1211	50kg
할론 1301	45kg

7.9.5 분사헤드

1) 전역방출방식의 분사헤드 설치기준

① 방사된 소화약제가 방호구역 전역에 균일하게 신속히 확산할 수 있도록 하여야 한다.

② 할론 2402 소화약제를 방사하는 분사헤드는 소화약제가 무상으로 방사되는 헤드를 사용하여야 한다.

③ 분사헤드의 방사압력은 할론 2402는 0.1 MPa 이상, 할론 1211은 0.2 MPa 이상, 할론 1301은 0.9 MPa 이상이 되어야 한다.

④ 저장된 소화약제를 10초 이내에 방사할 수 있는 것으로 사용하여야 한다.

2) 국소방출방식의 분사헤드 설치기준

① 소화약제의 방사에 의하여 가연물이 비산되지 아니하는 장소에 설치하여야 한다.

② 할론 2402 소화약제를 방사하는 분사헤드는 소화약제가 무상으로 방사되는 헤드를 사용하여야 한다.

③ 분사헤드의 방사압력은 할론 2402는 0.1 MPa 이상, 할론 1211은 0.2 MPa 이상, 할론 1301은 0.9 MPa 이상이 되어야 한다.

④ 기준량의 소화약제를 10초 이내에 방사할 수 있는 것으로 사용하여야 한다.

3) 호스릴 소화설비 설치기준

할로겐화합물소화설비의 분사헤드는 다음 각 호의 기준에 따라 설치한다.

① 방호대상물의 각 부분으로부터 하나의 호스 접결구까지의 수평거리가 20 m 이하가 되도록 하여야 한다.

② 소화약제의 저장용기의 개방밸브는 호스릴의 설치장소에서 수동으로 개폐할 수 있는 것으로 하여야 한다.

③ 소화약제의 저장용기는 호스릴을 설치하는 장소마다 설치하여야 한다.

④ 노즐은 20℃에서 하나의 노즐마다 1분당 표 7-23과 같은 약제를 방사할 수 있는 것으로 하여야 한다.

표 7-23 약제별 방사량

소화약제의 종별	약제 방사량
할론 2402	45 kg/min
할론 1211	40 kg/min
할론 1301	35 kg/min

⑤ 소화약제 저장용기의 보기 쉬운 곳에 적색의 표시등을 설치하고 호스릴 할로겐화합물소화설비가 있다는 뜻을 표시한 표지를 설치하여야 한다.

7.10 청정소화약제소화설비

7.10.1 개요

몬트리올 의정서에서 할로겐화합물 소화약제는 오존층 파괴 지구온난화 물질로 지정되어 우리나라는 2010년부터 할론 소화약제의 생산 및 수입이 필수용도를 제외하고는 금지되었다. 이와 관련 우리나라에서는 1994년 "청정소화약제 종류 및 기술기준"을 최초로 제정하고 여러 번의 개정을 통하여 2004년 6월 4일 청정소화약제소화설비의 화재안전기준(NFSC 107A)을 제정하여 13종류의 청정소화약제를 사용할 수 있도록 하고 있다. 청정소화약제의 구성은 할로겐화합물소화설비와 동일하다.

7.10.2 용어의 정의

① <u>청정소화약제</u> : 할로겐화합물(할론 1301, 할론 2402, 할론 1211 제외) 및 불활성 기체로서 전기적으로 비전도성이며 휘발성이 있거나 증발 후 잔여물을 남기지 않은 소화약제

② 할로겐화합물 청정소화약제 : 불소, 염소, 브롬 또는 요오드 중 하나 이상의 원소를 포함하고 있는 유기화합물을 기본성분으로 하는 소화약제

③ 불활성 기체 청정소화약제 : 헬륨, 네온, 아르곤 또는 질소가스 중 하나 이상의 원소를 기본 성분으로 하는 소화약제

④ 충전밀도 : 용기의 단위용적당 소화약제의 중략의 비율

⑤ 할로겐화합물의 지구환경과 관련된 용어

- <u>오존파괴지수(ODP</u> : Ozone Depletion Prteial)

$$\text{ODP} = \frac{\text{어떤 물질 1 kg이 파괴하는 오존량}}{\text{CFC}-1\text{ kg이 파괴하는 오존량}}$$

- <u>지구온난화지수(GWP</u> : Global Warming Potential)

$$\text{GWP} = \frac{\text{어떤 물질 1 kg의 지구 온난화 정도}}{\text{CFC}-1\text{ kg의 지구 온난화 정도}}$$

- <u>ALT</u>

어떤 물질이 방사된 후 대기권 내에서 분해되지 않고 체류하는 잔류시간(단위 : 년)으

로 대기권에서 분해되는 분해의 난이도를 나타낸 값

- NOAEL(No Observed Adverse Effect Level)
인간의 심장에 영향을 주지 않는 최대허용농도로서 관찰이 불가능한 부작용 수준을 의미한다. 즉, 이는 해당 농도만큼 방사가 되어도 인간에게 부작용이 발생하지 않는 최대로 허용이 가능한 농도
- LOAEL(Lowest Observable Adverse Effect Level)
실험약제의 농도가 조금씩 감소시켜 갈 때 신체에 악영향을 감지할 수 있는 농도. 즉, 심장에 독성을 미칠 수 있는 최소농도

7.10.3 청정소화약제의 종류

표 7-24 청정소화약제의 종류

소화약제	화학식
퍼플루오로부탄(이하 "FC-3-1-10"이라 한다)	C_4F_{10}
하이드로클로로플루오로카본혼화제 (이하 "HCFC BLEND A"라 한다) [NAF S-Ⅲ]	HCFC-123($CHCl_2CF_3$) : 4.75% HCFC-22($CHClF_2$) : 82% HCFC-124($CHClFCF_3$) : 9.5% $C_{10}H_{16}$: 3.75%
클로로테트라플루오르에탄 (이하 "CFC-124" 한다)	$CHClFCF_3$
펜타플루오로에탄(이하 "HFC-125"라 한다)	CHF_2CF_3
헵타플루오로프로판(이하 "HFC-227ea"라 한다)[FM-200]	CF_3CHFCF_3
트리플루오로메탄(이하 "HFC-23"라 한다)	CHF_3
헥사플루오로프로판(이하 "HFC-236fa"라 한다)	$CF_3CH_2CF_3$
트리플루오로이오다이드(이하 "FIC-13I1"라 한다)	CF_3I
불연성·불활성 기체혼합가스 (이하 "IG-01"이라 한다)	Ar
불연성·불활성 기체혼합가스 (이하 "IG-100"이라 한다)	N_2
불연성·불활성 기체혼합가스 (이하 "IG-541"이라 한다)[Inergen]	N_2 : 52%, Ar : 40%, CO_2 : 8%
불연성·불활성 기체혼합가스 (이하 "IG-55"이라 한다)	N_2 : 50%, Ar : 50%
도데카플루오로-2-메틸펜탄-3원 (이하 "FK-5-1-12"이라 한다)	$CF_3CF_2C(O)CF(CF_3)_2$

7.10.4 청정소화약제 구비조건

① 소화성능이 우수할 것

② 인체에 대한 독성이 낮을 것

③ 오존파괴지수(ODP)가 낮을 것

④ 지구온난화지수(GWP)가 낮을 것

⑤ 저장 안정성이 좋을 것

⑥ 금속을 부식시키지 않을 것

⑦ 전기전도도가 낮을 것

⑧ 사용 후 잔유물이 없을 것

⑨ 자체 증기압으로 방사가 가능할 것

7.10.5 청정소화약제저장용기 설치기준

① 저장용기에는 약제명 · 저장용기의 자체중량과 총중량 · 충전일시 · 충전압력 및 약제의 체적을 표시할 것

② 집합관에 접속되는 저장용기는 동일한 내용적을 가진 것으로 충전량 및 충전압력이 같도록 할 것

③ 저장용기에 충전량 및 충전압력을 확인할 수 있는 장치를 하는 경우에는 해당 소화약제에 적합한 구조로 할 것

④ 저장용기의 약제량 손실이 5%를 초과하거나 압력손실이 10%를 초과할 경우에는 재충전하거나 저장용기를 교체할 것. 다만, 불활성 가스 청정소화약제저장용기의 경우에는 압력손실이 5%를 초과할 경우에는 재충전하거나 저장용기를 교체해야 한다.

7.10.6 청정소화약제소화설비의 수동식 기동장치의 기준

수동기동장치는 다음의 기준에 따라 설치하고, 수동기동장치 부근에 소화약제의 방출을 지연시킬 수 있는 비상스위치를 설치하여야 한다.

① 방호구역마다 설치한다.

② 당해 방호구역의 출입구 부근 등 조작을 하는 자가 쉽게 피난할 수 있는 장소에 설치할 것

③ 기동장치의 조작부는 바닥으로부터 0.8 m 이상 1.5 m 이하의 위치에 설치하고, 보호판

등에 따른 보호 장치를 설치할 것

④ 기동장치에는 가깝고 보기 쉬운 곳에 "청정소화약제소화설비 기동장치"라는 표지를 할 것

⑤ 전기를 사용하는 기동장치에는 전원표시등을 설치할 것

⑥ 기동장치의 방출용 스위치는 음향경보장치와 연동하여 조작될 수 있는 것으로 할 것

⑦ 5 kg 이하의 힘을 가하여 기동할 수 있는 구조로 설치

7.10.7 청정소화약제소화설비의 분사헤드의 기준

① 분사헤드의 설치 높이는 방호구역의 바닥으로부터 0.2~3.7 m 이하로 한다.

② 분사헤드의 개수는 방호구역에 청정소화약제가 10초(불활성 가스 청정소화약제는 1분) 이내에 95% 이상 방출되도록 설치한다.

③ 분사헤드에는 부식 방지조치를 하여야 하며 오리피스의 크기, 제조일자, 제조업체를 표시하여야 한다.

연습문제

01 할로겐화합물 소화약제의 특성을 쓰시오.

풀이 ① 전기전도성이 없다(전기의 불량 도체).

② 오염, 변질, 수손 등 2차 손실이 없다.

③ 심부까지 침투하여 소화한다.

④ 금속에 대한 부식성이 없다.

⑤ 부촉매에 의한 연소의 억제작용으로 소화능력이 우수하다.

⑥ 소화시간이 매우 빠르다.

02 할론 1301 설비의 전역방출방식과 국소방출방식의 개념 차이를 설명하시오.

풀이 ① 전역방출방식 : 고정식 할로겐화합물 공급장치에 배관 및 분사헤드를 고정 설치하여 밀폐방호구역 내에 할로겐화합물을 방출하는 방식

② 국소방출방식 : 고정식 할로겐화합물 공급장치에 배관 및 분사헤드를 설치하여 직접 화점에 할로겐화합물을 방출하는 설비로 화재발생 부분에 집중적으로 소화약제를 방출하도록 설치하는 방식

03 청정소화약제소화설비의 분사헤드 기준을 쓰시오.

04 다음에 주어지는 청정소화약제의 Freon No.와 화학식을 쓰시오.

① FM-200

② NAF S-Ⅲ

③ Inergen

풀이 ① ㉠ HFC-227ea ㉡ CF_3CHFCF_3

② ㉠ HCFC Blend A ㉡ $CHClFCF_3$

③ ㉠ IG-541 ㉡ N_2 : 52%, Ar : 40%, CO_2 : 8%

05 다음은 할로겐화합물 소화약제 저장용기 설치기준이다. (　　)에 알맞은 답을 쓰시오.

(1) 축압식 저장용기의 압력은 얼마인가?

① 할론 1211 (㉠) 또는 (㉡)

② 할론 1301 (㉢) 또는 (㉣)

(2) 저장용기의 충전비(L/kg)

① 할론 2402 가압식 (㉠) 이상 (㉡) 미만

축압식 (㉢) 이상 (㉣) 미만

② 할론 1211 (㉤) 이상 (㉥) 미만

③ 할론 1301 (㉦) 이상 (㉧) 미만

06 청정소화약제 구비조건 5가지를 쓰시오.

07 할론 1301 저장용기 속에 질소가스를 함께 충전하여 내부 압력을 높이는 이유를 쓰시오.

풀이 할로겐화합물 소화약제를 유효하게 방출하기 위하여 질소가스나 이산화탄소를 충전하여 사용한다.

08 청정소화약제 중 IG-54은 질소(N_2), 아르곤(Ar), 이산화탄소(CO_2)로 구성되어 있다. 각각의 농도(%)는 얼마인가?

09 청정소화약제소화설비의 수동식 기동장치 기준 5가지를 쓰시오.

10 방호구역의 체적이 200 m^3인 소방대상물에 전역방출방식으로 할론 1301을 분사했을 때 O_2의 농도를 측정하여보니 14%였다. 이 때 방출된 할론 1301의 무게(kg)는 얼마인가?(단, 원자량은 C 12, F 19, Br 79.90이다. 온도는 20℃, 압력은 2기압이다.)

풀이 할론 1301의 분자식은 CF_3Br이므로 분자량 $= 12+(19\times3)+79.9 = 148.9$

① 할론 방출량 $= \dfrac{21-O_2}{O_2}\times V$ (체적이 주어진 경우 심부화재)

② 할론 농도 $= \dfrac{21-O_2}{21}\times100$ (표면화재, 조건없이 O_2양을 구할 때)

여기서, O_2 : 물질의 연소한계 산소농도(%) 또는 측정된 산소농도(%)

V : 방호구역의 체적(m^3)

따라서, 할론 방출량 $= \dfrac{21-14}{14}\times200 = 100\ m^3$

이상기체 상태방정식에서 무게로 환산하면 $PV = \dfrac{W}{M}RT$

∴ 방출된 할론 1301의 무게 $W = \dfrac{PVM}{RT} = \dfrac{2\times100\times148.9}{0.082\times(273+20)} = 1,239\ kg$

11 다음은 청정소화약제소화설비에서 청정소화약제저장용기에 관한 설명이다. (   )안에 알맞은 수치를 넣으시오.

> 저장용기의 약제량 손실이 (   )를 초과하거나 압력손실이 (   )를 초과할 경우에는 재충전하거나 저장용기를 교체할 것. 다만, 불활성 가스 청정소화약제저장용기의 경우에는 압력손실이 (   )를 초과할 경우에는 재충전하거나 저장용기를 교체해야 한다.

7.11 분말소화설비

7.11.1 개요

분말소화설비는 연소 확대 위험이 크거나 물에 의한 소화가 어려운 위험물이나, 고압의 전기설비 등으로 전기 절연성이 요구되는 소방대상물에 설치하는 소화설비로서 가압용 가스압력으로 분말소화약제를 배관을 통해 배출시키는 구조의 설비를 말한다.

분말소화설비는 소화약제와 가압가스의 충전상태에 따라서 가압가스와 분말약제를 함께 충전시킨 축압식 설비와 가압용 가스용기를 별도로 설치하는 가압식 설비로 구분된다.

분말소화설비는 소화성능이 우수하여 연소속도가 빠른 인화성 액체나 고전압의 전기화재 등에 적합하며 소화약제의 수명도 반영구적이어서 설비 유지 관리에도 경제적인 반면에, 피연소물이 분말약제로 인해 영향을 미치며 배관 내를 흐를 때 분말약제의 특성상 고압을 필요로 한다는 단점이 있다. 기동은 수동과 자동에 의한 작동이 가능하다. 소화효과는 냉각 및 질식효과와 연쇄반응을 차단하는 효과가 있다.

분말소화설비의 구성요소는 약제저장용기, 정압작동장치, 압력조정기, 선택밸브, 클리닝장치, 분사헤드, 감지장치로 구성되어 있다.

1) 계통도

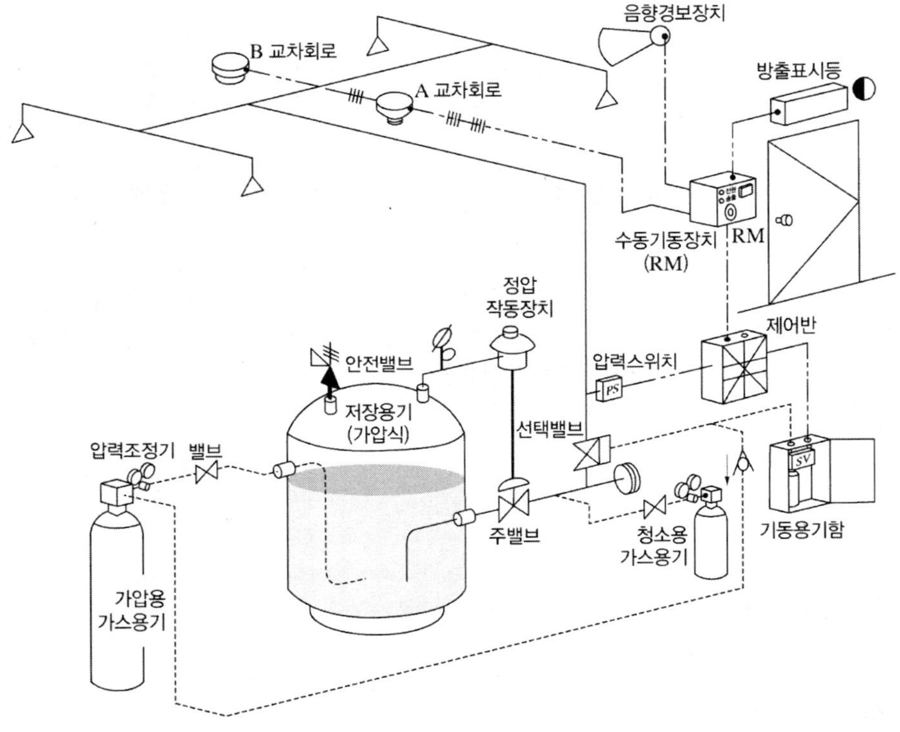

그림 7-68 가압식 분말소화설비 계통도

2) 작동원리

방호공간에 설치되어 있는 적용 감지기 동작에 의해 화재를 감지하면 감지기의 동작신호가 수신반에 통보함과 동시에 음향장치의 작동으로 경보를 울린다. 화재가 더욱 성장되면 교차회로에 의한 감지기 신호를 받아 CO_2 기동용기의 솔레노이드 밸브의 작동으로 기동용기 내의 이산화탄소가 방출한다.

기동용기에서 방출된 가스에 의하여 질소용기밸브와 선택밸브를 개방시키며 가압용 가스인 질소가 압력조절기를 거쳐 분말약제 저장용기에 들어가 분말과 섞인 후 소정의 방사압력으로 조정되면 정압작동장치가 작동하여 분말약제 저장용기의 주밸브를 개방시킨 후 미리 개방된 선택밸브를 통하여 해당 방호구역으로 약제를 방출한다.

참고

정압작동장치

① 화재 시 방호구역 내의 거주자가 안전하게 대피한 다음 분말을 방사하여 소화함으로써 거주자의 질식사를 방지하기 위해서 설치.

② 가압용 가스용기에서 가압가스가 약제탱크 내에 유입되면 분말약제와 가압가스가 소화하기 적당한 상태로 혼합되는 데에는 15~30초 정도가 소요된다. 이후, 약제저장탱크 내의 압력이 설정된 압력에 이르면 주밸브를 개방시키기 위한 장치

교차회로방식

하나의 방호구역 내에 2 이상의 화재 감지기 회로를 설치하고 인접한 2 이상의 화재감지기가 동시에 감지될 때 분말소화설비가 작동하여 소화약제가 방출되는 방식

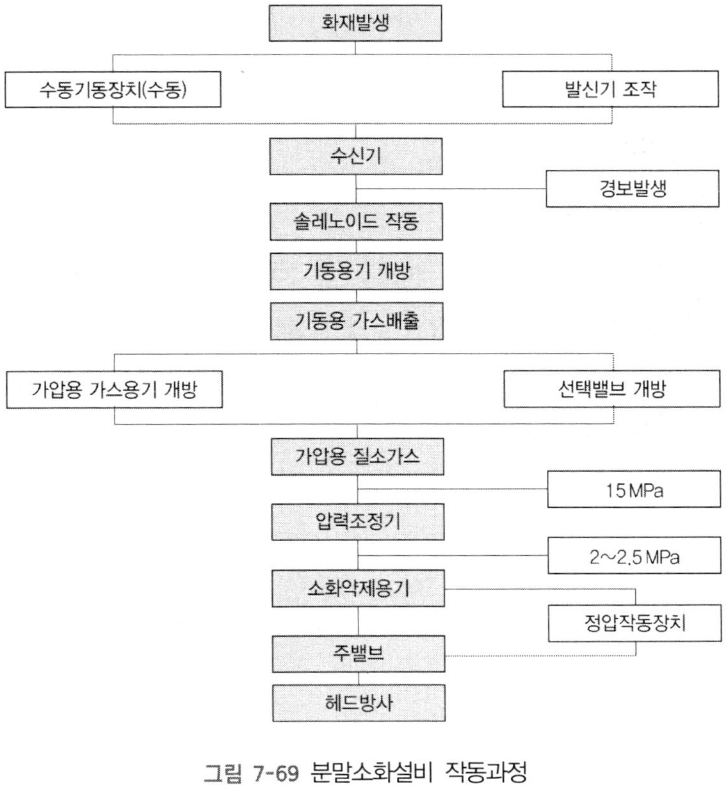

그림 7-69 분말소화설비 작동과정

7.11.2 분말소화설비의 종류

1) 전역방출방식

방호대상물이 내화구조 또는 불연재료로 된 벽, 기둥, 반자로 구성되어 있고, 자동폐쇄장치의 개구부가 설치된 구획 안에 헤드를 설치하여 소화제를 방출하는 방식을 말한다.

2) 국소방출방식

방호대상물이 불연재료로 구성되어 있지 않거나 구획되어 있어도 전역방출방식으로는 소화가 곤란한 한정된 소규모의 방호대상물의 연소면을 직접 소화제로 덮어 소화할 수 있도록 헤드를 배치하는 방식이다.

3) 호스릴 방식

전역방출방식, 국소방출방식과 같이 사전에 배관을 고정 설치하는 것이 아니고 화재의 경우 호스를 연장하여 사람이 조작할 수 있도록 이동이 가능한 방식이다.

7.11.3 분말소화설비의 구성

1) 분말소화설비의 저장용기

분말소화설비의 저장용기는 가압식과 축압식으로 구분되며 가압식은 별도의 저장용기에 압력가스를 저장하여 사용하는 것이며, 축압식은 가압식과 달리 사전에 용기 내에 압력을 충전한 것으로 지시압력계가 부착된 것이다. 충전가스는 주로 이산화탄소나 질소를 사용하며 주로 사용하는 방식은 가압식의 방식이다.

(1) 설치장소

이산화탄소 설치장소 기준과 같다.

(2) 저장용기 기준

① 저장용기 내용적은 표 7-25에 따른다.

표 7-25 소화약제별 저장용기 내용적

종별	소화약제 1kg당 저장용기 내용적
제1종 분말	0.8
제2종 분말	1.0
제3종 분말	
제4종 분말	1.25

② 다음의 압력에서 작동하는 안전밸브를 설치할 것

- 가압식 : 최고 사용압력의 1.8배 이하
- 축압식 : 용기 내압시험압력의 0.8배 이하

③ 저장용기의 내부압력이 설정압력이 되었을 때 주밸브를 개방하는 정압작동장치를 설치하여야 한다.

④ 저장용기의 충전비는 0.8 이상으로 할 것

⑤ 저장용기 및 배관에는 잔류 소화약제를 처리할 수 있는 청소장치를 설치할 것

⑥ 축압식의 경우 사용압력의 범위를 표시한 지시압력계를 설치 할 것

2) 가압용 가스용기

(1) 가압용 가스용기 설치 기준

① 분말소화약제의 가스용기는 분말 소화약제의 저장용기에 접속하여 설치하여야 한다.

② 분말 소화약제의 가압용 가스용기를 3병 이상 설치한 경우에 있어서는 2개 이상의 용기에 전자개방밸브를 부착하여야 한다.

③ 분말 소화약제의 가압용 가스용기에는 2.5 MPa 이하의 압력에서 조정이 가능한 압력조정기를 설치하여야 한다.

(2) 가압용 또는 축압용 가스 설치기준

① 가압용 또는 축압용 가스는 질소가스 또는 이산화탄소로 할 것

② 가압용 가스에 질소가스를 사용하는 것에 있어서는 질소가스는 소화약제 1 kg 마다 40 L(35℃에서 0.1 MPa의 압력상태에서 환산한 것) 이상, 이산화탄소를 사용하는 것에 있어서의 이산화탄소는 소화약제 1 kg에 대하여 20 g에 배관의 청소에 필요한 양을 가산

한 양 이상으로 할 것

③ 축압용 가스에 질소가스를 사용하는 것에 있어서의 질소가스는 소화약제 1 kg에 대하여 10 L(35℃에서 0.1MPa의 압력상태로 환산한 것) 이상, 이산화탄소를 사용하는 것에 있어서의 이산화탄소는 소화약제 1 kg에 대하여 20 g에 배관의 청소에 필요한 양을 가산한 양 이상으로 할 것

④ 배관의 청소에 필요한 양의 가스는 별도의 용기에 저장할 것

3) 압력조정장치

가압용의 질소가스는 용기 내 15 MPa의 고압으로 충전되어 있으므로 이를 1.5~2 MPa로 감압하여 약제탱크에 보내기 위한 것으로 약제탱크 내압이 낮을 때에는 질소가스를 공급하고 소정의 압력이 되면 공급을 정지한다. 질소 가압용기 1병마다 1개씩 설치한다.

4) 클리닝장치

분말약제 방출 후에 배관 속에 약제가 남아있는 경우 습기를 흡수하면 굳어져 설비의 재사용이 불가능해지고 심하면 배관을 교체해야 한다. 따라서 이러한 현상을 방지하기 위하여 소화약제 작동 후 분말소화약제 탱크의 잔압을 방출함과 동시에 청소장치로 배관 내를 깨끗이 청소해주는 장치를 말한다.

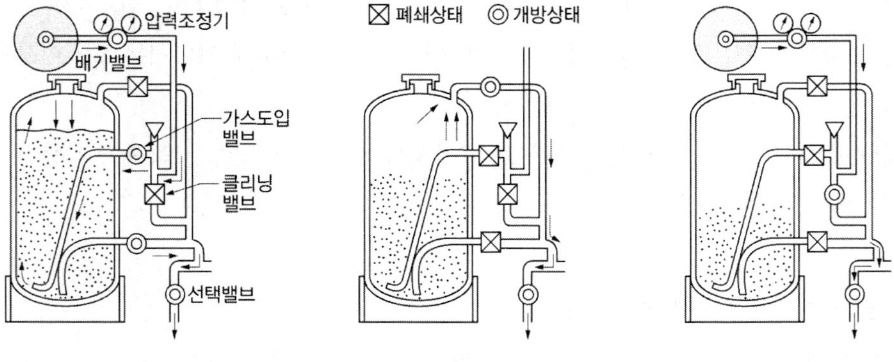

(a) 소화약제 압송 중 (b) 잔압 방출 조작 중 (c) 클리닝 조작 중

그림 7-70 배관 클리닝 밸브 조작

5) 정압작동장치

정압작동장치는 소화약제 저장용기와 방출 주밸브 사이에 있는 장치이다. 질소 또는 이산화탄소의 가압용 가스용기로부터 가압가스가 분말소화설비 약제 저장용기 내에 유입되어 분말약제를 혼합, 유동화하여 방사압력이 되었을 때 정압작동장치가 동작하여 약제 용기의 주밸브를 개방시켜주는 장치이다.

6) 분사헤드

분사헤드는 내식성 재료로 만들어지며 방출방식, 소방대상물에 따라 헤드를 선정하여 사용한다.

(1) 전역방출방식

① 방사된 소화약제가 방호구역의 전역에 균일하고 신속하게 확산할 수 있게 한다.

② 약제저장기준에 의하여 산출된 분말 소화약제의 저장량을 30초 이내에 방사할 수 있어야 한다.

(2) 국소방출방식

① 소화약제의 방사에 의하여 가연물이 비산하지 아니하는 장소에 설치한다.

② 기준 저장량의 소화약제를 30초 이내에 방사할 수 있는 것으로 한다.

(3) 호스릴방식

① 방호대상물의 각 부분으로부터 하나의 호스 접결구까지의 수평거리가 15 m 이하가 되도록 한다.

② 소화약제 저장용기의 개방밸브는 호스릴 설치장소에서 수동으로 개폐할 수 있는 것으로 한다.

③ 소화약제의 저장용기는 호스릴을 설치하는 장소마다 설치한다.

④ 소화약제 저장용기의 보기 쉬운 곳에 적색의 표시등을 설치하고 이동식 분말설비가 있다는 뜻을 표시한 표지를 설치하여야 한다.

⑤ 노즐은 하나의 노즐마다 1분당 아래의 표 7-26에 의한 소화약제를 방사할 수 있도록 한다.

표 7-26 약제별 분당 방사량

소화약제의 종별	1분당 방사하는 소화약제의 양
제1종 분말	45 kg
제2종 분말 또는 제3종 분말	27 kg
제4종 분말	18 kg

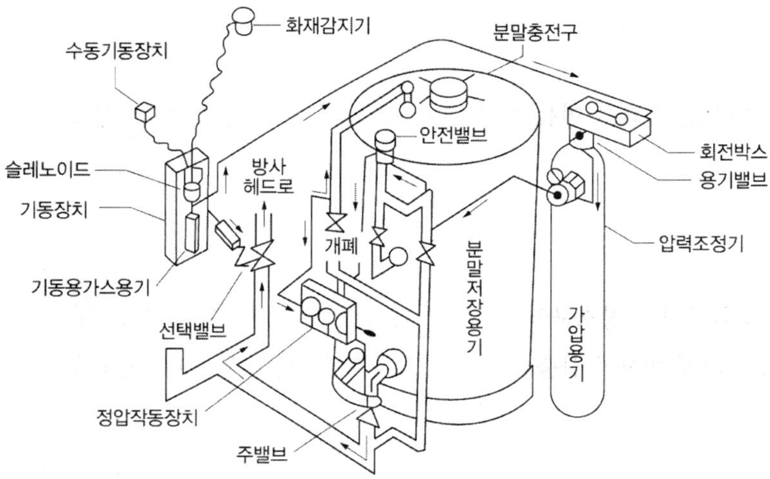

그림 7-71 분말소화설비의 저장용기

7.11.4 소화약제 저장량

1) 전역방출방식

① 방호구역의 체적 1 m^3에 대하여 표 7-27에 의한 양으로 한다.

② 방호구역의 개구부에 자동폐쇄장치를 설치하지 아니한 경우에는 표 7-28의 가산량을 더하여 구한다.

표 7-27 분말 소화약제 소화약제량

약제의 종류	소화약제량	가산량(개구부면적 1m^2에 대한 소화약제 양)
제1종 분말	0.60 kg/m^3	4.5 kg/m^2
제2·3종 분말	0.36 kg/m^3	2.7 kg/m^2
제4종 분말	0.24 kg/m^3	1.8 kg//m^2

예제

특정소방대상물에 분말소화설비를 설치하였다. 다음 조건을 참고하여 약제 저장량[kg]을 구하시오.

[조건]

- 방호구역의 크기는 20 m×15 m×4 m이다.
- 개구부의 크기는 2 m×1 이며 자동폐쇄장치는 설치되어 있지 않다.
- 방호구역의 중앙에 기둥이 있는데 기둥의 크기는 2 m×1.5 m×4 m이다.
- 전역방출방식이며 제1종 분말을 사용한다.

풀이

① 방호구역의 체적 = (20 m×15 m×4 m) − (2 m×1.5 m×4 m) = 1188[m^3]

② 분말저장량 = 방호구역 체적[m^3]×약제량[kg/m^3] + 개구부 면적[m^2]

개구부 가산량[kg/m^2] = 1188[m^3]×0.6[kg/m^3]+(2[m]×1[m])×4.5[kg/m^2]

= 1188[m^3]×0.6[kg/m^3]+(2[m]×1[m])×4.5[kg/m^2]

= 721.8 kg

2) 국소방출방식

분말소화설비의 국소방출방식은 다음 기준에 의하여 산출한 양에 1.1을 곱하여 얻은 양 이상으로 하여야 한다.

$$Q = (X - Y\frac{a}{A}) \times 1.1$$

여기서, Q : 방호공간에 1 m^{3}에 대한 분말 소화약제의 양(kg/m^3)

a : 방호대상물의 주변에 설치된 벽면적의 합계(m^2)

A : 방호공간의 벽면적의 합계(m^2)

X, Y : 표 7-28 수치

표 7-28 X, Y의 수치

소화약제의 종별	X의 수치	Y의 수치
제1종 분말	5.2	3.9
제2종 분말 또는 제3종 분말	3.2	2.4
제4종 분말	2.0	1.5

예제

다음 그림과 같은 제4류 위험물로 화재 시 연소면적이 여러 면이고 비산할 우려가 있는 소방대상물(가로 6 m, 세로 6 m, 높이 6 m의 벽이 있음)이 있다. 이곳의 국소방출방식 제3종 분말소화약제 저장량(kg)은 얼마인가?

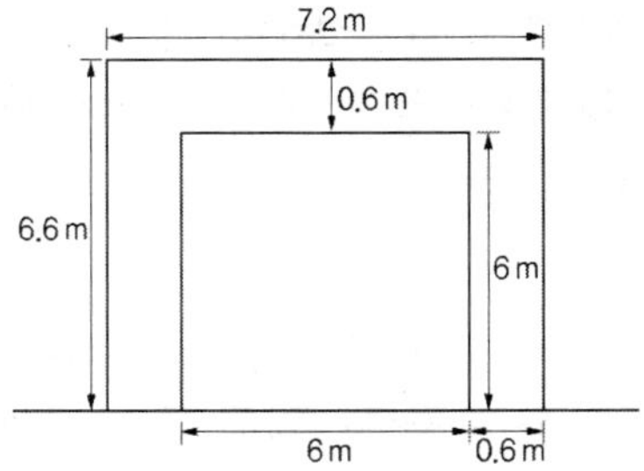

풀이

$Q = (X - Y\frac{a}{A}) \times 1.1$

$a = 6\ \text{m} \times 6\ \text{m} \times 5\text{면} = 180[\text{m}^2]$

$A = 7.2\ \text{m} \times 6.6\ \text{m} \times 4\text{면} + 7.2 \times 7.2 \times 1\text{면} = 241.92[\text{m}^2]$

$Q = (X - Y\frac{a}{A}) \times 1.1 = 3.2 - 2.4 \times \frac{180}{241.92} \times 1.1 = 1.236\ [\text{kg/m}^3]$

방호공간의 체적 $= 7.2 \times 7.2 \times 6.6 = 342.144[\text{m}^2]$

$\therefore$ 저장량은 $= 342.144[\text{m}^3] \times 1.236[\text{kg/m}^3] = 422.8[9\ \text{kg}]$

3) 호스릴방식

호스릴 분말소화설비에 있어서는 하나의 노즐에 대하여 표 7-29에 의한 양 이상으로 한다.

약제저장량[kg] = 노즐 수 × 소화약제의 양

표 7-29 호스릴 방식 종별 약제 양

소화약제의 종별	소화약제의 양
제1종 분말	50 kg
제2·3종 분말	30 kg
제4종 분말	20 kg

7.11.5 넉다운(knock down) 효과, 비누화 현상

1) 넉다운 효과

제1종 분말($NaHCO_3$)및 제2종 분말($KHCO_3$) 소화약제가 연소 중의 가연물에 분사되면 가연물의 표면을 덮어서 산소공급을 차단하여 질식시키며, 동시에 분말이 불꽃과 연소물질을 입체적으로 포위하여 부촉매작용에 의한 연소의 연쇄반응을 중단시켜 순식간에 소화작업이 완료되어 넉다운 효과라 한다.

일반적으로 약제 방사 후 약 10～20초 내에 소화되며 30초 이내에 넉다운되지 않으면 소화불능으로 판정되며 원인은 약제량의 방출이 부족하기 때문이다.

2) 비누화 현상

제1종 분말소화약제($NaHCO_3$)를 지방이나 식용유의 화재에 사용하면 탄산수소나트륨의 Na^+ 이온과 기름(지방이나 식용유)의 지방산이 결합하여 비누거품을 형성하게 된다. 이 비누거품이 가연물을 덮어 산소공급을 차단하여 소화효과를 높이게 되는데 이를 분말소화약제의 비누화 현상이라고 한다.

연습문제

01 분말소화설비에서 청소(cleaning)장치를 두는 이유를 쓰시오.

풀이 분말소화설비의 소화약제는 건조한 분말로 작동 방출 후 배관 속에 남게 되는데 이를 방치하게 되면 습기를 흡수하여 굳어지므로 실제화재 시 설비 작동이 불가능하게 될 뿐만 아니라 이를 청소하기 위해서는 배관을 전부 분해해야 한다. 따라서 이를 방지하기 위하여 청소장치가 필요하다.

02 분말소화설비의 장·단점을 쓰시오.

풀이 ① 장점

- 소화성능이 우수하고 인체에 무해하다.
- 전기절연성이 우수하여 전기화재에도 적합하다.
- 소화약제의 수명이 반영구적이므로 경제성이 높다.
- 다른 소화약제와 병용해서 사용이 가능하다.
- 심부화재와 표면화재에 모두 적합하다.

② 단점

- 별도의 가압원이 필요하다.
- 소화 후 잔유물이 남는다.

03 분말소화설비의 정압작동장치에 대하여 간단히 설명하시오.

04 다음은 분말소화약제에 대한 설명이다. (   )에 알맞은 답을 쓰시오.

> 분진이 많이 날리는 곳에서는 제 (①)종 분말소화약제가 적당하며, 화학식은 (②)이고, (③)으로 착색되며 일반화재에 높은 소화효과를 나타낸다. (④)분해 시 (⑤) 이 생성되어 (⑥) 작용과 (⑦)효과를 나타낸다.

풀이 ① 3 ② $NH_4H_2PO_4$ ③ 담홍색 ④ 열 ⑤ 메타인산 ⑥ 피막 ⑦ 방진

05 분말소화설비에서 사용되는 소화약제의 종류에 따른 약제의 주성분을 화학식으로 쓰시오.

종류	주성분
제1종 분말소화약제	
제2종 분말소화약제	
제3종 분말소화약제	
제4종 분말소화약제	

풀이 제5장 소화약제 편 참조

06 다음 그림을 보고 밸브 작동상태를 쓰시오.

① ② ③

풀이 ① 분말약제 압송 중 ② 잔압 방출 조작 중 ③ 청소 조작 중

07 화재 시 분말소화설비를 작동시켰더니 넉다운 효과가 일어나지 않았다. 넉다운 효과를 간단히 설명하고 넉다운 효과가 일어나지 않은 이유를 쓰시오.

풀이 ① 넉다운 효과 : 분말소화약제가 분출되어 산소공급을 차단하여 질식을 시키고 부촉매작용으로 연쇄반응을 중단시켜 약제 방사 후 10~20초 내에 순간적으로 화재를 진압하는 효과

② 이유 : 약제에 이물질이 혼합되거나 가압용 또는 축압용 가스가 방출되어서
바람이 10 m/s 이상 불거나 금속화재인 경우

08 제1종 분말소화약제의 비누화 현상의 발생원리 및 화재에 미치는 효과에 대하여 설명하시오.

09 분말소화설비 배관 시 배관방법을 토너먼트 방식으로 하는 이유를 간단히 설명하시오.

풀이 각 분말 헤드에서 분말의 방사압력과 방사량을 일정하게 유지하기 위해서 이 방식을 설치한다.

10 분말소화약제의 저장용기에는 가압식과 축압식이 있다. 각각의 안전밸브 작동압력을 쓰시오.

풀이 ① 가압식 : 최고사용압력의 1.8배 이하

② 축압식 : 내압시험압력의 0.8배 이하

CHAPTER

08 경보설비

경보설비는 화재발생을 통보하는 기계·기구 또는 설비를 말한다.

8.1 자동화재탐지설비

8.1.1 개요

화재발생 시 발생하는 열, 또는 연소생성물로 인하여 화재발생을 신속히 감지, 음향장치를 발하거나 수신기에 발생하여 소방대상물의 관계자에게 알려 신속히 대피하도록 통보하고 소화설비 및 피난설비 등을 효과적으로 사용하기 위한 설비로서 수신기·중계기·감지기·발신기·음향장치·배선 및 전원 등으로 구성되어 있다.

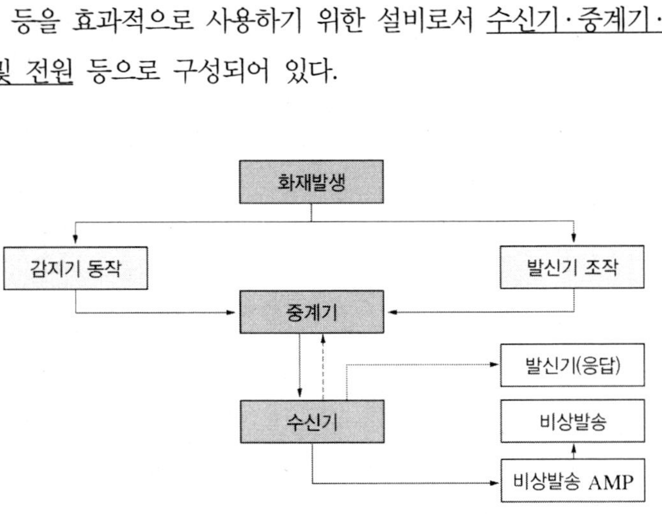

그림 8-1 자동화재탐지설비의 동작

8.1.2 설비의 구성

1) 감지기 종류

화재로 인하여 발생되는 열이나 연소생성물 등으로 발생되는 화재를 감지하여 자동적으로 화재신호를 발신하는 역할을 한다. 열감지기에는 기능상 차동식, 정온식 및 보상식의 3종류가 있으며, 이 밖에 복사감지기, 연기감지기가 있다.

(a) 본체 (b) 베이스 (c) 표시

(d) 감열실 내부 (e) 내부접점

그림 8-2 감지기 와형 및 내부구조

(1) 차동식 스포트형 감지기

감지기의 주위온도가 일정한 온도상승률 이상이 되었을 때 작동하는 것으로 국소의 열효과에 의하여 작동하는 것을 말한다. 공기의 팽창을 이용하는 것과 열기전력을 이용하는 것으로 나눈다.

① 공기의 팽창을 이용한 것

이 구조는 공기의 팽창을 이용한 것으로서 감열실, 다이아프램, 리크구멍, 접점, 작동표시장치 등으로 구성되어 있다. 화재 시 급격한 온도상승을 받으면 공기실 내의 공기가 감지기 주위온도의 온도상승과 더불어 팽창하여 리크 구멍에 의하여 누설되지 않고 팽창된 공기가 다이아프램을 팽창시켜서 접점을 접촉시키고 화재신호를 발신한다.

완만한 주위온도 상승은 리크 구멍으로 팽창된 공기가 누설되기 때문에 다이아프램을 팽창시켜도 접점은 접촉되지 않는다.

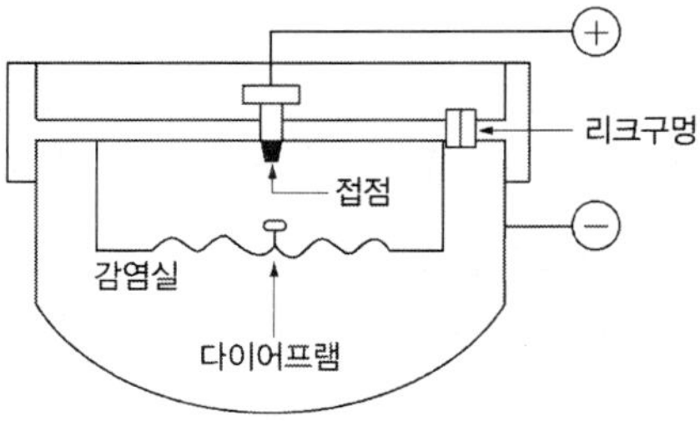

그림 8-3 차동식 스포트형(공기팽창을 이용한 것)

② 열기전력을 이용한 것

감열실, 반도체열전대, 고감도 릴레이, 접점 등으로 구성되어 있으며 급격한 온도상승이 있으면 감열 커버에 고정된 반도체 열전대가 열기전력을 발생하여 고감도 릴레이의 접점을 접촉시켜 화재신호를 보낸다. 평상시의 완만한 온도상승에 대하여 반도체 열전대의 냉접점 측의 열기전력에 의하여 온접점 측의 열기전력이 상쇄되어 접점이 접촉되지 않도록 되어 있다.

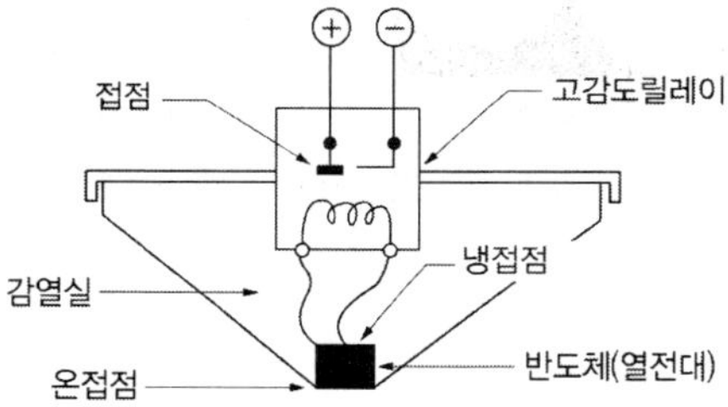

그림 8-4 차동식 스포트형(열기전력을 이용한 것)

(2) 차동식 분포형 열감지기

주위 온도가 일정한 온도상승률 이상이 되었을 때 작동하는 것으로 광범위한 범위 내에서 열효과의 누적에 의하여 작동하는 것을 말한다.

① 공기관식

화재 외의 완만한 온도상승의 경우에 공기관 내의 공기팽창이 작은 리크 구멍으로 누설되므로 공기관식은 공기관과 다이아프램, 리크구멍 및 접점, 시험장치로 구성되며 천장면에 펼쳐진 공기관이 열을 받으면 공기관 내의 공기가 팽창하여 검출기의 리크 구멍에서 누설되지 않은 팽창한 공기가 다이아프램을 밀어 올려 접점이 접촉되어 수신기에 화재신호를 보낸다.

화재가 발생하지 않았거나 난방 등의 완만한 온도 상승 시에는 공기관 내부의 공기가 서서히 팽창하여 검출부 내의 리크구멍을 통하여 외부로 유출되기 때문에 화재경보가 발하지 않으며, 사용 장소에 따라 조정나사를 조절하여 감도를 설정할 수 있다

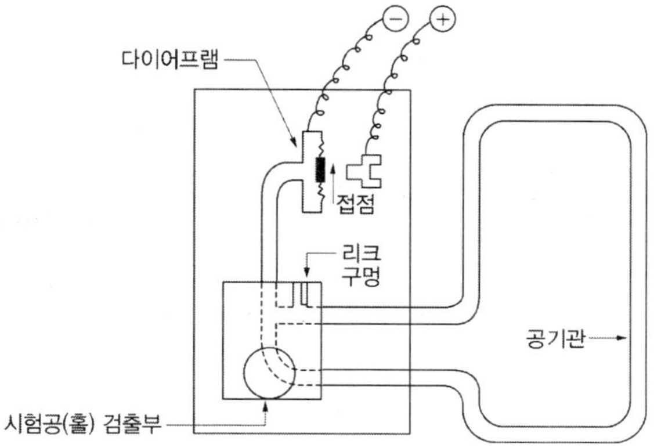

그림 8-5 차동식 분포형(공기관식 감지기)

② 열반도체식

열반도체 소자, 수열판, 미터릴레이로 구성되어 있으며, 화재발생 시 수열판이 가열되면 열반도체 소자에 열기전력이 발생하여 미터릴레이를 작동시켜 수신기에 신호를 보낸다. 급격한 온도상승을 받으면 열기전력의 발생이 큰 미터릴레이가 작동하여 화재신호를 발하지만 완만한 온도상승에서는 열기전력의 발생이 적어 메타릴레이가 작동하지 않는다.

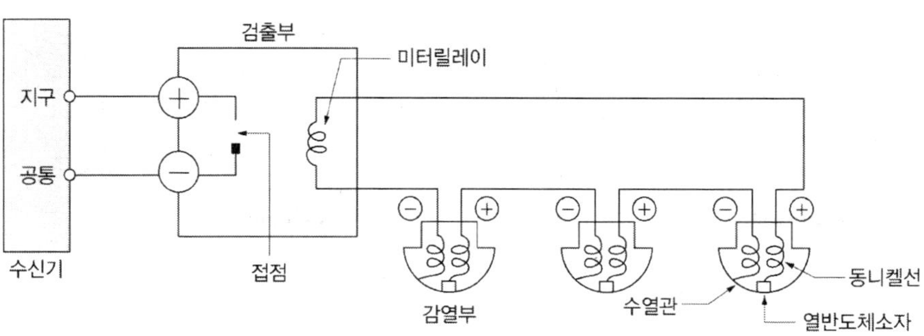

그림 8-6 차동식 분포형(열반도체식 감지기)

③ 열전대식

감지구역마다 여러 개의 열전대를 접속 전선을 통하여 직렬로 접속하여 화재 시의 온도 상승에 의하여 각 열전대에서 흐르는 열전류를 열검출기에서 검지하여 화재를 감지하는 방식이다.

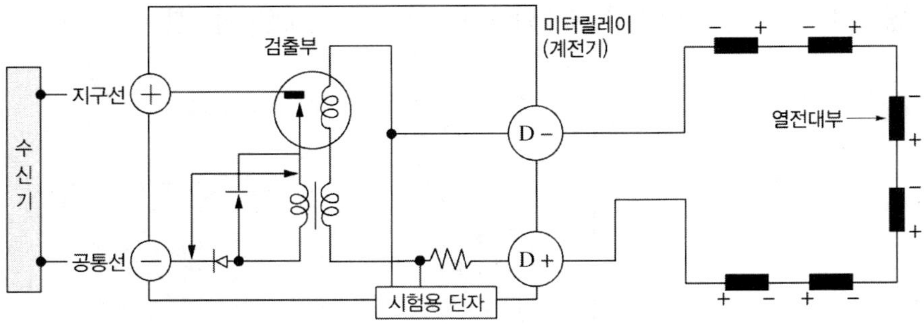

그림 8-7 차동식 분포형(열전대식 감지기)

(3) 정온식 감지기

① 정온식 스포트형 감지기

주위 온도가 일정한 온도 이상이 되었을 때 일국소의 열 효과에 의하여 작동하는 감지장치로서 바이메탈의 변위, 금속의 팽창, 가용절연물의 용융 등을 이용한 것이 있다. 바이메탈, 감열판, 접점 등으로 구성되고 화재 시 감열판에 열이 전달되어 바이메탈이 휘어짐으로 가동접점으로 이동하여 접점이 붙음으로서 수신기에 신호를 보낸다.

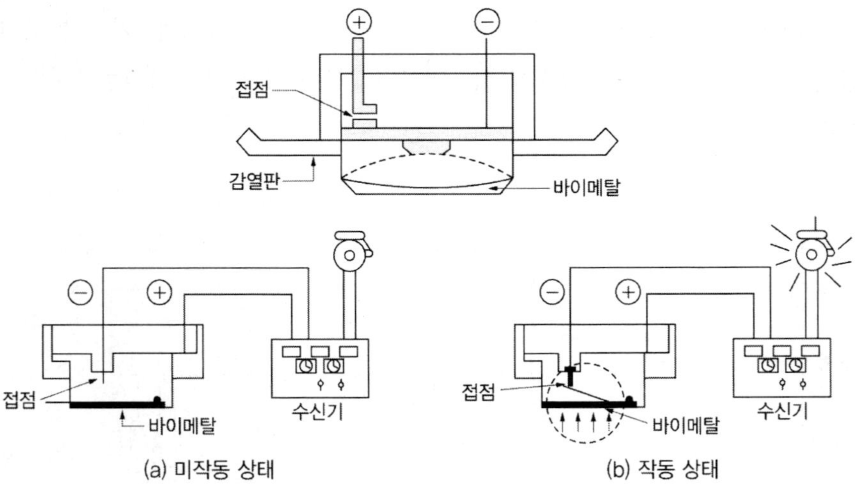

그림 8-8 정온식 스포트형(바이메탈에 의한 작동)

② 정온식 감지선형 감지기

열감지기의 일종으로서 일국소의 주위온도가 일정한 온도 이상이 되었을 경우에 작동하는 감지기로서 외관이 전선모양으로 되어 있는 것을 말한다.

2줄의 피아노선을 일정온도 이상에서 녹는 전기적인 절연물로 꼬은 선으로서 일정한 온도에 도달하면 가용절연물이 녹아 2줄의 전선이 접촉하는 것에 의해 수신기에 화재 신호를 보내게 된다.

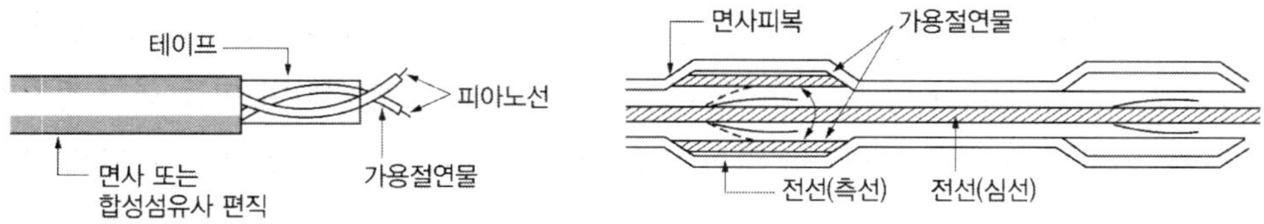

(a) 선전체가 감열부분인 것　　(b) 감열부가 드문드문 존재해 있는 것

그림 8-9 정온식 감지선형 감지기

(4) 보상식 스포트형 열감지기

차동식의 단점(온도상승이 완만한 훈소화재에 둔감)을 보완하기 위하여 차동식과 정온식의 특성을 하나의 감지기에 내장한 것으로서 주위온도가 급격하게 상승한 경우는 차동식의 특성에 작동하고 일정한 온도에 도달하면 정온식의 특성에 의하여 접점이 접촉되는 OR 회로 개념의 열감지기를 말한다. 감열실, 리크구멍, 다이어프램, 저팽창금속, 접점 등으로 구성되어 있다.

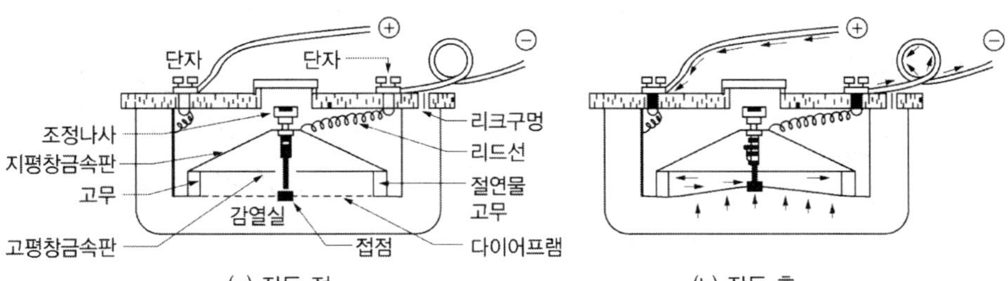

(a) 작동 전　　(b) 작동 후

그림 8-10 보상식 스포트형 감지기

참고

리크구멍 : 오보(비화재보)를 방지하기 위한 열의 조정 조절구멍을 말한다.

다이어프램 : 화재시 열에 의해 접점을 붙게 하는 신축성 있는 박막을 말한다.

(5) 복합식 열감지기

차동식과 정온식의 성능을 가진 감지기로서 두 가지 성능의 감지 기능이 모두 작동하면 신호를 발생하는 AND 회로 개념의 열감지기를 말한다.

(6) 연기감지기

연기감지기는 기체 속에서 완전 연소하지 않은 가연물인 고체 및 액체 미립자가 공기 중에 부유하고 있는 것을 검출하는 장치로서 열감지보다 우수한 화재 반응도를 가지고 있다.

전통적인 연기감지에 대한 방식은 이온화식, 광전식 연기감지에 의하며 이들 연기 감지기는 열감지기보다 유지 관리에 보다 세심한 주의가 요구되고 가격이 비싼 반면에 그 동작은 상당히 빠르므로 화재의 초기 감지에 이점을 가지고 있다.

① 이온화식 스포트형 연기 감지기

이 감지기는 주위의 공기가 일정한 농도의 연기를 포함하게 되는 경우에 작동되는 것으로 불꽃 화재에 의해 생성되는 아주 작은 입자(1 μm 이하의 입자)에 대해 상당히 민감한 반응을 나타낸다. 설치장소는 육안으로 연소생성물을 식별하기 곤란한 컴퓨터실에 설치하고 연기에 의한 이온전류 변화에 의하여 동작되는 원리이다.

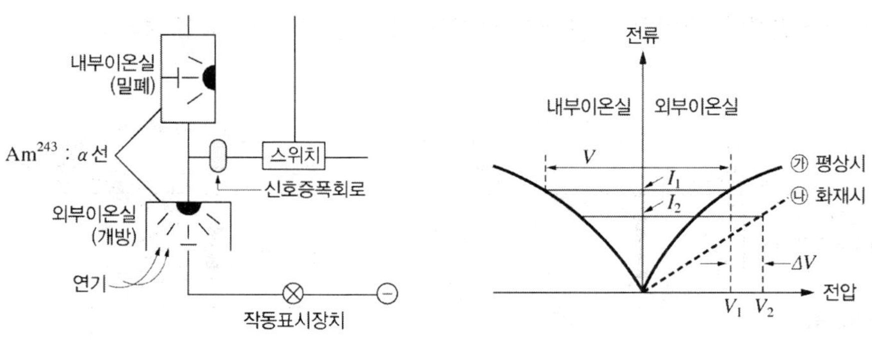

그림 8-11 이온화식 연기감지기 동작원리

② 광전식 스포트형 연기감지기

주위의 공기가 일정한 농도의 연기를 포함하게 되는 경우에 작동하는 것으로서 일국소의 연기에 의하여 관전소자에 접하는 광량의 변화로 작동된다. 구성요소는 발광부, 수광부, 차광판, 신호증폭회로 등으로 구성된다. 화재가 발생하면 연기 입자 침입에 의하여 발광소자에서 비추는 빛이 산란되어 산란광 일부가 수광소자에 비추게 되어 수광량의 변화를 검출하여 수신기에 화재신호를 보낸다. 설치장소는 내부연소장치를 가진 공간, 주방부근, 느린 훈소화재가 예상되는 보호공간에 설치된다. 작동원리는 산란광, 감광에 의한 광전지나 광저항소자의 변화에 의한다.

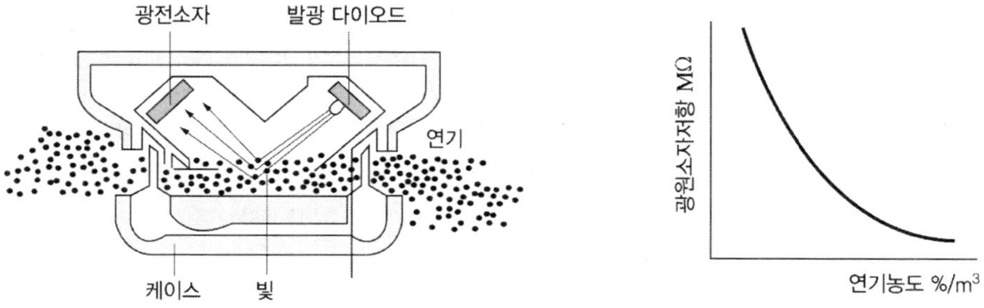

그림 8-12 광전식식 연기감지기

(7) 불꽃감지기

불꽃감지기는 특정파장의 방사에너지를 전기적 에너지로 전환하여 이를 검출하는 것으로 광전효과를 이용한 원리이다. 따라서 불꽃 감지기는 불꽃에서 방사되는 적외선, 자외선의 변화가 일정량 이상이 되었을 경우 작동하는 감지기이다.

> **참고**
>
> **광전효과**
>
> 물질이 빛을 흡수하면 광전자를 방출하여 기전력을 발생시키는 현상

(8) 단독경보형 감지기

화재 시 연기를 감지하여 경보음을 발생시켜 화재발생을 알리는 것으로 감지기 자체에 음향장치가 내장되어 있는 감지기이다.

2) 감지기 설치

(1) 부착 높이에 따른 감지기 설치

감지기는 부착높이에 따라 표 8-1에 따라 감지기를 설치하여야 한다.

표 8-1 부착높이에 따른 감지기의 종류

부착높이	감지기의 종류
4 m 미만	차동식 스포트형, 차동식 분포형, 보상식스포트형, 정온식 스포트형 또는 감지선형, 이온화식 또는 광전식(스포트형, 분리형, 공기흡입형), 열복합형, 연기복합형, 열 · 연기복합형, 불꽃감지기
4 m 이상 8 m 미만	차동식 스포트형, 차동식 분포형, 보상식스포트형, 정온식 스포트형 특형 또는 1종, 이온화식 1종 또는 2종, 광전식(스포트형, 분리형, 공기흡입형) 1종 또는 2종, 열복합형, 연기복합형, 열 · 연기 복합형, 불꽃감지기
8 m 이상 15 m 미만	차동식 분포형, 이온화식 1종 또는 2종, 광전식(스포트형, 분리형, 공기흡입형) 1종 또는 2종, 연기복합형, 불꽃감지기
15 m 이상 20 m 미만	이온화식 1종 또는 광전식(스포트형, 분리형, 공기흡입형) 1종, 연기복합형, 불꽃감지기
20 m 이상	불꽃감지기, 광전식(분리형, 공기흡입형) 중 아날로그 방식

(2) 연기감지기 설치 장소

다음의 장소에는 연기감지기를 설치해야 한다.

① 계단 및 경사로(15 m 미만인 경우 제외)

② 복도(30 m 미만의 것은 제외)

③ 엘리베이터 권상기실, 린렌슈트, 파이프 덕트, 기타 이와 유사한 장소

④ 천장 또는 반자의 높이가 15 m 이상 20 m 미만인 장소

⑤ 다음의 어느 하나에 해당하는 특정소방대상물의 취침 · 숙박 · 입원 등 이와 유사한 용도로 사용되는 거실

- 공동주택 · 오피스텔 · 숙박시설 · 노유자시설 · 수련시설
- 교육연구시설 중 합숙소
- 의료시설, 근린생활시설 중 입원실이 있는 의원 · 조산원
- 교정 및 군사시설
- 근린생활시설 중 고시원

(3) 감지기 설치 기준

① 감지기(차동식 분포형 제외)는 실내의 공기유입구로부터 1.5 m 이상 떨어진 위치에 설치

② 감지기는 천장 또는 반자의 실내에 면하는 부분에 설치할 것

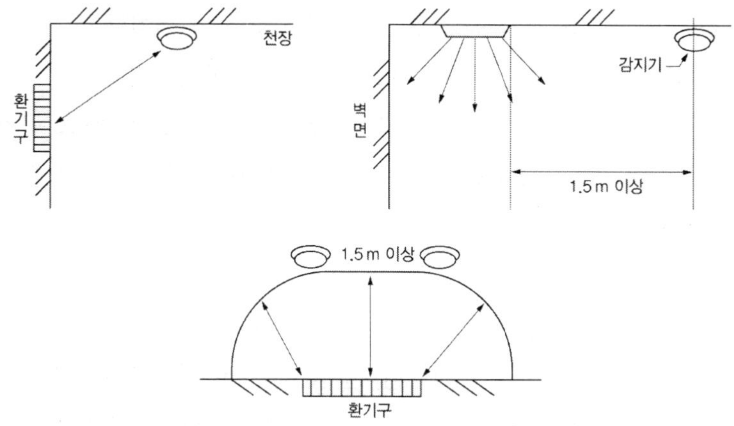

그림 8-13 공기유입구로부터 감지기 설치 위치

③ 감지기의 하단과 그 부착 면의 거리는 0.3 m(연기감지기는 0.6 m)

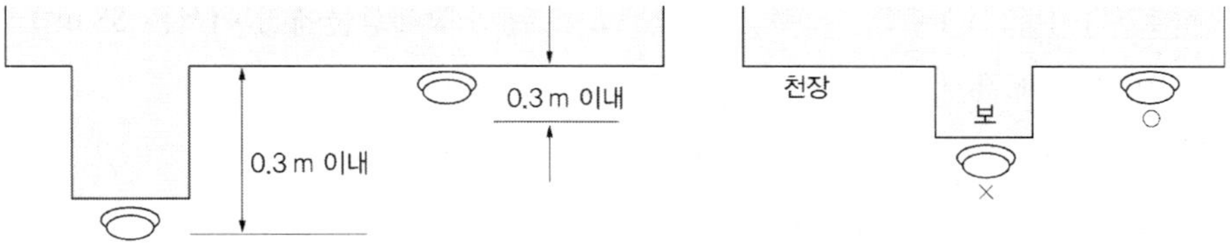

그림 8-14 천장 또는 반자의 감지기 설치 위치

④ 보상식 스포트형 감지기는 정온점이 감지기 주위의 평상시의 최고온도보다 20℃ 이상 높은 것으로 설치한다.

⑤ 정온식 감지기는 주방·보일러실 등으로서 다량의 화기를 취급하는 장소에 설치하되, 공칭작동온도가 최고주위온도보다 20℃ 이상 높은 것으로 설치한다.

⑥ 스포트형 감지기는 45도 이상 경사되지 않도록 부착할 것

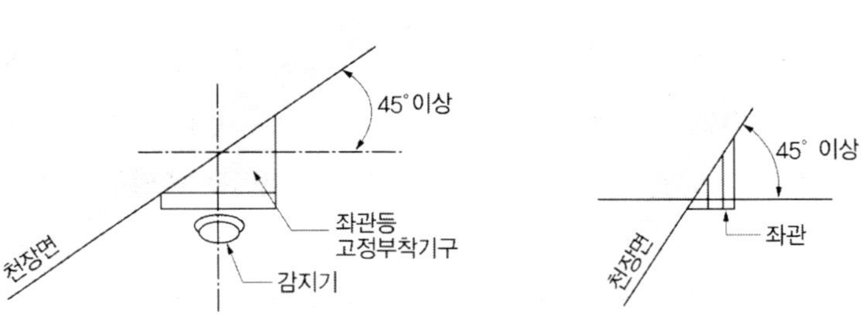

그림 8-15 스포트형 감지기 설치 경사도

⑦ 공기관식 차동식 분포형 감지기는 다음의 기준에 의하여 설치할 것
- 공기관 노출부분은 감지구역마다 20 m 이상이 되도록 할 것
- 공기관과 감지구역의 각 변과의 수평거리는 1.5 m 이하가 되도록 하고, 공기관 상호 간의 거리는 6 m(주요 구조부를 내화구조로 한 소방대상물 또는 그 부분에 있어서는 9 m) 이하가 되도록 한다.
- 공기관은 도중에서 분기하지 않도록 할 것
- 검출부는 5° 이상 경사되지 않도록 부착한다.
- 하나의 검출부분에 접속하는 공기관의 길이는 100 m 이하로 할 것
- 검출부는 바닥으로부터 0.8 m 이상 1.5 m 이하의 위치에 설치할 것

⑧ 열전대식 차동식 분포형 감지기는 다음 기준에 의하여 설치할 것
- 열전대부는 감지구역의 바닥면적 18 m^2(주요구조부가 내화구조로 된 소방대상물에 있어서는 22 m^2마다) 1개 이상으로 한다.
- 바닥면적이 72 m^2(주요구조부가 내화구조로 된 소방대상물에 있어서는 88 m^2) 이하인 소방대상물에 있어서는 4개 이상으로 하여야 한다.
- 하나의 검출부에 접속하는 열전대부는 20개 이하로 한다.

⑨ 연기식 감지기는 다음 기준에 의하여 설치할 것
- 감지기의 부착높이에 따라 표 8-2에 따른 바닥면적마다 1개 이상으로 한다.

표 8-2 연기감지기 부착높이에 따른 설치면적

부착높이	감지기 종류	
	1종 및 2종	3종
4 m 미만	150 m^2	50 m^2
4 m 이상 20 m 미만	75 m^2	

- 감지기는 복도 및 통로에 있어서는 보행거리 30 m(3종은 20 m)마다, 계단 및 경사로에 있어서는 수직거리 15 m(3종에 있어서는 10 m)마다 1개 이상으로 한다.
- 천장 또는 반자가 낮은 실내 또는 좁은 실내에 있어서는 출입구의 가까운 부분에 설치한다.
- 천장 또는 배기구가 있는 경우는 그 배기구 부근에 설치할 것

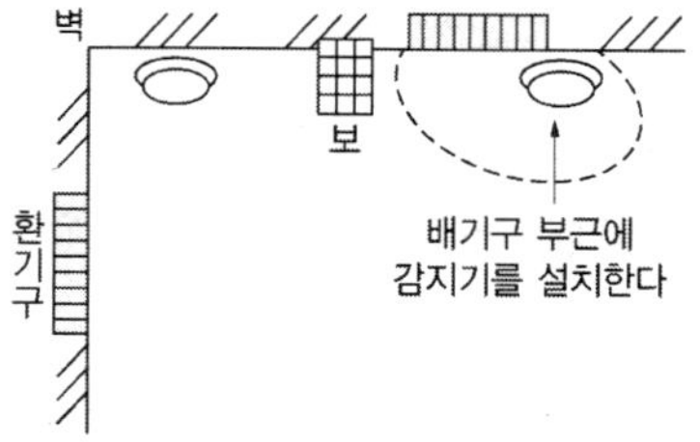

• 감지기는 벽 또는 보로부터 0.6 m 이상 떨어진 곳에 설치한다.

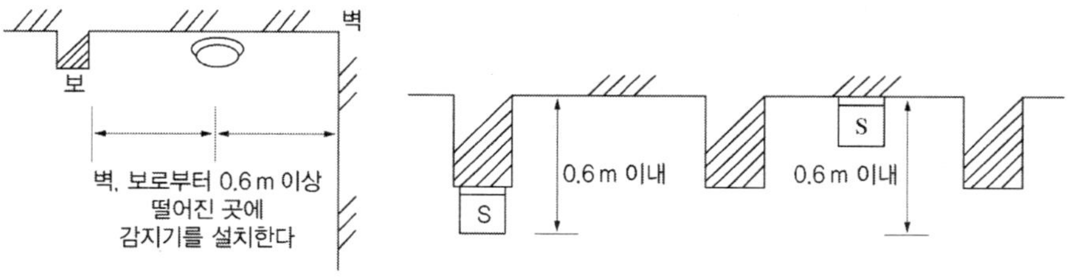

그림 8-16 벽 또는 보로로부터의 이격거리

• 계단 및 경사로에 있어서는 수직거리 15 m(2종은 10 m) 마다 1개 이상을 설치할 것(단, 지하층의 층수가 1개인 경우에는 지상층에 포함시킨다.)

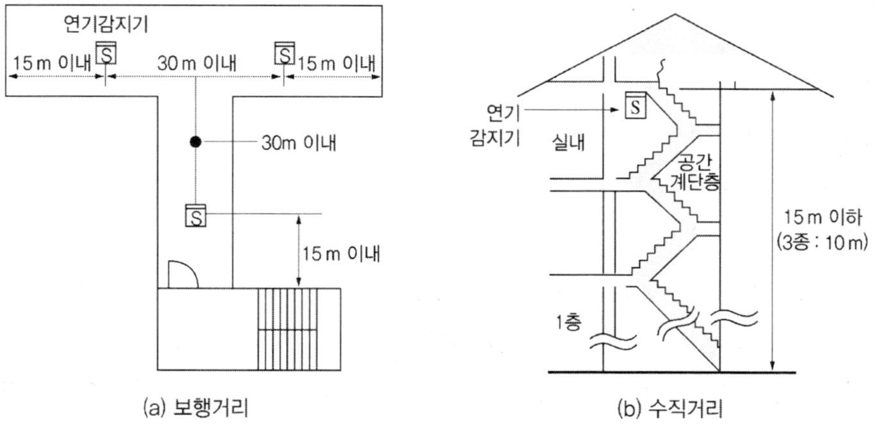

그림 8-17 연기감지기의 설치

(4) 감지기 설치 장소 제외

① 천장 또는 반자의 높이가 20m 이상인 장소

② 헛간 등 감지기에 의하여 화재발생을 유효하게 감지할 수 없는 장소

③ 부식성 가스가 체류하고 있는 장소

④ 고온도 및 저온도로서 감지기의 기능이 정지되기 쉽거나 감지기의 유지가 어려운 장소나 목욕탕, 화장실

⑤ 파이프 덕트 등으로 2개 층마다 방화구획되어 있거나 수평단면적 5 m^2 이하인 장소

⑥ 먼지, 가루 또는 수증기가 다량으로 체류하는 장소 또는 주방 등 평시에 연기가 발생하는 장소(연기감지기에 한한다.)

⑦ 프레스공장·주조공장 등 화재발생의 위험이 적은 장소로서 감지기의 유지관리가 어려운 장소

3) 수신기

자동화재탐지설비 중 감지기나 발신기에서 발하는 화재신호 또는 탐지부에서 발하여진 가스누설신호를 직접 수신하거나 중계기를 통하여 수신하는 것으로서 소방대상물의 관계자에게 경보를 발하거나 소방관서에 통보하여 주는 장치를 말한다. 수신기는 P형 1급 수신기(1급, 2급), R형 수신기, R형복합식 수신기, 축적형 수신기, 아나로그 수신기, M형 수신기, GP형 수신기, 간이수신기 등이 있다.

(1) 수신기 종류

① P형 수신기

감지기 또는 발신기로부터 발하여진 신호를 직접 또는 중계기를 통하여 공통신호로서 수신하여 화재발생을 소방대상물의 관계자에게 경보하는 것을 말하고 P형 1급과 P형 2급 수신기가 있다.. P형 1급 수신기의 기능장치는 화재표시 작동 시험장치, 도통시험장치, 주전원과 예비전원의 절환장치, 전화연락장치 등이 있으며 자동화재탐지설비 등에 사용된다. P형 2급 수신기는 전화연락장치가 없으며 접속 회로수는 5회로 이하의 비상경보설비에 사용된다.

표 8-3 P형 1급 수신기와 P형 2급 수신기의 비교

종별	누름버튼 스위치	전화잭	응답램프장치	접속수신기	소방설비
P형1급	○	○	○	P형1급, R형	자탐설비
P형2급	○	×	×	P형2급	비상경보설비

② R형 수신기

감지기 또는 발신기로부터 발하여진 신호를 반드시 중계기를 통하여 고유신호로써 수신하여 화재의 발생을 소방대상물의 관계자에게 경보를 하여 주는 것을 말한다.

③ R형 복합식 수신기

감지기 또는 발신기로부터 발하여진 신호를 반드시 중계기를 통하여 고유신호로써 수신하여 화재의 발생을 소방대상물의 관계자에게 경보를 하여 주고 제어기능을 수행하는 것을 말한다.

④ 축적형 수신기

축적시간 동안 지구표시장치의 점등 및 주음향장치를 명동시킬 수 있으며, 화재신호 축적시간은 5초 이상 60초 이내이어야 하고, 공칭 축적시간은 10초 이상 60초 이내에서 10초 간격으로 한다.

⑤ 아나로그 수신기

아나로그식 감지기로부터 출력된 신호를 수신한 경우 예비표시 및 화재표시를 표시함과 동시에 입력신호량을 표시할 수 있어야 하며 또한 작동레벨을 설정할 수 있는 조정장치가 있어야 한다.

(2) 수신기 설치기준

① 수위실 등 사람이 상시 근무하고 있는 장소에 설치할 것
② 수신기가 설치된 장소에는 경계구역 알림도를 비치할 것
③ 수신기의 음향기구는 그 음량 및 음색이 다른 기기의 소음 등과 명확히 구별될 수 있는 것으로 할 것
④ 수신기는 감지기, 중계기 또는 발신기가 작동하는 경계구역을 표시할 수 있는 것으로 할 것
⑤ 화재, 가스, 전기 등에 대한 종합방재반을 설치한 경우에는 조작반에 수신기의 작동과 연동하여 감지기, 중계기 또는 발신기가 작동하는 경계구역을 표시할 수 있는 것으로 할 것
⑥ 하나의 경계구역은 하나의 표시등 또는 하나의 문자로 표시되도록 할 것

⑦ 수신기의 조작스위치는 바닥으로부터 높이가 0.8 m 이상~1.5 m 이하의 장소에 설치할 것
⑧ 하나의 소방대상물에 2 이상의 수신기를 설치하는 경우에는 수신기가 설치된 장소 상호간 연동하여 화재발생 상황을 각 수신기마다 확인할 수 있도록 할 것

(3) 수신기 시험방법

① 화재표시 작동시험

화재가 발생하여 발신기 및 감지기 작동 시 수신기의 화재표시등과 지구표시등 및 음향장치의 동작을 확인하는 시험

- 회로시험 스위치를 화재시험 측으로 조작하여 스위치 주의 표시등의 점등을 확인한 후 회로선택 스위치를 순번대로 회전시키면서 화재표시등과 지구 표시등이 차례로 점등되는가를 알아본다.
- 감지기 또는 발신기를 차례로 동작시켜 경계구역과 지구표시등과의 접속 상태를 확인한다.

② 회로 도통시험

감지기 회로의 단선의 유무와 기기 등의 접속 상황을 측정하는 시험

- 회로 도통시험 버튼을 누르면 전원 지시값이 0 Volt가 됨을 확인한다.
- 회로선택 스위치를 차례로 회전시킨다(경계구역별로 지시전압이 20~24 V의 정산범위에 있는지 확인한다.).
- 각 회선의 시험용 계기의 지시등 및 각 회로의 단선 유무를 확인한다.
- 종단저항의 접속상황을 조사한다(종단저항 10 KΩ).
- 판정기준 : 각 회선의 시험용 계기의 지시 즉, 문자함에 적정치가 식별되어 있는 상황이 지침대로일 것

③ 공통선 시험

공통선이 담당하고 있는 경계구역의 적정 여부를 확인하는 시험으로 7회선 이하는 제외한다.

- 수신기 내의 접속단자에서 공통선 1선을 제거한다.
- 회로 도통시험의 예에 따라 회로 선택 스위치를 차례로 회전시킨다.
- 시험계기의 지시사항과 경계구역의 회선수를 조사 확인한다.
- 판정기준 : 하나의 공통선이 담당하고 있는 경계구역 수가 7 경계구역 이하일 것

④ 동시 작동시험(1회선의 것은 제외)

감지기가 수회선 작동하더라도 수신기의 기능에 이상이 없는지의 여부를 확인하는 시험

- 수신기의 화재작동시험 스위치를 시험 측에 넣는다.
- 각 회선의 화재 작동을 복구시킴 없이 5회선을 동시에 작동시킨다.
- 회선이 증가할 때마다 전류를 조사한다.
- 주음향장치 및 지구음향장치도 동작시키고 전류를 조사한다.
- 판정기준 : 각 회선을 동시 작동시켰을 때 수신기, 부수신기, 표시기가 정상작동하고 주음향장치 및 지구음향장치의 전부 또는 당해 5회선에 접속되어 있는 음향장치가 작동할 것

⑤ 회로저항시험

감지기회로의 1회선의 선로 저항치가 수신기의 기능에 이상을 가져오는지 여부를 확인하는 시험

- 전원은 OFF 상태에서 회로시험기 위치를 저항(Ω)의 위치에 놓는다.
- 감지기 회로의 공통선과 표시선 사이의 전로(電路)에 저항을 측정한다.
- 멀티 테스터의 로터리 스위치를 [Ω]에 놓고 저항값을 측정한다.
- 회로저항 값을 변화시키면서 회로의 변화를 살핀다.
- 항상 개로식인 것에 있어서는 회로의 말단을 도통상태로 하여 측정한다.
- 판정기준 : 하나의 감지기 회로의 합성저항치는 50 Ω 이하로 할 것

⑥ 지구음향장치 작동시험

감지기의 작동과 연동하여 당해 지구음향장치가 정상적으로 자동하는지 시험

- 임의의 감지기 및 발신기를 동작시킨다.
- 수신기에 접속된 지구음향장치가 작동하는지 여부를 확인한다.
- 음량을 측정한다.
- 판정기준 : 감지기를 작동시켰을 때 수신기에 연결된 지구음향장치가 작동하고 음량은 음향장치 중심에서 1 m 떨어진 위치에서 90 dB 이상일 것

⑦ 예비전원시험

상용전원이 정전된 경우 자동적으로 예비전원으로 절환되며 또한 정전복구 시 자동적으로 상용전원으로 절환되는지 여부를 확인하는 시험

- 예비전원 스위치를 ON시킨다(보통 2분간 누름).
- 전압계의 지시값이 지정값 범위에 있는가를 확인한다(20～24 V).

• 수신반의 전원스위치 교류전원을 OFF시켜 자동전환 릴레이의 동작상황을 조사한다.
• 판정기준 : 예비전원의 전압, 절환상황 및 복구작동이 정상일 것

⑧ 비상전원시험

상용전원이 정전되었을 때 자동적으로 (비상전원 전용수전설비 제외)으로 절환되며, 정전복구 시에는 자동적으로 상용전원으로 절환되는지 확인하는 시험

• 비상전원으로 축전지 설비를 사용하는 것에 대하여 행한다.
• 충전용 전원을 OFF 상태로 하고 전압계의 지시값이 적정한가 확인한다.
• 화재표시 작동시험에 준하여 실시하고 전압계의 지시값이 정격전압의 80% 이상임을 확인한다.
• 판정기준 : 비상전원의 전압, 용량, 절환상황, 및 복구 동작이 정상적인가 확인한다.

4) 중계기

감지기 또는 발신기의 작동에 의한 화재신호 또는 가스 누설경보기의 탐지부에서 발하여진 가스 누설신호를 받아 이를 수신기 또는 가스누설경보기, 자동소화설비의 제어반에 발신하며 소화설비, 제연설비, 그 밖의 이와 유사한 방재설비에 제어 신호를 발신하는 것을 말한다.

(1) 중계기 종류

중계기 회로의 형태에 따라 집합형과 분산형으로 구분되고 수신기의 종류에 따라 P형과 R형으로 나눌 수 있다.

표 8-4 중계기의 종류와 비교

종류 / 구분	분산형 중계기	집합형 중계기
전원	직류 24[V] 수신기 전원 및 비상전원을 사용한다.	교류 220[V]로서 비상전원을 내장하여 정류기를 설치한다.
회로	5회로 미만의 소용량	30~40회로의 대용량
설치	발신함에 내장하거나 각 로칼기기별 1대씩 설치	전기실 등에 설치하거나 2~3개 층당 1대씩 설치
적용	아날로그 감지기를 객실별로 설치하는 호텔 등	초고층 빌딩이나 전압강하가 우려되는 장소

(2) 중계기 설치 기준

① 수신기에서 직접 감지기회로의 도통시험을 하지 아니하는 것에 있어서는 수신기와 감지기 사이에 설치할 것

② 조작 및 점검이 편리하고 방화상 유효한 장소에 설치할 것

③ 수신기에 의하여 감시되지 아니하는 배선을 통하여 전력을 공급하는 것에 있어서는 전원 입력 측에서의 과전류차단기를 설치하고 당해 전원의 정전이 즉시 수신기에 표시되는 것으로 하며 상용전원 및 예비전원의 시험을 할 수 있도록 할 것

5) 발신기

화재발생 신호를 수신기 또는 중계기에 수동조작으로 발신하는 것을 말한다. P형, T형, M형이 있다. 발신기는 보호판, 누름버튼스위치 등으로 구성되며 경종이나 표시등과 함께 벽에 설치되고 외부색은 적색으로 한다.

(1) 발신기 종류

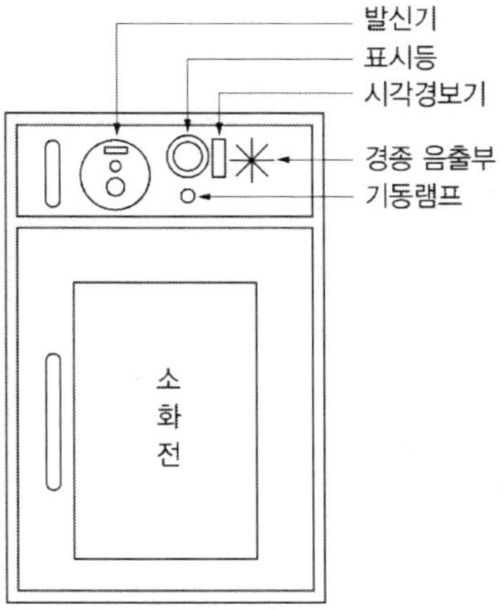

그림 8-18 발신기 구성

① P형 1급 발신기

P형 1급 수신기 또는 R형 수신기에 접속하여 사용하는 것으로 수동으로 각 발신기 공통신호를 수신기 또는 중계기에 발신하는 것으로 발신과 동시에 통화가 되는 것을 말한다.

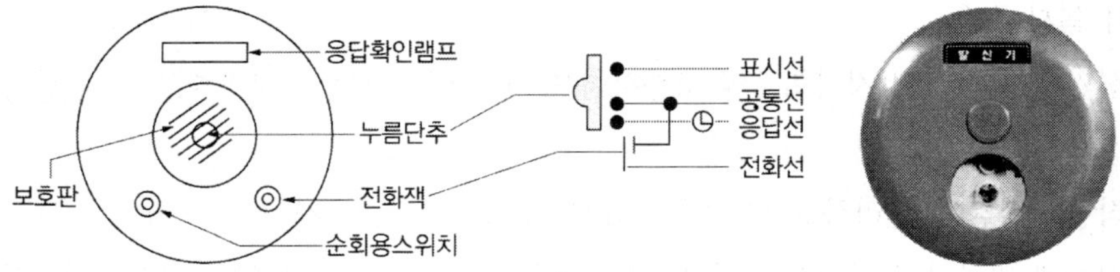

그림 8-19 P형 1급 발신기

② P형 2급 발신기

P형 2급 수신기에만 접속하여 사용하고, 누름버튼 기능만 가지며 통화가 불가능하다.

③ T형 발신기

수동으로 각 발신기의 공통신호를 수신기에 발신하는 것으로 발신과 동시에 통화가 되는 것을 말한다.

④ M형 발신기

수동으로 각 발신기의 고유신호를 M형 수신기에 발신하는 것으로 공공용의 발신기이다.

(2) 발신기 설치기준

① 조작이 쉬운 곳에 설치하고, 스위치는 바닥으로부터 0.8～1.5 m 이하의 높이에 설치할 것

② 소방대상물의 층마다 설치하되 당해 소방대상물의 각 부분으로부터 하나의 발신기까지 수평거리 25 m가 되도록 할 것

③ 발신기 위치를 표시하는 표시등은 함의 상부에 설치하되 그 불빛은 그 부착면으로부터 15° 이상의 범위 안에서 부착지점으로부터 10 m 이내의 어느 곳에서도 쉽게 식별할 수 있는 적색등으로 하여야 한다.

6) 경종

경보기구 또는 비상경보설비에 사용하는 벨 등의 음향장치를 말한다.

7) 표시등

발신기의 위치를 표시해주는 역할을 하는 적색등이다. 발신기 상부에 설치한다.

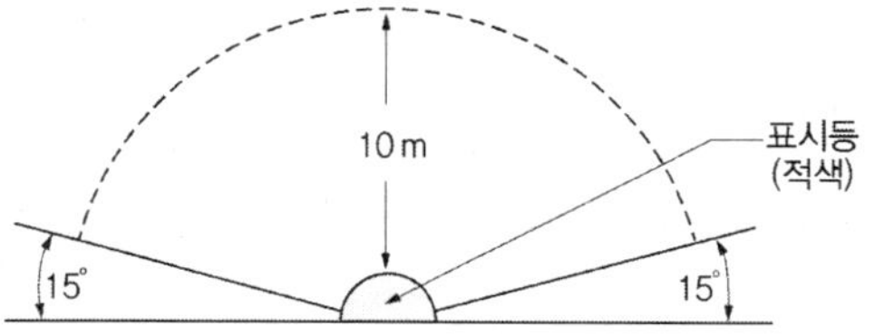

그림 8-20 표시등 설치 기준

8) 비상경보용 축전지설비

감지기, 발신기 또는 경종과 연결하여 사용하는 비상전원장치를 말한다.

9) 음향장치

화재발생을 알리는 방법은 발신기, 감지기 등의 동작으로 연동되어 음향을 알리는 경종 또는 사이렌 등이 사용되지만 주로 경종이 사용된다. 경종은 주경종과 지구경종으로 설치된다.

① 주음향장치(주경종)는 수신기 내부 또는 그 직근에 설치한다.

② 층수가 5층(지하층제외) 이상으로서 연면적이 3,000 m^2를 초과하는 소방대상물은 2층 이상의 층에서 발화한 때에는 발화층 및 그 직상층에 한하여, 1층에서 발화한 때에는 발화층·그 직상층 및 지하층에 한하여, 지하층에서 발화한 때에는 발화층·그 직상층 및 기타의 지하층에 한하여 경보를 발할 수 있다.

③ 지구음향장치는 소방대상물의 층마다 설치하되, 해당 소방대상물의 각 부분으로부터 음향장치까지의 수평거리가 25 m 이하가 되도록 한다.

④ 음향장치는 정격전압의 80% 전압에서 음향을 발할 수 있는 것으로 한다.

⑤ 음량은 부착된 음향장치의 중심으로부터 1 m 떨어진 위치에서 90 dB 이상이 되는 것으로 한다.

8.1.3 경계구역

경계구역이란 초기화재에서 화재발생을 감지할 구역을 기타의 구역과 구별하여 식별하는 것이 되는 최소단위의 구역을 말하며, 1회선이 유효하게 화재발생을 감지할 수 있는 구역을 말한다.

1) 경계구역 설치기준

① 하나의 경계구역이 2개 이상의 건축물 또는 2개 이상의 층에 미치지 않도록 할 것(다만,

500 m^2 이하의 범위에서는 2개 층을 하나의 경계구역으로 할 수 있다.)

② 하나의 경계구역의 면적은 600 m^2 이하로 하고 1변의 길이는 50 m로 할 것. 다만, 해당 소방대상물의 주된 출입구에서 그 내부 전체가 보이는 것에 있어서는 1,000 m^2 이하로 할 수 있다.

③ 지하구에 있어서 하나의 경계구역의 길이는 700 m 이하로 한다.

2) 계단 등의 경계구역

계단, 경사로, 엘리베이터 권상기실, 린넨슈트, 파이프 덕트 기타 이와 유사한 부분에 대해서는 별도의 경계구역을 설정하되, 하나의 경계구역은 높이 45 m 이하(계단 및 경사로에 한한다)로 정하고, 지하층의 계단 및 경사로(지하층의 층수가 1일 경우에는 제외한다)는 별도로 하나의 경계구역으로 하여야 한다. 이 경우 하나의 건축물에 수평거리 50 m 범위 안에 2개 이상의 계단, 경사로 등이 있는 경우에는 이를 하나의 경계구역으로 할 수 있다.

참고

린넨슈트

호텔의 시트나 병원의 수술복 등을 던지는 통로

3) 경계구역 면적 삽입 제외 부분

외기에 면하여 상시 개방된 부분이 있는 차고·주차장·창고 등에 있어서는 외기에 면하는 각 부분으로부터 5 m 미만의 범위 안에 있는 부분은 경계구역의 면적에 삽입하지 아니한다.

4) 소화설비의 방사구역과 동일 범위 선정

스프링클러설비·물분무 등 소화설비의 화재감지장치로서 화재감지기를 설치하는 경우의 경계구역은 당해 소화설비의 방사구역과 동일하게 선정할 수 있다.

5) 1개의 경계구역의 면적을 1000 m^2로 할 수 있는 경우

주요한 출입구에서 그 내부를 볼수 있는 학교의 강단, 옥내경기장, 체육관, 집회장, 관람장, 극장 등의 객석부분이 이에 해당한다(사무실 창고, 공장 제외).

연습문제

01 자동화재탐지설비의 주요 구성요소에 대하여 쓰시오.

풀이 수신기·중계기·감지기·발신기·음향장치·배선 및 전원

02 열감지기 종류 3가지를 쓰시오.

풀이 보상식, 차동식, 정온식

03 차동식 분포형 감지기의 감지방식에 따른 종류 3가지를 쓰시오.

풀이 공기관식, 열전대식, 열반도체식

04 차동식의 단점(온도상승이 완만한 훈소화재에 둔감)을 보완하기 위하여 차동식과 정온식의 특성을 하나의 감지기에 내장한 열감지기는 무엇인가?

풀이 보상식 스포트형 감지기

05 정온식 스포트형 열감지기의 동작원리에 대하여 간단히 설명하고 설치장소를 쓰시오.

풀이 ① 동작원리 : 화재 시 감열판에 열이 전달되어 바이메탈이 휘어짐으로 가동접점으로 이동하여 접점이 붙음으로서 수신기에 신호를 보낸다.
② 설치장소 : 보일러실, 주방 등 화기를 취급하는 장소

06 연기감지기는 화재가 발생하면 주위의 공기가 일정한 농도의 연기를 포함하게 되는 경우에 작동하는 감지기를 말하다. 연기감지기의 종류를 크게 2가지만 쓰시오.

풀이 이온화식 연기감지기, 광전식 연기감지기

07 자동화재탐지설비의 수신기에 종류에 관한 설명이다. 괄호 안을 채우시오.

① (　　　　　)라 함은 감지기 또는 발신기로부터 발하여진 신호를 직접 또는 중계기를 통하여 공통신호로서 수신하여 화재발생을 소방대상물의 관계자에게 경보하는 것을 말한다.
② (　　　　　)라 함은 감지기 또는 발신기로부터 발하여진 신호를 반드시 중계기를 통하여 고유신호로써 수신하여 화재의 발생을 소방대상물의 관계자에게 경보를 하여 주는 것을 말한다.
③ (　　　　　)라 함은 감지기 또는 발신기로부터 발하여진 신호를 반드시 중계기를 통하여 고유신호로써 수신하여 화재의 발생을 소방대상물의 관계자에게 경보를 하여 주고 제어기능을 수행하는 것을 말한다.
④ (　　　　　)라 함은 축적시간동안 지구표시장치의 점등 및 주음향장치를 명동시킬 수 있으며,

화재신호 축적시간은 5초 이상 60초 이내이어야 하고, 공칭 축적시간은 10초 이상 60초 이내에서 10초 간격으로 한다.

⑤ (　　　　　)라 함은 아나로그식 감지기로부터 출력된 신호를 수신한 경우 예비표시 및 화재표시를 표시함과 동시에 입력신호량을 표시할 수 있어야 하며 또한 작동레벨을 설정할 수 있는 조정장치가 있어야 한다.

풀이 ① P형 수신기 ② R형 수신기 ③ R형 복합식 수신기 ④ 축적형 수신기 ⑤ 아날로그 수신기

08 자동화재탐지설비의 수신기에서 공통선을 시험하는 목적과 그 시험방법에 대하여 쓰시오.

풀이 ① 목적 : 공통선이 담당하고 있는 경계구역의 적정여부를 확인하는 시험이다.

② 시험방법

- 수신기내의 접속단자에서 공통선 1선을 제거한다.
- 회로 도통시험의 예에 따라 회로 선택 스위치를 차례로 회전시킨다.
- 시험계기의 지시사항과 경계구역의 회선수를 조사 확인한다.

09 지상 15층, 지하 5층 건물에 자동화재탐지설비를 우선 경보방식으로 설치할 경우 화재발생 시 우선 경보할 층을 쓰시오.

① 지상 11층 화재 시

② 지상 1층 화재 시

③ 지하 1층 화재 시

풀이 ① 지상 11층과 지상 12층 경보

② 지상 1층, 지상 2층 및 지하층

③ 지하 1층, 지상 1층 및 가타 지하층

※ 층수가 5층(지하층 제외) 이상으로서 연면적이 3,000 m^2를 초과하는 소방대상물은 2층 이상의 층에서 발화한 때에는 발화층 및 그 직상층에 한하여, 1층에서 발화한 때에는 발화층·그 직상층 및 지하층에 한하여, 지하층에서 발화한 때에는 발화층·그 직상층 및 기타의 지하층에 한하여 경보를 발할 수 있다.

10 자동화재탐지설비의 경계구역에 대하여 설명하시오.

11 P형 1급 수신기와 P형 2급 수신기 및 R형 수신기를 비교 설명하시오.

12 연기감지기 설치 제외 장소를 열거하시오.

13 표시등과 음향장치 설치기준을 설명하시오.

14 P형 1급 발신기와 P형 2급 발신기를 비교 설명하시오.

8.2 자동화재속보설비

8.2.1 개요

자동화재속보설비는 소방대상물에 화재발생 시 신속하게 화재발생을 소방관서에 통보하여 주는 설비로써 사람의 힘을 빌리지 않은 상태에서 자동적으로 작동한다. 감지기에서 감지된 화재신호를 수신기에서 신호를 받아 5~10초 정도 오보 또는 화재인가를 구별한 후 소방기관으로 통보할 수 있는 전화를 설치하고 있는 경우에 상용전화 선로를 차단과 동시에 119를 구동시켜 녹음테이프로 발화 소방대상물명, 소재지 등을 3회 이상 반복하여 신고를 하여 일단 신고가 끝난 후 신고필이란 램프가 켜지면서 모든 동작을 마치게 된다.

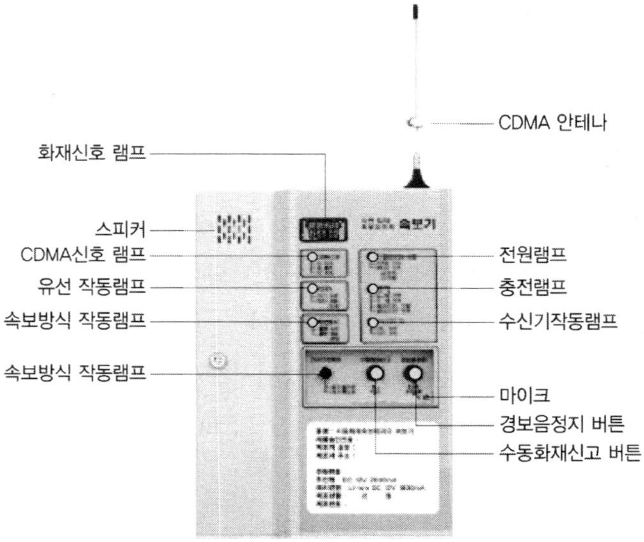

그림 8-21 자동화재속보기

8.2.2 화재정보전달체계

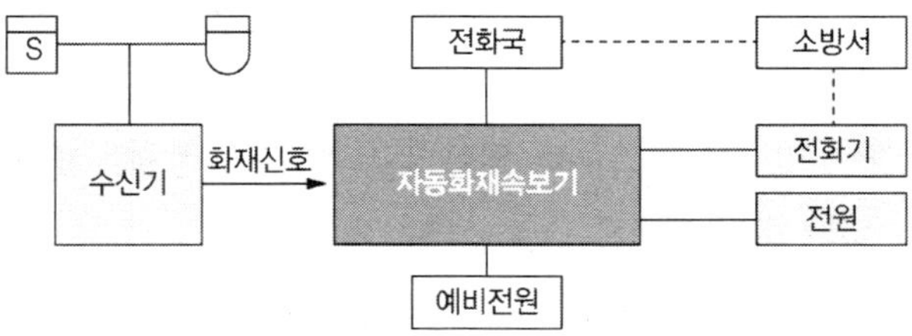

그림 8-22 자동화재속보 전달체계

8.2.3 종류

1) A형 화재속보설비

P형, R형 등 수신기가 발하는 화재신호를 20초 이내에 관할 소방서에 3회 이상 통보해주고 소방대상물의 위치를 소방관서에 자동적으로 통보하는 기능으로 A형 화재속보기는 지구등이 없다.

2) B형 화재속보기

P형, R형 등 수신기와 A형 화재속보기의 성능을 복합한 것으로 감지기 또는 발신기에 의해 발하는 신호나 중계기를 통해 송신된 신호를 소방대상물의 관계자에게 통보하고 소방대상물의 위치를 소방관서에 자동적으로 통보하며 B형 화재속보기는 지구등이 있다.

8.2.4 기능 및 설치기준

소방법의 규정에 의한 자동화재속보설비는 다음의 기준에 의하여 설치하여야 한다. 다만, 수신반이 설치된 장소에 상시 통화가 가능한 전화가 설치되어 있고, 24시간 감시인이 상주하는 경우에는 자동화재속보설비를 설치하지 않을 수 있다.

① 자동화재탐지설비와 연동으로 작동하여 소방관서에 전달되는 것으로 할 것
② 발신기 누름스위치는 바닥으로부터 0.8 m 이상 1.5 m 이하의 높이에 설치하고 보기 쉬운 곳에 스위치임을 표시한 표지를 할 것
③ 정격전압이 60 V를 넘는 기구의 금속제 외함에는 접지단자를 설치해야 한다.
④ 주전원이 정지한 경우에는 자동적으로 예비전원으로 전환되고, 주전원이 정상상태로 복귀한 경우에는 자동적으로 예비전원으로부터 주전원으로 전환되는 장치가 있어야 하며 예비전원을 자동적으로 충전할 수 있어야 한다.
⑤ 속보기는 소방관서에 통신망으로 통보하도록 하며, 데이터 또는 코드 전송방식을 부가적으로 설치할 수 있다.
⑥ 전원 입력측의 양단 및 속보기로부터 외부 부하에 직접 전원을 송출하도록 구성된 회로에는 퓨즈 또는 차단기를 설치하여야 한다.
⑦ 내부에는 예비전원(원통형 니켈카드뮴축전지 또는 무보수밀폐형 연축전지)을 설치해야 하며 예비전원의 인출선 또는 접속단자는 오접속을 방지하기 위하여 적당한 색상에 의하

여 극성을 구분할 수 있도록 한다.

⑧ 자동화재탐지설비로부터 작동신호를 수신하거나 수동으로 동작시키는 경우 20초 이내에 소방관서에 자동적으로 신호를 발하여 통보하되, 3회 이상 속보해야 한다.

⑨ 표시등에 전구를 사용하는 경우에는 2개를 병렬로 설치한다. 다만, 발광다이오드의 경우에는 제외된다.

⑩ 속보기는 다음의 회로방식을 사용하지 않아야 한다.

- 접지전극에 직류전류를 통하는 회로방식
- 수신기에 접속되는 외부배선과 다른 설비(화재신호의 전달에 영향을 미치지 않는 것은 제외)의 외부배선을 공용으로 하는 회로방식

⑪ 문화재에 설치하는 자동화재속보설비는 속보기에 감지기를 직접 연결하는 방식 (자동화재탐지설비 1개의 경계구역에 한함)으로 할 수 있다.

⑫ 연동 또는 수동으로 소방관서에 화재발생 음성정보를 속보 중인 경우에도 송수화장치를 이용한 통화가 우선적으로 가능해야 한다.

⑬ 예비전원은 자동적으로 충전되어야 하며 자동과충전방지장치가 있어야 한다.

8.3 비상경보설비

8.3.1 개요

비상경보설비는 자동화재탐지설비와 그 외 다른 방법에 의하여 감지된 화재를 소방대상물 내에 있는 사람에게 경보하여 피난의 개시 및 초기 소화활동을 신속히 전개토록 하기 위한 설비이다.

8.3.2 종류

① 비상벨설비, 자동식사이렌 : 수용인원이 적은 소규모 대상물

② 비상방송설비 : 수용인원이 많은 대규모 대상물

③ 단독경보형감지기

8.3.3 구성 및 기능

1) 비상벨 및 자동식 사이렌

화재발생 사실을 경종(벨)이나 사이렌으로 경보하는 설비이다. 비상벨은 누름버튼스위치(기동장치), 경종, 위치·동작표시등, 전원, 배선 등으로 구성되고, 사이렌은 누름버튼스위치나 전자개폐기를 기동장치로 사용하고, 다른 구성은 비상벨과 유사하다.

발신기는 화재발생 신호를 수신기에 전달하는 것으로 화재발생을 건물에 경보하기 위하여 복도 등에 설치하여 손가락으로 스위치를 누르도록 한 장치이다. 수신기는 발신기에서 보내진 화재신호를 수신하여 화재 표시 및 경보를 하는 설비로 발신기 작동 시 수신기에 화재표시등과 지구표시등이 점등된다.

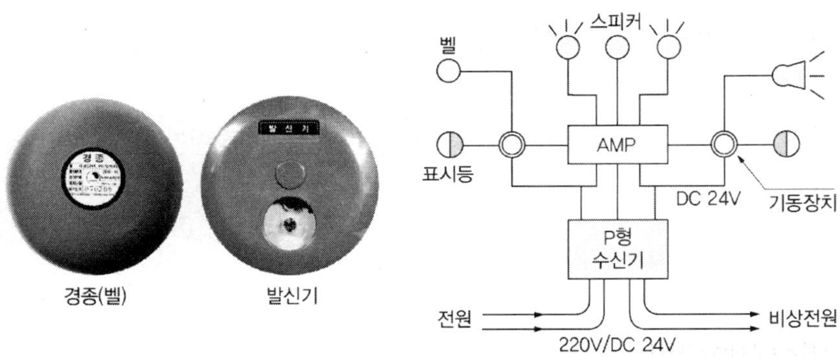

그림 8-23 비상경보설비 구성

(1) 설치기준

① 비상벨설비 또는 자동식사이렌설비는 부식성 가스 또는 습기 등으로 인하여 부식의 우려가 없는 장소에 설치해야 한다.

② 지구음향장치는 소방대상물의 층마다 설치하되, 해당 소방대상물의 각 부분으로부터 하나의 음향장치까지의 수평거리가 25m 이하가 되도록 하고, 해당 층의 각 부분에 유효하게 경보를 발할 수 있도록 설치해야 한다.

③ 음향장치는 정격전압의 80% 전압에서 음향을 발할 수 있어야 한다.

④ 음향장치의 음량은 부착된 음향장치의 중심으로부터 1m 떨어진 위치에서 90 dB 이상이어야 한다.

(2) 발신기의 설치기준

발신기는 다음 기준에 따라 설치한다. 다만, 지하구의 경우에는 발신기를 설치하지 않을 수 있다.

① 조작이 쉬운 장소에 설치하고, 조작스위치는 바닥으로부터 0.8 m 이상 1.5 m 이하의 높이에 설치한다.

② 소방대상물의 층마다 설치하되, 해당 소방대상물의 각 부분으로부터 하나의 발신기까지의 수평거리가 25 m 이하가 되도록 한다. 다만, 복도 또는 별도로 구획된 실로서 보행거리가 40 m 이상일 경우에는 추가로 설치한다.

③ 발신기의 위치표시등은 함의 상부에 설치하되, 그 불빛은 부착 면으로부터 15° 이상의 범위 안에서 부착지점으로부터 10 m 이내의 어느 곳에서도 쉽게 식별할 수 있어야 한다.

2) 단독경보형감지기

단독경보형감지기는 감지기에 음향장치가 내장된 일체형으로 수신기에서 전원을 공급받는 방식이 아니라 감지기 내부에 9 V 전지로 전원을 공급받아 화재가 발생하면 자체 음향장치에 의해 발신한다. 대부분 연기감지기를 사용하고 있으며 단독으로 설치되기 때문에 설치가 용이하고 배선이 필요 없다. 또한 시험버튼이 있어 이상 유무를 수시로 점검할 수 있는 장점이 있다.

단독주택, 공동주택(아파트 및 기숙사 제외)에는 소화기구 및 단독경보형 감지기를 설치하여 사용하고, 비상경보설비를 설치해야 하는 장소에도 단독경보형 감지기를 대체 및 혼합하여 사용할 수 있다.

(1) 설치기준

① 각 실(이웃하는 실내의 바닥면적이 각각 30 m^2 미만이고 벽체의 상부의 전부 또는 일부가 개방되어 이웃하는 실내와 공기가 상호 유통되는 경우에는 이를 1개의 실로 본다)마다 설치하되, 바닥면적이 150 m^2를 초과하는 경우에는 150 m^2 마다 1개 이상 설치한다.

② 최상층의 계단실의 천장(외기가 상통하는 계단실의 경우를 제외)에 설치한다.

③ 건전지를 주전원으로 사용하는 단독경보형 감지기는 정상적인 작동상태를 유지할 수 있도록 건전지를 교환한다.

④ 상용전원을 주전원으로 사용하는 단독경보형 감지기의 2차 전지는 제품검사에 합격한 것을 사용한다.

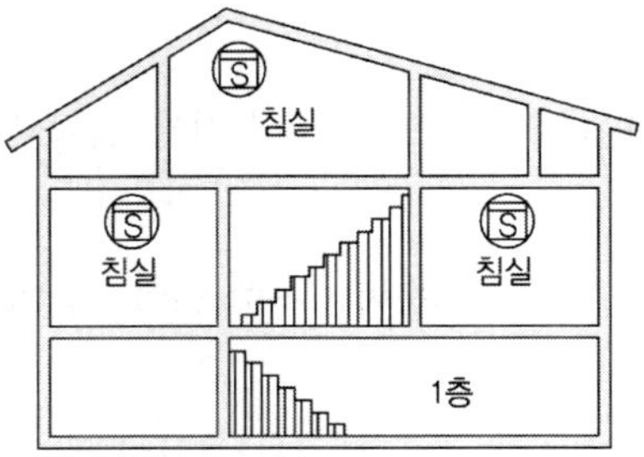

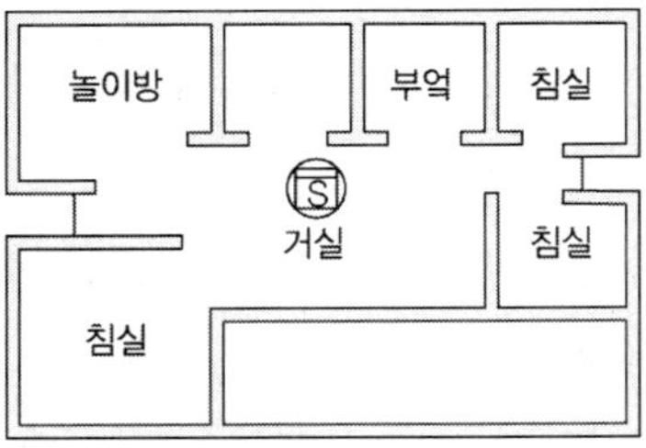

그림 8-24 단독경보형 감지기 설치

(2) 단독경보형 감지기의 일반기능

단독경보형 감지기의 주전원이 교류전원 또는 건전지인 것을 포함한다.

① 자동복귀형 스위치(자동적으로 정위치에 복귀될 수 있는 스위치)에 의하여 수동으로 작동시험을 할 수 있는 기능이 있어야 한다.

② 작동되는 경우 작동표시등의 점등에 의하여 화재의 발생을 표시하고, 내장된 음향장치의 명동에 의하여 화재경보음을 발할 수 있는 기능이 있어야 한다.

③ 주기적으로 섬광하는 전원표시등에 의하여 전원의 정상 여부를 감시할 수 있는 기능이 있어야 하며, 전원의 정상상태를 표시하는 전원표시등의 섬광주기는 1초 이내의 점등과 30초에서 60초 이내의 소등으로 이루어져야 한다.

④ 화재경보음은 감지기로부터 1 m 떨어진 위치에서 85 dB 이상으로 10분 이상 계속하여 경보할 수 있어야 한다.

⑤ 건전지를 주전원으로 하는 감지기는 건전지의 성능이 저하되어 건전지의 교체가 필요한 경우에는 음성안내를 포함한 음향 및 표시등에 의하여 72시간 이상 경보할 수 있어야 한다. 이 경우 음향경보는 1 m 떨어진 거리에서 70 dB(음성안내는 60 dB) 이상이어야 한다.

8.3.4 비상경보설비 특징

① 자동화재탐지설비 이외에 사람이 인위적으로 행하는 설비이다.

② 지구음향장치가 들리지 않는 곳까지 대피 및 화재발생을 전달할 수 있다.

③ 업무용 방송설비와 겸용할 수 있다.

④ 화재의 양상에 따라 필요한 층을 임의로 선택하여 화재를 알릴 수 있다.

⑤ 비교적 설비가 간단하고 설비비가 저렴하다.

8.3.5 비상경보설비 전원

① 전원은 전기가 정상적으로 공급되는 축전지 또는 교류 전압의 옥내간선으로 하고, 전원까지의 배선은 전용으로 할 것
② 개폐기에는 '비상벨설비용' 또는 '자동식 사이렌설비용'이라고 표시한 표지를 할 것
③ 그 설비에 대한 감시상태를 60분 이상 지속한 후 유효하게 10분 이상 경보할 수 있는 축전지설비를 설치하여야 한다.

8.3.6 비상경보설비 배선

① 전원회로의 배선은 내화배선으로 하고, 그 밖의 배선은 내화배선이나 내열배선으로 한다.
② 설비의 배선은 다른 전선과 별도의 관 덕트, 몰드 또는 풀박스 등에 의해 설치할 것 다만, 60V 미만의 약전류 회로에 사용하는 전선으로서 각각의 전압이 같을 때는 그러하지 아니한다.

8.4 비상방송설비

8.4.1 개요

화재발생 시 수동으로 발신기(기동장치)를 조작하거나 감지기 작동으로 수신된 화재신호를 자동화재탐지설비의 수신기가 받아 비상방송설비로 발신하여 건물에 설치된 확성기(스피커)로 비상경보 방송을 하는 방송설비이다. 이는 소화활동이나 피난을 원활하게 하기 위한 목적으로 설치된다.

8.4.2 비상방송설비 구성

비상방송설비의 구성은 기동장치(발신기), 표시등(위치 및 동작표시등), 확성기, 음량조절기, 증폭기, 입력장치(앰프, 마이크, 테이프, 사이렌 등), 전원장치, 조작장치, 배선 등이 있다.

표 8-5 비상방송설비 구성

	구성	기능
비상방송설비	입력장치	입력신호 발생장치
	기동장치	입력 및 전력증폭(발신기)
	증폭기	전압 · 전류의 진폭을 늘림(입력신호의 증폭)
	음량조절기	필요시 설치하여 음량을 조절
	스피커	음향장치
	혼합기	신호의 혼합 및 입력 레벨 조절
	표시등	필요시 설치하여 위치 및 작동을 표시
	조작장치	원격조작, 회로조작
	전원장치	상용전원, 비상전원

비상방송설비의 동작순서를 보면 우선 감지기, 발신기 또는 중계기가 화재로 인하여 작동하면 수신기에서 화재신호를 수신하여 방송앰프로 출력신호를 보낸다. 그리고 방송앰프가 작동하면서 스피커로 비상방송이 나오게 된다.

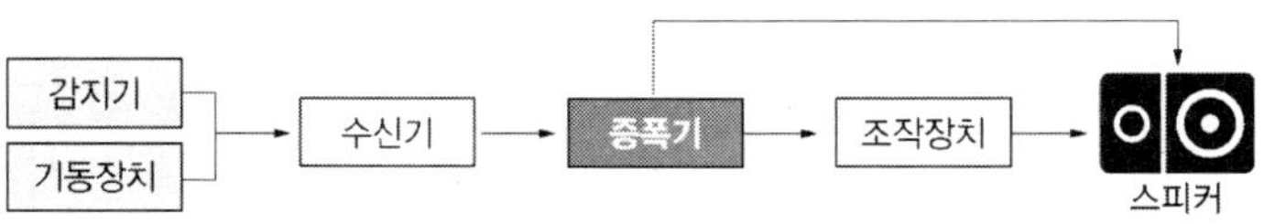

그림 8-25 비상방송설비 계통도

8.4.3 비상방송설비 설치기준

① 확성기의 음성입력은 3 W(실내는 1 W) 이상이어야 한다.

② 확성기는 각 층마다 설치하되, 그 층의 각 부분으로부터 하나의 확성기까지의 수평거리가 25 m 이하가 되도록 하고, 해당 층의 각 부분에 유효하게 경보를 발할 수 있도록 할 것

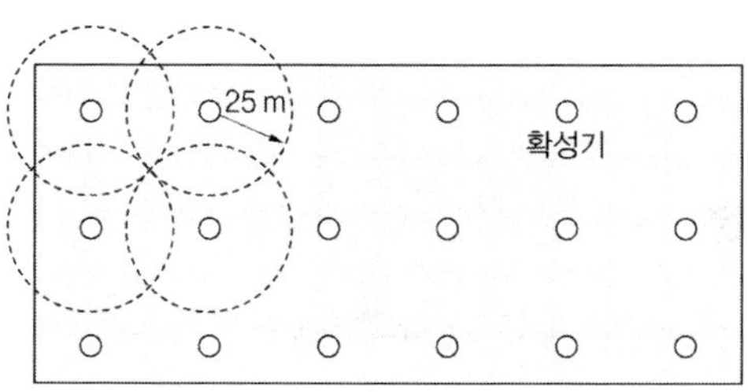

그림 8-26 음향장치(확성기)

③ 음량조정기를 설치하는 경우, 음량조정기의 배선은 3선식으로 할 것

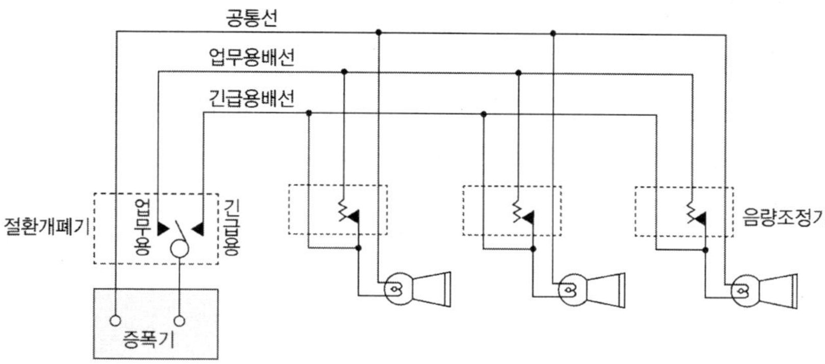

그림 8-27 3선식 배선

④ 조작부는 기동장치의 작동과 연동하여 당해 기동장치가 작동한 층 또는 구역을 표시할 수 있는 것으로 할 것

⑤ 다른 방송설비와 공용하는 것에 있어서는 화재 시 비상경보 외의 방송을 차단할 수 있는 구조로 할 것

⑥ 조작부의 조작스위치는 바닥으로부터 0.8m 이상 1.5m 이하의 높이에 설치해야 한다.

⑦ 증폭기 및 조작부는 수위실 등 상시 사람이 근무하는 장소로서 점검이 편리하고 방화상 유효한 곳에 설치한다.

⑧ 층수가 5층 이상으로서 연면적이 3,000 m^2를 초과하는 특정소방대상물은 2층 이상의 층에서 발화한 때에는 발화층 및 그 직상층에, 1층에서 발화한 때에는 발화층 그 직상층 및 지하층에, 지하층에서 발화한 때에는 발화층 그 직상층 및 기타의 지하층에 우선적으로 경보를 발할 수 있어야 한다.

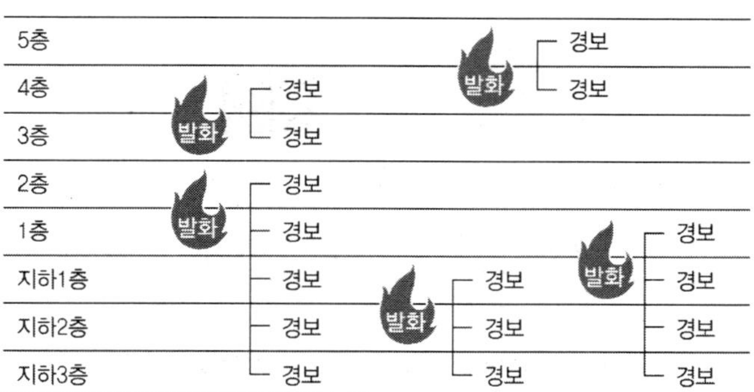

그림 8-28 우선경보방식

⑨ 다른 전기회로에 의하여 유도장애가 생기지 않도록 할 것

⑩ 기동장치에 의한 화재신고를 수신한 후, 필요한 음량으로 방송이 개시될 때까지의 소요시간은 10초 이하로 할 것

⑪ 하나의 소방대상물에 2 이상의 조작부가 설치되어 있는 때에는 각각의 조작부가 있는 상호간에 동시통화가 가능한 설비를 설치하고, 어느 조작부에서도 해당 소방대상물의 전 구역에 방송을 할 수 있도록 한다.

참고

음량조정기

신호음의 대소를 조절하며 배선은 업무용배선, 긴급용배선, 공통의 3선식으로 한다.

유도장애

전류 전선에 규격 이상의 전압이나 잡음이 일어나는 장애

8.4.4 비상방송설비 기동방법

자동화재탐지설비에 의해 기동할 경우 감지기 작동과 함께 방송이 가능한 상태가 되어야 하며, 발신기에 의해 기동할 경우 비상벨 또는 자동식사이렌에 준하는 조작 후 방송이 가능해야 하고 동시에 음향장치가 작동해야 한다. 또한 비상전화와 연동하여 기동할 수 있어야 한다.

자동화재탐지설비가 설치된 장소에는 비상방송설비 작동용 감지기를 별도로 설치할 필요가 없으며, 감지기가 작동하여 비상방송설비가 작동하는 방식이 적합하다. 그리고 비상방송설비의 감지기에 대한 구체적 설계기준은 없다.

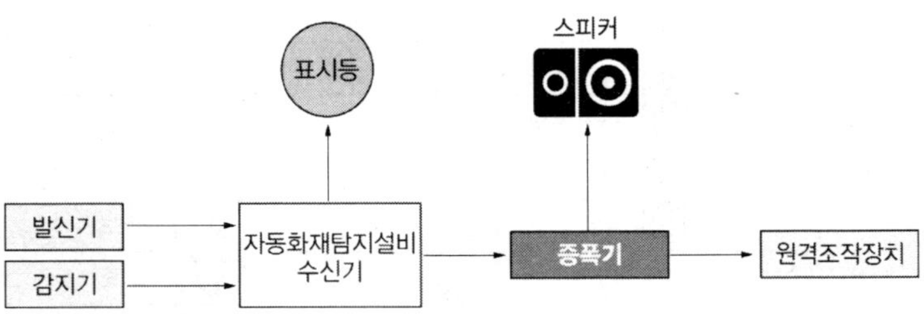

그림 8-29 비상방송설비와 자동화재탐지설비와 연동

8.5 가스누설경보기

8.5.1 개요

가스누설경보기란 LP가스, 도시가스(LNG) 등의 가연성 가스가 누설되어 공기 중에 폭발범위가 형성되어 점화원에 의한 폭발사고를 방지하고 또한 독성가스로 인한 중독사고를 미연에 방지하고자 가스저장소 및 대량 사용 장소에 설치하여 가스누설 시 자동적으로 경보를 발하여 가스로 인한 사고를 사전에 예방하여 주는 장치이다. 용기 충전소, 차량 충전소, 중앙공급실, 주방 등에 일반적으로 설치한다.

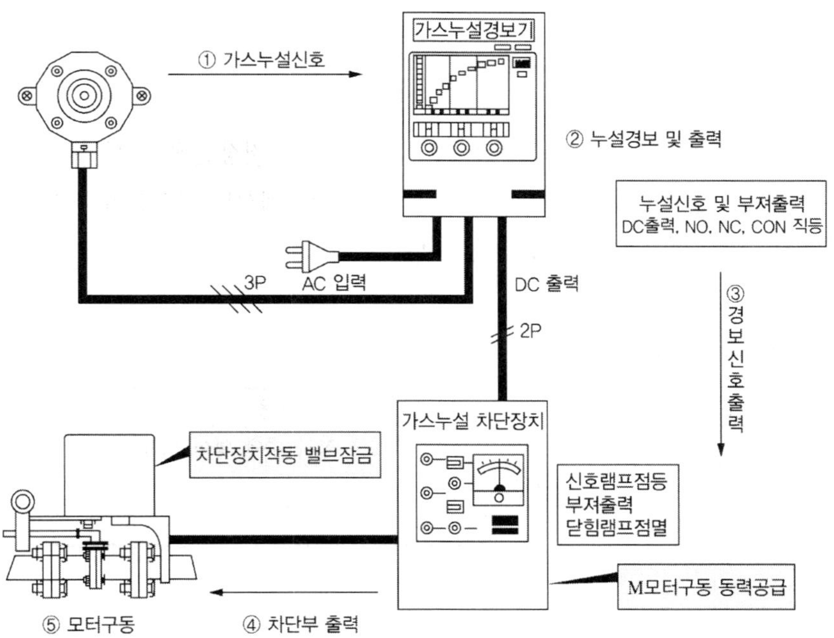

그림 8-30 가스누설경보 동작 계통도

8.5.2 종류

1) 단독형

단독형이란 하나의 본체에 감지부 및 경보부가 있어 설치하고자 하는 곳에 가장 간편하게 설치할 수 있는 형이다. 그러나 대형장소나 다량 사용업소 또는 주위에 소음이 많이 나는 곳에서 사용이 불합리하다. 또한 사람이 항상 경보기를 감시하여야 하므로 경보기 주위나 저장실 내에 있어야 하는 불편함이 있다. 가정용으로 많이 사용되고 있다.

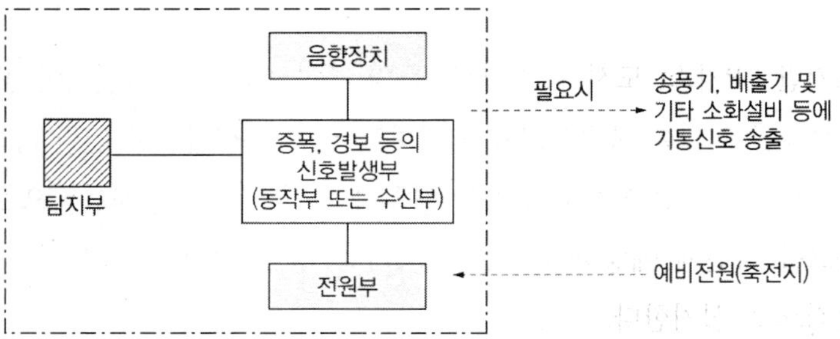

그림 8-31 단독형 가스누설경보기

2) 분리형

분리형은 탐지부와 수신부가 분리되어 있어 탐지부는 가스저장실에, 수신부는 수위실 등 사람이 항상 상주하는 장소에 배선으로 연결 설치하여 원거리에서도 저장실의 가스 누설 상태를 쉽게 감지할 수 있는 형이다. 영업용과 공업용이 있다.

표 8-6 가스누설경보기의 분류

구조		내용	
단독형	가정용	탐지부와 수신부가 1개의 상자 내에 넣어 일체로 되어 있는 형태	
분리형	공업용	1회로 이상	탐지부와 수신부가 분리되어 있는 형태
	영업용	1회로	

(1) 공업용

감지소자가 들어있는 탐지부에서 누설된 가스를 감지하여 경보음과 동시에 환풍기를 작동시켜 주며 방폭형으로 되어 있다.

(2) 영업용

보통 소규모 실이나 음식점 또는 주방 등에 설치하며 탐지부는 공업용과 마찬가지로 방폭용으로 되어 있다.

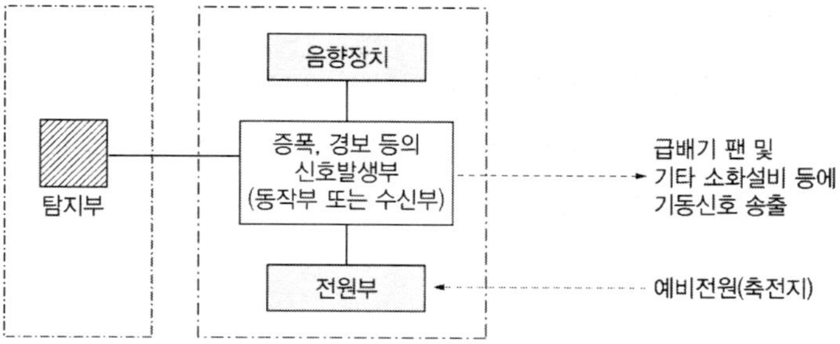

그림 8-32 분리형 가스누설경보기

8.5.3 구성

가스누설경보기는 크게 탐지부, 수신부, 중계기, 부속장치(경보 및 음향장치)로 구성된다.

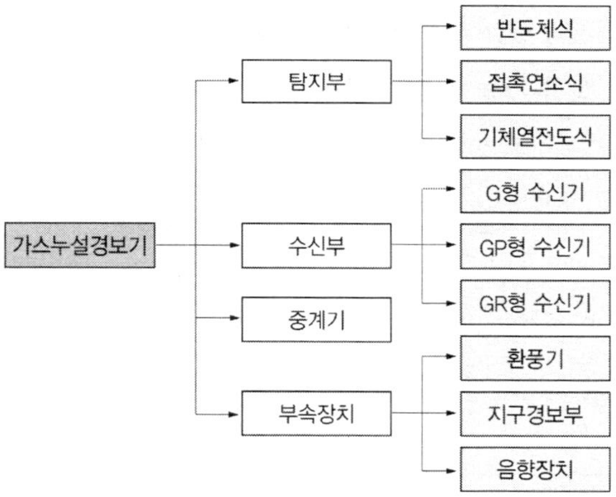

그림 8-33 가스누설경보기의 구성

① 탐지부

가스누설을 검지하여 중계기 또는 수신부에 가스누설의 신호를 발신하는 부분 또는 가스 누설을 검지하여 이를 음향으로 경보하고 동시에 중계기나 수신부에 가스 누설의 신호를 발신하는 요소이다.

② 수신부

탐지부에서 발하여진 가스누설신호를 직접 또는 중계기를 통하여 수신하고 이를 관계자에게 음향으로서 경보하여 주는 요소이다.

③ 중계기

감지기 또는 발신기(M형 발신기 제외)의 작동에 의한 신호 또는 탐지부에서 발하여진 가스누설신호를 받아 이를 수신기(M형 수신기 제외) 또는 수신부에 발신하여, 소화설비·제연설비, 그 밖에 이와 유사한 방재설비에 제어 또는 누설신호를 발신 또는 신호증폭을 하여 발신하는 요소이다.

④ 부속장치

경보기에 연결하여 사용되는 환풍기 또는 지구경보부 등에 작동신호원을 공급시켜 주기 위하여 경보기에 부수적으로 설치되는 부속장치로 구성되어 있다.

8.5.4 탐지부 설치 위치

1) 공기보다 가벼운 경우(공기에 대한 가스비중이 1미만)

① 연소기 또는 관통부로부터는 수평거리 8 m 이내에 설치하고, 천장에서 0.3 m 이내로 탐지부를 설치하며 그 설치 가능 여부를 확인한다. 그리고 천장면에서 0.6 m 이상 돌출된 보 등이 있을 경우에는 그 보 등의 내측(연소기구 등이 있는 쪽) 또는 관통부측에 설치한다.

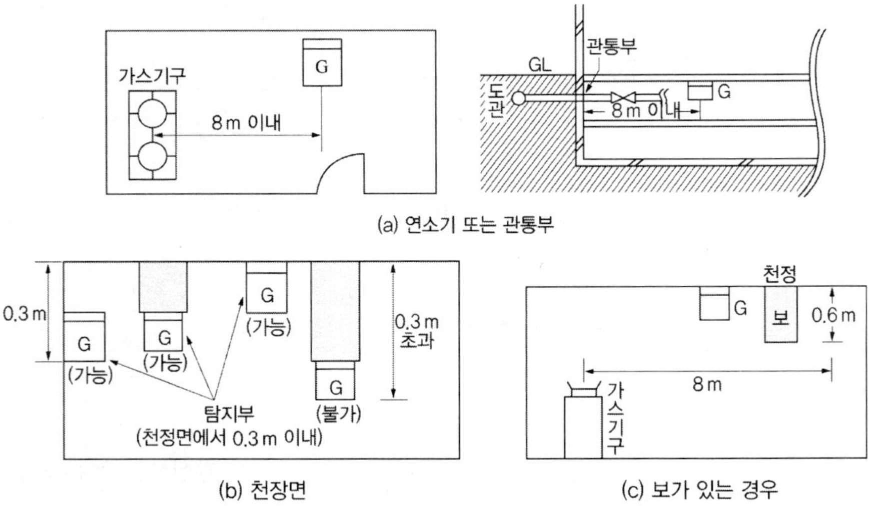

그림 8-34 연소기 또는 관통부가 있는 경우 탐지부 설치 위치

② 천장면에 흡기구가 있는 경우에는 누설된 가스가 흡기구로 빠져나가므로 연소기구로부터 가장 가까운 흡기구 바로 앞에 설치해야 한다.

③ 연소기가 사용되는 실내 천장면 등의 부근에 흡기구가 있는 경우 흡기구 부근에 설치하고, 해당 연소기와 천장면에서 0.6 m 이상 돌출된 보 등에 의하여 구획되어 있지 않는 흡기구가 있는 경우에는 연소기에서 가장 가까운 부근에 설치해야 한다.

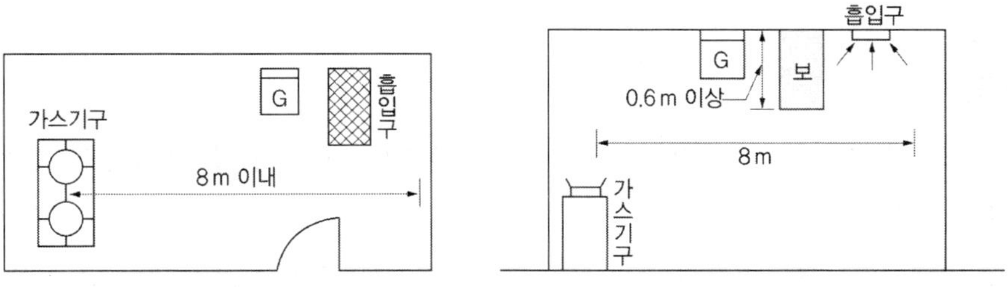

(a) 흡기구 부근 (b) 연소기구 부근

그림 8-35 흡기구가 있는 경우 탐지부 설치 위치

2) 공기보다 무거운 경우(공기에 대한 가스비중이 1을 초과)

연소기 또는 관통부로부터 4 m 이내에 설치하고, 탐지부의 상단은 바닥면으로부터 0.3 m 이내에 설치해야 한다.

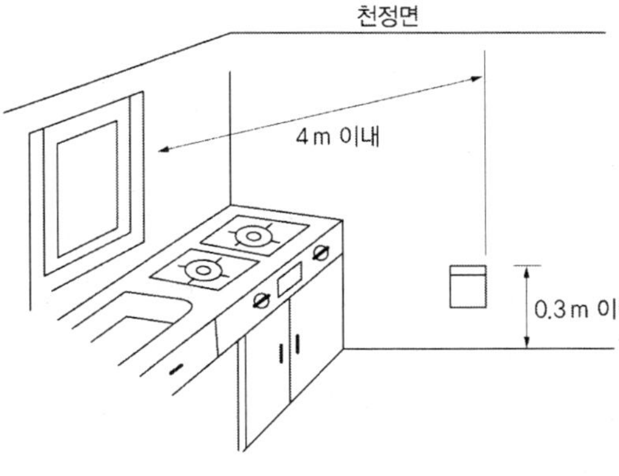

그림 8-36 공기보다 무거운 경우 가스 탐지부 설치 위치

8.5.5 가스누설경보기 시험

1) 음량시험

① 주음향장치용(공업용) : 음향장치의 중심으로부터 1 m 떨어진 위치에서 90 dB 이상

② 주음향장치용(단독형, 분리형 중 영업용) : 70 dB 이상
③ 고장표시장치용 : 음압은 60 dB 이상
④ 경보기에 전원을 공급할 때 초기경보를 발하지 않아야 하며 그 후 음향장치의 중심으로부터 1 m 떨어진 위치에서 공진음 등의 소리가 들리지 않아야 한다.

2) 절연저항시험

① 경보기의 절연된 충전부와 외함 간 : 절연저항은 DC 500 V의 절연저항계로 측정한 값이 5 MΩ 이상
② 교류 입력측과 외함 간 : DC 500 V의 절연저항계로 측정한 값이 20 MΩ 이상
③ 절연된 선로 간의 절연저항 : DC 500 V의 절연저항계로 측정한 값이 20 Ω 이상

8.5.6 가스누설경보기의 일반기준

① 경보기의 예비전원은 원통 밀폐형 니켈-카드뮴 축전지 또는 무보수밀폐형 연축전지로 하고, 그 용량은 1회선용(단독형 포함)의 경우 감시상태를 20분간 계속한 후 유효하게 작동되어 10분간 경보를 발할 수 있어야 하며, 2회로 이상인 경보기의 경우에는 연결된 모든 회로에 하여 감시상태를 10분간 계속한 후 2회선을 유효하게 작동시키고 10분간 경보를 발할 수 있는 용량이어야 한다.
② 예비전원을 병렬로 접속하는 경우에는 역충전 방지 등의 조치를 한다.
③ 가스의 누설을 표시하는 표시등은 황색으로 표시되어야 한다.
④ 변압기 1차 정격전압은 직류 9 V로 할 것
⑤ 수신개시로부터 가스누설표시까지 소요시간은 60초 이내이어야 한다.
⑥ 축전지를 직렬 또는 병렬로 사용하는 경우에는 용량(전압, 전류 등)이 균일한 축전지를 사용해야 한다.
⑦ 가스누설을 탐지하는 탐지소자의 금속망은 100 메시(mesh) 이상이어야 한다.

8.6 누전경보기

8.6.1 개요

누전경보기는 사용전압 600 V 이하인 경계전로의 누설전류를 검출하여 해당 소방 상물의 관계자에게 경보를 발하는 설비로서 전기배선과 전기기기의 부하측으로부터 절연파괴 또는 단락 등에 의해 전류가 누설되어 재해(화재 및 감전)를 일으키기 때문에 부하측에 설치하여 전기에 의한 재해를 방지하기 위한 설비이다.

그림 8-37 누전경보기

8.6.2 용어정리

① 누설전류 : 전로 이외로 흐르는 전류

② 공칭작동전류치 : 누전경보기를 작동시키기 위한 누설전류의 값. 누전경보기에서는 200[mA] 이하

③ 인입선 : 배전선로로부터 수용가의 인입선 부착점에 이르는 전선

④ 과전류차단기 : 규정된 용량을 초과하여 전류가 흐를 경우 순간적으로 차단하는 장치로 퓨즈, 배선용차단기 등이 있다.

⑤ 배선용차단기 : 퓨즈를 사용하지 않고 저압 간선 분기회로의 전원차단 개폐기를 말한다.

⑥ 트랜지스터 : 증폭이나 방전 등의 작용을 하게 되는 전자 회로 소자

⑦ 감도절환부 : 감도조절 스위치로 수신기가 경보음을 발하여야 하는 누설전류의 양을 조절하는 스위치로 0.2 A, 0.5 A, 1.0 A를 선택할 수 있다.

8.6.3 구성

누전경보기는 경계전로의 누설전류를 자동적으로 검출하여 경보기의 수신부에 송신하는 변류기와 그 전류를 증폭하는 증폭기, 변류기로부터 검출된 신호를 수신하여 누전의 발생을 해당 소방대상물의 관계자에게 경보하는 수신부(차단기구를 갖는 것을 포함) 및 경보를 발하는 음향장치로 구성되어 있다. 누전경보기의 구조는 그림 8-38에 나타내고 있다.

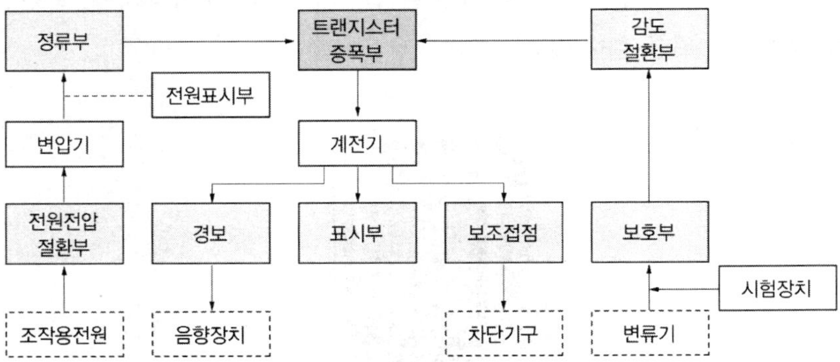

그림 8-38 누전경보기의 구조

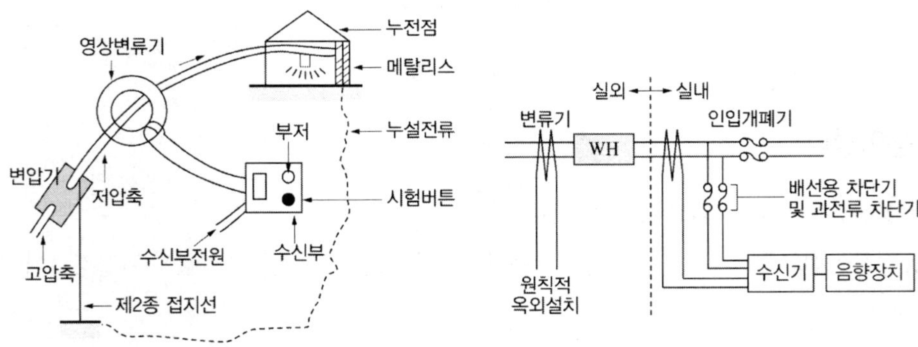

(a) 누전경보기 설치 (b) 누전경보기 구성

그림 8-39 누전경보기의 설치

1) 변류기

변류기는 누설전류를 검출하여 수신기에 송신하는 기구로 환상형 철심에 검출용 2차 전선을 내장시킨 변류기의 중앙부에 전로의 전선을 관통형과 철심 2개를 분할하여 배선된 전선을 그대로 투입하는 분할형이 있다. 또는 방수구조상 옥내형과 옥외형으로 나눈다.

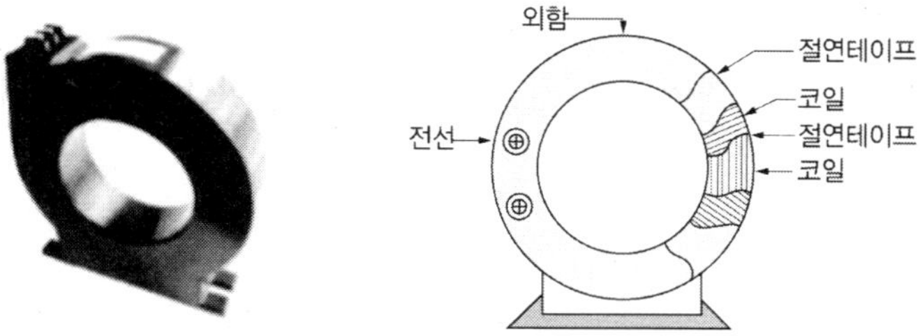

그림 8-40 변류기의 외형

2) 수신부

변류기로부터 검출된 신호를 수신하여 누전의 발생을 해당 소방상물의 관계인에게 경보를 통보하는 장치로 그 종류는 정격전류에 따라 다음과 같이 분류한다.

① 1급 : 정격전류가 60 A 초과의 경계전로에 한하여 사용하는 것

② 2급 : 정격전류가 60 A 이하의 경계전로에 한하여 사용하는 것

3) 음향장치 설치기준

① 사용전압의 80%인 전압에서 소리를 내어야 한다.

② 사용전압에서의 음량은 무향실 내에서 정위치에 부착된 음향장치의 중심으로부터 1 m 떨어진 지점에서 누전경보기는 70 dB 이상이어야 한다. 다만, 고장표시장치용 등의 음량은 60 dB 이상이어야 한다.

③ 사용전압으로 8시간 연속하여 울리게 하는 시험, 또는 정격전압에서 3분 20초 동안 울리고 6분 40초 동안 정지하는 작동을 반복하여 통산한 울림시간이 20시간이 되도록 시험하는 경우 그 구조 또는 기능에 이상이 생기지 않아야 한다.

참고

무향실

소리 또는 전파의 반사가 완전 흡수하여 소리나 전자기파의 반사를 막기 위해 흡음재로 만든 실

4) 변압기

① 변압기는 KS C 6308(전자기기용 소형전원변압기) 또는 이와 동등 이상의 성능이 있어야 한다.

② 정격 1차 전압은 300 V 이하로 한다.

③ 변압기의 외함에는 접지단자를 설치해야 한다.

④ 용량은 최대사용전류에 연속하여 견딜 수 있는 크기 이상이어야 한다.

5) 표시등

누전화재의 발생을 표시하는 표시등(누전등)이 설치된 것은 등이 켜질 때 적색으로 표시되어야 하며, 누전화재가 발생한 경계전로의 위치를 표시하는 표시등(지구등)과 기타의 표시등은 다음과 같아야 한다.

① 지구등은 적색으로 표시되어야 한다. 이 경우 누전등이 설치된 수신부의 지구등은 적색 외의 색으로도 표시할 수 있다.

② 기타의 표시등은 적색 외의 색으로 표시되어야 한다. 다만, 누전등 및 지구등과 쉽게 구별할 수 있도록 부착된 기타의 표시등은 적색으로도 표시할 수 있다.

8.6.4 동작원리

건축물의 전선로 인입선이 인입되는 것과 함께 누전경보기를 설치해야 하는데 그림 8-41에 나타내었다.

건축물 내의 전기배선이 공사 결함, 노후화로 인한 열화(Degradation), 부주의에 의한 손상 등으로 인하여 누전이 발생되고 건축물의 천장, 바닥, 벽 등의 보강재로 상용하고 있는 금속류 등이 누전의 경로가 되어 화재를 발생시키기 쉬우므로 이것을 방지하기 위하여 누설 전류가 흐르면 자동적으로 누전경로를 발견하여 경보해야 한다.

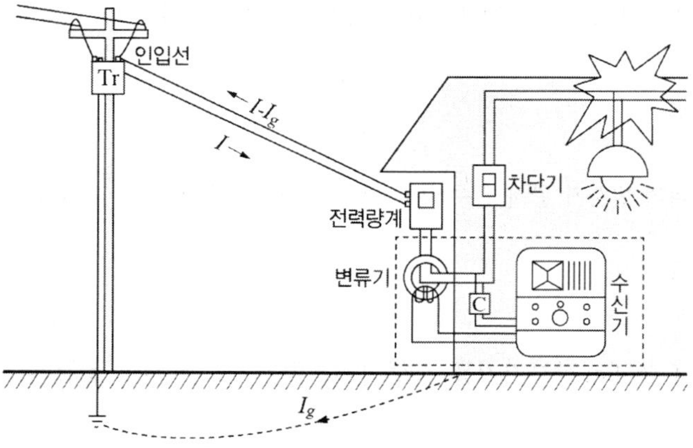

그림 8-41 전선로 인입선 누전경보기 설치

8.6.5 누전경보기 전원

① 전원은 분전반으로부터 전용회로로 하고, 각 극에 개폐기 및 15A 이하의 과전류차단기(배선용 차단기에 있어서는 20A 이하의 것으로 각 극을 개폐할 수 있는 것)를 설치해야 한다.

② 전원을 분기할 때에는 다른 차단기에 따라 전원이 차단되지 않도록 한다.

③ 전원의 개폐기에는 누전경보기용임을 표시한 표지를 한다.

8.7 시각경보기

8.7.1 개요

시각경보기는 청각장애인을 위하여 시각경보장치를 도입한 것으로 공공기관이나 불특정 다수인이 모이는 장소를 위주로 적용하여 설치한다.

시각경보장치는 자동화재탐지설비에서 발하는 화재신호를 시각경보기에 전달하여 청각장애인에게 표시등으로부터 점멸식 시각경보를 발하는 것을 말한다.

8.7.2 설치장소

① 근린생활시설, 위락시설, 문화집회 및 운동시설, 판매시설 및 영업시설

② 숙박시설, 노유자시설, 의료시설 및 업무시설

③ 통신촬영시설 중 방송국, 교육연구시설 중 도서관

④ 지하상가

8.7.3 설치기준

① 복도·통로·청각장애인용 객실 및 공용으로 사용하는 거실에 설치하며 각 부분으로부터 유효하게 경보를 발할 수 있는 위치에 설치할 것

② 공연장·집회장·관람장 또는 이와 유사한 장소에 설치하는 경우에는 시선이 집중되는 무대부 부분 등에 설치할 것

③ 설치높이는 바닥으로부터 2∼2.5 m 이하의 장소에 설치할 것

④ 하나의 소방대상물에 2 이상의 수신기가 설치된 경우 어느 수신기에서도 지구음향장치 및 시각경보장치를 작동할 수 있도록 할 것

8.7.4 동작기준

① 작동 : 신호입력 후 3초 이내 작동

② 섬광율 : 1초당 1∼3회

③ 광도 : 6 m 전방에서 측정 시 15 cd 이상

연습문제

[자동화재속보설비]

01 관계인이 24시간 상시근무하고 있는 경우 자동화재속보설비를 설치해야 하는 조건은?

풀이 수신반이 설치된 장소에 상시 통화가 가능한 전화가 설치되어 있고, 24시간 감시인이 상주하는 경우에는 자동화재속보설비를 설치하지 않을 수 있다.

02 다음은 자동화재속보설비의 설치기준이다. 괄호 안을 채우시오.

① 자동화재탐지설비와 연동으로 작동하여 자동적으로 화재발생상황을 (　　　)에 전달하는 것으로 할 것

② 스위치는 바닥으로부터 (　　　) 이상 (　　　) 이하의 높이에 설치하고 그 보기 쉬운 곳에 스위치임을 표시한 표지를 할 것

③ (　　　)는 소방관서에 통신망으로 통보하도록, 데이터 또는 코드전송방식을 부가적으로 설치할 수 있다.

④ 문화재에 설치하는 자동화재속보설비는 속보기에 (　　　)를 직접 연결하는 방식 (자동화재탐지설비의 1개의 경계구역에 한한다.)으로 할 수 있다.

풀이 ① 소방관서 ② 0.8 m, 1.5 m ③ 속보기 ④ 감지기

03 화재신호를 통신망을 통하여 음성 등의 방법으로 소방관서에 통보하는 장치는?

풀이 송수화장치

04 자동화재속보설비의 A형과 B형 화재속보기를 비교 설명하시오.

05 자동화재속보설비의 기능에 대하여 설명하시오.

[비상경보설비]

01 비상경보설비 종류를 3가지만 쓰시오.

02 화재발생상황을 단독으로 감지하여 자체에 내장된 음향장치로 경보하는 감지기는?

03 비상경보설비의 음향장치에 대하여 수평거리와 음량의 크기는?

풀이 ① 수평거리 25 m 이하 ② 음압의 크기 : 1 m 떨어진 위치에서 90 dB 이상

04 비상경보설비의 발신기를 설치하지 않아도 되는 곳은?

풀이 지하구

05 비상경보설비의 상용전원에 대한 설치기준이다. ( )을 채우시오.

① 전원은 전기가 정상적으로 공급되는 축전지 또는 교류 전압의 ( )으로 하고, 전원까지의 배선은 ( )으로 할 것
② ( )에는 '비상벨설비' 또는 '자동식 사이렌설비용' 이라고 표시한 표지를 할 것

06 비상경보설비의 축전지설비의 용량은?

풀이 비상경보설비에 대한 감시상태를 60분 이상 지속한 후 유효하게 10분 이상 경보할 수 있는 용량을 가져야 한다.

07 단독경보형감지기의 화재경보음의 음량은 얼마나 되는가?

풀이 화재경보음은 감지기로부터 1 m 떨어진 위치에서 10분 이상 계속해서 경보할 수 있어야 한다.

08 단독경보형감지기는 소방대상물의 각 실마다 설치하여야 한다. 바닥면적이 600 m^2인 경우에는 최소 몇 개를 설치해야 하는가?

풀이 4개

※ 각 실(이웃하는 실내의 바닥 면적이 각각 30 m^2 미만이고 벽체의 상부의 전부 또는 일부가 개방되어 이웃하는 실내와 공기가 상호유통 되는 경우에는 이를 1개의 실로 본다)마다 설치하되, 바닥면적이 150 m^{2}를 초과하는 경우에는 150 m^2 마다 1개 이상 설치한다.

[비상방송설비]

01 비상방송설비에서 1층에서 화재발생 시 경보를 발하는 층은?

풀이 발화층, 그 직상층 및 지하층

※ 층수가 5층 이상으로서 연면적이 3,000 m^{2}를 초과하는 특정소방대상물은 2층 이상의 층에서 발화한 때에는 발화층 및 그 직상층에, 1층에서 발화한 때에는 발화층 그 직상층 및 지하층에, 지하층에서 발화한 때에는 발화층 그 직상층 및 기타의 지하층에 우선적으로 경보를 발할 수 있어야 한다.

02 다음은 비상방송설비에 대한 설치기준이다. 물음에 답하시오.

① 확성기의 음성입력은 실외 및 실내에 설치할 때 몇 W 이상인가?
② 음량조정기를 설치하는 경우 음량조정기이 배선은?
③ 확성기는 각 층마다 설치하되 그 층의 각 부분으로부터 하나의 확성기까지의 수평거리는?
④ 조작부의 조작스위치는 바닥으로부터 얼마의 높이에 설치하는가?
⑤ 기동장치에 따른 화재신고를 수신한 후 필요한 음량으로 화재발생 상황 및 피난에 유효한 방송이 자동으로 개시할 때까지의 소요 시간은 몇 초 이하로 하는가?

풀이 ① 3 W , 3 W ② 3선식 배선 ③ 25 m ④ 0.8 m 이상 1.5 m 이하 ⑤ 10초

03 다음은 비상방송설비의 계통도를 나타낸 것이다. 계통도를 완성하시오.

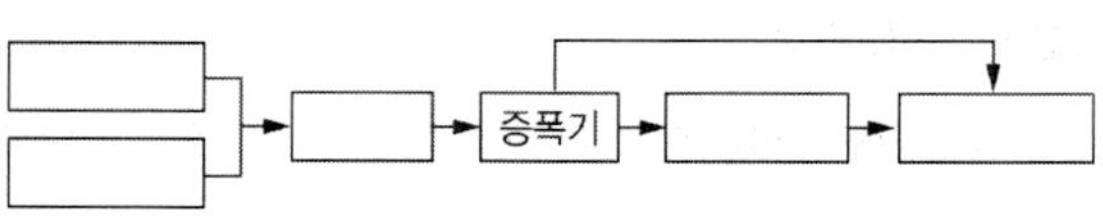

풀이 본문 비상방송설비 계통도 참조

[누전경보기]

01 누전경보기의 구성요소를 쓰고 기능을 간단히 설명하시오.

풀이 ① 변류기, 증폭기, 수신기, 음향장치, 차단기
② 변류기 : 경계전로의 누설전류를 자동적으로 검출하여 경보기의 수신부에 송신하는 기구

증폭기 : 누설전류를 증폭

수신기 : 변류기로부터 검출된 신호를 수신하여 누전의 발생을 해당 소방상물의 관계인에게 경보를 통보하는 장치

음향장치 : 누전시 경보를 발하는 장치

차단기(릴레이 포함) : 누전전류 발생 시 전원차단

02 누전경보기 설치 그림을 보고 물음에 답하시오.

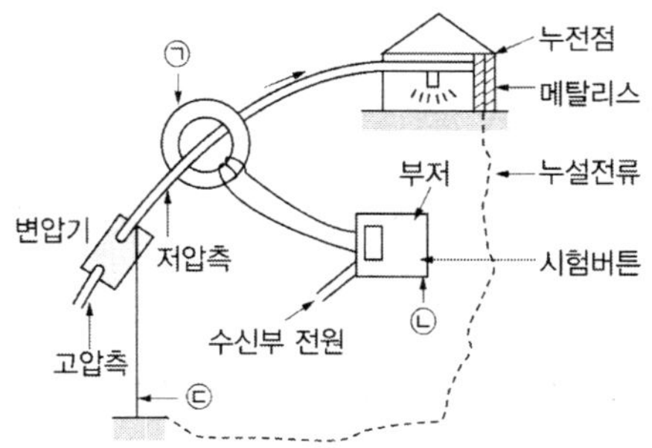

① ㉠~㉢에 대한 명칭을 쓰고 ㉢은 종별까지 쓰시오.

② 누전경보기는 사용전압 몇 [V] 이하인 경계전로의 누설전류를 검출하는가?

③ 누전경보기의 공칭작동전류치[mA]는?

④ 누설경보기 전원은 각 극에 개폐기 몇 [A] 이하의 과전류차단기를 설치해야 하는가? 또한 배선용 차단기로 할 경우 몇 [A] 이하의 것으로 각 극의 개폐가 가능하여야 하는가?

풀이 ① ㉠ 영상변류기 ㉡ 수신 ㉢ 제2종 접지선

② 600[V] 이하

③ 200[mA] 이하

④ 15[A], 20[A]

03 다음은 누전경보기의 수신기의 구조를 나타낸 그림이다. 빈 곳의 용어를 쓰시오.

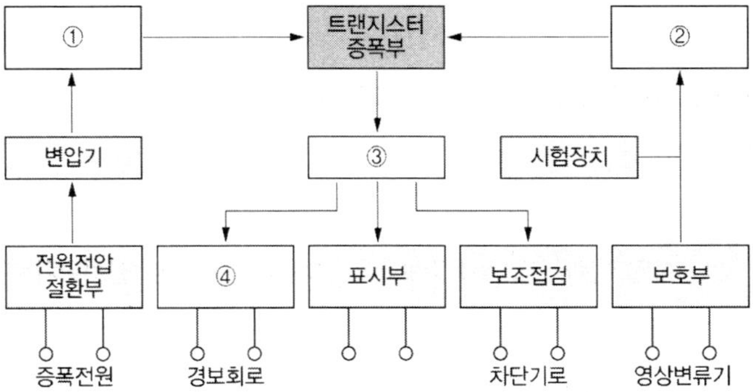

풀이 ① 정류부 ② 감도절환부 ③ 변류기 ④ 경보부

[가스누설경보기]

01 가스누설경보기를 단독형과 분리형에 대하여 설명하시오.

02 가스누설경보기에 사용되는 예비전원의 용량에 대하여 쓰시오.

풀이 ① 1회선용(단독형 포함)의 경우 감시상태를 20분간 계속한 후 유효하게 작동되어 10분간 경보를 발할 수 있어야 한다.
② 2회로 이상인 경보기의 경우에는 연결된 모든 회로에 하여 감시상태를 10분간 계속한 후 2 회선을 유효하게 작동시키고 10분간 경보를 발할 수 있는 용량이어야 한다.

03 가스누설신호를 수신한 경우 표시등은 무슨 색으로 표시되어야 하는가?

풀이 황색

04 가스누설경보기의 종류에 따른 음량시험을 하여 음량이 얼마 이상이어야 하는가?

① 공업용 주음향장치용 ② 단독형, 영업용의 주음향장치용 ③ 고장표시장치용

풀이 ① 90 dB 이상 ② 70 dB 이상 ③ 60 dB 이상

05 가스의 누설을 탐지하는 탐지소자의 금속망은 몇 메쉬 이상이어야 하는가?

풀이 100 메쉬

06 가스누설 수신개시로부터 가스누설표시까지의 소요시간은 몇 초 이내이어야 하는가?

풀이 60초

07 가스누설경보기에서 분리형으로 영업용인 것의 회로 수는?

풀이 1회로

08 LNG를 사용하고 있는 보일러실에 가스누설경보기를 설치할 때 탐지부 설치위치는?

풀이 비중이 1보다 작은 경우이므로 연소기 또는 관통부로부터는 수평거리 8 m 이내에 설치하고, 천장에서 0.3 m 이내로 탐지부를 설치

09 가스누설경보기를 용도에 따라 분류할 때 단독형은 어떤 용도로 사용하는가?

풀이 가정용

10 LNG가스가 체류되어 있을 때 가스누설경보기는 연소기 또는 관통부로부터 몇 m 이내에 설치하는가?

풀이 4 m

CHAPTER

09 피난설비

비상시 인명이 신속하게 대피할 수 있도록 하는 설비 및 기구로서 유도등, 비상조명등, 완강기, 구조대, 수직구조대, 피난사다리, 피난트랩, 인명구조장비를 말한다.

9.1 유도등설비

9.1.1 개요

유도등설비는 화재 시에 피난구라든가 피난방향을 명시함과 동시에 필요한 최소한도의 밝기의 조도로 당해 소방대상물의 내에 있는 관계자, 거주자 등이 안전하고 유효하게 피난할 수 있도록 하기 위한 방향 표시등을 말한다.

사용 장소에 따라 피난구유도등, 통로유도등 및 객석유도등의 3종류로 분류된다. 유도등은 보통 사용전원으로 점등하고 있지만 상용전원이 정전되어도 비상전원으로 자동 절환되어 점등한다.

9.1.2 유도등의 종류

피난구유도등, 객석유도등, 통로유도등

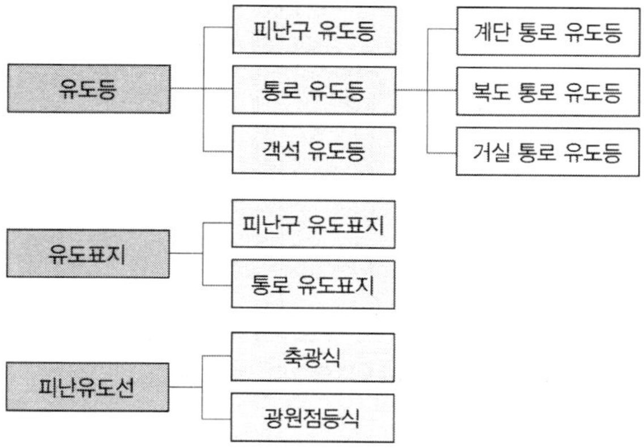

그림 9-1 유도등 및 유도표지의 종류

1) 피난구유도등

화재 시에 안전하고 신속하게 피난할 수 있도록 피난구 상부에 설치하며 '피난구라는 뜻을 표시한 녹색바탕에 백색글씨의 유도등을 말한다. 크기에 따라 대형, 중형, 소형으로 구분된다. 피난구유도등의 표시면과 피난목적이 아닌 안내 표시면이 구분되어 함께 설치된 유도등을 복합표시형 피난구유도등이라고 한다.

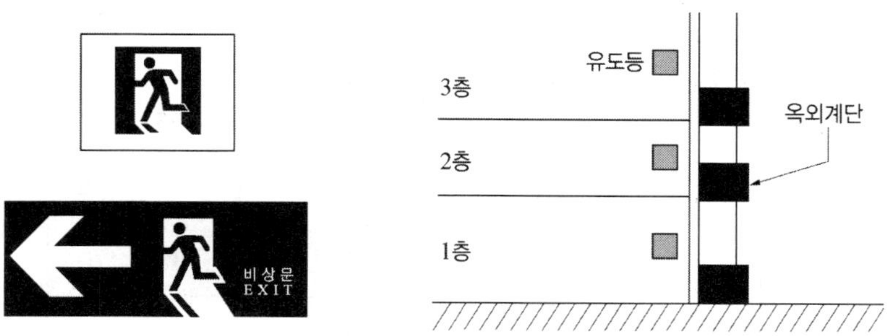

(a) 외형 (b) 설치사례

그림 9-2 피난구 유도등

(1) 설치기준

① 피난구유도등은 바닥으로부터 높이 1.5 m 이상으로서 출입구에 인접하도록 설치해야 한다.

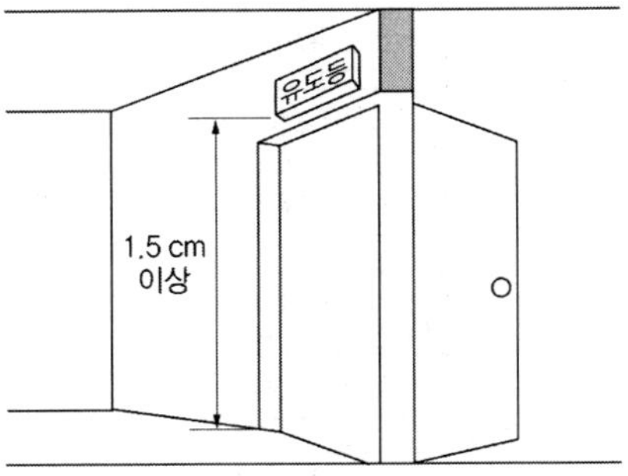

그림 9-3 피난구유도등 설치 높이

② 피난구유도등이 조명도는 피난구로부터 30 m의 거리에서 문자 및 색체를 쉽게 식별할 수 있는 것으로 하여야 한다.

(2) 설치장소

① 옥내로부터 직접 지상으로 통하는 출입구 및 그 부속실의 출입구

② 직통계단·직통계단의 계단실 및 그 부속실의 출입구

③ 출입구에 이르는 복도 또는 통로로 통하는 출입구

④ 안전구획된 거실로 통하는 출입구

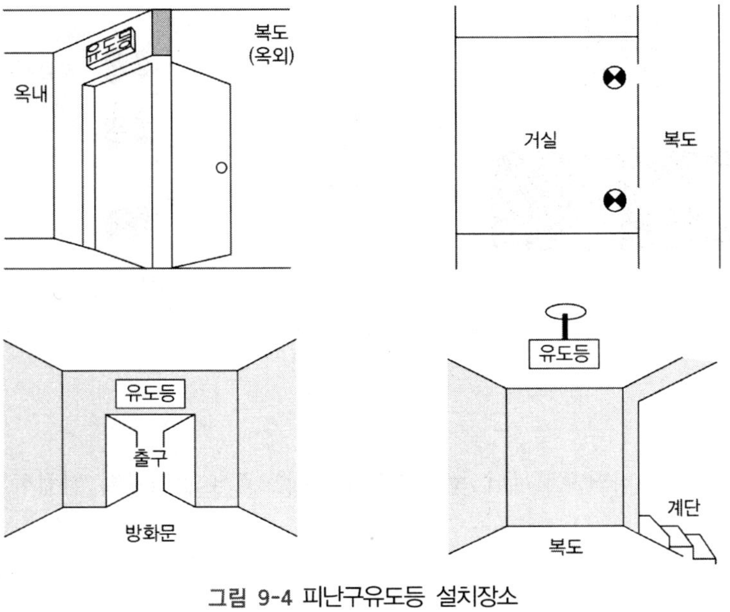

그림 9-4 피난구유도등 설치장소

2) 통로유도등

피난통로를 안내하기 위한 유도등을 말한다.

(1) 통로유도등 종류

① 거실통로유도등 : 거실 내의 피난 경로 및 전개된 장소에 설치하는 유도등으로 피난의 방향을 명시하며 피난상 유효한 조도인 1 Lx 이상을 유지한다.

② 복도통로유도등 : 피난 통로가 되는 복도에 설치하는 통로 유도등으로서 피난구의 방향을 명시하는 것을 말한다.

③ 계단 통로유도등 : 피난 통로가 되는 계단이나 경사로에 설치하는 통로 유도등으로 피난의 방향을 명시하는 것을 말한다.

(2) 설치기준

① 통행에 지장이 없도록 설치한다.

② 바닥으로부터 높이 1 m 이하의 위치에 설치한다. 다만, 지하층 또는 무창층의 용도가 도매시장·소매시장·여객자동차터미널·지하역사 또는 지하상가인 경우에는 복도·통로 중앙부분의 바닥에 설치한다.

③ 주위에 이와 유사한 등화광고물·게시물 등을 설치하지 않아야 한다.

④ 조도는 통로유도등 바로 밑의 바닥으로부터 수평으로 0.5 m 떨어진 지점에서 정하여 1 Lux 이상이어야 한다.

⑤ 통로유도등은 백색바탕에 녹색으로 피난방향을 표시한 등으로 하여야 한다.

⑥ 옥내로부터 직접 지상으로 통하는 출입구에 설치(다만, 부속실을 경유하여 지상으로 통하는 경우 그 부속실의 출입구에 설치)

⑦ 복도통로유도등 또는 거실통로유도등은 구부러진 모퉁이 및 보행거리 20 m 마다 설치하고 계단 통로유도등은 각 층의 경사로 참 또는 계단참마다 설치한다.

※ 복도통로유도등 또는 거실통로유도등 설치개수

$$\text{설치개수} \geq \frac{\text{구부러진 곳이 없는 부분의 보행거리}}{20\text{ m}}$$

⑧ 표시면 글자크기는 거실통로유도등은 9 cm^2 이상, 복도통로유도등은 6.25 cm^2 이상이어야 한다.

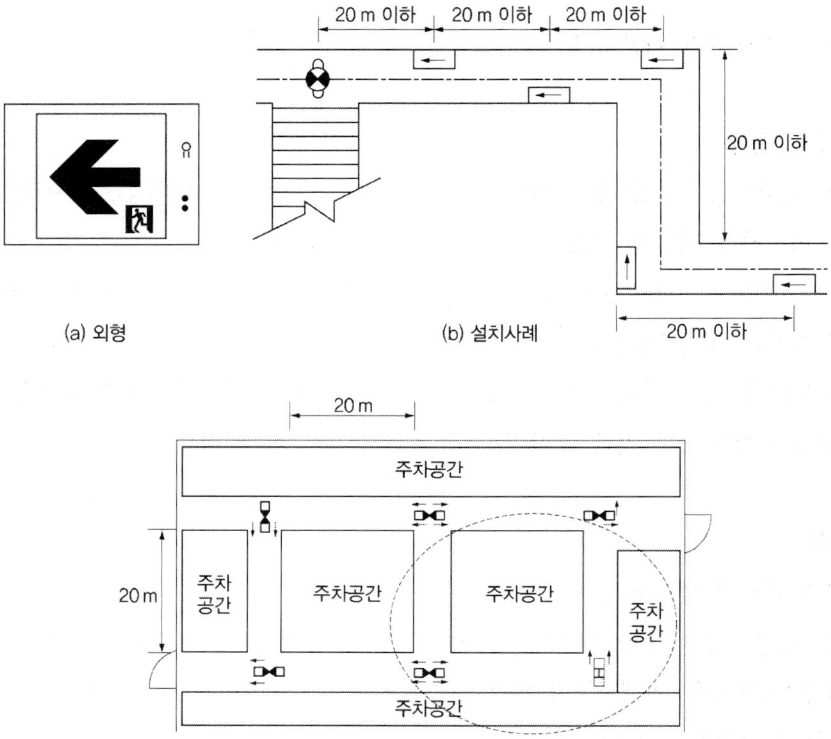

그림 9-5 복도·거실 통로유도등 설치거리

3) 객석유도등

객석의 통로, 바닥 또는 벽에 설치하는 유도등을 말하며, 직류 24 V 백열전구로 점등되는 것을 많이 사용한다

① 객석유도등은 객석의 통로, 바닥 또는 벽에 설치해야 한다.

② 객석 내의 통로가 경사로 또는 수평으로 되어 있는 부분에 있어서는 다음의 식에 따라 산출한 수(소수점 이하의 수는 1로 본다)의 유도등을 설치해야 한다.

$$\text{객석유도등 설치 개수} \geq \frac{\text{객석통로의 직선부분 길이(m)}}{4} - 1$$

③ 객석의 바닥면이 피난상 유효한 조도인 0.2 Lx 이상이 되도록 객석의 통로 바닥 부분에 설치한다.

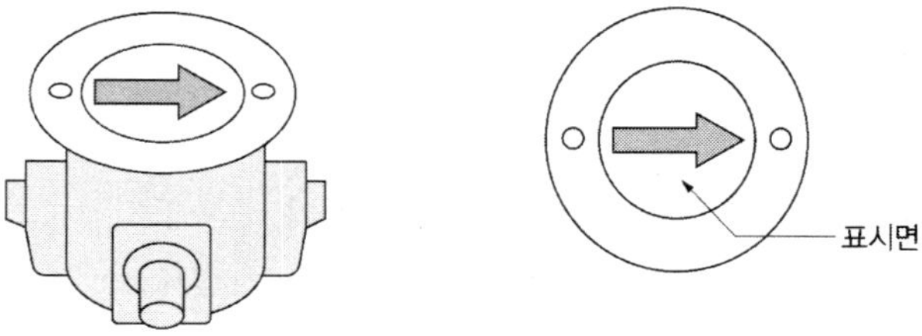

그림 9-6 객석유도등

④ 객석 내의 통로가 옥외 또는 이와 유사한 부분에 있는 경우에는 해당 통로 전체에 미칠 수 있는 수의 유도등을 설치해야 한다.

⑤ 다음에 해당하는 경우에는 객석유도등을 설치하지 않는다.

- 주간에만 사용하는 장소로서 채광이 충분한 객석
- 거실 등의 각 부분으로부터 하나의 거실출입구에 이르는 보행거리가 20 m 이하인 객석의 통로로서 그 통로에 통로유도등이 설치된 객석

9.1.3 유도등의 전원

① 유도등의 전원은 축전지 또는 교류전압의 옥내간선으로 하고 전원까지의 배선은 전용으로 하여야 한다.

② 비상전원은 축전지로 하고 그 용량은 당해 유도등을 유효하게 20분 이상 작동시킬 수 있는 것으로 하여야 한다(다만, 11층 이상의 층과 지하상가·지하역사 등은 60분 이상 작동).

③ 유도등에 사용하는 전원은 정전 시에는 상용전원에서 비상전원으로, 정전복귀 시에는 비상전원에서 상용전원으로 자동전환되는 구조이어야 한다.

④ 상용전원에 의하여 켜지는 광원을 원격조작에 의하여 끊더라도 예비전원은 상용전원에 의하여 자동 충전할 수 있어야 한다. 다만, 발광다이오드 또는 면광원을 광원으로 사용하는 유도등으로서 상용전원에 의하여 상시 점등되는 경우에는 제외된다.

⑤ 비상전원의 상태를 감시할 수 있는 장치가 있어야 한다. 다만, 객석유도등은 제외된다.

⑥ 상용전원이 정전되는 경우에는 즉시 비상전원에 의하여 켜져야 한다.

9.1.4 전기 배선기준

배선기준은 다음 기준에 의하여야 한다.

① 유도등의 인입선과 옥내배선은 직접 연결해야 한다.

② 유도등은 전기회로에 점멸기를 설치하지 않고 항상 점등상태를 유지해야 한다. 다만, 소방대상물 또는 그 부분에 사람이 없거나 피난구 또는 피난방향을 쉽게 식별할 수 있는 경우에는 그러하지 아니하다.

다음에 해당하는 장소로서 3선식 배선에 따라 상시 충전되는 구조인 경우에는 제외된다.

① 외부광에 따라 피난구 또는 피난방향을 쉽게 식별할 수 있는 장소

② 공연장, 암실(暗室) 등으로서 어두워야 할 필요가 있는 장소

③ 소방대상물의 관계인 또는 종사원이 주로 사용하는 장소

9.1.5 배선의 결선

유도등의 2선식 및 3선식 배선의 결선은 3가지 색(예 : 백색, 흑색, 녹색)으로 하는 것이 좋으며, 전선은 층별 회로 증가 시 2선씩 추가한다.

① 2선식 배선

유도등을 상시 점등상태로 하는 배선 방식으로 점멸기(Switch)에 의해 유도등을 소등하면 자동적으로 예비전원에 의하여 점등이 20분 이상 지속된 후 소등되면서 상용전원으로 예비전원에 자동충전이 되지 않으므로 유도등의 기능이 상실된다. 2선식 배선은 흰색 1선과 검정 및 녹색 1선을 상용전원에 연결한다.

참고

점멸기(통상 스위치)

1선에 설치하여 전류를 차단하는 스위치

개폐기(Circuit breaker)

2선에 설치하여 전압과 전류를 차단하는 스위치

② 3선식 배선

평소에는 소등 상태를 유지하다가 화재 시 유도등이 점등되는 배선 방식으로 점멸기로 유도등을 소등하게 되면 유도등은 소등되지만, 예비전원으로의 충전은 계속 유지되는 상태가 된다. 그리고 정전 또는 단선이 발생되어 상용전압에 의해 전원공급이 되지 않더라도 자동적으로 충전된 예비전원에 의해 20분 이상 점등이 유지된다.

유도등 결선 시 백색과 흑색은 유도등 충전을 위한 전원에 연결하고, 녹색은 점멸기(스위치)에 연결하는 데 잘못된 유도등 결선은 수명을 단축시킨다.

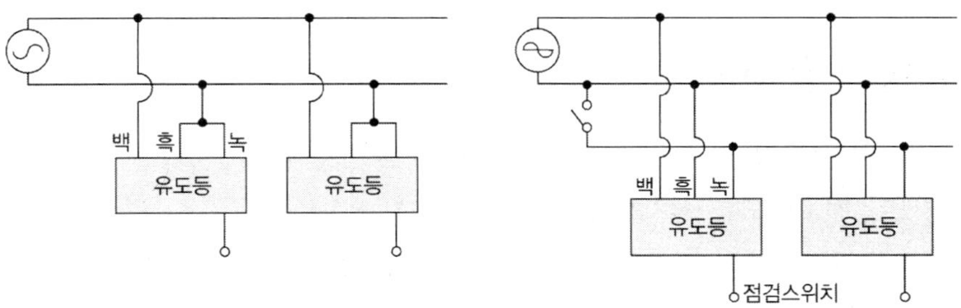

(a) 2선식 배선방법 (b) 3선식 배선방법

그림 9-7 유도등 전기 배선 방법

표 9-1 2선식과 3선식 배선 방법의 시공시 차이점

2선식 배선	3선식 배선
① 피난구 유도등을 상시 점등하는 상태의 배선 방식이다. 2선식 배선을 상시 점등되도록 하는 것을 원칙으로 함 ② 점멸기에 의거 소등을 하게 되면 예비전원에 의한 점등이 20분 이상 지속된 후 꺼진다. ③ 소등하게 되면 예비전원에 자동충전 기능이 아니므로 유도등으로서의 기능을 상실하게 됨 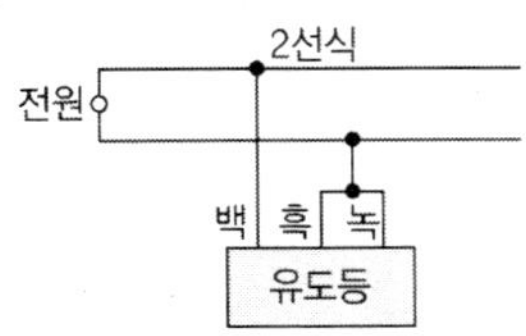 	① 평상시 소등상태로 유지하다가 화재 시 유도등이 점등되는 방식으로 평상시 주간의 경우도 점등되는 불합리한 점을 개선함 ② 점멸기에 의거 소등을 하게 되면 유도등은 꺼지나 예비전원에 충전은 계속되고 있는 상태가 됨 ③ 정전 또는 단선이 되어 교류에 의한 전원공급이 안되면 자동으로 20분 이상 점등된다(예비전원) 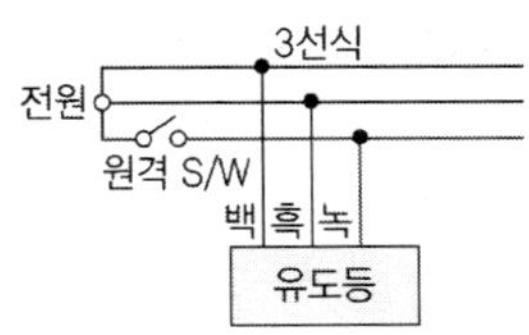

9.1.6 3선식 배선에 따라 상시 충전되는 유도등의 전기회로에 점멸기를 설치하는 경우

다음에 해당하는 경우에 점등되어야 한다.

① 자동화재탐지설비의 감지기 또는 발신기가 작동되는 때

② 비상경보설비의 발신기가 작동되는 때

③ 상용전원이 정전되거나 전원선이 단선되는 때

④ 방재업무를 통제하는 곳 또는 전기실의 배전반에서 수동으로 점등하는 때

⑤ 자동식 소화설비가 작동되는 때

9.1.7 유도등설비 점검사항

① 비나 습기의 우려가 없는 장소에 설치하였는지 여부

② 부착상태가 견고하도록 설치하였는지 여부

③ 외부로부터 충격, 파손 등의 우려가 없는 위치에 설치하였는지 여부

④ 벽이나 바닥에 매립 시에는 통행에 지장이 없도록 설치하였는지 여부

⑤ 유도등의 부근이나 함속에 예비전구 및 퓨즈 등을 준비하였는지 여부

⑥ 가장 눈에 잘 뜨이는 곳에 설치하였는지 여부

⑦ 비상전원 상태를 감시할 수 있도록 설치하였는지 여부

⑧ 규정된 밝기를 유지하도록 설치하였는지 여부

9.2 유도표지

전원을 공급하지 않고 유도등을 설치하기 어려운 곳에 설치하는 것으로 건물내의 인원을 신속하게 피난을 유도하는 표지판이다. 피난구 유도표지는 피난구 또는 피난경로로 사용되는 출입구를 표시하여 피난을 유도하고, 통로유도표지 피난통로가 되는 복도, 계단 등에 설치하는 것으로서 피난구의 방향을 표시한다.

그림 9-8 유도표지

9.2.1 유도표지의 설치기준

① 계단에 설치하는 것을 제외하고는 각 층마다 복도 및 통로의 각 부분으로부터 하나의 유도표지까지의 보행거리가 15 m 이하가 되는 곳과 구부러진 모퉁이의 벽에 설치할 것
② 피난구에 설치하는 유도표지는 바닥으로부터 높이 1.5 m 이상의 위치에 설치할 것
③ 주위에는 이와 유사한 등화, 광고물, 게시물 등을 설치하지 않을 것
④ 유도표지는 부착판 등을 사용하여 쉽게 떨어지지 않도록 설치할 것

9.2.2 유도표지 기준

① 방사성 물질을 사용하는 유도표지는 쉽게 파괴되지 않은 재질로 할 것
② 유도표지는 주위 조도 0 Lux에서 20분간 발광 후 직선거리 20 m 떨어진 위치에서 보통 시력으로 표시면의 문자 또는 화살표 등을 쉽게 식별할 수 있는 것으로 할 것
③ 유도표지의 표지면은 쉽게 변형, 변질 또는 변색되지 않을 것
④ 유도표지의 표지면의 휘도는 주위 조도 0 Lux에서 20분간 발광 후 1 m^2 당 3 mmcd 이상으로 할 것

참고

- **휘도** : 광원의 단위면적당 밝기의 정도. 발광원 또는 투과면이나 반사면의 표면 밝기이다. 단위는 cd/cm^2
- **칸델라(candela)** : 광원에서 나오는 빛의 세기를 나타낸 것. 광도의 SI단위이다. 빛의 눈부심의 정도를 나타내는 단위
- **룩스(Lux)** : 광원으로부터 일정한 거리에서의 측정한 밝기(조도) 말한다. 빛의 밝기를 나타내는 정도의 단위

9.3 비상조명등

9.3.1 개요

비상용조명설비는 지진, 화재, 기타 재해나 사고 발생시에 상용전원이 차단되면 건축물 내부가 비상사태에 빠질 위험성이 있으며, 피난 위험성을 배제할 목적으로 설치하여 피난을 위한 최저의 조도를 확보하는 조명장치이다. 따라서 내열성, 정시 작동 및 지속용량이 요구된다. 즉, 비상용 조명장치란 상용전원이 차단되었을 경우 자동적으로 예비전원으로 절환되며 충전하지 않고 예비전원으로서 바닥면에 1 Lx 이상의 조도로 20분 이상 계속해서 조명을 발할 수 있어야 한다.

또한 휴대용 비상조명등은 화재발생 등으로 정전시 안전하고 원활한 피난을 위하여 피난자가 휴대할 수 있는 조명등을 말한다.

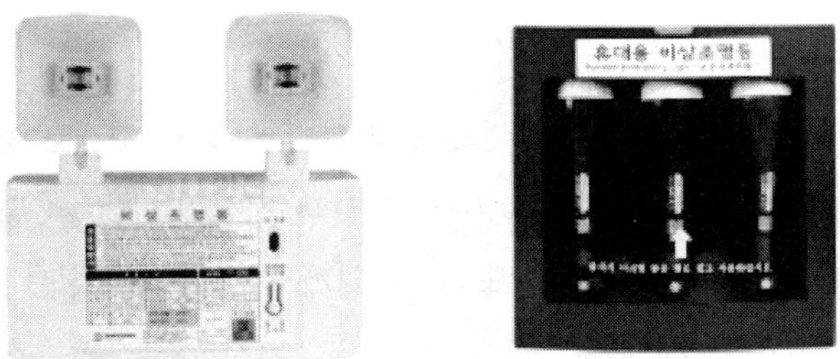

(a) 비상조명등 (b) 휴대용 비상조명등

그림 9-9 비상조명등과 휴대용 비상조명등

9.3.2 비상조명등의 종류

① 전용형

상용광원과 비상용광원이 각각 별도로 내장되어 있거나 또는 비상시에 점등하는 비상용광원만 내장되어 있는 비상조명등을 말한다.

② 겸용형

동일한 광원을 상용광원과 비상용광원으로 겸하여 사용하는 비상조명등을 말한다.

9.3.3 비상조명등 설치기준

① 소방대상물의 각 거실과 그로부터 지상에 이르는 복도·계단 및 그 밖의 통로에 설치해야 한다.

② 조도는 비상조명등이 설치된 장소의 각 부분의 바닥에서 1 lx 이상이 되도록 한다.

③ 예비전원을 내장하는 비상조명등에는 평상시 점등여부를 확인할 수 있는 점검 스위치를 설치하고 해당 조명등을 유효하게 작동시킬 수 있는 용량의 축전지와 예비전원 충전장치를 내장해야 한다.

④ 예비전원을 내장하지 않는 비상조명등의 비상전원은 자가발전설비, 축전지설비 또는 전기 저장장치를 다음 기준에 따라 설치한다.

- 점검에 편리하고 화재 및 침수 등의 재해로 인한 피해를 받을 우려가 없는 곳에 설치해야 한다.
- 상용전원으로부터 전력의 공급이 중단된 때에는 자동으로 비상전원으로부터 전력을 공급받을 수 있도록 해야 한다.
- 비상전원의 설치장소는 다른 장소와 방화구획을 하여야 한다. 이 경우 그 장소에는 비상전원의 공급에 필요한 기구나 설비외의 것(열병합발전설비에 필요한 기구나 설비는 제외)을 두어서는 안 된다.
- 비상전원을 실내에 설치하는 때에는 그 실내에 비상조명등을 설치해야 한다.

⑤ 비상전원은 비상조명등을 20분 이상 유효하게 작동시킬 수 있는 용량이어야 한다. 다만, 다음의 소방대상물의 경우에는 그 부분에서 피난층에 이르는 부분의 비상조명등을 60분 이상 유효하게 작동시킬 수 있는 용량으로 해야 한다.

- 지하층을 제외한 층수가 11층 이상의 층
- 지하층 또는 무창층으로서 용도가 여객자동차터미널·지하역사 또는 지하상가

⑥ 비상조명등의 설치면제 요건에서 "그 유도등의 유효범위안의 부분"이라 함은 유도등의 조도가 바닥에서 1 lx 이상이 되는 부분을 말한다.

9.3.4 비상조명등의 제외

다음의 경우에는 비상조명등을 제외한다.

① 거실의 각 부분으로부터 하나의 출입구까지 이르는 보행거리가 15 m 이내인 부분

② 의원·경기장·공동주택·의료시설·학교의 거실

③ 지상 1층 또는 피난층으로서 복도·통로 또는 창문 등의 개구부를 통하여 피난이 용이한 경우에는 휴대용 비상조명등을 설치하지 아니한다.

9.3.5 비상조명등 설치면제 기준

비상조명등을 설치하여야 하는 특정소방대상물에 피난구유도등 또는 통로유도등을 국가화재안전기준에 적합하게 설치한 경우에는 그 유도등의 유효범위 안의 부분에는 설치가 면제된다.

9.4 인명구조기구

9.4.1 개요

인명구조기구는 소방대상물의 화재 시 발생되는 열, 연기, 독성뿐만 아니라 유해성 가스, 위험물질 등으로부터 인명을 보호하거나 구조하는 데 사용되는 기구이다.

인명구조기구의 종류는 방열복, 공기호흡기, 산소소생기 등이 있으며 인명에 피해를 주거나 취급 및 조작기술 부족으로 인하여 위해가 발생되지 않도록 평상 시 충분한 조작 및 사용, 취급에 대한 안전관리가 필요하다.

9.4.2 인명구조기구의 종류

① 방열복

방열복은 인명구조기구 중 가장 많이 이용되는 것으로 사람이 화염 주변 고온의 복사열에 견딜 수 있도록 제작된 특수 내열피복이며, 소화활동을 위하여 입는 옷을 말한다. 방열복은 방열상의, 방열하의, 방열장갑 및 방열장화 등으로 구분된다.

② 공기호흡기

공기호흡기는 소방대상물 화재 시 발생되는 유해성 가스 중에서 일정한 시간 동안 사용이 가능하도록 제조된 공기 압축식의 공기호흡장비이다. 공기호흡기는 유독성 가스 중에서도 순수한 공기만을 공급하여 소화활동을 하는 사람이 유독성 가스에 질식하거나 중독되지 않도록 되어 있으며 양압형 공기호흡기와 음압형 공기호흡기로 구분된다.

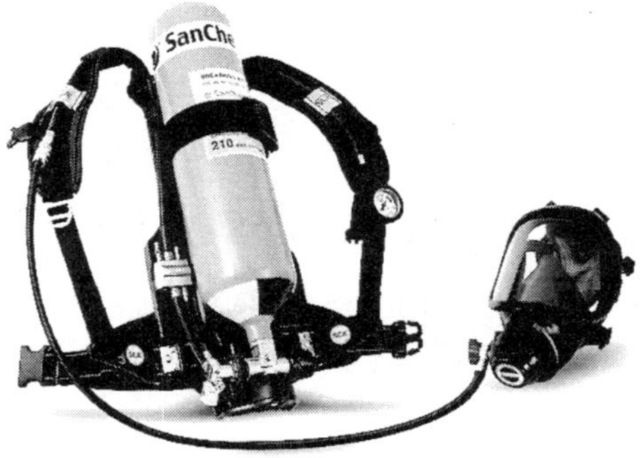

그림 9-10 공기호흡기

③ 인공소생기

인공소생기는 화재발생 시 유독성 가스에 질식되었거나 중독 등에 의해서 심폐기능이 악화되어 정상적으로 호흡할 수 없는 사람에게 인공 호흡시켜 소생하도록 하는 구급용 기구이다.

9.5 피난기구

9.5.1 개요

건축물의 화재발생을 예상하여 건축물에 설치하는 소방용 기계·기구로 화재발생 시 건축물 내에 수용되어 있는 사람들을 신속하게 피난시키고 동시에 그들의 피난활동을 돕기 위해 설치하는 것을 말한다.

피난기구는 화재가 발생했을 때에 당황하여 무리한 행동을 하기 쉬우므로 피난기구는 쉽게 눈에 보이는 위치에 배치하며 설치장소에는 피난기구의 위치를 알리는 발광식 또는 축광식 표지와 그 사용방법을 표시한 표지를 부착하여야 한다.

9.5.2 종류

피난기구에는 피난사다리, 피난교, 피난로프, 피난용 트랩, 미끄럼대, 구조대, 완강기, 공기안전매트가 있다.

1) 피난사다리

피난사다리는 소방대상물의 화재 시 안전한 장소로 피난하기 위해서 소방대상물 개구부에 설치하는 피난기구이다.

(1) 종류

피난사다리에는 고정식 사다리, 올림식 사다리, 내림식 사다리가 있다.

① 고정식 사다리
항상 사용이 가능한 상태로 소방대상물에 고정시켜 사용하는 사다리(수납식, 접는식, 신축식)

② 올림식 사다리
소방대상물에 올려 받쳐서 사용하는 사다리

③ 내림식 사다리
평상시에는 접어둔 상태로 두었다가 사용 시에 소방대상물에 달아 매어서 사용하는 사다리

(2) 구조

① 안전하고 확실하며 쉽게 사용할 수 있는 금속제 구조이어야 한다.

② 피난사다리는 2개 이상의 세로봉 및 가로봉으로 구성되어야 한다. 다만, 고정식 사다리인 경우에는 세로봉의 수를 1개로 할 수 있다.

③ 피난사다리의 세로봉 간격은 안치수가 30 cm 이상 50 cm 이하이어야 한다.

④ 피난사다리의 가로봉 직경은 14 mm 이상 35 mm 이하의 원형단면이거나 손으로 잡을 수 있는 형태이어야 한다.

⑤ 피난사다리의 가로봉은 세로봉에 동일한 간격으로 부착한 것이어야 하며, 그 간격은 25 cm 이상 35 cm 이하이어야 한다.

⑥ 피난사다리 가로봉의 디딤면과 손으로 잡는 세로봉은 미끄러지지 않는 구조이어야 한다.

⑦ 올림식 사다리의 상부지지점(끝부분으로부터 60 cm 이내의 임의 부분)에 미끄러지거나

넘어지지 않도록 하기 위하여 안전장치를 설치해야 한다.

⑧ 내림식 사다리는 사용시 소방대상물로부터 10 cm 이상의 거리를 유지하기 위하여 유효한 돌자를 가로봉의 위치마다 설치하여야 한다.

참고

돌자

사다리의 발판을 쉽게 디딜 수 있도록 벽과 사다리 사이에 설치하는 장치.
벽과 사다리 사이의 간격은 최소 10 cm 이상의 거리가 확보되도록 돌자를 설치하여야 한다.

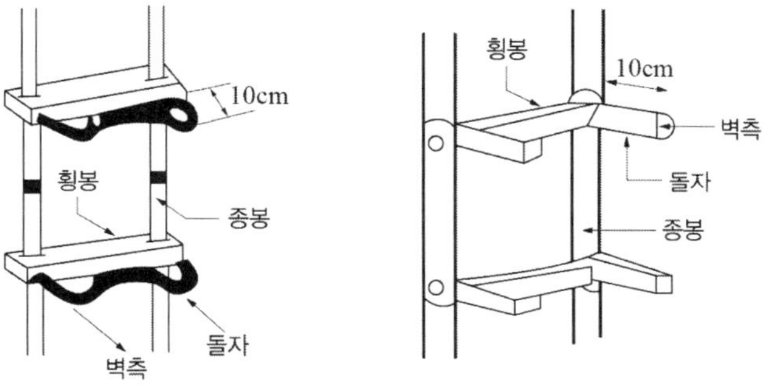

그림 9-11 피난사다리

2) 완강기

완강기는 창문이나 발코니 부근의 벽 등의 지지대에 걸어서 사용자의 몸무게에 의하여 자동적으로 내려오는 기구이며, 사용자가 교대하여 연속적으로 사용할 수 있다. 고정하여 사용하는 완강기와 이동 가능한 간이완강기로 구분한다.

(1) 완강기

완강기는 지지대에 걸어서 피난자의 몸무게에 의하여 자동적으로 하강할 수 있도록 구성된 피난기구로 사용자가 교대하여 연속적으로 사용할 수 있다. 사용방법에 따라 1인용 및 다수인용(2인용, 3인용)의 것이 있지만 다수인용은 거의 사용하지 않고 있다. 완강기는 속도조절기(조속기), 벨트, 로프 및 후크, 연결금속구 등으로 구성되며 하강속도는 16cm/s ~150cm/s 이내이다.

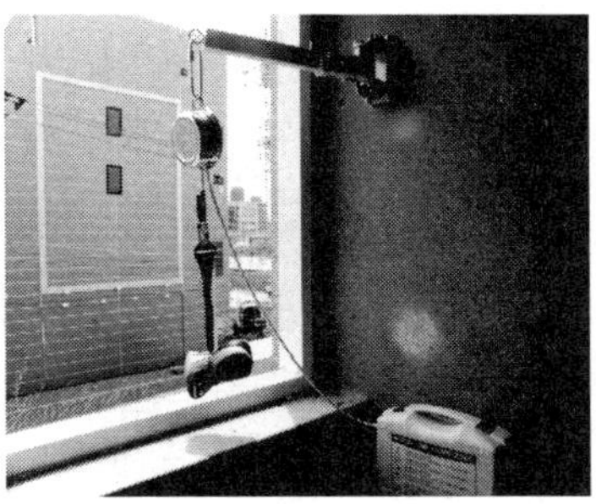

그림 9-12 완강기

① 조속기(속도조절기)

피난자의 하강속도를 일정범위로 조절하는 기구이다. 피난자의 체중에 의해 하강속도를 일정한 범위 내로 제어하거나 유압식에 의해 제어한다.

② 로프는 직경 3 mm 이상의 와이어로프 심에 면사로 감은 것을 사용한다.

③ 벨트는 폭 45 이상, 두께 0.3 cm 이상, 장착부분 길이는 160 cm 이상 180 cm 이하로 사용자의 가슴둘레에 알맞게 조절하는 조정고리를 부착한다.

완강기의 최대 사용자 수는 다음 식으로 구한다.

$$최대사용자수 = \frac{완강기\ 최대하중}{80\text{kg}}$$

(2) 간이완강기

간이완강기는 휴대가 가능하며 소방대상물에 고정시켜 사용하는 것이 아니고, 화재발생 시 피난자가 건물 내에서 외부로 피난하기 쉬운 장소에 임시로 설치하여 사용하도록 되어 있다.

숙박시설(휴양콘도미니엄 제외)에 추가로 객실(지하층 또는 피난층 제외) 마다 설치하는 것으로서 1회만 사용하는 단점이 있다.

3) 구조대

구조대는 화염과 연기로 건물 내의 계단을 사용할 수 없을 때 지상으로 직접 피난하기 위해 사용하는 것으로 섬유포지로 만들어진 긴 자루모양의 터널을 사용자가 내부에 들어가 자중에 의해 내려오는 피난 기구이다. 설치 방법에 따라 경사 강하식과 수직 강하식으로 분류된다.

(1) 구조대 종류

① 경사 강하식(사강식) 구조대

경사 강하식 구조대는 해당 소방대상물의 창이나 발코니 등의 개구부에서 피난층으로 비스듬한 미끄럼틀 방식의 경사를 두어 단시간에 많은 인명을 구조할 수 있도록 설치되어 인명이 대피하는 피난장비이다. 구성요소는 포대본체, 설치금속구, 하부지지장치, 부상방지장치, 유도로프, 수납함 등으로 구성되어 있다.

② 수직 강하식 구조대

화재 또는 재난 상황 발생 시 이동설치가 가능한 구조로 건축물의 개구부에서 지상까지 수직으로 설치하는 것으로 일정한 간격으로 설치한 협축부에 의한 마찰로 하강속도를 감속시키게 되어 있는 구조대이다. 사용방법은 화재발생 시 피난자가 섬유포지로 만들어진 긴 자루 모양의 포대 내부로 들어가 미끄러지면서 피난하는 것이다.

(a) 경사 강하식 구조대

(b) 수직 강하식 구조대

그림 9-13 구조대

(2) 구조대 구조

① 구조대는 안전하고 쉽게 사용할 수 있어야 한다.

② 입구틀 및 취부틀의 입구는 지름 50 cm 이상의 구체가 통과할 수 있어야 한다.

③ 구조대는 연속하여 하강할 수 있는 구조이어야 한다.

④ 구조대 본체의 하강부는 낙하방지를 위해 포를 2중구조로 하거나 또한 망목의 변의 길이가 8 cm 이하인 망을 설치하여야 한다(경사 강하 구조대).

⑤ 손잡이는 출구부분에 좌우 각 3개 이상 균일한 간격으로 견고하게 부착하여야 한다.

⑥ 지면에 닿을 때 충격을 받는 부분에는 완충장치로서 받침포 등을 부착하여야 한다.

⑦ 포지는 사용 시 수직방향으로 현저하게 늘어나지 않아야 한다(수직 강하 구조대).

4) 공기안전매트

공기안전매트는 고층 화재 시 또는 유사한 위험한 상황에서 뛰어 내릴 때 충격을 흡수하여 추락하는 인명을 구조하는 데 사용하는 장비를 말한다. 매트에는 공기가 충압되어 있으며 사용 시에는 공기를 신속하게 주입할 수 있어야 한다. 소방법에 의해 아파트단지에 반드시 설치해야 하는 장비이다.

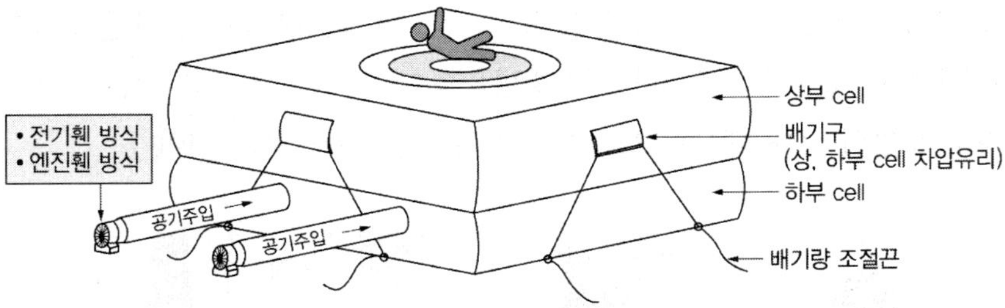

그림 9-14 공기안전매트

5) 미끄럼대

2층 또는 3층의 건축물에 설치하여 화재발생 시 소방대가 도착 전 관계자의 피난유도로 피난자가 앉아서 미끄럼을 타듯이 활강하여 지상으로 피난하는 기구를 말한다. 유치원, 장애인 복지시설, 노약자 수용시설 및 병원 등에 적합하며 고정식·반고정식·수납식의 3종류가 있다.

① 미끄럼면의 경사 : 25～35°

② 측판의 높이 : 30～50 cm 이하

③ 미끄럼대의 폭 : 50～100 cm 이하

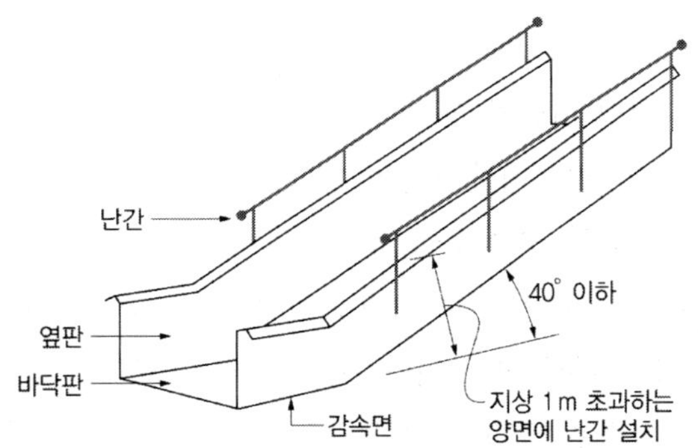

그림 9-15 미끄럼대

6) 피난교

피난교는 2개동의 건축물의 옥상이나 개구부를 연결하여 양쪽에서 상호 간에 피난이 가능하게 하는 교량형의 피난기구이다. 고정식과 이동식이 있고, 강재, 알루미늄 등의 재료를 사용한다. 적재하중은 350 kg_f/cm^2에 견딜 수 있어야 한다.

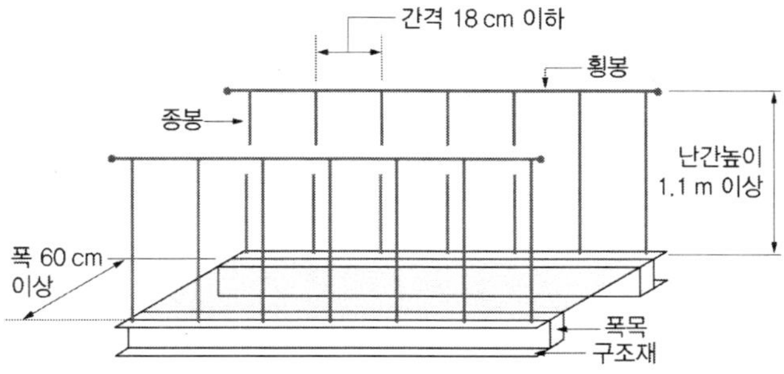

그림 9-16 피난교

7) 피난용 트랩

소방대상물의 지하층이나 2층 및 3층 높이의 개구벽에 설치하여 화재발생 시 사용하는 피난기구이다. 고정식 또는 반고정식으로 구분되고 난간대와 손잡이, 디딤판으로 구성된다. 디딤판은 미끄럼방지조치가 되어 있어야 한다. 적재하중은 130 kg_f 이상이어야 한다.

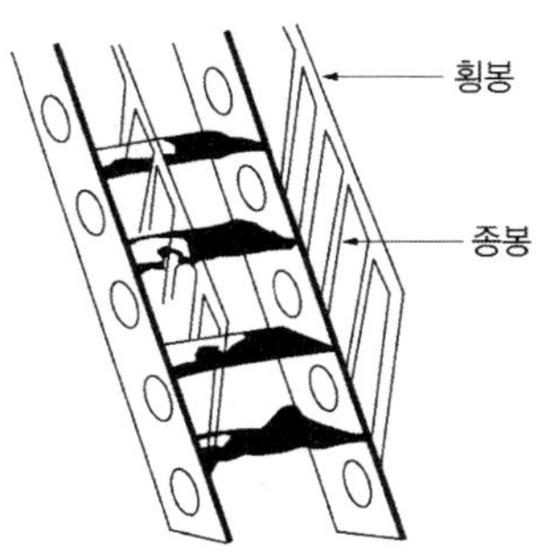

그림 9-17 피난용 트랩

연습문제

01 유도등의 배선 중 2선식 배선과 3선식 배선의 차이점을 쓰시오.

02 다음은 유도등에 대한 설명이다. 질문에 답하시오.

① 유도등의 종류를 3가지 쓰시오.

② 피난구 유도등 설치 장소를 쓰시오.

③ 피난구유도등은 바닥으로부터 몇 높이의 출입구에 설치하는가?

④ 복도 통로유도등, 거실통로유도등, 계단 통로유도등의 (ㄱ) 설치높이와 (ㄴ) 설치방법 및 (ㄷ) 조도 기준을 쓰시오.

⑤ 객석유도등의 조도는 얼마이상이어야 하는가?

풀이 ① 피난구유도등, 통로유도등, 객석유도등

② 설치장소
- 옥내로부터 직접 지상으로 통하는 출입구 및 그 부속실의 출입구
- 직통계단·직통계단의 계단실 및 그 부속실의 출입구
- 출입구에 이르는 복도 또는 통로로 통하는 출입구
- 안전구획된 거실로 통하는 출입구

③ 피난구 바닥으로부터 1.5 m 이상인 출입구

④ ㉠ 설치높이
- 복도 통로유도등 : 바닥으로부터 높이 1 m 이하
- 거실 통로유도등 : 바닥으로부터 높이 1.5 m 이하
- 계단 통로유도등 : 바닥으로부터 높이 1 m 이하

㉡ 설치방법
- 복도 통로유도등 : 구부러진 모퉁이 및 보행거리 20 m마다
- 거실 통로유도등 : 구부러진 모퉁이 및 보행거리 20 m마다
- 계단 통로유도등 : 각 층의 경사로 참 또는 계단참마다

㉢ 조도기준
- 복도 통로유도등 : 바로 밑의 바닥으로부터 수평으로 0.5 m 떨어진 지점에서 측정하여 1 Lux 이상
- 계단 통로유도등 : 유도등의 중앙으로부터 0.5 m 떨어진 위치의 조도가 1 Lux 이상
- 거실 통로유도등 : 유도등의 전면 중앙으로부터 0.5 m 떨어진 위치의 조도가 1 Lux 이상

⑤ 0.2 Lux 이상

03 극장 내 바닥의 길이가 21 m의 통로에 객석유도등을 설치하려고 한다. 이 때 필요한 객석유도등의 설치 개수는 몇 개인가?

풀이 5개

$$\text{객석유도등 설치 개수} \geq \frac{\text{객석통로의 직선부분 길이(m)}}{4} - 1 = \frac{21}{4} - 1 = 4.25 \fallingdotseq 5\text{개 설치}$$

05 3선식 배선에 따라 상시 충전되는 유도등의 전기회로에 점멸기를 설치하는 경우에 유도등이 반드시 점등되어야 하는 경우 3가지를 쓰시오.

04 복도 및 통로 유도표지의 설치기준을 쓰시오.

풀이 층마다 복도 및 통로의 각 부분으로부터 하나의 유도표지까지의 보행거리가 15 m 이하가 되는 곳과 구부러진 모퉁이의 벽에 설치할 것

06 비상조명등 비상전원의 용량은?

풀이 비상조명등을 20분 이상 유효하게 작동시킬 수 있는 용량

07 비상조명등의 비상전원을 60분 이상 유효하게 작동시킬 수 있는 용량으로 하여야 하는 소방대상물을 2가지만 쓰시오.

풀이 ① 지하층을 제외한 층수가 11층 이상의 층
② 지하층 또는 무창층으로서 용도가 여객자동차터미널·지하역사 또는 지하상가

08 비상조명등이 설치된 장소의 조도는 몇 Lx인가?

풀이 1 Lux

09 피난사다리의 종류를 들고 각각의 사다리를 간단히 설명하시오.

10 피난사다리의 적합한 구조를 쓰시오.

11 내림식 피난사다리의 가로봉은 소방대상물의 부착면과 일정 간격을 유지하도록 규정하고 있다. 그 간격과 이유를 설명하시오.

풀이 ① 소방대상물의 간격 : 10 cm
② 이유 : 사용자의 발디딤을 용이하게 하기 위함.

12 수직구조대에는 일정 간격으로 협축부를 설치하는 이유를 쓰시오.

풀이 하강속도를 조정하기 위함

13 완강기에 대한 질문이다. 물음에 답하시오.

① 완강기의 구성요소를 모두 쓰시오.
② 완강기의 조속기의 하강속도범위는 얼마인가?
③ 완강기에 부착된 조속기의 기능을 쓰고 구비조건을 쓰시오.
④ 완강기의 벨트의 폭, 길이는 각각 얼마인가?
⑤ 완강기의 최대사용하중이 320 kg이라면 동시에 사용할 수 있는 사람은 최대 몇 명인가?

⑥ 완강기와 간이완강기의 차이점을 쓰시오.

⑦ 완강에 사용되는 로프의 직경 및 재질을 쓰시오.

풀이 ① 조속기(속도조절기), 로프, 벨트, 연결금속구, 연결구(후크)

② 16 cm/sec 이상 150 cm/sec 이하

③ ㉠ 기능 : 피난자의 하강속도를 일정범위로 조절하는 기구

㉡ 구비조건

- 견고하고 내구성이 있어야 한다.
- 평상시에는 분해 청소 등을 하지 않아도 작동할 수 있어야 한다.
- 내부에는 모래 등의 이물질이 들어가지 않도록 커버로 덮여 있어야 한다.
- 회전에 의하여 가열되지 않아야 한다.
- 강하 시 로프가 손상되지 않아야 한다.

④ ㉠ 벨트 폭 : 45 mm

㉡ 벨트 길이 : 160～180 cm

⑤ 완강기 최대 사용자 수 $= \dfrac{\text{최대하중}}{80\text{ kg}} = \dfrac{320}{80} = 4$명

⑥

완강기	지지대에 걸어서 사용자의 몸무게에 의하여 자동적으로 내려올 수 있는 기구로써 사용자가 교대하여 연속적으로 사용할 수 있는 피난기구이다.
간이완강기	지지대 또는 단단한 몸체에 걸어서 사용자의 몸무게에 의하여 자동적으로 내려올 수 있는 기구로 연속적으로 사용할 수 없는 1회용의 피난기구이다.

⑦ ㉠ 로프의 지름 : 3 mm 이상

㉡ 와이어로프 심에 면사로 감은 것

14 전층을 사무실 용도로 사용하고 있는 지상 15층 건축물에 피난기구로 완강기를 설치하고자 한다. 각 층의 바닥면적이 4,000 m²라고 할 때 완강기의 소요대수를 계산하시오.

> [조건] 주요 구조부는 내화구조이고, 직통계단 및 특별피난계단이 두 곳에 설치되어 있다.
> 각 사무실은 별도의 칸막이로 구획된 내부실이 있는 구조이다.

풀이 ① 사무실 용도로 사용하는 층은 바닥면적 1,000 m^2마다 피난기구를 1개 이상 설치하므로

$\dfrac{4,000}{1,000} \times \dfrac{1}{2} = 2$개

② 피난기구는 피난층, 2층, 11층 이상은 설치하지 않으므로 3층에서 10층 까지 각 층별로 2개씩 설치한다.

③ 따라서 8층 × 2 = 16개

15 구조대의 상부 하강구 크기를 점검할 때 기준을 쓰시오.

풀이 상부하강구의 크기는 0.5 m 이상의 구체가 통과할 수 있는 크기로 하여야 한다.

16 구조대 유도 로프의 사용 목적에 대하여 쓰시오.

풀이 구조대를 하강할 경우 포대가 전선, 나무 등의 장애물에 걸리지 않도록 유도한다.

17 피난기구의 종류 7가지를 쓰시오.

풀이 ① 완강기 ② 피난교 ③ 피난사다리 ④ 미끄럼대 ⑤ 피난용트랩 ⑥ 구조대
⑦ 공기안전매트 ⑧ 간이완강기 ⑨ 피난밧줄

18 피난사다리 중 고정식 사다리와 내림식 사다리의 종류를 3가지씩 쓰시오.

풀이 ① 고정식 사다리 : 수납식, 신축식, 접는식(접어개기식)
② 내림식 사다리 : 체인식, 와이어식, 접는식

19 구조대의 고정고리를 점검하는 경우의 착안점을 4가지만 쓰시오.

풀이 ① 고정고리 박스 내에 토사나 물이 고여 있지 않은가?
② 보호덮개는 용이하게 개방할 수 있는가?
③ 건축 구조물에 고정하는 대와 포의 상단을 연결하는 틀을 회전할 수 있도록 연결하였는가?
④ 부식, 느슨함, 변형, 파손된 곳은 없는가?
⑤ 회전부 등의 움직임에 이상이 없는가?
⑥ 건축물에 부착하는 볼트, 너트 등에 이상은 없는가?
⑦ 포대 본체와의 결합에 느슨함, 흠집은 없는가?

20 피난시설 계획 시 fail-safe에 대하여 쓰시오.

풀이 페일 세이프란 화재가 확대되어 하나의 피난경로 및 피난설비를 사용할 수 없게 되었을 때 다른 피난경로 및 피난설비로 대체될 수 있는 것을 말한다.

21 피난설비 중 인명구조기구 종류 3가지를 쓰시오.

풀이 ① 방열복 ② 공기호흡기 ③ 인공소생기

CHAPTER

10 소화용수설비

소화용수설비 중 소화수조는 광대한 부지를 소유한 대규모의 건축물 또는 동일부지 내의 인접한 건축물의 경우 바닥면적의 합계가 대규모인 건축물의 화재의 연소확대 방지를 위해 공설소방대가 사용할 수 있도록 설치하는 소방용 수리를 말한다.

소방대의 사용을 위한 소화용수설비에는 공공의 목적으로 설치된 공설소화전 및 저수조가 있다. 저수조에는 지하에 설치하는 지하수조와 지상에 설치하는 고가수조가 있으며, 상수도 배관에 연결하여 설치하는 상수도소화용수설비가 있다.

10.1 소화수조

10.1.1 개요

소화수조는 수조를 설치하고 여기에 화재소화에 필요한 물을 항상 채워두는 설비이다. 소화수조설비는 대규모의 부지를 소유한 고층건축물의 소방대상물 같이 많은 양의 소화용수를 필요로 하는 소방대상물의 인근에 설치하여 소방대상물의 화재발생 시 소화약제로 사용되는 물을 유효적절하게 사용할 수 있도록 소화수조 저수조 등에 저장해 두는 설비이다.

소방대상물에 따라 지하에 설치하는 지하수조와 건축물의 옥상 또는 옥탑에 설치하는 지상수조(고가수조)로 구분된다.

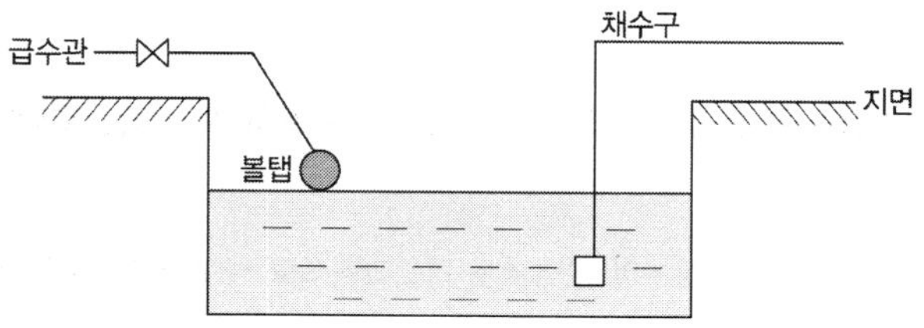

그림 10-1 소화수조(저수조)

10.1.2 소화수조 설치기준

1) 설치위치

소화수조, 저수조의 채수구 또는 흡수관투입구는 소방펌프자동차가 채수구로부터 2 m 이내의 지점까지 접근할 수 있는 위치에 설치하여야 한다.

2) 설치기준

① 수원의 양

소화수조 또는 저수조의의 저수량은 다음 표에 의한 소방대상물의 기준면적으로 나누어 얻은 수(소수점 이하의 수는 1로 본다)에 20 m^3을 곱한 양 이상이 되도록 확보하여야 한다. 다만 소방대상물의 연면적을 기준면적으로 나누어 얻은 값은 반드시 정수로 계산하여야 한다. 고가수조의 저수량은 지하수조 저수량의 1/3 이상 저장한다.

표 10-1 소방대상물별 기준 면적

소방대상물의 구분	면적
지상 1층 및 2층의 바닥면적의 합계가 15,000 m^2 이상인 소방대상물	7,500 m^2
그 밖의 소방대상물	12,500 m^2

- 지상 1층 및 2층의 바닥면적 합계가 15,000 m^2 이상

$$Q = \text{바닥면적의 합계}(m^2) \div 7{,}500\ m^2 \times 20\ m^3$$

- 그 밖의 소방대상물

$$Q = \text{연면적}(m^2) \div 12{,}500\ m^2 \times 20\ m^3$$

예제

지상 10층의 소방대상물의 연면적이 70,000 m²이다. 소화수조의 저수량은 얼마인지 산정하시오.

풀이

소화수조 또는 저수량은 소방대상물의 연면적을 기준면적으로 나누어 얻은 수(소수점 이하의 수는 1로 한다)에 20 m³을 곱한 양 이상으로 하므로

$$\text{저수량} = \frac{\text{연면적}}{\text{기준면적}} \times 20 = \frac{70,000}{12,500} \times 20 = 5.6 \times 20 = 6 \times 20 = 120\ \text{m}^3$$

② 소화수조 또는 저수조를 지하에 설치하는 경우 소화용수설비의 흡수관 투입구는 한 변이 0.6 m 이상이거나, 직경이 0.6 m 이상인 것으로 하고 소화수량이 80 m³ 미만인 것에 있어서는 1개 이상, 80 m³ 이상인 것에 있어서는 2개 이상을 설치하여야 하며, 흡수관 투입구에는 "흡수관 투입구"라고 표시한 표지를 할 것

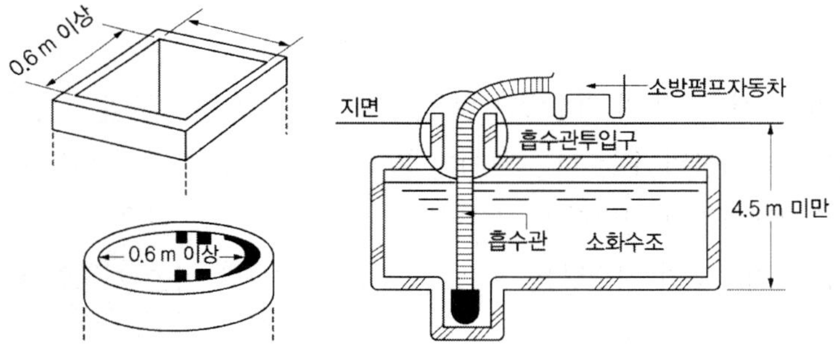

그림 10-2 흡수관 투입구

③ 소화 용수설비에 설치하는 채수구에는 다음 표에 의하여 소방호스 또는 소방용 흡수관에 사용하는 구경 65 mm 이상의 나사식 결합금속구를 설치할 것

표 10-2 소화용수의 양과 채수구

소요수량	20 m³ 이상 40 m³ 미만	40 m³ 이상 100 m³ 미만	100 m³ 이상
채수구의 수	1개	2개	3개

④ 채수구는 지면으로부터 높이 0.5 m 이상 1.0 m 이하의 위치에 설치하고 "채수구" 라고 표시한 표지를 할 것

10.1.3 가압송수장치 설치

① 소화수조(저수조)설비의 소화용수가 지면으로부터 깊이(수조내부의 바닥까지의 깊이)가 4.5 m 이상인 지하에 있어서는 소방차가 소화용수를 흡입하지 못하기 때문에 다음 표에 의한 가압송수장치를 설치하여야 한다. 다만, 저수량을 지표면으로부터 4.5m 이하인 지하에서 확보할 수 있는 경우에는 소화수조 또는 저수조는 가압송수장치를 설치하지 아니할 수 있다.

표 10-3 소화용수의 양과 가압송수장치 양수량

소요수량	20 m^3 이상 40 m^3 미만	40 m^3 이상 100 m^3 미만	100 m^3 이상
가압송수장치의 1분당 양수량	1,100 L 이상	2,200 L 이상	3,300 L 이상

② 소화수조가 옥상 또는 옥탑의 부분에 설치된 경우에는 지상에 설치된 채수구에서 압력이 1.5 MPa 이상이 되게 하여야 한다.

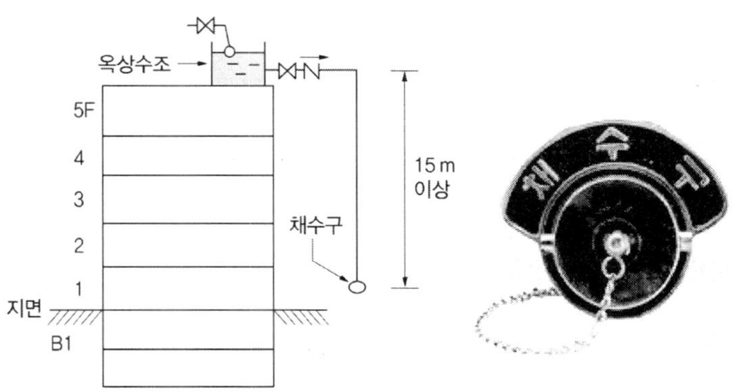

그림 10-3 옥상에 설치된 소화수조와 채수구

③ 가압송수장치는 옥내소화전설비의 가압송수장치의 기준을 적용한다.

10.1.4 소화수조의 설치면제

소화용수설비를 설치하여야 할 소방대상물에 있어서 유수의 양이 1분당 0.8 m^3 이상인 유수를 사용할 수 있는 경우에는 소화수조를 설치를 면제할 수 있다.

10.2 상수도소화용수설비

10.2.1 개요

소방대상물의 규모가 소화수조 또는 저수조보다 작은 연면적 5,000 m^2 이상인 소방대상물 또는 지상에 노출된 탱크의 저장용량의 합계가 100톤 이상인 가스시설에 설치하는 소화용수설비로서 상수도 배관에 설치하는 공공의 소화전(지상식 지하식 옥외소화전), 급수탑 등을 말한다.

상수도가 설치되지 아니한 지역에 있어서는 채수구를 부착한 소화수조를 상수도소화용수설비로 인정하고 있다.

10.2.2 설치기준

상수도소화용수설비는 수도법의 기준에 따라 다음 기준에 적합하게 설치하여야 한다.

① 호칭지름 75 mm 이상의 수도배관에 호칭지름 100 mm 이상의 소화전을 접속하여야 한다.

② 소화전은 소방자동차 등의 진입이 쉬운 도로변 또는 공지에 설치할 것

③ 소화전은 소방대상물 수평투영면의 각 부분으로부터 140 m 이하가 되도록 설치하여야 한다.

10.2.3 상수도소화용수설비 설치 제외

① 상수도소화용수설비를 설치하여야 하는 특정소방대상물의 각 부분으로부터 수평거리 140 m 이내에 공공의 소방을 위한 소화전이 화재안전기준에 적합하게 설치되어 있는 경우에는 설치가 면제된다.

② 소방본부장 또는 소방서장이 상수도소화용수설비의 설치가 곤란하다고 인정하는 경우로서 화재안전기준에 적합한 소화수조 또는 저수조를 설치하거나 설치되어 있는 경우에는 그 설비의 유효범위 안의 부분에서 설치가 면제된다.

연습문제

01 소화용수설비에 대한 다음의 물음에 답하시오.

① 소화수조 또는 저수조가 지표면으로부터의 깊이가 몇 m 이상인 지하에 있는 경우에 가압송수장치를 설치해야 하는가?

② 가압송수장치의 설치 이유를 쓰시오.

풀이 ① 4.5 m

② 소화수조 또는 저수조가 지표면으로부터 깊이가 4.5 m 이상인 경우 소방차가 소화용수 를 흡입하지 못하기 때문이다.

02 상수도소화용수설비 설치대상에 대하여 쓰시오.

풀이 ① 연면적 5,000 m^2 이상인 대상물

② 가스시설로서 지상에 노출된 탱크 저장용량의 합계가 100톤 이상인 것

03 어느 소방대상물 저수조의 바가면적이 20 m^2인 것에 4,000 L/min의 물이 공급되고 있다. 화재가 발생하여 진화를 위해 6,000 L/min의 물을 소방차로 취수한다면 이 저수조의 물로 몇 분간 진화작업을 할 수 있겠는가?(단, 화재 전 수위는 4 m였고 물은 완전히 소모된다고 가정한다.)

풀이 40 min

※ ① 물의 유입량 : 4 m^3/min, 물의 유출량 : 6 m^3/min

② 물의 유입유출량의 차 : 6～4 m^3/min = 2 m^3/min

저수조의 바닥면적이 20 m^2이므로 물이 내려가는 속도는 연속방정식 $Q = AV$에서

$$V = \frac{Q}{A} = \frac{2\ m^3/min}{20\ m^2} = 0.1\ m/min$$

③ 물이 완전히 소모되는 시간은 수심이 4 m이므로 $s = vt$에서 $t = \frac{s}{v} = \frac{4\,m}{0.1m/min} = 40\ min$

04 소화수조 또는 저수조가 지표면으로부터 깊이 얼마 이상인 지하에 있는 경우에 가압송수장치를 하는가? 또 그 이유를 쓰고 다음 표에 가압송수장치의 양수량을 쓰시오.

소요수량	20 m^3 이상 40 m^3 미만	40 m^3 이상 100 m^3 미만	100 m^3 이상
가압송수장치의 1분당 양수량			

풀이 ① 깊이 4.5 m

② 이유 : 소방자동차에 설치된 흡수펌프의 흡입양정이 4.5 m 미만이므로.

③

소요수량	20 m^3 이상 40 m^3 미만	40 m^3 이상 100 m^3 미만	100 m^3 이상
가압송수장치의 1분당 양수량	1100 L 이상	2200 L 이상	3300 L 이상

05 소화용수설비의 흡수관 투입구와 채수구의 설치기준에 대하여 설명하시오.

풀이 ① 흡수관 투입구는 한 변이 60 cm 이상이거나 지름이 60 cm 이상인 것으로 한다.
② 채수구에는 지름 65 mm 이상의 나사식 결합구를 설치한다.
③ 채수구는 지면으로부터 높이 0.5 m 이상 1 m 이하의 위치에 설치하고 '채수구'라고 표시한 표지를 한다.

06 소화용수설비 가압송수장치의 토출량은 얼마 이상인가?

풀이 0.8 m^3/min 이상

07 소화수조를 옥상에 설치한 경우 지상에 설치한 채수구의 압력(MPa)은 얼마 이상으로 해야 하는가?

풀이 0.15 MPa 이상

08 소화용수설비에서 수량이 40 m^3 이상 100 m^3 미만일 때 채수구는 몇 개 설치해야 하는가?

풀이 2개

CHAPTER 11

소화활동설비

11.1 제연설비

11.1.1 거실 제연설비

1) 개요

제연설비는 건축물의 화재 시 연기가 건축물 내에 수용되어 있는 사람들을 피난을 방해하지 않고 안전한 장소로 신속하게 피난 대피할 수 있도록 함과 동시에 건축물 내에 연기를 제어, 배출하거나 피난통로로 연기의 침입을 방지하고, 정상적인 소화업무가 이루어질 수 있도록 외부로 연기를 배출시키는 설비이다.

제연설비는 제연과 방연으로 구별하는데, 제연이란 연기를 일정한 장소로 유인하여 자연적으로 설치된 창 또는 기계의 동력에 의해서 신속하게 옥외로 배출하는 것을 말한다. 방연이란 연기를 한정된 장소로부터 다른 장소로 유동하지 않도록 함과 동시에 연기가 침입하는 것을 방지하는 것을 말한다.

제연설비 동작원리는 다음 순서와 같다.

① 자동

전실감지기 작동 → 종합방재반 → 배기댐퍼 작동 → 급기댐퍼 작동 → 배기팬 작동 → 급기팬 작동

② 수동

화재발견 → 댐퍼기동 스위치 → 배기댐퍼 작동 → 자동과 동일

③ 방재반 기동

댐퍼 조작 스위치 기동 → 배기댐퍼 작동 → 자동과 동일

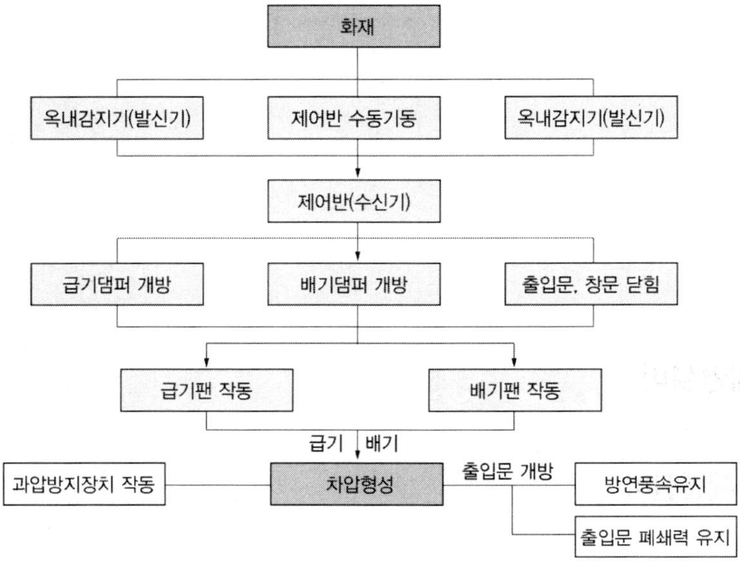

그림 11-1 제연설비 동작 순서도

2) 제연설비 관련 용어의 정의

① 제연구역

제연경계(제연설비의 일부인 천장을 포함)에 의해 구획된 건물 내의 공간

② 예상제연구역

화재발생이 예상되는 구역 즉, 연기의 제어가 요구되는 제연구역을 말한다.

③ 제연경계의 폭

예상제연구역에 설치한 제연구획을 하기 위한 제연경계벽 등에 대해 제연경계의 천장 또는 반자로부터 제연경계벽의 하단부까지의 수직거리를 말한다. 제연경계폭은 화재 시 연기를 배출한 후 배출되지 못한 연기는 위로 상승하여 체류하게 되는 공간으로서 폭은 최소 60 cm 이상이어야 한다.

④ 수직거리

제연경계의 바닥으로부터 그 수직하단까지의 거리로 통상 2 m 이하로 하며 2 m를 초과할 경우 배출량을 증가시켜야 한다.

⑤ 공동예상제연구역

2개 이상의 제연구역을 말한다.

⑥ 방화문

갑종방화문 또는 을종방화문으로서 언제나 닫힌 상태를 유지하거나 화재로 인한 연기의 발생 또는 온도의 상승에 따라 자동적으로 닫히는 구조를 발한다.

⑦ 유입풍도

예상제연구역으로 공기를 유입하도록 하는 풍도

⑧ 배출풍도

예상제연구역의 공기를 외부로 배출하도록 하는 풍도

3) 제연설비의 종류

(1) 제연방식에 따른 종류

현재 실제로 사용되어지는 방연 및 제연 방식을 구별하면 다음의 4가지가 있다. 여기에서 기계 제연 방식을 급배기에 있어서 기계의 힘을 사용하는 방법에 따라 또 다른 방식으로 구별된다. 이러한 기계의 제연방법은 일반적으로 3개의 방식으로 분류된다.

- 밀폐제연방식
- 자연제연방식
- Smoke tower 배제방식
- 기계제연방식
  - 제 1종 기계제연방식
  - 제 2종 기계제연방식
  - 제 3종 기계제연방식

가) 밀폐제연방식

밀폐도가 높은 벽이나 문으로써 화재를 밀폐하여 연기의 유출 및 신선한 공기의 유입을 억제하여 방연하는 방식으로, 집합주택이나 호텔 등 구획을 작게 할 수 있는 건물에 적합하다.

기계제연을 행할 경우라도 화재의 최종단계에서는 화재실의 밀폐를 행할 필요가 있다. 그러한 의미에서 방연의 기본이 되는 방식이다.

나) 자연제연방식

화재에 의해서 발생한 열기류의 부력, 또는 외부 바람의 흡출효과에 의해 실의 상부에 설치된 창 또는 전용의 배연구로부터 연기를 옥외로 배출하는 방식이다. 이 방식은 부력에 의하여 자동 배출되므로 전원이나 복잡한 장치가 불필요하며, 평상시의 환기에도 겸용할 수 있으므로 방재설비의 유휴화 방지에도 이점이 있다. 그러나 실외의 풍향 등에 의하여 배연효과가 감소하거나 연기가 타 지역으로 누출될 수도 있는 단점이 있다. 또한 고층빌딩 등에서는 건물의 층간 구획이 충분히 이루어지지 않은 상태에서 저층부에서 개구하면 연돌효과를 조장하여 도리어 연기의 확산을 일으킬 우려가 있다.

자연제연방식은 소방법과 건축법에서 요구하고 있는 제연설비로서 당해 층에 설치되어 있는 창, 발코니 등의 개구부 면적이 당해 바닥면적의 1/100 이상이 되는 경우에 인정된다.

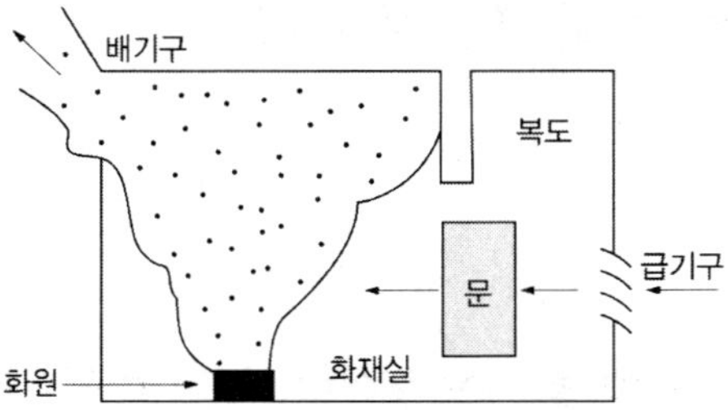

그림 11-2 자연제연방식

다) 스모크타워 제연방식

제연전용의 샤프트를 설치하고 난방 등에 의한 건물 내외의 온도차가 화재에 의한 온도상승에 의해 생긴 부력 및 그 꼭대기에 설치한 루프모니터 등의 외풍에 의한 인력을 통기력으로 하여 배연하는 방식으로서 고층빌딩에 적합하다.

장치는 간단하고 샤프트의 내열성을 고려하면 어느 정도 고온의 연기까지는 제연 할 수 있는 장점이 있다.

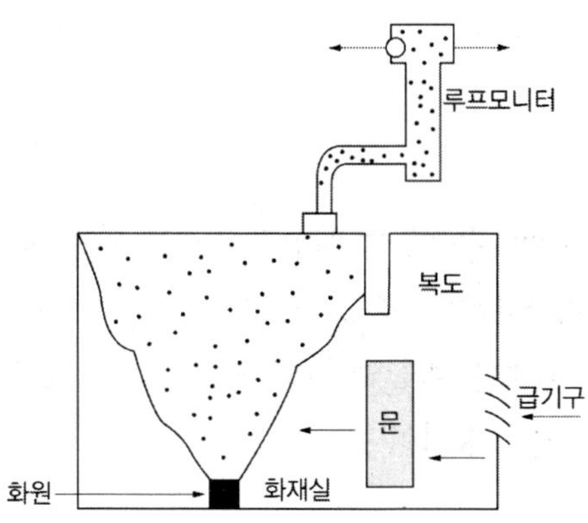

그림 11-3 스모크타워 제연방식

라) 기계제연방식

① 제 1종 기계제연방식

화재실 연도 쪽에 배연기를 설치하여 기계배연을 행하는 동시에 복도나 계단실을 통해서 송풍기를 사용한 기계력에 의한 급기를 행하는 방식이다. 화재실 내의 압력균형을 취할 필요가 있을 때 사용한다.

급기량은 배기량보다 적게 제어하며 화재실의 내압을 부압으로 유지하고 화재실로부터 누설연기를 방지한다. 계단전실 등의 중요한 피난로의 확보를 위해서는 용이하지만 급기와 배연 모두 기계력에 의존하기 때문에 다른 방식에 비하여 장치가 복잡하고 풍량의 균형에 주의해야 한다.

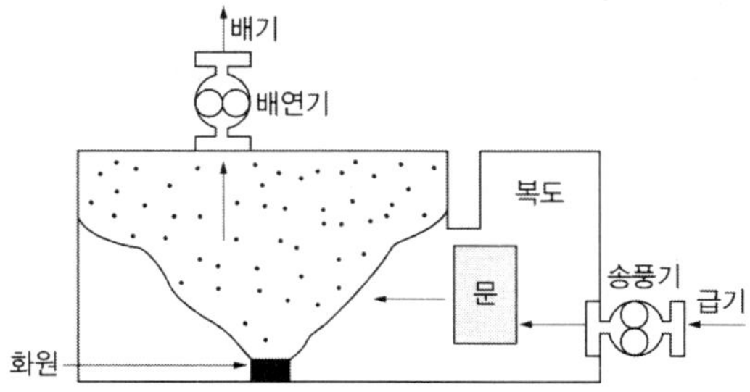

그림 11-4 제1종 기계제연방식

② 제2종 기계제연방식

화재실 입구 측의 복도, 계단, 계단실 등 피난 통로에 화재실 밖의 신선한 공기를 송풍기에 의해서 급기하고 그 부분의 압력을 화재실보다도 상대적으로 높혀서 연기의 침입을 방지하는 방식으로서 가압급기제연방식 또는 가압차연방식이라고도 한다.

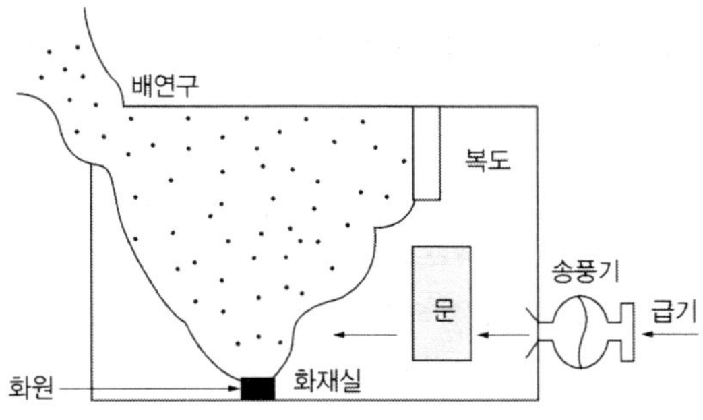

그림 11-5 제2종 기계제연방식

이 방식은 피난로를 확보한다는 점에서는 유리하지만, 문제점은 과잉급기가 공급되면 화재를 확대할 우려가 있고, 공기의 배출구가 확보되지 않은 상태에서 가압하면 화재실의 화세를 확대하고 열기나 연기류가 복도로 역류하여 위험한 상태를 일으킬 우려가 있다.

③ 제3종 기계제연방식

화재로 인하여 발생한 연기를 화재실의 상부로부터 배연기만 설치하여 화재실의 연기를 강제로 옥외로 배출하는 제연방식이다. 현재 많이 사용하는 제연방식이다.

이 제3종 기계제연방식은 화재초기에 있어서 화재실의 내압을 낮추고 연기를 다른 구획으로부터 누출시키지 않는 점에서 우수한 방식이다. 그렇지만 화재가 진행하여 연기의 양이 많아지면 흡입을 다할 수 없는 우려가 있고 기계의 내열성에도 한계가 있으므로 연기온도가 한계치를 넘으면 배연이 중단될 수 있으므로 휴즈댐퍼를 설치하여 배연을 중지할 필요가 있다. 이 방식은 제연구역이 크면 곤란하고 유지관리비가 많이 든다.

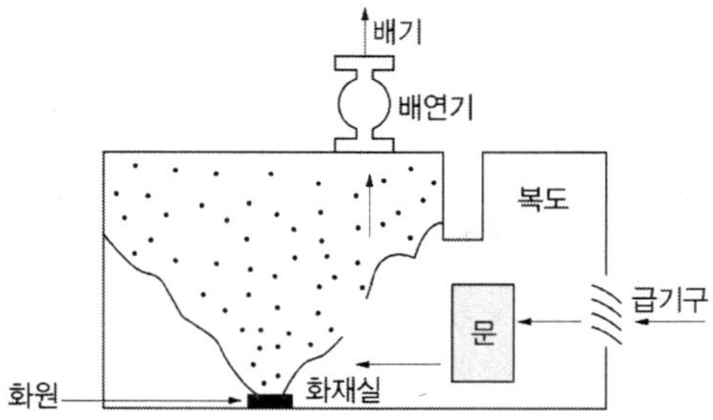

그림 11-6 제3종 기계제연방식

(2) 설치장소에 따른 종류

① 거실제연설비

거실은 화재가 발생하는 실이므로 해당 화재실에서 연기와 열을 직접 배출시켜야 하므로 급기와 배기를 동시에 실시해야 한다. 따라서 급기 송풍기와 배기 송풍기가 동시에 필요하며 배출시킨 배기량 이상으로 급기를 하여 피난과 소방활동을 할 수 있도록 하여야 한다.

② 특별피난계단의 계단실 및 부속제연설비

특별피난계단의 계단실이나 부속실(비상용승강기 승강장 포함)은 화재가 발생하는 실이 아니며 거실에서 화재가 발생할 경우 거주가 일시적인 피난을 하거나 소방대가 대기하는 공간으로 볼 수 있다. 따라서 이 공간에는 급기만을 실시하여 거실보다 압력을 높게 함으로써 거실의 연기가 침투하지 않도록 하여야 한다.

4) 제연설비 설치 장소

(1) 제연구역 구획 기준

① 하나의 제연구역의 면적은 1,000 m^2 이내로 해야 한다.

② 거실의 통로(복도를 포함)는 상호 제연구역으로 한다.

③ 통로상의 제연구역은 보행 중심신선의 길이가 60 m를 초과하지 않아야 한다.

④ 하나의 제연구역은 직경 60 m의 원내에 들어가게 해야 한다.

⑤ 하나의 제연구역은 2개 이상의 층에 미치지 않게 할 것. 다만, 층의 구분이 불분명한 부분은 그 부분을 다른 부분과 별도로 제연 구획해야 한다.

(2) 보, 제연 경계벽 및 벽의 설치

제연구역의 구획으로 사용되는 보, 제연 경계벽(이하 "제연경계"라 한다) 및 벽(화재 시 자동으로 구획되는 가동벽, 셔터, 방화문 포함)으로 하되 다음의 기준에 적합해야 한다.

① 재질은 내화재료, 불연재료 또는 제연 경계벽으로 성능을 인정받은 것으로서 화재 시 쉽게 변형, 파괴되지 아니하고 연기가 누설되지 않는 기밀성 있는 재료로 할 것

② 제연경계는 제연경계의 폭이 0.6 m 이상이고, 수직거리는 2 m 이내로 할 것(단, 구조상 불가피한 경우는 2 m를 초과할 수 있다.)

③ 제연경계 벽은 배연시 기류에 의하여 그 하단이 쉽게 흔들리지 않아야 하며, 가동식의 경우에는 급속히 하강하여 인명에 피해를 주지 않는 구조로 할 것

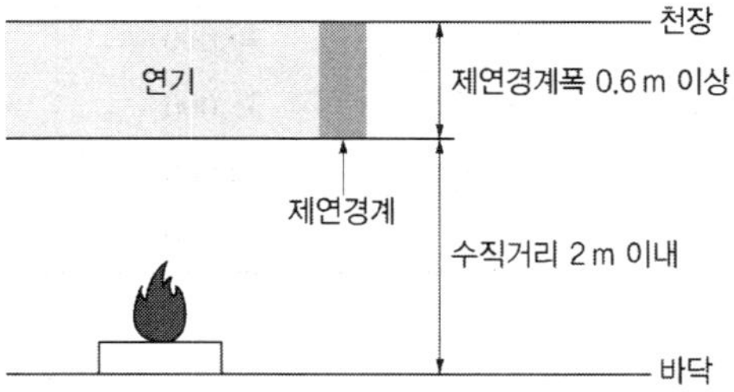

그림 11-7 경계폭 및 수직거리

5) 배출량 및 배출방식

(1) 소규모 거실

바닥면적이 400 m^2 미만인 거실의 예상제연구획의 배출량

① 바닥면적 1 m²당 1 m³/min 이상의 배출량으로 하되 예상제연구역의 최저 배출량은 5,000 m³/hr 이상일 것(단, 예상제연구역이 다른 거실의 피난을 위한 경유 거실인 경우에는 "기준량의 1.5배로 한다.)

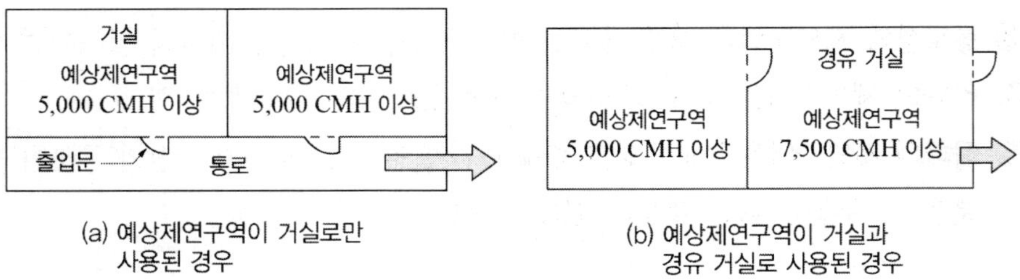

그림 11-8 소규모 거실의 배출량

② 바닥면적이 50 m² 미만인 예상제연구역을 통로 배출방식으로 하는 경우에는 통로 보행중심선의 길이 및 수직거리에 따라 다음 표에서 정하는 기준량 이상으로 할 것

표 11-1 통로길이 및 수직거리에 따른 배출량

통로길이	수직거리	배출량(m^3/hr)	비고
직경 40 m 원내에 있는 경우	2 m 이하	25,000	벽으로 구획된 경우 포함
	2 m 초과 2.5 m 이하	30,000	
	2.5 m 초과 3 m 이하	35,000	
	3 m 초과	45,000	
직경 40 m 원을 초과 하는 경우	2 m 이하	30,000	벽으로 구획된 경우 포함
	2 m 초과 2.5 m 이하	35,000	
	2.5 m 초과 3 m 이하	40,000	
	3m 초과	50,000	

(2) 대규모 거실

바닥면적이 400 m² 이상인 거실의 예상제연구획의 배출량

① 예상제연구역이 직경 40 m인 원의 범위 안에 있는 경우에는 배출량이 40,000 m³/hr 이상으로 할 것(단, 예상제연구역이 제연 경계로 구획된 경우에는 그 수직거리에 따라 배출량은 표 11-2 따른다)

표 11-2 수직거리에 따른 배출량

수직거리	배출량(m^3/hr)
2 m 이하	40,000 이상
2 m 초과 2.5 m 이하	45,000 이상
2.5 m 초과 3 m 이하	50,000 이상
3 m 초과	60,000 이상

② 예상제연구역이 직경 40 m인 원의 범위를 초과할 경우에는 배출량이 45,000 m^3/hr 이상으로 할 것(단, 예상제연구역이 제연경계로 구획된 경우에는 그 수직거리에 따라 배출량은 표 11-2에 따른다)

(3) 예상제연구역이 통로인 경우

예상제연구역이 통로인 경우의 배출량은 45,000 m^3/hr 이상으로 할 것. 다만, 예상제연구역이 제연경계로 구획된 경우에는 그 수직거리에 따라 배출량은 표 11-3에 따른다.

표 11-3 수직거리에 따른 배출량

수직거리	배출풍량(m^3/hr)
2 m 이하	45,000 이상
2 m 초과 2.5 m 이하	50,000 이상
2.5 m 초과 3 m 이하	55,000 이상
3 m 초과	65,000 이상

6) 배출기 및 배출풍도

(1) 배출기

① 배출기와 배출풍도 접속부에 사용되는 캔버스는 내열성(석면재료는 제외)이 있는 것으로 할 것

② 배출기의 전동기 부분과 배풍기 부분은 분리하여 설치하여야 하며, 배풍기 부분은 유효한 내열 처리를 할 것

(2) 배출풍도

① 배출풍도는 아연 도금 강판 또는 이와 동등 이상의 내식성, 내열성이 있는 것으로 하며, 내열성(석면재료는 제외)의 단열재로 유효한 단열 처리를 하고, 강판의 두께는 배출풍도의 크기에 따라 다음 표에 의한 기준수치 이상으로 할 것

표 11-4 풍도단면의 긴 변 또는 직경의 크기에 따른 강판의 두께

풍도단면의 긴변 또는 직경의 크기	450mm 이하	450 mm 초과 750 mm 이하	750 mm 초과 1,500 mm 이하	1,500 mm 초과 2,250 mm 이하	2,250 mm 초과
강판 두께	0.5mm	0.6mm	0.8mm	1.0mm	1.2mm

② 배출기의 흡입 측 풍도안의 풍속은 15 m/sec 이하로 하고, 배출측 풍도 안에서의 풍속은 20 m/sec 이하로 할 것

7) 배출구

① 배출구는 개구부에 의한 자연환기의 제연이 바람직하며, 배출기에 의한 것은 부득이한 경우에 적용한다.

② 배출기에 의한 흡입식 제연설비의 사용은 외기에 접하는 배출구의 개구면적이 방연구획 부분은 바닥면적의 1/100보다 작을 때 적용한다.

㉮ 바닥면적 400 m^2 미만인 예상제연구역의 배출구(통로 예상제연구역 제외)

- 예상제연구역이 벽으로 구획되어 있는 경우의 배출구는 천장 또는 반자와 바닥 사이의 중간 윗부분에 설치할 것
- 예상제연구역 중 어느 한 부분이 제연경계로 구획되어 있는 경우에는 천장·반자 또는 이에 가까운 벽의 부분(제연경계 포함)에 설치하여야 한다. 다만, 배출구를 벽 또는 제연경계에 설치하는 경우 배출구의 하단이 당해 예상제연구역에서 제연경계의 폭이 가장 짧은 제연경계의 하단보다 높게 설치할 것

㉯ 통로인 예상제연구역과 바닥면적이 400 m^2 이상인 통로외의 예상제연구역에 대한 배출구

- 예상제연구역이 벽으로 구획되어 있는 경우의 배출구는 천장, 반자 또는 이에 가까운 벽의 부분에 설치하여야 한다. 단, 배출구를 벽에 설치한 경우 배출구 하단과 바닥 간의 최단거리는 2 m 이상이어야 한다.

- 예상제연구역 중 어느 한 부분이 제연경계로 구획되어 있을 경우에는 천장, 반자 또는 이에 가까운 벽의 부분(제연경계를 포함)에 설치하여야 한다. 단, 배출구를 벽 또는 제연경계에 설치하는 경우 배출구의 하단보다 높게 설치할 것

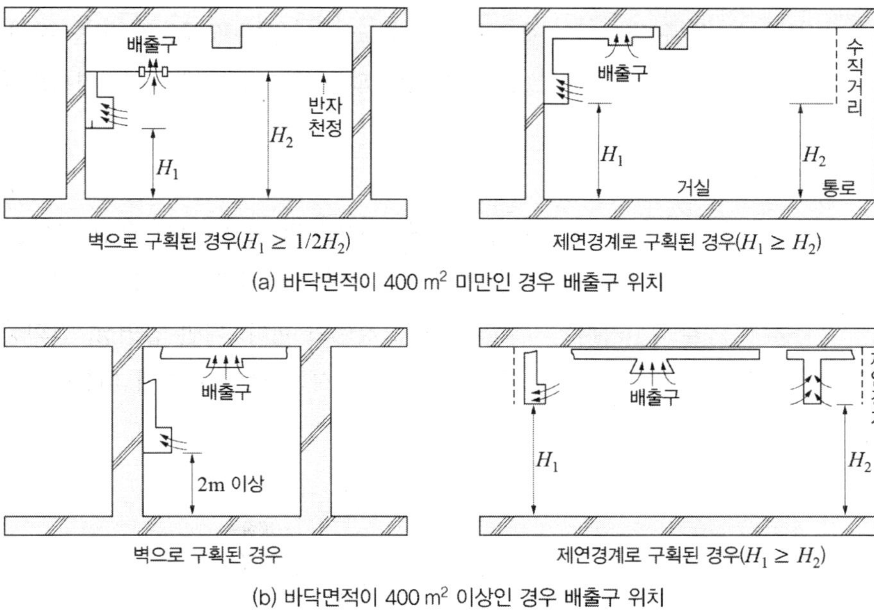

그림 11-9 배출구 설치상 유효한 부분

③ 제연설비의 예상제연구역에 설치한 배출구

- 제연설비의 예상제연구역의 각 부분으로부터 배출구까지의 수평거리는 10m 이내가 되게 할 것

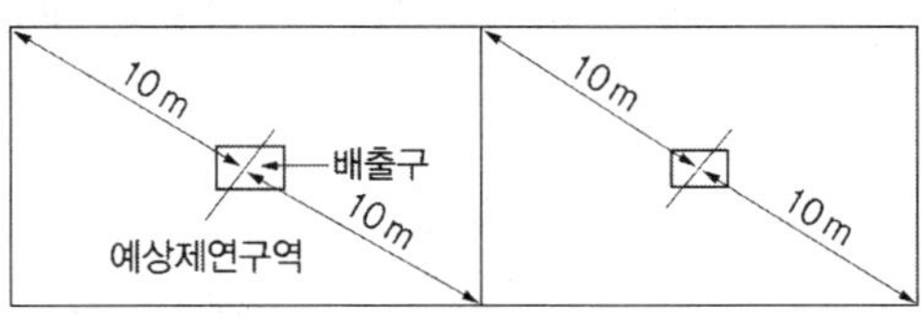

그림 11-10 예상제연구역에 설치한 배출구

8) 공기유입풍도 및 유입방식 및 유입구

(1) 유입풍도

① 유입풍도 안의 풍속은 20m/sec 이하로 한다.

② 옥외에 면하는 배출구 및 공기유입구는 비 또는 눈 등이 들어가지 아니하도록 하고, 배출된 연기가 공기유입구로 순환, 유입되지 않도록 한다.

(2) 공기유입구 설치 기준

① 예상제연구역에 대한 공기유입은 유입풍도를 경유한 강제유입 또는 자연유입방식으로 하거나 인접한 제연구역 또는 통로에 유입되는 공기가 당해 제연구역으로 유입되는 방식으로 할 수 있다.

② 예상제연구역의 경우

㉮ 바닥면적 400 m^2 미만의 거실인 예상제연구역(제연경계에 의한 구획은 제외하고 거실과 통로와의 구획은 인정)에 대해서는 바닥 외의 장소에 설치하고 공기유입구와 배출구 간의 직선거리는 5 m 이상으로 하여야 한다. 다만 공연장, 집회장, 위락시설의 용도로 사용되는 바닥면적 200 m^2 초과 시는 ㉯의 기준에 의한다.

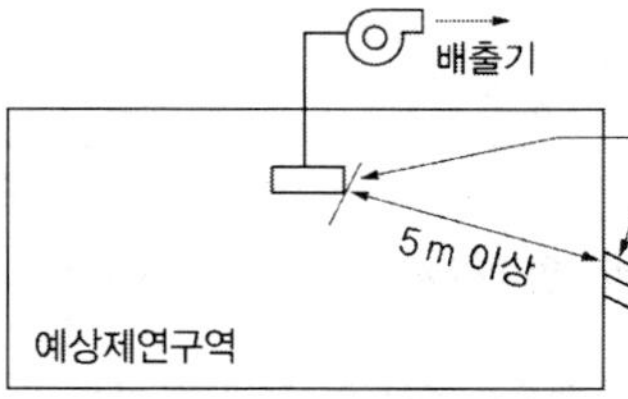

그림 11-11 공기유입구와 배출구와의 직선거리
(바닥면적 400 m^2 미만 거실)

㉯ 바닥면적 400 m^2 이상의 거실인 예상제연구역에 대해서는 바닥으로부터 1.5 m 이하의 높이에 설치하고, 그 주변 2 m 이내에는 가연성의 내용물이 없게 하여야 한다.

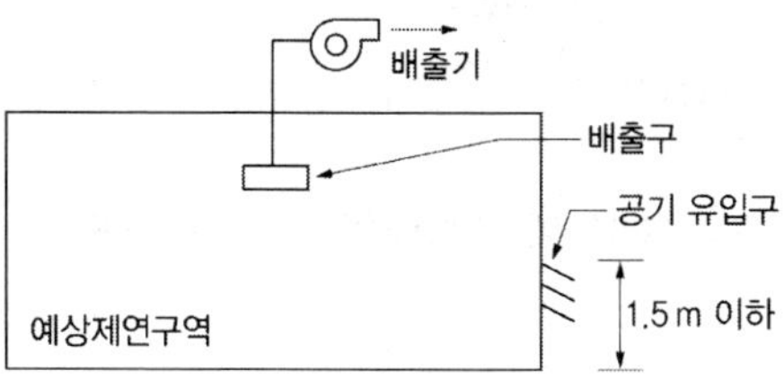

그림 11-12 공기유입구 설치 위치
(바닥면적 400 m^2 이상 거실)

③ 공동예상제연구역의 경우

㉮ 공동예상제연구역 안에 설치된 각 예상제연구역이 벽으로 구획되어 있을 때에는 바닥으로부터 1.5 m 이하의 높이에 설치하고, 그 주변 2 m 이내에는 가연성의 내용물이 없게 하여야 한다.

㉯ 공동예상제연구역 안에 설치된 각 예상제연구역의 일부 또는 전부가 제연경계로 구획되어 있을 때에는 공동예상제연구역안의 1개 이상의 장소에 다음과 같이 설치한다.

- 유입구를 벽에 설치할 경우는 바닥으로부터 1.5 m 이하의 높이에 설치하고, 그 주변 2 m 이내에는 가연성의 내용물이 없게 하여야 한다.
- 유입구를 벽 이외의 장소에 설치할 경우는 유입구 상단이 천장 또는 반자와 바닥 사이의 중간 아랫부분보다 낮게 되도록 하고, 수직거리가 가장 짧은 제연경계 하단보다 낮게 설치한다.

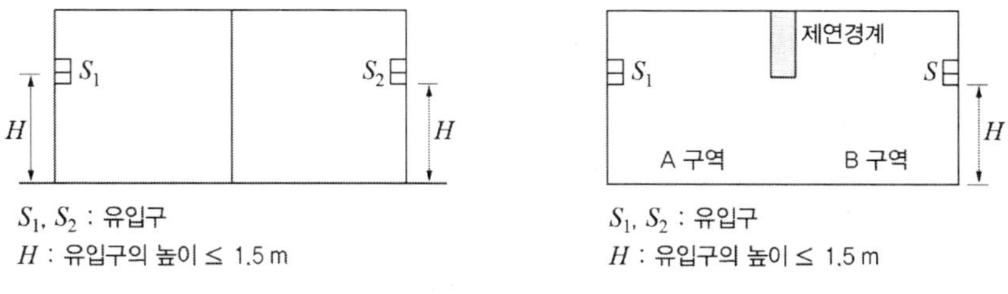

(a) 벽으로 구획된 경우 (b) 제연경계로 구획된 경우

그림 11-13 공동예상제연구역의 공기유입구 위치

④ 인접한 제연구역 또는 통로에 유입되는 공기를 예상제연구역에 대한 공기유입으로 하는 경우, 유입구가 제연경계 하단보다 높은 경우에는 화재 시 유입구는 다음 기준에 적합하여야 한다.

㉮ 각 유입구는 자동 폐쇄될 것

㉯ 당해 구역 내의 설치된 유입풍도가 당해 제연구획 부분을 지나는 곳에 설치된 댐퍼가 자동으로 폐쇄될 것

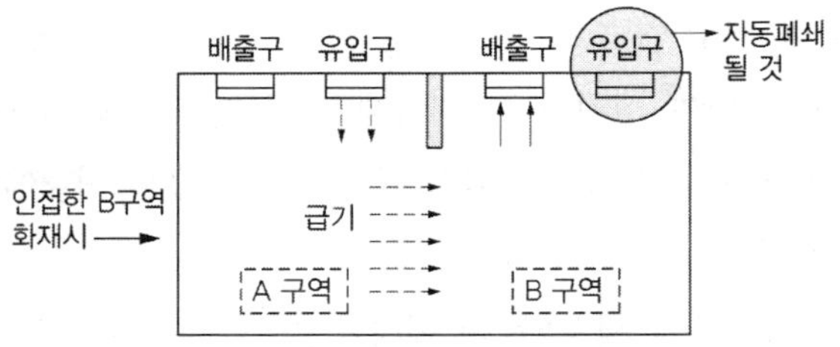

그림 11-14 인접제연구역 공기유입방식

⑤ 예상제연구획에 공기가 유입되는 순간의 풍속은 5 m/s가 되도록 하고 유입구의 구조는 유입공기를 하향 60° 이내로 분출할 수 있도록 하여야 한다.

⑥ 예상제연구역에 대한 공기유입구의 크기는 당해 예상제연구역 배출량 1 m^3/mim에 대하여 35 cm^2 이상으로 하여야 한다.

9) 제연댐퍼

공기조화설비를 이용한 제연설비를 설치할 경우 공조덕트 중 방화구획(제연구획) 관통부에 설치하고 덕트를 통한 화재의 연소확대를 방지할 목적으로, 연기감지기 연동 및 덕트 내부의 이상고온에 의하여 온도 휴즈의 작동으로 기계적으로 폐쇄되는 댐퍼를 말한다(덕트의 크기에 따라 댐퍼의 크기가 다르다.).

그림 11-15 제연댐퍼(외형)

11.1.2 특별피난계단의 계단실 및 부속실 제연설비

1) 개요

특별피난계단의 계단실이나 부속실(비상용승강기 승강장 포함)은 화재가 발생하는 화재실이 아니며 거실에서 화재가 발생할 경우 거주가 일시적인 피난을 하거나 소방대가 대기하는 공간으로 볼 수 있다.

특별피난계단의 계단실 및 부속실에 설치하는 제연설비는 급기가압방식을 이용한다. 급기가압은 가압하고자 하는 공간에 대하여 공기를 공급하여 그 공간의 압력을 주위 공간의 압력보다 높게 하는 소위 차압을 형성하게 하여 거실의 연기가 침투하지 않도록 하는 것을 말한다. 따라서 급기가압에 의한 제연방식은 방연의 개념에 속하며 건물의 화재 시 내부의 피난로에 대해 연기의 침투를 방지하여 거주자가 피난로를 경유하여 대피할 수 있도록 하는 설비이다.

2) 용어의 정의

① 방연풍속 : 옥내로부터 제연구역 내로 연기의 유입을 방지할 수 있는 풍속을 말한다.
② 급기량 : 제연구역에 공급하여야 할 공기의 양을 말한다.
③ 누설량 : 틈새를 통하여 제연구역으로부터 흘러나가는 공기량을 말한다.
④ 보충량 : 방연풍속을 유지하기 위하여 제연구역에 보충하여야 할 공기량을 말한다.
⑤ 플랩댐퍼 : 부속실의 설정압력 범위를 초과하는 경우 압력을 배출하여 설정압 범위를 유지하게 하는 과압방지조치를 말한다.
⑥ 유입공기 : 제연구역으로부터 옥내로 유입하는 공기로서 차압에 따라 누설하는 것과 출입문의 일시적인 개방에 따라 유입하는 것을 말한다.
⑦ 자동차압·과압조절형 급기댐퍼 : 제연구역과 옥내 사이의 차압을 압력센서 등으로 감지하여 제연구역에 공급되는 풍량의 조절로 제연구역의 차압유지 및 과압방지를 자동으로 제어할 수 있는 댐퍼를 말한다.

3) 제연방식

① 제연구역에 옥외의 신선한 공기를 공급하여 제연구역의 기압을 제연구역 이외의 옥내보다 높게 하되 일정한 기압이 차이를 유지하게 함으로써 옥내로부터 제연구역 내로 침투하지 못하도록 할 것
② 피난을 위하여 제연구역의 출입문이 일시적으로 개방되는 경우 방연풍속을 유지하도록 옥외의 공기를 제연구역 내로 보충 공급하도록 할 것
③ 피난을 위하여 일시 개방된 출입문이 다시 닫히는 경우 제연구역의 과압을 방지할 수 있는 유효한 조치를 하여 차압을 유지할 것

4) 제연구역의 선정

① 계단실 및 그 부속실을 동시에 제연하는 것
② 부속실만을 단독으로 제연하는 것
③ 계단실만을 단독 제연하는 것
④ 비상용승강기승강장만을 단독 제연하는 것

5) 제연설비 설계

제연설비는 차압, 공기량(누설량과 보충량) 방연풍속, 과압방지장치, 누설틈새면적 등을 고려하여 설계한다.

(1) 차압

① 제연구역과 옥내와의 사이에 유지하여야 하는 최소차압은 40 Pa(옥내에 스프링클러설비가 설치된 경우에는 12.5 Pa 이상으로 하여야 한다.
② 제연설비가 가동되었을 경우 출입문의 개방에 필요한 힘은 110 N 이하로 하여야 한다.
③ 출입문이 일시적으로 개방되는 경우 개방되지 않은 제연구역과 옥내와의 차압은 기준 차압의 70% 미만이 되어서는 아니 된다.
④ 계단실과 부속실을 동시에 제연하는 경우 부속실의 기압은 계단실과 같게 하거나 계단실의 기압보다 낮게 할 경우에는 부속실과 계단실의 압력차이는 5 Pa 이하가 되도록 한다.

(2) 급기량

제연구역에 공급하여야 할 공기의 양(급기량)은 누설량과 보충량을 합한 양 이상이 되어야 한다.

① 기본량
차압을 유지하기 위하여 제연구역에 공급하여야 할 공기량. 이 경우 제연구역에 설치된 출입문(창문 포함)의 누설량과 같아야 한다.

② 보충량
방연풍속을 유지하기 위하여 제연구역에 보충하여야 할 공기량. 공기의 보충량은 부속실(또는 승강장)의 수가 20 이하는 1개 층 이상, 20을 초과하는 경우에는 2개 층 이상의 보충량으로 한다. 다만, 산출된 양이 0 이하인 경우에는 0으로 본다.

③ 누설량

공기의 누설량은 제연구역의 누설량을 합한 양으로 한다. 이 경우 출입문이 2개소 이상일 경우에는 각 출입문의 누설틈새면적을 합한 것으로 한다.

(3) 급기풍량 계산

급기 가압하고자 하는 폐쇄공간의 소요차압을 형성시켜 주기 위한 급기량은 그 공간으로부터 외부로의 급기 누설량에 의해 결정되며 다음 식으로 계산된다.

$$Q = 0.827 \times A \times P^{\frac{1}{n}}$$

여기서, Q : 급기량(m^3/sec)

A : 누설틈새 면적(m^2)

P : 차압(Pa 또는 N/m^2)

n : 누설면적과 관계되는 상수
(일반적인 출입문의 경우 2, 창문의 경우 1.6)

누설 시에 가압공간으로부터 누설되는 경로의 배열상태에 따라 누설량이 영향을 받게 되며 누설경로의 배열상태는 직렬배열, 병렬배열, 직·병렬배열이 있다.

① 병렬상태인 경우의 틈새면적

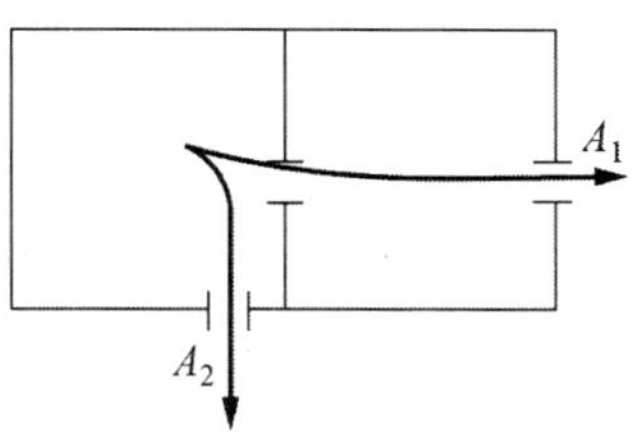

그림 11-16 병렬상태 틈새면적

$$A_T = A_1 + A_2 + \ldots.$$

여기서, A_T : 총 틈새면적

A_1, A_2 : 각 누설경로의 문 틈새 면적

② 직렬상태인 경우의 틈새면적

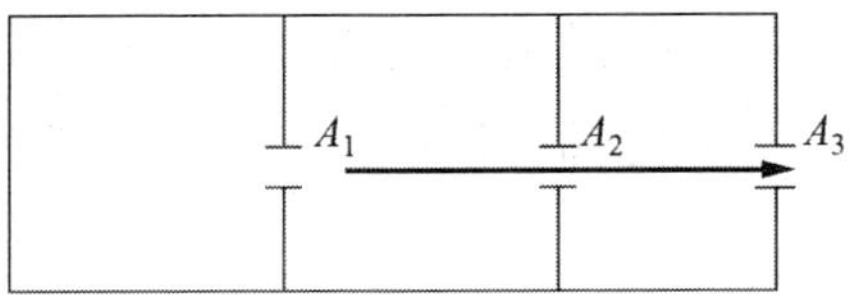

그림 11-17 직렬상태 틈새면적

$$A_T = \frac{1}{A_1^2} + \frac{1}{A_2^2} + \frac{1}{A_3^2}$$

여기서, A_T : 총 틈새면적

A_1, A_2 : 각 누설경로의 문 틈새 면적

(4) 방연풍속

표 11-5 제연구역의 방연풍속

제 연 구 역		방연풍속
계단실 및 그 부속실을 동시에 제연하는 것 또는 계단실만 단독으로 제연하는 것		0.5 m/s 이상
부속실만 단독으로 제연하는 것 또는 비상용승강기의 승강장만 단독으로 제연하는 것	부속실 또는 승강장이 면하는 옥내가 거실인 경우	0.7 m/s 이상
	부속실 또는 승강장이 면하는 옥내가 복도로서 그 구조가 방화구조(내화시간 이 30분 이상인 구조를 포함한다)인 것	0.5 m/s 이상

(5) 과압방지장치

부속실 내에서 방화문 개방에 필요한 힘이 110 N을 초과할 경우는 피난 시 노약자가 방화문을 쉽게 개방하기 어려우므로 부속실 내의 과압을 배출시켜 항상 적정차압을 유지하기 위한 과압배출장치이다.

제연구역의 차압이 최대차압을 초과할 경우 이를 감지하여 과압공기를 자동으로 제연구역 외부로 배출시켜 주는 과압방지장치를 설치하여야 하는데 플랩댐퍼(Flap damper)를 사용한다.

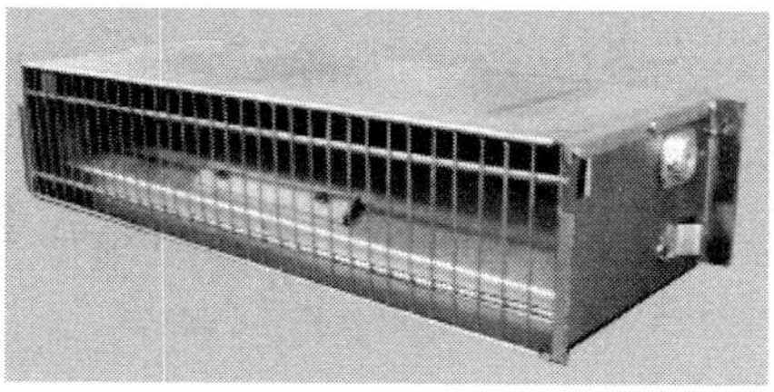

그림 11-18 플랩댐퍼

플랩댐퍼를 설치하는 경우 날개면적은 다음 식에 따라 산출한 수치 이상으로 하여야 한다.

$$A_f = \frac{q}{5.8}$$

여기서, A_f : 플랩댐퍼의 날개면적(m^2)

q : 제연구역에 대한 보충량(m^3/sec)

예제

어떤 제연구역의 계단실을 급기 가압하여 제연하려고 한다. 보충량은 500 m^3/min이며 플랩댐퍼의 허용차압은 60 pa이다. 다음 물음에 답하시오.

① 플랩댐퍼의 용도를 쓰시오.
② 플랩댐퍼의 날개면적을 구하시오.

풀이

① 부속실의 설정압력 범위를 초과하는 경우 압력을 배출하여 설정압 범위 유지하게 한다.

② $A_T = \frac{q}{5.85} = \frac{500/60}{5.85} = 1.42\ m^2$ 이상

6) 제연설비 점검방법

① 제연구역의 출입문은 자동으로 닫혀야 한다.
- 출입문이 닫힌 상태가 유지되지 않을 경우 압류측정이 곤란하다.
- 제연설비는 연기로부터 보호받기 위한 시설이므로 제연설비의 기동과 동시에 모든 출입문이 닫혀야 한다.

② 화재 층의 감지기 작동에 의하여 모든 층의 제연댐퍼가 작동되어야 한다.
- 옥내에 설치된 화재감지기에 의하여 모든 제연구역의 댐퍼가 개방될 것

③ 과압배출장치를 설치하여야 한다.

- 제연구역의 보충량(방연풍속)을 자동으로 배출하는 성능으로 할 것
- 출입문이 열리면 방연풍속으로 연기의 침투를 방지하고, 출입문이 닫히면 과압배출장치로 보충량을 배출하여야 함

④ 유입공기 배출설비를 설치하여야 한다.

- 비제연구역과 제연구역의 차압을 유지하기 위하여 문 틈새의 누설량과 문개방의 보충량을 옥외로 배출하는 성능이 있어야 한다.

⑤ 수직풍도는 제연댐퍼를 제외하고 외부로 통하는 틈이 없어야 제연효과가 원활하게 이루어진다.

⑥ 차압계를 가지고 차압을 측정한다.

- 최소 차압이 40 Pa(옥내에 스프링클러설비가 설치된 경우에는 12.5 Pa)이 형성되는지 확인한다.

연습문제

01 기계제연설비의 종류를 쓰고 각 설비를 간단히 설명하시오.

02 스모크타워 제연방식에 대하여 설명하시오.

풀이 스모크타워 제연방식은 제연 전용의 샤프트를 설치하고 난방 등에 의한 건물 내·외의 온도 상승으로 생긴 부력 및 그 지붕에 설치한 루프 모니터 등의 외풍에 의한 흡인력을 통기력으로 하여 제연하는 것으로 고층빌딩에 적합한 방식이다.

03 예상제연구역에 설치하는 공기유입구의 설치기준을 쓰시오.

풀이 ① 예상제연구역이 바닥면적 400 m^2 미만의 거실인 경우에는 바닥 이외의 장소에 설치하고 공기유입구와 배출구 간의 직선거리를 5 m 이상으로 한다.

② 예상제연구역이 바닥면적 400 m^2 이상의 거실인 경우에는 바닥으로부터 1.5 m 이하의 높이에 설치하고, 그 주변 2 m 이내에는 가연성 내용물이 없도록 한다.

04 예상제연구역에 공기가 유입되는 풍속과 유입구의 규정에 대하여 쓰시오.

풀이 ① 유입되는 공기의 순간 풍속 : 5 m/s 이하로 한다.
② 유입구의 구조 : 유입공기를 하향 60° 이내로 분출할 수 있도록 한다.
③ 공기 유입구의 크기 : 당해 예상 제연구역의 1분당 배출량 1 m^3에 대하여 35 cm^2 이상이어야 한다.

05 제연설비에서 하나의 제연구획의 면적은 몇 m^2 이내로 하는가?

풀이 1,000 m^2

06 제연설비에서 자동화재탐지설비의 감지기와 연동되도록 설치해야 하는 구성요소를 4가지만 쓰시오.

풀이 ① 가동식의 벽 ② 제연경계벽 ③ 댐퍼 ④ 배출기

07 제연구획은 보, 제연경계벽 및 벽으로 한다. 그 기준에 대하여 쓰시오.

풀이 ① 재질은 내화재료 및 불연재로로 한다(화재 시 쉽게 변형·파괴되는 것은 제외).
② 제연경계는 천장 또는 반자로부터 그 수직 하단까지의 거리가 0.6 m 이상이고, 바닥으로부터 수직 하단까지의 거리가 2 m 이내이어야 한다. 다만, 구조상 불가피한 경우에는 2 m를 초과할 수 있다.
③ 제연경계 벽은 배연 시 기류에 의하여 그 하단이 쉽게 흔들리지 않아야 하며, 가동식인 경우에는 급속히 하강함으로써 인명에 피해를 주는 구조가 아니어야 한다.

08 연돌효과에 대하여 설명하고 연돌효과가 발생할 때 형성되는 중성대의 개념에 대하여 설명하시오.

풀이 ① 연돌효과 : 화재 시 실온이 상승한 경우에는 실내의 공기밀도는 외기의 밀도보다 작기 때문에 부력이 커지고 그 부력 때문에 건물의 고층부에서는 실내에서부터 실외로 향하는 압력이 생기고, 저층부에서는 역으로 실내로 향하는 압력이 생긴다. 따라서 외벽에 개구부가 있다면 고층부에서는 실내공기가 외부로 유출하고 저층부에서는 역으로 공기가 유입되는 현상을 말한다.
② 중성대 : 실내에서 화재가 발생하면 연소열에 의해 기체의 온도가 상승함으로써 부력에 의해 기체가 천장 쪽으로 상승하는 흐름이 발생하므로 고온의 기체가 천장쪽으로 축적되고 온도가 높아져 기체가 팽창하면서 실내 어딘가에 실외와 정압이 같게 되는 면을 중성대라고 한다.

09 어떤 예상제연구역의 바닥면적이 50 m×12 m인 경우 배출기의 배출양(m^3/h)은 얼마 이상으로 하여야 하는가?

풀이 45,000 m^3/h

※ 바닥면적 = 50×12 = 600 m^2
바닥면적 400 m^2 초과 거실
① 예상제연구역 지름 40 m 범위 내 : 40,000 m^3/h
② 예상제연구역 지름 40 m 범위 초과 시 : 45,000 m^3/h

10 다음 그림과 같은 제연구역에 배연기를 설치할 경우 배연기의 배출량(m^3/h)은 얼마인가?

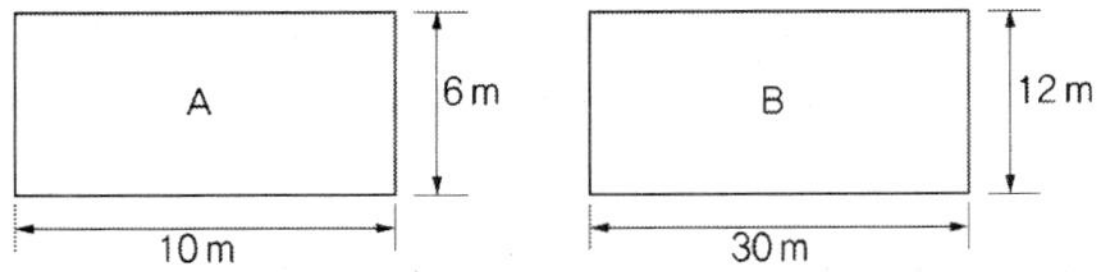

풀이 ① A실 : 5000 m^3/h ② B실 : 21,600 m^3/h

※ 예상제연구역의 배출량 기준 (거실 바닥면적 400 m^2 미만인 경우)
⇒ 바닥면적 1 m^2 당 1 m^3/h 이상(단, 최저 배출량은 5,000 m^3/h 이상)으로 한다.

① A실 : 바닥면적 $10\ m \times 6\ m = 60\ m^2$ (400 m^2 미만)
$60\ m^2 \times 1\ m^3/min \cdot m^2 \times 60\ min/h = 3,600\ m^3/h$
따라서 최저배출량은 5,000 m^3/h

② B실 : 바닥면적 $32\ m \times 12\ m = 360\ m^2$ (400 m^2 미만)
따라서 $360\ m^2 \times 1\ m^3/min \cdot m^2 \times 60\ min/h = 21,600\ m^2/h$

11 특별피난계단의 계단실 및 부속실 제연설비에 대하여 다음 물음에 답하시오.

① 제연구역의 선정기준을 4가지 쓰시오.
② 제연구역과 옥내와의 사이에 유지하여야 하는 최소 차압(Pa)은 얼마인가? 또한 옥내에 스프링클러가 설치된 경우에는 몇 Pa 이상으로 하여야 하는가?
③ 제연설비가 가동되었을 때 출입문 개방에 필요한 힘은 얼마 이상인가?
④ 계단실과 부속실을 동시에 제연하는 경우 부속실의 기압에 대해 쓰시오.
⑤ 과압방지조치에 따른 과압배출장치의 설치기준 5가지를 쓰시오.
⑥ 유입공기의 배출기준에 따른 배출방식 3가지를 쓰시오.

풀이 ① ㉠ 계단실 및 그 부속실을 동시에 제연하는 것
㉡ 부속실만을 단독으로 제연하는 것(피난층에 부속실이 설치되어 있는 경우에 한함. 다만, 직통계단식 공동주택 또는 지하층에만 부속실이 설치되어 있는 경우는 제외)
㉢ 계단실만 단독 제연하는 것
㉣ 비상용승강기 또는 승강장을 단독 제연하는 것

② ㉠ 40 Pa
㉡ 스프링클러 설치시 12.5 Pa

③ 110 N

④ 부속실의 기압은 계단실과 같게 하거나 계단실의 기압보다 낮게 하는 경우에는 부속실과 계단실의 압력차가 5 Pa 이하가 되도록 한다.

⑤ ㉠ 과압방지장치는 제연구역의 보충량 등을 자동으로 배출하는 성능의 것으로 한다.
㉡ 과압방지를 위한 감압은 제연구역으로부터 옥내(옥내 반자가 있는 경우에는 반자 하부의 옥내) 또는 옥외로 보충량을 유효하게 배출하는 것에 따른다.
㉢ 플랩댐퍼를 설치하는 경우의 날개면적은 다음 식에 따라 산출한 수치 이상이어야 한다.

$$A_f = \frac{Q}{5.85}$$

여기서, A_f : 플랩댐퍼 날개 면적

Q : 제연구역에 대한 보충량

㉣ 플랩댐퍼는 출입문의 개방에 필요한 힘이 110 N 초과 시에 개방되는 구조로 할 것

㉤ 플랩댐퍼에 사용되는 철판은 두께 1.5 mm 이상의 열간 압연강판 또는 이와 동등 이상의 내식성 및 내열성이 있는 것으로 한다.

㉥ 1. 수직통로에 따른 배출 : 옥상으로 직통하는 전용 수직풍도를 설치하여 배출하는 것

- 자연배출방식 : 굴뚝효과에 따라 배출하는 것
- 기계배출방식 : 수직풍도의 상부에 전용 배출용 송풍기를 설치하여 강제로 배출하는 것

2. 배출구에 의한 배출 : 건물의 옥내와 면하는 외벽마다 옥외로 통하는 배출구를 설치 하여 배출하는 것

㉦ 제연설비에 따른 배출 : 거실에 제연설비가 설치되어 있고 당해 옥내로부터 옥외로 배출하여야 하는 유입공기의 양을 거실제연설비의 배출량과 합하여 배출하는 경우 유입 공기의 배출은 당해 거실의 제연설비에 따른 배출로 갈음할 수 있다.

12 다음 그림의 각 제연구역의 소요배출량을 계산한 결과 A실은 6,000 CMH, B실은 7,000 CMH, C실은 5,000 CMH, D실은 13,000 CMH, E실은 15,000 CMH으로 측정되었다. A, B, C실은 공동제연구역방식으로 벽으로 구획되어 있고, D, E실은 독립제연방식으로 설치할 경우 배출 송풍기의 소요풍량을 구하시오.

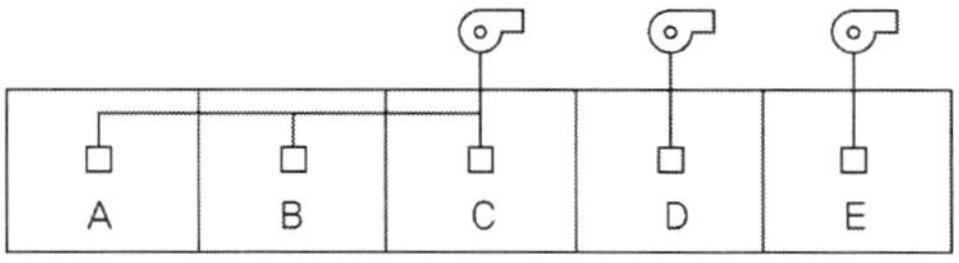

풀이 ① A, B, C실 : 18,000 CMH(m^3/h)

② D실 : 13,000 CMH

③ E실 : 15,000 CMH

※ ① A, B, C실인 경우 공동제연방식이고 벽으로 구획된 경우는 각 실의 예상제연구획의 배출량을 합한 것으로 한다.

②, ③ : D, E실인 경우 독립제연방식이이므로 각 실의 배출량으로 한다.

13 6층 이상의 소방대상물에 제연설비를 설치하였다. 다음 제연설비에 대한 물음에 답하시오.

① 배출구에서 측정한 평균풍속이 3 m/s, 배연구의 유효면적이 1.5 m^2이고 실내 온도가 20℃이라면 배연기의 송풍량을 계산하시오.

② 풍전압이 50 mmHg일 때 이 제연설비의 배출 송풍기 동력(Kw)을 계산하시오(단, 효율은 65%이고, 여유율은 20% 증가시킨 것으로 한다.).

풀이 ① 연속방정식 $Q = A \cdot v = 1.5\text{m}^2 \times 3\text{ m/s} \times 60\text{ s} = 270\text{ m}^3/\text{min}$

② 양정(H) : $H = \dfrac{50\text{ mmHg}}{760\text{ mmHg}} \times 10.332\text{ mH}_2\text{O} = 0.67973\text{ mH}_2\text{O} = 679.73\text{ mmH}_2\text{O}$

배출기 동력 $L(\text{Kw}) = \dfrac{679.73\ \text{mmH}_2\text{O} \times 270\ \text{m}^3/\text{min}}{102 \times 60 \times 0.65} \times 1.2 = 55.36\ \text{Kw}$

14 제연설비에서 제연구역을 구획하는 기준을 쓰시오.

풀이 ① 제연구역의 하나의 면적은 1000 m^2 이내로 한다.
② 거실과 통로는 상호 제연구획 한다.
③ 통로상의 제연구역은 보행 중심선의 길이가 60 m를 초과하지 않아야 한다.
④ 하나의 제연구역은 지름 60 m 원내에 들어갈 수 있도록 한다.
⑤ 하나의 제연구역은 2개 이상의 층에 미치지 않도록 한다(단, 층의 구분이 불분명한 부분은 다른 부분과 별도로 제연구획할 것).

15 제연설비에서 원심송풍기 종류 5가지를 쓰시오.

풀이 ① 다익 팬 ② 리밋로드 팬 ③ 터보 팬 ㉣ 익형 팬 ㉤ 시로코 팬

16 어떤 제연구역의 계단실을 급기가압하여 제연하려고 한다. 보충량은 500 m^3/min이며 플랩댐퍼의 최고 허용 차압은 60 Pa이다. 다음 물음에 답하시오.

① 플랩댐퍼의 용도를 쓰시오.
② 플랩댐퍼의 날개면적은?

풀이 ① 부속실의 설정압력 범위를 초과하는 경우 압력을 배출하여 설정압 범위를 유지하게 하는 과압방지 장치

② $A_f = \dfrac{q}{5.85} = \dfrac{500/60}{5.85} = 1.424 \fallingdotseq 1.42$ 이상

17 아래 그림과 같이 풍량이 180 m^3/min이고 면적이 ① 120×70 cm^2, ② 120×60 cm^2, ③ 120×50 cm^2일 때 ①, ②, ③의 풍속(m/s)은 얼마인가?

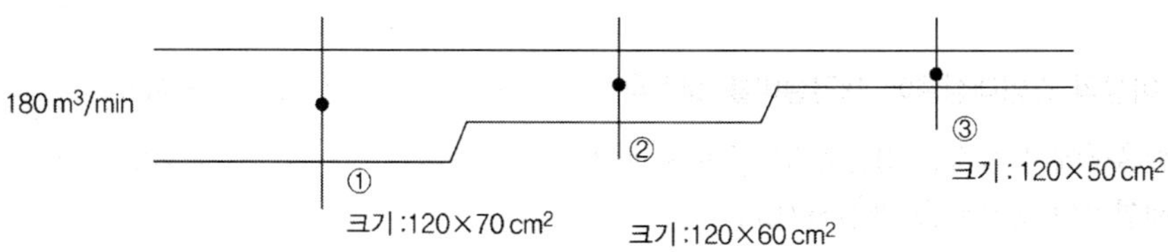

풀이 ① 3.57 m/s ② 4.17 m/s ③ 5 m/s

※ ① $V = \dfrac{Q}{A} = \dfrac{(180/60)\text{m}^3/\text{s}}{(120 \times 70 \times 10^{-4})\text{m}^2} = 3.57\ \text{m/s}$

② $V = \dfrac{Q}{A} = \dfrac{(180/60)\text{m}^3/\text{s}}{(120 \times 60 \times 10^{-4})\text{m}^2} = 4.17\ \text{m/s}$

③ $V = \dfrac{Q}{A} = \dfrac{(180/60)\text{m}^3/\text{s}}{(120 \times 50 \times 10^{-4})\text{m}^2} = 5\ \text{m/s}$

18 제연설비가 설치된 소방대상물의 한 개의 실에 누설틈새가 0.02 m^2인 출입문이 병렬로 2개가 설치된 경우의 실내외 기압차가 50 Pa인 경우에 누설량[m^3/s]을 구하시오.

풀이 $A = 0.02 + 0.02 = 0.04\ \text{m}^2$

누설량 $Q = 0.827AP^{1/2} = 0.827 \times 0.04 \times 50^{1/2} = 0.2339\ \text{m}^3/\text{s}$

19 어떤 지하상가 제연설비를 국가화재안전기준과 다음 조건에 설치하고자 한다. 다음 물음에 답하시오.

> [조건]
> - 주 덕트의 높이 제한은 600 mm이다. (단, 강관두께, 덕트 플랜지 및 보온 두께는 고려하지 않는다.)
> - 배출기는 다익형 송풍기이다.
> - 각 효율은 무시한다.
> - 예상제연구역의 설계 배출량은 45,000 m^3/h이다.

① 배출기 흡입 측 주 덕트의 최소폭을 구하시오.

② 배출기의 토출측 주 덕트의 최소폭을 구하시오.

③ 완공 후 풍량 실험을 한 결과 풍량은 36,000 m^3/h, 회전수는 600 rpm, 축동은 7.5 Kw로 측정되었다. 배출량 45,000 m^3/h를 만족시킬 경우의 축동력을 계산하시오.

풀이 ① 흡입 측 풍속은 15 m/s이므로 연속방정식 $Q = AV$에서

$$A = \frac{Q}{V} = \frac{45{,}000\ \text{m}^3/\text{h}}{15\ \text{m/s} \times 3600\ \text{s}} = 0.833\ \text{m}^2$$

덕트폭 $d = \dfrac{0.883\ \text{m}^2}{0.6\ \text{m}} = 1.39\ \text{m}$

② 토출측 풍속은 20 m/s, 배출량은 45,000m^3/min이므로 연속방정식 $Q = AV$에서

$$A = \frac{Q}{V} = \frac{45{,}000\ \text{m}^3/\text{h}}{20\ \text{m/s} \times 3600\ \text{s}} = 0.625\ \text{m}^2$$

덕트폭 $d = \dfrac{0.625\ \text{m}^2}{0.6\ \text{m}} = 1.04\ \text{m}$

③ 배출량은 회전수에 비례하므로 $Q_2 = Q_1\left(\dfrac{N_2}{N_1}\right) = \dfrac{45{,}000}{36{,}000} \times 600 = 750\ \text{rpm}$

송풍기 동력은 $L_2 = L_1 \times \left(\dfrac{N_2}{L_1}\right)^3 = 7.5 \times \left(\dfrac{750}{600}\right)^3 = 14.65\ \text{KW}$

[참고] 송풍기 상사법칙

① 풍량 : $\dfrac{N_2}{N_1} = \dfrac{Q_2}{Q_1}$

② 양정 : $\frac{N_2}{N_1} = \left(\frac{H_2}{H_1}\right)^2$

③ 동력 : $\frac{N_2}{N_1} = \left(\frac{L_2}{L_1}\right)^3$

20 어느 소방대상물에 제연설비의 배출기를 설치하고자 한다. 본 설비에 필요한 배출측 풍도의 최소단면적[m^2]을 구하시오(단, 풍량 Q=30,000 Lpm이다.).

풀이 연속방정식 $Q = AV$이므로

덕트 단면적 A는

$$A = \frac{Q}{V} = \frac{3000\ \text{lpm}}{20\ \text{m/s}} = \frac{30\ \text{m}^3/\text{min}}{20\ \text{m/s}} = \frac{30\ \text{m}^3/60\ \text{s}}{20\ \text{m/s}} \fallingdotseq 0.03\ \text{m}^2$$

[참고] 제연설비 풍속

① 배출기 흡입 측 풍속 : 15 m/s

② 배출기 배출측 풍속, 유입풍도 내의 풍속 : 20 m/s

11.2 연결송수관설비

11.2.1 개요

고층건물 등의 소방대상물에 설치하여 초기 화재 단계를 지나 소방차가 현장에 도착하여 본격소화를 실시할 때 소방관에 의해 조작되고 화재가 발생한 층이나 부분에 주수(注水)하여 소화하는 설비이다.

이 설비는 건축물에 설치하는 소화설비 중 가장 양호하고 확실한 설비이며 스프링클러설비가 설치된 건축물에 있어서도 건축물 구조상 외부로부터 호스를 내부에 연장하기 곤란한 장소에 가장 짧은 시간 내에 가장 효과적으로 소화활동을 전개할 수 있는 설비이다. 설비구성은 송수구, 배관, 방수구로 조립된다.

11.2.2 연결송수관설비의 종류

1) 습식연결송수관설비

습식연결송수관설비는 높이가 31 m 이상 되는 건축물과 11층 이상의 건축물에 설치하는 것으로 송수구에서 방수구까지 항상 물이 충만되어 있도록 설치한 본격 소화용의 설비이다. 소방대상물의 옥상에 고가수조를 설치하여 고가수조의 자연낙차압력을 이용하거나 옥내소화전 배관(배관구경이 100 mm 이상인 경우) 겸용함으로써 지하수조로부터 소방자동차 등에 의해 수원을 공급받는 송수구 방향에 설치된 체크밸브에 흐르는 배관 내에 항상 물이 충만되어 있도록 설치한 설비이다.

연결송수관설비를 습식배관 방식으로 하는 이유는 높이 31 m 이상 또는 11층 이상인 건축물의 외부에 설치된 송수구로 물을 공급받을 경우 배관 내에 건식 상태로 되어 있게 되면 물이 배관을 흐르는 동안 마찰손실이 상당히 증가하기 때문이다. 건축물의 높이가 70 m 이상이 되는 경우에는 건축물의 중간층에 가압송수장치를 설치하여 옥상층에서도 법정 방수압력과 방수량이 유지되도록 하여야 한다.

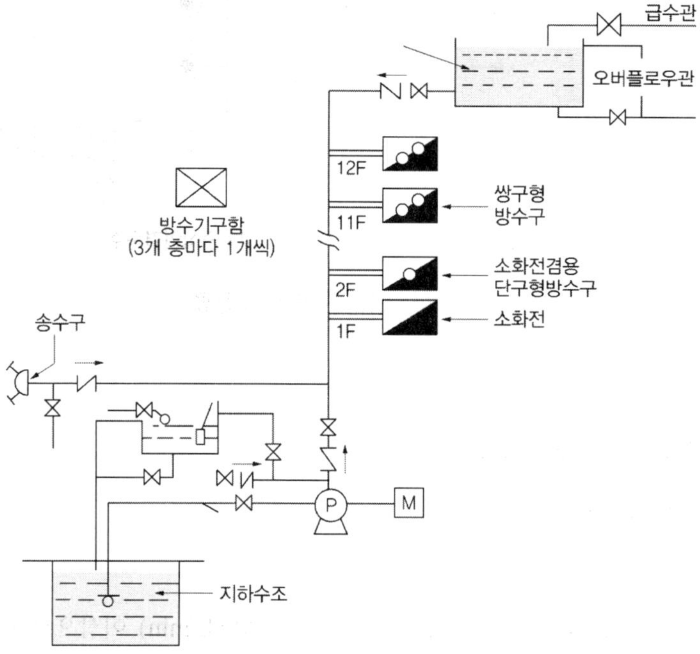

그림 11-19 연결송수관설비 계통도

2) 건식연결송수관설비

건축물의 1층 벽면 또는 화단 벽면에 설치된 송수구로부터 건축물의 최상층에 설치된 방수구까지의 배관에 소화약제로 사용되는 물이 충전되어 있지 않은 연결송수관설비이다. 따라서 소화수는 소방대상물에 설치된 송수구를 통하여 소방대 또는 소방자동차 등으로부터 물을 공급받아 소화하게 된다. 건식연결송수관설비는 소방대상물 화단 벽이나 입구에 설치된 송수구(쌍구형, 단구형)를 통하여 소방자동차로부터 물을 공급받아 화재를 소화하도록 되어 있다.

건식연결송수관설비는 고층 소방대상물이 아닌 10층 이하의 소방대상물 또는 높이 31 m 미만의 소방대상물에 설치하고 최상층에서의 규정 방수압은 습식의 연결송수관설비에서와 같이 0.35 Mpa 이상이 되게 하여야 한다.

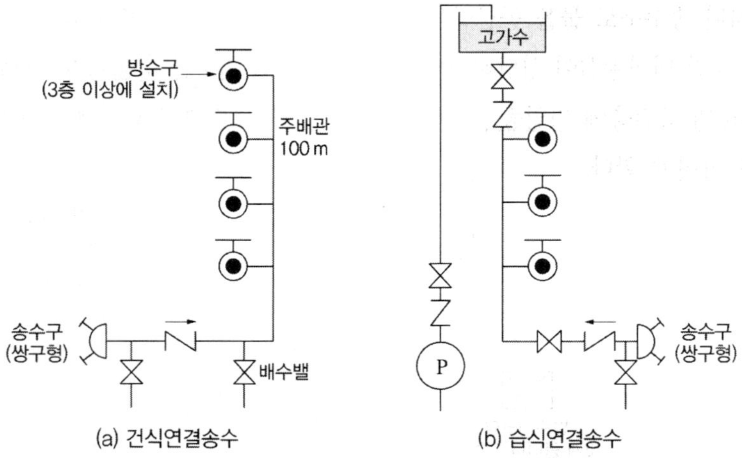

그림 11-20 연결송수관설비의 종류

11.2.3 연결송수관설비 구성요소

1) 연결송수관설비 가압송수장치

① 펌프의 토출량

토출량은 2,400 L/min(계단식 아파트의 경우는 1,200 L/min) 이상으로 한다. 다만, 당해 층에 설치된 방수구가 3개 이상(방수구가 5개 이상인 경우에는 5개)인 것에 있어서는 1개마다 800 L를 가산한 양이 되는 것으로 한다.

표 11-6 동일 층에 설치하는 방수구의 수에 따른 펌프의 토출량

동일 층의 방수구 수(개)	1～2	3	4	5
펌프 토출량	2,400	3,200	4,000	4,800

② 펌프의 양정

가압송수장치의 펌프의 양정(토출압력)은 최상층에 설치된 노즐선단의 압력이 0.35 MPa 이상 되게 하여야 한다.

③ 가압송수장치는 방수구가 개방될 때 자동으로 기동하거나 또는 수동스위치의 조작에 의하여 기동되도록 하여야 한다. 이 경우 수동스위치는 2개 이상을 설치하되 그 중 한 개는 다음 기준에 의하여 송수구의 부근에 설치하여야 한다.

- 송수구로부터 5 m 이내의 보기 쉬운 장소에 바닥으로부터 높이 0.8～1.5 m 이하로 설치한다.
- 1.5 mm 이상의 강판함에 수납하여 설치하고 '연결송수관설비 수동스위치'라고 표시한 표지를 부착하고 문짝은 불연재료로 설치할 수 있다.
- 전기설비기준에 관한 규칙에 의하여 접지하고 빗물 등이 들어가지 않는 구조로 한다.
- 가압송수장치로 사용되는 펌프의 양정(토출압력)은 다음 식에 의해서 산출된 수치 이상으로 하여야 한다.

$$H = h_1 + h_2 + h_3 + 35\text{ m}$$

여기서, H : 전양정(m)

h_1 : 실양정(m)

h_2 : 배관 및 관부속품 마찰손실수두(m)

h_3 : 호스 마찰손실수두(m)

35 m : 노즐 선단의 방수압 환산수두

④ 기타 가압송수장치에 대하여는 옥내소화전설비에 준용한다.

2) 연결송수관설비의 배관

① 주배관의 구경은 100 mm 이상으로 한다.

② 지면으로부터 높이가 31 m 이상인 특정소방대상물 또는 지상 11층 이상인 소방 대상물에는 습식설비로 설치한다.

③ 타 설비의 배관과 겸용할 수 있는 경우

연결송수관설비의 배관은 주배관의 구경이 100 mm 이상인 옥내소화전설비·스프링클러설비·물분무등소화설비의 배관과 겸용하여 사용할 수 있다.

④ 연결송수관설비의 수직배관은 내화구조 구획된 계단실(부속실 포함) 또는 파이프 덕트 등 화재의 우려가 없는 장소에 설치하여야 한다. 다만, 학교 또는 공장이나 배관 주위를 1시간 이상의 내화성능이 있는 재료로 보호하는 경우에는 그러하지 아니하다.

⑤ 분기배관을 사용할 경우에는 지정받은 기관에서 그 성능을 검증받는 것으로 설치하여야 한다.

3) 송수구 설치기준

① 소방차가 쉽게 접근할 수 있고 노출된 장소에 설치할 것

② 지면으로부터 높이가 0.5 m 이상 1 m 이하의 위치에 설치할 것

③ 송수구는 화재층으로부터 지면으로 떨어지는 유리창 등이 송수 및 그 밖의 소화작업에 지장을 주지 아니하는 장소에 설치할 것

④ 송수구로부터 연결송수관설비의 주배관에 이르는 연결배관에 개폐밸브를 설치한 때에는 그 개폐상태를 쉽게 확인 및 조작을 할 수 있는 옥외 또는 기계실 등의 장소에 설치할 것

⑤ 구경 65 mm의 쌍구형으로 할 것

⑥ 송수구에는 그 가까운 곳의 보기 쉬운 곳에 송수압력범위를 표시한 표지를 할 것

⑦ 송수구는 연결송수관설비의 수직배관마다 1개 이상을 설치할 것. 다만, 하나의 건축물에 설치된 각 수직배관이 중간에 개폐밸브가 설치되지 아니한 배관으로 상호 연결되어 있는 경우에는 건축물마다 1개씩 설치할 수 있다.

⑧ 송수구의 부근에는 자동배수밸브 또는 체크밸브를 다음 각목의 기준에 따라 설치할 것. 이 경우 자동배수밸브는 배관 안의 물이 잘 빠질 수 있는 위치에 설치하되, 배수로 인하여 다른 물건이나 장소에 피해를 주지 아니하여야 한다.

㉮ 습식의 경우에는 송수구, 자동배수밸브, 체크밸브의 순으로 설치할 것

㉯ 건식의 경우에는 송수구, 자동배수밸브, 체크밸브, 자동배수밸브의 순으로 설치할 것

⑨ 송수구에는 가까운 보기 쉬운 곳에 "연결송수관설비 송수구"라고 표시한 표지를 설치할 것

⑩ 송수구에는 이물질을 막기 위한 마개를 씌울 것

4) 방수구 설치기준

① 연결송수관설비의 방수구는 그 소방대상물의 층마다 설치할 것. 다만, 다음 각 목에 해당하는 층에는 설치하지 않아도 된다.

㉮ 아파트인 경우 1층 및 2층

㉯ 소방자동차의 접근이 가능하고, 소방대원이 소방자동차로부터 각 부분에 쉽게 도달할 수 있는 피난층

㉰ 송수구가 부설된 옥내소화전이 설치된 소방대상물(집회장·관람장·백화점·도매시장·소매시장·판매시설·공장·창고시설 또는 지하가는 제외)로서 다음에 해당하는 층

- 지하층을 제외한 층수가 4층 이하이고 연면적이 6,000 m^2 미만인 소방대상물의 지상층
- 지하층의 층수가 2층 이하인 소방대상물의 지하층

② 방수구는 아파트 또는 바닥면적이 1,000 m^2 미만인 층에 있어서는 계단(계단의 부속실을 포함하여 계단이 2이상 설치되어 있는 경우에는 그 중 1개의 계단)으로부터 5 m 이내에, 바닥면적 1,000 m^2 이상인 층(아파트는 제외)에 있어서는 각 계단(계단실의 부속실을 포함하며 계단이 3개 이상 설치되어 있는 경우에는 그 중 2개의 계단)으로부터 5 m 이내에 설치하되 그 방수구로부터 그 층의 각 부분까지의 수평거리가 다음의 기준을 초과하는 경우에는 그 기준 이하가 되도록 방수구를 추가하여 설치하여야 한다.

㉮ 지하가(터널은 제외) 또는 지하층의 바닥면적의 합계가 3,000 m^2 이상인 것은 수평거리 25 m

③ 11층 이상의 층에 설치하는 방수구는 쌍구형 방수구로 하되 다음에 해당하는 층에는 단구형의 방수구로 하여도 된다.

㉮ 아파트의 용도로 사용되는 층

㉯ 스프링클러설비가 유효하게 설치되어 있고 방수구가 2개소 이상 설치된 층

④ 방수구의 소방용 호스접결구는 바닥으로부터 0.5 m 이상 1.0 m 이하의 위치에 설치

⑤ 방수구는 연결송수관설비의 전용 방수구 또는 옥내소화전 방수구로서 구경 65 mm의 것으로 하여야 한다.

⑥ 방수구의 위치표시는 표시등이나 발광식 또는 축광식 표지로 하되 다음 기준에 따라 설치할 것

㉮ 표시등을 설치하는 경우에는 함의 상부에 설치하되, 그 불빛은 부착면으로부터 15° 이상의 범위 안에서 부착지점으로부터 10 m 이내의 어느 곳에서도 쉽게 식별할 수 있는 적색등으로 할 것

㉯ 적색등은 사용전압의 130%인 전압을 24시간 연속하여 가하는 경우에도 단선, 현저한 광속변화, 전류변화 등의 현상이 발생되지 아니할 것

㉰ 발광식 또는 축광식표지를 설치하는 경우에는 유도등 및 유도표지의 국가화재안전기준(NFSC 303) 제8조 제3항의 기준에 적합할 것

⑦ 방수구는 개폐 기능을 가진 것으로 하여야 한다.

5) 방수기구 설치기준

① 방수기구함은 피난층과 가장 가까운 층을 기준으로 하여 3개층마다 설치하되 당해 층의 방수구로부터 보행 거리가 5 m 이내가 되도록 하여야 한다.

② 방수기구함에는 길이 15 m의 소방용 호스와 방사형 관창을 다음과 같이 비치하여야 한다.

㉮ 호스는 방수구에 연결하였을 때 그 방수구가 담당하는 구역의 각 부분에 유효하게 물이 뿌려질 수 있는 개수 이상을 비치하여야 한다. 이 경우 쌍구형 방수구는 단구형 방수구의 2배 이상의 개수를 설치하여야 한다.

㉯ 방사형 관창은 단구형 방수구가 설치되어 있을 경우에는 1개, 쌍구형 방수구가 설치되어 있을 경우에는 2개 이상을 비치하여야 한다.

③ 방수기구함에는 "방수기구함"이라고 표시한 표지를 하여야 한다.

그림 11-21 연결송수관설비의 방수구

연습문제

01 옥내소화전 및 연결송수관설비를 사용하는 대상에 대하여 쓰시오.

풀이 ① 옥내소화전 : 소방대상물의 관계인 ② 연결송수관설비 : 소방대원

※ 옥내소화전설비와 연결송수관설비

① 옥내소화전설비는 40 mm(호스릴 25 mm) 방수구를 사용하며, 소방대상물의 관계인이 화재 초기에 사용하기 위한 설비이다.

② 연결송수관설비는 본격소화설비로서 65 mm 방수구를 사용하며 외부의 소방대원이 본격 소화시에 사용하기 위한 설비이다.

02 다음 그림은 연결송수관설비의 연결송수구의 체크밸브 사이에 자동배수장치(Auto drip valve)를 설치하는 이유를 간단히 설명하시오.

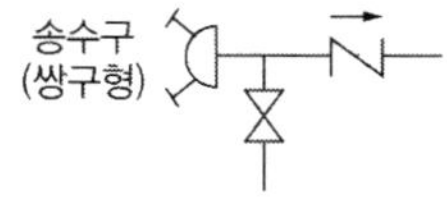

자동배수밸브

풀이 배관 내에 고인물을 자동으로 배수시켜 배관의 동파방지 및 부식을 방지하기 위해서다.

※ 소방대 연결송수구 부분은 노출되어 있으므로 배관에 물이 고여 있을 경우 배관의 동파 및 부식의 우려가 있으므로 자동배수밸브를 설치하여 연결송수관설비를 사용한 후에 배관 내의 고인물을 자동으로 배수시키도록 되어 있다.

03 아파트의 경우 연결송수관설비의 방수구는 몇 층부터 설치해야 하는가?

풀이 3층

04 연결송수관설비의 주배관의 구경은 얼마 이상인가?

풀이 100 mm

05 다음 그림은 어느 15층 건물의 12층에 연결송수관설비의 방수구가 설치되어 있는 모습을 나타낸 그림이다. 이 그림에서 잘못된 구조를 3가지만 지적하고 올바르게 고치는 방법을 설명하시오.

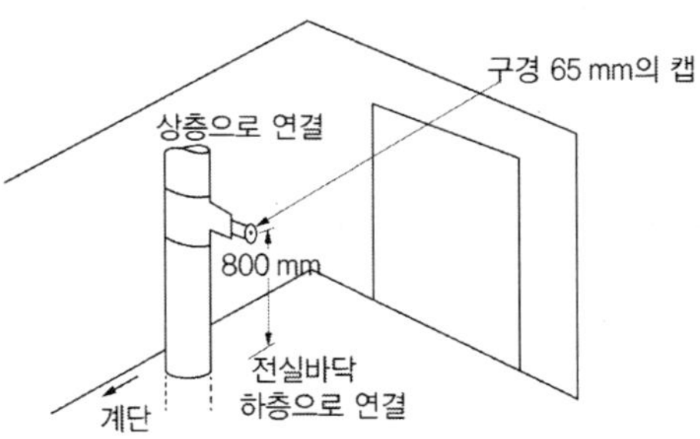

풀이 ① 잘못된 점

- 11층 이상이지만 방수구가 단구형이다.
- 개폐표시 기능이 있는 장치가 없다.

② 위치표시등이 없다.

③ 올바르게 고치는 방법

- 11층 이상인 부분의 방수구는 쌍구형으로 한다.

- 방수구는 개폐기능을 가진 것으로 한다.
- 10 m의 거리에서 쉽게 식별할 수 있는 위치표시등을 방수구의 상부에 설치한다.

06 연결송수관설비를 설치한 건물의 층고가 120 m인 경우에 다음 질문에 답하시오.

① 가압송수장치가 별도로 필요한 이유를 설명하시오.

② 방수량(L/min)은 얼마인가? 방수구는 3개소이다.

③ 노즐 선단에서의 방수압은 얼마이상인가?

풀이 ① 소방펌프차의 송수압력은 10～11 kg/cm²이므로 마찰손실을 무시하여도 100～110 m이고 최상층에서 방사압력이 3.5 kg/cm² 이상이어야 하므로 최대 (100−35＝65 m, 110−35＝75 m)까지만 송수가 가능하다. 따라서 건축물의 높이가 70 m 이상이 되는 경우에는 건축물의 중간층에 가압송수장치를 설치하여 가압하여야 한다.

② 3,200 L/min (방수구가 3개일 경우)

③ 3.5 kg/cm² (0.35 MPa)

11.3 연결살수설비

11.3.1 개요

연결살수설비는 지하가, 지하층 등에서 화재발생으로 연기가 충만하여 소화활동이 곤란한 장소에 설치하는 것으로 송수구, 배관, 살수헤드, 밸브로 구성되고 화재 시 송수구 및 배관을 통하여 소방펌프차로 송수하여 살수헤드로부터 방수됨으로써 소화활동을 하는 것이다.

송수구역마다 선택밸브(송수구역을 선택하는 밸브)가 설치되어 있어 선택밸브를 자동, 수동으로 개폐하여 물을 화재 장소(송수구역)에 설치된 살수헤드로 송수할 수 있다. 스프링클러설비와 다른 것은 연결살수설비는 자동시스템이 아니며 자체 수원이 없어도 무방하다.

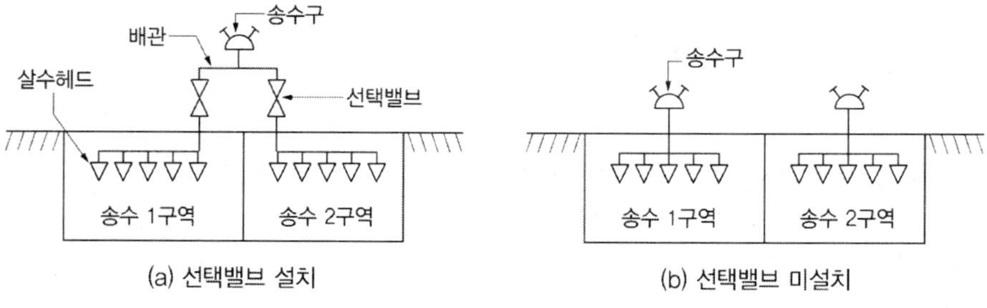

그림 11-22 선택밸브 유무에 따른 연결살수설비

11.3.2 연결살수설비의 종류

1) 건식 연결살수설비(개방형 살수헤드 사용)

연결살수설비가 설치되어 있는 소방대상물의 1층 벽면에 설치된 송수구로부터 소방차 등에 의해서 수원을 공급받아 연결살수 전용헤드로 물을 살수할 수 있게 설치된 설비이다. 그러므로 개방형 살수헤드로부터 연결송수관용 송수구까지의 배관 내부에는 소화용수가 차있지 않으며 개방형 헤드를 사용하기 때문에 물이 공급되면 가압수가 동시에 방수된다.

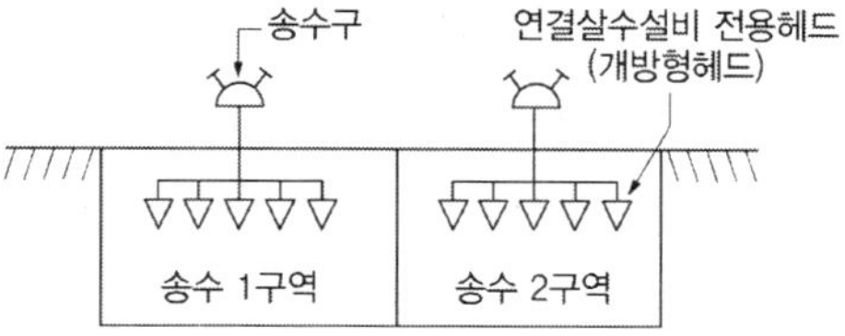

그림 11-23 건식 연결살수설비

2) 습식 연결살수설비(폐쇄형 살수헤드 사용)

옥내소화전설비용의 수원 또는 소방대상물의 옥상에 설치된 수조의 수원 및 수도배관을 사용하는 설비의 형태로서 송수구역에 설치된 폐쇄형 스프링클러헤드가 화재의 발생을 감지하고 개방됨으로써 소화약제인 물을 살수하는 구조로 되어 있다.

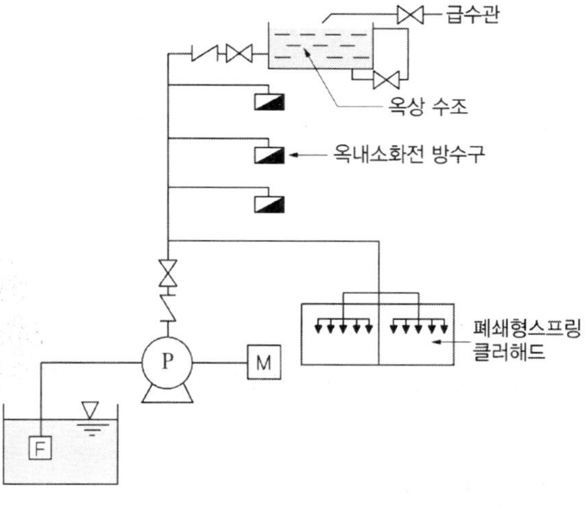

그림 11-24 습식 연결살수설비(옥내소화전에 연결)

11.3.3 연결살수설비 구성요소 및 설치기준

1) 송수구

① 소방차가 쉽게 접근할 수 있고 노출된 장소에 설치하여야 한다. 이 경우 가연성 가스의 저장 · 취급시설에 설치하는 연결살수설비의 송수구는 그 방호대상물로부터 20 m 이상의 거리를 두거나 방호대상물에 면하는 부분이 높이 1.5 m 이상, 폭 2.5 m 이상의 철근콘크리트 벽으로 가려진 장소에 설치하여야 한다.

② 송수구는 구경 65 mm 쌍구형으로 하여야 한다. 다만, 하나의 송수구역에 부착하는 살수헤드의 수가 10개 이하인 것에 있어서는 단구형의 것으로 할 수 있다.

③ 개방형헤드를 사용하는 송수구의 호스 접결구는 각 송수구역마다 설치하여야 한다. 다만, 송수구역을 선택할 수 있는 선택밸브가 설치되어 있고, 각 송수구역의 주요 구조부가 내화구조로 되어 있는 경우에는 그러하지 아니하다.

④ 지면으로부터 높이가 0.5 m 이상 1 m 이하의 위치에 설치하여야 한다.

⑤ 송수구로부터 주배관에 이르는 연결배관에는 개폐밸브를 설치하지 아니할 것. 다만, 스프링클러설비, 물분무소화설비, 포소화설비 또는 연결송수관설비의 배관과 겸용하는 경우에는 그러하지 아니하다.

⑥ 송수구의 부근에는'연결살수설비 송수구'라고 표기한 송수구역 일람표를 설치하여야 한다. 다만, 선택밸브 규정에 의한 선택밸브를 설치한 경우에는 송수구역 일람표를 설치하지 않아도 된다.

2) 선택밸브

선택밸브는 다음 기준에 의하여 설치하되, 송수구역마다 송수구를 설치한 경우는 제외한다.

① 화재 시 연소의 우려가 없는 장소로서 조작 및 점검이 쉬운 위치에 설치하여야 한다.

② 자동개방밸브에 의한 선택밸브를 사용하는 경우에 있어서는 송수구역에 방수하지 아니하고 자동밸브의 작동시험이 가능하도록 하여야 한다.

③ 선택밸브의 부근에는 송수구역 일람표를 설치하여야 한다.

그림 11-25 선택밸브

3) 자동배수밸브 및 체크밸브

송수구의 가까운 부근에 자동배수밸브(Auto Drip Valve) 및 체크밸브를 설치하여야 한다.

① 폐쇄형헤드(폐쇄형스프링클러헤드)를 사용하는 설비의 경우에는 송수구 → 자동배수 밸브 → 체크밸브의 순으로 설치하여야 한다.

② 개방형헤드(연결살수 전용헤드)를 사용하는 설비의 경우에는 송수구 → 자동배수밸브 순으로 설치하여야 한다.

③ 자동배수밸브는 배관안의물이 잘 빠져 나갈 수 있는 위치에 설치하되 배수로 인하여 다른 물건 또는 장소에 피해를 주지 아니하여야 한다.

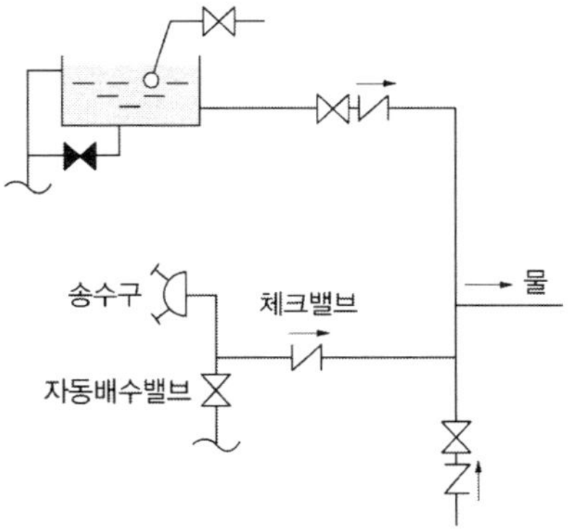

(a) 습식연결살수설비

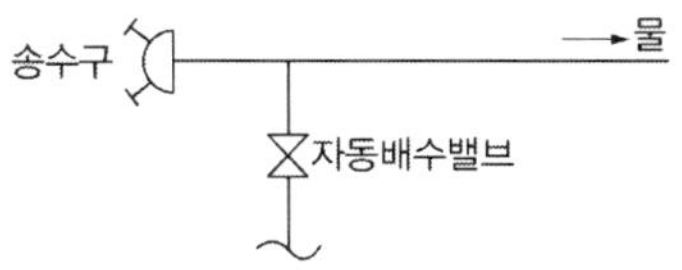

(b) 건식연결살수설비

그림 11-26 자동배수밸브 및 체크밸브

4) 연결살수설비의 헤드

연결살수설비의 헤드는 연결살수설비 전용헤드 또는 폐쇄형스프링클러헤드를 다음 기준에 의하여 설치하여야 한다.

① 천장 또는 반자의 실내에 면하는 부분에 설치해야 한다.

② 살수헤드를 경사진 천장 또는 지붕의 하면에 설치할 경우 헤드의 축심이 취부면에 대해 직각이 되게 할 것

③ 천장 또는 반자의 각 부분으로부터 하나의 살수헤드까지의 수평거리가 연결살수설비 전용헤드의 경우 3.7 m 이하, 스프링클러헤드의 경우는 2.3 m 이하로 하여야 한다. 다만 살수헤드의 부착면과 바닥과의 높이가 2.1 m 이하인 부분에 있어서는 살수헤드의 살수분포에 따른 거리로 할 수 있다.

④ 하나의 송수구역에 설치하는 살수헤드의 수는 개방형헤드에 있어서는 10개 이하, 폐쇄형 헤드에 있어서는 스프링클러헤드 설치 기준에 의한다.

(a) 연결살수설비 전용헤드

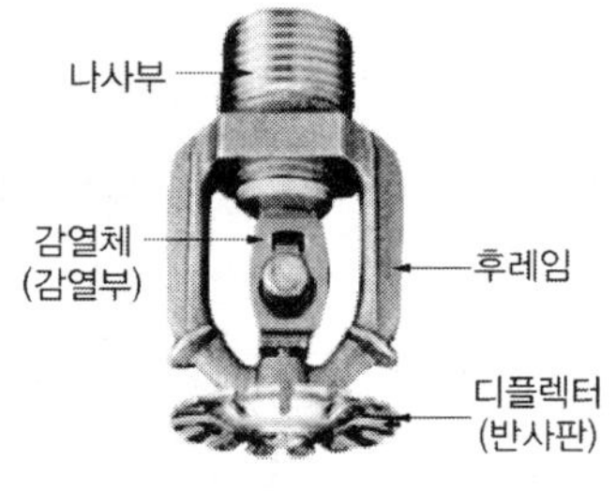

(b) 폐쇄형 스프링클러헤드

그림 11-27 연결살수설비의 헤드

5) 배관

(1) 주배관

폐쇄형헤드를 사용하는 연결살수설비의 주배관은 다음에 해당하는 배관 또는 수조에 접속하여야 한다. 이 경우 접속부분에는 체크밸브를 설치하되 점검하기 쉽게 하여야 한다.

① 옥내소화전설비의 주배관(옥내소화전설비가 설치된 경우에 한한다)

② 수도배관(연결살수설비가 설치된 건축물 안에 설치된 수도배관 중 구경이 가장 큰 배관을 말한다)

③ 옥상에 설치된 수조(다른 설비의 수조를 포함한다)

(2) 시험배관

① 폐쇄형 헤드를 사용하는 연결살수 설비의 시험배관은 송수구의 가장 먼 가지배관의 끝으로부터 연결 설치하여야 한다.

② 시험장치 배관의 구경은 가장 먼 가지배관의 구경과 동일한 것으로 하고, 통 및 배수관을 설치하여 시험 중 방사된 물이 흘러내리지 아니하도록 하여야 한다.

③ 시험배관의 구경은 폐쇄형헤드 사용 시 구경은 25 mm로 한다.

(3) 배관 구경

① 연결살수설비 전용헤드(개방형헤드)를 사용하는 경우에는 다음 표에 의한 구경 이상으로 해야 한다.

표 11-7 하나의 배관에 부착하는 살수헤드 수에 따른 배관의 구경

헤드 수	1개	2개	3개	4~5개	6~10개
배관 구경	32	40	50	65	80

② 스프링클러헤드(폐쇄형헤드)를 사용하는 경우에는 다음 표에 의한 구경 이상으로 하여야 한다.

표 11-8 스프링클러헤드 수에 따른 급수관의 구경

구분 \ 구경	25	32	40	50	65	80	90	100	125	150
가	2	3	5	10	30	60	80	100	160	275 이상
나	2	4	7	15	30	60	85	100	160	275 이상
다	1	2	5	8	15	27	40	55	90	275 이상

※ 폐쇄형스프링클러헤드를 설치하는 경우에는 '가'란의 헤드 수에 의하며, 100개 이상의 헤드를 담당하는 급수배관의 구경은 100 mm로 할 수 있다.

③ 수평주행배관

개방형 헤드 사용 시 수평주행배관은 1/100 이상의 기울기로 설치하고 주 배관 중 낮은 부분에는 자동배수밸브를 설치한다.

④ 가지배관 또는 교차배관

가지배관 또는 교차배관을 설치하는 경우에는 가지배관의 배열은 토너먼트방식이 아니어야 하며, 한 쪽 가지배관에 설치되는 헤드 개수는 8개 이하로 한다.

연습문제

01 다음은 연결살수설비 전용헤드 헤드를 사용하는 경우의 배관 기준이다. ①~⑤를 완성하시오.

헤드 수	1개	2개	3개	4~5개	6~10개
배관 구경(mm)	①	②	③	④	⑤

풀이 ① 32 ② 40 ③ 50 ④ 65 ⑤ 80

02 연결살수설비에서 주 배관 구경은 얼마 이상인가?

풀이 100 mm 이상

03 연결살수설비 설치시 살수전용헤드(개방형 헤드)를 설치하는 경우와 폐쇄형 헤드를 설치하는 경우 송수구 역당 설치하여야 할 헤드의 개수는 몇 개인가?

풀이 ① 개방형 헤드 : 10개 이하
② 폐쇄형 헤드 : 스프링클러헤드 설치 기준에 의한다.

04 연결살수설비의 시험 배관의 설치 기준에 대하여 설명하시오.

풀이 ① 폐쇄형 헤드를 사용하는 연결살수설비의 시험배관은 송수구의 가장 먼 가지배관의 끝으로부터 연결 설치하여야 한다.
② 시험장치 배관의 구경은 가장 먼 가지배관의 구경과 동일한 것으로 하고, 통 및 배수관을 설치하여 시험 중 방사된 물이 흘러내리지 아니하도록 하여야 한다.
③ 시험배관의 구경은 폐쇄형헤드 사용 시 구경은 25 mm로 한다.

05 개방형헤드 사용 시 수평주행배관의 기울기는 헤드를 향하여 상향으로 얼마 이상으로 하는가?

풀이 $\frac{1}{100}$ 이상

06 다음 (　　)에 알맞은 용어를 쓰시오.

① 연결살수설비의 가지배관은 (㉠)방식이 아니어야 하고, 한 쪽 가지배관에 설치하는 헤드 수는 (㉡)이하이어야 한다.
② 천장 또는 반자의 각 부분으로부터 하나의 살수헤드까지의 수평거리가 연결살수설비 전용인 경우는 (㉠) 이하, 스프링클러헤드인 경우 (㉡) 이하로 하여야 한다. 단, 살수헤드의 부착면과 바닥의 높이가 (㉢) 이하인 부분에 있어서는 살수 헤드의 살수분포에 따른 거리로 할 수 있다.

풀이 ① ㉠ 토너먼트 ㉡ 8개
② ㉠ 3.7 m ㉡ 2.3 m ㉢ 2.1 m

07 연결살수설비의 ① 송수구 구경과 ② 단구형 송수구는 살수헤드가 몇 개 이하일 때 설치되는가?

풀이 ① 65 mm ② 10개 이하

08 연결살수설비의 가지배관과 교차배관의 행거의 설치 기준에 대하여 설명하시오.

풀이 ① 가지배관에는 헤드의 설치 지점 사이마다 1개 이상의 행거를 설치하되, 헤드간의 거리가 3.5 m를

초과하는 경우에는 3.5 m 이내마다 1개 이상 설치할 것

② 교차배관에는 가지배관과 가지배관 사이마다 1개 이상의 행거를 설치하되, 가지배관 사이의 거리가 4.5 m를 초과하는 경우에는 4.5 m 이내마다 1개 이상 설치할 것

09 **가연성 가스의 저장·취급시설에 설치하는 연결살수설비 전용헤드를 설치할 경우 연결살수설비헤드의 설치거리를 정방형 방식과 장방형 방식으로 산출하시오.**

풀이 ① 정방형 설치방식

$$S = 2r\cos\theta = 2\times3.7\times\cos45^{o} = 2\times3.7\times\frac{\sqrt{2}}{2} = 5.23\ \mathrm{m}$$

② 장방형 헤드 설치방식

$$S = 2r = 2\times3.7\ \mathrm{m} = 7.4\ \mathrm{m}$$

11.4 연소방지설비

11.4.1 개요

연소방지설비는 전력통신용으로 사용하기 위해서 설치하는 전선, 가스, 냉난방용 배관 또는 이와 비슷한 용도로 사용되는 물건 등이 수납되어 있거나 이와 유사한 공작물 등이 수납되어 있는 지하구(지하공동구)에서 연소를 방지하기 위하여 설치하는 수막설비와 유사한 설비이다. 기본적인 구성은 송수구·배관·방수헤드 등으로 구성되어 있다.

연소방지설비는 물을 소화약제로 사용하는 소화활동설비로서 소방대상상물의 지하층에 설치하는 연결살수설비와 유사하며, 소화약제인 물을 방수하는 방수헤드 역시 연소방지설비의 전용헤드 또는 스프링클러헤드를 사용한다. 연소방지설비의 소화원리는 물을 사용하므로 냉각소화와 질식소화작용에 의해 지하구(지하공동구)에 설치된 공작물, 물건 등에 발생된 화재를 소화한다.

11.4.2 용어의 정리

① 방수헤드 : 연소방지설비전용헤드 또는 스프링클러헤드를 말한다.

② 방화벽 : 화재의 연소를 방지하기 위하여 설치하는 벽을 말한다.

③ 연소방지도료 : 케이블·전선 등에 칠하여 가열할 경우 칠한 막의 부분이 발포하거나 단

열의 효과가 있어 케이블·전선 등이 연소하거나 지연시키는 도료를 말한다.

④ 발포성 : 불꽃이 접촉할 때 발포하여 불꽃의 전파를 지연 또는 차단시키는 성질을 말한다.

⑤ 비발포성 : 불꽃이 접촉할 때 발포하지 아니 하지만 단열효과가 있어 불꽃의 전파를 지연 또는 차단시키는 성질을 말한다.

⑥ 유성도료 : 유기용제에 용해 또는 희석하여 사용하는 도료를 말한다.

⑦ 수성도료 : 물에 용해 또는 희석하여 사용하는 도료를 말한다.

⑧ 분전반 : 분기개폐기·분기과전류차단기 그 밖의 배선용기 및 배선을 금속제 외함에 수납한 것을 말한다.

⑨ 난연 테이프 : 케이블 전선 등에 감아 케이블·전선 등에 감아 케이블·전선 등이 연소하는 것을 지연시키는 테이프이다.

11.4.3 구성요소 및 설치기준

1) 계통도

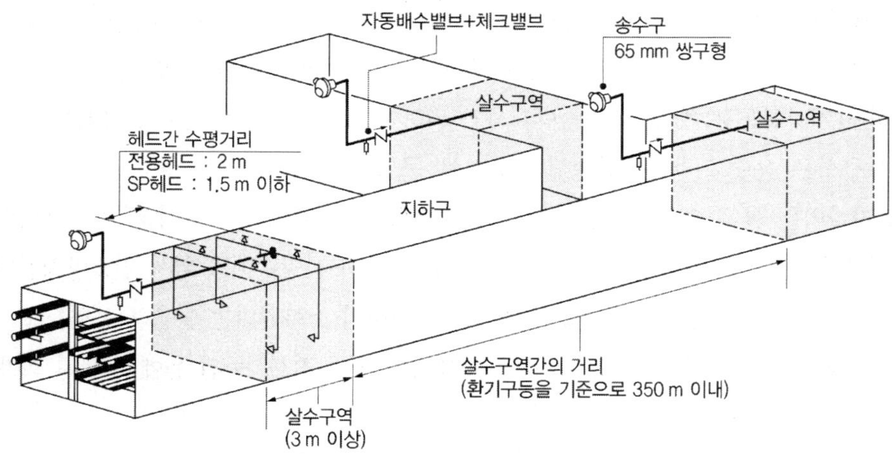

그림 11-28 연소방지설비 계통도

2) 구성요소 및 설치기준

(1) <u>방수헤드</u>

① 천장 또는 벽면에 설치할 것

② 방수헤드의 헤드 간 수평거리는 연소방지설비 전용헤드의 경우에는 2 m 이하, 스프링클러헤드의 경우에는 1.5 m 이하로 할 것

③ 살수구역은 환기구 등을 기준으로 지하구의 길이 방향으로 350 m 이내마다 1개 이상 설치하되, 하나의 살수구역의 길이는 3 m 이상으로 할 것

(2) 송수구

① 소방펌프자동차가 쉽게 접근할 수 있는 노출된 장소에 설치하되 눈에 띄기 쉬운 보도 또는 차도에 설치할 것

② 송수구는 구경 65 mm의 쌍구형으로 할 것

③ 송수구로부터 1 m 이내에 살수구역 안내표지를 설치할 것

④ 지면으로부터 높이가 0.5 m 이상 1 m 이하의 위치에 설치할 것

⑤ 송수구의 가까운 부분에 자동배수밸브(또는 직경 5 mm의 배수공)를 설치할 것 이 경우 자동배수밸브는 배관 안의 물이 잘 빠질 수 있는 위치에 설치하되, 배수로 인하여 다른 물건 또는 장소에 피해를 주지 아니하여야 한다,

⑥ 송수구로부터 주 배관에 이르는 연결배관에는 개폐밸브를 설치하지 아니할 것

⑦ 송수구에는 이물질을 막기 위한 마개를 씌워야 한다.

(3) 연소방지도료 도포

지하구 안에 설치된 케이블, 전선 등에는 화재발생 시 연소를 방지하기 위한 연소방지용 도료를 도포하여야 한다. 다만, 케이블 · 전선 등을 화재안전기준의 규정에서 정한 기준에 적합한 내화배선 방법으로 설치한 경우와 이와 동등 이상의 내화 성능이 있도록 한 경우에는 그러하지 아니한다.

① 연소방지도료 도포 방법

㉮ 도료를 도포하고자 하는 부분의 오물을 제거하고 충분히 건조시키고 도포할 것

㉯ 도료의 도포 두께는 평균 1 mm 이상으로 할 것

㉰ 유성도료의 1회당 도포간격은 2시간 이상으로 하되, 환기가 원활한 곳에서 실시할 것

② 연소방지도료는 다음 부분의 중심으로부터 양쪽 방향으로 전력케이블의 경우에는 20 m (단, 통신케이블의 경우에는 10 m) 이상 도포할 것

㉮ 지하구와 교차된 수직구 또는 분기구

㉯ 집수정 또는 환풍기가 설치된 부분

㉰ 지하구로 인입 및 인출되는 부분

㉱ 분전반, 절연유 순환펌프 등이 설치된 부분

㉲ 케이블이 상호 연결된 부분

(4) 연소방지설비 배관 구경

① 연소방지설비 전용헤드를 사용하는 경우에는 다음 표에 의한 구경 이상으로 한다.

표 11-9 하나의 배관에 부착하는 살수헤드 수에 따른 배관의 구경

헤드 수	1개	2개	3개	4～5개	6～10개
배관 구경(mm)	32	40	50	65	80

② 스프링클러헤드를 연소방지설비의 방수헤드로 사용하는 경우 스프링클러헤드의 설치 수에 따른 배관의 구경에 대해서는 '스프링클러헤드 설치기준'에 따른다.

표 11-10 스프링클러헤드 수에 따른 급수관의 구경

구분 \ 구경	25	32	40	50	65	80	90	100	125	150
가	2	3	5	10	30	60	80	100	160	275 이상
나	2	4	7	15	30	60	85	100	160	275 이상
다	1	2	5	8	15	27	40	55	90	275 이상

(5) 수평주행배관의 구경 및 기울기

① 연소방지설비에 있어서 수평주행배관의 구경은 100 mm 이상으로 하여야 한다.

② 연소방지설비에 있어서 수평주행배관은 연소방지설비 전용헤드 및 스프링클러헤드(방수헤드)를 향하여 1/100 이상의 기울기로 설치해야 한다.

(6) 연소방지설비 배관의 설치

① 배관은 배관용 탄소강관(KSD 3507) 또는 압력배관용 탄소강 강관(KSD 3562)이나 이와 동등 이상의 강도·내식성 및 내열성을 가진 것으로 하여야 한다.

② 급수배관(송수구로부터 연소방지설비 방수구에 급수하는 배관을 말한다.)은 전용으로 하여야 한다.

③ 급수배관에 설치되어 급수를 차단할 수 있는 개폐밸브는 개폐표시형으로 하여야 한다.

④ 교차배관은 가지배관 밑에 수평으로 설치하고 그 구경은 최소구경이 40 mm 이상이 되게 하여야 한다.

⑤ 청소구는 주배관 또는 교차배관 끝에 40 mm 이상 크기의 개폐밸브를 설치하고 호스 접결이 가능한 나사식 고정배수 배관식으로 하여야 한다. 이 경우 나사식의 개폐밸브는 옥내소화전 호스접결용의 것으로 하고, 나사보호용의 캡으로 마감하여야 한다.

⑥ 하향식헤드를 설치하는 경우에 가지배관으로부터 헤드에 이르는 헤드 접속배관은 가지관상부에서 분기할 것

연습문제

01 연소방지설비에 대한 용어를 설명하시오.

① 방수헤드
② 연소방지도료
③ 발포성

02 연소방지설비 배관의 구경기준을 쓰시오.

① 전용헤드를 사용하는 경우
② 스프링클러헤드를 사용하는 경우

풀이 ① 전용헤드인 경우(연결살수설비와 동일)

헤드 수	1개	2개	3개	4~5개	6개 이상
배관 구경(mm)	32	40	50	65	80

② 스프링클러헤드를 사용하는 경우

배관구경	25	32	40	50	65	80	90	100	125	150
헤드 수	2	3	5	10	30	60	80	100	160	161 이상

03 연소방지설비 방수헤드의 설치기준을 3가지 쓰시오.

풀이 방수헤드의 설치기준

① 천장 또는 벽면에 설치한다.

② 방수헤드의 수평거리는 연소방지설비 전용헤드인 경우에는 2 m 이하, 스프링클러헤드인 경우는 1.5 m 이하로 한다.
③ 살수구역은 환기구 등을 기준으로 지하구의 길이 방향으로 350 m 이내마다 1개 이상 설치하되, 하나의 살수구역의 길이는 3 m 이상으로 할 것

04 연소방지설비의 방화문 설치기준 4가지를 쓰시오.

풀이 ① 내화구조로서 홀로 설 수 있는 구조로 한다.
② 방화벽에 출입문을 설치하는 경우에는 방화문으로 한다.
③ 방화벽을 관통하는 케이블, 전선 등에는 내화성이 있는 화재차단재료로 마감한다.
④ 방화벽의 위치는 분기구 및 환기구 등의 구조를 고려하여 설치한다.

05 연소방지설비 전용헤드 사용시 헤드 수가 9개이다. 배관의 구경은 몇 mm로 해야 하는가?

풀이 80 mm

06 연소방지설비 배관에 설치하는 청소구의 설치기준에 대하여 설명하시오.

풀이 ① 청소구는 주배관 또는 교차배관 끝에 40 mm 이상 크기의 개폐밸브를 설치한다.
② 호스 접결이 가능한 나사식 고정배수 배관식으로 하고 이 경우 나사식의 개폐밸브는 옥내소화전 호스접결용의 것으로 하고 나사보호용의 캡으로 마감하여야 한다.

07 연소방지설비에서 지하구와 교차된 수직구 또는 분기구의 중심으로부터 전력케이블과 통신케이블의 경우 연소방지도료는 몇 미터 이상 도포하는가?

풀이 ① 전력케이블 : 20 mm ② 통신케이블 : 10 mm

08 연소방지설비에서 연소방지도료 도포방법을 3가지 쓰시오.

풀이 ① 도료를 도포하고자 하는 부분의 오물을 제거하고 충분히 건조시키고 도포할 것
② 도료의 도포 두께는 평균 1 mm 이상으로 할 것
③ 유성도료의 1회당 도포간격은 2시간 이상으로 하되, 환기가 원활한 곳에서 실시할 것

11.5 비상콘센트설비

11.5.1 개요

고층건물 화재 시 전원 개폐장치의 단락 등으로 11층 이상이나 지하 3층 이상은 소화활동에 어려움이 발생한다. 따라서 화재 시 소방대가 활동하기 위한 조명설비나 소화활동설비의 장비에 전원을 공급하기 위한 설비이다. 따라서 11층 이상의 층에서는 내화배선에 의한 고정설비로서 비상콘센트를 설치하여 비상시에 소방대가 조명장치용으로 사용하거나 소화활동상 필요한 소방 파괴 장비 등을 사용할 수 있도록 전원을 전용회선으로 공급받기 위해 비상콘센트와 보호함 등으로 구성된 설비라고 할 수 있다.

그림 11-29 비상콘센트 및 비상콘센트 함

11.5.2 용어의 정의

① 저압 : 직류는 750 V 이하, 교류는 600 V 이하인 것을 말한다.

② 고압 : 직류는 750 V를, 교류는 600 V를 초과하고, 7 kV 이하인 것을 말한다.

③ 특고압 : 7 kV를 초과하는 것을 말한다.

④ 3상교류 : 3개의 정현파 교류가 같이 흐르는 것

⑤ 단상교류 : 하나의 회로에 위상이 동일한 하나의 교류 전압이 흐르는 것

⑥ 실효전압 : 교류를 저항에 흘렸을 경우에 생기는 저항 중의 손실과 같은 것을 주는 직류 전압

11.5.3 비상콘센트설비의 전원

상용전원		비상전원 (자가발전설비 또는 비상전원수전설비)
저압수전	고압수전	
인입개폐기 직후에서 분기하여 전용배선으로 할 것 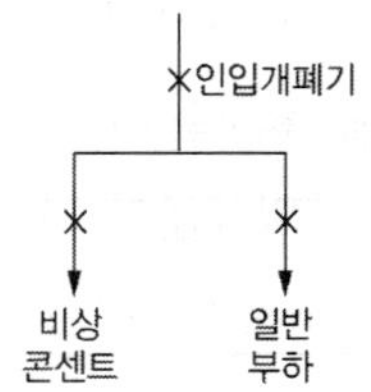	전력용 변압기 2차 측의 주차단기 1차 측 또는 2차 측에서 분기하여 전용배선으로 할 것 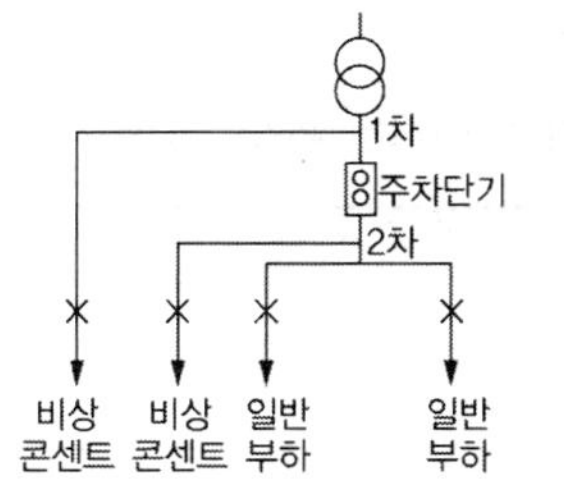	• 지상 7층 이상으로 연면적 2000 m^2 이상 • 지하층 바닥면적 합계 3000 m^2 이상 • 비상전원 면제 - 2 이상의 변전소에서 전력을 동시에 공급받을 수 있는 경우 - 하나의 변전소로부터 전력의 공급이 중단되었을 때에는 자동으로 다른 변전소로부터 전력을 공급받을 수 있도록 사용전원을 설치한 경우

11.5.4 비상콘센트설비의 전원회로

① 공급용량

㉮ 3상 교류 380 V인 것 : 공급용량은 3 kVA 이상

㉯ 단상 교류 220 V인 것 : 공급용량은 1.5 kVA 이상

② 전원회로

㉮ 전원회로는 각 층에 있어서 2 이상이 되도록 설치할 것. 다만,

㉯ 전원회로는 주배전반에서 전용회로로 할 것

㉰ 전원회로의 배선은 내화배선으로 그 밖의 배선은 내화배선 또는 내열배선으로 한다.

③ 배선용차단기

㉮ 전원으로부터 각 층의 비상콘센트에 분기되는 경우에는 분기배선용 차단기를 보호함 안에 설치할 것

㉯ 콘센트마다 배선용 차단기를 설치하여야 하며, 충전부가 노출되지 않도록 할 것

④ 개폐기에는 '비상콘센트'라고 표시한 표지를 할 것

⑤ 비상콘센트 풀박스 등은 방청도장을 한 것으로서 두께 1.6 mm 이상의 철판을 사용할 것

⑥ 하나의 전용회로에 설치하는 비상콘센트는 10개 이하로 할 것. 이 경우 전선의 용량은 비상콘센트(비상콘센트가 3개 이상인 경우는 3개)의 공급용량을 합한 용량 이상의 것으로 하여야 한다.

표 11-11 비상콘센트 수량에 따른 용량 표

비상콘센트 수량	전선의 용량 산정	전선의 용량
1개	1개 이상	1.5 KV 이상
2개	2개 이상	3 KV 이상
3~10개	3개 이상	4.5 KV 이상

11.5.5 비상콘센트 플러그 접속기

① 3상교류 380 V의 것 : 접지형 3극 플러그 접속기

② 단상교류 220 V의 것 : 접지형 2극 플러그 접속기

③ 비상콘센트의 플러그 접속기의 칼받이의 접지극에는 제3종 접지공사를 한다.

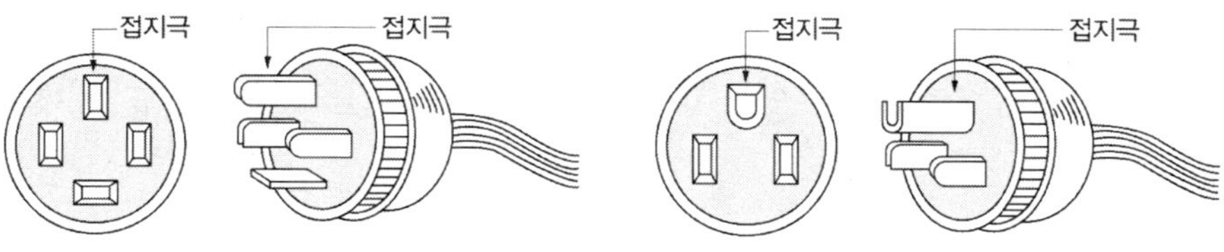

그림 11-30 3상, 2상 콘센트와 플러그

참고

접지공사의 종류

접지공사의 종류		접지선 굵기	
제1종 접지공사	10 Ω 이하	6 mm^2 이상	고압·특고압 기기의 외함
제2종 접지공사	$\frac{15}{\text{1선지락 전류}}$	16 mm^2 이상	고전압 혼촉 우려가 있는 기기
제3종 접지공사	100 Ω 이하	2.5 mm^2 이상	400 V 미만의 저압용 기기
특별 제3종 접지공사	10 Ω 이하	2.5 mm^2 이상	400 V 이상의 저압용 기기

11.5.6 비상콘센트설비의 설치기준

① 위치

바닥으로부터 0.8 m 이상 1.5 m 이하의 위치에 설치할 것

② 배치

㉮ 아파트 또는 바닥면적 1,000 m^2 미만인 층 : 계단의 출입구로부터 5 m 이내에 설치

㉯ ㉮에 해당하지 아니한 것은 50 m 이내에 설치

③ 비상콘센트설비의 배선

㉮ 전원회로 : 내화배선

㉯ 기타회로 : 내화 또는 내열배선

11.5.7 비상콘센트 보호함

① 보호함에는 쉽게 개폐할 수 있는 문을 설치해야 한다.

② 보호함 표면에 '비상콘센트'라고 표시한 표지를 한다.

③ 보호함 상부에 적색의 표시등을 설치해야 한다. 다만, 비상콘센트 보호함을 옥내소화전함 등과 접속하여 설치하는 경우에는 옥내소화전 등의 표시등과 겸용할 수 있다.

11.5.8 비상전원 설치기준(자가발전설비, 비상전원수전설비, 축전지설비)

① 점검에 편리하고 화재 및 침수 등의 재해로 인한 피해를 받을 우려가 없는 곳에 설치해야 한다.

② 비상콘센트설비를 유효하게 20분 이상 작동시킬 수 있는 용량으로 한다.

③ 상용전원으로부터 전력의 공급이 중단된 때에는 자동으로 비상전원으로부터 전력을 공급받을 수 있도록 한다.

④ 비상전원의 설치장소는 다른 장소와 방화구획해야 한다. 이 경우 그 장소에는 비상 전원의 공급에 필요한 기구나 설비외의 것(열병합발전설비에 필요한 기구나 설비는 제외)을 두어서는 안 된다.

⑤ 비상전원을 실내에 설치하는 때에는 그 실내에 비상조명등을 설치한다.

⑥ 축전지설비를 설치하는 경우에는 축전지실의 벽과의 거리가 0.1 m 이상 되게 하고 침수의 우려가 없도록 할 것

⑦ 비상전원용 수전설비는 다른 전기회로 등의 개폐기 또는 차단기에 의하여 차단되지 아니하도록 할 것

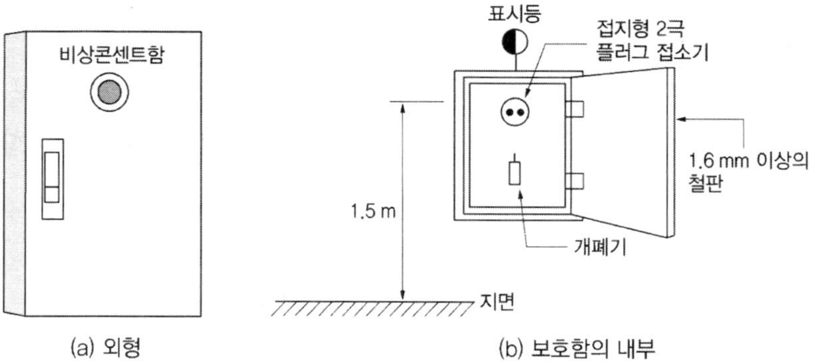

그림 11-31 비상콘센트 보호함

11.5.9 비상콘센트설비의 전원부와 외함 사이의 절연저항 및 절연내력

① 절연저항은 전원부와 외함 사이를 500 V 절연저항계로 측정할 때 20 MΩ 이상이야 한다.

② 절연내력은 전원부와 외함 사이에 정격전압이 150 V 이하인 경우에는 1,000 V의 실효전압을, 정격전압이 150 V 이상인 경우에는 그 정격전압에 2를 곱하여 1,000을 더한 실효전압을 가하는 시험에서 1분 이상 견디는 것으로 한다.

11.6 무선통신보조설비

11.6.1 개요

지하층이나 지하가, 지하가 중 터널, 지하구 등의 화재현장에서 활동하는 소방대와 방재센터 또는 지상의 소방대원 사이의 연락은 무선교신이 가장 효과적이나 지하층이나 지하가는 그 구조상 전파의 반송특성이 나빠서 무선교신이 용이하지 않다.

이와 같이 지하층 또는 지하상가에 무선전파가 도착하기 어려운 것을 보충하기 위해서 누설동축케이블이나 안테나를 설치하여 원활하게 무선교신을 할 수 있도록 하는 것이 무선통신보조설비이다.

11.6.2 구성

무선통신보조설비는 지하가 또는 터널 등의 입구 부근에 설치되어 보호함에 보호되어 있는 접속단자, 이에 접속되어 있는 공중선(안테나), 동축케이블, 누설동축케이블, 혼합기, 분배기, 종단저항 등으로 구성되어 있다.

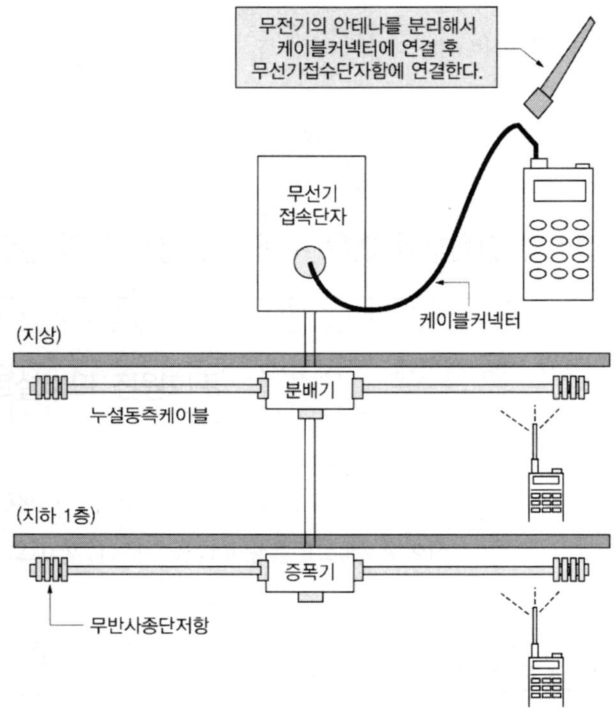

그림 11-32 무선통신보조설비의 구성도

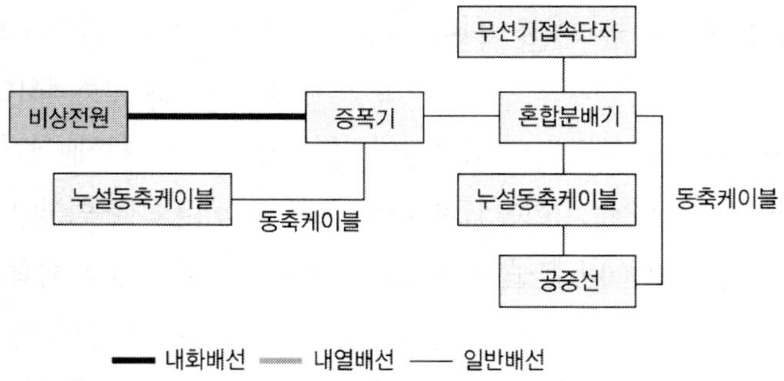

그림 11-33 무선통신보조설비의 배선

11.6.3 종류

① 공중선(antenna)

전파를 발사하거나 흡수하기 위하여 특별히 공중에 도선을 늘인 장치이다. 안테나 사용 목적에 따라 송신 공중선과 수신 공중선으로 분리된다.

② 동축케이블(Coaxial cable)

중앙부와 그 주위에 도체를 배치한 단면이 동심원상의 케이블로, 특성 임피던스가 관리되고 있는 케이블을 말한다.

그림 11-34 동축케이블 구조

③ 누설동축케이블(Leakage coaxial cable)

빌딩 지하나 터널 안 등 외부로부터의 전파가 도달 불가능한 장소나 열차 전화용의 선상 서비스 지역에 미약한 전파를 방사하는 경우에 사용하는 동축케이블이다. 외부도체는 절연되어 있고 내부 도체로부터 전파가 누설되도록 한 케이블이다.

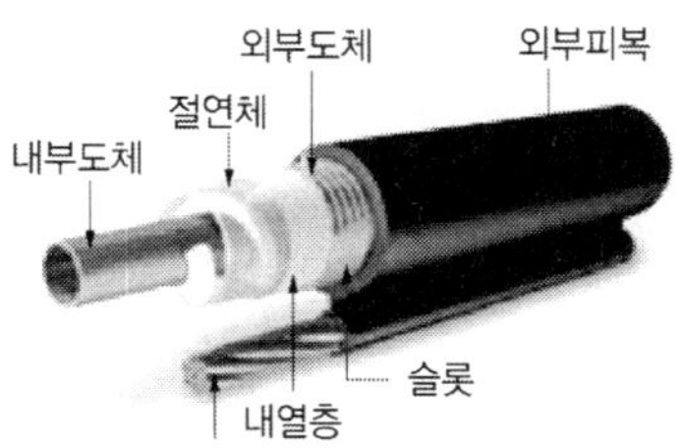

그림 11-35 누설동축케이블 구조

11.6.4 구성요소

① 분배기

신호의 전송로가 분기되는 장소에 설치하는 것으로 임피던스 매칭(Matching)과 신호 균등분배를 위해 사용하는 장치를 말한다.

② 분파기

서로 다른 주파수의 합성된 신호를 분리하기 위해서 사용하는 장치를 말한다.

③ 혼합기

두 개 이상의 입력신호를 원하는 비율로 조합한 출력이 발생하도록 하는 장치를 말한다.

④ 증폭기

신호전송 시 신호가 약해져 수신이 불가능해지는 것을 방지하기 위해서 증폭하는 장치를 말한다.

⑤ 접속단자

서로 다른 규격을 사용하는 무선통신보조설비를 결합시키기 위해 사용하는 접속기구이다.

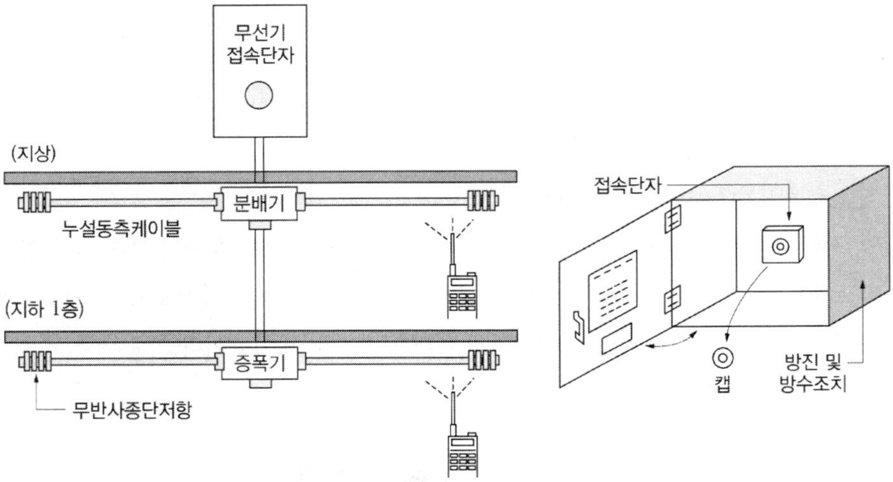

그림 11-36 분배기, 증폭기 및 접속단자함

11.6.5 무선통신보조설비 설치기준

1) 누설동축케이블

① 소방전용주파수에서 전파의 전송 또는 복사에 적합한 것으로서 소방전용의 것으로 한다. 다만, 소방 상호간의 무선연락에 지장이 없는 경우에는 다른 용도와 겸용할 수 있다.

② 누설동축케이블과 이에 접속하는 안테나 또는 동축케이블과 이에 접속하는 안테나로 구성한다.

③ 누설동축케이블은 불연 또는 난연성의 것으로서 습기에 따라 전기의 특성이 변질되지 않는 것으로 하고, 노출하여 설치한 경우에는 피난 및 통행에 장애가 없도록 한다.

④ 누설동축케이블은 화재에 따라 해당 케이블의 피복이 소실된 경우에 케이블 본체가 떨어지지 않도록 4 m 이내마다 금속제 또는 자기제 등의 지지금구로 벽·천장·기둥 등에 견고하게 고정시켜야 한다. 다만, 불연재료로 구획된 반자 안에 설치하는 경우에는 제외된다.

⑤ 누설동축케이블 및 안테나는 금속판 등에 따라 전파의 복사 또는 특성이 현저하게 저하되지 않는 위치에 설치한다.

⑥ 누설동축케이블 및 안테나는 고압의 전로로부터 1.5 m 이상 떨어진 위치에 설치한다. 다만, 해당 전로에 정전기 차폐장치를 유효하게 설치한 경우에는 제외한다.

⑦ 누설동축케이블의 끝부분에는 무반사 종단저항을 견고하게 설치한다.

⑧ 누설동축케이블 또는 동축케이블의 임피던스는 50 Ω으로 하고, 이에 접속하는 안테나·분배기 기타의 장치는 해당 임피던스에 적합한 것으로 해야 한다.

그림 11-37 누설동축 케이블의 표시방법

2) 무선기기 접속단자

① 화재층으로부터 지면으로 떨어지는 유리창 등에 의한 지장을 받지 않고 지상에서 유효하게 소방활동을 할 수 있는 장소 또는 수위실 등 상시 사람이 근무하고 있는 장소에 설치한다.

② 단자는 한국산업규격에 적합한 것으로 하고, 바닥으로부터 높이 0.8 m 이상 1.5 m 이하의 위치에 설치한다.

③ 지상에 설치하는 접속단자는 보행거리 300 m 이내마다 설치하고, 다른 용도로 사용되는 접속단지에서 5 m 이상의 거리를 두어야 한다.

④ 지상에 설치하는 단자를 보호하기 위하여 견고하고 함부로 개폐할 수 없는 구조의 보호

함을 설치하고, 먼지·습기 및 부식 등에 따라 영향을 받지 않도록 조치한다.

⑥ 단자의 보호함의 표면에 "무선기 접속단자"라고 표시한 표지를 한다.

3) 분배기·분파기 및 혼합기 등

① 먼지·습기 및 부식 등에 따라 기능에 이상을 가져오지 않도록 한다.

② 임피던스는 50 Ω의 것으로 한다.

③ 점검에 편리하고 화재 등의 재해로 인한 피해의 우려가 없는 장소에 설치한다.

4) 증폭기 및 무선이동중계기를 설치하는 경우

① 전원은 전기가 정상적으로 공급되는 축전지, 전기저장장치 또는 교류전압 옥내간선으로 하고, 전원까지의 배선은 전용으로 한다.

② 증폭기의 전면에는 주회로의 전원이 정상인지의 여부를 표시할 수 있는 표시등 및 전압계를 설치한다.

③ 증폭기에는 비상전원이 부착된 것으로 하고 해당 비상전원 용량은 무선통신보조설비를 유효하게 30분 이상 작동시킬 수 있는 것으로 한다.

④ 무선이동중계기를 설치하는 경우에는 방송통신 기자재 등의 적합성 평가를 받은 제품으로 설치한다.

참고

임피던스(Impedance)

① 교류전압(a.c)이 인가했을 때 전류가 흐르는 것에 저항하는 정도를 말한다. 저항과 임피던스의 차이는 저항은 직류(D.C) 전압이 인가되었을 때, 임피던스는 교류(A.C) 전압이 인가되었을 때 사용하는 용어이다.

② 복소수로서 실수부분은 저항, 허수부분은 리액턴스를 의미하며, 크기뿐 아니라 위상도 함께 표현할 수 있는 벡터량이다. 단위는 SI 단위계로 옴(Ω)을 사용하며, 보통 기호 Z로 표시한다. 임피던스의 역수는 어드미턴스라고 한다.

③ 수학적으로 표기하면 저항(R) $R=\dfrac{V_{D.C}}{I_{D.C}}$ 이고, 임피던스(Z) $Z=\dfrac{V_m}{I_m}$

여기서, $i=I_m \sin\omega t$, $V=V_m \sin(\omega t+\theta_Z)$

임피던스 매칭(Matching)

어떤 하나의 출력단과 입력단을 연결할 때, 서로 다른 두 연결단의 임피던스 차에 의한 반사를 줄이려는 모든 방법

연습문제

01 비상콘센트 보호함의 설치기준에 대하여 3가지 쓰시오.

풀이 ① 보호함에는 쉽게 개폐할 수 있는 문을 설치해야 한다.
② 보호함 표면에 '비상콘센트'라고 표시한 표지를 한다.
③ 보호함 상부에 적색의 표시등을 설치해야 한다. 다만, 비상콘센트 보호함을 옥내소화전함 등과 접속하여 설치하는 경우에는 옥내소화전 등의 표시등과 겸용할 수 있다.

02 3상 교류 220 V인 비상콘센트 플러그 접속기의 칼받이의 접지극에 해야 하는 접지 공사와 접지저항은 얼마인가?

풀이 ① 제3종 접지공사 ② 100 MΩ

03 하나의 전용회로에 설치하는 비상콘센트가 7개 설치되어 있다. 이 경우 전선의 용량은 비상콘센트 몇 개의 공급용량을 합한 용량 이상의 것으로 하여야 하는가?

풀이 3개 (비상용량이 7개이므로 3개 이상은 3개로 함)

04 전원 3상 교류 380 V인 하나의 전용회로에 비상콘센트가 7개 설치되어 있다면 전선의 용량은 몇 KVA 이상이어야 하는가?

풀이 9 KVA

※ 3상 교류 전압 220 V나 380 V일 때 비상콘센트 하나의 전원 공급 용량은 3 KV이고, 전선용량은 최대 3개이므로 3 KVA×3 = 9 KVA

05 11층에 설치된 비상콘센트는 당해층의 각 부분으로부터 하나의 비상콘센트까지 수평거리는 몇 m 이하가 되도록 설치하는가?

풀이 50 m

※ 각 부분으로부터 하나의 비상콘센트까지 수평거리는 50 m이다.

06 25층 건물에 비상콘센트설비를 설치하였다. 다음 물음에 답하시오.

① 비상콘센트설비 설치목적은?
② 비상콘센트설비 전원선은 무엇이고 전체회로의 가닥수는?
③ 화재 시 연기배출을 위하여 3ϕ 3 kw, 역률 0.65인 송풍기를 설치할 때 흐르는 전류는?
④ 전원회로는 각 층에 있어서 몇 개 이상이 되어야 하는가?
⑤ 하나의 전용회로에 비상콘센트의 전선용량을 선정하시오.

풀이 ① 소방대의 조명용 또는 소방활동상 필요한 장비의 사용을 위한 소방용 전원설비
② 내화배선, 8가닥
③ 20.98 A
④ 2개
⑤ 비상콘센트(비상콘센트가 3개 이상인 경우 3개) 공급용량을 합한 용량

※ ② 전원회로의 배선은 내화배선으로, 그 밖의 것은 내화배선 또는 내열배선으로 한다.

③ $P = VI\cos\phi,\ I = \frac{P}{V\cos\phi} = \frac{3000w}{220 \times 0.65} = 20.98$ W

④ 전원회로는 각 층에 있어서 2 이상이 되도록 설치해야 한다.

⑤ 하나의 전용회로에 설치하는 비상콘센트는 10개 이하로 할 것. 이 경우 전선의 용량은 비상콘센트(비상콘센트가 3개 이상인 경우는 3개)의 공급용량을 합한 용량 이상의 것으로 하여야 한다.

07 비상콘센트설비를 설치해야할 특정소방대상물을 쓰시오.

풀이 ① 층수가 11층 이상인 특정소방대상물의 경우에는 11층 이상인 층
② 지하층의 층수가 3개층 이상이고 지하층의 바닥면적 합계가 1,000 m^2 이상인 것은 지하층 전층
③ 지하가 중 터널로서 길이가 500 m 이상인 것

08 비상콘센트설비에서 전원부와 외함 사이의 절연저항값과 절연내력의 방법 및 판정 방법을 쓰시오.

풀이 ① 500 V 절연저항계로 측정할 때 20 MΩ 이상이어야 한다.
② 절연내력은 전원부와 외함 사이에 정격전압이 150 V 이하인 경우에는 1,000 V의 실효전압을, 정격전압이 150 V 이상인 경우에는 그 정격전압에 2를 곱하여 1,000을 더한 실효전압을 가하는 시험에서 1분 이상 견디는 것으로 한다.

09 무선통신보조설비의 구성요소를 5가지 쓰시오.

풀이 ① 전송장치 (누설동축케이블, 동축케이블, 공중선)
② 증폭기
③ 분배기 등(분배기, 혼합기, 분파기)
④ 접속단자
⑤ 종단저항

10 무선통신보조설비의 증폭기 설치기준 3가지를 쓰시오.

풀이 ① 전원은 전기가 정상적으로 공급되는 축전지, 전기저장장치 또는 교류전압 옥내간선으로 하고, 전원까지의 배선은 전용으로 한다.
② 증폭기의 전면에는 주회로의 전원이 정상인지의 여부를 표시할 수 있는 표시등 및 전압계를 설치한다.
③ 증폭기에는 비상전원이 부착된 것으로 하고 해당 비상전원 용량은 무선통신보조설비를 유효하게 30분 이상 작동시킬 수 있는 것으로 한다.

11 무선통신보조설비에 사용되는 무반사 종단저항의 설치위치 및 설치목적을 쓰시오.

풀이 ① 설치위치 : 누설동축 케이블 끝
② 설치목적 : 송신부로 되돌아 오는 전자파의 반사파를 방지하여 잡음을 방지하기 위하여 설치한다.

12 무선통신보조설비의 종류를 3가지 쓰시오.

풀이 ① 누설동축케이블 방식 ② 공중선 방식 ③ 누설동축케이블과 공중선 혼합방식

13 무선통신보조설비의 누설동축케이블은 화재에 따라 해당 케이블의 피복이 소실된 경우에 케이블 본체가 떨어지지 않도록 4 m 이내마다 금속제 또는 자기제 등의 지지금구로 벽·천장·기둥 등에 견고하게 고정시켜야 한다. 다만, 어떤 경우에 그렇게 하지 않아도 되는가?

풀이 불연재료로 구획된 반자 안에 설치하는 경우에는 제외된다.

14 무선통신보조설비에 대한 다음 질문에 답하시오.

① 누설동축케이블의 끝부분에는 어떤 것을 견고하게 설치하여야 하는가?
② 증폭기를 설치할 때 비상전원이 부착한 것으로 하여야 한다. 이 때 당해 비상 전원용량은 무선통신보조설비를 유효하게 몇 분 이상 작동시킬 수 있어야 하는가?
③ 증폭기의 전면에는 주회로의 전원이 정상인지 여부를 표시할 수 있는 것으로서 어떤 것을 설치해야 하는가?
④ 무선통신보조설비의 누설동축케이블 또는 동축케이블의 임피던스는?

풀이 ① 무반사 종단저항
② 30분 이상
③ 표시등 및 전압계 설치
④ 50 Ω

15 무선통신보조설비의 분배기, 분파기, 혼합기에 대하여 설명하시오.

풀이 ① 분배기 : 신호의 전송로가 분기되는 장소에 설치하는 것으로 임피던스 매칭(Matching)과 신호 균등분배를 위해 사용하는 장치를 말한다.
② 분파기 : 서로 다른 주파수의 합성된 신호를 분리하기 위해서 사용하는 장치를 말한다.
③ 혼합기 : 두 개 이상의 입력신호를 원하는 비율로 조합한 출력이 발생하도록 하는 장치를 말한다.

16 무선통신보조설비용 무선기기 접속단자의 설치기준을 4가지 쓰시오.

풀이 ① 화재층으로부터 지면으로 떨어지는 유리창 등에 의한 지장을 받지 않고 지상에서 유효하게 소방활동을 할 수 있는 장소 또는 수위실 등 상시 사람이 근무하고 있는 장소에 설치한다.
② 단자는 한국산업규격에 적합한 것으로 하고, 바닥으로부터 높이 0.8 m 이상 1.5 m 이하의 위치에

설치한다.

③ 지상에 설치하는 접속단자는 보행거리 300 m 이내마다 설치하고, 다른 용도로 사용되는 접속단지에서 5 m 이상의 거리를 두어야 한다.

④ 지상에 설치하는 단자를 보호하기 위하여 견고하고 함부로 개폐할 수 없는 구조의 보호함을 설치하고, 먼지·습기 및 부식 등에 따라 영향을 받지 않도록 조치한다.

⑤ 단자의 보호함의 표면에 "무선기 접속단자"라고 표시한 표지를 한다.

17 무선통신보조설비의 누설동축케이블 등에 대한 설치기준이다. (　　)를 채우시오.

① 누설동축케이블은 (　　)의 것으로서 습기에 의해 전기적 특성이 변질되지 아니하는 것으로 할 것

② 누설동축케이블은 (　　) m 이상 떨어진 위치에 설치할 것
당해 전로에 (　　)를 유효하게 설치한 경우는 제외한다.

③ 누설동축케이블은 (　　) 이내마다 벽, 천장, 기둥 등에 견고하게 고정시킬 것
(불연재료로 구획된 반자 안에 설치하는 경우는 제외)

풀이 ① 불연 또는 난연성
② 1.5 m, 정전기 차폐장치
③ 4 m

18 무선통신보조설비의 누설동축케이블 기호를 나타낸 것이다. 기호 ①~⑦이 무엇을 나타내는지 쓰시오.

LCX -- FR -- SS -- 20 D -- 14 6
① ② ③ ④ ⑤ ⑥ ⑦

풀이 ① 누설동축케이블 ② 난연성 ③ 자기지지 ④ 절연체의 직경(mm)
⑤ 특성 임피던스 ⑥ 사용주파수 ⑦ 결합손실

PART 3
위험물

CHAPTER

12 위험물 안전관리

12.1 위험물 성질 및 취급

12.1.1 위험물 정의

넓은 의미에서 위험물이란 인체에게 위해를 가져다주는 물질을 말한다. 즉, 높은 곳에 있는 물체가 낙하위험이 있다든지 인간에게 피해를 주는 장애물 등 또는 위험한 행동을 위시하여 화재발생의 위험이 있는 물질, 화약, 독물, 극물, 의약품, 고압가스, 전기, 방사선 물질 등 우리 주변의 모든 위험한 것 전부를 지칭할 때 위험물이라고 말하는 것이다.

협의의 의미로는 소방법에 의하면 대통령령이 정하는 인화성 또는 발화성 물질을 말하고 소방법시행령 제1류 위험물에서 6류 위험물까지 품목이 제시되어 있다.

위험물에는 그 자체가 발화 또는 인화하는 성질을 가진 것과 발화, 인화를 촉진시키는 성질의 것들이 포함되어 있다. 그래서 일반성질, 화재예방 및 소화방법에서 서로 공통적인 것들을 같은 류에 묶어서 제1류에서 제6류로 분류하고 있다.

12.1.2 위험물 및 위험물시설 관련 용어

- 가소성 : 소성이 가능한 성질
- 가황 : 생고무에 가황제를 섞어서 고무분자 사이에 다리구조를 생기게 하는 조작으로서 고무에 탄성을 증가시킬 목적으로 이용됨
- 강면약 : 에테르와 에틸알코올에 녹지 않는 것

- 건성유 : 공기 중에서 단단한 피막을 만들며 헝겊, 종이에 베어 공기 중에서 자연발화하는 동·식물유
- 관계인 : 소유자, 점유자, 관리자
- 공업용 빙초산 : 중금속을 처리하지 않은 초산으로 식용으로 부적합
- 금속분 A : 마그네슘 및 알루미늄, 분박[리본]을 말하며 사진촬영용 또는 기타에 사용되는 섬광분을 말함
- 금속분 B : 마그네슘 및 알루미늄 이외의 금속분
- 니트로화제 : 유기화합물 분자 중 수소원자를 니트로기(NO_2)로 바꾸어 놓는 것
- 단열압축 : 기체를 높은 압력으로 압축하면 온도가 상승하는데 여기에 각종 오일이나 윤활유가 열분해되어 저온 발화물을 생성하며 발화물질이 발화하여 폭발을 하게 되는 점화원이다.
- 단체 : 수소, 산소, 헬륨, 흑연 등과 같이 한가지 원소로 된 물질
- 당량 : 수소 1 g(1/2몰) 또는 산소 8 g(1/4몰)과 결합하거나 치환되는 다른 원소의 양 즉, 수소원자 1개의 원자량과 결합하는 원소의 양으로서 원자가 1에 해당하는 원소의 양

$$당량 = \frac{원자량}{원자가}$$

- 동소체 : 같은 원소이나 원자배열이 다른 것, 예를 들면 산소와 오존, 금강석과 흑연, 황린과 적린 등이다.
- 동유 : 오동나무 종자에서 채취한 기름
- 동족체 : 알칸(alkane), 알켄(alkene), 알킨(alkyne)처럼 같은 일반식으로 나타낼 수 있는 한 계열의 화합물
- 면화류 : 불연성 또는 난연성이 아닌 면상 또는 톱상의 섬유 및 마사원료
- 멜라닌 : 페놀류가 산화효소에 의하여 산화되어 유도된 갈색 또는 흑색 고분자 색소의 총칭
- 밀전 : 용기를 마개를 사용하여 닫음
- 발화점 : 가연성 물질 또는 혼합물이 연소를 개시하는 데 필요한 최저 가열 온도
- 방청유 : 수분의 침투를 방지하여 철제에 녹이 생기지 않게 하는 기름
- 변성알코올 : 에틸알코올에 메틸알코올, 가솔린, 피리딘을 소량 첨가하여 음료로 사용하지 못하게 하는 것
- 보일오버 : 연소열에 의하여 탱크 내부의 수분 층이 수분의 이상팽창으로 수분 팽창 및 윗

부분의 기름이 급격히 넘쳐 나오는 현상

- 부잠사 : 번데기 기름이 스며 베인 것
- 비열 : 물질 1 g을 1℃ 상승시키는 데 필요한 열량
- 무기화합물 : 유기화합물을 제외한 화합물 즉, 탄소를 함유하지 아니한 화합물과 탄소화합물을 총칭한 물질
- 사류 : 불연성 또는 난연성이 아닌 실과 누에고치를 말함
- 산화성고체 : 액체(1기압 20℃에서 액상인 것 또는 20～40℃ 이하의 사이에서 액상으로 되는 것) 또는 기체(1기압 20℃에서 기체상태인 것) 이외의 것으로서 산화성 충격에 민감한 물질
- 수소화물 : 알칼리금속 및 알칼리토금속류(베릴륨 및 마그네슘을 제외)의 수소화물
- 스핀들유 : 선반의 주축에 사용하며 윤활유 중 인화점이 가장 낮은 기름
- 슬롭오버 : 화재면의 액체가 포말과 함께 혼합되어 넘쳐흐르는 현상
- 아마인유 : 아마의 씨에서 채취한 기름
- 아세트알데이드 등 : 제4류 위험물 중 특수인화물의 아세트알데이드, 산화프로필렌 또는 이 중 어느 하나 이상을 함유하는 것
- 알칼리금속 : 주기율표 1족의 원소중 (Li, Na, K 등)
- 알칼리토금속 : 주기율표 2족의 원소 중 (Be, Mg, Ca, Sr, Ba 등)
- 알킬기 : 유기화학 최초의 원자단
  - 알킬기의 종류 : CH_3 (메틸), C_2H_5(에틸), C_3H_7(프로필), C_4H_9 (부틸), C_5H_{11}(펜틸)
- 알킬알루미늄 등 : 제3류 위험물 중 알킬알루미늄, 알킬리튬 또는 이 중 어느 하나 이상을 함유하는 것
- 압력탱크 : 최대상용압력이 대기압을 초과하는 탱크를 말한다.
- 약면약 : 에테르와 에틸알코올에 녹는 것
- 액중탱크 : 펌프 또는 전동기를 저장탱크 또는 암반탱크 안에 설치하는 탱크
- 에뉼러판 : 특정 옥외저장탱크의 옆판의 최하단 두께가 15 mm를 초과하는 경우 또는 옆판을 고장 장력강으로 사용하는 경우에 옆판의 직하에 설치하여야 하는 판을 말한다.
- 열경화성 수지 : 열경화성을 가져서 반응이 진행되면 열가소성 상태에서 끝내는 불융, 불용 상태로 경화되어 버리는 합성수지를 말하며 멜라민수지, 페놀수지 등이 있다.
- 연소속도 : 가연물질에 공기가 공급되어 연소가 되면서 반응하여 연소생성물을 생성할 때의 반응속도

- 연소점 : 연소가 계속될 수 있는 온도 즉, 한번 발화된 후 연소를 지속시킬 수 있는 충분한 증기를 발생시킬 수 있는 최저온도로 인화점보다 대략 10℃ 정도 높은 온도이다.
- 원자가 : 원자가는 어떤 원자가 다른 원자와 이루는 화학결합의 수를 말한다. 화합물을 구성하는 원자들은 결합선만큼의 원자가를 가진다. 원자가란 분자 내에서 한 원자가 다른 원자와 결합하는 수, 또는 결합선의 수를 나타낸다.
- 원자단(atomic group) : 화합물의 분자 안에 어느 특정한 원자의 일단을 말하는데 이는 기(基 : radical)와 같은 뜻으로 쓰임
- 옥탄값 : 이소옥탄을 100, 노르말헵탄을 0으로 하였을 때 가솔린의 품질을 정하는 기준
- 유기재료 : 유기화합물로 이루어진 재료. 즉, 솜, 양모, 비단 등과 같은 천연섬유와 플라스틱, 합성섬유, 합성고무 등 합성 유기재를 말함
- 유기화합물(VOC : Volatile Organic Compound) : 공기 중에서 일정한 온도와 압력에 의하여 지속적으로 휘발하는 액체나 고체의 유기화합물을 말한다.
- 유지류 및 유포류 : 동·식물유가 스며 베인 종이 또는 이들의 제품
- 유해한도 : 작업상 유해한 물질을 흡입할 수 있으나 일정 농도 이상에서는 인체에 해로운 물질
- 위험물 취급탱크 : 위험물을 일시적으로 저장 또는 체류시키는 탱크로서 위험물의 물리량의 조정을 실시하는 탱크, 물리적 조작을 실시하는 탱크, 단순한 화학적 처리를 실시하는 탱크가 있다.
- 2가 알코올 : OH(수산기)가 2개인 알코올
- 이산화성 물질 : 황, 적린, 암모니아 유기물 등 산화되기 쉬운 물질
- 이성질체 : 분자식은 같으나 구조식이 다른 물질
  - 희랍어 : ortho(기본형), meta(중간형), para(반대형)
- 이송기지 : 펌프에 의하여 위험물을 보내거나 받는 작업을 행하는 장소
- 이온 : 원자가 전자를 잃어버리면 양전기를 띤 입자가 되고 원자가 전자를 받아오면 음전기를 띤 입자가 만들어지는데 양전기를 띤 입자를 양이온, 음전기를 띤 이온을 음이온이라고 한다.
- 이온화 경향 : 금속 및 수소가 양이온으로 되려는 성질
- 이온화 에너지 : 중성원자가 양이온이 되기 위하여 최외각 전자를 떼어내려는 데 필요한 에너지
- 이중벽탱크 : 위험물을 저장하는 내벽탱크 외면에 미소한 간격을 두고 외면을 부착하여 위

험물의 누설을 감지할 수 있도록 제작한 저장탱크

- 인화점 : 가연성 증기를 발생하는 액체 또는 고체와 공기의 계에 있어서 기체상 부분에 다른 불꽃이 닿았을 때 연소가 이루어지는 데 필요한 액체 또는 기체의 최저온도
- 자기반응성 물질 : 고체 또는 액체로서 폭발, 가열 또는 분해의 위험성이 행정안전부장관이 정하여 고시하는 기준 이상의 물질
- 자기연소(내부연소) : 가연물이 물질의 분자 내에 산소를 함유하고 있어 열분해에 의해서 가연성 가스와 산소를 동시에 발생시키므로 공기 중의 산소 없이 연소할 수 있는 것을 말한다.
- 잠열 : 온도는 변하지 않고 상태만 변할 때의 열량으로 기화열과 융해열이 해당된다.
- 전기음성도 : 중성원자가 다른 원자의 전자를 끌어들이는 척도
- 전기친화도 : 중성원자가 음이온이 되기 위하여 전자 1개를 받아들일 때 방출하는 에너지
- 조연성 물질 : 반응성이 풍부하여 분해시 산소를 방출하여 다른 가연물의 연소를 돕는 성질
- 조해성 : 고체가 공기 중의 수분을 흡수하여 액체가 되는 성질
- 종하중 : 적설하중, 풍하중, 지진의 영향 등에 의한 것을 말한다.
- 주하중 : 탱크하중, 탱크와 관련되는 내압, 온도변화의 영향 등에 의한 것을 말한다.
- 중합 : 한 종류의 단위 화합물의 분자가 두 개 이상 결합하여 정수배의 분자량을 갖는 것
- 중합유 : 지방유를 200～300℃ 또는 그 이상으로 가열하면 진하고 끈끈하게 되었다가 콜로이드 상태로 되어 점성이 줄어들게 하여 만든 기름
- 증기비중 : 같은 온도, 같은 압력 하에서 동 부피의 공기의 무게에 비교한 것으로 증기 비중이 1보다 큰 기체는 공기보다 무겁고 1보다 작으면 공기보다 가벼운 것이 된다.
- 지정수량 : 대통령령으로 정하는 수량으로 위험물을 취급하는 시설 등의 설치 허가 등에 있어서 최저의 기준이 되는 수량을 말한다.
  - 2품명 이상의 위험물의 환산

    위험물안전관리법에 의하여 2품명 이상의 위험물을 같은 장소에서 저장 또는 취급할 경우에 저장 또는 취급하는 수량을 품명별 지정수량으로 나누어 얻은 수의 합계가 1 이상이 될 때에는 이를 지정수량 이상의 위험물로 본다.
- 지진동 : 지진에 의한 지면의 움직임으로 지진파형으로서 지진계에 의해 기록된다.
- 질화도 : 니트로셀룰로오스의 질소 함유량(%)
- 질화면 : 제5류 위험물의 니트로셀룰로오스
- 증기비중

$$증기비중 = \frac{분자량}{공기의 평균분자량(약29)}$$

- 채종유 : 채소의 씨에서 채취되는 기름
- 철분 : 53 μm의 표준체를 통과하는 것이 50중량% 이상인 것
- 치환 : 화합물의 설분 중 일부가 다른 원소로 바뀌는 화학변화

$$A + BC \rightarrow AC + B \quad 또는 \quad A + BC \rightarrow AB + C$$

- 탈지작용 : 피부 및 지방층의 지방을 녹여내므로 피부에 하얀 분비물이 생기는 작용
- 토제 : 흙으로 만든 둑
- 특수가연물 : 소방법에서 정하는 '화재가 발생하면 확대가 빠른 물품'으로서 락카퍼티, 고무풀, 면화류, 목모 및 대패밥, 나프탈렌, 송지, 고체파라핀 및 장뇌, 석탄 및 목탄, 고무류, 넝마 및 종이조각, 사류 및 볏짚류, 목재 가공품 및 톱밥, 합성수지류 등이 있다.
- 팽창질석, 팽창진주암 : 발화점이 낮은 알킬알루미늄 등의 화재에 사용하는 불연성 고체
- 펌프설비 : 팜프 및 이에 부속하는 전동기를 말하며 당해 펌프 및 전동기를 위한 건축물 그 밖의 공작물을 설치하는 경우에는 당해 공작물을 말한다.
- 펠팅 : 양털이나 기타 원료에 습기, 압력, 마찰, 열을 가하여 일정한 모양으로 제품을 만드는 일 또는 물건을 말함
- 폭굉 : 폭발범위 내의 어느 특정농도 범위에서는 연소속도가 폭발에 비하여 수백 내지 수천 배에 달하는 현상
- 표면장력 : 액체의 표면적을 최소로 하려는 힘
- 피그(pig)장치 : 이송취급소에서 배관 내의 유체(가스, 오일, 물 등)의 흐름을 이용하여 피그를 진행시켜 배관의 상태를 파악하는 장비로서 배관 내부의 청소, 내용물 분리, 배관 내의 이상 유무와 이의 위치를 정확히 파악하기 위한 용도로 사용된다.
- 합성수지 종류
  - 열가소성플라스틱 : 항상 열만 가하면 소성 가능한 것
  - 열경화성플라스틱 : 열을 가하면 일단 소성 가능하나 재차 열을 가하면 경화되는 것
  - 산소경화성 플라스틱 : 공기 중의 산소와 결합하여 경화되는 것
- 해상탱크 정치설비 : 해상탱크를 지지하기 위하여 해상탱크로부터 해저면에 설치하는 각종 구조물 등을 말한다.

• 현열 : 상태는 변하지 않고 온도만 변할 때의 열량
• 혼합물 : 물, 탄산가스, 포도당, 알코올과 같이 두 가지 이상의 원소로 된 물질
• 희석제 : 위험성을 줄이기 위하여 혼합하는 혼합물질
• 휨응력도비 : 휨응력을 허용휨응력으로 나눈 값

12.1.3 위험물 화재의 위험성

(1) 자연발화

① 공기 중에서 산화되어 자연발화한다.
② 수분과 발화하여 자연발화한다.
③ 분해 시 발열하여 자연발화한다.
④ 혼합하여 발열되어 자연발화한다.
⑤ 일반적으로 연소속도가 빠르다.

(2) 인화

① 저온으로도 인화된다.
② 작은 불꽃에서 인화된다.
③ 수분과 반응하여 인화성 증기를 발생한다.
④ 혼합접촉에 의한 인화성 증기를 발생한다.

(3) 발화

① 낮은 온도로도 발화한다.
② 충격·마찰에 의해서 발화된다.
③ 혼합·접촉에 의해서 발화된다.
④ 가열에 의해서 발화된다.
⑤ 연소 시 많은 열과 불꽃을 낸다.

12.2 위험물의 류별 성상

12.2.1 제1류 위험물

1 제1류 위험물 종류

표 12-1 제1류 위험물

유별	성질	품명	지정수량
제1류	산화성고체	아염소산염류 염소산염류 과염소산염류 무기과산화물	50 kg 50 kg 50 kg 50 kg
		브롬산염류 질산염류 요오드산염류	300 kg 300 kg 300 kg
		과망간산염류 중크롬산염류	1,000 kg 1,000 kg
		그 밖에 행정안전부령으로 정하는 것(과요오드산염류, 과요오드산, 크롬, 납 또는 요오드의 산화물, 아질산염류, 차아염소산염류, 염소화이소시아눌산, 퍼옥소이황산염류, 과옥소붕산염류)	50 kg, 300 kg 또는 1,000 kg

2 공통성질 및 저장·취급시 주의사항

제1류 위험물은 모두 무기화합물로서 대부분 무색 결정이거나 백색분말의 산화성고체이다. 비중은 1보다 크고 수용성인 것이 많으며, 물과 작용하여 열과 산소를 발생시키는 것도 있다.

일반적으로 불연성이지만 다른 물질을 산화시킬 수 있는 산소를 많이 함유하고 있는 강한 산화성 고체이다. 자신은 불연성 물질이면서 조연성 물질로서 반응성이 풍부하고 열, 타격, 충격 및 다른 약품과의 접촉 등에 의해서 분해하며, 이때 많은 산소를 방출하여 다른 가연물의 연소를 도우며 만약 이럴 때 가연물과 혼합하고 있으면 심하게 연소하며 때에 따라서는 폭발하는 수도 있다. 방출된 산소원자는 분해 직후 원자상으로 되어 산화력이 강하다.

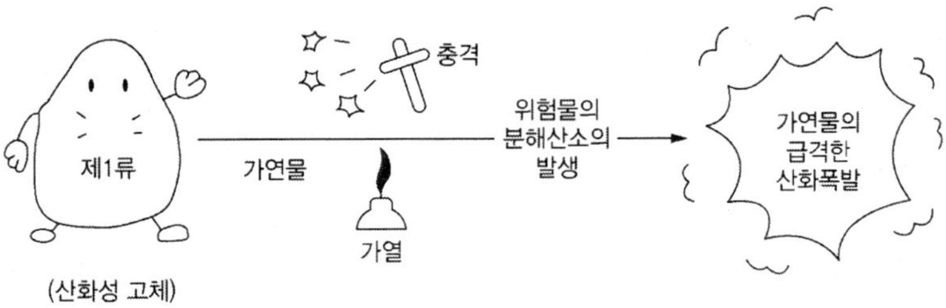

그림 12-1 제1류 위험물

1) 저장·취급 시 주의사항

① 용기의 전락, 전도 방지 조치를 하고 가열, 충격, 마찰에 주의한다.

② 가연물과의 접촉을 금지하고 강산과의 접촉은 위험하다.

③ 용기는 밀봉하여 냉암소에 두고 환기를 잘 시킨다.

④ 취급 시 용기 등의 파손에 의한 위험물의 누설에 주의할 것

⑤ 수분 및 강산성과의 접촉을 피한다.

⑥ 대부분 조해성을 가지므로 밀폐하여 저장할 것

⑦ 알칼리금속이 과산화물을 저장 시에는 다른 1류 위험물과 분리된 장소에 저장한다. 가면물 및 유기물 등과 같이 있을 경우에 충격 또는 마찰 시 폭발의 위험이 있다.

2) 예방대책

① 강산류 위험물과는 어떤 경우에도 접촉을 피한다.

② 가열금지, 화기엄금 및 햇빛의 직사광선을 차단한다.

③ 충격, 마찰, 타격 등에 의한 불꽃이 만들어지지 않도록 주의한다.

④ 조해성 물질이므로 습기를 차단하고 용기 밀전하여 보관한다.

⑤ 용기는 가열이나 누출, 파손 전도를 방지한다.

⑥ 분해촉매, 이물질과의 접촉을 금지한다.

3) 소화방법

제1류 위험물의 연소는 대부분 위험물 자체의 연소가 아니고 다른 가연물의 연소이므로 냉각소화에 의해 분해온도 이하로 낮추고 가연물의 연소도 억제하여야 한다. 무기과산화물(알칼리금속의 과산화물)은 물과 반응하여 발열하므로 건조사에 의한 피복소화를 이용하고 주수소

화는 절대엄금이다. 또한 소화작업시 공기호흡기, 보안경, 방호의 등 보호장구를 착용한다.

3 제1류 위험물 성상

1) 아염소산 염류(M'ClO₂) : 지정수량 50 kg

아염소산염류란 아염소산($HClO_2$)의 수소가 금속 또는 양성 원자단으로 치환된 화합물(Na, K, Ca, Pb)이다. 고체로 되어 있으며 은, 납, 수은염을 제외하고 물에 잘 녹으며, 가열, 충격, 마찰에 의하여 폭발한다. 민감한 폭발성을 가지므로 기폭제로 많이 사용된다.

(1) 아염소산나트륨, 아염소산소다($NaClO_2$)

① 순수한 무수물의 분해온도 350℃ 이상이지만 수분이 포함될 경우 분해온도 120～130℃에서 분해된다.

② 무색의 결정성 분말이며, 자신은 불연성이다.

③ 산을 가할 때 발생되는 가스는 유독성의 이산화염소(ClO_2)이다.

④ 용도는 섬유표백, 우지탈색, 수돗물의 살균 등에 사용한다.

⑤ 조해성이 있고 물에 녹으며 온도가 상승되면 매우 잘 녹는다.

⑥ 매우 불안정하여 180℃ 이상 가열하면 산소를 발생한다.

⑦ 화기엄금하며 직사광선을 피하고 용기는 건조하며 차고 어두운 곳에 저장한다.

⑧ 분진은 피부 점막에 접촉시 자극을 주며 5～6g 정도 먹으면 생명이 위험하다. 화재 시 발생한 ClO_2를 흡입하면 호흡기와 눈을 상하게 한다.

⑨ 환원성 물질(황, 유기물, 금속분 등)과 접촉시 폭발하므로 환원성 물질과 격리 저장한다.

⑩ 습기에 주의하고 용기는 밀봉, 밀전한다.

⑪ 다량의 물로 주수소화한다.

(2) 아염소산칼륨($KClO_2$)

① 시약, 공업용, 연구용으로 사용한다.

② 백색의 침상결정 분말이다.

③ 조해성이 있으며 가열하면 160℃에서 산소를 분해하며 $KClO_3$와 KCl로 된다.

④ 열, 햇빛, 충격에 의해 폭발 위험이 있다.

⑤ 황린, 유황, 황화합물, 목탄분과 혼합한 것은 발화, 폭발 위험이 있다.

2) 염소산염류($M'ClO_3$) : 지정수량 50 kg

염소산염류란 염소산($HClO_3$)의 수소(H)가 금속 또는 양성원자단으로 치환된 화합물이다. 염소산의 수소(H) 대신에 금속 또는 암모늄기(NH_4)와 같이 양이온으로 치환한 화합물의 총칭을 염소산염류라 한다.

염소산염류와 환원제가 혼합하면 예민한 폭발성 혼합물이 생성되며 암모니아와 반응하여 폭발성의 암몬크로레이트를 만든다. 알루미늄분, 마그네슘분, 철분 등의 금속분과 혼합 시 충격, 마찰에 의해 폭발한다.

(1) 염소산칼륨, 클로로산칼리($KClO_3$)

① 분해온도 400℃, 녹는점 370℃, 용해도 7.3(20℃), 비중 2.34이다.
② 무색의 광택이 있는 백색분말이다.
③ 차가운 느낌이 있으며 인체에 유독하다.
④ 상온에서 안정하나 가연물이 혼재되어 있을 경우 약간의 자극으로 폭발한다. 열분해에 의하여 산소를 발생한다.
⑤ 온수, 글리세린에는 잘 녹으나 냉수 및 알코올에는 녹기 어렵다.
⑥ 촉매인 이산화망간(MnO_2) 등이 존재시 분해가 촉진되어 산소를 방출하여 다른 가연물의 연소를 촉진시킨다.
⑦ 약 400℃ 정도에서 가열에 의하여 분해하여 산소(O_2)를 방출하고 약간의 유독성 KOH 증기와 HCl를 발생한다.

$$KClO_3 \rightarrow 2KCl + 3O_2\uparrow$$

⑧ 화기의 접근을 피하고 가열, 충격, 전도, 마찰 등의 분해요인을 사전에 제거한다.
⑨ 환기가 잘되는 차가운 곳에 저장하고 공기 중에 노출되지 않도록 밀봉하여 저장할 것
⑩ 독성이 강하여 1g 이상 먹으면 유독하고 치사량은 어른 15g, 어린이 2g 정도이다. 분말이 피부, 눈, 점막에 부착하면 자극하고 약상을 입는다.
⑪ 용도는 폭약, 불꽃, 앰색, 소독, 표백, 제초제, 방부제 등에 사용된다.
⑫ 소화는 다량 주수가 좋다.

(2) 염소산나트륨, 클로로산나트륨($NaClO_3$)

① 분해온도 300℃, 녹는점 250℃, 용해도 101(20℃), 비중 2.5(20℃)

② 무색, 무취의 결정

③ 산과 반응하여 유독한 이산화염소(ClO_2)를 발생하고 이산화염소는 폭발성을 가진다.

$$3NaClO_3 \rightarrow NaClO_4 + Na_2O + 2ClO_3 \uparrow$$

④ 알코올, 글리세린, 에테르, 물에 잘 녹으며 조해성이 크고 흡습성이 강하다.

⑤ 방습에 유의하고 철을 부식시키므로 철제용기에 저장하지 않아야 한다.

⑥ 가연성의 무기물, 암모니아, 강산류, 이연성 물질, 유기과산화물, 금속분류와 혼합, 혼입을 방지한다.

⑦ 매우 불안정하여 300℃의 분해온도에서 산소를 분해 방출하고 촉매에 의해서는 낮은 온도에서 분해한다.

⑧ 유독성은 15~30g 정도 다량 먹으면 사망할 위험이 있으며 피부에 닿으면 자극하고 눈에 들어가면 결막증이 나타난다. 분진의 경우 피부, 눈, 호흡기계통을 자극하여 시력을 잃기 쉬우며 구토, 통증, 혐오감이 나타난다.

(3) 염소산암모늄(NH_4ClO_3)

① 비중(20℃) : 1.8, 분해온도 100℃

② 용도는 화약, 꽃불류 제조이다.

③ 폭발 성기체인 암모늄(NH_4)와 산화성기인 염소산 기체(ClO_3)가 결합하고 있어 폭발성이 매우 크며. 수용액은 산성이다.

④ 물보다 무거운 무색의 결정이며 조해성이 있으며 금속을 부식시킨다.

⑤ 분해하지 않도록 주의하고 장기간 보관 시 직사광선을 피한다. 장기간 보관 시 분해하여 아염소산암모늄(NH_4ClO_2)이 생성되고 일광에 의하여 분해가 촉진된다.

⑥ 피부 등에 장기간 노출로 부착하면 염증을 유발한다.

⑦ 초기소화에는 물, 포소화기가 유효하며 기타의 경우는 다량의 물로 주수하는 것이 좋다.

⑧ 위험성 및 다른 사항은 염소산칼륨에 준한다.

(4) 염소산칼슘($Ca(ClO_3)_2$

① 용도는 제초제, 시약, 사진, 꽃불류 등의 제조

② 무색무취의 결정이며 흡습성이 있다.

③ 비중 2.71, 녹는점 100℃

④ 황린, 유황, 금속분, 가연성의 유기물, 황화물과 혼합시 충격, 마찰, 가열에 의하여 발화하거나 폭발의 위험이 있다.

⑤ 초기소화에는 강화액, 포, CO_2, 분말소화기가 유효하며 기타의 경우는 물, 포를 대량 사용하여 냉각소화한다.

(5) 염소산아연($Zn(ClO_3)_2$

① 제초제, 시약, 꽃불류 제조 등에 사용한다.

② 무색 무취의 결정이며 물에 녹으며 조해성이 있다.

③ 강산화제이며 가열하면 염소와 산소를 방출한다.

④ 녹는점 60℃, 비중 2.15

⑤ 황린, 금속분, 가연성의 유기물, 목탄분. 황화물과 혼합 시 가열, 충격, 가벼운 마찰에 의해 발화하거나 폭발의 위험이 있다.

⑥ 화재 시 화염에 의해 염화수소를 포함하여 자극성, 유독성 가스를 발생한다.

⑦ 초기소화에는 강화액, 포, 분말소화기가 유효하며 기타의 경우에는 다량의 물, 포, 알코올포가 유효하다.

3) 과염소산염류($M'ClO_4$)

과염소산염류란 과염소산($HClO_4$)의 수소(H)가 금속 또는 양성원자단으로 치환된 화합물이다. 일반적으로 염소산염류보다 안정하다. 대부분 물에 녹으며 무색, 무취의 결정 또는 분말이다. 인, 유황, 목탄분, 유기물, 기타 가연물과 혼합할 때는 가열, 마찰, 충격, 타격에 의해 급속히 연소시키며 경우에 따라서는 폭발을 일으킨다. 과염소산염류를 함유한 화약류를 갱내에서 사용하거나 밀폐공간 내에서 화재가 발생하면 유독한 염소가스가 발생하므로 공기호흡기를 착용하여 사용한다.

(1) 과염소산칼륨($KClO_4$)

① 분해온도 400℃, 녹는점 160℃, 용해도 1.8(20℃), 비중2.52

② 무색, 무취이다.

③ 물에 녹기 어렵고 알코올, 에테르에 녹지 않는다.

④ 종이, 나무조각, 목탄 및 에테르와는 상온, 상압에서 습기 및 일광으로 인하여 발화된다.

⑤ 분해반응은 다음과 같다.

$$KClO_4 \rightarrow KC + 2O_2\uparrow$$

분해온도는 400℃에서 분해가 시작하여 610℃에서 완전 분해한다. 이 때 이산화망간(MaO_2)과 같은 촉매가 존재하면 분해를 촉진시킨다.

⑥ 금속분, 비소, 안티몬, 목탄, 인, 유황, 탄소 등의 가연물과 혼합될 때는 착화에 의하여 급격히 연소를 일으키며 충격, 마찰, 타격에 의해 폭발한다.

⑦ 화재 시 화염에 의해 칼륨산화물과 유독성의 염화수소를 발생한다.

⑧ 저장은 강산류, 알코올류, 금속분, 유황, 알루미늄, 마그네슘 등과 혼합, 혼입되지 않도록 하고, 용기는 차고 건조하며 환기가 잘되는 안전한 곳에 저장한다.

⑨ 유독성은 피부에 접촉되면 염증을 일으키고 눈에 들어가면 눈을 자극한다. 분진을 흡입하는 경우 호흡기를 자극한다.

(2) 과염소산나트륨, 과염소산소다($NaClO_4$)

① 분해온도 400℃, 녹는점 482℃, 용해도 170(0℃), 비중 2.50

② 무색, 무취의 조해되기 쉬운 결정이며 알코올, 아세톤에 녹으며 에테르에는 녹지 않는다.

③ 130℃ 이상으로 가열하면 분해하여 산소를 방출한다.

$$NaClO_4 \rightarrow Nacl + 2O_2\uparrow$$

④ 유기물 등의 가연물과 혼합 시 착화하면 격렬히 연소하며 충격, 타격, 마찰에 의해 폭발을 일으킨다. 연소할 때는 Na_2O, HCl 등을 방출한다.

⑤ 히드라진, 비소, 안티몬, 가연성의 분말(금속분, 목탄분)과 혼합할 때 충격, 가열하면 폭발의 위험이 있다.

⑥ 유독성은 눈, 피부, 호흡기관을 자극한다.

⑦ 폭약 등에 사용되며 다량의 물을 주수하여 소화한다.

(3) 과염소산암모늄(NH_4ClO_4)

① 분해온도 130℃, 비중(20℃) 1.87

② 무색, 무취 백색의 결정으로 물, 알코올, 아세톤에 녹으며 에테르에 녹지 않는다.

③ 충격에는 비교적 안정하나 130℃에서 분해되어 300℃ 부근에서 급격히 산소를 방출하며 폭발한다.

④ 강산과 접촉하거나 가연물 또는 산화성물질 등과 혼합 시 폭발의 위험이 있다.

$$NH_4ClO_3 + H_2SO_4 \rightarrow \quad + HClO_4$$

⑤ 용도는 폭약원료, 로켓 추진약, 화약류의 산소공급제, 불꽃류 제조 등에 사용한다.
⑥ 강알칼리에 의해 NH_3를 발생한다.
⑦ 금속분이나 가연성 물질과 혼합하면 충격에 민감하고 강한 충격에 의해서는 발화, 폭발의 위험이 높아진다.
⑧ 분진이 접촉하면 피부, 눈, 목을 자극한다.
⑨ 폭약, 성냥 등에 사용하고 다량의 물을 주수하여 소화한다.

(4) 과염소산마그네슘($Mg(ClO_4)_2$)

① 용도는 분석시약, 가스건조제 등에 사용한다.
② 백색의 결정성 덩어리이다.
③ 조해성이 강하고 물, 에탄올에 잘 녹는다.
④ $KClO_4$와 거의 유사한 성질을 갖으며 산화력이 강한 위험성이 있다.
⑤ 금속분, 가연물과 혼합되면 조건에 따라 폭발위험이 있다.
⑥ 분말의 흡입은 매우 유독하다.
⑦ 다량의 물을 주수하여 소화한다.

(5) 과염소산바륨($Ba(ClO_4)_2$

① 용도는 분석시약, 화약류의 산소공급제
② 백색의 결정 또는 분말
③ 물, 에테르, 아세톤에 녹으며 에틸에테르에 거의 녹지 않는다.
④ 체내 흡수 및 분말 흡입은 유독하다.

4) 무기과산화물류 : 지정수량 50 kg

과산화물은 무기과산화물과 유기과산화물로 나뉘며 무기과산화물은 알칼리금속의 과산화물과 알칼리토금속의 과산화물로 나뉜다. 알칼리금속의 과산화물(Li, Na, K, Rb, Cs 등)은 물기엄금이며 제3류 위험물과 위험성이 유사하며 물과 접촉하여 발열과 함께 산소를 발생하므로 주수소화가 적합하지 못하나 다른 제1류 위험물은 주수소화한다. 유기과산화물(지정수량 10 kg)은 화기엄금이며 제5류 위험물에 속한다.

무기과산화물의 일반적인 성질은 다음과 같다.

- 일반적으로 불안정한 화합물이다.
- 분해가 용이하고 산소를 방출한다.
- 분해 시는 발열하며 강력한 산화제이다.
- 자신은 불연성이지만 가연물(특히, 에테르 등의 인화점이 낮은 석유류)과 혼촉하면 발화시키고 경우에 따라서 폭발한다.
- 물과 격렬히 반응하여 산소를 방출하고 발열하며 부식성이 강한 알칼리액을 만든다.
- 황화린과 접촉 시 자연발화의 위험이 있다.

(1) 과산화칼륨, 과산화칼리(K_2O_2)

① 녹는점은 490℃이며 비중은 2.9이다.

② 무색 또는 오렌지색의 비정계 물질이다.

③ 피부와 접촉하여 피부를 부식시킨다.

④ 공기 중에서 탄산가스를 흡수하여 탄산염이 된다.

⑤ 물과 접촉하여 수산화칼륨과 산소가스를 발생한다.

⑥ 에틸알코올(에탄올)에 용해된다.

⑦ 물과 접촉을 피해야 하고 소화방법은 마른모래나 암분으로 소화한다.

⑧ 반응식은 다음과 같다.

- 물과 반응 시

$$2K_2O_2 + 4H_2O \rightarrow 4KOH + 2H_2O + O_2\uparrow$$

- 가열분해반응

$$2K_2O_2 \xrightarrow{\Delta} 2K_2O + O_2\uparrow$$

- 탄산가스의 반응

$$2K_2O_2 + 2CO_2 \rightarrow 2K_2CO_3 + O_2\uparrow$$

- 초산화반응

$$K_2O_2 + 2CH_3COOH(\text{아세트산}) \rightarrow 2CH_3\ COOK(\text{초산칼륨}) + H_2O_2$$

⑨ 저장은 물기엄금, 가열금지, 화기엄금, 용기는 차고 건조하며 환기가 잘되는 곳에 저장한다.

(2) 과산화나트륨, 과산화소다, 나트륨퍼옥사이드(Na_2O_2)

① 분해온도 600℃, 녹는점 460℃, 비중 2.80

② 순수한 것은 백색, 일반적인 것은 황백색이다.

③ 물에는 용해되고 물과 접촉하면 발열하며 에틸알코올(에탄올)에는 잘 녹지 않는다.

④ 알칼리금속의 과산화물로 물과 접촉을 피해야 한다.

⑤ 강력한 산화제로 금, 니켈을 제외한 다른 금속을 침식하여 산화물을 만든다.

⑥ 가열하면 열분해하여 산화나트륨과 산소를 방출한다.

$$2NaO_2 \overset{\Delta}{\rightarrow} 2Na_2O + O_2\uparrow$$

⑦ 흡습성이 있으므로 물과 접촉하면 수산화나트륨(NaOH)과 산소(O_2)를 방출한다.

$$Na_2O_2 + H_2O \rightarrow 2NaOH + \frac{1}{2}O_2$$

⑧ 묽은 산과 반응하여 과산화수소(H_2O_2)를 발생하고 인, 마그네슘, Al분, 목탄분과 혼합되어 있을 때는 공기 중 습기를 흡수하여 발열, 발화한다.

$$Na_2O_2 + 2CH_3COOH \rightarrow 2CH_3COONa + H_2\uparrow$$

⑨ 저장용기에 물이 들어가면 분출 비산하고 공기 중에서 서서히 CO_2를 흡수반응하여 탄산염을 만들고 O_2를 방출한다.

$$2CO_2 + 2Na_2O_2 \rightarrow 2Na_2OCO_3 + O_2\uparrow$$

⑩ 소화는 다량의 마른모래, 소금분말, 건조석회 등으로 피복하여 질식소화하고 주수는 엄금한다.

⑪ 용도는 목재, 펄프, 섬유, 모피 등의 표백제, 살균제, 방취제, 소독제 등에 사용된다.

(3) 과산화마그네슘, 과산화마그네시아(MgO_2)

① 백색분말이며 물에 녹지 않으며 산과 반응하여 과산화수소(H_2O_2)를 발생한다.

② 화학적 반응식은 다음과 같다.

- 가열분해반응

$$2MgO_2 \xrightarrow{\Delta} 2MgO + O_2\uparrow$$

- 산과 반응

$$MgO_2 + 2HCl \rightarrow MgCl_2 + H_2O_2$$

③ 환원제 및 유기물과 혼합시 마찰 또는 가열, 충격에 의하여 폭발의 위험이 있다.

④ 습기나 물에 접촉되지 않도록 용기를 밀봉, 밀전한다.

⑤ 산류와 격리하고 용기파손에 의한 누출이 없도록 한다.

⑥ 주수소화도 사용되지만 건조사에 의한 피복소화가 효과적이다.

(4) **과산화칼슘, 과산화석회(CaO_2)**

① 분해온도 275℃, 비중 1.70

② 백색 또는 담황색의 무정형 분말이며, 물에 녹기 어렵고 알코올이나 에테르 등에도 녹지 않는다.

③ 산과 반응하여 과산화수소 발생한다.

$$CaO_2 + 2HCl \rightarrow CaC_2 + H_2O_2$$

④ 가열분해하여 산화마그네슘과 산소가스를 발생한다.

⑤ 가열할 경우 275℃에서 폭발적으로 분해하며 산소를 방출한다.

⑥ 반응식은 다음과 같다.

- 가열분해반응

$$2CaO_2(\text{과산화칼슘}) \xrightarrow{\Delta} 2CaO + O_2\uparrow$$

- 산과반응

$$CaO_2 + 2HCl \rightarrow CaCl_2 + H_2O_2$$

⑦ 용도는 표백제, 소독제, 유리, 시멘트 등에 사용

⑧ 피부에 접촉하면 염증을 일으키고 눈에 접촉 시 시력이 저하된다.

⑨ 주수소화도 사용되지만 건조사에 의한 피복소화가 효과적이다.

(5) 과산화바륨(BaO_2)

① 분해온도 840℃, 녹는점 450℃, 비중 4.96

② 백색의 분말로서 알칼리토금속의 과산화물 중 가장 안정하다.

③ 냉수에 약간 녹고 알코올, 에테르, 아세톤 등에는 녹지 않는다. 묽은 산에 녹는다.

④ 고온 800~840℃에서 분해하여 산소를 방출한다.

$$2BaO_2 \rightarrow 2BaO + O_2$$

⑤ 산과 반응하여 과산화수소를 만든다.

$$BaO_2 + H_2SO_4 \rightarrow BaSO_4 + H_2O_2\uparrow$$

⑥ 유독성이 있다.

⑦ 산화되기 쉬운 물질, 습기가 있는 종이나 섬유와 혼합하면 폭발의 위험이 있다.

⑧ 피부에 접촉하면 염증을 일으키고 눈에 들어가면 시력저하와 실명의 우려가 있다.

⑨ 이산화탄소나 건조사에 의한 피복소화가 효과적이다.

5) 브롬산염류($M'BrO_3$)

브롬산염류는 브롬산($HBrO_3$)의 수소(H)가 금속 또는 양성원자단으로 치환된 화합물이다. 이 종류에는 브롬산칼륨($KBrO_3$), 브롬산나트륨($NaBrO_3$), 브롬산아연($Zn(BrO_3)_2 \cdot 6H_2O$),브롬산바륨(($Ba(BrO_3)_2 \cdot H_2O$), 브롬산마그네슘(($Mg(BrO_3)_2 \cdot 6H_2O$)이 있다. 대부분 무색 또는 백색의 결정이고 물에 녹기 쉬운 것이 많다. 가열할 때 분해하여 산소를 방출한다.

(1) 브롬산칼륨($KBrO_3$)

① 무색, 무취의 결정, 결정성 분말

② 녹는점 370℃, 비중 3.27

③ 물에 녹으며 에테르, 알코올에는 녹지 않는다.

④ 녹는 점 이상으로 가열하면 분해하여 산소를 방출한다.

$$2KBrO_3 \xrightarrow{\Delta} 2KBr + 3O_2\uparrow$$

⑤ 자신은 불연성이지만 산화력이 커서 유황, 목탄분, Mg분, Al분, 가연성 물질과 혼합되어

있는 상태에서는 가열, 충격, 마찰에 의하여 폭발한다.

⑥ 용기는 밀전 보관하고 환원성 물질 및 가연성 물질과 혼합, 혼입을 피한다.

⑦ 분진을 흡입하면 구토나 위장에 해를 입히고 혈액 속에서 메타헤모글로빈 증세를 일으킨다.

⑧ 용도는 분석시약, 콜드파마용제 등에 사용한다.

⑨ 초기소화에는 물, CO_2, 분말소화기가 유효하며 기타의 경우는 다량의 물로 소화한다.

(2) 브롬산나트륨($NaBrO_3$)

① 비중 2.56, 녹는점 : 381℃

② 무색의 결정, 결정성 분말로 물에 잘녹는다.

④ 강한 산화력이 있고 고온에서 분해하여 산소를 방출한다.

④ 대량의 주소로 소화한다.

(3) 브롬산 암모늄(NH_4BrO_3)

① 무색, 무취의 결정성고체

② 녹는점 이상에서 분해가 시작된다.

③ 강한 산화제이며 불안정하여 가열하면 폭발한다.

④ 분진은 피부, 눈, 호흡기를 자극한다.

(4) 브롬산아연[$Zn(BrO_3)_2 \cdot 6H_2O$]

① 비중 2.56, 녹는점 100℃

② 무색의 결정이며 물, 에탄올, 이황화탄소, 클로로포름에 잘 녹는다.

③ Cl_2보다 약하지만 강한 산화제이다.

④ 가연물과 혼합되어 있을 때는 폭발적으로 연소한다.

⑤ 불소와 심하게 반응하여 불화취소(HBr)가 생긴다.

⑥ 연소 시 유독성 증기를 발생하고 부식성이 강하며, 금속 또는 유기물을 침해한다.

⑦ 초기소화는 이산화탄소, 분말소화약제, 기타의 경우는 다량의 주수로 냉각소화한다.

(5) 브롬산바륨[$Br(BrO_3)_2 \cdot H_2O$]

① 비중 3.99, 녹는점 414℃

② 무색의 결정으로 물에 약간 녹는다.

③ 융점 이상 가열하거나 충격, 마찰에 의해 분해하여 산소를 발생한다.

④ 강한 산화력이 있어 가연성 물질과 혼합한 것은 가열, 충격, 마찰에 의해 발화 폭발의 위험이 있다.

⑤ 의약이나 시약, 산화제로 사용된다.

6) 질산염류($M'NO_3$) : 지정수량 300 kg

질산염류란 질산(HNO_3)의 수소가 금속 또는 양이온으로 치환된 화합물이다. 대부분 무색 또는 백색의 결정 또는 분말로 모드 물에 잘 녹으며 조해성이 있는 것이 많다. 화약, 폭약의 원료와 화학공업용으로 널리 사용된다.

(1) 질산칼륨, 초석(KNO_3)

① 분해온도 400℃, 녹는점 308℃, 비점 2.098, 용해도(15℃)

② 무색 또는 백색결정 또는 분말이며 초석이라고도 한다.

③ 숯가루, 황가루의 혼합물은 흑색화약이다(흑색화약의 약 75% 원료임).

④ 소화방법은 주수소화가 좋다.

⑤ 물에 잘 녹고 온도가 상승하면 매우 잘 녹지만 흡습성, 조해성 물질은 아니다.

⑥ 글리세린에 잘 녹고 에탄올에 잘 녹으며 에테르에 녹지 않는다.

⑦ 가열하면 400℃에서 완전히 열분해하여 아질산칼륨(KNO_2)과 산소를 방출한다.

$$2KNO_3 \rightarrow 2KNO_2 + O_2\uparrow$$

⑧ 강한 산화제이므로 가연성 분말이나 유기물과 접촉 시 폭발한다.

⑨ 유기물과의 접촉을 피하고 밀폐용기에 넣어 건조한 냉암소에 저장한다.

⑩ 목탄분, 유황, 가연성분말, 인화성 액체류, 강산류와는 같은 장소에 저장하지 않도록 철저히 격리한다.

⑪ 흑색화약, 불꽃놀이의 원료, 의약, 비료, 촉매, 야금, 열처리제, 등에 사용한다.

⑫ 주수하여 소화한다.

(2) 질산나트륨, 칠레초석($NaNO_3$)

① 분해온도 310℃, 녹는점 308℃, 비중 2.26, 용해도(0℃) 73 g

② 무색, 무취의 투명한 결정이며 칠레초석이라고도 부른다.

③ 열분해 반응식은 다음과 같다.

$$2NaNO_3(\text{질산나트륨}) \xrightarrow{\Delta} 2NaNO_2(\text{아질산나트륨}) + O_2\uparrow$$

④ 조해성이 있으며 물이나 글리세린 등에는 잘 녹고 알코올에는 녹지 않는다.

⑤ 황산에 의해서 분해되며 질산을 유리시킨다.

⑥ 강력한 산화제로서 유기물, 가연물과 혼합하면 가열, 충격, 마찰에 의해 발화하여 격렬히 연소한다.

⑦ 저장 취급 시 화기를 엄금하고 물과의 접촉을 피하며, 알루미늄, 나트륨, 시안화칼륨, 유기과산화물, 강산류, 가연물과 혼합, 혼입하지 않도록 한다.

⑧ 다량의 물로 주수소화, 폭발의 위험성이 있으므로 충분한 안전거리 확보, 연소 시 유독가스가 발생하므로 방독면, 보안경, 공기호흡기를 착용한다.

⑨ 눈과 피부에 접촉하면 약상을 입으며 증기는 호흡기 계통을 자극한다.

⑩ 유리발포제, 열처리제, 비료, 염료, 의약, 담배 조연제 등에 사용된다.

(3) 질산암모늄, 초안(NH_4NO_3)

① 분해온도 220℃, 녹는점 165℃, 비중 1.73, 용해도(0℃) 73 g

② 무색, 무취의 연회색 결정, 물, 알코올, 알칼리에 잘 녹는다.

③ 열분해 반응식은 다음과 같다.

$$NH_4NO_3 \rightarrow N_2O + 2H_2O$$

$$2N_2O(\text{아산화질소}) \rightarrow 2N_2 + O_2\uparrow$$

④ 물에 잘 녹고 다량의 물을 흡수(흡열반응)하여 온도가 내려가므로 냉제로 사용

⑤ 조해성과 흡습성이 강하여 수분 흡수시 용해하여 액체로 변한다.

⑥ 급격한 가열이나 충격을 주면 단독으로 폭발한다.

⑦ 유황, 금속분, 가연물의 유기물이 섞으면 가열, 충격에 의해 폭발을 일으킨다.

⑧ 분진은 눈, 코, 목을 자극하고 흡입 시 기침, 호흡곤란을 일으키며 다량 먹으면 헤모글로빈 결핍증을 일으키며 위점막의 자극으로 위염을 일으킨다.

⑨ 폭약, 불꽃놀이의 원료, 비료, 옵셋인쇄, 질산염 제조 등에 사용된다.

⑩ 다량의 주수로 소화한다.

7) 요오드산염류, 옥소산염류[MIO_3] (지정수량 300 kg)

요오드산(HIO_3)의 수소가 금속 또는 다른 원자단으로 치환된 화합물이며, 이들 염의 총칭을 요오드산염류라고 한다. 대부분 결정성 고체로서 산화력이 강하고, 탄소나 유기물과 섞여 가열하면 폭발한다.

(1) 요오드산칼륨(KIO_3)

① 비중 3.89, 녹는점 560℃, 분자량 214.01
② 무색결정이고 광택이 나는 무색의 결정성 분말이다.
③ 물에 잘 녹으며 수용액은 리트머스 시험지에 중성반응을 나타낸다.
④ 과염소산염류($MClO_3$), 브롬산염류($MBrO_3$)보다 안정하지만 산화력이 강하고 가열하면 분해하여 산소를 발생한다.
⑤ 유기물, 가연물과 혼합한 것은 가열, 충격·마찰에 의해 폭발한다.
⑥ 화기엄금, 직사광선을 피하여 저장한다.
⑦ 가연성 물질과 황화합물 등과 함께 저장하지 않도록 한다.
⑧ 유출되지 않도록 밀폐·밀봉하여 저장하고, 환기가 잘 되고 서늘한 곳에 저장한다.
⑨ 초기소화에는 포, 분말소화약제도 유효하지만 기타의 경우는 다량의 물로 냉각소화한다.

(2) 요오드산나트륨($NaIO_3$)

① 분자량 197.9, 비중 4.28, 녹는점 42℃
② 백색의 결정 또는 결정성 분말로 물에 녹으며 에탄올에 녹지 않는다.
③ 조해성이 있다.
④ 초기소화에는 포, 분말소화약제도 유효하지만 고온에서는 폭발의 위험성이 있으므로 대량의 물로 냉각소화한다.

(3) 요오드산암모늄(NH_4IO_3)

① 분자량 192.9, 비중 3.3,
② 무색의 결정으로 금속과 접촉 시 심하게 분해된다.
③ 150℃ 이상 가열하면 분해한다.
④ 황린, 인화성 액체류, 칼륨, 나트륨 등과 혼촉에 의하여 폭발의 위험이 있다.

8) 무수크롬산(삼산화크롬)

(1) 삼산화크롬(CrO_3)

① 분해온도 250℃에서 분해하여 산소를 방출하고 녹색의 삼산화이크롬으로 변한다.

$$4CrO_3 \xrightarrow{\Delta} 2Cr_2O_3 + 3O_2\uparrow$$

② 암적색 침상결정으로 물, 에테르, 알코올, 황산에 잘 녹는다.

③ 유기물질과 환원제의 접촉으로 발열, 발화한다.

④ 삼산화크롬의 수용액의 흡수 및 분진 등의 접촉으로 시력장애 등이 발생한다.

⑤ 삼산화크롬이 가열하여 분해할 경우 산소를 방출한다.

⑥ 혼합으로 자연발화를 일으킬 수 있는 물질은 아닐린, 아세톤, 알코올, 피리딘 등이 있다.

⑦ 산화되기 쉬운 물질이나 유기물, 인, 피크린산, 목탄분, 가연물과 혼합하여 심한 반응열에 의해 연소, 폭발할 위험이 있다.

⑧ 유황, 목탄분, 적린, 금속분과 같은 강력한 환원제와 접촉 시 가열, 충격으로 폭발의 위험이 있으며, 물과 접촉하면 격렬하게 발열하여 발화 위험이 있다.

⑨ 철제용기에 밀폐하여 냉암소에 보관하고 소화는 건조사로 덮어 질식소화한다.

9) 과망간산염류[$M'MaO_4$] (지정수량 1,000 kg)

과망간산 염류란 과망간산($HMnO_4$)의 수소를 금속 또는 양성원자단으로 치환된 화합물이다.

(1) 과망간산칼륨, 카멜레온[$KMnO_4$]

① 분해온도 약 200~240℃, 비중 2.7이고 물, 에탄올, 빙초산, 아세톤에 잘 녹는다.

② 흑자색의 결정이며 가열하면 240℃에서 분해하여 산소를 방출한다.

$$2KMnO_4 \xrightarrow{\Delta} K_2MnO_4 + MnO_2 + O_2\uparrow$$

③ 물에 녹아서 진한 보라색을 나타낸다.

④ 황산 및 가연성 가스와 접촉하여 폭발한다.

⑤ 살균력이 강하므로 수용액은 무좀 등의 치료제로 많이 사용된다.

⑥ 화학반응식은 다음과 같다.

- 묽은 황산과의 반응

$$4KMnO_4 + 6H_2SO_4 \rightarrow 2K_2SO_4 + 4MnSO_4 + 6H_2O + 5O_2\uparrow$$

- 진한 황산과의 반응

$$2KMnO_4 + H_2SO_4 \rightarrow K_2SO_4 + 2HMnO_4 \text{ (과망간산)}$$

$$2HMnO_4 \rightarrow Mn_2O_2 + 3O_2\uparrow$$

$$2Mn_2O_7 \rightarrow 4MnO_2 + 3O_2\uparrow$$

⑦ 강한 알칼리와 접촉에 의하여 산소를 방출한다.

⑧ 강산, 유기물, 알코올, 에테르, 글리세린. 에틸렌글리콜, 가연성 가스, 강알칼리, 유황, 인, 목탄분 등의 환원성 물질과 철저히 격리한다.

(2) 과망간산나트륨($NaMnO_4 \cdot 3H_2O$)

① 적자색의 결정으로 가열하면 녹는점 부근에서 산소를 방출한다.

② 조해성이 강하며 물에 잘 녹는다.

③ 적린, 유황, 금속분, 유기물과 혼합하면 가열, 충격에 의해 폭발한다.

④ 혼촉, 발화가능성 물질로는 나트륨, 디에틸에테르, 이황화탄소, 아닐린, 톨루엔, 에탄올, 진한 초산, 에틸렌글리콜, 황산 등이 있다.

(3) 과망간산칼슘($Ca(MnO_4)_2 \cdot 4H_2O$)

① 녹는점 40℃, 비중 2.4

② 자색결정이며 수용성이다.

③ 기타 성상은 과망간산칼륨에 준한다.

④ 170℃ 가열에 의해 산소를 방출한다.

$$2NaMnO_4 \xrightarrow{\Delta} Na_2MnO_4 + MnO_4 + O_2\uparrow$$

10) 중크롬산염류[$M'_2Cr_2O_7$] (지정수량 1,000 kg)

중크롬산염류란 중크롬산($H_2Cr_2O_7$)의 수소(H)가 금속 또는 양성원자단으로 치환된 화합물이다. 대부분 황적색, 적색계통의 결정이고, 거의가 물에 녹는다. 아닐린, 피리딘과 장기간 방치하거나 가열하면 폭발하며 기타의 가연물과 혼합한 것은 발화 폭발한다.

(1) 중크롬산칼륨($K_2Cr_2O_7$)

① 분해온도 500℃, 녹는점 398℃, 비중 2.69, 비점 500℃이며 중크롬산나트륨 용액에 염화칼륨을 가해서 용해, 가열시켜서 얻는다.

$$Na_2Cr_2O_7 + 2KCl \rightarrow K_2CrO_7 + 2NaCl$$

② 등적색 결정 또는 결정성 분말로 쓴맛과 금속성 맛이 있다.

③ 물에 녹으나 알코올에는 녹지 않는다. 독성이 있다.

④ 강산화제이며 500℃에서 분해하여 산소를 얻는다.

⑤ 적열하면 산화크롬과 크롬산칼륨이 있다.

⑥ 용기는 밀봉하여 저장하며 냉암소에 보관하고 화기엄금, 가열, 충격, 마찰을 피한다.

⑦ 소화에는 물, 포소화약제가 유효하다.

⑧ 분진은 기관지를 자극하며 흡입 시 중독증상을 일으킨다.

(2) 중크롬산나트륨($Na_2Cr_2O_7$)

① 분해온도 400℃, 녹는점 356℃, 비중 2.52

② 흡습성인 등적색으로 무취이다.

③ 물에 잘 녹고 알코올에는 녹지 않으며 흡습성과 조해성이 있다.

④ 85℃에서 결정수를 잃고 400℃에서 분해하여 산소를 방출한다.

⑤ 눈에 들어가면 결막염을 일으키고 장시간 피부에 접촉되면 피부염증이 생긴다.

(3) 중크롬산암모늄$(NH_4)_2Cr_2O_7)$

① 분해온도 225℃, 비중 2.15, 녹는점 185℃

② 적색 또는 등적색의 침상의 결정이다.

③ 삼산화크롬에 암모니아를 작용하여 만든다.

$$2Cr_2O_3 + 2NH_3 + H_2O \rightarrow (NH_4)_2Cr_2O_7$$

④ 녹는점 이상 가열 분해 시 질소가스를 발생한다.

$$(NH_4)_2Cr_2O_7 \rightarrow N_2\uparrow + 4H_2O + Cr_2O_3$$

⑤ 물, 알코올에는 녹지만 아세톤에는 녹지 않는다.

⑥ 상온에서 안정하지만 강산을 가하면 산화성이 증가한다.

⑦ 400℃ 이상 가열하면 산소(O_2)를 방출한다.

⑧ 밀폐용기를 가열하면 심하게 파열한다.

⑨ 강산류, 환원제, 알코올류와 반응한다.

⑩ 분진은 눈을 자극하고 상처에 접촉하면 염증이 생긴다.

⑪ 초기소화에는 건조사, 분말, CO_2 소화기가 유효하며 기타의 경우는 물로 냉각소화한다.

(4) **중크롬산 칼슘**($CaCr_2O_7$)

① 산화제, 소독제로 사용하며 등적색의 결정으로 조해성이 있다.

② 가연물과 혼합된 것은 가열, 충격, 마찰에 의해 폭발을 일으킨다. 황산, 가연성 가스와 접촉하면 폭발한다.

③ 분진은 눈을 자극하고 흡입 시 중독증상을 일으킨다. 상처에 침투하여 염증을 일으킨다.

12.2.2 제2류 위험물

1 제2류 위험물 종류

표 12-2 제2류 위험물

류별	성질	품명 및 품목	지정수량
제2류	가연성고체	황화린	100 kg
		적린	100 kg
		유황	100 kg
		철분	500 kg
		금속분	500 kg
		마그네슘	500 kg
		• 그 밖에 행정안전부령으로 정하는 것 • 제1호 내지 제7호의 1에 해당하는 어느 하나 이상을 함유한 것	100 kg 또는 500 kg
		인화성고체	1,000 kg

2 공통성질 및 저장, 취급 시 주의사항

1) 공통성질

① 비교적 낮은 온도에서 착화되기 쉬운 가연성 고체이다.
② 발화하면 많은 열과 빛을 내며, 연소속도가 빠른 고체이다. 유독성 물질이다.
③ 대부분 물보다 무겁고 물에 녹지 않는다. 강력한 환원성 물질이다.
④ 연소할 때 유독한 가연성 가스를 발생하는 것도 있으므로 소화에 곤란을 겪을 때도 많다.
⑤ 철분, 마그네슘, 금속분은 물 또는 산(acid)과 접촉하면 발열하게 된다.
⑥ 인 등은 다량의 연기를 발생하며, 공기 중에 가루가 부유하면 분진폭발을 일으킬 수 있다.
⑦ 대부분 비중은 1보다 크고 물에 녹지 않으며 인화성 고체를 제외하고는 모두 무기화합물질이다.

2) 저장 및 취급 시 주의사항

① 점화원을 멀리하고 가열을 피한다.
② 적린은 화기와 멀리하고 냉암소에 보관하며, 산화제와의 혼합은 금한다.
③ 용기 등의 파손으로 위험물이 누출되지 않도록 한다.
④ 금속분(철분, 마그네슘, 금속분 등)은 물이나 산과의 접촉을 피한다.

3) 예방대책

① 화기엄금, 가열엄금, 고온체와의 접촉을 피한다.
② 산화제인 제1류 위험물, 제6류 위험물과 혼합, 혼촉을 피한다.
③ 통풍이 양호한 냉암소에 보관, 저장한다.
④ 저장용기는 밀봉하여 용기의 파손과 위험물의 누출을 방지한다.
⑤ 다른 류별의 위험물과 동일한 위험물 저장소에 원칙적으로 함께 저장해서는 안 되며 위험물제조소 등에는 적색바탕에 백색문자로 '화기주의'라는 주의사항 게시판을 설치한다. 단, 인화성 고체인 경우 주의사항 게시판은 '화기엄금'이다.
⑥ Fe분, Mg, 금속분은 물, 습기, 습한 공기, 산과의 접촉을 피하여 저장하여야 한다.

4) 소화방법

① 금속분, Fe분, Mg, 황화린은 건조사, 건조분말 등으로 질식소화하며 적린과 유황은 물에

의한 냉각소화가 유효하다.

② 금속분, Fe분, Mg이 연소하고 있을 때 주수하면 급격히 발생한 수증기의 압력이나 수소(H_2)에 의해 폭발의 위험이 있으므로 절대 주수하여서는 안 된다.

③ 금속분, Fe분, Mg이 밀폐공간에서는 발화하면 분진폭발로 이어지므로 소화작업 시 충분히 안전거리를 확보하여야 한다.

④ 연소 시 발생하는 다량의 유독성 연소생성물의 흡입을 방지하기 위하여 반드시 공기호흡기 등을 착용하여야 한다.

그림 12-2 제2류 위험물

3 제2류 위험물의 성상

1) 황화인(지정수량 100 kg)

황화인은 삼황화인, 오황화인, 칠황화인 3가지가 있으며 미립자는 기관지 및 눈을 자극한다.

(1) 종류

가) 삼황화인(P_4S_3)

① 착화점 100℃, 녹는점 172.5℃, 비점 407℃, 비중 2.03이다.

② 황색결정이지만 연소 시 오산화인 가스를 발생한다. 연소반응식은 다음과 같다.

$$P_4S_3 + O_2 \rightarrow 2P_2O_5 + 2SO_2$$

③ 이황화탄소, 질산, 알칼리 등에 녹지만 물, 염소. 염산, 황산에는 녹지 않는다.

나) 오황화인(P_2S_5)

① 녹는점 290℃, 비점 514℃, 비중 2.09, 발화점 142℃

② 담황색 결정의 조해성 물질이며 연소시 황화수소 가스를 발생한다.

③ 물 또는 알칼리와 분해하여 H_2S와 H_3PO_4(인산)이 된다.

$$P_2S_5 + 8H_2O \rightarrow 5H_2S + 2H_3PO_4$$

④ 특이한 냄새를 가지며 습기있는 공기 중에서 분해하여 황화수소(H_2S)를 발생한다.
⑤ 알코올, 이황화탄소에 녹는다.

다) 칠황화인(P_2S_7)

① 녹는점 310℃, 비점 523℃, 비중 2.19이다.
② 담황색 결정이며 조해성이 있다.
③ 냉수에서는 서서히, 온수에서는 급격히 분해하여 H_2S를 발생한다.
④ 이황화탄소(CS_2)에 약간 녹는다.

(2) 위험성

① 가연성 고체로서 약간의 열에 의해서도 대단히 연소하기 쉽고 때에 따라 폭발한다.
② P_4S_3은 공기 중에서 약 100℃에서 발화하고 마찰에 의해서도 쉽게 연소하고 자연발화 가능성이 있다.
③ 황화인이 눈에 들어가면 눈을 자극하고 피부에 접촉하면 피부염, 탈색을 일으키다.
④ 연소생성물은 모두 유독하다.
⑤ 알칼리, 알코올류, 아민류, 유기산, 강산과 접촉 시 심하게 반응한다.

(3) 저장 및 취급방법

① 가열금지, 직사광선 차단, 화기를 엄금하고 충격과 마찰을 금한다.
② 산화제, 과산화물, 알칼리, 알코올, 아민류, 유기산, 강산류, 금속분과의 접촉을 피한다.
③ 소량인 경우 유리병, 대량인 경우 양철통에 넣은 후 나무상자에 보관한다.
④ 용기는 밀폐하여 보존하고 밖으로 누출되지 않는다.

(4) 소화방법

① 물에 의한 냉각소하는 적당하지 않으며(유독성, 가연성의 H_2S 발생) 건조 소금 분말, 건조분말, 마른모래 등으로 질식소화한다.
② 연소 시 발생하는 유독성의 연소생성물(P_2O_5, SO_2)의 흡입방지를 위해 공기호흡기, 방호의, 보호안경, 고무장갑 등을 착용한다.

2) 적린 P(지정수량 kg)

(1) 성상

황린을 약 250℃로 가열하면 적린이 되며 산화물과 같이 있으면 발화되므로 염소산염류의 산화제와 접촉을 절대 피해야 하며 니트로히드로아민과 접촉하면 충격적으로 폭발한다.

① 암적색의 무취의 분말이다.

② 착화점이 260℃, 녹는점 600℃, 비중 2.2이다.

③ 황린에 비하여 대단히 안정하며 독성과 자연발화의 위험이 없다(단 산화물과 접촉은 제외).

④ 연소생성물은 P_2O_5로 황린과 같다.

⑤ 적린의 연소반응식은 다음과 같다.

$$4P + 5O_2 \rightarrow 2P_2O_5$$

⑥ 물과의 직접 반응성은 없으며 독성은 약하고 조해성은 있다.

(2) 위험성

① 강산화제와 혼합하면 낮은 온도에서 발화할 수 있다.

② 연소하면 황린과 같이 유독성이 심한 백색연기의 오산화인을 발생한다.

$$P_4 + 5O_2 \rightarrow 2P_2O_5$$

③ 염소산염류 및 과염소산염류 등 강산화제와 혼합하면 불안정한 폭발물과 같이 되어 약간의 가열, 충격, 마찰에 의하여 폭발한다.

(3) 저장 및 취급방법

① 제1류 위험물, 산화제와 절대 혼합하지 않도록 하며 화학류, 폭발성 물질 또는 가연성 물질과 격리한다.

② 화기엄금, 가열·충격·타격·마찰이 가해지지 않도록 한다.

③ 직사광선을 피하며 냉암소에 보관한다.

(4) 소화방법

다량의 물로 냉각소화한다. 소량인 경우는 모래나 CO_2도 효과가 있다.

3) 황(S)

황은 황색으로 사방정계, 단사정계, 비정계의 3종류가 있으며 순도가 60중량% 미만인 것은 위험물에서 제외한다. 황의 연소는 증발연소이며 황의 화학반응식은

$$S + O_2 \rightarrow SO_2(\text{아황산가스})$$

아황산가스는 유독하므로 호흡기를 보호해야 한다. 화약이나 고무가황, 이황화탄소 제조, 의약, 농약, 살균 등에 사용된다.

(1) 종류

① 사방정계의 황

㉮ 녹는점 113℃, 비중은 2.07이다.

㉯ 산화제의 혼합연소는 다량의 물에 의한 소화가 효과적이다.

㉰ 가열하지 말고 산화제와의 접촉을 피한다.

㉱ 분진폭발 및 정전기의 축적에 주의할 것

㉲ 황 자체의 연소는 질식소화도 가능하다.

② 단사정계의 황

단사정계의 황은 160℃에서 갈색을 띠며 250℃에서 흑색으로 불투명하게 되며 유동성을 갖는다.

㉮ 녹는점 119℃, 비점 445℃, 비중 1.96

㉯ 사방정계의 황을 95.5℃로 가열하여 얻는다.

③ 비정계의 황

용융된 황을 물에 넣어 급냉시킨 것이다.

(2) 성상

① 무색, 비휘발성, 비조해성, 물과의 직접 반응성은 없다.

② 물, 산에는 녹지 않으며 알코올에는 약간 녹고 이황화탄소에는 잘 녹는다.

③ 공기 중에서 연소하면 푸른 빛을 내며 아황산가스(SO_2)를 발생한다.

④ 전기를 통하지 않으므로 전기절연체에 사용한다.

(3) 위험성

① 연소 시 발생하는 아황산가스는 인체에 유독하므로 소화 종사원에게 치명적인 영향을 준다.

② SO_2는 눈이나 점막을 자극하고 결막염을 일으키고 흡입하면 기관지염, 폐렴, 위염, 혈당 증상이 일어난다.

③ 제1류 위험물과 같은 산화성 물질과 혼합되어 있는 것은 약간의 가열, 충격·마찰에 의해 발화, 폭발한다.

④ 황가루가 공기 중에 부유할 때 분진폭발의 위험이 있다.

(4) 저장 및 취급 방법

① 화기엄금, 가열, 충격, 마찰을 피한다.

② 용기는 차고 건조하며 환기가 잘되는 곳에 저장한다.

③ 정전기 축적을 방지하고 증기 또는 분말의 비산, 부류를 방지한다.

(5) 소화 방법

소규모 화재는 모래로 질식소화하며 직사 주수할 경우 비산의 위험이 있으므로 다량의 물로 분무주수에 의해 냉각소화한다.

4) 철분(Fe) [지정수량 500 kg]

「위험물 안전관리법」상 분말로서 53μm의 표준체를 통과한 것이 50 wt% 이상인 것을 말한다. 각종 철화물의 제조, 유기합성 시 촉매, 환원제 등으로 이용한다.

(1) 성상

① 녹는점 1,530℃, 비점 2,750, 비중 7.86

② 회백색의 분말이며 강자성체이지만 766℃에서 강자성을 상실한다.

③ 알칼리에 녹지 않지만 산화력을 갖지 않는 묽은 산에 용해된다.

$$Fe + 4HNO_3 \rightarrow Fe(NO_3) + NO + 3H_2O$$

④ 공기 중에서 서서히 산화되어 산화철(Fe_2O_3)이 되어 은백색의 광택이 황갈색으로 변한다.

⑤ 건조한 공기 또는 질소와 반응하지 않지만 실온에서서는 산화되어 녹을 만든다.

(2) 위험성

① 철분에 절삭유가 묻는 것을 장기 방치하면 자연발화하기 쉽다(공기 중 525～700℃).

② 미세한 분말일수록 작은 점화원에 의해 발화, 폭발한다.

③ 가열되거나 금속의 온도가 충분히 높을 때 뜨거운 물 또는 수증기와 반응하면 수소를 발생하고 경우에 따라 폭발한다.

④ 뜨거운 철분, 철솜과 브롬을 접촉하면 격렬하게 발열반응을 일으키고 연소한다.

$$2Fe + 3Br_2 \rightarrow 2FeBr_3 + Q\text{(발열)}$$

(3) 저장 및 취급 방법

① 가열, 충격, 마찰 등을 피한다.

② 산화제와 격리한다.

③ 직접 직사광선을 피하고 냉암소에 보관한다.

(4) 소화방법

① 주수엄금, 마른모래. 소금분말, 소석회로 질식소화한다.

5) 마그네슘(Mg) [지정수량 500 kg]

마그네슘 또는 마그네슘을 포함한 것 중 2 mm의 체를 통과하지 않은 덩어리는 대상에서 제외한다. 합금류, 꽃불류, 화약, 시가지용 기폭제, 환원제, 철광의 탈황제, 티타늄 제조용, 주물제조용, 경금속 등에 사용한다.

(1) 성상

① 발화점 400℃ 부근, 녹는점 660℃, 비점 1,102℃, 비중 1.74, 착화온도 473℃이다.

② 은백색의 광택이 나는 가벼운 금속분말로 공기 중 서서히 산화되어 광택을 잃는다.

③ 알루미늄보다 열전도율 및 전기전도도가 낮다.

④ 산 및 더운 물과 반응하여 수소를 발생하므로 주수소화가 부적당하다.

- 산과 반응 시

$$2Mg + O_2 \rightarrow 2MgO + (2\times143.7)\ Kcal$$

• 온수와의 반응식

$$Mg + 2H_2O \rightarrow Mg(OH)_2 + H_2\uparrow$$

⑤ 공기 중 부식성은 적으나 산이나 염류에는 침식된다.

(2) 위험성

① 산화제 및 할로겐원소와의 접촉을 피한다.

② 공기 중의 습기와 자연발화 또는 산화제와의 혼합물은 타격, 충격, 마찰 등에 의하여 착화되기 쉽다.

③ 가열하면 연소하기 쉽고 양이 많은 경우 순간적으로 맹렬하게 폭발한다.

$$2Mg + O_2 \rightarrow 2MgO + 2 \times 143.7\text{ Kcal}$$

④ 분진의 비산은 분진폭발의 위험이 있다.

⑤ 이산화탄소 등 질식성 가스와 연소 시에는 유도성인 일산화탄소를 발생한다.

⑥ CCl_4, C_2H_4ClBr과 같은 할로겐 화합물과 고온에서 작용하면 폭발적으로 반응하여 맹독성 포스겐($COCl_2$) 가스가 생긴다.

⑦ 알칼리 수용액과 반응하여 수소를 발생하지 않지만 강산과 반응하여 수소가스를 발생한다.

⑧ 상온에서는 물을 분해하지 못하여 안정하지만 뜨거운 물이나 과열 수증기와 접촉하면 격렬하게 수소(H_2)를 발생하며 염화암모늄 용액과 반응은 위험을 초래한다.

⑨ 가열된 마그네슘을 SO_2 속에 넣으면 산화제로 작용하여 다음과 같이 연소한다.

$$3Mg + SO_2 \rightarrow 2MgO + MgS$$

(3) 저장 및 취급방법

① 가열, 충격, 마찰 등을 피하고 산화제, 수분, 할로겐 원소와의 접촉을 피한다.

② 산, 물 또는 습기와의 접촉을 피한다. 저장용기는 밀폐 건조시키고 습기나 빗물이 침투되지 않도록 한다.

③ 분진폭발의 위험이 있으므로 분진이 비산되지 않도록 하고 완전 밀봉 저장한다

④ 화기엄금하고 분말을 취급하는 작업장은 통풍·환기가 잘되도록 하고 분진이 쌓이지 않도록 수시로 청소한다.

(4) 소화방법

① 일반 연소하면 소화가 곤란하다, 초기소화 또는 소규모 화재는 석회분, 미른 모래로 소화하고 분진의 비산을 막기 위하여 건조사, 가마니 등으로 피복 질식소화한다.

② 물, CO_2, N_2, 포, 할로겐화합물(할론 1211, 할론 1301)는 소화 적응성이 없으므로 절대 사용을 금한다.

③ 산화제와 혼합 연소할 때는 충분한 안전거리를 유지하고 공기호흡기 등을 착용한다.

6) 금속분류 [지정 수량 500 kg]

알칼리금속, 알칼리토금속류 금속, 철 및 마그네슘 이외의 금속분을 말하며 구리, 니켈분과 150mμ의 체를 통과하는 것이 50중량 % 미만인 것은 제외한다.

금속분류 종류에는 알루미늄분, 아연분, 구리분 등이 있다. 성질상 불연성이고 액체상태인 수은도 금속분에서 제외된다. 물과 반응하여 이온화 경향이 큰 금속은 물을 분해하여 수소를 발생하고 발열한다.

$$2M + 2H_2O \rightarrow 2MOH + H_2\uparrow + \text{발열}$$

황화수소나 할로겐 등 산화성이 강한 물질과 접촉하면 자연발화하여 발화된다.

(1) 알루미늄분

① 성상

㉮ 녹는점 660℃, 비점 약 2,000℃, 비중 2.7

㉯ 은백색의 광택이 있는 무른 경금속이다.

㉰ 공기 중 광택을 상실하며 전성과 연성이 풍부하고 열전도율, 전기전도도가 크다.

㉱ 황산, 묽은질산, 묽은 염산에 침식당한다. 그러나 진한 질산에는 침식당하지 않는다.

㉲ 산, 알칼리 수용액에서 수소(H_2)를 발생한다.

$$2Al + 6HCl \rightarrow 4AlCl_3 + 3H_2\uparrow$$

㉳ 알루미늄 분말은 공기 중에서 표면에 산화피막을 형성하여 내부를 부식으로부터 보호한다.

② 위험성

㉮ 연소하기 쉽다. 알루미늄 분말이 발화하면 다량의 열을 발생하고 광택을 내고 흰 연

기를 내면서 연소하므로 소화가 곤란하다. 이 때 발생한 열량은 금속분 중 가장 크다.

$$4Al + 3O_2 \rightarrow 2Al_2O_3 + 4 \times 199.6\ Kcal$$

㉯ 진한 질산을 제외한 대부분의 산과 반응하여 H_2를 발생한다.

㉰ 알칼리 수용액과 반응하여 H_2를 발생한다.

$$2Al + 2NaOH + 2H_2O \rightarrow 2NaAlO_2 + 3H_2\uparrow$$

㉱ 분말은 찬물과 반응은 매우 느리고 미미하지만 뜨거운 물과는 격렬하게 반응하여 H_2를 발생한다 .

㉲ 제1류 위험물과 같은 강산화제와 혼합물은 약간의 충격·마찰에 의해 발화, 폭발의 위험이 있다. 밀폐된 곳에 강산화제와 혼합하고 있는 것은 외부에서 공기, 산소의 유입 없이도 가온하면 발화, 폭발한다.

㉳ 셀렌과 반응하여 발열한다.

③ 저장 및 취급 방법

㉮ 가열, 충격, 마찰을 피하고 산화제, 수분 및 할로겐원소와의 접촉을 피할 것

㉯ 분진폭발의 위험이 있으므로 분진이 비산되지 않도록 취급 시 주의한다.

㉰ Mg에 준한다.

④ 유독성

㉮ 분말을 다량 흡입하면 만성적으로 피부 염증, 기관지 손상, 식욕부진, 호흡곤란을 일으킨다.

㉯ 눈의 점막을 자극하고 피부의 상처에 침투하면 피부염을 일으킨다.

⑤ 소화방법

건조사, 마른모래, 멍석 등으로 피복 후 주수한다.

(2) 아연분

① 성상

㉮ 녹는점 419℃, 비점 907℃, 비중 7.14

㉯ 흐릿한 회색의 분말로 비교적 융점과 비점이 낮다.

㉰ 산, 알칼리와 반응하여 수소를 발생한다.

㉱ 아연분은 공기 중에서 흰 염기성 탄산아연의 얇은 막을 만들어 내부를 보호한다.

$$2Zn + CO_2 + H_2O + O_2 \rightarrow Zn(OH)_2 \cdot ZnCO_3$$

㉮ 용융되면 유동성이 크고 고화될 때 수축성이 적어 주물용으로 이용된다.

㉯ 산소와 존재하는 물과 반응하여 수산화아연($Zn(OH)_2$)과 과산화수소(H_2O_2)를 만든다.

② 위험성

㉮ 분말은 적은 양의 물과 혼합하거나 저장 중 빗물이 침투되어 열이 발생, 축척되면 자연발화를 일으킨다.

㉯ 공기 중에서 융점 이상 가열하면 용이하게 연소된다.

$$2Zn + O_2 \rightarrow 2ZnO$$

㉰ 비교적 활성이 큰 금속이고 이온화 경향이 비교적 크며 양쪽성으로 산이나 알칼리와 반응하여 H_2를 발생하고 뜨거운 물과도 격렬하게 반응하여 H_2를 발생한다.

㉱ 산화성 물질과 혼합한 것은 가열, 충격·마찰에 의해 발화, 폭발하며 질산암모늄(NH_4NO_3)과의 혼합물에 소량의 물을 가하면 발화 위험이 있다.

③ 소화방법

㉮ 초기 화재 시 건조사 또는 건조분말로 질식소화한다. 물, 포에 의한 냉각소화는 적당하지 않다.

㉯ 진압작업 중 분진폭발에 주의하고 공기호흡기 등을 착용한다.

(3) 망간분(Mn)

① 성상

㉮ 녹는점 1,240℃, 비점 1,960℃, 비중 7.43

㉯ 회백색의 금속으로 부스러지기 쉬우며 반응성이 풍부하다.

㉰ 습한 공기 중에서 쉽게 금속광택을 잃고 부식된다.

㉱ 묽은 산에 녹으며 공기 중 표면이 산화되어 녹는다.

② 위험성

㉮ 미세한 분말은 점화원에 의해 폭발위험이 있다.

㉯ 미세한 분말은 냉수와는 반응이 느리지만 가열하거나 산과 반응시키면 수소를 발생한다.

$$Mn + 2H_2O \rightarrow Mn(OH_2) + H_2\uparrow$$

$$Mn + 2HCl \rightarrow MnCl_2 + H_2\uparrow$$

㉰ 미세한 분말은 점화원에 의해 폭발위험이 있다. 많은 공기 또는 산소 중에서 가열하면 조건에 따라 MnO 또는 Mn_3O_4를 만든다.

㉱ 강산화제(H_2O_2, NH_4NO_3, HNO_3, Cl_2, NO_2, F_2)와 혼합 시 발화 위험이 있다.

③ 소화방법

㉮ 초기 화재 시 건조사 또는 건조분말로 질식소화한다.

㉯ 밀폐공간 내 화재인 경우 불연성 가스를 사용하여 분진폭발을 방지한다.

(4) 크롬분(Cr)

㉮ 녹는점 1,860℃, 비점 2,670℃, 비중 7.2

㉯ 은백색의 광택이 있는 금속으로 내부식성이 있다.

㉰ 철보다 전기적으로 양성이지만 질산에는 용해되지 않는다.

㉱ 고온에서 할로겐원소, N_2,S, C 및 물과 반응한다.

㉲ 고온상태가 아니면 화학시약과 작용하지 않기 때문에 특수한 성질을 갖는 크롬강과 같은 합금을 만들어 유용한 재료로 사용한다.

㉳ 철, 구리의 도금, 크롬산화물 제조, 사진 인화액 등의 재료로 사용한다.

(5) 텡스텐분(W)

㉮ 녹는점 3,400℃, 원자량 183.85, 비점 5,930℃, 비중 19.3

㉯ 회백색의 분말로 <u>금속 중 녹는점이 가장 높고</u> 인장강도가 매우 높다.

㉰ 대부분 화학시약과 작용하지 않아 특수한 용도의 유용한 재료로 사용한다.

㉱ 금속 중 녹는점이 가장 높기 때문에 산소가 존재하지 않으면 고온에서 가열하여도 녹지 않기 때문에 전구 필라멘트 재료로 사용

㉲ 산소 중에서 300℃ 이상 가열하면 산화텡스텐(WO_2)이 되며, 고온에서 할로겐원소, N_2, S, C 및 물과 반응한다.

12.2.3 제3류 위험물

1 종류

표 12-3 제3류 위험물

유별	성질	품명 및 품목	지정수량
제3류	자연발화성 물질 및 금수성물질	칼륨	10k kg
		나트륨	10 kg
		알킬알루미늄	10 kg
		알킬리튬	10 kg
		황린	20 kg
		알칼리금속(칼슘 및 나트륨 제외)류 및 알칼리토금속류	50 kg
		유기금속화합물류(알킬알루미늄, 알킬리튬 제외)	50 kg
		금속수소화합물류	300 kg
		금속인화물류	300 kg
		칼슘 또는 알루미늄의 탄화물류	300 kg
		그 밖의 행정안전부령으로 정하는 것	10 kg, 20 kg, 50 kg, 300 kg

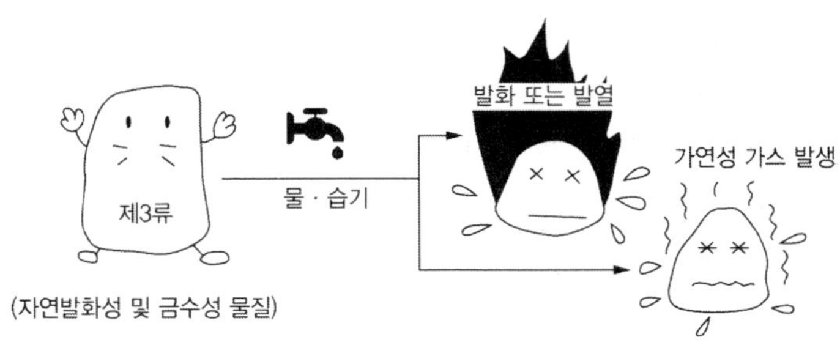

그림 12-3 제3류 위험물

2 공통성질 및 저장, 취급 시 유의사항

1) 공통성질

① 대표적인 성질은 자연발화성 물질 및 물과 반응하여 가스를 발생하는 금수성 물질로서 복합적 위험성을 가지고 있다.

② 대부분 무기물의 고체이지만 알킬알루미늄과 같은 액체도 있다.

③ 자연발화성 물질로서 공기와의 접촉으로 자연발화하는 경우도 있다.

④ 황린을 제외하고 모두 물과 반응하여 화학적으로 활성화되고 물과의 접촉에 의해 위험한 반응을 초해하는 물질이다.

⑤ K, Na, 알킬알루미늄과 알킬리튬은 물보다 가볍고 나머지 품명은 물보다 무겁다.

2) 위험성

① 제3류 위험물은 물과 반응하여 가연성 가스를 발생한다.

② 일부 품명은 물과의 접촉에 의해서 발화하고 공기 중에 노출되면 자연발화를 일으킨다.

③ 일부 품명은 물과 반응할 때 점화원이 될 수 있는 열을 발생한다.

④ 가열되거나 강산화성 물질 또는 강산류와의 접촉에 의해서 위험성이 현저히 증가된다.

⑤ 물과 반응할 때 부식성 물질을 발생하는 것도 있다.

3) 저장 및 취급 시 유의사항

① 용기는 밀봉하여 공기와 수분과의 접촉을 피한다.

② 용기파손과 누설에 주의하며, 산과의 접촉을 피한다.

③ 용기의 내압증가에 주의한다.

④ 보호액 중에 보관하는 위험물의 표면이 노출되는 일이 없도록 해야 한다.

⑤ 폐기처분은 위험이 없는 장소에서 조금씩 처분한다.

⑥ 주수, 분무는 위험하므로 절대 불가하며, 소화 시는 팽창질석을 사용한다.

⑦ 소분하여 수분의 침입을 막고 눈과의 접촉을 피하도록 한다.

⑧ 보호액 중에 저장하는 것은 위험물이 보호액 표면에 노출되지 않도록 한다.

4) 예방대책

① 저장용기는 완전히 밀폐하여 공기 또는 물과의 접촉을 방지한다.

② 산화성 물질(제1류, 제6류 위험물)과 강산류와의 혼촉, 혼합을 방지한다.

③ 용기는 금속제의 견고한 것을 사용하고 저장용기의 파손과 부식을 방지하며, 용기가 가열되지 않도록 한다. 보호액이 들어 있는 것은 용기 밖으로 누출되지 않도록 한다.

④ 알킬알루미늄, 알킬리튬 및 유기금속화학물은 화기를 엄금하고 용기 내 내압이 상승하지 않도록 한다.

⑤ K, Na 및 알칼리금속은 석유, 경유, 등유, 벤젠 등의 석유류(알코올, 아세톤 등 석유류

제외)에 저장한다. 이 보호액의 증발을 막으며 물이 들어가지 않도록 한다.

⑥ 저장용 용기의 부식, 균열 등을 정기적으로 점검하고 운반 시 용기의 낙하, 전도에 주위한다. 황린은 물속에 저장한다.

⑦ 원칙적으로 유별이 다른 위험물과는 동일한 위험물저장소에 함께 저장해서는 안 된다.

⑧ 위험물제조소 등에는 청색바탕에 백색문자로 '물기엄금'을 표기한 주의사항을 설치한다(단, 황린 등 자연발화성물질은 적색바탕에 백색문자로 '화기엄금 표시).

⑨ 알킬알루미늄과 알킬리튬을 취급하는 설비는 불활성 기체를 봉입하는 봉입장치를 설치해야 한다.

⑩ 금수성 물질의 옥외저장탱크에는 방수성의 불연성 재료로 저장한다.

5) 소화방법

① 절대 주수를 엄금하며 물에 의한 냉각소화는 불가능하다. 단, 황린은 주수소화한다.

② K, Na 은 격렬히 연소하기 때문에 특별한 소화수단이 없으므로 연소할 때 연소확대방지에 주력한다.

③ 화재 초기의 건조사, 팽창질석 등을 사용한다. 질식소화방법인 CO_2, CCl_4 사용은 금지한다.

④ 알킬알루미늄, 알킬리튬 및 유기금속화합물은 화재 시 초기에는 석유류와 같은 연소형태에서 후기에는 금속화재와 같은 양상이 되므로 진압 시 특히 주의한다.

⑤ 대량저장 시 소화가 곤란하므로 소분하여 저장한다.

3 제3류 위험물의 성상

1) 칼륨(K), 포타슘 [지정수량 10 kg]

(1) 성상

① 지정수량은 10 kg이며 녹는점은 63.5℃, 비점 762℃, 비중 0.857

② 은백색 광택의 무른 경금속으로 일명 포타슘이라 한다.

③ 수은(Hg)과 격렬하게 반응하여 아말감을 만든다.

④ 흡습성, 조해성이 있고 금속재료를 부식시킨다.

⑤ 녹는점 이상으로 가열하면 보라색 불꽃을 내면서 연소한다.

$$4K + O_2 \rightarrow 2K_2O$$

⑥ 물 또는 알코올과 반응하지만 에테르와는 반응하지 않는다.

(2) 위험성

① 공기 중에서 수분과 반응하여 수소가스를 발생시켜 발화한다.

$$2K + 2H_2O \rightarrow 2KOH + H_2\uparrow + 92.8\,Kcal$$

② 알코올과 반응하여 칼륨알코올레이드와 수소가스가 발생한다.

$$2K + 2C_2H_5OH \rightarrow 2C_2H_5OK + H_2\uparrow$$

③ 가연성 고체로 공기 중 잘게 갈라진 채로 장시간 방치되면 자연발화를 일으키기 쉬우며 가열하면 녹는점 이상에서 연소하고 적자색의 불꽃을 내며 연소하며 지극성 유독성 가스를 발생한다.
④ 피부와 접촉하여 화상을 입는다.
⑤ CO_2와 반응할 때는 폭발 등의 위험이 있고, CCl_4와 접촉하면 폭발적으로 반응한다. 화재 시 CO_2나 할로겐화합물을 소화제로 사용할 수 없다.
⑥ 습기 중에서 CO와 접촉하면 폭발한다.

(3) 저장 및 취급상 주의사항

① 습기나 물과의 접촉을 피하고 용기의 파손과 누출을 방지한다.
② 보호액에 보관하며 석유, 경유, 등유, 벤젠 등의 보호액을 넣은 내통에 밀봉하여 저장하고 외부로 누출되지 않도록 외통을 별도로 설치한다.
③ 취급 시에는 피부에 닿지 않게 하고 난폭하게 다루지 말 것
④ 화기를 엄금하며 가급적이면 소량씩 나누어 저장 취급한다.
⑤ 용기의 부식을 막기 위하여 강산류와의 접촉을 피한다.
⑥ 건조되고 환기가 양호한 냉암소에 저장한다.
⑦ 공기 중의 대부분의 성분과 반응하므로 공기와 충분히 격리하여 보호한다.

(4) 소분법

① 소분병에 석유를 넣을 것
② 마른 핀셋으로 원병에서 집어내어 마른판 위에 놓는다.

③ 마른 핀셋으로 잡고 마른 칼로 자른다.

④ 소분병에 넣고 습기가 닿지 않도록 소분병을 밀전·밀봉한다.

(5) 소화방법

① 소화방법은 마른모래가 좋으며 주수소화는 절대 할 수 없다.

② 포, 강화액, CO_2와 할로겐화합물 소화약제(할론 1211, 할론 1301)도 적응성이 없으므로 사용하지 말아야 한다.

③ 금속칼륨의 보호액은 등유, 가솔린, 벤젠을 사용하나 인화의 위험성이 크므로 인화점이 높은 석유를 사용할 것

④ 소화작업 시 방수복, 방수화, 장갑, 보호안경, 방진마스크, 공기호흡기 등 안전보호장비를 반드시 착용하여 용융 K의 비산에 대비하고 안전거리를 확보한다.

2) 나트륨(Na), 소듐 [지정수량 10 kg]

(1) 성상

① 비점 880℃, 비중 0.97, 발화점 121℃, 녹는점 97.8℃

② 은백색 광택의 무른 경금속으로 별명은 금조 또는 금속소다라고 한다.

③ 알코올, 물, 산과 반응하여 수소를 발생하지만 에테르와는 반응하지 않는다.

④ 액체 암모니아에 녹아 청색으로 변하고 나트륨아미드와 수소를 발생한다.

$$2Na + 2NH_3 \rightarrow 2NaNH_2 + H_2\uparrow$$

⑤ 실온의 공기 중 산화되어 염홍색의 피막(Na_2O)을 형성하고 빠르게 광택을 상실하여 흐릿한 순회색으로 변하는데 이것이 NaOH이다.

⑥ 녹는점 이상으로 가열하면 노란색 불꽃을 내면서 연소한다.

$$4Na + O_2 \rightarrow 2Na_2O$$

(2) 위험성

① 공기 중의 수분 또는 물, 알코올과 반응하여 수소가스를 발생하고 발화한다.

- 공기

$$4Na + O_2 \rightarrow 2Na_2O\text{(초산화나트륨)}$$

• 물

$$2Na + 2H_2O \rightarrow 2NaOH + H_2\uparrow + 88.2\ kcal$$

• $2Na + 2C_2H_5OH$(에틸알코올) → $2C_2H_5ONa$(나트륨알코올레이드) + $H_2\uparrow$

② 공기 중 장시간 방치하면 자연발화를 일으키고 녹는점 이상으로 가열하면 황색불꽃을 내면서 연소한다.

③ 강산화제로 작용하는 염소가스 속에서도 연소하며, 용융상태에서 Cl_2와 접촉하면 직접 화학반응을 일으켜 강력한 발열반응으로 밝은 황색 불꽃을 내며 발화위험이 있다.

$$2Na + Cl_2 \rightarrow 2NaCl$$

④ 질산 등의 산과 격렬하게 반응하여 H_2를 발생한다. 요오드산(HIO_3)과 접촉 시 폭발한다. 의산, 초산, 페놀과 반응 시 H_2를 발생한다.

⑤ 용융 나트륨과 암모니아를 Fe_2O_3 촉매 하에서 반응시키거나 액체 암모니아에 나트륨이 녹을 때 H_2를 발생한다.

⑥ CCl_4 및 할로겐화합물과 접촉하면 폭발적으로 반응하고 CO_2와 반응한다.

⑦ Hg과 반응하면 격렬하게 반응을 일으키고 발열하며 조건에 따라서는 폭발을 일으킨다.

⑧ 눈과 피부에 접촉하면 화상 및 알칼리성 약상을 입는다.

(3) 저장 및 취급방법

K에 준한다.

(4) 소화방법

주수소화 엄금, 포, 물분무, 할론은 사용금지한다. 건조 소금분말, 건조 흑연분말, 건조 탄산나트륨. 기타 사항은 K에 준한다.

3) 알킬알루미늄(RAl) [지정수량 10 kg]

(1) 성상

① 녹는점 -46℃, 비점 185℃, 비중 0.83, 증기비중 3.9, 분자량 114.2

② 알킬기(C_nH_{2n+1})와 알루미늄(Al)의 화합물 또는 알킬기, 알루미늄과 할로겐원소의 화합물을 말하고 일종의 유기금속화합물이다.

③ 수소알루미늄과 에틸렌을 반응시켜서 대량으로 제조한다.
④ 상온에서 무색투명의 액체, 또는 고체로서 독성이 있으며 자극적인 냄새가 난다.

(2) 위험성

① 탄소수 $C_1 \sim C_4$까지는 양의 대소에 상관없이 공기 중 자연발화한다. 자연발화의 원인은 공기와의 접촉으로 자동 산화되기 때문이다. $C_1 \sim C_{14}$까지의 알킬알루미늄의 연소생성물은 공기 중에 노출 접촉하면 백연을 발생하며, C1~C9까지는 물과 격렬하게 반응한다.
② 알킬기와 알루미늄의 혼합물로 공기 또는 물과 접촉하여 폭발적으로 발열하여 에탄(C_2H_6)을 생성하고 발열·폭발에 이른다.

$$(C_2H_5)_3Al + 3H_2O \rightarrow Al(OH)_3 + 2C_2H_6\uparrow$$

③ 피부에 닿으면 심한 화상을 입으며, 화재 시 발생된 가스는 기관지와 폐에 손상을 준다.
④ 산과 격렬히 반응하여 가연성의 에탄을 발생한다.

$$(C_2H_5)_3\ Al + HCl \rightarrow (C_2H_5)_2AlCl + C_2H_6\uparrow$$

⑤ 알코올과 폭발적으로 반응한다.

$$(C_2H_5)_3Al + 3CH_3OH \rightarrow Al(CH_3O)_3\ (\text{알루미늄메틸레이드}) + 3C_2H_6\uparrow$$

⑥ 공기와의 접촉 시 반응식은 다음과 같다.

$$2(C_2H_5)_3Al(\text{트리에틸알루미늄}) + 2O_2 \rightarrow Al_2O_3 + 12CO_2 + 15H_2O + 1470.4\ kcal$$

⑦ 할로겐과 반응하여 가연성 가스를 발생한다.

$$(C_2H_5)_3Al + 3Cl_2 \rightarrow AlCl_3 + 3C_2H_5Cl\uparrow$$

⑧ CCl_4, CO_2와 반응하여 발열하므로 이들은 소화약제로는 적당하지 않다.

(3) 저장 및 취급방법

① 화기엄금. 저장용기는 완전 밀봉하고 공기 및 물과의 접촉을 피한다.
② 알킬알루미늄을 위험물제조소 등에서 저장·취급할 때는 누설국한설비와 누설 시 저장실 유입설비 및 용기의 상부를 불활성 기체 봉입장치를 설치하여야 한다.

③ 냉암소에 저장하며 항상 건조되고 통풍·환기가 양호한 곳에 둔다.

④ 산화제, 할로겐화합물, 강산류, 알코올과는 철저히 격리하고 외부와는 떨어진 곳에 저장한다.

⑤ 실제 사용할 때는 희석제(벤젠, 헥산, 톨루엔, 펜탄 등 탄화수소 용제)로 20~30% 희석하여 안전을 도모한다.

⑥ 저장, 취급 시 불활성 가스 중에서 취급하고 용기 파손으로 인한 누출을 방지해야 한다.

⑦ 알킬알루미늄을 저장, 취급하는 이동탱크 저장소에는 긴급 시 연락처, 응급조치 사항 기재서류, 방호복, 고무장갑, 밸브 등 결합공구와 확성기를 비치하여야 한다.

⑧ 운반용기의 내용적은 90% 이하로 수납하고, 동시에 50℃의 온도에서 5% 이상의 공간용적을 유지하여야 한다.

⑨ 이동저장탱크의 용량은 1,900 L 미만이어야 한다.

(4) 소화방법

① 팽창진주암 및 팽창질석, 흑연분말, 규조토, 소다회, $NaHCO_3$, $KHCO_3$의 건조분말로 질식소화하고 화재 주변을 마른 모래 등으로 차단하여 화재확대 방지에 주력한다.

② 주수소화 엄금, 소규모의 경우 건조분말은 효과가 있다.

③ 물, 포, CO_2, 할로겐화합물 소화약제는 적응되지 않으므로 직접 소화에 사용을 금한다.

④ 연소 생성가스는 매우 질식성이 강하므로 공기호흡기 등을 착용하고 피부 등에 닿지 않도록 보호장구를 착용한다.

⑤ 건조분말에 의한 질식소화는 효과가 있으나 화재가 확대되었을 때 화재 양상은 금속분 화재와 유사하게 되므로 절대로 주수하지 말아야 한다.

4) 알킬리튬(RLi) [지정수량 10 kg]

(1) 성상

① 알킬기(C_nH_{2n+1})와 리튬(Li) 금속의 화합물로서 보통의 유기금속화합물이다.

② 금수성이고 자연발화성 물질이다.

③ 무색의 가연성 액체이며 자극성이 있다.

④ 탄화수소나 다른 비극성 액체에 용해가 잘되며 휘발성이 크다.

⑤ 1 atm에서 H_2와 반응하여 LiH와 뷰텐(C_4H_8)을 생성한다.

(2) 위험성

① 물 또는 수증기와 심하게 반응하고 공기 중 노출되면 어떤 온도에서도 자연발화한다.

② 저장용기가 가열되면 심하게 파열되며 CO_2와는 격렬하게 반응하여 위험성이 높아진다.

③ 증기는 공기보다 무겁고 점화원에 의해 역화의 위험이 있다.

(3) 저장 및 취급방법

① 자연발화 위험이 크므로 저장용기에 펜탄, 헥산, 헵탄 등의 안전희석용 용제를 넣고 N_2, Ar 등 불활성 가스를 봉입한다.

② 불꽃·불티·고온체·화기엄금, 발화원 배제, 공기, CO_2, 물과의 접촉을 피한다.

③ 냉암소에 보관하고 통풍, 환기, 건조상태를 확인한다.

④ 용제의 증발을 막기 위하여 저장 용기를 완전 밀봉한다.

⑤ 알킬리튬을 위험물제조소 등에서 저장·취급할 때 유입설비 및 불활성 기체(N_2)를 봉입한다.

(5) 소화방법

① 주수엄금, 물분무는 용기 외부의 냉각에 사용한다. 건조사를 사용하고 소화는 짧은 시간에 실시한다.

② 연소 시 부식성 물질과 유독성 가스를 발생하므로 공기호흡기 및 보호구를 착용한다. 유독성 가스는 눈, 피부를 부식시킨다.

5) 황린(P_4) [지정수량 20 kg]

(1) 성상

① 착화점 50℃, 녹는점 44℃, 비점 280℃, 비중 1.83, 비점 280℃

② 백색 또는 담황색의 고체로 백린 또는 인이라고 부르며 강한 마늘 냄새가 난다.

③ 공기를 차단하고 260℃로 가열하면 적린으로 변화한다.

④ 착화온도가 낮으므로 공기 중에서 서서히 발화하고 공기보다 무거우며, 자극적이고 가연성, 맹독성 물질이다.

⑤ 물과 반응하지 않기 때문에 가연성 가스 발생이나 발열하지 않고 물에 녹지 않는다. 따라서 물속에 저장한다. 제3류 위험물 중 유일하게 금수성 물질이 아니다.

⑥ 연소할 경우 무수인산 흰 연기를 내고 어두운 곳에서 청백색의 인광을 낸다.

⑦ 공기 중 산소는 황린 표면에서 일부가 오존(O_3)으로 된다.

⑧ 녹는점이 44℃이므로 액화되기 쉬워 확산, 연소하기 쉽다.

(2) 위험성

① 발화점이 매우 낮고 화학적으로 활성이 크며 공기 중의 산소와 산화할 때 산화열이 크기 때문에 공기 중 방치하면 자연발화한다.

② 공기 중 백색 연기(P_2O_5)를 내면서 연소한다. 일부 유독성의 PH_3도 발생한다.

$$P_4 + 5O_2 \rightarrow 2P_2O_5 + 2 \times 370.8\ \text{Kcal}$$

③ 환원력이 강하기 때문에 산소 농도가 낮은 분위기에서도 연소한다.

④ 증기는 공기보다 무겁고, 유독하며 치사량은 0.05 g이다.

⑤ 강알칼리성 용액과 반응하여서 가연성, 유독성의 포스핀 가스(PH_3)를 발생한다. 이때 부수적으로 액상인 인화수소(P_2H_4)도 발생하는데 이것은 공기 중 발화한다.

$$P_4 + 3KOH + H_2O \rightarrow PH_3\uparrow + 3KH_2PO_2$$

⑥ 온도가 높아지면 용해도가 증가된다.

⑦ $HgCl_2$와 잡촉, 혼합한 것은 가열, 충격에 폭발한다.

(3) 저장 및 취급방법

① 피부와 접촉하면 화상을 입으므로 닿는 즉시 물로 닦고 탄산나트륨이나 피크린산액으로 씻거나 황산구리 수용액을 발라도 좋다.

② PH_3(인화수소)의 생성을 방지하기 위하여 보호액은 PH9로 유지하기 위하여 알칼리제로 PH를 높인다.

③ 화기엄금, 고온체와의 접촉금지, 직사광선을 차단한다.

④ 자연발화성이 있어 물 속에 저장하며, 온도상승 시 물의 산성화가 빨라져서 용기를_부식시키므로 직사광선을 막는 차광덮개를 하여 저장한다.

⑤ 증기노출 시 즉시 통풍·환기시키고 황린은 이중용기에 넣어 냉암소에 저장한다.

⑥ 공기 중에 노출되지 않도록 밀봉하고 가연물, 유기과산화물, 산화제와 격리한다.

(4) 소화방법

① 초기소화는 물, 포, CO_2, 건조분말 소화약제가 유효하다.

② 젖은 모래, 흙, 토사, CO_2,로 덮어 질식소화할 수 있다. 단, 증기의 누출에 주의하고 재발화하지 않도록 한다.

③ 연소 시 발생하는 유독성 가스(P_2O_5)를 피하기 위해 바람을 등지고 접근하며 고무장갑, 고무장화, 공기호흡기와 방호의 등을 착용한다.

6) 알칼리금속류(칼륨, 나트륨제외) 및 알칼리토금속류 [지정수량 50 kg]

알칼리금속은 1A족 원소 중 개별 품명인 K, Na을 제외한 금속이며, 알칼리토금속은 2A족 원소 중 제2류 위험물인 Mg을 제외한 금속들이 여기에 속한다. 다른 금속류에 비하여 매우 활성이 크고 실온에서 물 또는 산과 맹렬히 반응하여 H_2를 발생한다. 이들은 다른 물질을 쉽게 환원시키고 자신은 산화된다. 이들 금속은 수소와 반응시키면 금속수소화합물을 만든다.

알칼리금속은 무르고 순수하며 은 같은 광택을 나타내며 비교적 밀도가 낮은 편이다. 알칼리토금속은 비교적 무른 금속이며 알칼리금속보다 녹는 점이 훨씬 높은 편이며 활성이 약한 편이다. 이 금속은 물, 산소, 유황 및 할로겐과 쉽게 반응하지만 알칼리금속처럼 격렬하고 급속하게 일어나지는 않는다.

(1) 금속리튬(Li)

가) 성상

① 녹는점 180℃, 발화점 179℃, 비점1,336℃, 비중 0.534

② 은백색의 푸른 경금속으로 무르고 연하며, 금속 중 가장 가볍고, 고체금속 중 비열(0.97 cal/gm·℃)이 가장 크다. 공기 중에서 황색으로 변한다.

③ 가연성고체로서 건조한 실온의 공기에서 반응하지 않지만 100℃ 이상으로 가열하면 적색불꽃을 내며 표면연소하여 미량의 Li_2O_2와 Li_2O으로 산화가 된다.

④ 알칼리금속이지만 K, Na보다는 화학반응식이 크지 않다.

⑤ 활성이 대단히 커서 대부분의 다른 금속과 직접 반응하며 질소와는 25℃에서 서서히, 400℃에서는 빠르게 적색결정의 질화물(Li_3N)을 만든다.

$$6Li + N_2 \rightarrow 2Li_3N$$

나) 위험성

① 물과 접촉하여 수소를 발생하며 탄산가스 속에서 소화가 되지 않는다.

② 물과는 상온에서 천천히, 고온에서는 격렬하게 H_2를 발생시킨다. 물과의 화학반응식은

다음과 같다.

$$2Li + 2H_2O \rightarrow 2LiOH + H_2\uparrow$$

③ 공기 중에서 서서히 가열해도 발화하여 연소하며 산과 격렬히 반응하여 수소를 발생시킨다.

④ 의산, 초산, 에탄올 등과 반응하여 수소를 발생한다.

⑤ CCl_4와 접촉 시 폭발적으로 반응하고 CO_2 중에서도 연소한다.

⑥ 산화제(제1류 위험물, H_2O_2, H_2SO_4 등)와 반응하여 발열하고 HNO_3와 혼합 시 발화한다.

⑦ 산소 중에서 격렬히 반응하여 산화물을 생성한다.

$$2Li + O_2 \rightarrow 2LiO$$

다) 저장 및 취급방법

① 물과의 접촉 혼입을 방지하고 빗물 등 물의 상태가 변화된 것들의 침투를 방지한다.

② 건조하고 환기가 양호한 실내에 저장한다.

③ 경유가 들어 있는 밀폐된 용기에 저장하고 외부로의 누출을 방지한다.

④ 강산화제, 강산류, 알코올, 의산 등 수용성 물질, 가연물과 분리하여 저장하고 화기를 엄금한다.

라) 소화방법

① 주수를 엄금한다.

② 잘 건조된 소금분말, 건조 소다회, 마른모재, 건조분말 소화약제에 의해 질식소화한다.

③ 마른 모래는 외부가 건조해보여도 내부에는 습기가 있을 수 있으므로 사용 시 주의해야 한다.

④ 용융리튬은 물과 접촉하면 비산하므로 안전거리를 둔다.

(2) 루비듐(Rb)

가) 성상

① 원자량 85.47, 녹는점 38.89℃, 비점 688℃, 비중 1.53

② 은백색의 금속이다.

③ 고온에서 할로겐과 반응하여 할로겐화합물을 만든다.

④ 수은에 격렬하게 녹아 아말감을 만든다.

나) 위험성

① 물 또는 묽은 산과 폭발적으로 반응하고 H_2를 발생한다.

$$2Rb + 2H_2O \rightarrow 2RbOH + H_2\uparrow$$

② 공기 중 자연발화한다.

③ 고온에서 연소하여 초과산화물(RbO_2)을 만든다.

④ 액체 암모니아에 녹아서 H_2를 발생한다.

$$2Rb + 2NH_3 \rightarrow 2RbNH_2 + H_2\uparrow$$

⑤ 수용성의 의산, 초산, 페놀 및 알코올과 반응하여 H_2를 발생한다.

⑥ 염화제이주석($SnCCl_4$)과 접촉하고 있는 경우 충격·전도에 의해 폭발한다.

⑦ CCl_4와 접촉 시 폭발적으로 반응한다.

다) 저장 및 취급방법

반응성이 대단히 크기 때문에 아르곤(Ar) 중에서 취급하여야 한다.

라) 소화방법

금속칼륨에 준한다.

(3) 세슘(Cs)

가) 성상

① 원자량 132.9, 녹는점 28.4℃, 비점 678.4℃, 비중 1.87

② 염화세슘에 칼슘 환원제를 넣고 가열하여 만든다.

$$2CsCl + Ca \rightarrow CaCl_2 + 2Cs$$

③ 노랑색의 금속이며 알칼리금속 중 반응성이 가장 풍부하다.

④ H_2와 반응하여 수소화물(CsH)을 만들고, 할로겐과 반응하여 할로겐화합물을 만든다.

나) 위험성

① 대기 또는 공기 중 청색 불꽃을 내며 연소하여 초과산화물(CsO_2)를 만든다.

$$Cs + O_2 \rightarrow CsO_2$$

② 물 또는 묽은 산과 폭발적으로 반응하여 수소를 발생한다.
③ 암모니아에 녹아 수소를 발생한다.
④ CCl_4와 접촉 시 폭발적으로 반응한다.
⑤ 의산, 초산, 페놀 및 알코올과 반응하여 H_2를 발생한다.
⑥ 암을 유발하는 물질이다.

다) 저장 및 취급방법, 소화방법은 루비듐에 준한다.

(4) 금속칼슘(Ca)

가) 성상

① 녹는점 851℃, 비점 1200±30℃, 비중 0.534
② 산화칼슘 분말과 알루미늄 분말을 혼합시켜서 고압으로 압축시켜 얻는다.

$$6CaO + 2Al \rightarrow 3Ca + 3CaO \cdot Al_2O_3$$

③ 은백색의 푸른 경금속이며 냄새가 없다.
④ 묽은 액체 암모니아에 녹아 청색을 띄는 용액이 되며 이것은 전기를 전도한다.

나) 위험성

① 물과 접촉하여 수소를 발생한다. 전성 및 연성이 있으며 물과의 화학반응식은 다음과 같다.

$$Ca + 2H_2O \rightarrow Ca(OH)_2 + H_2\uparrow$$

② 실온의 공기에서 표면이 산화되어 고온에서 등색 불꽃을 내며 연소하여 CaO가 된다.
③ 대량으로 쌓인 칼슘 분말은 습기에 장시간 방치하거나, 금속산화물이 습기 하에서 접촉하면 자연발화의 위험이 있다.
④ 산과 격렬히 반응하며, 에탄올과 반응하여 수소를 발생한다.
⑤ 산화제(제1류 위험물, H_2O_2, H_2SO_4, HNO_3 등)와 반응하여 발열위험이 있고, Cl_2와 반응 시 발화 위험이 있다.

다) 저장 및 취급방법

① 물, 알코올, 할로겐, 강산류와의 접촉을 피한다.
② 화기엄금하고, 통풍이 잘되는 냉암소에 보관한다.

라) 소화방법

주수소화 엄금, CO_2, 할로겐화합물 소화약제 사용엄금, 마른모래와 흙으로 덮어 질식소화한다.

7) 유기금속화합물(알킬알루미늄 및 알킬리튬 제외) [지정수량 50 kg]

유기금속화합물이란 알킬기(R : C_nH_{2n+1})와 아닐기(C_6H_5) 등 탄화수소기와 금속원자가 결합된 화합물이다. 즉, 탄소－금속 사이에 치환 결합을 갖는 화합물을 말한다. 저급 유기화합물은 반응성이 풍부하고 공기 중 자연발화한다.

(1) 디에틸텔르륨($Te(C_2H_5)_2$)

① 무취 황적색의 유동성 액체로서 가연성이다.
② 공기 또는 물과의 접촉에 의해 분해한다.
③ 공기 중에 노출되면 자연발화하며 푸른색 불꽃을 내며 연소한다.
④ 흡입하면 점막을 자극한다.
⑤ 산화제, 메탄올, 할로겐과 심하게 반응한다.
⑥ 건조하며 통풍이 잘되는 냉암소에 저장한다.
⑦ 화재진압은 가능한 짧은 시간에 실시하고 분무주수하여 냉각소화한다.

(2) 디에틸아연($Zn(C_2H_5)_2$)

① 무색의 마늘 냄새가 나는 유독성 액체로서 가연성 물질이다.
② 공기와의 접촉에 의해 자연발화하며 푸른색 불꽃을 내며 연소한다.
③ 흡입 시 점막을 자극하여 폐부종을 일으킨다.
④ 120℃ 이상 가열하면 분해 폭발한다.
⑤ 메탄올, 산화제, 할로겐과 심하게 반응한다.

(3) 사에틸납(TEL)($(C_2H_5)_4Pb$)

가) 성상

① 녹는점 －136℃, 비점 195℃, 인화점 85～105℃, 비중 1.65
② 상온에서 무색 액체이며 단맛이 있고 특이한 냄새가 난다. 매우 유독하다.
③ 대부분 유기용제에 녹지만 물, 묽은 산, 묽은 알칼리에 녹지 않는다.
④ 자동차 및 항공기 연료 안티노킹제로 쓰였으나 지금은 사용하지 않는다.

나) 위험성

① 상온에서 기화하기 쉬우며 증기는 공기와 혼합(연소범위 하한 1.8 vol%)하여 인화·폭발하기 쉽다.

② 햇볕에 쪼이거나 가열하면 195℃ 정도에서 분해 발열하고 폭발위험이 있다.

③ 화약류, 가연성의 고압가스, 부식성 물질, 할로겐화합물, 강산류 및 강산화제와 혼합에 의해 격렬하게 분해 또는 인화·폭발하기 쉽다.

④ 눈, 피부에 접촉하거나 증기를 흡입한 경우 쉽게 체내에 흡수되어 중추신경계에 침투하고 장애를 준다. 저농도의 경우 혈압강하, 불면증, 두통을 일으키며 고농도일 경우 호흡곤란, 중독을 일으키고 심하면 사망한다.

다) 저장 및 취급방법

① 화기엄금, 직사광선 차단, 통풍·환기유지, 공기 중 노출을 금한다.

② 증기누출을 방지하며 강산류, 강산화제, 주위의 혼촉 위험성이 있는 물질을 제거한다.

라) 소화방법

물분무, 포, 분말, CO_2가 유효하다.

8) 금속의 수소화합물 [지정수량 300 kg]

(1) 수소화리튬(LiH)

가) 성상

① 무색 무취, 회색의 유리모양의 불안정한 가연성 고체이다.

② 빛에 노출되면 빠르게 흑색으로 변한다.

③ 벤젠, 톨루엔에는 녹지 않지만 에테르에 녹는다.

나) 위험성

① 물과는 실온에서 격렬하게 반응하여 수산화리튬과 많은 양의 H_2를 발생한다.

$$LiH + H_2O \rightarrow LiOH + H_2\uparrow$$

② 공기 또는 습기, 물과의 접촉으로 자연발화의 위험이 있다.

다) 저장 및 취급방법

① 물과의 접촉을 엄금하며 건조하고 환기가 양호한 실내에서 밀폐된 용기 중에 저장한다.

② 점화원, 고온체와 격리하여 저장한다.

③ 대량의 저장용기 중에는 Ar 또는 N_2를 봉입한다.

④ 분진 발생장소에는 국소배기장치를 설치한다.

라) 소화방법

주수, 포 소화 엄금, 건조사 및 건조한 흙 등으로 의해 질식소화한다.

(2) 수소화나트륨(NaH)

① 회백색의 결정 또는 분말이며 불안정한 가연성 물질이다.

② 유독하며 유기 용매, 액체 암모니아에 녹지 않는다.

③ 물과 실온에서 격렬하게 반응하여 H_2를 발생하고, 습도가 높을 때는 공기 중의 수증기와 도 반응한다.

④ 강산화제와의 접촉에 의해 발열 발화한다.

⑤ 공기 중에 노출되지 않도록 하며, 화기와의 접촉을 피하며 가열물과 격리한다.

⑥ 주수, 포 소화 엄금, 건조사 및 건조한 흙 등으로 질식소화한다.

(3) 수소화칼슘(CaC_2)

① 백색 또는 회색의 결정 또는 분말이다.

② 건조공기 중에서 안정되며 환원성이 강하다.

③ 물과는 상온에서 격렬히 반응하여 수산화칼슘과 H_2를 발생한다.

$$CaH_2 + 2H_2O \rightarrow Ca(OH_2)_2 + 2H_2\uparrow$$

④ 염소산염류, 황산, 브롬산염류와 혼합 시 마찰에 의해 격렬하게 반응하고 폭발할 위험이 있다.

9) 금속의 인화합물 [지정수량 300 kg]

(1) 인화알루미늄(AlP)

가) 성상

① 비중 2.4～2.85, 녹는점 1,000℃ 이하

② 암회색 또는 황색의 결정 또는 분말이며 가연성이다.

나) 위험성

① 공기 중 안정하지만 습한 공기, 물, 증기와 접촉 시 가연성, 유독성의 PH_3 가스를 발생한다. PH_3는 맹독성의 무색기체로 연소할 때도 유독성의 P_2O_5를 발생한다.

② 밀폐된 용기 중에 저장하고 건조상태를 유지시킨다.

다) 저장 및 취급방법

① 물기 엄금하고 수계소화설비를 사용해서 소화하지 말아야 한다.

② 밀폐된 용기 중에 저장하고 건조 상태를 유지시킨다.

③ 강산, 알칼리용액 등 분해약품과 철저히 격리한다.

라) 소화방법

① 주수소화 엄금, 마른 모래나 건조흙으로 덮어 질식소화한다.

② 소화작업 시 특수방호의와 공기호흡기 등을 착용한다.

(2) 인화석회(인화칼슘, Ca_3P_2)

① 적갈색의 덩어리 상태이며 건조한 공기 중에서 안정하나 300℃ 이상에서 산화한다.

② 물 또는 산과 반응하여 유독하고 가연성인 인화수소 가스(PH_3, 포스핀)를 발생한다.

③ 포스핀은 무색의 기체로서 악취가 있으며 독성이 강하다. 공기보다 1.2배 무겁기 때문에 증기가 낮은 곳에 체류하면 연소위험이 크다.

④ 에테르, 벤젠, CS_2와 습기 하에서 접촉하면 발화한다.

⑤ 발생 가스는 유독하므로 필히 소화작업 시 특수방호의 및 공기호흡기 등을 착용한다.

⑥ 주수소화 엄금. 건조사, 마른흙, 분말소화약제, CO_2 등으로 질식소화한다.

(3) 인화아연(Zn_3P_2)

가) 성상

① 비중 4.55, 녹는점 420℃, 비점 1,00℃

② 암회색의 결정 또는 무딘 분말상태이며 가연성 물질이다.

③ 알코올, 물에 녹지 않지만 벤젠, 이황화탄소(CS_2)에 녹는다.

나) 위험성

① 가연성 고체물질로 연소하면 자극성, 유독성 가스와 아연산화물을 발생한다.

② 산, 알칼리와 접촉하면 유독성 가스인 포스핀을 발생한다.

③ 물에 의해 서서히 분해하여 유독성, 가연성 가스인 포스핀을 발생한다.

④ 공기 중에서 서서히 인화수소를 발생한다.

다) 저장 및 취급방법

① 물, 산, 산화제로부터 격리한다.

② 차고 건조하며 환기가 좋은 곳에 저장한다.

③ 누출 시 점화원을 제거하며 분진이 발생하지 않도록 한다.

라) 소화방법

① 주수소화 금지. CO_2, 할로겐화합물 사용금지. 건조사, 마른흙, 건조석회 등으로 화재 표면을 덮어 질식소화한다.

② 소화작업 시 특수방호의와 공기호흡기 등을 착용한다.

10) 칼슘 또는 알루미늄의 탄화물류 [지정수량 300 kg]

(1) 탄화칼슘

가) 성상

① 녹는점 2300℃, 분자량 64.1, 비중 2.2, 아세틸렌가스의 착화온도 335℃, 아세틸렌가스의 연소범위 2.5~81%

② 순수한 것은 무색 투명하나 통상 흑회색이며 불규칙적인 덩어리 상태로 카바이트라고 불린다.

③ 건조한 공기 중에서는 안정하나 335℃ 이상에서 산화되며, 고온에서 강한 환원성을 가지므로 산화물을 환원시킨다.

$$CaC_2 + 5O_2 \rightarrow 2CaO + 4CO_2\uparrow$$

④ 질소 중에서 가열하면 석회질소가 얻어진다.

$$CaC_2 + N_2 \rightarrow 2CaCN_2 + C$$

나) 위험성

① 수분과 접촉으로 아세틸렌가스를 발생하고 수산화칼슘을 생성한다. C_2H_2 발생량은 약 366 L/kg이다.

$$CaC_2 + 2H_2O \rightarrow Ca(OH_2) + C_2H_2\uparrow + 27.8\ Kcal$$

② 아세틸렌은 많은 Ag, Hg, Cu와 Cu 합금 등과 직접 반응하여 H_2를 발생시키고 폭발성의 아세틸레이트(Ag_2C_2)를 만든다.

$$C_2H_2 + 2Ag \rightarrow Ag_2C_2 + H_2\uparrow$$

③ 생성되는 아세틸렌가스는 매우 인화되기 쉬운 가스로 1기압 이상 가압하면 그 자체로 분해 폭발한다.

④ 질소 중에서 약 700℃ 고온으로 가열하면 질화되어 칼슘시안나이드($CaCN_2$, 석회질소)가 얻어진다.

$$CaC_2 + N_2 \rightarrow CaCN_2 + C + 74.6\ Kcal$$

⑤ CaC_2는 여러 가지 분순물을 포함하고 있어 물과 반응 시 아세틸렌가스 외에 유독한 가스(PH_3, H_2 S, NH_3 등)가 발생한다.

⑥ 금속의 탄화물은 아세틸렌 외에 메탄가스 및 수소를 발생한다.

다) 저장 및 취급방법

① 습기가 없는 밀폐공기에 저장할 것

② 대량 저장 시 용기에는 질소 등 불연성 가스를 봉입시킬 것

③ 비, 침수 등의 우려가 없고 화기로부터 먼 곳에 저장한다.

④ 산화성 물질과의 접촉을 방지하고, 옥외저장탱크에 저장 시 방수성 피복설비를 하여야 한다.

⑤ 용기를 밀전하고 용기의 파손에 주의하며, 통풍이 잘되는 냉암소에 보관한다.

라) 소화방법

① 소화제로는 건조사, 다량의 마른 흙, 건조 소화분말로 질식소화한다.

② 주수소화 절대엄금, 포소화는 엄금한다.

③ 밀폐된 실내에서는 아세틸렌가스가 체류하여 인화성 혼합기체를 형성하고 2차 폭발을 가져올 수 있으므로 주의하여야 한다.

(2) 탄화알루미늄(Al_4C_3)

① 분자량 143.95, 녹는점 22,00℃, 분해온도 1400℃, 비중 2.36

② 순수한 것은 백색이지만 황색의 단단한 결정 또는 분말이다.

③ 물과 반응하여 가연성 가스인 메탄(CH_4)가스를 발생한다.

④ 물과의 화학반응식은 다음과 같다.

$$Al_4C_3 + 12H_2O \rightarrow 4Al(OH)_3 + 3CH_4\uparrow$$

⑤ 1,400℃ 이상에서 분해되고 강산화제(H_2O_2, 제1류 위험물)와 반응 시 심하게 발열한다.

⑥ 상온의 공기 중에서 안정하지만 공기 중 가열하면 표면에 산화알루미늄(Al_2O_3) 막을 만들어 반응이 지속되지 않는다.

⑦ 밀폐된 용기 중에 저장하고 건조하고 환기가 양호한 곳에 둔다.

⑧ 다른 가연물과 분리하여 저장한다.

11) 금속인화물 [지정수량 300 kg]

(1) 인화석회, 인화칼슘(Ca_3P_2)

① 녹는점 1600℃, 비중 2.51, 분자량 182.3

② 적갈색의 괴상의 고체이며 건조한 공기 중에서 안정하나 300℃ 이상에서 산화한다.

③ 물 및 산과 반응하여 유독한 포스핀 가스(PH_3)를 발생한다.

$$CaP_2 + H_2O \rightarrow 2Ca(OH_2) + 2PH_3\uparrow$$

이 포스핀은 무색의 기체로서 악취가 있으며 독성이 강하다. 공기보다 1.2배 무겁기 때문에 증기가 낮은 곳에 체류하면 연소 위험이 있다.

④ 알코올, 에테르에 녹지 않는다.

⑤ 인화석회는 수중조명 등으로 사용하며 물과의 화학반응식은 다음과 같다.

$$Ca_3P_2 + 6H_2O \rightarrow 2PH_3(\text{포스핀}) + 3Ca(OH)_2$$

⑥ 주수소화 엄금. 마른모래로 피복 후 질식소화한다.

(2) 인화알루미늄(AlP)

① 분자량 58, 녹는점 1,000℃ 이하, 비중 2.4～2.85

② 공기 중 안정하지만 습한 공기, 물, 스팀과 접촉 시 가연성, 유독성의 포스핀(PH_3) 가스를 발생한다.

③ 습기 찬 공기 중 탁한 색으로 변한다.

④ 물기엄금. 스프링클러설비 등 수계소화설비를 설치하지 말아야 한다.

⑤ 누출 시 모든 점화원을 배제하고 물과의 접촉을 피하게 한다.

⑥ 강산 등 분해약품과 철저히 격리한다.

⑦ 물 등과의 접촉에 의해 포스핀 가스나 연소 시 발생한 인화합물을 흡입하면 맹독성을 지닌다.

⑧ 눈에 들어가면 점막을 자극하고 흡입하면 두통, 구토, 현기증을 일으키고, 대량의 경우는 호흡곤란, 폐수종을 일으킨다.

⑨ 주수소화를 엄금하고 건조사나 건조 흙으로 덮어 질식소화한다.

12) 금속수소화물(M'H) [지정수량 300 kg]

수소화물은 용융점이 높은 무색결정이며, 알칼리금속과 알칼리토금속의 수소화물로 베릴리움, 마그네슘은 제외된다. 물과 접촉하여 쉽게 수소와 수산화물을 생성한다.

(1) 수소화리튬(LiH)

가) 성상

① 분자량 7.9, 녹는점 680℃, 비중 0.82

② 무색 무취 또는 회색의 유리 모양의 불안정한 가연성 고체이다.

③ 빛에 노출되면 빠르게 흑색으로 변한다.

④ 벤젠, 톨루엔에는 녹지 않지만 에테르에 녹는다.

나) 위험성

① 물과는 상온에서 격렬하게 반응하여 수소화리튬과 많은 양의 수소를 발생한다.

$$LiH + H_2O \rightarrow LiOH + H_2\uparrow$$

② 공기 또는 습기, 물과의 접촉으로 자연발화의 위험이 있다.

③ 대체로 불안정하며 특히 열에 불안정하며 400℃에서 리튬과 수소를 분해한다.

④ 부드러운 분말과 공기와의 화합물은 연소 폭발할 수 있다. 연소 시 자극성, 유독성 가스

를 발생한다.

다) 저장 및 취급방법

① 물과 접촉을 엄금하며 건조하고 환기가 양호한 실내에 밀폐된 용기에 저장한다.

② 점화원, 고온체와 격리하여 저장한다.

③ 누출 시 모든 점화원을 배제하고 물과의 접촉을 피하게 한다.

④ 대량의 저장용기 중에는 Ar 또는 N_2를 봉입한다

⑤ 분진 발생 장소에는 국소배기장치를 설치한다.

(2) 수소화나트륨(NaH)

① 분자량 24, 녹는점 800℃, 분해온도 425℃, 인화점 185℃, 비중 0.92

② 유독하며 유기 용매 및 액체 암모니아에 녹지 않는다.

③ NaH를 용융 전기분해하면 양극에서 H_2를 발생하고 음극에서 Na이 생긴다.

④ 은백색의 결정으로 물과 접촉하여 수소를 발생한다.
수소화나트륨의 화학반응식은 다음과 같다.

$$NaH + H_2O \rightarrow NAOH + H_2 + 21\ kcal$$

⑤ 가연성 물질로서 건조한 공기 중에서 안정하지만 습기 찬 공기 중에 노출되면 발열한다.

⑥ S, 클로로벤젠(C_6H_5Cl), SO_2와 혼합시 격렬하게 반응하며 글리세롤과 혼합 시 발열한다.

⑦ 강산화제와 접촉 시 발열·발화한다.

⑧ 물, 빗물, 습기 등의 침투를 막고 용기는 냉암소에 보관하고 환기가 양호한 상태에서 밀폐하여 저장한다.

⑨ 주수소화 엄금하고 할로겐화합물 사용을 금한다. 소화제로는 건조사, 다량의 마른 흙, 건조 소화분말로 질식소화한다.

(3) 수소화알루미늄리튬($Li(AlH_4)$)

① 분자량 37.9, 녹는점 125℃, 분해온도 126~150℃, 비중 0.92

② 회백색의 분말로 물과 접촉하여 수소를 발생한다.

$$LiAlH_4 + 4H_2O \rightarrow LiOH + Al(OH)_3 + 4H_2\uparrow$$

③ 125℃에서 열분해하여 리튬, 알루미늄, 수소로 분해한다.

④ 부드러운 분말이 될 때 인화성이 증가하고 분쇄할 때 발화염려가 있다.

⑤ 디벤조일퍼옥사이드, 에테르, 아세토니트릴, 초산에틸, 트리클로로초산과 혼합 시 폭발의 위험이 있다.

⑥ 물과 접촉을 피하며 건조하고 환기가 양호한 실내에서 밀폐된 용기 중에 저장한다.

⑦ 가연물 및 케톤, 알데이드, 유기질화물과 격리한다.

⑧ 분진 발생장소에는 국소배기장치를 설치한다.

(4) 수소화칼슘(CaH_2)

① 무색의 결정으로 물과 접촉하여 수소발생

② 분해온도 675℃, 녹는점 814∼816℃

③ 수소화칼슘의 화학반응식은 다음과 같다.

$$CaH_2 + 2H_2O \rightarrow Ca(OH)_2 + 2H_2\uparrow + 48\ kcal$$

12.2.4 제4류 위험물

1 종류

표 12-4 제4류 위험물

종류	성질	품명		지정수량(L)
제4류	인화성 액체	특수인화물		50
		제1석유류	비수용성 액체	200
			수용성 액체	400
		알코올류		400
		제2석유류	비수용성 액체	1,000
			수용성 액체	2,000
		제3석유류		2,000
				4,000
		제4석유류		6,000
		동식물류		10,000

2 공통성질 및 저장·취급 사항

1) 공통성질

제4류 위험물은 특수인화물류, 제1석유류 및 알코올류 등과 같이 한 품목 속에 많은 물질들이 포함되어 있으며 주로 석유제품 및 석유화학 제품으로서 일상생활 모든 분야에서 많이 쓰이고 있다. 그 중요한 공통적인 특성을 들면 다음과 같다.

① 일반적으로 물보다 가볍고 물에 녹지 않는다.
② 상온에서 액체이며 인화성이 강하고 증기는 공기보다 무겁다.
③ 증기와 공기는 약간 혼합되어 있으면 쉽게 연소한다.
④ 착화온도(착화점, 발화온도, 발화점)가 낮은 것은 위험하다.
⑤ 일반적으로 전기의 불량도체이며 정전기를 발생한다.
⑥ 다른 가연성 물질(특수가연물, 일반가연물)에 비해서 대개 인화점이 낮다.
⑦ 연소범위의 하한계가 낮은 것이 많다.

제4류 위험물인 가연성 액체의 연소는 발생한 증기와 공기의 일정한 농도(연소범위, 폭발한계)가 혼합하여 있을 때 일어난다. 연소범위는 연소농도에 따라서 상한계와 하한계로 나누고 가연성 가스 및 증기는 Vol%로 나타낸다. 이 연소범위가 넓을수록 점화원에 의해 인화가 용이하고 연소범위 하한계가 낮을수록 약간의 액체나 증기가 누설하면 인화 위험이 크다. 온도가 인화점보다 높아지게 되면 가연성 증기의 발생이 많아지므로 인화의 위험성이 커진다. 또한 액체의 유동성으로 화재의 확대 위험이 크다.

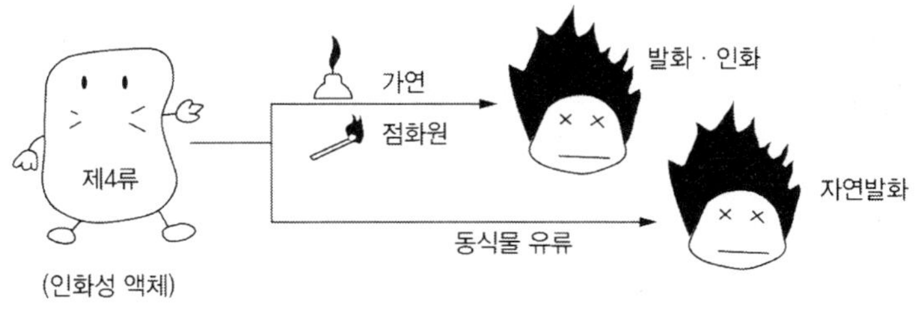

그림 12-4 제4류 위험물

2) 저장·취급 시 주의사항

① 냉암소에 보관하고 가열을 피한다.
② 화기 및 점화원을 멀리하고 가열해서는 안 된다.

③ 전기설비는 방폭성의 것을 사용한다.

⑤ 발생하는 증기는 폭발한계 이하로 유지하며 환기를 하여 증기가 체류하지 않도록 한다.

⑥ 누설을 방지하고 정전기 발생 우려 장소는 접지조치하고 액체의 흐름으로 인한 정전기 발생은 유속을 낮춘다.

3) 예방대책

(1) 누출방지

① 밀폐용기의 사용하고 용도상 밀폐하기가 곤란한 경우는 후드 등을 통하여 발산된 증기의 확산을 방지한다.

② 가연성 액체의 운반 수단으로서 가장 안전하므로 다량 저장, 취급 시는 배관을 사용하여 입·출고하도록 설계되어야 한다.

③ 액체가 누출된 경우 확대되지 않도록 적당한 경사와 집유구를 설치하고 방유제 관리를 철저히 하여 누출의 극소화가 되도록 한다.

(2) 폭발성 혼합기의 형성을 방지(통풍·환기)

① 환기장치를 이용하여 증기농도를 연소범위 하한계 이하로 한다. 환기장치는 방폭기기를 사용한다.

② 가연성 액체의 증기는 대부분 공기보다 무겁기 때문에 낮은 곳에 체류할 위험이 있기 때문에 환기장치의 배기구는 낮은 곳에, 급기구는 높은 곳에 설치하는 것이 안전하다.

(3) 점화원의 차단 및 제거

① 제4류 위험물제조소 등에 있어서는 적색바탕에 백색문자로 '화기엄금' 주의사항 게시판을 설치한다.

② 화기사용 금지, 작업용 직접 화기레 의한 가열, 건조 등을 피하고 간접 가열방식을 채택한다.

③ 온도의 자동제어장치 설치 및 반응용기나 배관에서의 누출을 방지한다.

④ 용접, 용단 등 화기 사용 시는 안전관리자 배치 및 적응 소화기 배치 후 작업하고 용기나 배관 내의 액체를 완전히 제거하고, 가연성 증기를 배제하기 위한 물 또는 불활성 가스로 치환한다.

(4) 석유류 탱크의 폭발 예방대책

① 점화원이 될 수 있는 가능성에 대하여 총체적으로 관리한다.

② 인화성 액체의 온도관리에 의해 기상공간에 대하여 가연성 혼합기체의 형성을 막는다.

③ N_2, CO_2 등의 불활성 가스를 기상공간에 봉입하여 기상 공간부분을 불연화한다.

④ 기상공간이 형성되지 않은 구조의 탱크로 개선한다.

4) 소화방법

① 연소물의 제거가 가능하면 제거소화(장치 또는 파이프의 밸브를 폐쇄하여)를 한다. 그 외에는 질식소화 방법이 가장 좋다.

② 소량의 누설이나 작은 액면의 화재 시 소화기(할로겐화합물, CO_2, 분말, 포)도 유효하다.

③ 할로겐화합물, CO_2 소화약제로 소화 시에는 완전히 소화가 되지 아니한 상태에서 방사가 중단되면, 즉시 원래의 액면까지 화재가 확대되므로 충분히 검토하고 사용하여야 한다.

④ 일반적으로 포소화약제는 방사 후 다소 지속성이 있다.

⑤ 알코올, 케톤류, 에스테르류 등 수용성 위험물의 화재 등에서는 내알코올포를 사용하거나 다량의 물로 희석하여 가연성 증기 발생을 억제하여 소화한다.

⑥ 포 소화기나 포소화설비로 용기 안의 가연성 액체 화재를 진압할 때에는 액면에 살포하지 말고 불길을 통하여 용기의 건너편 안쪽에 뿌려서 소화한다.

⑦ 지면에 누설된 액체는 화재는 앞에서부터 순차적으로 소화하여 나간다.

5) 제4류 위험물 및 성상에 의한 품목

(1) 지정품목

① 특수인화물 : 디에틸에테르, 이황화탄소, 콜로디온

② 제1석유류 : 아세톤, 휘발유

③ 제2석유류 : 등유, 경유

④ 제3석유류 : 중유, 클레오소오트유

⑤ 제4석유류 : 기계유, 실린더유

(2) 성상에 의한 품목

① 특수인화물

• 1기압에서 액체가 되는 것으로서 인화점이 －20℃ 이하, 비점 40℃ 이하인 것

• 1기압에서 액체가 되는 것으로 착화점이 100℃ 이하인 것
② 제1석유류 : 1기압에서 액체로서 인화점이 21℃ 미만인 것
③ 제2석유류 : 1기압에서 액체로서 인화점이 21℃ 이상 70℃ 미만인 것
④ 제3석유류 : 1기압에서 액체로서 인화점이 70℃ 이상 200℃ 미만인 것
⑤ 제4석유류 : 1기압에서 액체로서 인화점이 200℃ 이상인 것

3 제4류 위험물의 성상

1) 특수인화물 [지정수량 50L]

지정품명은 디에텔에테르, 이황화탄소 2개이며, 지정성상으로는 1기압, 20℃에서 액체인 것으로서 발화점이 100℃ 이하인 것과 동일 조건에서 인화점이 -20℃ 이하로서 비점이 40℃ 이하인 액상이 위험물을 말한다.

(1) 디에틸에테르($C_2H_5OC_2H_5$), 에틸에테르, 에테르, 산화에틸

가) 성상

① 인화점 -45℃, 발화점 180℃, 연소범위 1.9~48%, 녹는점 -116.3℃, 비점 34.6℃, 증기비중 2.55
② 무색투명한 유동성 액체로서 휘발성이 크고 증기는 자극성, 마취성이 있다.
③ 비극성 용매로서 물에는 잘녹지 않지만 알코올, 유지 등을 잘 녹이는 용제이다.
④ 에탄올과 나트륨이 반응하면 H_2를 발생하지만 에테르는 Na과 반응하여 H_2를 발생하지 않으므로 두 물질을 구별할 수 있다.
⑤ 전기의 부도체로서 정전기가 발생하기 쉽다.

나) 위험성

① 비점, 인화점, 발화점이 낮고, 연소범위가 넓으며 하한계가 낮아 약간의 증기가 누출되어도 폭발을 일으킨다. 4류 위험물 중 인화점이 가장 낮다.
② 증기누출이 용이하고 증기압이 높기 때문에 외부로부터 저장용기가 가열되면 변형이나 피손이 되기 쉽고 경우에 따라 폭발한다.
③ 건조과정이나 동식물성 섬유로 여과를 할 경우 유체마찰에 의하여 정전기를 발생 축적하기 쉽다.

④ 제1류 위험물, HNO_3, H_2O_2 등의 강산화제와 접촉 시 격렬하게 반응하고 혼촉 발화한다.
⑤ 공기 중에 장시간 접촉 시 과산화물이 생성되는 경우 가열, 충격 및 마찰 등에 의해 격렬하게 폭발한다.

다) 저장 및 취급방법
① 직사일광에서 분해하여 과산화물을 생성하므로 갈색병을 사용하여 밀전하고 냉암소에 보관한다.
② 탱크나 용기 저장 시 공간용적을 유지하고 대량 저장 시에는 불활성 가스를 봉입시킨다.
③ 폭발성의 과산화물 생성방지를 위해 40 mesh의 구리망을 넣어둔다.
④ 정전기 생성 방지를 위해 약간의 $CaCl_2$을 넣어 둔다.

라) 소화방법
① 소규모 화재는 물분무, CO_2, 불활성 가스, 건조분말에 의한 질식소화한다.
② 대형 화재인 경우 다량의 알코올형 포방사에 의한 질식소화가 적당하다.
③ 모래에 의한 소화 시 소화 후라도 가연성 증기가 발생하여 재발화할 수 있으므로 주의가 필요하다.
④ 연소 시 유독성 가스를 발생하므로 공기호흡기 등의 안전장비를 착용한다.

(2) 이황화탄소(CS_2)

가) 성상
① 녹는점 −111.6℃, 인화점 −30℃, 착화점 100℃, 연소범위 1∼44%, 비중 1.26
② 순수한 것은 무색 투명하고 클로로포름과 같은 약한 향기가 나는 액체이나 일광에 쪼이면 황색으로 변색한다.
③ 액체는 물보다 무거우며 에탄올, 벤젠, 에테르에 임의로 녹는다. 독성이 있다.
④ 수지, 유지, 왁스, 고무, 유황, 브롬, 황린 등을 녹이나 물에는 녹지 않는다.

나) 위험성
① 비점, 인화점이 낮고 연소범위가 넓어 휘발이 용이하고 인화가 쉽다.
② 발화점이 매우 낮기 때문에 백열등, 수증기 파이프, 난방기구, 고온물체 등의 열에 의해 발화된다. 발화점이 낮지만 공기 중 자연발화하지 않는다.
③ 액체가 피부에 오랫동안 닿거나 마시면 해롭다.
④ 연소할 때 유독한 아황산가스(SO_2) 같은 유독성, 자극성 가스가 발생한다.

⑤ 제1류 위험물, HNO_3, H_2O_2 등의 강산화제와 접촉 시 격렬하게 반응하고 혼촉 발화 또는 폭발의 위험이 있다.

⑥ 휘발하기 쉽고 인화성이 강하며 제4류 위험물 중 발화점이 가장 낮다.

⑦ 증기와 공기 혼합가스는 정전기, 스파크 등의 점화원에 의해 인화·폭발위험이 있다.

⑧ 황린이 CS_2 등에 녹아 있을 때 방치하면 CS_2 증기가 방출하여 공기 중 황린이 노출되어 자연발화한다.

다) 저장 및 취급방법

① 물에 녹지 않고 물보다 무거우므로 수조에 저장한다.

② 인화가 용이하므로 액체 자체의 누출뿐 아니라 증기의 누설을 방지하여야 한다.

③ 착화온도가 낮으므로 화기를 멀리하고 직사광선을 피하며 고온물체와의 접촉을 피한다.

④ 용기 또는 탱크의 공간 용적에 불활성 가스를 봉입하거나, 물보다 무겁고 물에 녹기 어렵기 때문에 물을 채운 수조에 저장하면 안전하다.

⑤ 강산화성 물질, 알칼리, 강산류 또는 불소와의 접촉을 피한다.

라) 소화방법

① 질식소화로 탄산가스소화기, 할로겐화합물, 분말소화기, 포말소화기 등이 사용된다.

② 화재확대 위험이 없거나 고정된 탱크, 밀폐용기 중인 화재인 경우는 표면에 조심스럽게 주수하여 물로 채워 피복하여 소화할 수 있다.

③ 초기소화 시 분말, CO_2, 할론이 유효하며 , 대형화재 시 다량의 포방사에 의한 질식소화가 적당하다.

④ 산화성 물질과 함께 있을 때는 격리 조치한다.

(3) 아세트알데이드, 초산알데이드(CH_3CHO)

가) 성상

① 분자량 44.05, 인화점 -39℃, 착화점 185℃, 연소범위 4.1~57%, 비점 21℃

② 자극성의 과일향을 지닌 무색투명한 인화성이 강한 휘발성 액체이다.

③ 물보다 가볍고 물, 에탄올, 에테르에 잘 녹는다.

④ 반응성이 풍부하여 공기 중 산소에 의해 산화되어 초산이 생성된다.

$$2CH_3CHO + O_2 \rightarrow 2CH_3COOH$$

⑤ 환원성이 커서 은거울 반응을 한다.

⑥ 아세트알데이드는 환원성 반응이 크며 그 반응식은 다음과 같다.

$$C_2H_5OH(\text{에틸알코올}) \underset{(-2H)}{\rightarrow} CH_3CHO(\text{아세트알데이드}) \underset{(+O)}{\rightarrow} CH_3COOH(\text{아세트산})$$

나) 위험성

① 인화성이 강하다. 비점, 인화점, 발화점이 매우 낮고 연소범위가 넓어 인화되기 쉽기 때문에 수용액 상태에서도 인화 위험이 있다.

② 증기압이 높기 때문에 휘발하기 쉽고 증기는 용기에서 누설되기 쉽다.

③ 진한 황산 등 강산과 접촉하면 격렬히 중합반응을 일으키기 쉽고 발열한다.

④ 구리, 은, 마그네슘, 은, 수은 및 그 합금과의 반응은 폭발성인 아세트라이드를 생성한다.

⑤ 증기 및 피부 액체는 피부점막에 자극을 준다.

⑥ 약간의 압력으로 공기와 접촉하면 과산화물을 생성한다.

⑦ 가열하거나 햇빛에 의해 분해되어 가연성의 CH_4과 유독성의 CO를 발생한다.

다) 저장 및 취급방법

① 화기엄금, 직사광선 및 작은 점화원도 배제하고 용기는 차고 건조하며 통풍·환기가 잘되는 안전한 곳에 저장한다.

② 액체의 누출 및 증기의 누설방지를 위해 용기를 완전히 밀폐한다.

③ 산의 존재 하에서는 격렬한 반응을 하기 때문에 접촉을 피하도록 한다.

④ 아세트알데이드 취급설비는 용기 내부에는 Cu, Mg, Ag, Hg 및 그 합금으로 제작되지 말아야 하고 취급탱크에는 냉각장치, 보냉장치 및 Ar, N 등 불활성 가스 봉입장치를 설치하여야 한다.

라) 소화방법

① 수용성이기 때문에 분무상의 물을 다량 방수하여 희석소화한다.

② 소량의 경우는 CO_2, 할론, 분말, 포, 물분무도 유효하다.

③ 화재진압 시 충분히 안전거리를 유지하고 공기호흡기 등 안전장비를 착용한다.

(4) 산화프로필렌(OCH_2CHCH_3, 프로필렌옥사이드)

가) 성상

① 인화점 −37℃, 발화점 465℃, 녹는점 −112℃, 연소범위 2.5~38.5%, 비점 34℃

② 에테르와 비슷한 냄새를 갖는 무색 투명한 휘발성 액체이다.

③ 반응성이 풍부하며 물 또는 유기용제(벤젠, 에테르, 알코올 등)에 잘 녹는다.

나) 위험성

① 인화점이 낮고 연소범위가 넓어 인화가 용이하고 연소하기 쉽다. 연소속도가 빠르고 연소생성물은 유독하다.

② 구리, 수은, 은, 마그네슘, 알루미늄 및 그 합금과 접촉하여 중합반응을 일으켜 폭발성의 아세틸라이드를 생성한다.

③ 수용액 상태에서도 인화 위험이 높다.

④ 밀폐용기를 가열하면 심하게 폭발하고 공기 중에서 폭발적으로 분해할 위험이 있다.

⑤ 증기는 눈, 점막 등을 자극하며 흡입 시 폐부종을 일으키고 액체가 피부에 접촉할 때는 동상과 같은 증상이 나타난다.

⑥ 산 및 알칼리와 중합반응을 일으킨다.

⑦ 염, 가연성 물질과 접촉하면 심하게 반응한다.

다) 저장 및 취급방법

① 화기엄금, 직사광선 차단, 작은 점화원도 철저히 차단하고 용기는 차고 건조하며 안전한 곳에 저장한다.

② 용기는 구리, 수은, 마그네슘과 이들의 합금으로 제작하지 말고, 취급탱크에는 냉각장치, 보냉장치 및 Ar, N 등 불활성 가스 봉입장치를 설치하여야 한다.

③ 용기는 밀폐하여 액체누출과 증기의 누설을 방지한다.

④ 중압반응의 요인을 제거하고 강산화제, 산, 염기와의 접촉을 피한다.

④ 소화방법 : 탄산가스 소화기, 할로겐화합물 소화기, 분말 소화기, 안개상의 분무주수

2) 제1석유류 [지정수량 : 비수용성 액체 200 L, 수용성 액체 400 L]

지정품목인 아세톤, 휘발유 2가지이며, 지정성상으로는 1기압에서 액체로써 인화점 21℃ 미만인 것을 말한다. 1 atm, 20℃에서 석유류와 증류수를 동일량을 완전 혼합하고 유동을 정지시켰을 때 균일한 외관이 유지되면 '수용성'이고, 층이 생기면 '비수용성'이다.

(1) 아세톤(CH_3COCH_3 디메틸켑톤)(수용성 액체) [지정수량 400 L]

가) 성상

① 인화점 −18℃, 착화점 538℃, 연소범위 2.6～12.8%, 비중 0.79, 비점 56.5℃

② 물과 유기용제에 잘 녹는 무색투명한 인화성 액체이다.

③ 일광에 쪼이면 과산화물을 생성하며 분해되어 황색으로 변색되고 유지, 수지, 섬유, 고무 유기물 등을 용해시킨다..

④ 요오드프롬 반응을 일으키고, 아세톤과 KI 용액 반응 시 노란색이 침전된다.

⑤ 피부에 닿으면 탈지작용이 있다.

나) 위험성

① 비점이 낮아 휘발하기 쉽고 상온에서 인화성 증기를 발생하기 때문에 인화성이 강하다.

② 가연성의 증기는 공기와 혼합하여 연소범위를 형성하고 낮은 곳에 체류한다.

③ 제1류 위험물, HNO_3, H_2O_2 등의 강산화제와 혼촉 시 발화할 위험이 높다.

④ 10%의 수용액 상태에서도 인화의 위험이 있다.

⑤ 햇빛 또는 공기와 접촉하면 폭발성의 과산화물을 만든다.

다) 저장 및 취급방법

① 직사광선 차단, 화기엄금, 용기는 냉암소에 저장하고 통풍, 환기가 잘 유지되도록 한다.

② 일부 사용 시는 반드시 밀전하여 보관하며 빈 용기도 밀전할 필요가 있다.

③ 증기 누설 시 모든 점화원을 제거하고 물분무로 증기를 제거시킨다.

④ 취급소 내의 전기설비는 방폭조치하고 저장, 취급 중 정전기의 발생 또는 축적을 방지하여야 한다.

⑤ 제1석유류를 저장·취급하는 옥외저장소의 주위에는 배수구 및 집유설비를 설치하고 비수용성인 것은 집유설비에 유분리장치를 설치하여야 한다.

라) 소화방법

① 수용성이므로 안개상 주수소화가 가장 좋으며 질식소화기를 사용한다.

② 수용성인 아세톤 화재에는 포말소화기를 사용하면 거품이 터지므로 내알코올포 소화기를 사용한다.

③ 물분무에 의한 희석소화도 가능하다.

④ 화재진압 시 충분히 안전거리를 유지하고 공기호흡기 등 안전장비를 착용한다.

(2) 가솔린(휘발유) 비수용성 액체 [지정수량 200L]

가) 성상

① 주성분은 C_3H_{12}~C_9H_20의 알칸 또는 알켄이다. 포화, 불포화 탄화수소의 혼합물인 휘발

성 액체이다.

② 인화점 −43℃∼−20℃, 착화점 300℃, 연소범위 1.4∼7.6%, 액비중 0.65∼0.8(증기 비중 3∼4)

③ 옥탄가를 높이기 위해 가솔린의 첨가제를 넣어 착색한다.

- 유연가솔린 : 4에틸납$(C_2H_5)_4Pb$
- 무연휘발유 : MTBE(메틸터셔리부틸에테르), 메탄올 등

참고

옥탄가 : 연소성의 측정기준

- 옥탄값 $= \frac{\text{이소옥탄}}{\text{이소옥탄}+\text{노르말헵탄}} \times 100$
- 옥탄값이 0인 물질 : 노르말 헵탄
- 옥탄값이 100인 물질 : 이소옥탄

④ 물에는 녹지 않으나 유기용제에는 잘 녹으며 고무, 수지, 유지 등을 잘 녹인다.

⑤ 비전도성으로 정전기를 발생 축적시키므로 대전을 일으키기 쉽다.

나) 위험성

① 증기는 공기보다 무겁기 때문에 유증기가 발생하여 낮은 곳에 체류하기 쉽고 먼 곳에서도 인화하기 쉽다.

② 파이프 내의 흐름이나 옮겨 담는 작업 시 정전기 발생으로 정전기 불꽃에 의하여 연소되는 경우도 있다.

③ 연소범위의 하한이 낮아 조금의 증기량만 있어도 연소할 가능성이 있다.

④ 비전도성(부도체)으로 정전기의 발생, 축적시키므로 대전을 일으키기 쉽다.

⑤ 사에틸납($(C_2H_5)_4Pb$)의 첨가로 유독성이 있으며, 혈액에 들어가 빈혈 또는 뇌에 손상을 준다.

⑥ 불순물에 의해 연소 시 유독한 아황산(SO_2)를 발생시키며, 내연기관의 고온에 의해 질소산화물을 생성시킨다.

다) 저장 및 취급방법

① 화기엄금. 화기 및 점화원을 피하고 통풍이 잘되는 냉암소에 보관한다.

② 증기는 공기보다 3∼4배 무거워 낮은 곳에서 체류하므로 증기 및 액체의 누설에 주의한다.

③ 부피팽창율이 0.00135℃이므로 온도상승을 막고 밀폐용기는 저장 시 약 10% 정도의 여

유 공간을 둔다.

④ 강산화제, 강산류와의 접촉을 피한다.

⑤ 유체마찰에 의해 저장 취급 중 정전기의 발생 및 축적이 되므로 옮겨 담는 작업 시 주의하고 취급소 내 전기설비에 대해서는 방폭조치한다.

라) 소화방법

① 다량의 포에 의한 질식소화가 가장 좋다.

② 경우에 따라서 CO_2나 분말을 사용하여 소화한다.

(3) 벤젠(C_6H_6), 벤졸(비수용성액체) [지정수량 200 L]

가) 성상

① 인화점 −11℃, 녹는점 5.5℃, 착화점 498℃, 연소범위 1.4～7.1%, 비점 80℃

② 무색투명한 휘발성 액체이며 증기는 독성이 있다.

③ 물에는 녹지 않지만 알코올, 아세톤, CCl_4, 에테르 등 유기용제에는 잘 녹으며 유지, 수지, 고무 등을 용해시킨다.

④ 탄소수에 비하여 수소 수가 적기 때문에 연소시키면 그을음을 많이 내면서 탄다.

⑤ 녹는점이 5.5℃이므로 겨울에 찬 곳에서는 고체로 되는 경우도 있다.

나) 위험성

① 증기는 마취성이고 독성이 강하여 2% 이상 고농도의 증기를 5～10분 흡입하면 치사할 수 있다.

② 연소 위험성이 강하여 인화하기 쉽고 화재 시는 다량의 흑연을 발생하고 뜨거운 열을 내면서 연소한다.

③ 증기는 공기보다 무거워 낮은 곳에 체류하며 이 때 점화원에 의해 불이 일시에 번지며 역화의 위험이 있다. 또한 증기는 마취성, 유독성이다.

④ 물위에 뜨며 이때도 점화원에 의해 불이 확산된다.

⑤ 제1류 위험물과 같은 강산화제와 반응하여 혼촉발화 위험이 있다.

⑥ 비전도성이므로 유체마찰에 의해 정전기의 발생 및 축적 위험이 있다.

다) 저장 및 취급방법

가솔린의 저장 및 취급방법에 준한다.

라) 소화방법

① 다량의 포소화나 경우에 따라서 이산화탄소나 건조분말을 사용하여 질식소화한다.

② 파이프라인에서 화재가 발생한 때에는 CO_2, 분말에 의해 소화한다.

③ 피부 접촉을 피하고 위험한 증기를 피해 바람 부는 위쪽에서 방호의와 공기호흡기 등의 안전장비를 착용하고 접근한다.

(4) 톨루엔($C_6H_6CH_3$), 메틸벤젠(비수용성액체) [지정수량 200 L]

벤젠핵의 수소(H)와 CH_3(메틸기)가 치환된 물질로 독성은 있으나 벤젠보다 약하다.

가) 성상

① 분자량 92.14, 증기비중 3.1, 녹는점 −95℃, 비중 0.9, 인화점 4℃, 착화점 552℃, 연소범위 1.4~6.7%

② 무색·투명하며 벤젠 향과 같은 독특한 냄새를 가진 휘발성 액체이다. 독성이 있다.

③ 진한 질산과 진한 황산으로 니트로화 시키면 TNT가 된다.

④ 톨루엔을 햇볕을 쪼이면서 염소를 반응시키면 치환반응이 일어난다.

⑤ 물에 녹지 않지만 알코올, 에테르, 벤젠 등의 유기용제에 잘 녹으며 유지, 수지, 고무 등을 잘 녹인다.

나) 위험성

① 휘발성이 강하여 인화가 용이하며, 연소할 때는 자극성, 유독성 가스를 발생한다.

$$C_6H_5CH_3 + 9O_2 \rightarrow 7CO_2\uparrow + 4H_2O\uparrow$$

② 공기와의 혼합증기는 폭발성이며 증기는 공기보다 무거워서 낮은 곳에 체류하며, 점화원에 의해 인화·폭발한다.

③ 제1류 위험물 또는 제6류 위험물과 같은 산화성 물질, CCl_4, HCl 등과 격렬히 반응하여 혼촉 발화 위험이 있다.

③ 고농도의 NO_2 또는 BrF_3와 혼합 시 폭발위험이 있다.

다) 저장 및 취급방법

① 용기는 밀전하여 보관할 것

② 통풍이 잘되는 곳에 저장

③ 찬 곳에 저장하고 화기 및 점화원으로부터 멀리 저장할 것

④ 증기 및 액체의 누설에 주의하여 저장
⑤ 정전기의 발생에 주의하여 저장 취급
⑥ 인화점 이상으로 가열하여 취급하지 말 것
④ 소화방법 : 가솔린의 소화방법에 준한다.

(5) **초산에스테르류(R-COO-R'), 아세트산에스테르류(수용성액체) [지정수량 400 L]**

초산(CH_3COOH)에서 카르복시기(－COOH)의 수소가 알킬기(R, C_nH_{2n+1})로 치환된 화합물이다.

※ 에스테르와 초산에스테르 차이

- 에스테르

산(무기, 유기) + 알코올 → 에스테르 + 물
(탈수제 : 농황산)

- 초산에스테르

초산 + 알코올 → 초산에스테르 + 물
(탈수제 : 농황산)

가) 초산메틸(CH_3COOCH_3), 초산메틸에스테르

① 성상
㉮ 인화점 －10℃, 착화점 454℃, 용해도 24.5%, 비점 57℃, 비중 0.92
㉯ 향기가 나는 무색 휘발성의 액체로 마취성이 있다.
㉰ 독성이 있으므로 취급에 주의한다.
㉱ 초산에스테르류 중에서 수용성이 가장 크다. 물, 유기용제 등에 잘 녹는다.
㉲ 초산과 메틸알코올의 축합물로서 피부와 접촉하여 탈지작용을 한다.

② 위험성
㉮ 휘발성 및 인화의 위험이 있다.
㉯ 독성에 주의한다.
㉰ 피부와 접촉 시 탈지작용이 있다.

③ 저장 및 취급방법
㉮ 화기를 피하며 용기의 파손 및 누출에 주의한다.
㉯ 밀봉, 밀전하고 통풍이 잘되는 냉암소에 저장한다.

④ 소화방법

가솔린에 준하나 수용성이므로 포는 알코올포를 사용할 것

나) 초산에틸($CH_3COOC_2H_5$), 아세트산에틸

① 성상

㉮ 인화점 −4℃, 착화점 427℃, 비점 77℃, 비중 0.9, 연소범위 2.2~11.4%

㉯ 무색투명한 가연성 액체로서 딸기향의 과일 냄새가 난다.

㉰ 수용성이 비교적 적으며 유기용제에 잘 녹는다.

㉱ 가수분해하여 초산과 에틸알코올로 된다.

② 위험성

㉮ 수용액 상태에서도 인화 위험이 있다.

㉯ 증기는 공기보다 무거워 낮은 곳으로 흐르며 공기와 혼합하여 인화·폭발의 위험이 있다.

㉰ 가열에 의해 용기가 심하게 폭발하며 연소 시 유독성 가스를 발생한다.

㉱ 강산화제와 혼촉에 의해 발열·발화한다.

③ 저장 및 취급방법

㉮ 화기엄금. 가열금지. 직사광선 차단. 용기는 차고 건조하고 환기가 잘되는 안전한 곳에 저장한다.

㉯ 강산화제, 강산류와의 접촉을 방지한다.

㉰ 증기의 누설 및 액체의 누출방지를 위해 용기를 밀폐하며 정전기 등의 작은 점화원도 완전히 제거하여야 한다.

④ 소화방법

㉮ 초기화재는 CO_2, 분말, 알코올형 포가 유효하며 대형화재인 경우는 알코올형 포로 일시에 소화한다.

㉯ 소규모 화재는 다량의 물로 분무주수 소화하여도 효과가 있다.

㉰ 증기 및 연소생성물은 유독하므로 공기호흡기 등 안전장비를 착용한다.

다) 초산프로필($CH_3COOC_3H_7$), 아세트산프로필

㉮ 인화점 14℃, 착화점 450℃, 비점 102℃, 연소범위 2~8%

㉯ 과일향이 나는 무색의 가연성 액체이다.

㉰ 물에는 약간 녹고, 유기용제에는 잘 녹는다.

㉣ 기타 위험성이나 저장 취급방법, 소화방법은 초산메틸에 준한다.

(6) 의산에스테르류(HCOO–R'), 개미산 에스테르류, 프롬산에스테르류

① 의산메틸 ($HCOOCH_3$), 개미산메틸, 프롬산메틸

㉮ 인화점 −19℃, 착화점 449℃, 비점 32℃, 연소범위 5.9∼20%

㉯ 의산에스테르류 중에서 수용성이 가장 크다.

㉰ 의산메틸은 의산과 메틸알코올의 축합물이다.

㉱ 의산메틸을 가수분해하면 의산과 메틸알코올로 된다.

㉲ 저장은 통풍이 잘되는 곳에 저장한다.

㉳ 소화방법은 초산에스테르류에 준한다.

② 의산에틸($HCOOC_2H_5$,) 개미산에틸, 프롬산에틸

㉮ 인화점 −20℃, 착화점 456℃, 비점 54℃, 녹는점 −80℃, 연소범위 5.9∼20%

㉯ 무색의 휘발성 액체로 증기는 마취성이 있고 독성은 없다.

㉰ 증기는 공기와 혼합하여 인화·폭발의 위험성이 있다.

㉱ 연소시 유독성 가스가 발생하고 산화성물질과 혼촉하여 발화의 위험이 있다.

㉲ 기타 사항은 초산에스테르류에 준한다.

③ 의산프로필($HCOOC_3H_7$)

㉮ 인화점 −3℃, 발화점 455℃, 비점 81.1℃, 연소범위 2.9∼11.4%

㉯ 무색, 특유의 냄새를 가지며 물에 녹기 어렵다.

㉰ 기타사항은 의산메틸에 준한다.

(7) 메틸에틸켑톤($CH_3COC_2H_5$, M.E.K) 수용성 액체 [지정수량 400 L]

가) 성상

① 인화점 −1℃, 착화점 516℃, 비점 80℃, 연소범위 1.8∼10%, 액비중 0.806

② 아세톤과 비슷한 냄새를 가지는 무색의 휘발성 액체이다.

③ 수용성이며 에틸알코올, 에테르에 잘 녹고, 휘발유를 잘 녹인다.

④ 열에 비교적 안정하나 500℃ 이상에서 열분해되어 케텐과 메틸캡톤이 생성한다.

⑤ 피부와 접촉하여 탈지작용을 한다.

나) 위험성

① 비점, 인화점이 낮아 인화성이 강하며 증기는 공기와 혼합하여 인화·폭발한다.

② 수용액에서도 인화 위험이 있고 가열에 의해 용기가 파열한다.
③ 불완전연소하면 CO를 발생한다.
④ 산화제와의 혼촉에 의해 발화 위험이 있다.
⑤ 다량의 증기를 흡입하면 마취성과 구토가 일어난다.

다) 저장 및 취급방법
① 화기엄금. 가열금지. 직사광선 차단. 용기는 차고 건조하고 환기가 잘되는 안전한 곳에 저장한다.
② 강산화제, 강산류와의 접촉을 방지한다.
③ 증기의 누설 및 액체의 누출방지를 위해 용기를 밀폐하며 정전기 등의 작은 점화원도 완전히 제거하여야 한다.

라) 소화방법
① 강산류와의 접촉을 피한다.
② 초기화재는 분말, CO_2, 포가 유효하며 기타의 경우는 알코올형 포로 일시에 소화한다.

(8) 피리딘(C_5H_5N), 아딘(수용성 액체) [지정수량 400 L]

가) 성상
① 인화점 20℃, 착화점 482℃, 비중 0.92, 녹는점 -42℃, 연소범위 1.8～12.4%
② 불쾌한 악취가 나는 무색 또는 악취가 나는 담황색의 액체이다.
③ 물 또는 에테르에 잘 녹고, 약 알칼리성을 띄며 흡습성이 있다..

나) 위험성
① 상온(20℃)에서 인화의 위험이 있고 독성이 있다.
② 피부와 호흡기에 유해하므로 직접 접촉하거나 흡입에 주의하고 보호구를 사용하여야 한다.
③ 증기는 공기와 혼합하여 상온에서 소점화원에 의하여 인화·폭발의 위험이 있다.
④ 수용액 상태에서도 농도변화에 크게 좌우되지 않고 인화 위험이 있다.
⑤ 가열에 의해 용기가 파열하며 화재 시 질소산화물, CO_2를 포함한 유독성 가스를 발생한다.
⑥ 강산류, 산화제와 혼합한 것은 가열, 충격, 마찰에 의하여 발열·발화한다.

다) 저장 및 취급방법
메틸에틸케톤(M.E.K)에 준한다.

라) 소화방법

① 메틸에틸케톤(M.E.K)에 준한다.

② 소규모 화재는 안전한 곳에서 소각하거나 증발시킨다.

(9) 콜로디온($C_{12}H_{16}O_6(NO_3)_4$–$C_{13}H_{17}O_7(NO_3)_3$)

가) 성상

① 인화점 −18℃ 이하

② 무색투명한 액체로 질화도가 낮은 약질화면(질소의 함유량 10.18～12.76%)에 디에틸에테르 1과 에틸알코올 3의 비율로 혼합된 혼합물이다.

③ 질소의 양, 용해량, 용제, 혼합물에 따라 다소 성질이 달라진다.

④ 다른 물질의 표면에 도포하면 용제가 증발하여 물에 녹지 않은 가연성의 도막을 형성한다.

⑤ 셀룰로이드, 필름의 제조에 사용한다.

나) 위험성

① 콜로디온 성분 중 디에틸에테르·에틸알코올은 인화의 위험성이 크다.

② 콜로디온 성분 중 질화면은 폭발적인 연소를 한다.

③ 연소 시 질소산화물을 비롯하여 자극성, 유독성 가스를 발생한다.

다) 저장 및 취급방법

① 화기엄금, 가열금지. 직사광선을 피하고 외부 요인에 의한 용제의 증발을 막는다.

② 불꽃, 불티 등 적은 점화원과도 철저히 격리한다.

③ 저장 용기의 증기의 누설방지 및 밀폐로 액체의 누출을 방지한다.

라) 소화방법

① 직접 주수하는 것은 효과가 없다. 물분무로 용기의 외벽을 냉각시키는 데 주력하여야 한다.

② 대규모 화재인 경우 다량의 알코올형 포로 질식소화한다.

③ 화점과 충분한 안전거리를 유지하고 공기호흡기 등 안전장구를 착용한다.

3) 알코올류(수용성액체) [지정수량 400 L]

알코올류라 함은 1분자를 구성하는 탄소원자의 수가 1개부터 3개까지인 포화1가 알코올(변성 알코올을 포함)을 말한다. 위험물은 알코올 수용액의 농도가 60용량% 이상을 말한다. 다만 다음에 해당하는 것은 제외한다.

① 1분자를 구성하는 탄소원자의 수가 1개 내지 3개의 포화1가 알코올의 함유량이 60wt% 미만인 수용액

② 가연성 액체량이 60wt% 미만이고 인화점 및 연소점이 에틸알코올 60wt% 수용액의 인화점 및 연소점을 초과하는 것

알코올의 경우 대체로 탄소수가 증가함에 따라 다음과 같은 성상을 나타낸다.

① 분자량 증가와 함께 증기비중이 증가한다.

② 인화점이 낮아진다.

③ 발화점이 낮아진다.

④ 연소범위가 좁아진다.

⑤ 비점이 높아지고 수용성이 감소된다.

(1) 메틸알코올(CH_3OH), 메탄올, 목정

가) 성상

① 인화점 11℃, 착화점 464℃, 비점 65℃, 녹는점 −94℃, 연소범위 6～36%

② 알코올 특유의 술과 같은 냄새가 무색 투명한 액체이다.

③ 농도가 높을수록 인화점이 낮아진다.

④ 물, 벤젠, 에테르에 잘 녹는다.

⑤ 산화되면 포름알데이드(HCOOH) 된다.

나) 위험성

① 휘발하기 쉬워 인화가 용이하고 수용액상태에서도 인화·폭발의 위험이 있다.

② 연소할 때는 탄소함량이 적기 때문에 그을음이 발생하지 않는 완전연소에 이르고 불꽃이 잘 보이지 않는다.

$$2CH_3OH + 3O_2 \rightarrow 2CO_2\uparrow + 2H_2O\uparrow$$

③ 수용액 농도가 높아질수록 인화점이 낮아져서 더욱 연소 위험이 커진다.

④ 독성은 30～100 mL 복용 시 실명 또는 치사한다.

⑤ $KMaO_4$, CrO_3, $HClO_4$, $HMnO_4$ 등의 강산화제와 접촉하면 폭발한다.

⑥ 고농도의 H_2O_2와 혼합한 것은 충격에 의해 폭발한다.

⑦ K, Na 등 알칼리금속과 반응하여 충격에 의해 폭발한다.

다) 저장 및 취급방법

① 탄소와 수소비 중 탄소가 작으므로 연소 시 불꽃이 잘 안 보이므로 취급 시 주의한다.

② 화기엄금, 가열금지. 직사광선을 피하고 외부 요인에 의한 용제의 증발을 막는다.

③ 불꽃, 불티 등 적은 점화원과도 철저히 격리한다.

④ 저장 용기의 증기의 누설방지 및 밀폐로 액체의 누출을 방지한다.

⑤ 취급소 내 전기설비는 방폭조치하고 정전기의 발생 및 축적을 방지시켜야 한다.

⑥ 강산류, 강산화제, 알칼리금속과의 접촉을 방지한다.

라) 소화방법

① 각종 소화기를 사용하나 포말소화기를 사용할 때는 화학포 및 기계포는 거품이 잘 터지므로 알코올형 포를 사용할 것

② 피리딘 소화방법에 준한다.

(2) 에틸알코올(C_2H_5OH)

가) 성상

① 일명 에탄올, 주정이라고 한다.

② 인화점 13℃, 착화점 423℃, 비점 79℃, 비중 0.79, 연소범위 4.3～19%

③ 당밀, 고구마, 감자 등을 원료로 하는 발효방법으로 제조한다.

④ 요오드화프롬 생성으로 검출한다. 반응식은 다음과 같다.

$$\text{에틸알코올} + KOH + I_2 \rightarrow CHI_3\ (\text{요오드프롬})$$

⑤ 무색투명한 휘발성 액체로서 단맛이 있고 특유의 냄새가 있다. 물에 잘 녹는다.

⑥ 산화되면 아세트알데이드(CH_3CHO)가 되며, 최종적으로 초산(CH_3COOH)이 된다.

나) 위험성

① 휘발하기 쉽고 증기는 공기와 혼합하면 인화·폭발의 위험이 높다.

② 그을음이 발생하지 않는 완전연소에 이르고 낮에는 불꽃이 잘 보이지 않는다.

③ 인화점이상 올라가면 폭발성 혼합가스가 생성되어 밀폐된 상태에서 폭발한다.

④ 알칼리금속(Li, Na, K, Rb, Cs, Fr)과 반응하여 인화성이 강한 H_2를 발생한다.

⑤ 가열하면 인화의 위험이 현저히 증가하고 용기가 화염에 쌓이면 폭발한다.

⑥ 제1류 위험물과 H_2O_2 등의 강산화제와 혼합하면 격렬하게 반응하여 발열·발화의 위험이 있다.

다) 저장 및 취급방법

① 화기엄금. 화기와의 격리. 가열금지, 증기누설을 방지한다.

② 수용액상태에서도 인화의 위험이 있으므로 액체의 온도가 인화점 이상으로 올라가지 않도록 한다.

③ 밀봉, 밀전하며 통풍이 잘되는 냉암소 등에 저장한다.

④ 강산화제, 알칼리금속, 강산류와의 혼촉을 절대 방지한다.

라) 소화방법은 메틸알코올에 준함

(3) 기타 알코올류

프로필알코올(C_3H_7OH), 부틸알코올(C_4H_9OH), 아밀알코올($C_5H_{11}OH$)이 있다.

4) 제2석유류 [지정수량 비수용성 액체 1,000 L, 수용성 액체 2,000 L]

지정품목은 등유, 경유 그 밖에 1기압에서 인화점이 21℃ 이상 70℃ 미만인 것을 말한다. 다만, 도료류 그 밖의 물품에 있어서 가연성 액체량이 40 w% 이하인 것은 제외한다.

(1) 등유(케로신)(비수용성 액체) [지정수량 1,000L]

가) 성상

① 비중 0.8, 증기비중 4.5, 비점 151～301℃, 인화점 43～72℃, 발화점 210℃, 연소범위 0.7～5 Vol%

② 탄소수 C_9～C_{18}의 포화, 불포화탄화수소의 혼합물이다.

③ 무색 또는 담황색의 액체이며 형광성이 있다. 물에 녹지 않는다.

나) 위험성

① 상온에서 인화의 위험성은 적으나 증기는 공기와 혼합하여 연소범위를 인화·폭발의 위험이 있다.

② 가열하거나 액온이 인화점 이상이 되면 휘발유와 같이 극히 작은 점화원으로 인화 연소한다.

③ 인화점 온도 이하라도 무상(안개)으로 되거나, 천 등에 배어 있을 때는 공기와의 접촉면이 넓고, 열전도가 나빠지므로 발화연소하기 쉽다.

④ 정전기 축척이 이루어지므로 액온이 인화점 이상이거나 공기와의 접촉면이 넓어지면 (무상으로 되거나 천 등에 스며든 상태) 연소하기 쉽다.

⑤ 제1류 위험물 또는 제6류 위험물에 혼촉되면 발화의 위험이 생긴다.

다) 저장 및 취급방법

① 화기엄금. 화기와의 격리. 가열금지, 증기누설을 방지한다.

② 강산화제, 강산류, 다공성 가연물과의 접촉을 방지한다.

③ 취급소 내 전기설비는 방폭조치하고 정전기의 발생 및 축적을 방지시킨다.

④ 용기는 통풍이 잘되는 냉암소에 저장한다.

라) 소화방법

① 초기화재는 CO_2, 분말, 알코올형 포가 유효하며 대형화재인 경우는 다량의 포로 일시에 소화한다.

② 소규모 화재는 다량의 물로 분무주수 소화하여도 효과가 있다.

③ 주수는 연소방지 및 용기나 탱크의 외벽을 냉각하는 데 사용한다.

(2) 경유(일명 디젤유)(비수용성 액체) [지정수량 1,000 L]

① 비중 0.82~0.85, 비점 300~350℃, 인화점 50~70℃, 발화점 257℃, 연소범위 1.1~6.0%, 증기비중 4~5

② 탄소수 C_{15}~C_{19}인 포화·불포화탄화수소의 혼합물이다.

③ 물에는 불용성이며 여러 가지 유기용제와 잘 섞이고 유지, 수지 등을 잘 녹인다.

④ 저장 및 취급방법, 소화방법은 등유에 준한다.

(3) 의산(HCOOH), 개미산, 포름산(수용성 액체) [지정수량 2,000 L]

가) 성상

① 인화점 69℃, 착화점 601℃, 비중 1.22, 비점 101℃

② 물에 잘 녹으며 물보다 무겁다. 초산보다 강산이다.

③ 강한 환원제이며 물, 에테르, 알코올 등과 어떠한 비율로도 섞인다.

④ 연소 시 푸른 불꽃을 내며 탄다.

$$HCOOH + O_2 \rightarrow 2CO_2 + 2H_2O$$

⑤ 황산과 함께 가열하여 분해하면 일산화탄소가 발생한다.

나) 위험성

① 피부와 접촉하면 수포성의 화상을 입는다.

② 진한 증기를 흡입하면 점막을 자극하는 염증을 일으킨다.

다) 저장법 : 용기는 내산성 용기를 사용할 것

라) 소화방법

① CO_2, 할로겐화합물 소화기 및 알코올포 소화기, 분무상의 주수로 한다.

② 물보다 가볍고 물에 녹지 않으므로 화재가 확대되므로 주수소화는 부적당하다.

(4) 초산(CH_3COOH), 빙초산, 아세트산 (수용성 액체) [지정수량 2,000 L]

가) 성상

① 인화점 42.8℃, 착화점 427℃, 녹는점 16.6℃, 비점 118℃, 비중 1.05, 증기비중 2.07, 연소범위 5.4～16

② 무색 투명의 자극적인 식초 냄새가 나는 물보다 무거운 액체이다.

③ 물에 잘 녹으며 16.7℃ 이하에서는 얼음처럼 되며, 연소 시 파란 불꽃을 내면서 탄다.

④ 알루미늄 이외의 금속과 작용하여 수용성인 염을 생산한다.

⑤ 겨울에는 얼음과 같은 상태로 존재하므로 빙초산이라고 한다.

⑥ 물, 에테르, 알코올과 잘 혼합하여 살균작용이 있다.

⑦ 3～5% 수용액을 식초라고 한다

나) 위험성

① 피부와 접촉하면 수포성의 화상을 입는다.

② 진한 증기를 흡입 시에는 점막을 자극하는 염증을 일으킨다.

③ 녹는점 이하에서는 얼음(빙초산)과 같은 상태가 되는데 이 때도 증기가 발생하여 인화점에 도달하면 인화 위험이 있다.

④ 알코올과 반응하여 초산에틸을 만든다.

$$CH_3COOH + C_2H_5OH \rightarrow (CH_3COO)_2C_2H_5 + H_2O$$

⑤ 연소할 때는 청색 불꽃을 내며 연소하고 유독성 가스를 발생한다.

$$CH_3COOH + O_2 \rightarrow 2CO_2\uparrow + 2H_2O\uparrow$$

⑥ 강산화성 물질(Na_2O_2, HNO_3 등)과 혼촉하면 발화, 폭발의 위험이 있다.

다) 저장 및 취급방법

① 화기엄금. 가열금지. 직사광선 차단. 용기는 차고 건조하고 환기가 잘되는 안전한 곳에 저장한다.

② 저장은 내산성 용기에 저장하고 소화는 의산에 준한다.

③ 알칼리금속 및 금속분, 알코올, 강산화제, 강산류와의 접촉을 방지한다.

④ 고농도 초산의 경우는 증기 누설 및 액체의 누설 방지를 위하여 용기를 밀폐한다.

라) 소화방법

① 초기화재는 CO_2, 분말, 알코올형 포가 유효하며 대형화재인 경우는 다량의 물 또는 포로 일시에 소화한다.

② 유출사고 시 소다회 등으로 중화작업을 할 때는 발열이 일어나 액이 비산할 위험이 있으므로 주의하고 중화 후 다량의 물로 세척한다.

(5) 테레핀유, 송정유($C_{10}H_{16}$) (비수용성 액체) [지정수량 1,000 L]

가) 성상

① 인화점 35℃, 착화점 240℃, 비점 153~175℃, 비중 0.86

② 소나무 등의 껍질에 상처를 내서 얻은 수지를 수증기로 증류하여 얻으며 독성이 있다.

③ 물에 녹지 않으며 헝겊 및 종이 등에 스며들어 자연발화한다.

④ 공기 중에 방치하면 끈기 있는 수지 상태의 물질이 되고 산화되기 쉽다.

나) 위험성

① 증기는 공기와 혼합하고 연소범위가 낮아 인화, 폭발의 위험이 있다.

② 가열에 의해 용기가 폭발하며 연소 시 유독성의 CO를 발생한다.

③ 테레핀유가 묻은 종이 또는 엷은 천을 Cl_2 가스와 접촉시키면 폭발한다.

④ 강산화제 물질(Na_2O_2, H_2O_2, $NaCLO_4HNO_3$ 등)과 혼촉하면 발화 위험이 있다.

⑤ 요오드와 혼합한 것은 가열하면 폭발하고 산화성 물질과 혼합한 것은 충격, 마찰을 받으면 발열, 발화의 위험이 있다.

다) 저장 및 취급방법

등유에 준한다.

라) 소화방법

등유에 준한다.

(6) **스틸렌, 페닐에틸렌($C_6H_5CHCH_2$)(비수용성 액체) [지정수량 1,000 L]**

① 인화점 32℃, 착화점 490℃, 비점 146℃, 연소범위 1.1~6.1%, 비중 0.91

② 빛, 가열, 또는 과산화물에 의해 중합되어 중합체인 폴리스틸렌을 만든다.

③ 방향성을 갖는 무색 투명한 액체로서 물에는 녹지 않으나 유기용제 등에 잘 녹는다.

④ 증기 및 액체의 흡입이나 접촉을 피하고 중합되지 않도록 한다.

⑤ 소화방법은 가솔린에 준한다.

(7) **장뇌유($C_{10}H_{16}O$)(비수용성 액체)**

① 인화점 47℃

② 용도

- 백색유 : 방부제
- 적색유 : 비누향료
- 감색유 : 선광유

③ 엷은 황색의 액체이며 유출 온도에 따라 백색유, 적색유, 감색유로 분리한다.

⑤ 물에는 녹지 않으나 알코올, 에테르, 벤젠 등 유기용제에 잘 녹는다.

⑥ 소화는 등유에 준한다.

(8) **클로로벤젠(C_6H_5Cl), 염화비닐(비수용성 액체)**

① 인화점 32℃, 발화점 638℃, 비점 132℃, 연소범위 1.3~7.1%

② 물보다 무거우며 마취성이 있고 석유와 비슷한 냄새를 갖는 무색의 액체이다.

③ 물에는 녹지 않으나 유기용제 등에는 잘 녹고 천연수지, 고무, 유지 등을 녹인다.

④ 독성이 있으나 벤젠보다 약하다.

5) **제3석유류 [지정수량 비수용성 액체 : 2,000, 수용성 액체 : 4,000 L]**

지정품목은 중유, 클레오소트유가 있고, 1기압에서 인화점이 70℃ 이상 200℃ 미만인 것을 말한다. 다만, 도료류 그 밖의 물품은 가연성 액체량이 40 vol% 이하인 것은 제외한다.

(1) 중유(직류중유, 분해중유)(비수용성 액체) [지정수량 2,000 L]

가) 성상

① 직류중유

- 인화점 60～150℃, 착화점 254～405℃, 유출온도 300～ 500℃
- 주로 디젤기관의 연료로 사용되며 분무성이 좋다.
- 원유를 300～350℃에서 추출한 유분 또는 이에 경유를 혼합한 것으로 포화탄화수소가 많으므로 점도가 낮고 착화가 잘된다.

② 분해중유

- 인화점 70～150℃, 착화점 380℃ 이하, 비중 0.95～1.0
- 주로 보일러의 원료로 쓰이며 자연발화의 위험이 있다.

③ 등급은 점도차에 따라 A중유, B중유, C중유로 구분하며, 벙커C유는 C중유에 속한다.

나) 위험성

① 인화점이 높으므로 가열하지 않으면 연소위험이 없으나 가열하면 제1석유류와 같은 위험성이 생기며 가연성 증기를 발생하여 인화의 위험이 있다.

② 분해중유는 불포화탄화수소이므로 산화 중합하기 쉽고 액체의 누설은 자연발화 위험이 있다.

③ 연소가 시작되면 액온이 높아지므로 수분 등이 포함되어 있는 소화제(포 등)를 사용하면 수분의 비등과 증발로 포가 파괴되고 슬롭오버(slop over)현상이 일어난다.

④ 대형탱크에서 화재가 발생하면 보일오버현상 또는 슬롭오버현상이 일어난다.

참고

- **슬롭오버현상**

  포말 및 수분이 함유된 물질의 소화는 시간이 지연되면 수분이 비등 증발하여 포가 파괴되어 화재면의 액체가 포와 함께 혼합되어 넘쳐흐르는 현상

- **보일오버현상**

  장시간 연소가 연소가 계속되는 동안 상부 화염 부위의 액온이 상승하여 고온층을 형성하고 이것이 허층부로 내려가 물과 접촉하면 물이 비등을 일으키면서 뜨거운 기름과 함께 탱크 밖으로 분출 비산하는 현상

⑤ 제1류 위험물과 같은 강산화제와 혼합하면 발화 위험이 있다.

다) 저장 및 취급방법

① 가열금지, 화기엄금. 저장용기나 탱크 밖으로의 누출을 방지한다.

② 중유가 들어있는 용기나 탱크에 직접 용접하면 공간의 저비점의 유증기를 폭발시킬 수 있으므로 용접행위를 절대금지시킨다.

③ 강산화제 및 강산류와의 혼촉을 방지한다.

④ 액체의 누출로 인해 다공성의 가연성 물질에 스며들지 않도록 한다.

라) 소화방법 : 등유의 소화방법에 준한다.

(2) 클레오소오트유(Creosote oil), 타르유(비수용성 액체) [지정수량 2,000 L]

① 비중 1.5, 비점 194～400℃, 인화점 74℃, 착화점 336℃

② 자극성의 타르 냄새가 나는 황갈색의 액체이다.

③ 타르산이 함유되어 용기를 부식하므로 내산성 용기에 수납한다.

④ 물보다 무겁고 독성이 있다. 피부와 눈에 들어가면 자극적이다.

⑤ 자체 내에 특수가연물 중 나프탈렌 및 안트라센을 포함한다.

⑥ 카본블랙 및 목재의 방부제로 사용한다.

⑦ 위험성, 저장 취급방법은 중유에 준한다.

(3) 아닐린($C_6H_5NH_2$), 페닐아민(비수용성액체) [지정수량 2,000 L]

가) 성상

① 인화점 75℃, 착화점 538℃, 비중 1.02, 녹는점 －6℃, 비점 184℃

② 클로로벤젠을 Cu촉매, 가압하여 NH_3와 가열하거나 니트로벤젠을 철과 염산 존재 하에서 환원 증류하여 만든다.

③ 무색 또는 담황색의 특이한 아민 같은 냄새가 있는 기름상의 액체이다.

④ 알칼리금속 및 알칼리토금속과 작용하여 수소 및 아닐리드를 발생한다.

⑤ 에탄올, 벤젠, 에테르와 임의로 혼합하고 독성이 강하며 물에 약간 녹는다.

⑥ 증기를 흡입하거나 액체가 피부에 닿으면 급성 또는 만성 중독을 일으킨다.

나) 위험성

① 황색 또는 담황색의 점도가 높은 액체로 아닐린은 피부와 접촉 또는 호흡기에 흡수되며

중독증상이 나타나므로 취급 시 피부 및 호흡기를 보호할 것

② 인화점이 높아 상온에서 인화 위험은 없으나 가열하면 연소 위험이 커진다.

③ 가열하면 용기가 파열하며 증기는 공기와 혼합할 때 인화 폭발의 위험이 있다.

④ 강산화제, 진한 황산과 같은 강산류와 접촉 시 격렬하게 반응한다.

⑤ 산화되기 쉽고 산화제와 혼합한 것은 가열, 충격, 마찰에 의해 발열·발화한다.

다) 저장 및 취급방법

중유에 준하며 취급 시 피부나 호흡기 등에 보호조치를 하여야 한다.

라) 소화방법

① 물분무, 분말, CO_2가 유효하며 대형화재 시 알코올형 포로 일시에 소화한다.

② 연소 시 유독성 가스가 발생하므로 공기호흡기 등의 보호장비를 착용하여야 한다.

(4) 니트로벤젠($C_6H_5NO_2$) 니트로벤졸 (비수용성 액체) [지정수량 2,000 L]

가) 성상

① 비중 1.2, 비점 211℃, 녹는점 5.7℃, 인화점 88℃, 착화점 482℃

② 물보다 무겁고 독성이 강하며 불수용성이다. 유기용제에는 잘 녹는다.

③ 벤젠을 니트로화시켜 제조하며, 니트로화제로는 황산과 질산이 사용된다.

④ 산이나 알칼리에는 비교적 안정하나 주석, 철 등의 금속 촉매에 의해 염산을 첨가시키면 환원되면서 아닐린이 생성된다.

나) 위험성

① 비점이 높아 증기 흡입은 적지만 독성이 강하여 피부와 접촉하면 쉽게 흡수된다.

② 인화점이 높아 상온에서 인화 위험은 없으나 가열하면 연소 위험이 커진다.

③ 단독으로 화약류처럼 폭발을 일으키지 않지만 가열하면 용기가 심하게 폭발한다.

④ 연소 시 질소산화물을 포함한 유독성 가스를 발생하고 증발 연소한다.

⑤ 산화제와 혼촉에 의하여 발열·발화한다.

다) 저장 및 취급방법 : 아닐린에 준한다.

라) 소화방법

① 물분무, 분말, CO_2, 포가 유효하며 대형화재 시 다량의 포로 일시에 소화한다.

② 소화작업 시 방열복 및 공기호흡기 등의 보호장비를 착용하여야 한다.

(5) 에틸렌글리콜($C_2H_4(OH)_2$)(수용성액체) [지정수량 4,000 L]

가) 성상

① 인화점 111℃, 착화점 413℃, 비점 197℃, 비중 1.113, 녹는점 −12℃

② 무색 무취의 단맛이 나고 흡습성이 있는 끈끈한 액체이다.

③ 물, 알코올, 에테르, 글리세린 등에는 잘 녹고 사염화탄소, 이황화탄소, 클로로포름에는 녹지 않는다.

④ 독성이 있으며 무기산 및 유기산과 반응하여 에스테르를 생성한다.

나) 위험성

① 상온에서는 인화 위험이 없으나 가열하면 연소 위험성이 증가한다.

② 가열하면 연소에 의해 자극성 또는 유독성의 CO를 발생한다.

③ 상온에서 Na_2O_2, Cr_2O_3, $KMnO_4$, 표백분 등과 접촉 시 혼촉 발화한다.

④ 제1류 위험물과 가연성의 유황, 적린, 금속분 등이 혼합하고 있을 때 에틸렌글리콜이 혼합하면 발화한다.

다) 저장 및 취급방법

① 가열금지, 화기엄금, 용기는 차고 건조하며 환기가 잘되는 곳에 저장한다.

② 강산화성 물질, 강산류, 유황, 적린, 금속분과의 접촉을 피한다.

라) 소화방법

① 소화는 중유에 준하나 수용성이므로 특수포인 알코올 폼을 사용한다.

② 탱크화재 시 탱크가 변색될 때는 폭발할 위험이 있으므로 즉시 대피한다.

(6) 글리세린($C_3H_5(OH)_3$) 감유(수용성액체) [지정수량 4,000 L]

가) 성상

① 인화점 160℃, 착화점 393℃, 비점 290℃, 녹는점 17℃, 비중 1.26

② 3가 알코올로 물보다 무거우며 수용성이다.

③ 단맛을 내는 무색의 액체로 흡습성이 있다.

④ 물, 알코올과는 임의로 혼합되며 벤젠, 에테르, 클로로포름 등에 녹지 않는다.

나) 위험성

① 상온에서 Na_2O_2, Cr_2O_3, $KMnO_4$, 표백분 등과 접촉 시 혼촉 발화한다.

② 가열하면 비점 부근에서 분해하여 인화 폭발한다.
③ 산화제와 혼합한 것은 가열, 충격·마찰에 의해 폭발한다.

다) 저장 및 취급방법 : 중유에 준한다.

라) 소화방법 : 중유에 준하며 포말은 수용성이므로 효과가 없다.

(7) 담금질유

① 인화점 200℃ 이상의 담금질유는 제4석유류에 속한다.
② 철, 강철 등 기타 금속을 900℃ 정도로 가열하여 기름 속에 넣어 급격히 냉각시키면 경도를 증가시킨다. 담금질할 때 사용되는 기름을 담금질유라고 한다.
③ 인화점이 높으므로 인화의 위험성은 없으나 국부가열에 의한 화재에 주의해야 한다.

6) 제4석유류 [지정수량 6,000 L]

제4석유류 지정품목은 기계유, 실린더유이며, 지정성상은 1기압, 20℃에서 액체인것으로 인화점이 200℃ 이상 250℃ 미만인 것을 말한다. 그리고 도료류 그 밖의 물품으로서 인화성 액체량이 40 wt% 이하인 것은 제4석유류에서 제외된다.

(1) 종류

① 방청유 : 수분의 침투를 방지하여 철제가 부식되지 않도록 하는 기름이다. 인화점 200℃ 이상
② 가소제 : 휘발성이 작은 용제에 합성수지, 합성고무 등에 가소성을 주는 액체 기름이다.
③ 담금질유 : 인화점이 200℃ 이상인 기름이다(제3석유류 담금질유 참고).
④ 전기절연유 : 변압기 등에 쓰이는 인화점이 200℃ 이상인 광물유이다.
⑤ 절삭유 : 금속재료를 절삭가공할 때 공구와 재료와의 마찰열을 감소시키고 절삭물을 냉각하기 위하여 사용되는 인화점이 200℃ 이상의 위험물
⑥ 윤활유 : 기계부분 중 마찰열이 많이 받는 부분의 마찰을 적게 하기 위하여 사용하는 기름이다.
   - 윤활유의 종류에는 석유계윤활유, 합성윤활유, 혼성윤활유, 지방성윤활유 등이 있다.
   - 석유계윤활유에는 기어유, 실린더유, 터빈유, 머신인(기계)유, 모터유, 스핀들유가 있다.

(2) 위험성

① 인화점이 200℃ 이상 250℃ 미만이기 때문에 상온에서 인화 위험은 없다.

② 가열하면 연소 위험성 증가하고 연소 시 화재의 열에 의해 액온이 상승되어 화재가 확대된다.

③ 물을 직접 주수하거나 물을 주성분으로 하는 소화약제를 사용하면 물이 급격히 기화하여 연소 중인 액체를 비산시켜 화재면적을 확대시킬 위험이 크다.

(3) 저장 및 취급방법

① 인화점 이상 가열하지 않도록 한다.

② 가열하여 사용하는 경우 화기를 엄금하고 발생된 증기의 누설을 방지하고 통풍·환기를 시켜야 한다.

③ 가연성 물질 또는 강산화성 물질과 격리한다.

④ 액체의 누출금지. 누출되어 섬유류 등 다공성 가연물에 스며들지 않도록 한다.

(4) 소화방법

① 초기소화는 물분무, 분말, CO_2, 포가 유효하며, 대형화재는 다량의 포로 일시에 질식소화한다.

② 소규모 화재는 물분무가 유효하고 화재진압 중 방열복과 공기호흡기 등의 안전장비를 착용한다.

7) 동·식물유류 [지정수량 10,000 L]

동·식물유류란 동물의 지육 등 또는 식물의 종자나 과육으로부터 추출한 것으로서 1기압에서 인화점이 250℃ 미만인 것을 말한다.

(1) 종류

요오드값(옥소값) : 유지 100 g에 부가되는 요오드의 g수를 말한다. 요오드값이 크면 불포화도가 커지고 작으면 불포화도가 작아진다.

가) <u>건성유</u> : 이중 결합이 많아 불포화도가 높기 때문에 공기 중에서 산화되어 액표면에 피막을 만드는 기름이다.

① 요오드값(옥소값) 130 이상인 동·식물류

② 동물유 : 정어리유(154～196), 대구유, 상어유

③ 식물유에는 해바라기유(113～146), 아마인유(168～190), 들기름(192～208), 동유(145～176)

나) 반건성유 : 공기 중에서 건성유보다 얇은 피막을 만드는 기름이다.

① 요오드값이 100～130이다.

② 동물유 : 청어유(123～147)

③ 식물유에는 쌀겨기름, 면실유(88～121), 채종유(97～107), 옥수수기름(88～147), 참기름(104～118), 콩기름(114～138)이 있다.

다) 불건성유 : 공기 중에서 피막을 만들지 않은 안정된 기름이다.

① 요오드값이 100 이하이다.

② 동물유 : 쇠기름, 돼지기름, 고래기름

③ 식물유 : 피마자유(81～91), 올리브유(75～90), 팜유, 땅콩기름(82～109), 야자유(7～16) 등이 있다.

(2) 성상

① 공기 중에서 단단한 피막을 만들며 헝겊, 종이에 베어 공기 중에서 자연발화한다.

② 화학적 주성분은 고급지방산으로 포화 또는 불포화탄화수소로 되어 있다.

③ 순수한 것은 무색·무취이나 불순물이 함유된 것은 미황색 또는 적갈색으로 착색되어 있다.

④ 장기간 저장된 것은 냄새가 나며, 대체로 점성이 크며 일반적으로 300℃ 이상 가열하면 분해한다.

⑤ 물에는 녹지 않지만 에테르, 이황화탄소, 벤젠 등 유기용제에 잘 녹는다.

(3) 위험성

① 인화점 이상에서는 가솔린과 같은 인화의 위험이 있다.

② 상온에서 가열하지 않는 한 인화 위험은 없으나 가열하면 연소 위험성이 증가하여 제1석유류와 같은 위험에 도달한다.

③ 화재 시 액온이 상승하여 대형 화재로 발전하기 때문에 소화가 곤란하다.

④ 건성유는 헝겊, 종이 등에 스며들어 있는 상태로 방치하면 분자 속의 불포화결합이 공기 중의 산소에 의해 산화 중합반응을 일으켜 자연발화의 위험이 있다.

(4) 저장 및 취급방법

① 가열하여 취급하는 경우가 많으므로 화기에 주의한다.

② 건성유의 경우 자연발화를 일으키는 요인이 되므로 다공성 가연물과의 접촉을 방지한다.

③ 증기 및 액체의 누설이 없도록 주의하고 통풍·환기를 잘 시켜서 주위 온도를 낮춘다.

(5) 소화방법

① 초기화재는 할로겐화합물, CO_2, 분말소화가 유효하지만 화재의 규모에 따라서_물분무 소화도 가능하다.

② 대형화재의 경우 방열복의 착용과 공기호흡기 등의 안전장비를 착용한다.

12.2.5 제5류 위험물

1 종류

표 12-5 제5류 위험물

유별	성질	품명 및 품목	지정수량(kg)
제 5 류	자기반응성 물질	유기과산화물	10
		질산에스테르류	10
		니트로화합물	200
		니트로소화합물	200
		아조화합물류	200
		디아조화합물	200
		히드라진유도체	200
		히드록실아민	100
		히드록실아민염류	100

2 공통성질 및 저장·취급 사항

1) 공통성질

자기반응성 물질이란 고체 또는 액체로서 폭발의 위험성 또는 가열분해의 격렬함을 판단하기 위하여 고시로 정하는 시험에서 고시로 정하는 성질과 상태를 나타내는 것을 말한다. 자기연소성 물질 또는 폭발성 물질이라고도 한다. 일반적인 공통성상은 다음과 같다.

① 산소함유 물질이므로 자기연소를 일으키기 쉬우며 연소속도도 대단히 빨라서 폭발적이다.

② 가열·충격·마찰에 의하든지 혹은 다른 약품과의 접촉에 의해서 폭발하는 것이 많다.

③ 가연물과 산소공급원이 혼합되어 있는 상태라고 생각하면 되므로 점화원을 가까이 하는 것은 대단히 위험하다.

④ 오랜 시간이 경과함에 따라서 산화반응이 일어나 열분해가 진행되어 자연발화를 일으키는 경우도 있다.

⑤ 대부분 물에 잘 녹지 않은 비수용성 물질로서 물과의 직접적인 반응은 없다.

⑥ 대부분 가연성 물질이고 분해할 때는 단시간 내에 이루어지며 분해생성물은 C, CO_2, H_2O, N_2, NO_2 등 다량의 가스를 발생한다.

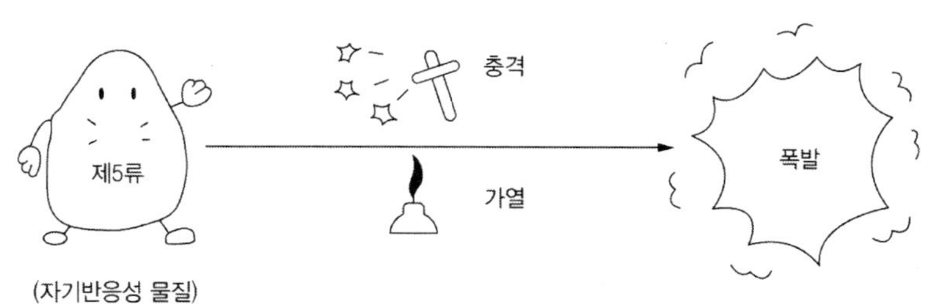

그림 12-5 제5류 위험물

2) 위험성

① 산소를 함유하고 있는 유기과산화물, 질산에스테르류, 니트로화합물, 니트로소화합물은 특히 외부의 산소가 없어도 자기연소하고 연소속도가 빠르다.

② 아조화합물, 디아조화합물, 히드라진 유도체는 고농도인 경우 충격에 매우 민감하고 연소 시 순간적인 폭발로 이어진다.

③ 유기질소화합물은 불안정하여 분해가 용이하고 공기 중 분해열이 축적되면 자연발화하

는 것도 있다. 이 경우 연소생성물인 산화질소는 유독성이 강하다.

④ 니트로화합물은 니트로기($-NO_2$)가 많을수록 가열·충격에 민감하고 폭발력도 크다.

⑤ 연소 시 발생하는 연소생성물은 다량이고 유독성 가스가 많이 함유되어 밀폐된 곳에서 화재 폭발 시 중독 위험이 높다.

⑥ 강산화제, 강산류와 혼합한 것은 발화를 촉진시키고 위험성도 증가한다.

⑦ 유기과산화물은 농도가 높은 것은 과열, 직사광선, 충격·마찰에 의해서 폭발한다.

3) 저장 및 취급방법

① 시전에 충분한 시험평가를 실시하여 엄격한 안전관리가 이루어져야 한다.

② 화염, 불꽃 등의 점화원의 엄금, 가열, 충격·타격·마찰 등을 철저히 피한다.

③ 직사광선 차단, 적정 습도 유지하고 통풍이 양호한 찬 곳에 저장한다.

④ 강산화제, 강산류 등의 물질이 혼입되지 않도록 한다.

⑤ 가급적 소분하여 저장하고 용기의 파손 및 위험물의 누출을 방지한다.

⑥ 폭발에 대비하여 토담, 제방 등을 설치하여 폭풍으로 인한 피해를 줄이도록 한다.

⑦ 유발을 달리하는 위험물과는 동일한 위험물 저장소, 특히 옥내저장소의 경우 함께 저장하지 않도록 한다.

⑧ 제5류 위험물제조소 등에는 적색바탕에 백색문자로 "화기엄금"의 주의사항 표시판을 설치한다.

4) 소화방법

다량의 주수를 하여 냉각소화한다.

3 제5류 위험물의 성상

1) 정의

- 유기과산화물 : 과산화기($-O-O-$)를 가진 유기화합물과 행정안전부장관이 고시한 품명
- 질산에스테르류 : HNO_3(질산)의 수소(H) 원자를 알킬기(R, C_nH_{2n+1})로 치환한 형태의 화합물
- 니트로화합물 : 유기화합물의 수소원자가 니트로기($-NO_2$)로 치환된 화합물로서 니트로기(NO_2)가 2개 이상인 것

- **니트로소화합물** : 니트로소기(-NO)를 가진 화합물로서 벤젠핵에 2개 이상의 니트로소기가 결합된 화합물
- **아조화합물** : 아조기(-N=N-)가 알킬기의 탄소원자가 결합해 있는 유기화합물
- **디아조화합물** : 탄소섬유에 결합한 디아조기(－N＝N)를 갖는 화합물
- **히드라진 유도체** : 히드라진(N_2H_4)은 유기화합물로부터 얻어진 물질
- **히드록실아** : NH_2OH
- **히드록실아민염류** : $NH_2OH \cdot HCl$

2) 제5류 위험물 성상

(1) 유기과산화물

가) 벤조일퍼옥사이드($(C_6H_5CO_2)_2O_2$) 과산화벤조일 [지정수량 10 kg]

① 성상

㉮ 분해온도 75～80℃, 발화점 125℃, 녹는점 106～108℃, 비중 1.33

㉯ 무미 무취 백색분말 또는 무색의 결정체이다.

㉰ 물에 녹지 않으며 알코올, 식용유에 약간 녹고 대부분 유기용제에 녹는다.

㉱ 수분흡수, 희석제인 프탈산디메틸, 프탈산디부틸의 첨가 시 폭발성을 낮춘다.

㉲ 운반 시에는 30% 이상의 물을 포함시킨 상태로 수송된다.

② 위험성

㉮ 가열하면 약 100℃ 부근에서 흰 연기를 내면서 격렬하게 분해된다.

㉯ 일단 착화하면 순간적으로 폭발함. 유독성의 다량의 흑연을 내면서 연소한다.

㉰ 상온에서는 안정하지만 열, 빛, 충격, 마찰 등에 의하여 폭발 위험이 있다.

㉱ 강산화성 물질로서 진한 황산, 진한 질산, 초산, 금속분, 아민류 등과 혼합하면 분해를 일으켜 폭발한다.

㉲ 폭발에 의한 감도는 T.N.T, 피크르산보다 예민하다.

③ 저장 및 취급방법

㉮ 직사광선 차단, 화기엄금. 가열, 충격, 마찰 등을 피하며 냉암소에 보관한다.

㉯ 저장용기에 희석제를 넣어서 폭발 위험성을 낮춘다.

㉰ 많은 양을 한꺼번에 저장하거나 사용하지 말고 소량씩 사용한다.

㉱ 이물질의 혼입방지 및 강산류, 인화성 액체류, 화학류, 강산화제, 강환원제, 유기물, 금속분, 기타 가연성 물질과의 접촉을 피한다.

㉲ 용기는 완전히 밀전, 밀봉하고 용기의 파손을 방지하며, 취급 중 충격을 주거나 전도·낙하되지 않도록 한다.

㉳ 눈에 들어가면 결막염을 일으키고 피부에 접촉하면 염증이 생긴다.

④ 소화방법

㉮ 양이 적은 경우 물분무, 포, 분말, 건조사도 유효하고 다량의 물로 냉각소화한다

㉯ 소화작업 중 공기호흡기 등 보호장비를 착용하고 폭발의 위험이 있으므로 과산화물로 소화 시 안전거리를 충분히 확보한 후 작업한다.

나) 과산화메틸에틸켑톤(MEKPO), 메틸에틸케톤퍼옥사이드 [지정수량 10 kg]

① 성상

㉮ 분해온도 40℃, 인화점 58℃, 발화점 205℃, 녹는점 −20℃ 이하

㉯ 무색이며 독특한 냄새가 나는 기름형태의 액체이다.

㉰ 물에 잘 녹지 않지만 알코올, 케톤, 에테르 등에 녹는다.

㉱ 촉매로 쓰이는 것은 대개 가소제로 희석되어 있다.

② 위험성

㉮ 상온에서 안정하고 40℃에서 분해되기 시작하여 80∼100℃에서 격렬히 분해한다. 100℃를 넘으면 심하게 백연을 발생하고 이 때 분해가스에 이물질이 접촉하면 발화폭발한다.

㉯ 강산화제이고 가연성 물질로서 화기에 의해 쉽게 인화하고 격렬하게 연소한다.

㉰ 순품은 충격·타격·마찰에 민감하고 직사광선, 수은·철·납·구리합금과 접촉 시 분해되어 폭발한다.

㉱ 헝겊, 탈지면이나 쇠녹 및 규조토의 접촉으로 30℃ 이하에서도 분해한다.

㉱ 일단 점화되면 외부에서 산소공급 없이도 연소가 계속되며 폭발 위험이 있다.

③ 저장 및 취급방법

㉮ 시판품의 희석제로 프탈산디메틸(DMP), 프탈산디부틸(DBP)를 40% 첨가하고 그 농도가 50∼60% 이상이 되지 않도록 하며 저장온도는 이하로 유지한다.

㉯ 기타사항은 벤조일퍼옥사이드(BPO)와 같다.

다) 아세틸퍼옥사이드($(CH_3 \cdot CO)_2O_2$)

㉮ 인화점 45℃, 발화점 121℃, 비중 1.2

㉯ 가연성 고체이고 가열 시 폭발한다.

㉰ 충격·마찰에 의해서 분해된다.

㉱ 희석제 프탈산디메틸(DMP)를 75% 첨가시키고 저장온도 0~5℃를 유지한다.

㉲ 다량의 물로 냉각소화한다.

(2) 질산에스테르류(R－ONH_2) [지정수량 10kg]

알코올기를 가진 화합물을 질산(HNO_3) 반응시켜 알코올기가 질산기로 치환된 에스테르들을 질산에스테르류라고 한다.

가) 질산메틸(CH_3ONO_2) 초산메틸 [지정수량 10 kg]

① 성상

㉮ 분자량 77, 비점 66℃, 비중 1.22, 증기비중 2.65

㉯ 무색투명한 액체로 방향성이 있다.

㉰ 물에 약간 녹고 알코올에 잘 녹는다.

㉱ 비점 이상 가열하면 위험하며 제4류 위험물과 같은 위험성을 갖는다.

㉲ 로켓추진제로 많이 사용하며 강한 자극성이 있다.

㉳ 고농도는 마취성이 있으며 유독하다.

② 위험성

㉮ 휘발하기 쉽고 증기는 공기보다 무겁기 때문에 낮은 곳에 체류하고 인화점이 낮기 때문에 상온에서 인화하기 쉽다.

㉯ 비점 이상으로 가열하면 격렬하게 폭발한다.

㉰ 기타의 위험성은 제4류 위험물 제1석유류와 유사하다.

③ 저장 및 취급방법

㉮ 화기, 불꽃, 직사광선 등을 피하고 통풍이 잘되는 냉암소에 보관한다.

㉯ 용기는 금속제 용기, 갈색병에 넣어 밀봉하고 환기가 잘되는 곳에 저장한다.

④ 소화방법

㉮ 초기소화에는 모래, CO_2, 분말소화약제도 유효하고 다량의 물로 냉각소화한다.

㉯ 폭발의 위험성이 있으므로 충분한 안전거리를 확보한다.

나) 질산에틸($C_2H_5NO_2$) 초산에틸

㉮ 인화점 10℃, 녹는점 -112℃, 비점 88℃, 증기비중 3.1, 비중 1.11

㉯ 무색투명한 액체로 향긋한 냄새가 나며 단맛이 있고 방향을 갖는다.

㉰ 아질산과 같이 있으면 폭발하고 비점 이상으로 가열하면 격렬하게 폭발한다.

㉱ 휘발하기 쉽고 낮은 곳에 체류하며 인화점이 낮기 때문에 인화하기 쉽다.

㉲ 질산메틸과 질산에틸은 물에 녹지 않으며 알코올, 에테르에 녹는다.

㉳ 위험성, 저장·취급방법, 소화방법은 질산메틸에 준한다.

다) 니트로글리세린($C_3H_5(ONO_2)_3$), 약칭 NG

① 성상

㉮ 녹는점 13℃, 비점 257℃, 발화점 205～215℃, 비중 1.6

㉯ 순수한 것은 무색투명한 무거운 기름상의 액체이다(공업용은 담황색이다).

㉰ 물에 녹지 않지만 알코올, 에테르, 벤젠, 아세톤, 초산에스테르, 클로로포름 등에 잘 녹는다.

㉱ 상온에서 액체이지만 겨울철에는 동결한다.

㉲ 다공질의 규조토에 NG를 흡수시킨 것을 다이너마이트라고 한다. 로켓의 연료 등으로 사용한다.

② 위험성

㉮ 가열 충격에 대단히 민감하며 작은 타격, 낙하, 물체표면에 부딪침으로 맹렬히 폭발하고 강산류와 혼합시 자연분해를 일으킨다.

㉯ 점화하면 즉시 자기연소하고 발열을 수반하며 연소생성물은 모두 기체이다. 다량이면 폭발력이 강하다. 따라서 소화가 곤란하다.

㉰ 40～50℃에서 분해되기 시작하고 145℃에서 격렬히 분해하여 200℃ 정도에서 스스로 폭발을 일으킨다.

㉱ 밀폐상태에서 착화되면 폭발한다.

㉲ 유독한 물질이므로 피부, 호흡기를 보호한다.

㉳ 강산화제(O_3, BPO, $NaClO_3$, H_2O_2 등), 아닐린, 페놀 등의 유기용제, 황산, 질산, 염산 등의 강산류, Na, S, Al분, NaOH 등과 혼촉하면 발화·폭발 위험이 있다.

③ 저장 및 취급방법

㉮ 연소가 시작되면 폭발적이므로 소화의 여유가 없으므로 연소 위험이 있는 주위의 소화를 생각해야 한다.

㉯ 액체 상태로 직접 운반하지 말고 다공성 물질에 흡수시켜 운반한다.

㉰ 통풍, 환기가 좋은 찬 곳에 저장하고 저장용기는 구리제 용기를 사용한다.

㉱ 증기는 유독성이므로 피부를 보호하거나 보호구 등을 착용하여야 한다.

④ 소화방법

㉮ 다량의 물로 일시에 소화한다.

㉯ 비상시 수중에 투입하면 폭발을 방지할 수 있다.

㉰ 대량 연소 시 폭발의 위험이 있으므로 충분한 안전거리를 확보한다.

라) 니트로셀룰로오스($C_6H_7O(ONO_3)_3)_n$ 질화면, 면약, 질산셀룰로오스, NC

① 성상

㉮ 비중 1.7, 분해온도 130℃, 인화점 13℃, 발화점 160～170℃,

㉯ 다이너마이트 원료나 무연화약의 원료, 의약품, 사진필름의 원료 등으로 사용

㉰ 강면약은 질산기가 9～11개, 약면약은 7～9개이다.

㉱ 제법은 천연셀룰로오스를 진한질산과 진한황산에 혼합시켜 반응시켜 제조한다.

㉲ 무색 또는 백색의 고체이며 햇빛에서 황갈색으로 변하고 물에 녹지 않지만 아세톤, 초산에스에스테르, 니트로벤젠에 녹는다.

㉳ 약면약은 알코올, 에테르 혼액에 녹지만 강면약은 녹지 않는다.

② 위험성

㉮ 질화도가 큰 것일수록 분해도, 폭발성, 위험도가 증가된다. 점화, 가열 충격 등에 격렬히 연소하고 양이 많을 때는 압축 상태에서도 폭발한다.

㉯ 약 130℃에서 서서히 분해되고, 180℃에서 격렬하게 연소하며, 다량의 CO_2, CO, H_2, N_2 등 유독성 가스를 발생한다.

㉰ 산, 알칼리의 존재, 장기 보존한 것은 직사광선과 습기의 영향으로 열분해하여 자연발화하고 폭발위험이 증가한다.

㉱ 에탄올, 에테르 혼액에 침윤시켜 놓은 것은 인화성이 강하다.

㉲ 건조한 NC는 마찰전기를 띠기 때문에 발화위험이 있고 폭발성이 증가한다.

㉳ 질산류, 수은염을 함유하고 있는 것은 건조 상태가 되면 가열, 충격, 마찰에 의해 폭발 위험성이 높아진다.

㉴ 저장용기가 파열되면 심하게 폭발하고 유독성, 자극성 가스를 발생한다.

③ 저장 및 취급방법

㉮ 물과 혼합할수록 위험성이 감소되므로 저장, 수송할 때는 물(20%)이나 알코올(30%)로 첨가 습윤시킨다.

㉯ 불꽃·화기엄금, 점화원과 이격, 직사광선 차단, 마찰, 충격, 낙하 등을 피한다.

㉰ 자연발화 방지를 위한 안전용제로서 에탄올, 메탄올, 초산에틸, 초산메틸, 아세톤,

M.E.K을 사용하며 이들이 휘발되지 않도록 주의한다.

㉣ 저장 시 소분하여 저장한다.

④ 소화방법

㉮ CO_2, 건조분말 및 할로겐화합물 소화약제의 질식소화는 효과가 없다

㉯ 다량의 물로 냉각소화하고 건조사 등을 사용한다.

㉰ 연소속도가 빠르고 폭발하므로 소화 시 충분한 안전거리를 유지한다.

(3) 니트로화합물($R-NO_2$) [지정수량 200 kg]

유기화합물의 알킬기(C_nH_{2n+1}) 또는 페닐기 등의 탄소원자에 나트로기(NO_2)가 직접결합(니트로화반응)하고 있는 화합물을 말하고 니트로기가 1개인 것은 폭발성이 없기때문에 소방법상 2개 이상 결합하고 있는 것을 말한다.

가) 트리니트로톨루엔($C_6H_2CH_3(NO_2)_3$), 일명 T.N.T

① 성상

㉮ 비중 1.8, 발화점 약 300℃, 녹는점 81℃, 비점 280℃

㉯ 순수한 것은 무색 결정이지만 담황색 결정이며 일광 하에서는 다갈색으로 변한다.

㉰ 찬물에는 극히 적게 녹으나 더운물, 알코올, 에테르, 벤젠에는 잘 녹는다.

㉱ T.N.T는 중성물질이기 때문에 금속과 반응하지 않는다.

㉲ 단독으로는 마찰, 충격에 안정하다. 쓴 맛이 있으며 독성이 있다.

㉳ 산업용도화선, 도폭선의 심약, 흑색화약, 다이너마이트 등에 사용한다.

② 위험성

㉮ 강력한 폭약이다. 폭발력은 다른 니트로화합물보다 낮지만 점화하면 쉽게 연소하여 다량의 흑색연기를 발생한다.

㉯ 피크린산에 비하여 충격·마찰에 둔감하며 급격한 타격을 주면 폭발한다.

㉰ 비교적 안정된 니트로폭약이나 산화되기 쉬운 물질과 공존 시 타격 등에 의해 폭발하고 대기 중에서 점화하면 연소하지만 기폭제를 쓰지 않으면 폭발하지 않는다.

㉱ 금속염, 요오드, 글리세린, 알코올, 황 등 혼합물은 마찰, 충격에 의하여 폭발한다.

㉲ K, KOH, HCl 등과 접촉 시 조건에 따라서 발화하거나 폭발 위험성이 높아진다.

㉳ 열분해하면 발열을 수반한 분해반응이 일어나고 다량의 기체를 발생한다.

$$2C_6H_2CH_3(NO_2)_3 \rightarrow 12CO\uparrow + 2C + 3N_2\uparrow + 5H_2\uparrow$$

㉮ 환원성 물질과 격렬히 반응하고 강산화제와 혼촉하면 발열, 발화 폭발한다.

㉯ 폭발 시 피해 범위가 크고 위험성이 크므로 세심한 주의를 요한다.

③ 저장 및 취급방법

㉮ 저온의 격리된 지정된 장소에서 엄격히 관리한다.

㉯ 화기엄금. 충격·타격·마찰을 피하고 직사광선 차단, 강산류, 강산화제와의 접촉을 피한다.

㉰ 분말로 취급할 때는 정전기 발생을 억제시킨다.

㉱ 운반 시는 10%의 물을 넣어 운반하면 안전하다.

④ 소화방법

㉮ 다량의 물로 냉각소화한다.

㉯ 소량의 경우에도 폭발하여 다량의 유독성 가스(CO, NO)를 발생하므로 지하철 , 갱내 밀폐된 공간에서 주의가 요구되며 공기호흡기 등의 보호장비를 착용한다.

㉰ 폭발성이고 연소속도가 빠르므로 충분한 안전거리를 확보한다.

나) 트리니트로페놀(TNP, $C_6H_2OH(NO_2)_3$), 피크린산

① 성상

㉮ 비중 1.76, 인화점 150℃, 녹는점 122.5℃, 비점 255℃, 발화점 300℃

㉯ 페놀을 진한 황산에 녹이고 이것을 질산에 작용시켜 만든다.

㉰ 순수한 것은 무색이지만 보통 공업용은 휘황색의 침상결정이다.

㉱ 물에 전리하여 강한 산이 되며 이 때 선명한 황색이 된다.

㉲ 강한 쓴 맛이 있고 유독하다. 더운 물, 알코올, 에테르, 아세톤, 벤젠 등에 녹는다.

㉳ 도폭선의 심약, 뇌관의 장약, 군용폭파약, 합성화학염료 등에 사용한다.

㉴ 충격·마찰에 둔감하며 공기 중 자연분해하지 않기 때문에 장기간 저장할 수 있다.

② 위험성

㉮ 점화하면서 다량의 흑연을 내면서 연소하고 뇌관을 넣어 폭발시키면 폭굉하여 8,100m/s의 폭발속도를 나타내며, 폭발열은 1,000 kcal/kg이다.

㉯ 금속과 반응하여 수소가스를 발생하고 Fe, Pb, Cu, Al 등의 금속분과 화합하여 예민한 금속염을 만들어 본래의 피크린산보다 폭발강도가 예민하여 건조한 것은 폭발위험이 있다.

㉰ 단독으로 충격·타격·마찰에 둔감하고 안정하지만 산화철과 에탄올을 혼합한 것은 급격한 타격에 의해 격렬히 폭발한다.

㉣ 용융하여 덩어리로 된 것은 타격으로 폭굉을 일으키며, TNT보다 폭발력이 크다.

㉤ 유황, 숯, 요소, 글리세린, 알코올, 휘발유, 기타 산화되기 쉬운 유기물과 혼합한 것은 충격·마찰에 의해 연소 폭발한다.

㉥ 300℃ 이상 가열하면 폭발하고 건조 상태일수록 위험성이 증대한다.

③ 저장 및 취급방법

㉮ 화기엄금, 가열금지, 직사광선 차단. 충격·타격·마찰금지. 차고 통풍이 좋은 지정된 장소에서 안전하게 보관한다.

㉯ 유황, 알코올류, 금속분, 산화철 및 인화점이 낮은 석유류와의 접촉을 피한다.

㉰ 산화되기 쉬운 물질 또는 강산화성 물질 및 강산류와의 접촉을 피한다.

㉣ 제조 시 중금속과의 접촉을 피하며 철, 구리, 납으로 만든 용기에 저장하지 않아야 한다.

㉤ 드럼통에 넣어서 밀봉하고 운반 시 10~20% 물로 젖게 하면 안전하다.

④ 소화방법

㉮ 초기소화에는 포소화약제도 효과가 있지만 보통 다량의 물로 주수소화한다.

㉯ 소화작업 중 방호의, 고무장갑, 보호안경 및 공기호흡기 등을 착용한다.

㉰ 폭발의 위험이 높기 때문에 충분한 안전거리를 확보해야 한다.

다) 1,2-디니트로벤젠, DNB($C_6H_4(NO_2)_2$)

① 성상

㉮ 비중 1.31, 인화점 150℃, 비점 319℃, 녹는점 119℃,

㉯ 담황색의 침상 결정으로 온수에 녹지 않고 알코올, 벤젠에 녹는다.

② 위험성

㉮ 폭약으로서는 둔감하지만 점화하면 격렬히 연소하고 충격·마찰·타격에 의해서도 폭발한다. 연소할 때는 유독성의 질소산화물을 발생한다.

㉯ H_2O_2, $NaClO_3$, (과산화벤조일, BPO), Na, HNO_3, NaOH와 혼합하면 발화 위험이 있다.

㉰ 분해온도 이상에서 분해하였을 경우 밀폐용기 상태라면 격렬하게 폭발한다.

㉣ 분말은 분진폭발의 위험이 있으며 화염 하에서는 심하게 분해 폭발한다.

③ 저장 및 취급방법

㉮ 저온의 격리된 지정된 장소에서 엄격히 관리한다.

㉯ 화기엄금. 충격·타격·마찰을 피하고 직사광선 차단, 강산류, 강산화제와의 접촉을 피한다.

㉰ 분말로 취급할 때는 정전기 발생을 억제시킨다.

④ 소화방법

㉮ 다량의 물로 주수소화한다.

㉯ 소량의 경우에도 폭발하여 다량의 유독성 가스(CO, NO)를 발생하므로 지하철 ,갱내 밀폐된 공간에서 주의가 요구되며 공기호흡기 등의 보호장비를 착용한다.

㉰ 폭발성이고 연소속도가 빠르므로 충분한 안전거리를 확보한다.

라) 트리니트로벤젠 ($C_6H_3(NO_2)_3$)(TNB)

㉮ 녹는점 : 120℃, 폭발속도 : 6,100 m/s

㉯ 폭약으로 사용되며 열이나 충격에 둔감하나 폭발의 강도는 크다.

(4) 니트로소화합물(R－NO) [지정수량 200 kg]

니트로소기(－NO)를 가진 화합물을 총체적으로 말하며 소방법상 규제대상이 되는 니트로소 화합물은 하나의 벤젠핵에 수소원자 대신에 니트로소기가 2개 이상 결합하고 있는 것으로 파라디니트로소벤젠과 디니트로소레조르신 화합물이 있다.

가) 파라디니트로소벤젠

① 용도는 고무가황제나 합성고무 특성개량제가 있다.

② 황갈색의 분말로서 가연물(벤젠핵)과 산소(니트로소기)가 공존하고 있다.

③ 분해가 용이하고 가열, 충격, 마찰에 의하여 폭발한다.

④ 화기엄금, 직사광선차단, 충격, 마찰을 피하고 환기가 양호한 찬곳에 저장한다.

⑤ 다량 저장하지 않도록 하고 파라핀을 첨가하여 안정을 기한다.

나) 디니트로소레조르신

① 목면의 나염, 분석시작 등에 사용된다.

② 흑회색 결정으로 폭발성이 있다.

③ 약 160℃에서 분해한다.

④ 질식소화는 효과가 없고 다량의 물로 소화한다.

(5) 히드라진유도체 [지정수량 200 kg]

히드라진유도체 수용액은 80 vol% 미만은 지정수량 200 kg 품목에서 제외하고 40 vol% 이상은 인화점에 따라 제4류 위험물의 석유류로 분류한다.

가) 히드라진(N_2H_4)

① 성상

㉮ 비중 1, 인화점 38℃, 발화점 270℃, 비점 113℃, 연소범위 4.7~100 vol%

㉯ 과잉 암모니아를 차아염소산나트륨 용액으로 산화시켜 만든다.

$$2NH_3 + NaClO \rightarrow N_2H_4 + NaCl + H_2O$$

㉰ 로켓, 항공기연료(무수히드라진), 플라스틱발포제, 탈산소제, 의약품, 농약 등의 연료로 널리 사용된다.

㉱ 외관은 물과 같으며 무색의 가연성 액체로서 물, 알코올에 녹는다. 암모니아 냄새가 나며 강한 알칼리성으로 부식성이 큰 맹독성이다.

㉱ 공기 중 증기의 연소범위는 4.7~100%이며 밀폐공간 내에서 폭발위험이 있다.

② 위험성

㉮ 열에 매우 불안정하여 공기 중에서 가열하면 180℃에서 NH_3, N_2 가스를 생성한다.

㉯ 공기와 산소 없이도 분해되고 밀폐용기를 가열하면 심하게 파열한다.

㉰ 환원하기 쉬운 금속산화물(CuO, CaO, BaO 등)과 접촉할 때 불꽃이 발생되면서 분해하고 혼촉 발화한다.

㉱ 공기 중에서 180℃로 가열하면 분해되고, H_2O_2와 혼촉 발화한다.

$$N_2H_4 + 2H_2O_2 \rightarrow 4H_2O\uparrow + N_2\uparrow$$

㉲ N_2 H_4 증기가 혼합하면 점화원에 의해 폭발적으로 연소한다.

㉳ 목재, 석면, 섬유상의 물질, 넝마 등 다양한 다공성 가연물에 흡수되거나 금속산화물 표면에 접촉하면 상온에서 발화한다.

㉴ 밀폐공간에서 분진상태로 부유하면 분진폭발의 대형화 위험이 있다.

③ 저장 및 취급방법

㉮ 화기엄금, 가열금지, 직사광선 차단. 충격·타격·마찰금지. 차고 통풍이 좋은 지정된 장소에서 안전하게 보관한다.

㉯ 금속산화물, 강산류, 강알칼리, 강산화제, H_2O_2, 다공성 가연물과 혼촉을 피한다.

㉰ 누출 시 다량의 물로 세척하고 $Ca(OH)_2$ 중화제로 중화시킨다.

㉱ 수용액 35 wt% 이상이면 인화점이 형성되지 않으므로 저장, 취급, 운반 시 물을 안전하게 사용할 수 있다.

④ 소화방법

㉮ 초기소화에는 분말, CO_2가 유효하며 포 사용 시 다량 사용한다.

㉯ 안개 모양의 물분무와 다량의 물로 희석 냉각소화한다.

㉰ 폭발 위험이 있으므로 가급적 짧은 시간에 다량의 물로 희석하며 안전거리를 충분히 확보한다.

㉱ 공기호흡기 착용하고 소화작업 중 분해 및 연소생성물을 피하고 바람을 등지고 화점에 접근해야 한다.

나) 염산히드라진($N_2H_2 \cdot HCl$)

① 녹는점 890℃이며 피부접촉 시 부식성이 매우 강하다.

② 백색 결정성 분말로 물에 녹기 쉬우며 에탄올에는 약간 녹는다.

③ 흡습성이 강하며 $AgNO_3$ 용액을 가하면 백색의 침전이 생긴다.

다) 황산히드라진($N_2H_4 \cdot H_2SO_4$)

① 녹는점 85℃, 비중 1.37

② 무색 무취의 결정 또는 백색 결정성 분말이다.

③ 온수에 녹고 알코올에 녹지 않는다. N_2H_4보다는 위험성이 적다.

④ 강산화제이며 유독한 물질로서 피부 접촉 시 부식성이 강하다.

⑤ 유기물과 접촉하고 있을 때는 위험하다.

⑥ 주위 가연물의 소화에 주력하고 대량 누출 시는 소다회로 중화시킨다.

라) 디메틸히드라진($(CH_3)_2NNH_2$)

① 성상

㉮ 비중 0.78, 인화점 －15℃, 발화점 249℃, 녹는점 －58℃, 연소범위 2～95%

㉯ 암모니아 냄새가 나는 무색 또는 미황색의 기름상의 액체이다.

㉰ 물에 잘 녹는다.

② 위험성

㉮ 증기는 공기보다 무겁고 낮은 곳에 체류하며 고농도의 것은 충격·마찰, 작은 점화원에 의해서도 쉽게 인화·폭발하며 연소 시 역화의 위험이 있다.

㉯ 연소 시 유독성의 질소산화물 등을 발생한다.

㉰ 강산화제, 강산류, 할로겐, 일부 금속 등 광범위한 물질과 반응한다.

③ 저장 및 취급방법

㉮ 화기엄금. 가열금지. 정전기 등 점화원 배제. 직사광선 차단. 용기는 차고 건조하며 환기가 잘되는 곳에 저장한다.

㉯ 강산화제, 강산류, 할로겐, Hg, Fe, Cu와 그 화합물을 격리한다.

㉰ 증기의 누설 및 액체의 누출을 방지하기 위하여 용기를 완전히 밀봉한다.

㉱ 누출 시 불연성 물질로 희석하여 회수하여야 한다.

④ 소화방법

㉮ 안개상의 분무, 건조분말, 알코올형 포, CO_2가 유효하다.

㉯ 소규모 화재 시 다량의 물로 희석소화가 가능하다.

㉰ 대형화재의 경우는 폭발의 위험이 있으므로 용기 외벽을 냉각하는 데 주력하여야 한다.

㉱ 소화작업 시 충분한 안전거리를 유지하고 공기호흡기, 방열복 등의 안전장비를 착용하여야 한다.

12.2.6 제6류 위험물

1 종류

표 12-6 제6류 위험물

류별	성질	품명 및 품목	지정수량(kg)
제6류	산화성 액체	과염소산	300
		과산화수소	300
		질산	300
		그 밖의 행정안전부령으로 정하는 것	300
		제1호 내지 4호의 1에 해당하는 어느 하나 이상을 함유한 것	300

2 공통성질 및 저장·취급 사항

1) 공통성질

① 대표적인 산화성의 액체이다. 모두 무기화합물이며 물보다 무겁고 물에 녹기 쉽다.

② 과산화수소를 제외하고 강산성 물질이며 수용액도 강산 작용을 나타낸다.
③ 자신은 불연성 물질이고 할로겐화합물을 제외하고 산소를 많이 함유하고 있는 강산화제로서 물과 접촉 시 발열하여 심한 반응을 나타낸다.
④ 산화력이 크므로 가연물, 유기물 등과 혼합하면 발화하는 수도 있다.
⑤ 과산화수소를 제외하고 분해하여 유독성가스를 발생시킨다.
⑥ 부식성이 강하여 피부에 침투하고 피부 접촉 시 점막을 부식시킨다.
⑦ 소화작업 시는 방호의 및 공기호흡기 등의 보호장비를 착용한다.

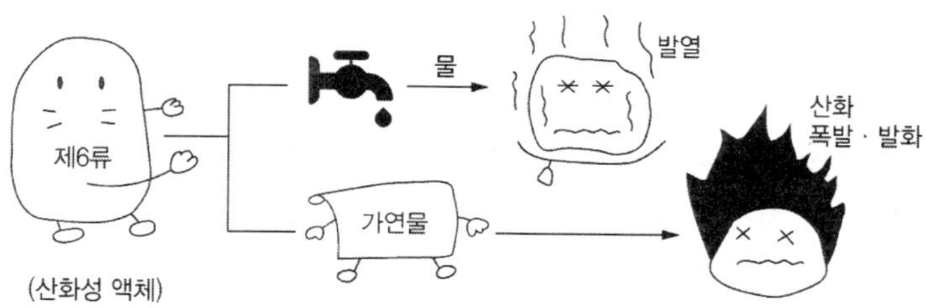

그림 12-6 제6류 위험물

2) 위험성

① 물, 유기물, 가연물 및 산화제와의 접촉을 피해야 한다.
② 자신은 불연성이지만 강산화제로서 가열하면 <u>열분해하여 O_2를 발생</u>한다.
③ 다른 가연물을 착화, 연소시키는 조연성이 있다.
④ 가연성 위험물인 제2류, 제3류, 제4류, 제5류 위험물 및 강환원제, 일반 가연물과 혼합한 것은 직접 혼촉 발화하거나 가열 등에 의해 위험한 상태로 변한다.
⑤ H_2O_2를 제외하고 <u>물, 염기 및 제1류 위험물과 접촉하면 격렬하게 발열</u>한다.
⑥ 가열되거나 제1류 위험물과 혼합 시 강산화성이 현저하게 증가된다.

3) 저장 및 취급방법

① 저장용기는 <u>내산성 용기를 사용</u>하며, 흡습성이 강하므로 용기는 밀전, 밀봉하여 액체의 누설이 되지 않도록 하여야 한다..
② 염기 및 습기, 물과의 접촉을 피하고 건조시킨다.
③ 강산화성 고체인 제1류 위험물과의 혼합, 접촉을 방지한다.
④ 유별을 달리하는 위험물과는 동일한 위험물 저장소 내에서 저장하여서는 안 된다.
⑤ 저장창고에 있어서 위험물이 침윤될 우려가 있는 부분은 아스팔트 등으로 피복하여 부식

하지 않도록 한다.

4) 소화방법

① 모래나 이산화탄소로 소화, 사염화탄소는 지하실이나 창이 없는 곳에서 사용 불가능이다 (포스겐 가스 때문이다).

② 위험물 유출 시에는 건조사를 뿌리거나 중화제로 중화시킨다.

③ 경우에 따라서 안개 모양의 물이나 위급할 때는 다량의 물로 희석한다.

3 제6류 위험물의 성상

제6류 위험물인 산화성 액체로서 잠재적인 위험성을 판단하기 위하여 고시로 정하는 시험에서 고시로 정하는 성질과 상태를 나타내는 것을 말한다. 소방법상 과산화수소는 그 농도가 36 wt%이상을 위험물로 하고, 질산은 비중 1.49 이상을 위험물로 한다.

1) 과염소산($HClO_4$) [지정수량 300 kg]

(1) 성상

① 비중 1.76, 증기비중 3.46, 녹는점 -112℃, 비점 39℃

② 무색, 무취의 액체로 유동하기 쉬운 액체이다.

③ 흡습성이 대단히 강하고 공기 중에서 휘발하여 강한 연기를 낸다.

④ 불연성 물질이지만 산화성이 매우 강하다.

⑤ 금속 또는 금속산화물 등과 반응하여 과염소산염을 생성한다.

⑥ 과염소산 이온은 다른 대부분의 산 라디칼보다 착화물의 형성이 작다.

⑦ 탈수제, 산화제, 전해연마제, 유기화합물 합성 촉매 등으로 사용한다.

(2) 위험성

① 대단히 불안정한 강산이다. 순수한 것은 분해가 용이하고 매우 폭발적이다.

② 물과 접촉하여 소리를 내며 심하게 발열하며 혼합물도 강한 산화력을 갖는다.

③ 무수과염소산은 방치하면 분해하고 상압에서 가열하면 폭발적으로 분해하고 때로는 폭발한다. 이 때 유독성 가스인 HCl를 발생한다.

④ 순수한 것은 농도가 높으면 모든 유기물과 폭발적으로 반응하고 디에틸에테르, 황산, 무

수초산, 빙초산, 목탄분, 메탄올, 에탄올 등의 알코올류와 심한 반응을 일으켜 발화 또는 폭발한다.

⑤ 수용액 상태에서 탈수효과가 높은 진한 황산이나 P_2O_5와 접촉하면 무수물이 형성되는데 때에 따라서 폭발의 위험이 있다.

⑥ 아세톤, 에틸렌과 접촉하여 격렬하게 분해되며 셀룰로오스와 혼합한 것은 가열하면 심하게 반응하면서 폭발한다. 밀폐용기를 가열하여도 심하게 파열한다.

⑦ 시안화합물, 시안화칼륨(KCN), 시안화나트륨(NaCN) 등과 반응하여 유독성, 가연성의 시안화수소(HCN) 가스를 발생한다.

⑧ 92℃ 이상에서는 폭발적으로 분해한다.

⑨ 눈에 들어가면 눈을 자극하고 각막에 열상을 입히며 실명 우려가 있으며 피부점막에 염증 또는 심한 화상을 입는다.

(3) 저장 및 취급방법

① 유리나 도자기 등의 밀폐용기에 넣어 밀봉·밀전하여 저장하고 저온에서 통풍이 잘되는 곳에 저장한다.

② 가열금지. 화기엄금. 직사광선을 차단하고 유기물, 가연성 물질과 접촉을 피한다.

③ 옥외저장소에는 불연성 또는 난연성의 천막 등을 설치하여 햇빛을 차단한다.

④ 누설 시 톱밥이나 종이, 나무부스러기 등에 섞여 폐기되지 않도록 한다.

⑤ 습기, 비, 눈 등의 물과의 접촉을 피하고 충격·마찰을 주지 않도록 한다.

⑥ 강산화제, 환원제, 알코올, 시안화합물, $BaCl_2$ 및 알칼리와의 접촉을 방지한다.

(4) 소화방법

① 직접 주수는 피하고 다량의 물로 분무주수하거나 분말소화약제를 사용한다.

② 용기의 외벽을 물분무로 냉각시킨다.

③ 인근에 유기물이 있으면 폭발위험이 있으므로 잘 격리한다.

④ 소화작업 시 피부노출을 절대 방지하고 고무장갑, 공기호흡기 등 보호장비를 착용한다.

2) 과산화수소(H_2O_2) [지정수량 300 kg]

(1) 성상

① 수용액농도 36wt%(비중 1.137) 이상, 녹는점 −0.89℃, 비점 152℃, 비중 1.465

② H_2O_2는 H와 O로 이루어진 화합물로서 많은 과산화물의 출발점이다.

③ 순수한 것은 점성이 있는 무색·무취의 액체이고 HNO_3과 유사한 특유의 냄새가 있다. 양이 많을수록 푸른 색을 띤다.

④ 강한 산화성이 있고 어떤 비율로도 물과는 임의로 혼합하며 수용액 상태는 비교적 안정하다. 알코올, 에테르에는 녹지만 벤젠, 석유에는 녹지 않는다.

⑤ 강력한 산화제로 분해하여 발생한 산소는 분자상의 O_2가 산화시키지 못한 물질도 산화시킨다.

⑥ 분해 시 발생한 발생기 산소에 의해 강한 표백작용과 살균작용이 있다.

⑦ 약 알칼리 용액에서는 급격히 분해하지만 약산성에서는 분해가 어렵다.

(2) 위험성

① 농도 66% 이상은 충격, 마찰에 의해서도 단독으로 분해폭발 위험이 있다.

② 촉매역할을 하는 Ag, Pb, Pt, Cu, 목탄분, 탄소분말, 중금속산화물(MnO_2, HgO, PbO, 산화코발트), 미세한 분말, 미립자에 의해 격렬히 분해하여 폭발한다.

③ 암모니아, 아세톤, 글리세린, 테레핀유, 등유, 의산, 알코올, 중금속분과 상온에서 접촉 시 폭발한다.

④ 자신은 불연성이지만 강산화성이므로 유기물 등의 가연물에 접촉하면 연소를 촉진시키고 혼합물질에 따라서는 폭발한다.

⑤ 농도가 높을수록 불안정하여 방치하거나 누출되면 산소를 분해하며, 온도가 높아질수록 분해속도가 증가하고 비점 아래에서도 폭발한다.

⑥ 피부와 접촉하여 수종(물집)을 일으킨다.

⑦ 니트로글리세린과 혼촉에 의해 발화 또는 폭발한다.

⑧ 히드라진과 접촉하면 분해 폭발한다. 잘 통제하면 유도탄 발사에 이용할 수 있다.

(3) 저장 및 취급방법

① 직사광선을 피하고 화기엄금, 충격금지. 용기는 갈색 유리병을 사용하며 냉암소에 저장하고 온도상승을 방지한다. 운반용기 외부에는 '가연물접촉주의'라고 표기한다.

② 용기는 밀전하지 말고 통풍을 위하여 구멍이 뚫린 마개를 사용한다.

③ 유리용기는 알칼리성으로 H_2O_2를 분해 촉진하며, 유리용기에 장기간 보존하지 않아야 한다. 용기는 밀전하지 말고 가스를 빼는 마개가 붙은 폴리에스테르병에 90% 이하를 넣

어서 저장한다.

④ 농도가 상승할수록 위험성이 높아지므로 분해방지 안정제(인산나트륨, 인산, 요산, 요산, 글리세린 등)를 넣어 O_2 분해를 억제시킨다.

(4) 소화방법

① 용기는 폭발이 우려되므로 안전거리를 확보하고 다량의 주수로 냉각소화한다.

② 소량 누출시 농도와 관계없이 다량의 물로 희석하고, 다량 누출 시 토사 등으로 막아 차단시키고 다량의 물로 씻는다.

③ 화재 시 모든 피부의 누출을 피하고 방호의, 보호안경을 착용한다.

3) 질산(HNO_3) [지정수량 300 kg]

(1) 성상

① 비중 1.49(약 89.6 wt% 이상 위험물로 본다) 비중 1.5, 녹는점 −43.3℃, 비점 86℃

② 3대 강산 중 하나로 흡습성이 강하고 습한 공기 중에서 발연하는 무색액체이다.

③ 무색 액체이나 보관 중 담황색으로 되며 부식성이 강하지만 금, 백금은 부식시키지 못한다.

④ 물에 잘 녹아 강한 산성반응을 나타내는 강산이며 이 때 발열한다.

⑤ 비점이 낮아 휘발성이고 발연성으로서 적갈색의 NO_2를 발생한다.

⑥ Ag, Cu, Hg 등은 다른 산과 작용하지 않지만 질산과 반응하여 질산염과 유독성의 일산화질소를 만든다.

⑦ Au, Pt는 질산에 녹지 않지만 왕수(질산 1 : 황산 3)에 녹는다.

⑧ 아연, 철 등 금속분을 용해하여 H_2를 발생하지만 질산의 산화력이 커 곧 산화한다.

(2) 위험성

① 탄화수소, 황화수소, 이황화수소, 히드라진류, 아민류 등 환원성물질과 혼합하면 O_2를 발생하고 발화 및 폭발을 한다.

② 톱밥, 대패밥, 나무조각, 종이, 섬유, 천, 실 등 유기물질에 스며들어가 방치하면 갈색 연기를 발생하면서 자연발화한다.

③ 자신은 불연성이지만 강한 산화력을 가진 강산화성 물질로 진한 질산을 가열하거나 햇빛을 받으면 O_2를 발생하여 매우 강한 산화작용을 나타낸다(조연성 물질).

④ 물과는 임의로 혼합하고 발열한다(용해열=7.8 kcal/mol).

⑤ 셀룰로오스나 벤젠 등 방향족 화합물과 작용하여 질산에스테르나 니트로화합물을 만들어 폭발성 물질로 변한다.

⑥ 셀레늄과 혼합하면 폭발성 응고물을 형성하고, 철분과 접촉 시 격렬하게 반응 발화한다.

⑦ NH_3와 접촉 시 격렬하게 반응하여 폭발 비산의 위험이 있다.

⑧ 화재 시 열에 의해 유독성의 질소산화물을 발생하고 여러 금속과 반응 H_2를 방출한다.

⑨ 구리와 접촉하여 반응하고 가열된 진한 질산은 유독한 갈색의 NO_2를 발생한다.

(3) 저장 및 취급방법

① 직사광선 차단. 화기엄금. 습기·물기와 접촉금지. 통풍이 잘되는 냉암소에 보관하고 소량일 경우는 갈색병에 보관한다.

② 강산화제, 알칼리, 금속분, 환원성 물질, 유기과산화물, 셀룰로오스, 방향족 화합물, 톱밥 등 가연성 물질과 접촉을 피한다.

(4) 소화방법

① 다량의 물로 희석소화하고 안전거리를 확보하며 공기호흡기를 착용한다.

12.3 위험물의 저장·취급 및 운반기준

12.3.1 위험물의 저장 및 취급기준

1 저장·취급의 공통기준

(1) 제조소 등에서 허가(법 제6조제1항) 및 신고(법 제6조제2항)와 관련되는 품명 외의 위험물 또는 이러한 허가 및 신고와 관련되는 수량 또는 지정수량의 배수를 초과하는 위험물을 저장 또는 취급하지 않아야 한다(중요기준).

(2) 위험물을 저장 또는 취급하는 건축물 그 밖의 공작물 또는 설비는 당해 위험물의 성질에 따라 차광 또는 환기를 실시하여야 한다.

(3) 위험물은 온도계, 습도계, 압력계 그 밖의 계기를 감시하여 당해 위험물의 성질에 맞는 적정한 온도, 습도 또는 압력을 유지하도록 저장 또는 취급하여야 한다.

(4) 위험물을 저장 또는 취급하는 경우에는 위험물의 변질, 이물의 혼입 등에 의하여 당해 위험물의 위험성이 증가되지 않도록 필요한 조치를 강구하여야 한다.

(5) 위험물이 남아 있거나 남아 있을 우려가 있는 설비, 기계·기구, 용기 등을 수리하는 경우에는 안전한 장소에서 위험물을 완전하게 제거한 후에 실시하여야 한다.

(6) 위험물을 용기에 수납하여 저장 또는 취급할 때에는 그 용기는 당해 위험물의 성질에 적응하고 파손·부식·균열 등이 없는 것으로 하여야 한다.

(7) 가연성의 액체·증기 또는 가스가 새거나 체류할 우려가 있는 장소 또는 가연성의 미분이 현저하게 부유할 우려가 있는 장소에서는 전선과 전기기구를 완전히 접속하고 불꽃을 발하는 기계·기구·공구·신발 등을 사용하지 않아야 한다 .

(8) 위험물을 보호액 중에 보존하는 경우에는 당해 위험물이 보호액으로부터 노출되지 않도록 하여야 한다.

2 위험물의 유별 저장·취급의 공통기준(중요기준)

(1) 제1류 위험물은 가연물과의 접촉·혼합이나 분해를 촉진하는 물품과의 접근 또는 과열·충격·마찰 등을 피하는 한편, 알칼리금속의 과산화물 및 이를 함유한 것에 있어서는 물과의 접촉을 피하여야 한다.

(2) 제2류 위험물은 산화제와의 접촉·혼합이나 불티·불꽃·고온체와의 접근 또는 과열을 피하는 한편, 철분·금속분·마그네슘 및 이를 함유한 것에 있어서는 물이나 산과의 접촉을 피하고 인화성 고체에 있어서는 함부로 증기를 발생시키지 않아야 한다.

(3) 제3류 위험물 중 자연발화성 물질에 있어서는 불티·불꽃 또는 고온체와의 접근·과열 또는 공기와의 접촉을 피하고, 금수성 물질에 있어서는 물과의 접촉을 피하여야 한다.

(4) 제4류 위험물은 불티·불꽃·고온체와의 접근 또는 과열을 피하고, 함부로 증기를 발생시키지 않아야 한다.

(5) 제5류 위험물은 불티·불꽃·고온체와의 접근이나 과열·충격 또는 마찰을 피하여야 한다.

(6) 제6류 위험물은 가연물과의 접촉·혼합이나 분해를 촉진하는 물품과의 접근 또는 과열을 피하여야 한다.

(7) (1) 내지 (6)의 기준은 위험물을 저장 또는 취급함에 있어서 당해 각호의 기준에 의하지

않는 것이 통상인 경우는 당해 각호를 적용하지 않는다. 이 경우 당해 저장 또는 취급에 대하여는 재해의 발생을 방지하기 위한 충분한 조치를 강구하여야 한다.

3 저장의 기준

(1) 저장소에는 위험물 외의 물품을 저장하지 않아야 한다. 다만, 다음에 해당하는 경우에는 제외된다(중요기준).

(가) 옥내저장소 또는 옥외저장소에서 다음에 의한 위험물과 위험물이 아닌 물품을 함께 저장하는 경우에는 위험물과 위험물이 아닌 물품은 각각 모아서 저장하고 상호 간에는 1 m 이상의 간격을 두어야 한다.

1) 위험물(제2류 위험물 중 인화성 고체와 제4류 위험물 제외)과 당해 위험물이 속하는 물품 즉, 산화성 고체의 어느 하나 이상을 함유한 것, 인화성 고체를 제외한 어느 하나 이상을 함유한 것, 자연발화성 및 금수성 물질의 어느 하나 이상을 함유한 것, 자기반응성 물질의 어느 하나 이상을 함유한 것, 산화성 액체의 어느 하나 이상을 함유한 것(영 [별표 1] 제1류 제11호, 제2류 제8호, 제3류 제12호, 제5류 제11호 및 제6류 제5호에 의한 물품 제외)을 주성분으로 함유한 것으로서 위험물에 해당하지 않는 물품

2) 제2류 위험물 중 인화성 고체와 위험물에 해당하지 않는 고체 또는 액체로서 인화점을 갖는 것 또는 합성수지류(합성수지류 등) 또는 이들 중 어느 하나 이상을 주성분으로 함유한 것으로서 위험물에 해당하지 않는 물품

3) 제4류 위험물과 합성수지류 등 또는 인화성 액체(영 [별표 1]의 제4류)를 주성분으로 함유한 것으로서 위험물에 해당하지 않는 물품

4) 제4류 위험물 중 유기과산화물 또는 이를 함유한 것과 유기과산화물 또는 유기과산화물만을 함유한 것으로서 위험물에 해당하지 않는 물품

5) 화약류에 해당하는 위험물의 특례(염소산염류 · 과염소산염류 · 질산염류·유황 · 철분 · 금속분 · 마그네슘 · 질산에스테르류 · 니트로화합물)(제48조)의 규정에 의한 위험물과 위험물에 해당하지 않는 화약류

6) 위험물과 위험물에 해당하지 않는 불연성의 물품(저장하는 위험물 및 위험물외의 물품과 위험한 반응을 일으키지 않는 것에 한함)

(나) 옥외탱크저장소 · 옥내탱크저장소 · 지하탱크저장소 또는 이동탱크저장소(옥외탱크저장소 등)에서 당해 옥외탱크저장소 등의 구조 및 설비에 나쁜 영향을 주지 않으면서 다음

에서 정하는 위험물이 아닌 물품을 저장하는 경우

1) 제4류 위험물을 저장 또는 취급하는 옥외탱크저장소 등
합성수지류 등 또는 제4류(영 [별표 1])의 물품을 주성분으로 함유한 것으로서 위험물에 해당하지 않는 물품 또는 위험물에 해당하지 않는 불연성 물품(저장 또는 취급하는 위험물 및 위험물 외의 물품과 위험한 반응을 일으키지 않는 것에 한함)

2) 제6류 위험물을 저장 또는 취급하는 옥외탱크저장소 등
제6류의 물품(산화성 액체의 어느 하나 이상을 함유한 것 제외)(영 [별표 1] 제6류 제5호 제외)을 주성분으로 함유한 것으로서 위험물에 해당하지 않는 물품 또는 위험물에 해당하지 않는 불연성 물품(저장 또는 취급하는 위험물 및 위험물 외의 물품과 위험한 반응을 일으키지 않는 것에 한함)

(2) 유별을 달리하는 위험물(영 [별표 1])은 동일한 저장소(내화구조의 격벽으로 완전히 구획된 실이 2 이상 있는 저장소에 있어서는 동일한 실)에 저장하지 않아야 한다. 다만, 옥내저장소 또는 옥외저장소에 있어서 다음에 의한 위험물을 저장하는 경우로서 위험물을 유별로 정리하여 저장하는 한편, 서로 1 m 이상의 간격을 두는 경우에는 제외된다(중요기준).

(가) 제1류 위험물(알칼리금속의 과산화물 또는 이를 함유한 것 제외)과 제5류 위험물을 저장하는 경우

(나) 제1류 위험물과 제6류 위험물을 저장하는 경우

(다) 제1류 위험물과 제3류 위험물 중 자연발화성 물질(황린 또는 이를 함유한 것에 한함)을 저장하는 경우

(라) 제2류 위험물 중 인화성 고체와 제4류 위험물을 저장하는 경우

(마) 제3류 위험물 중 알킬알루미늄 등과 제4류 위험물(알킬알루미늄 또는 알킬리튬을 함유한 것에 한함)을 저장하는 경우

(바) 제4류 위험물 중 유기과산화물 또는 이를 함유하는 것과 제5류 위험물 중 유기과산화물 또는 이를 함유한 것을 저장하는 경우

(3) 제3류 위험물 중 황린 그 밖에 물 속에 저장하는 물품과 금수성 물질은 동일한 저장소에서 저장하지 않아야 한다(중요기준).

(4) 옥내저장소에 있어서 위험물은 1.5의 규정에 의한 바에 따라 용기에 수납하여 저장하여야 한다. 다만, 덩어리 상태의 유황과 화약류에 해당하는 위험물의 특례(제48조)의 규정에 의한 위험물에 있어서는 제외된다.

(5) 옥내저장소에서 동일 품명의 위험물이더라도 자연발화할 우려가 있는 위험물 또는 재해가

현저하게 증대할 우려가 있는 위험물을 다량 저장하는 경우에는 지정수량의 10배 이하마다 구분하여 상호 간 0.3 m 이상의 간격을 두어 저장하여야 한다. 다만, 화약류에 해당하는 위험물의 특례(제48조)의 규정에 의한 위험물 또는 기계에 의하여 하역하는 구조로 된 용기에 수납한 위험물에 있어서는 제외된다(중요기준).

(6) 옥내저장소에서 위험물을 저장하는 경우에는 다음 높이를 초과하여 용기를 겹쳐 쌓지 않아야 한다.

(가) 기계에 의하여 하역하는 구조로 된 용기만을 겹쳐 쌓는 경우에 있어서는 6 m

(나) 제4류 위험물 중 제3석유류, 제4석유류 및 동식물유류를 수납하는 용기만을 겹쳐 쌓는 경우에 있어서는 4 m

(다) 그 밖의 경우에 있어서는 3 m

(7) 옥내저장소에서는 용기에 수납하여 저장하는 위험물의 온도가 55℃를 넘지 않도록 필요한 조치를 강구하여야 한다(중요기준).

(8) 옥외저장탱크·옥내저장탱크 또는 지하저장탱크의 주된 밸브 및 주입구의 밸브 또는 뚜껑은 위험물을 넣거나 빼낼 때 외에는 폐쇄하여야 한다.

(9) 옥외저장탱크의 주위에 방유제가 있는 경우에는 그 배수구를 평상시 폐쇄하여 두고, 당해 방유제의 내부에 유류 또는 물이 괴었을 때에는 지체 없이 이를 배출하여야 한다.

(10) 이동저장탱크에는 당해 탱크에 저장 또는 취급하는 위험물의 위험성을 알리는 표지를 부착하고 잘 보일 수 있도록 관리하여야 한다.

(11) 이동저장탱크 및 그 안전장치와 그 밖의 부속배관은 균열, 결합불량, 극단적인 변형, 주입호스의 손상 등에 의한 위험물의 누설이 일어나지 않도록 하고, 당해 탱크의 배출밸브는 사용 시 외에는 완전하게 폐쇄하여야 한다.

(12) 피견인자동차에 고정된 이동저장탱크에 위험물을 저장할 때에는 당해 피견인자동차에 견인자동차를 결합한 상태로 두어야 한다. 다만, 다음 기준에 따라 피견인자동차를 철도·궤도상의 차량에 싣거나 차량으로부터 내리는 경우에는 제외된다.

(가) 피견인자동차를 싣는 작업은 화재예방상 안전한 장소에서 실시하고, 화재가 발생하였을 경우에 그 피해의 확대를 방지할 수 있도록 필요한 조치를 강구할 것

(나) 피견인자동차를 실을 때에는 이동저장탱크에 변형 또는 손상을 주지 않도록 필요한 조치를 강구할 것

(다) 피견인자동차를 차량에 싣는 것은 견인자동차를 분리한 즉시 실시하고, 피견인자동차를 차량으로부터 내렸을 때에는 즉시 당해 피견인자동차를 견인자동차에 결합할 것

(13) 컨테이너식 이동탱크저장소외의 이동탱크저장소에 있어서는 위험물을 저장한 상태로 이동저장탱크를 옮겨 싣지 않아야 한다(중요기준).

(14) 이동탱크저장소에는 당해 이동탱크저장소의 완공검사필증 및 정기점검기록을 비치하여야 한다.

(15) 알킬알루미늄 등을 저장 또는 취급하는 이동탱크저장소에는 긴급 시의 연락처, 응급조치에 관하여 필요한 사항을 기재한 서류, 방호복, 고무장갑, 밸브 등을 죄는 결합공구 및 휴대용 확성기를 비치하여야 한다.

(16) 옥외저장소((19)의 규정에 의한 경우 제외)에 있어서 위험물은 1.5에 정하는 바에 따라 용기에 수납하여 저장하여야 한다.

(17) 옥외저장소에서 위험물을 저장하는 경우에 있어서는 (6)에 의한 높이를 초과하여 용기를 겹쳐 쌓지 아니하여야 한다.

(18) 옥외저장소에서 위험물을 수납한 용기를 선반에 저장하는 경우에는 6 m를 초과하여 저장하지 않아야 한다.

(19) 유황을 용기에 수납하지 않고 저장하는 옥외저장소에서는 유황을 경계표시의 높이 이하로 저장하고, 유황이 넘치거나 비산하는 것을 방지할 수 있도록 경계표시 내부의 전체를 난연성 또는 불연성의 천막 등으로 덮고 당해 천막 등을 경계표시에 고정하여야 한다.

(20) 알킬알루미늄 등, 아세트알데히드 등 및 디에틸에테르 등의 저장기준은 (1) 내지 (19)의 규정에 의하는 것 외에 다음과 같다(중요기준).

(가) 옥외저장탱크 또는 옥내저장탱크 중 압력탱크에 있어서는 알킬알루미늄 등의 취출에 의하여 당해 탱크 내의 압력이 상용압력 이하로 저하하지 않도록 압력탱크 외의 탱크에 있어서는 알킬알루미늄 등의 취출이나 온도의 저하에 의한 공기의 혼입을 방지할 수 있도록 불활성의 기체를 봉입할 것

(나) 옥외저장탱크·옥내저장탱크 또는 이동저장탱크에 새롭게 알킬알루미늄 등을 주입하는 때에는 미리 당해 탱크안의 공기를 불활성 기체와 치환하여 둘 것

(다) 이동저장탱크에 알킬알루미늄 등을 저장하는 경우에는 20 kPa 이하의 압력으로 불활성의 기체를 봉입하여 둘 것

(라) 옥외저장탱크·옥내저장탱크 또는 지하저장탱크 중 압력탱크에 있어서는 아세트알데히드 등의 취출에 의하여 당해 탱크 내의 압력이 상용압력 이하로 저하하지 않도록 하며 압력탱크 외의 탱크에 있어서는 아세트알데히드 등의 취출이나 온도의 저하에 의한 공기의 혼입을 방지할 수 있도록 불활성 기체를 봉입할 것

(마) 옥외저장탱크·옥내저장탱크·지하저장탱크 또는 이동저장탱크에 새롭게 아세트알데히드 등을 주입하는 때에는 미리 당해 탱크안의 공기를 불활성 기체와 치환하여 둘 것

(바) 이동저장탱크에 아세트알데히드 등을 저장하는 경우에는 항상 불활성의 기체를 봉입하여 둘 것

(사) 옥외저장탱크·옥내저장탱크 또는 지하저장탱크 중 압력탱크 외의 탱크에 저장하는 디에틸에테르 등 또는 아세트알데히드 등의 온도는 산화프로필렌과 이를 함유한 것 또는 디에틸에테르 등에 있어서는 30℃ 이하로, 아세트알데히드 또는 이를 함유한 것에 있어서는 15℃ 이하로 각각 유지할 것

(아) 옥외저장탱크·옥내저장탱크 또는 지하저장탱크 중 압력탱크에 저장하는 아세트알데히드 등 또는 디에틸에테르 등의 온도는 40℃ 이하로 유지할 것

(자) 보냉장치가 있는 이동저장탱크에 저장하는 아세트알데히드 등 또는 디에틸에테르 등의 온도는 당해 위험물의 비점 이하로 유지할 것

(차) 보냉장치가 없는 이동저장탱크에 저장하는 아세트알데히드 등 또는 디에틸에테르 등의 온도는 40℃ 이하로 유지할 것

4 제조과정에서 취급기준

(1) 위험물의 취급 중 제조에 관한 기준은 다음과 같다(중요기준).

(가) 증류공정에 있어서는 위험물을 취급하는 설비의 내부압력의 변동 등에 의하여 액체 또는 증기가 새지 않도록 할 것

(나) 추출공정에 있어서는 추출관의 내부압력이 비정상으로 상승하지 않도록 할 것

(다) 건조공정에 있어서는 위험물의 온도가 국부적으로 상승하지 않는 방법으로 가열 또는 건조할 것

(라) 분쇄공정에 있어서는 위험물의 분말이 현저하게 부유하고 있거나 위험물의 분말이 현저하게 기계·기구 등에 부착하고 있는 상태로 그 기계·기구를 취급하지 않을 것

(2) 위험물의 취급 중 용기에 옮겨 담는데 대한 기준은 다음과 같다.

(가) 위험물을 용기에 옮겨 담는 경우에는 5 (위험물 용기 및 수납)에 정하는 바에 따라 수납할 것

(3) 위험물의 취급 중 소비에 관한 기준은 다음과 같다(중요기준).

(가) 분사도장작업은 방화상 유효한 격벽 등으로 구획된 안전한 장소에서 실시할 것

(나) 담금질 또는 열처리작업은 위험물이 위험한 온도에 이르지 않도록 하여 실시할 것

(다) 버너를 사용하는 경우에는 버너의 역화를 방지하고 위험물이 넘치지 않도록 할 것

(4) 주유취급소·판매취급소·이송취급소 또는 이동탱크저장소에서의 위험물의 취급기준은 다음과 같다.

(가) 주유취급소(항공기·선박 및 철도 주유취급소를 제외)에서의 취급기준

1) 자동차 등에 주유할 때에는 고정주유설비를 사용하여 직접 주유할 것(중요기준)

2) 자동차 등에 인화점 40℃ 미만의 위험물을 주유할 때에는 자동차 등의 원동기를 정지시킬 것. 다만, 연료탱크에 위험물을 주유하는 동안 방출되는 가연성 증기를 회수하는 설비가 부착된 고정주유설비에 의하여 주유하는 경우에는 제외된다.

3) 이동저장탱크에 급유할 때에는 고정급유설비를 사용하여 직접 급유할 것

4) 고정주유설비 또는 고정급유설비에 접속하는 탱크에 위험물을 주입할 때에는 당해 탱크에 접속된 고정주유설비 또는 고정급유설비의 사용을 중지하고, 자동차 등을 당해 탱크의 주입구에 접근시키지 않을 것

5) 고정주유설비 또는 고정급유설비에는 해당 설비에 접속한 전용탱크 또는 간이탱크의 배관 외의 것을 통하여서는 위험물을 공급하지 않을 것

6) 자동차 등에 주유할 때에는 고정주유설비 또는 고정주유설비에 접속된 탱크의 주입구로부터 4 m 이내의 부분(주유취급소의 점검 및 간이정비, 세정작업장([별표 13] Ⅴ 제1호 다목 및 라목)의 용도에 제공하는 부분 중 바닥 및 벽에서 구획된 것의 내부를 제외)에, 이동저장탱크로부터 전용탱크에 위험물을 주입할 때에는 전용탱크의 주입구로부터 3 m 이내의 부분 및 전용탱크 통기관 선단으로부터 수평거리 1.5 m 이내의 부분에 있어서는 다른 자동차 등의 주차를 금지하고 자동차 등의 점검·정비 또는 세정을 하지 않을 것

7) 주유원 간이대기실 내에서는 화기를 사용하지 않을 것

8) 전기자동차 충전설비를 사용하는 때에는 다음의 기준을 준수할 것

가) 충전기기와 전기자동차를 연결할 때에는 연장코드를 사용하지 않을 것

나) 전기자동차의 전지·인터페이스 등이 충전기기의 규격에 적합한지 확인한 후 충전을 시작할 것

다) 충전 중에는 자동차 등을 작동시키지 않을 것

(나) 항공기주유취급소에서의 취급기준은 (가)[1) 및 5)는 제외]의 규정을 준용하는 외에 다음의 기준에 의할 것

1) 항공기에 주유하는 때에는 고정주유설비, 주유배관의 선단부에 접속한 호스기기, 주유호스차 또는 주유탱크차를 사용하여 직접 주유할 것(중요기준)

2) 고정주유설비에는 당해 주유설비에 접속한 전용탱크 또는 위험물을 저장 또는 취급하는 탱크의 배관 외의 것을 통하여서는 위험물을 주입하지 않을 것

3) 주유호스차 또는 주유탱크차에 의하여 주유하는 때에는 주유호스의 선단을 항공기의 연료탱크의 급유구에 긴밀히 결합할 것. 다만, 주유탱크차에서 주유호스 선단부에 수동개폐장치를 설치한 주유노즐에 의하여 주유하는 때에는 제외된다.

4) 주유호스차 또는 주유탱크차에서 주유하는 때에는 주유호스차의 호스기기 또는 주유탱크차의 주유설비를 접지하고 항공기와 전기적인 접속을 할 것

(다) 철도주유취급소에서의 취급기준은 (가)[1) 및 5)는 제외]의 규정 및 (나)2)의 규정을 준용하는 외에 다음의 기준에 의할 것

1) 철도 또는 궤도에 의하여 운행하는 차량에 주유하는 때에는 고정주유설비 또는 주유배관의 선단부에 접속한 호스기기를 사용하여 직접 주유할 것(중요기준)

2) 철도 또는 궤도에 의하여 운행하는 차량에 주유하는 때에는 콘크리트 등으로 포장된 부분에서 주유할 것

(라) 선박주유취급소에서의 취급기준은 (가)[1) 및 5)는 제외]의 규정 및 (나)2)의 규정을 준용하는 외에 다음의 기준에 의할 것

1) 선박에 주유하는 때에는 고정주유설비 또는 주유배관의 선단부에 접속한 호스기기를 사용하여 직접 주유할 것(중요기준)

2) 선박에 주유하는 때에는 선박이 이동하지 않도록 계류시킬 것

3) 수상구조물에 설치하는 고정주유설비를 이용하여 주유작업을 할 때에는 5m 이내에 다른 선박의 정박 또는 계류를 금지할 것

4) 수상구조물에 설치하는 고정주유설비의 주위에 설치하는 집유설비 내에 고인 빗물 또는 위험물은 넘치지 않도록 수시로 수거하고, 수거물은 유분리장치를 이용하거나 폐기물 처리 방법에 따라 처리할 것

5) 수상구조물에 설치하는 고정주유설비를 이용한 주유작업은 위험물을 공급하는 배관·펌프 및 그 부속 설비의 안전을 확인한 후에 시작할 것(중요기준)

6) 수상구조물에 설치하는 고정주유설비를 이용한 주유작업이 종료된 후에는 차단밸브(수상구조물에 설치하는 고정주유설비에 위험물을 공급하는 배관계의 위험물 차단밸브([별표 13] XIV 제3호마목))를 모두 잠글 것(중요기준)

7) 수상구조물에 설치하는 고정주유설비를 이용한 주유작업은 총 톤수가 300 미만인 선박에 대해서만 실시할 것(중요기준)

(마) 고객이 직접 주유하는 주유취급소에서의 기준

1) 셀프용 고정주유설비 및 셀프용 고정급유설비 외의 고정주유설비 또는 고정급유설비를 사용하여 고객에 의한 주유 또는 용기에 옮겨 담는 작업을 행하지 않을 것(중요기준)

2) 감시대에서 고객이 주유하거나 용기에 옮겨 담는 작업을 직시하는 등 적절한 감시를 할 것

3) 고객에 의한 주유 또는 용기에 옮겨 담는 작업을 개시할 때에는 안전상 지장이 없음을 확인 한 후 제어장치에 의하여 호스기기에 대한 위험물의 공급을 개시할 것

4) 고객에 의한 주유 또는 용기에 옮겨 담는 작업을 종료한 때에는 제어장치에 의하여 호스기기에 대한 위험물의 공급을 정지할 것

5) 비상시 그 밖에 안전상 지장이 발생한 경우에는 제어장치에 의하여 호스기기에 위험물의 공급을 일제히 정지하고, 주유취급소 내의 모든 고정주유설비 및 고정급유설비에 의한 위험물 취급을 중단할 것

6) 감시대의 방송설비를 이용하여 고객에 의한 주유 또는 용기에 옮겨 담는 작업에 대한 필요한 지시를 할 것

7) 감시대에서 근무하는 감시원은 안전관리자 또는 위험물안전관리에 관한 전문지식이 있는 자일 것

(바) 판매취급소에서의 취급기준

1) 판매취급소에서는 도료류, 제1류 위험물 중 염소산염류 및 염소산염류만을 함유한 것, 유황 또는 인화점이 38℃ 이상인 제4류 위험물을 배합실에서 배합하는 경우 외에는 위험물을 배합하거나 옮겨 담는 작업을 하지 않을 것

2) 위험물은 위험물 운반기준 중 운반용기([별표 19] Ⅰ)에 수납한 채로 판매할 것

3) 판매취급소에서 위험물을 판매할 때에는 위험물이 넘치거나 비산하는 계량기(액용되를 포함)를 사용하지 않을 것

(사) 이송취급소에서의 취급기준

1) 위험물의 이송은 위험물을 이송하기 위한 배관·펌프 및 그에 부속한 설비의 안전을 확인한 후에 개시할 것(중요기준)

2) 위험물을 이송하기 위한 배관·펌프 및 이에 부속한 설비의 안전을 확인하기 위한 순찰을 행하고, 위험물을 이송하는 중에는 이송하는 위험물의 압력 및 유량을 항상 감시할 것(중요기준)

3) 이송취급소를 설치한 지역의 지진을 감지하거나 지진의 정보를 얻은 경우에는 소방청

장이 정하여 고시하는 바에 따라 재해의 발생 또는 확대를 방지하기 위한 조치를 강구할 것

(아) 이동탱크저장소(컨테이너식 이동탱크저장소 제외)에서의 취급기준

1) 이동저장탱크로부터 위험물을 저장 또는 취급하는 탱크에 액체의 위험물을 주입할 경우에는 그 탱크의 주입구에 이동저장탱크의 주입호스를 견고하게 결합할 것. 다만, 주입호스의 선단부에 수동개폐장치를 한 주입노즐(수동개폐장치를 개방상태로 고정하는 장치를 한 것을 제외)을 사용하여 지정수량 미만의 양의 위험물을 저장 또는 취급하는 탱크에 인화점이 40℃ 이상인 위험물을 주입하는 경우에는 제외된다.

2) <u>이동저장탱크로부터 액체위험물을 용기에 옮겨 담지 않을 것</u>. 다만, 주입호스의 선단부에 수동개폐장치를 한 주입노즐(수동개폐장치를 개방상태로 고정하는 장치를 한 것은 제외)을 사용하여 위험물 운반기준 중 운반용기([별표 19] Ⅰ)에 <u>인화점 40℃ 이상의 제4류 위험물을 옮겨 담는 경우에는 제외</u>된다.

3) 이동저장탱크로부터 위험물을 저장 또는 취급하는 탱크에 인화점이 40℃ 미만인 위험물을 주입할 때에는 이동탱크저장소의 원동기를 정지시킬 것

4) <u>이동저장탱크로부터 직접 위험물을 자동차의 연료탱크에 주입하지 말 것</u>. 다만, 건설공사(「건설산업기본법」)를 하는 장소에서 주입설비([별표 10] Ⅳ 제3호)를 부착한 이동탱크저장소로부터 해당 건설공사와 관련된 자동차(건설기계(「건설기계관리법」) 중 덤프트럭과 콘크리트믹서트럭으로 한정함)의 연료탱크에 인화점 40℃ 이상의 위험물을 주입하는 경우에는 제외된다

5) 휘발유·벤젠 그 밖에 정전기에 의한 재해발생의 우려가 있는 액체의 위험물을 이동저장탱크에 주입하거나 이동저장탱크로부터 배출하는 때에는 도선으로 이동저장탱크와 접지전극 등과의 사이를 긴밀히 연결하여 당해 이동저장탱크를 접지할 것

6) 휘발유·벤젠·그 밖에 정전기에 의한 재해발생의 우려가 있는 액체의 위험물을 이동저장탱크의 상부로 주입하는 때에는 주입관을 사용하되, 당해 주입관의 선단을 이동저장탱크의 밑바닥에 밀착할 것

7) 휘발유를 저장하던 이동저장탱크에 등유나 경유를 주입할 때 또는 등유나 경유를 저장하던 이동저장탱크에 휘발유를 주입할 때에는 다음의 기준에 따라 정전기 등에 의한 재해를 방지하기 위한 조치를 할 것

가) 이동저장탱크의 상부로부터 위험물을 주입할 때에는 위험물의 액표면이 주입관의 선단을 넘는 높이가 될 때까지 그 <u>주입관 내의 유속을 초당 1m 이하로 할 것</u>

나) 이동저장탱크의 밑부분으로부터 위험물을 주입할 때에는 위험물의 액표면이 주입관 정상부분을 넘는 높이가 될 때까지 그 주입배관 내의 유속을 초당 1m 이하로 할 것

다) 그 밖의 방법에 의한 위험물의 주입은 이동저장탱크에 가연성 증기가 잔류하지 않도록 조치하고 안전한 상태로 있음을 확인한 후에 할 것

8) 이동탱크저장소는 상치장소([별표 10] Ⅰ)에 주차할 것. 다만, 원거리 운행 등으로 상치장소에 주차할 수 없는 경우에는 다음의 장소에도 주차할 수 있다.

가) 다른 이동탱크저장소의 상치장소

나) 「화물자동차 운수사업법」에 의한 일반화물자동차운송사업을 위한 차고로서 상치장소([별표 10] Ⅰ)의 규정에 적합한 장소

다) 「물류시설의 개발 및 운영에 관한 법률」에 따른 물류터미널의 주차장으로서 상치장소([별표 10] Ⅰ)의 규정에 적합한 장소

라) 「주차장법」에 의한 주차장 중 노외의 옥외주차장으로서 상치장소([별표 10] Ⅰ)의 규정에 적합한 장소

마) 제조소 등이 설치된 사업장 내의 안전한 장소

바) 도로(길어깨 및 노상주차장을 포함) 외의 장소로서 화기취급장소 또는 건축물로부터 10 m 이상 이격된 장소

사) 벽·기둥·바닥·보·서까래 및 지붕이 내화구조로 된 건축물의 1층으로서 개구부가 없는 내하구조의 격벽 등으로 당해 건축물의 다른 용도의 부분과 구획된 장소

아) 소방본부장 또는 소방서장으로부터 승인을 받은 장소

9) 이동저장탱크를 8)에 의한 상치장소 등에 주차시킬 때에는 완전히 빈 상태 로 할 것. 다만, 당해 장소가 옥외탱크저장소의 안전거리, 보유공지 및 방유제([별표 6] Ⅰ·Ⅱ 및 Ⅸ)의 규정에 적합한 경우에는 제외된다.

10) 이동저장탱크로부터 직접 위험물을 선박의 연료탱크에 주입하는 경우에는 다음의 기준에 따를 것

가) 선박이 이동하지 않도록 계류(繫留)시킬 것

나) 이동탱크저장소가 움직이지 않도록 조치를 강구할 것

다) 이동탱크저장소의 주입호스의 선단을 선박의 연료탱크의 급유구에 긴밀히 결합할 것. 다만, 주입호스 선단부에 수동개폐장치를 설치한 주유노즐로 주입하는 때에는 제외된다.

라) 이동탱크저장소의 주입설비를 접지할 것. 다만, 인화점 40℃ 이상의 위험물을 주입하는 경우에는 제외된다.

(자) 컨테이너식 이동탱크저장소에서의 위험물취급은 (아)[1) 제외]의 규정을 준용하는 의에 다음의 기준에 의할 것

1) 이동저장탱크에서 위험물을 저장 또는 취급하는 탱크에 액체위험물을 주입하는 때에는 주입구에 주입호스를 긴밀히 연결할 것. 다만, 주입호스의 선단부에 수동개폐장치를 설비한 주입노즐(수동개폐장치를 개방상태로 고정하는 장치를 한 것을 제외)에 의하여 지정수량 미만의 탱크에 인화점이 40℃ 이상인 제4류 위험물을 주입하는 때에는 제외된다.

2) 이동저장탱크를 체결금속구, 변형금속구 또는 샤시프레임에 긴밀히 결합한 구조의 유(U)볼트를 이용하여 차량에 긴밀히 연결할 것

(5) <u>알킬알루미늄 등 및 아세트알데히드 등의 취급기준</u>은 (1) 내지 (5)에 정하는 것 외에 당해 위험물의 성질에 따라 다음에 정하는 바에 의한다(중요기준).

(가) 알킬알루미늄 등의 제조소 또는 일반취급소에 있어서 알킬알루미늄 등을 취급하는 설비에는 불활성의 기체를 봉입할 것

(나) 알킬알루미늄 등의 이동탱크저장소에 있어서 이동저장탱크로부터 알킬알루미늄 등을 꺼낼 때에는 동시에 200 kPa 이하의 압력으로 불활성의 기체를 봉입할 것

(다) 아세트알데히드 등의 제조소 또는 일반취급소에 있어서 아세트알데히드 등을 취급하는 설비에는 연소성 혼합기체의 생성에 의한 폭발의 위험이 생겼을 경우에 불활성의 기체 또는 수증기[아세트알데히드 등을 취급하는 탱크(옥외에 있는 탱크 또는 옥내에 있는 탱크로서 그 용량이 지정수량의 1/5 미만의 것을 제외)에 있어서는 불활성의 기체]를 봉입할 것

(라) 아세트알데히드 등의 이동탱크저장소에 있어서 이동저장탱크로부터 아세트알데히드 등을 꺼낼 때에는 동시에 100 kPa 이하의 압력으로 불활성의 기체를 봉입할 것

5 위험물의 용기 및 수납

(1) 옥내저장소 및 옥외저장소에 있어서 위험물을 용기에 수납할 때(Ⅲ 제4호 및 제17호) 또는 위험물의 취급 중 위험물을 용기에 옮겨 담을 때(Ⅳ 제2호가목)에는 다음에 정하는 용기의 구분에 따라 정하는 바에 의한다. 다만, 제조소 등이 설치된 부지와 동일한 부지 내에서

위험물을 저장 또는 취급하기 위하여 다음에 정하는 용기 외의 용기에 수납하거나 옮겨 담는 경우에 있어서 당해 용기의 저장 또는 취급이 화재의 예방상 안전하다고 인정될 때에는 제외된다.

(가) (나)에 정하는 용기 외의 용기

고체의 위험물에 있어서는 표 6.1, 액체의 위험물에 있어서는 표 6.2에 정하는 기준에 적합한 내장용기(내장용기의 용기의 종류란이 공란인 것에 있어서는 외장용기) 또는 저장 또는 취급의 안전상 이러한 기준에 적합한 용기와 동등 이상이라고 인정하여 소방청장이 정하여 고시하는 것(내장용기 등)으로서 수납([별표 19] Ⅱ 제1호)의 기준에 적합할 것

(나) 기계에 의하여 하역하는 구조로 된 용기

기계에 의하여 하역하는 구조로 된 운반용기([별표 19] Ⅰ 제3호나목)로서 기계에 의하여 하역하는 구조로 된 운반용기에 대한 수납([별표 19] Ⅱ 제2호)의 기준에 적합할 것

(2) (1) (가)의 내장용기 등에 있어서는 위험물의 적재 시 품명, 수량 등의 표시([별표 19] Ⅱ 제8호)를, (1) (나)의 용기에 있어서는 위험물의 적재 시 품명, 수량 등의 표시 및 기계에 의하여 하역하는 구조로 된 운반용기 외부에 행하는 표시([별표 19] Ⅱ 제8호 및 제13호)를 각각 보기 쉬운 위치에 하여야 한다.

(3) (2)의 규정에 불구하고 제1류·제2류 또는 제4류의 위험물(위험등급 Ⅰ의 위험물([별표 19] Ⅴ 제1호)을 제외)의 내장용기 등으로서 최대용적이 1 L 이하의 것에 있어서는 위험물 적재 시 위험물의 품명·위험등급·화학명·수용성 및 위험성([별표 19] Ⅱ 제8호가목 및 다목)의 표시를 각각 위험물의 통칭명 및 위험성 표시와 동일한 의미가 있는 다른 표시로 대신할 수 있다.

(4) (2) 및 (3)의 규정에 불구하고 제4류 위험물에 해당하는 화장품(에어졸 제외)의 내장용기 등으로서 최대용적이 150 mL 이하의 것에 있어서는 위험물 적재 시 위험물의 품명·위험등급·화학명·수용성 및 위험성([별표 19] Ⅱ 제8호가목 및 다목)표시를 하지 않을 수 있고, 최대용적이 150 mL 초과 300 mL 이하의 것에 있어서는 위험물 적재 시 위험물의 품명·위험등급·화학명·수용성([별표 19] Ⅱ 제8호가목)표시를 하지 않을 수 있으며, 위험물 적재 시 위험성([별표 19] Ⅱ 제8호다목)의 주의사항은 위험성 표시와 동일한 의미가 있는 다른 표시로 대신할 수 있다.

(5) (2) 및 (3)의 규정에 불구하고 제4류 위험물에 해당하는 에어졸의 내장용기 등으로서 최대용적이 300 mL 이하의 것에 있어서는 위험물 적재 시 위험물의 품명·위험등급·화학명·

수용성([별표 19] Ⅱ 제8호가목)에 대한 표시를 하지 않을 수 있고, 위험물 적재 시 위험성([별표 19] Ⅱ 제8호다목)의 주의사항을 위험성 표시와 동일한 의미가 있는 다른 표시로 대신할 수 있다.

(6) (2) 및 (3)의 규정에 불구하고 제4류 위험물 중 동식물유류의 내장용기 등으로서 최대용적이 3L 이하의 것에 있어서는 위험물 적재 시 위험물의 품명·위험등급·화학명·수용성 및 위험성([별표 19] Ⅱ 제8호가목 및 다목)의 표시를 각각 당해 위험물의 통칭명 및 위험성 표시와 동일한 의미가 있는 다른 표시로 대신할 수 있다.

12.3.2 위험물의 운반 및 운송에 관한 기준

1 운반용기

(1) 운반용기의 재질은 강판·알루미늄판·양철판·유리·금속판·종이·플라스틱·섬유판·고무류·합성섬유·삼·짚 또는 나무로 한다.

(2) 운반용기는 견고하여 쉽게 파손될 우려가 없고, 그 입구로부터 수납된 위험물이 샐 우려가 없도록 하여야 한다.

(3) 운반용기의 구조 및 최대용적은 다음 용기의 구분에 따라 정하는 바에 의한다.

(가) (나)의 규정에 의한 용기 외의 용기

고체의 위험물을 수납하는 것에 있어서는 표 12-7 액체의 위험물을 수납하는 것에 있어서는 표 12-8에 정하는 기준에 적합할 것. 다만, 운반의 안전상 이러한 기준에 적합한 운반용기와 동등 이상이라고 인정하여 소방청장이 정하여 고시하는 것에 있어서는 제외된다.

표 12-7 고체위험물 운반용기의 최대용적 또는 중량

운반용기				수납 위험물의 종류									
내장용기		외장용기		제1류			제2류		제3류			제5류	
용기의 종류	최대용적 또는 중량	용기의 종류	최대용적 또는 중량	Ⅰ	Ⅱ	Ⅲ	Ⅱ	Ⅲ	Ⅰ	Ⅱ	Ⅲ	Ⅰ	Ⅱ
유리용기 또는 플라스틱용기	10 L	나무상자 또는 플라스틱상자(필요에 따라 불활성의 완충재를 채울 것)	125 kg	○	○	○	○	○	○	○	○	○	○
			225 kg		○	○		○		○	○		○
		파이버판상자(필요에 따라 불활성의 완충재를 채울 것)	40 kg	○	○	○	○	○	○	○	○	○	○
			55 kg		○	○		○		○	○		○
금속제용기	30 L	나무상자 또는 플라스틱상자	125 kg	○	○	○	○	○	○	○	○	○	○
			225 kg		○	○		○		○	○		○
		파이버판상자	40 kg	○	○	○	○	○	○	○	○	○	○
			55 kg		○	○		○		○	○		○
플라스틱필름포대 또는 종이포대	5 kg	나무상자 또는 플라스틱상자	50 kg	○	○	○	○	○		○	○	○	○
	50 kg		50 kg	○	○	○	○	○					○
	125 kg		125 kg		○	○	○	○					
	225 kg		225 kg			○		○					
	5 kg	파이버판상자	40 kg	○	○	○	○	○		○	○	○	○
	40 kg		40 kg	○	○	○	○	○					○
	55 kg		55 kg			○		○					
2)		금속제용기(드럼 제외)	60 L	○	○	○	○	○	○	○	○	○	○
		플라스틱용기(드럼 제외)	10 L		○	○	○	○		○	○		○
			30 L			○		○					○
		금속제드럼	250 L	○	○	○	○	○	○	○	○	○	○
		플라스틱드럼 또는 파이버드럼(방수성이 있는 것)	60 L	○	○	○	○	○	○	○	○	○	○
			250 L		○	○		○		○	○		○
		합성수지포대(방수성이 있는 것), 플라스틱필름포대, 섬유포대(방수성이 있는 것) 또는 종이포대(여러 겹으로서 방수성이 있는 것)	50k g		○	○	○	○		○	○		○

1) 외장용기에 수납하여야 하는 용기로서 위험물을 직접 수납하기 위한 것을 말한다.
2) ○표시는 수납위험물의 종류별 각 란에 정한 위험물에 대하여 당해 각 란에 정한 운반용기가 적응성이 있음을 표시한다.
3) 공란은 외장용기에 위험물을 직접 수납하거나 유리용기, 플라스틱용기, 금속제용기, 폴리에틸렌 포대 또는 종이포대를 내장용기로 할 수 있음을 표시한다.

표 12-8 고체위험물 운반용기의 최대용적 또는 중량

운반용기				수납위험물의 종류								
내장용기		외장용기		제3류			제4류			제5류		제6류
용기의 종류	최대용적 또는 중량	용기의 종류	최대용적 또는 중량	Ⅰ	Ⅱ	Ⅲ	Ⅰ	Ⅱ	Ⅲ	Ⅰ	Ⅱ	Ⅰ
유리용기	5 L	나무 또는 플라스틱상자(불활성의 완충재를 채울 것)	75 kg	○	○	○	○	○	○	○	○	○
	10 L		125 kg		○	○		○	○		○	
			225 kg						○			
	5 L	파이버판상자(불활성의 완충재를 채울 것)	40 kg	○	○	○	○	○	○	○	○	○
	10 L		55 kg						○			
플라스틱용기	10 L	나무 또는 플라스틱상자(필요에 따라 불활성의 완충재를 채울 것)	75 kg	○	○	○	○	○	○	○	○	○
			125 kg		○	○		○	○		○	
			225 kg						○			
		파이버판상자(필요에 따라 불활성의 완충재를 채울 것)	40 kg	○	○	○	○	○	○	○	○	○
			55 kg						○			
금속제용기	30 L	나무 또는 플라스틱상자	125 kg	○	○	○	○	○	○	○	○	○
			225 kg						○			
		파이버판상자	40 kg	○	○	○	○	○	○	○	○	○
			55 kg		○	○		○	○		○	
		금속제용기(금속제드럼제외)	60 L		○	○		○	○		○	
		플라스틱용기(플라스틱드럼제외)	10 L		○	○		○	○		○	
			20 L					○	○			
			30 L						○		○	
		금속제드럼(뚜껑고정식)	250 L	○	○	○	○	○	○	○	○	○
		금속제드럼(뚜껑탈착식)	250 L					○	○			
		플라스틱또는파이버드럼(플라스틱내용기부착의 것)	250 L		○	○			○		○	

4) ○표시는 수납위험물의 종류별 각 란에 정한 위험물에 대하여 해당 각란에 정한 운반용기가 적응성이 있음을 표시한다.
5) 공란은 외장용기에 위험물을 직접 수납하거나 유리용기, 플라스틱용기 또는 금속제용기를 내장용기로 할 수 있음을 표시한다.

(나) 기계에 의하여 하역하는 구조로 된 용기

고체의 위험물을 수납하는 것에 있어서는 표 12-9, 액체의 위험물을 수납하는 것에 있어서는 표 12-10에서 정하는 기준 및 1) 내지 6)에 정하는 기준에 적합할 것. 다만, 운반의 안전상 이러한 기준에 적합한 운반용기와 동등 이상이라고 인정하여 소방청장이 정하여 고시하는 것과 UN의 위험물 운송에 관한 권고(RTDG, Recommendations on the Transport of Dangerous Goods)에서 정한 기준에 적합한 것으로 인정된 용기에 있어서는 제외된다.

표 12-9 고체위험물의 기계하역 구조로 된 운반용기의 최대용적

운반용기		수납위험물의 종류									
종류	최대용적 (L)	제1류			제2류		제3류			제5류	
		I	II	III	II	III	I	II	III	I	II
금속제	3,000	○	○	○	○	○	○	○	○		○
플렉시블(flexible) 합성수지제	3,000		○	○	○	○		○	○		○
플렉시블(flexible) 플라스틱필름제	3,000		○	○	○	○		○	○		○
플렉시블(flexible) 섬유제	3,000		○	○	○	○		○	○		○
플렉시블(flexible) 종이제 (여러 겹의 것)	3,000		○	○	○	○		○	○		○
경질플라스틱제	1,500	○	○	○	○	○		○	○		○
	3,000		○	○	○	○		○	○		○
플라스틱 내용기 부착	1,500	○	○	○	○	○		○	○		○
	3,000		○	○	○	○		○	○		○
파이버판제	3,000		○	○	○	○		○	○		○
목제(라이닝부착)	3,000		○	○	○	○		○	○		○

비고) 플렉시블제, 파이버판제 및 목제의 운반용기에 있어서는 수납 및 배출방법을 중력에 의한 것에 한한다.

6) ○표시는 수납위험물의 종류별 각 란에 정한 위험물에 대하여 해당 각 란에 정한 운반용기가 적응성이 있음을 표시한다.

표 12-10 고체위험물의 기계하역 구조로 된 운반용기의 최대용적

운반용기		수납위험물의 종류								
종류	최대용적 (L)	제3류			제4류			제5류		제6류
		Ⅰ	Ⅱ	Ⅲ	Ⅰ	Ⅱ	Ⅲ	Ⅰ	Ⅱ	Ⅰ
금속제	3,000		○	○		○	○		○	
경질플라스틱제	3,000		○	○		○	○		○	
플라스틱 내 용기부착	3,000		○	○		○	○		○	

7) ○표시는 수납위험물의 종류별 각 란에 정한 위험물에 대하여 해당 각 란에 정한 운반용기가 적응성이 있음을 표시한다.

1) 운반용기는 부식 등의 열화에 대하여 적절히 보호될 것
2) 운반용기는 수납하는 위험물의 내압 및 취급 시와 운반 시의 하중에 의하여 당해 용기에 생기는 응력에 대하여 안전할 것
3) 운반용기의 부속설비에는 수납하는 위험물이 당해 부속설비로부터 누설되지 아니하도록 하는 조치가 강구되어 있을 것
4) 용기본체가 틀로 둘러싸인 운반용기는 다음의 요건에 적합할 것
   가) 용기본체는 항상 틀 내에 보호되어 있을 것
   나) 용기본체는 틀과의 접촉에 의하여 손상을 입을 우려가 없을 것
   다) 운반용기는 용기본체 또는 틀의 신축 등에 의하여 손상이 생기지 않을 것
5) 하부에 배출구가 있는 운반용기는 다음의 요건에 적합할 것
   가) 배출구에는 개폐위치에 고정할 수 있는 밸브가 설치되어 있을 것
   나) 배출을 위한 배관 및 밸브에는 외부로부터의 충격에 의한 손상을 방지하기 위한 조치가 강구되어 있을 것
   다) 폐지판 등에 의하여 배출구를 이중으로 밀폐할 수 있는 구조일 것. 다만, 고체의 위험물을 수납하는 운반용기에 있어서는 제외된다.
6) 1) 내지 5)에 규정하는 것 외의 운반용기의 구조에 관하여 필요한 사항은 소방청장이 정하여 고시한다.

(4) (3)의 규정에 불구하고 승용차량(승용으로 제공하는 차실 내에 화물용으로 제공하는 부분이 있는 구조의 것을 포함)으로 인화점이 40℃ 미만인 위험물 중 소방청장이 정하여 고시하는 것을 운반하는 경우의 운반용기의 구조 및 최대용적의 기준은 소방청장이 정하여 고

시한다.

(5) (3)의 규정에 불구하고 운반의 안전상 제한이 필요하다고 인정되는 경우에는 위험물의종류, 운반용기의 구조 및 최대용적의 기준을 소방청장이 정하여 고시할 수 있다.

(6) (3) 내지 (5)의 운반용기는 다음 용기의 구분에 따라 각 항목에서 정하는 성능이 있어야 한다.

(가) (나)의 규정에 의한 용기 외의 용기

소방청장이 정하여 고시하는 낙하시험, 기밀시험, 내압시험 및 겹쳐쌓기시험에서 소방청장이 정하여 고시하는 기준에 적합할 것. 다만, 수납하는 위험물의 품명, 수량, 성질과 상태 등에 따라 소방청장이 정하여 고시하는 용기에 있어서는 제외된다.

(나) 기계에 의하여 하역하는 구조로 된 용기

소방청장이 정하여 고시하는 낙하시험, 기밀시험, 내압시험, 겹쳐쌓기시험, 아랫부분인상시험, 윗부분 인상시험, 파열전파시험, 넘어뜨리기시험 및 일으키기시험에서 소방청장이 정하여 고시하는 기준에 적합할 것. 다만, 수납하는 위험물의 품명, 수량, 성질과 상태 등에 따라 소방청장이 정하여 고시하는 용기에 있어서는 제외된다.

2 적재방법

(1) 위험물은 운반용기에 다음의 기준에 따라 수납하여 적재하여야 한다. 다만, 덩어리 상태의 유황을 운반하기 위하여 적재하는 경우 또는 위험물을 동일구 내에 있는 제조소 등의 상호간에 운반하기 위하여 적재하는 경우에는 제외된다(중요기준).

(가) 위험물이 온도변화 등에 의하여 누설되지 않도록 운반용기를 밀봉하여 수납할 것. 다만, 온도변화 등에 의한 위험물로부터의 가스의 발생으로 운반용기 안의 압력이 상승할 우려가 있는 경우(발생한 가스가 독성 또는 인화성을 갖는 등 위험성이 있는 경우를 제외)에는 가스의 배출구(위험물의 누설 및 다른 물질의 침투를 방지하는 구조로 된 것에 한함)를 설치한 운반용기에 수납할 수 있다.

(나) 수납하는 위험물과 위험한 반응을 일으키지 않는 등 당해 위험물의 성질에 적합한 재질의 운반용기에 수납할 것

(다) 고체위험물은 운반용기 내용적의 95% 이하의 수납율로 수납할 것

(라) 액체위험물은 운반용기 내용적의 98% 이하의 수납율로 수납하되, 55℃의 온도에서 누설되지 않도록 충분한 공간용적을 유지하도록 할 것

(마) 하나의 외장용기에는 다른 종류의 위험물을 수납하지 않을 것

(바) 제3류 위험물은 다음의 기준에 따라 운반용기에 수납할 것

1) 자연발화성 물질에 있어서는 불활성 기체를 봉입하여 밀봉하는 등 공기와 접하지 않도록 할 것

2) 자연발화성 물질 외의 물품에 있어서는 파라핀·경유·등유 등의 보호액으로 채워 밀봉하거나 불활성 기체를 봉입하여 밀봉하는 등 수분과 접하지 않도록 할 것

3) (라)의 규정에 불구하고 자연발화성 물질 중 알킬알루미늄 등은 운반용기의 내용적의 90% 이하의 수납율로 수납하되, 50℃의 온도에서 5% 이상의 공간용적을 유지하도록 할 것

(2) 기계에 의하여 하역하는 구조로 된 운반용기에 대한 수납은 (1)((다) 제외)을 준용하는 것 외에 다음의 기준에 따라야 한다(중요기준).

(가) 다음의 규정에 의한 요건에 적합한 운반용기에 수납할 것

1) 부식, 손상 등 이상이 없을 것

2) 금속제의 운반용기, 경질플라스틱제의 운반용기 또는 플라스틱 내 용기 부착의 운반용기에 있어서는 다음에 정하는 시험 및 점검에서 누설 등 이상이 없을 것

가) 2년 6개월 이내에 실시한 기밀시험(액체의 위험물 또는 10 kPa 이상의 압력을 가하여 수납 또는 배출하는 고체의 위험물을 수납하는 운반용기에 한함)

나) 2년 6개월 이내에 실시한 운반용기의 외부의 점검·부속설비의 기능점검 및 5년 이내의 사이에 실시한 운반용기의 내부의 점검

(나) 복수의 폐쇄장치가 연속하여 설치되어 있는 운반용기에 위험물을 수납하는 경우에는 용기본체에 가까운 폐쇄장치를 먼저 폐쇄할 것

(다) 휘발유, 벤젠 그 밖의 정전기에 의한 재해가 발생할 우려가 있는 액체의 위험물을 운반용기에 수납 또는 배출할 때에는 당해 재해의 발생을 방지하기 위한 조치를 강구할 것

(라) 온도변화 등에 의하여 액상이 되는 고체의 위험물은 액상으로 되었을 때 당해 위험물이 새지 않는 운반용기에 수납할 것

(마) 액체위험물을 수납하는 경우에는 55℃ 온도에서의 증기압이 130 kPa 이하가 되도록 수납할 것

(바) 경질플라스틱제의 운반용기 또는 플라스틱 내 용기 부착의 운반용기에 액체위험물을 수납하는 경우에는 당해 운반용기는 제조된 때로부터 5년 이내의 것으로 할 것

(사) (가) 내지 (바)에 규정하는 것 외에 운반용기에의 수납에 관하여 필요한 사항은 소방청장이 정하여 고시한다.

(3) 위험물은 당해 위험물이 전락하거나 위험물을 수납한 운반용기가 전도·낙하 또는 파손되지 않도록 적재하여야 한다(중요기준).

(4) 운반용기는 수납구를 위로 향하게 하여 적재하여야 한다(중요기준).

(5) 적재하는 위험물의 성질에 따라 일광의 직사 또는 빗물의 침투를 방지하기 위하여 유효하게 피복하는 등 다음에 정하는 기준에 따른 조치를 하여야 한다(중요기준).

(가) 제1류 위험물, 제3류 위험물 중 자연발화성 물질, 제4류 위험물 중 특수인화물, 제5류 위험물 또는 제6류 위험물은 차광성이 있는 피복으로 가릴 것

(나) 제1류 위험물 중 알칼리금속의 과산화물 또는 이를 함유한 것, 제2류 위험물 중 철분·금속분·마그네슘 또는 이들 중 어느 하나 이상을 함유한 것 또는 제3류 위험물 중 금수성 물질은 방수성이 있는 피복으로 덮을 것

(다) 제5류 위험물 중 55℃ 이하의 온도에서 분해될 우려가 있는 것은 보냉 컨테이너에 수납하는 등 적정한 온도관리를 할 것

(라) 액체위험물 또는 위험등급Ⅱ의 고체위험물을 기계에 의하여 하역하는 구조로 된 운반용기에 수납하여 적재하는 경우에는 당해 용기에 대한 충격 등을 방지하기 위한 조치를 강구할 것. 다만, 위험등급Ⅱ의 고체위험물을 플렉서블(Flexible)의 운반용기, 파이버판제의 운반용기 및 목제의 운반용기 외의 운반용기에 수납하여 적재하는 경우에는 제외된다.

(6) 위험물은 다음에 따라 종류를 달리하는 그 밖의 위험물 또는 재해를 발생시킬 우려가 있는 물품과 함께 적재하지 않아야 한다(중요기준).

(가) 표 12-11의 규정에서 혼재가 금지되고 있는 위험물

표 12-11 유별을 달리하는 위험물의 혼재기준

위험물의 구분	제1류	제2류	제3류	제4류	제5류	제6류
제1류		×	×	×	×	○
제2류	×		×	○	○	×
제3류	×	×		○	×	×
제4류	×	○	○		○	×
제5류	×	○	×	○		×
제6류	○	×	×	×	×	

비고

1. × 표시는 혼재할 수 없음을 표시한다.
2. ○ 표시는 혼재할 수 있음을 표시한다.
3. 지정수량의 1/10 이하의 위험물에 대하여는 적용하지 않는다.

(나) 「고압가스 안전관리법」에 의한 고압가스(소방청장이 정하여 고시하는 것 제외)

(7) 위험물을 수납한 운반용기를 겹쳐 쌓는 경우에는 그 높이를 3 m 이하로 하고, 용기의 상부에 걸리는 하중은 당해 용기 위에 당해 용기와 동종의 용기를 겹쳐 쌓아 3 m의 높이로 하였을 때에 걸리는 하중 이하로 하여야 한다(중요기준).

(8) 위험물은 그 운반용기의 외부에 다음에 정하는 바에 따라 위험물의 품명, 수량 등을 표시하여 적재하여야 한다. 다만, UN의 위험물 운송에 관한 권고(RTDG, Recommendations on the Transport of Dangerous Goods)에서 정한 기준 또는 소방청장이 정하여 고시하는 기준에 적합한 표시를 한 경우에는 제외된다.

(가) 위험물의 품명·위험등급·화학명 및 수용성(수용성표시는 제4류 위험물로서 수용성인 것에 한함)

(나) 위험물의 수량

(다) <u>수납하는 위험물에 따라 다음에 의한 주의사항</u>

1) 제1류 위험물 중 알칼리금속의 과산화물 또는 이를 함유한 것에 있어서는 "화기·충격주의", "물기엄금" 및 "가연물접촉주의", 그 밖의 것에 있어서는 "화기·충격주의" 및 "가연물접촉주의"

2) 제2류 위험물 중 철분·금속분·마그네슘 또는 이들 중 어느 하나 이상을 함유한 것에 있어서는 "화기주의" 및 "물기엄금", 인화성 고체에 있어서는 "화기엄금", 그 밖의 것에 있어서는 "화기주의"

3) 제3류 위험물 중 자연발화성 물질에 있어서는 "화기엄금" 및 "공기접촉엄금", 금수성 물질에 있어서는 "물기엄금"

4) 제4류 위험물에 있어서는 "화기엄금"

5) 제5류 위험물에 있어서는 "화기엄금" 및 "충격주의"

6) 제6류 위험물에 있어서는 "가연물접촉주의"

(9) (8)의 규정에 불구하고 제1류·제2류 또는 제4류 위험물(위험등급 I 의 위험물을 제외)의 운반용기로서 최대용적이 1 L 이하인 운반용기의 품명 및 주의사항은 위험물의 통칭명 및 당해 주의사항과 동일한 의미가 있는 다른 표시로 대신할 수 있다.

(10) (8) 및 (9)의 규정에 불구하고 제4류 위험물에 해당하는 화장품(에어졸 제외)의 운반용기 중 최대용적이 150 mL 이하인 것에 대하여는 (8) (가) 및 (다)의 규정에 의한 표시를 하지 않을 수 있고, 최대용적이 150 mL 초과 300 mL 이하의 것에 대하여는 (8) (가)의 규정에 의한 표시를 하지 않을 수 있으며, (다)의 규정에 의한 주의사항을 당해 주의사항과 동일한

의미가 있는 다른 표시로 대신할 수 있다.

(11) (8) 및 (9)의 규정에 불구하고 제4류 위험물에 해당하는 에어졸의 운반용기로서 최대용적이 300 mL 이하의 것에 대하여는 (8) (1)의 규정에 의한 표시를 하지 않을 수 있으며, (다)의 규정에 의한 주의사항을 당해 주의사항과 동일한 의미가 있는 다른 표시로 대신할 수 있다.

(12) (8) 및 (9)의 규정에 불구하고 제4류 위험물 중 동식물유류의 운반용기로서 최대용적이 3 L 이하인 것에 대하여는 (8) (1) 및 (다)의 표시에 대하여 각각 위험물의 통칭명 및 동호의 규정에 의한 표시와 동일한 의미가 있는 다른 표시로 대신할 수 있다.

(13) 기계에 의하여 하역하는 구조로 된 운반용기의 외부에 행하는 표시는 (8)의 규정에 의하는 외에 다음 사항을 포함하여야 한다. 다만, UN의 위험물 운송에 관한 권고(RTDG, Recommendations on the Transport of Dangerous Goods)에서 정한 기준 또는 소방청장이 정하여 고시하는 기준에 적합한 표시를 한 경우에는 제외된다.

(가) 운반용기의 제조연월 및 제조자의 명칭

(나) 겹쳐쌓기 시험하중

(다) 운반용기의 종류에 따라 다음의 규정에 의한 중량

1) 플렉서블 외의 운반용기 : 최대총중량

2) 플렉서블 운반용기 : 최대수용중량

(라) (가) 내지 (다)에 규정하는 것 외에 운반용기의 외부에 행하는 표시에 관하여 필요한 사항으로서 소방청장이 정하여 고시하는 것

3 운반방법

(1) 위험물 또는 위험물을 수납한 운반용기가 현저하게 마찰 또는 동요를 일으키지 않도록 운반하여야 한다(중요기준).

(2) 지정수량 이상의 위험물을 차량으로 운반하는 경우에는 해당 차량에 소방청장이 정하여 고시하는 바에 따라 운반하는 위험물의 위험성을 알리는 표지를 설치하여야 한다.

(3) 지정수량 이상의 위험물을 차량으로 운반하는 경우에 있어서 다른 차량에 바꾸어 싣거나 휴식·고장 등으로 차량을 일시 정차시킬 때에는 안전한 장소를 택하고 운반하는 위험물의 안전확보에 주의하여야 한다.

(4) 지정수량 이상의 위험물을 차량으로 운반하는 경우에는 당해 위험물에 적응성이 있는 소형

수동식소화기를 당해 위험물의 소요단위에 상응하는 능력단위 이상 갖추어야 한다.

(5) 위험물의 운반도중 위험물이 현저하게 새는 등 재난발생의 우려가 있는 경우에는 응급조치를 강구하는 동시에 가까운 소방관서, 그 밖의 관계기관에 통보하여야 한다.

(6) (1) 내지 (5)의 적용에 있어서 품명 또는 지정수량을 달리하는 2 이상의 위험물을 운반하는 경우에 있어서 운반하는 각각의 위험물의 수량을 당해 위험물의 지정수량으로 나누어 얻은 수의 합이 1 이상인 때에는 지정수량 이상의 위험물을 운반하는 것으로 본다.

4 위험물의 위험등급

위험물의 위험등급은 위험등급 I·위험등급 II 및 위험등급 III으로 구분하며, 각 위험등급에 해당하는 위험물은 다음과 같다.

(1) 위험등급 I의 위험물

(가) 제1류 위험물 중 아염소산염류, 염소산염류, 과염소산염류, 무기과산화물 그 밖에 지정수량이 50 kg인 위험물

(나) 제3류 위험물 중 칼륨, 나트륨, 알킬알루미늄, 알킬리튬, 황린 그 밖에 지정수량이 10 kg 또는 20 kg인 위험물

(다) 제4류 위험물 중 특수인화물

(라) 제5류 위험물 중 유기과산화물, 질산에스테르류 그 밖에 지정수량이 10 kg인 위험물

(마) 제6류 위험물

(2) 위험등급 II의 위험물

(가) 제1류 위험물 중 브롬산염류, 질산염류, 요오드산염류 그 밖에 지정수량이 300 kg인 위험물

(나) 제2류 위험물 중 황화린, 적린, 유황 그 밖에 지정수량이 100 kg인 위험물

(다) 제3류 위험물 중 알칼리금속(칼륨 및 나트륨을 제외) 및 알칼리토금속, 유기금속화합물(알킬알루미늄 및 알킬리튬을 제외) 그 밖에 지정수량이 50 kg인 위험물

(라) 제4류 위험물 중 제1석유류 및 알코올류

(마) 제5류 위험물 중 (1) (라)에 정하는 위험물 외의 것

(3) 위험등급 III의 위험물

(1) 및 (2)에 정하지 않은 위험물

참고

(법 제20조 위험물의 운반)

중요기준

화재 등 위해의 예방과 응급조치에 있어서 큰 영향을 미치거나 그 기준 을 위반하는 경우 직접적으로 화재를 일으킬 가능성이 큰 기준으로서 총리령이 정하는 기준

세부기준

화재 등 위해의 예방과 응급조치에 있어서 중요기준보다 상적으로 적은 영향을 미치거나 그 기준을 위반하는 경우 간접적으로 화재를 일으킬 수 있는 기준 및 위험물의 안전관리에 필요한 표시와 서류·기구 등의 비치에 관한 기준으로서 총리령이 정하는 기준

12.4 위험물제조소 등 시설기준

12.4.1 위험물제조소 등의 시설 개요

1) 용어정리

(1) 위험물 : 인화성 또는 발화성 등의 성질을 가지는 것으로서 대통령령이 정하는 물품을 말한다.

(2) 지정수량 : 위험물의 종류별로 위험성을 고려하여 대통령령으로 정하는 수량을 말하는 것으로 제조소 등의 설치허가 등에 있어서 최저의 기준이 되는 수량 즉, 허가규제를 적용하는 기준수량이다

(3) 제조소 등 : 제조소, 저장소 및 취급소를 말한다.

(4) 제조소 : 위험물을 제조할 목적으로 지정수량 이상의 위험물을 취급하기 위한 시설을 성치한 장소로서 위험물시설의 설치허가를 받은 시설을 말한다.

(5) 저장소 : 지정수량 이상의 위험물을 저장하기 위한 시설을 설치한 장소로서 위험물시설의 설치허가를 받은 장소를 말한다.

(6) 취급소 : 지정수량 이상의 위험물을 제조 외의 목적으로 취급하기 위한 장소로서 허가를 받은 장소를 말한다.

(7) 탱크 용적의 산정기준 : 위험물을 저장 또는 취급하는 탱크의 용량은 해당 탱크의 내용적에서 공간용적을 뺀 용적으로 한다.

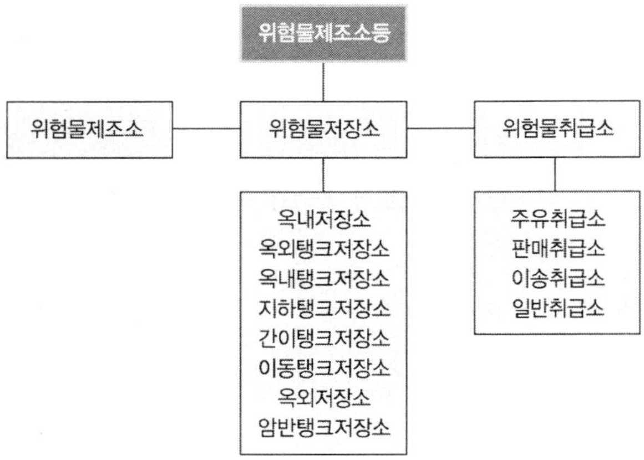

그림 12-7 위험물제조소 등의 분류체계

2) 위험물시설의 설치 및 변경

(1) 위험물제조소 등 설치 허가 및 변경 등 관청 : 시·도지사

(2) 제조소 등의 위치·구조 또는 설비 가운데 행정안전부령이 정하는 사항 변경 : 시·도지사

(3) 위험물의 품명·수량·지정수량 변경 : 원하는 변경 날의 1일 전까지 시·도지사

(4) <u>설치허가 제외</u>

① 주택의 난방시설(공동주택의 중앙난방시설을 제외)을 위한 저장소 또는 취급소

② 농예용·축산용 또는 수산용으로 필요한 난방시설 또는 건조시설을 위한 지정수량 20배 이하의 저장소

(5) <u>탱크안전성능검사 : 시·도지사</u>

① 탱크안전성능검사 대상 탱크 등

㉮ 기초·지반검사

옥외탱크저장소의 액체위험물탱크 중 그 용량이 100만 L 이상인 탱크

㉯ 충수·수압검사

액체위험물을 저장 또는 취급하는 탱크. 다만, 다음 어느 하나에 해당하는 탱크는 제외한다(시·도지사가 면제할 수 있는 탱크안전성능검사).

㉠ 제조소 또는 일반취급소에 설치된 탱크로서 용량이 지정수량 미만인 것

㉡ 「고압가스 안전관리법」 특정설비에 관한 검사에 합격한 탱크

㉢ 「산업안전보건법」에 따른 안전인증을 받은 탱크

㉰ 용접부검사 : 기초·지반검사의 규정에 의한 탱크

㉱ 암반탱크검사 : 액체위험물을 저장 또는 취급하는 암반내의 공간을 이용한 탱크

② 탱크시험자 등록 : 시·도지사

③ 탱크등록시험자 중요사항변경신고 : 30일 이내 시·도지사

④ 탱크시험자의 등록신청 서류

㉮ 등록신청서

㉯ 기술능력자 연명부 및 기술자격증

㉰ 안전성능시험장비의 명세서

㉱ 보유장비 및 시험방법의 기술원의 기술검토자료

㉲ 방사선동위원소이동사용허가증 또는 방사선발생장치이동사용허가증

㉳ 사무실 확보 증명서류

⑤ 탱크등록사항 변경 중요사항 변경신고

㉮ 영업소 소재지의 변경 : 사무소의 사용을 증명하는 서류와 위험물탱크안전성능 시험자등록증

㉯ 기술능력의 변경 : 변경하는 기술인력의 자격증과 위험물탱크안전성능시험자등록증

㉰ 대표자의 변경 : 위험물탱크안전성능시험자등록증

㉱ 상호 또는 명칭의 변경 : 위험물탱크안전성능시험자등록증

(6) 완공검사 : 제조소 설치를 마쳤거나 위치·구조 또는 설비의 변경을 마쳤을 때 검사

㉮ 완공검사 신청 : 시·도지사

㉯ 완공검사필증 교부 : 시·도지사

㉰ 완공검사 신청시기

㉠ 지하탱크가 있는 제조소 등의 경우 : 당해 지하탱크를 매설하기 전

㉡ 이동탱크저장소의 경우 : 이동저장탱크를 완공하고 설치장소를 확보한 후

㉢ 이송취급소의 경우 : 이송배관 공사의 전체 또는 일부를 완료한 후. 다만, 지하·하천 등에 매설하는 이송배관 공사의 경우는 이송배관을 매설하기 전

(7) 지위승계의 신고 : 승계한 날로부터 30일 이내에 시·도지사에게 신고

(8) 제조소 등의 폐지 : 제조소 등의 용도를 폐지한 날로부터 14일 이내 시·도지사에게 신고

3) 위험물시설의 안전관리

(1) 위험물시설의 유지·관리 : 시·도지사, 소방본부장 또는 소방서장

(2) 제조소 등의 관계인의 위험물안전관리자 해임 또는 퇴직한 때 선임 : 30일 이내 선임

(3) 제조소 등의 관계인의 위험물안전관리자 선임신고 : 소방본부장, 소방서장에게 14일 이내

(4) 위험물취급 자격자

표 12-12 위험물취급자격자의 자격

위험물취급자격자의 구분	취급할 수 있는 위험물
1. 「국가기술자격법」에 따라 위험물기능장, 위험물산업기사, 위험물기능사의 자격을 취득한 사람	모든 위험물[별표 1]
2. 안전관리자교육이수자(법 28조제1항에 따라 소방청장이 실시하는 안전관리자교육을 이수한 자를 말한다. 이하 별표 6에서 같다)	위험물 중 제4류 위험물[별표 1]
3. 방공무원 경력자(소방공무원으로 근무한 경력이 3년 이상인 자를 말한다. 이하 별표 6에서 같다)	위험물 중 제4류 위험물[별표 1]

(5) 1인의 안전관리자를 중복 선임

① 1인의 안전관리자를 중복 선임하여 선임할 수 있는 경우

㉮ 보일러·버너 또는 이와 비슷한 것으로서 위험물을 소비하는 장치로 이루어진 7개 이하의 일반취급소와 그 일반취급소에 공급하기 위한 위험물을 저장하는 저장소

㉯ 위험물을 차량에 고정된 탱크 또는 운반용기에 옮겨 담기 위한 5개 이하의 일반취급소[일반취급소 간의 거리(보행거리)]가 300 m 이내인 경우

㉰ 동일구내에 있거나 상호 100 m 이내의 거리에 있는 저장소

㉱ 다음 기준에 모두 적합한 5개 이하의 제조소 등을 동일인이 설치한 경우

- 각 제조소 등이 동일구내에 위치하거나 상호 100 m 이내의 거리에 있을 것
- 각 제조소 등에서 저장 또는 취급하는 위험물 최대수량이 지정수량의 3천배 미만일 것

② 1인의 안전관리자를 중복하여 선임할 수 있는 저장소 등

㉮ 10개 이하의 옥내저장소

㉯ 30개 이하의 옥외탱크저장소

㉰ 옥내탱크저장소

㉱ 지하탱크저장소

㉲ 간이탱크저장소

㉥ 10개 이하의 옥외저장소

(7) 안전관리대행기관 지정 등

① 지정권자 : 소방청장

② 안전관리대행기관 변경, 휴업, 폐업, 재개업 : 14일 이내 신고서 소방청장에게 제출

(8) 제조소 등의 관계인의 예방규정

① 제출기관 : 시·도지사에게 제출

② 관계인이 예방규정을 정하여야 하는 제조소 등

㉮ 지정수량의 10배 이상의 위험물을 취급하는 제조소·일반취급소

㉯ 지정수량의 100배 이상의 위험물을 저장하는 옥외저장소

㉰ 지정수량의 150배 이상의 위험물을 저장하는 옥내저장소

㉱ 지정수량의 200배 이상의 위험물을 저장하는 옥외탱크저장소

㉲ 암반탱크저장소

㉳ 이송취급소

㉴ 지정수량 10배 이상의 위험물을 취급하는 일반취급소

(9) 정기점검 및 정기검사

① 정기점검 및 정기검사권자 : 소방본부장, 소방서장

② 정기점검의 대상인 제조소 등

㉮ 관계인이 예방규정을 정하여야 하는 제조소

㉯ 지하탱크저장소

㉰ 이동탱크저장소

㉱ 위험물을 취급하는 탱크로서 지하에 매설된 탱크가 있는 제조소·주유취급소 또는 일반취급소

③ 정기점검 횟수 : 연 1회 이상

④ 점기점검 실시자

㉮ 안전관리자

㉯ 위험물운송자

㉰ 안전관리대행기관, 탱크시험자

⑤ 정기점검기록 유지

㉮ 점검을 실시한 제조소 등의 명칭

㉯ 점검의 방법 및 결과

㉰ 점검연월일

㉱ 점검을 한 안전관리자 또는 점검을 한 탱크시험자와 점검에 입회한 안전관리자의 성명

⑥ 정기점검 기록 보존

㉮ 옥외저장탱크의 구조안전점검에 관한 기록 : 25년

㉯ 특정·준특정옥외저장탱크에 안전조치를 한 후 따른 기술원에 구조안전점검시기 연장신청을 하여 해당 안전조치가 적정한 것으로 인정받은 경우 : 30년

㉰ 위의㉮, ㉯ 해당하지 아니하는 정기점검의 기록 : 3년

(10) 자체소방대

① 설치근거 : 제조소 등 대통령령으로 자체소방대 설치

② 자체소방대를 설치하여야 하는 사업소

㉮ 제4류 위험물을 취급하는 제조소 또는 일반취급소. 다만, 보일러로 위험물을 소비하는 일반취급소 등 행정안전부령이 정하는 일반취급소를 제외한다.

㉯ 지정수량의 3천배

③ 자체소방대에 두는 화학소방자동차 및 인원

표 12-13 자체소방대에 두는 화학소방자동차 및 인원

사업소의 구분	화학소방자동차	자체소방대원의 수
1. 제조소 또는 일반취급소에서 취급하는 제4류 위험물의 최대수량의 합이 지정수량의 12만배 미만인 사업소	1대	5인
2. 제조소 또는 일반취급소에서 취급하는 제4류 위험물의 최대수량의 합이 지정수량의 12만배 이상 24만배 미만인 사업소	2대	10인
3. 제조소 또는 일반취급소에서 취급하는 제4류 위험물의 최대수량의 합이 지정수량의 24만배 이상 48만배 미만인 사업소	3대	15인
4. 제조소 또는 일반취급소에서 취급하는 제4류 위험물의 최대수량의 합이 지정수량의 48만배 이상인 사업소	4대	20인

비고 : 화학소방자동차에는 행정안전부령으로 정하는 소화능력 및 설비를 갖추어야 하고, 소화활동에 필요한 소화약제 및 기구(방열복 등 개인장구를 포함한다)를 비치.

3) 위험물의 운반 등

(1) 운반용기 검사

① 검사자 : 시·도지사

② 운반용기 검사를 받고자 하는 자 : 소방산업기술원에 신청서 제출

③ 소방산업기술원

- 용기검사필증 교부
- 기술원 원장 : 전년도 검사업무 처리결과를 매년 1월31일까지 시·도지사에게 보고

(2) 위험물 운송

① 위험물 운송자 : 국가기술자격자 또는 안전교육을 받은 자

② 운송책임자의 감독·지원을 받아 운송하여야 하는 위험물

㉮ 알킬알루미늄

㉯ 알킬리튬

㉰ ㉮, ㉯의 물질을 함유하는 위험물

③ 안전교육대상자

㉮ 안전관리자로 선임된 자

㉯ 탱크시험자의 기술인력으로 종사하는 자

㉰ 위험물운송자로 종사하는 자

12.4.2 위험물제조소의 위치·구조 및 설비의 기준

1) 안전거리

(1) 안전거리 정의

위험물제조소와 건축물의 외벽 또는 이에 상당하는 공작물의 외측으로 부터 당해 제조소의 외벽 또는 이에 상당하는 공작물의 외측까지 수평거리

(2) 위험물제조소 안전거리

③ 지정문화재 : 50 m 이상

④ 고압가스, 액화석유가스, 도시가스를 저장 또는 취급하는 시설 : 20 m 이상

⑤ 고압가공전선 7,000 V 이상 35,000 V 이하 : 3 m 이상

⑥ 고압가공전선 : 35,000 V 초과 : 5 m 이상

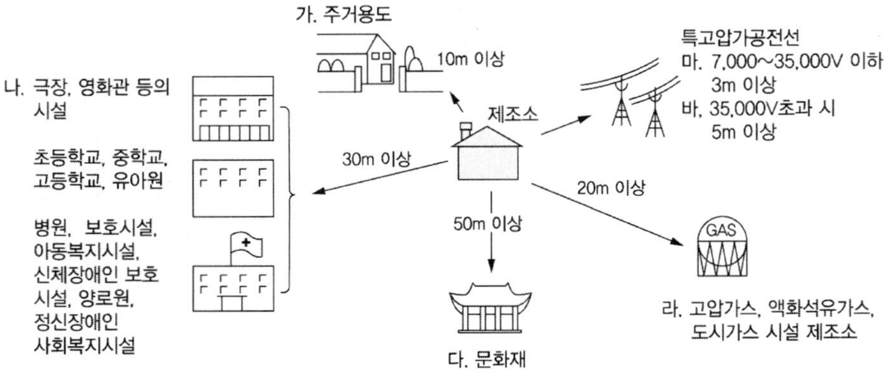

그림 12-8 위험물제조소 안전거리

3) 위험물제조소의 보유공지

(1) 보유공지의 정의

① 위험물을 제조하는 시설이 화재가 발생하거나 그 주위의 건축물이 화재가 발생한 경우에 상호 연소를 저지하기 위한 공지

② 위험물을 취급하는 건축물 기타의 시설(위험물 이송배관 제외)의 주위에 그 취급하는 위험물의 최대수량에 따라 보유하여야 할 공지

표 12-14 보유공지의 너비

위험물의 취급 최대수량	공지의 너비
지정수량의 10배 이하	3 m 이상
지정수량의 10배 초과	5 m 이상

(2) 보유공지의 제외하는 경우

제조소와 다른 작업장 사이에 방화상 유효한 격벽을 내화구조로 설치하였을 경우

① 방화벽은 내화구조로 할 것. 다만 제6류 위험물은 불연재료로 할 수 있다.

② 방화벽의 설치기준은 출입구 및 창 등의 개구부는 가능한 최소로 하고, 출입구 및 창에는 자동폐쇄식의 갑종방화문을 설치

③ 방화벽의 양단 및 상단이 외벽·지붕으로부터 50 cm 이상 돌출하도록 할 것

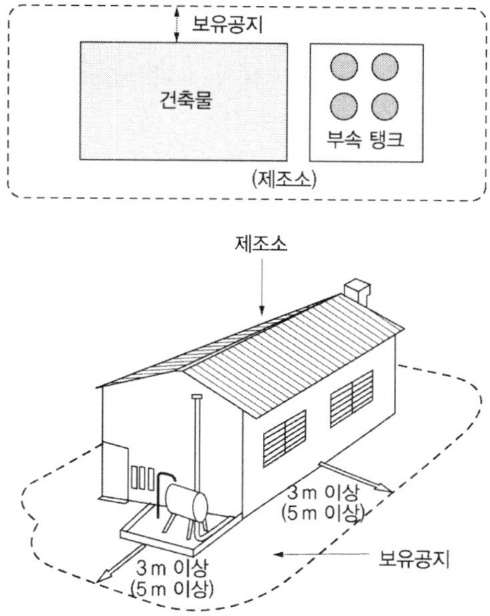

그림 12-9 보유공지

4) 위험물제조소의 표지 및 게시판

(1) 표지

보기 쉬운 곳에 '위험물제조소'의 표시를 표지판을 설치하여야 한다.

① 표지는 한변의 길이가 0.3 m 이상, 다른 한변의 길이가 0.6 m 이상인 직사각형으로 할 것

② 표지의 바탕은 백색으로, 문자는 흑색으로 할 것

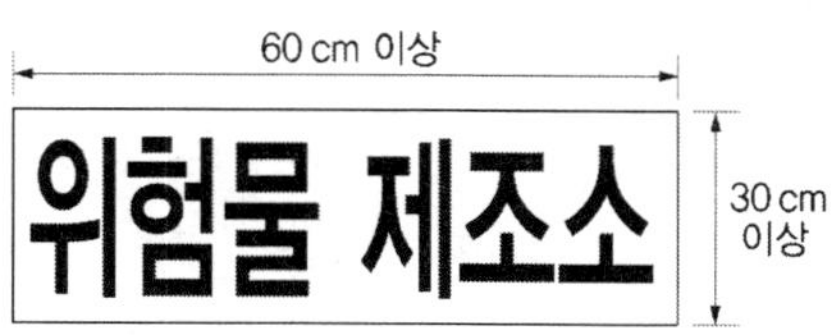

그림 12-10 위험물제조소 표지판

(2) 게시판

① 게시판 규격

㉮ 게시판은 한변의 길이가 0.3 m 이상, 다른 한변의 길이가 0.6 m 이상인 직사각형으로

할 것

㉯ 게시판에는 저장 또는 취급하는 위험물의 유별·품명 및 저장최대수량 또는 취급최대수량, 지정수량의 배수 및 안전관리자의 성명 또는 직명을 기재할 것

㉰ 나목의 게시판의 바탕은 백색으로, 문자는 흑색으로 할 것

② 게시판 주의사항 표시

㉮ 제1류 위험물 중 알칼리금속의 과산화물과 이를 함유한 것 또는 제3류 위험물 중 금수성물질은 "물기엄금"

㉯ 제2류 위험물(인화성고체를 제외)은 "화기주의"

㉰ 제2류 위험물 중 인화성고체, 제3류 위험물 중 자연발화성물질, 제4류 위험물 또는 제5류 위험물은 "화기엄금"

③ 게시판의 색

㉮ "물기엄금"을 표시 : 청색바탕에 백색문자로 할 것

㉯ "화기주의" 또는 "화기엄금"을 표시 : 적색바탕에 백색문자로 할 것

5) 위험물제조소의 건축물의 구조

① 지하층이 없도록 할 것

② 벽·기둥·바닥·서까래 및 계단 : 불연재료로 한다.

③ 연소의 우려가 있는 외벽 : 출입구 외의 개구부가 없는 내화구조의 벽

④ 지붕(작업공정상 제조기계시설 등이 2층에 연결되어 설치한 경우 최상층 지붕) : 폭발력이 위로 방출될 정도의 가벼운 불연재료로 덮는다.

다음의 경우는 내화구조로 한다.

㉮ 제2류 위험물, 제4류 위험물 중 제4석유류·동식물류 또는 제6류위험물 취급 건축물

㉯ 밀폐형 구조의 건축물인 경우

- 발생할 수 있는 내부의 과압 또는 부압(負壓)에 견딜 수 있는 철근콘크리트조일 것
- 외부화재에 90분 이상 견딜 수 있는 구조일 것

⑤ 출입구, 비상구에는 자동폐쇄식 갑종방화문 또는 을종방화문 설치

⑥ 위험물을 취급하는 건축물의 창 및 출입구에 유리를 이용하는 경우 : 망입유리

⑦ 액체의 위험물을 취급하는 건축물의 바닥

㉮ 위험물이 스며들지 못하는 재료사용

㉯ 적당한 경사를 둘 것

㉰ 최저부에 집유설비를 할 것

6) 위험물제조소의 채광, 조명, 환기 및 배출설비

(1) 위험물취급 건축물의 채광, 조명 및 환기설비

① 채광설비 : 불연재료 사용, 연소우려가 없는 장소에 설치하되, 채광면적을 최소로 할 것

② 조명설비

㉮ 가연성 가스 등이 체류할 우려가 있는 장소의 조명등은 방폭등으로 할 것

㉯ 전선은 내화·내열전선으로 할 것

㉰ 점멸스위치는 출입부 바깥부분에 설치할 것

③ 환기설비

㉮ 환기는 자연배기방식으로 할 것

㉯ 급기구가 설치된 실의 바닥면적 150 m^2마다 1개 이상으로 할 것

㉰ 급기구의 크기는 800 cm^2 이상으로 할 것. 다만, 바닥면적 150 m^2 미만인 경우는 다음의 크기로 한다.

표 12-15 바닥면적 150 m^2 미만인 경우 급기구 크기

바닥면적(m^2)	급기구의 면적(cm^2)
60 미만	150
60 이상 90 미만	300
90 이상 120 미만	450
120 이상 150 미만	600

㉱ 급기구는 낮은 곳에 설치하고 가는 눈의 구리망 등으로 인화방지망을 설치할 것

㉲ 환기구는 지붕 위 또는 지상 2 m 이상의 높이에 회전식 고정벤티레이터 또는 루우팬 방식으로 설치할 것

④ 채광, 조명 및 환기설비 설치 제외

㉮ 배출설비가 설치되어 유효하게 환기가 되는 건축물에는 환기설비 면제가능

㉯ 조명설비가 설치되어 유효하게 조도가 확보되는 건축물에는 채광설비 면제가능

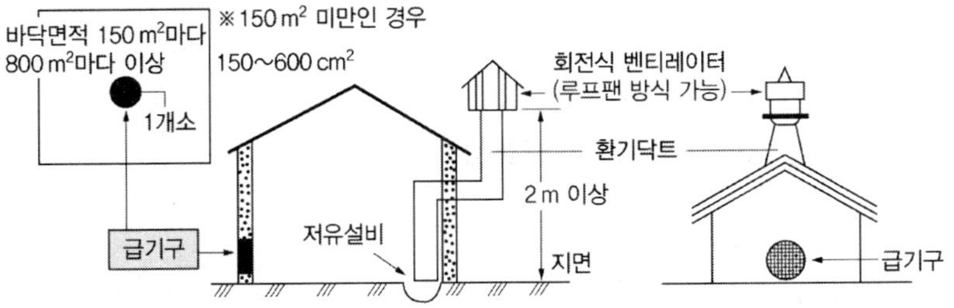

그림 12-11 위험물제조소의 자연배기방식 환기설비 구조

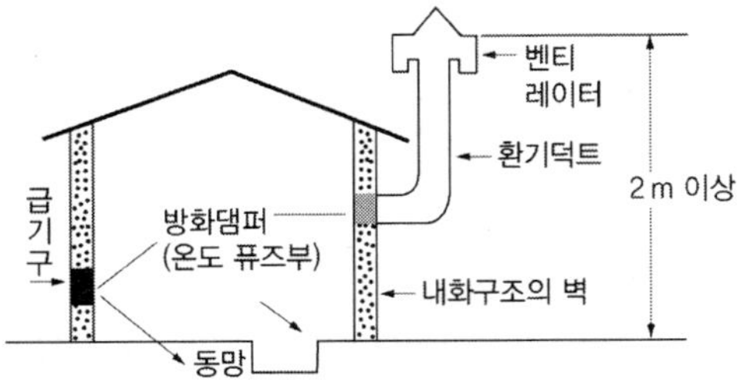

그림 12-12 위험물제조소의 고정식 벤튜레이터 구조

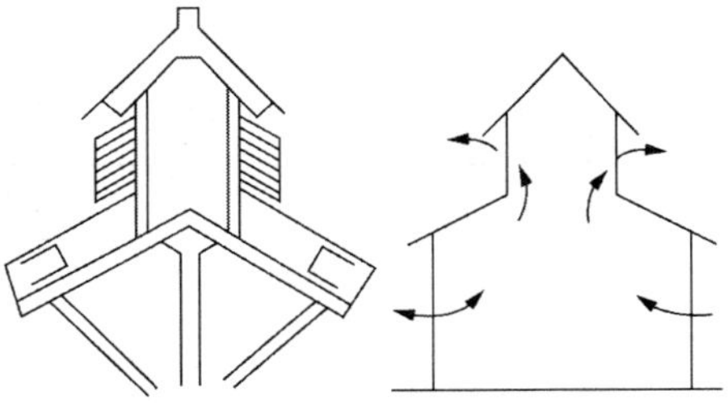

그림 12-13 루우프 팬 환기구

(2) 위험물제조소의 배출설비

① 정의

가연성 증기 또는 미분이 체류할 우려가 있는 건축물에 그 증기 또는 미분을 옥외의 높은 곳으로 배출할 수 있도록 하는 설비

② 기준

㉮ 배출설비는 국소배기방식으로 할 것. 다음의 경우는 전역방출방식으로 가능하다.

- 위험물취급설비가 배관이음 등으로만 된 경우
- 건축물의 구조·작업장소의 분포 등의 조건에 의하여 전역방식이 유효한 경우

㉯ 배출설비는 배풍기·배출덕트·후드 등을 이용하여 강제적으로 배출하는 것으로 할 것

㉰ 배출능력은 1시간 당 배출장소 능력의 20배 이상일 것
다만, 전역방식의 배출능력은 바닥면적 1 m^2당 18 m^3 이상 할 수 있다.

③ 설치기준

㉮ 급기구는 높은 곳에 설치하고 가는 눈의 동망 등으로 인화방지망을 설치할 것

㉯ 배출구는 지상 2 m 이상 연소우려가 없는 장소에 설치

㉰ 배출덕트가 관통하는 벽부분 가까이 화재 시 자동으로 폐쇄되는 방화댐퍼 설치

④ 배풍기는 강제배기방식, 옥내 덕트의 내압이 대기압 이상이 되지 않는 위치에 설치

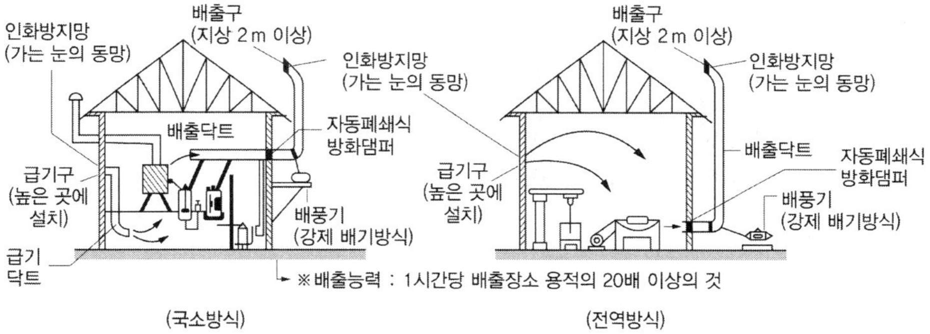

그림 12-14 위험물제조소 배출설비

7) 옥외시설의 바닥

(1) 설치 이유

액상의 위험물을 취급하는 옥외설비는 위험물이 누설될 경우 광범위하게 유출 확산될 가능성을 방지하기 위하여 설치

(2) 설치기준

① 위험물이 외부로 흘러나가지 않도록 바닥의 둘레에 높이 0.15 m 이상의 턱을 설치한다.

② 바닥은 콘크리트 등 위험물이 스며들지 아니하는 재료로 하고, 턱이 있는 쪽이 낮게 경사지게 하여야 한다.

③ 바닥의 최저부에 집유설비를 하여야 한다.

④ 위험물(온도 20℃의 물 100 g에 용해되는 양이 1 g 미만인 것에 한한다)을 취급하는 설비

에 있어서는 당해 위험물이 직접 배수구에 흘러 들어가지 아니하도록 집유설비에 유분리 장치를 설치하여야 한다.

참고

유분리장치

① 집유설비에 유입된 위험물이 직접 배수구에 흘러 들어가지 않도록 위험물과 물과의 비중 차이를 이용하여 위험물과 물을 분리시키는 장치

② 유분리장치가 필요없는 제4류 위험물 : 수용성 위험물
아세톤, 아세트알데이드, 메틸알코올, 에틸알코올. 초산, 피리딘 등

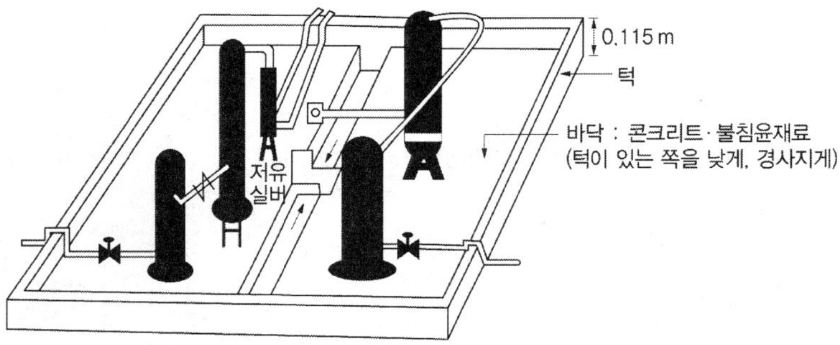

그림 12-15 위험물제조소의 옥외시설의 바닥

8) 기타설비

(1) 위험물의 누출·비산설비

위험물을 취급하는 기계·기구 그 밖의 설비는 위험물이 새거나 넘치거나 비산하는것을 방지할 수 있는 구조로 하여야 한다.

(2) 가열·냉각설비 등의 온도측정장치

위험물을 가열하거나 냉각하는 설비 또는 위험물의 취급에 수반하여 온도변화가 생기는 설비에는 온도측정장치를 설치하여야 한다.

(3) 가열 건조설비

위험물을 가열, 건조하는 설비는 직접 불을 사용하지 아니하는 구조로 하여야 한다.

(4) 압력계 및 안전장치

① 자동적으로 압력의 상승을 정지시키는 장치

② 감압측에 안전밸브를 부착한 감압밸브

③ 안전밸브를 병용하는 경보장치

④ 파괴판

(5) 정전기 제거설비

① 접지에 의한 방법

② 공기 중의 상대습도를 70%이상으로 하는 법

③ 공기를 이온화하는 방법

(6) 위험물제조소 피뢰설비

지정수량 10배 이상의 위험물을 취급하는 제조소

9) 위험물 취급탱크

(1) 위험물제조소 옥외에 있는 탱크

① 하나의 취급탱크 주위에 설치하는 방유제의 용량은 당해 탱크용량의 50% 이상

② 2 이상의 취급탱크 방유제의 용량은 당해 탱크 중 용량이 최대인 것의 50%에 나머지 탱크용량 합계의 10%를 가산한 양 이상이 되게 할 것

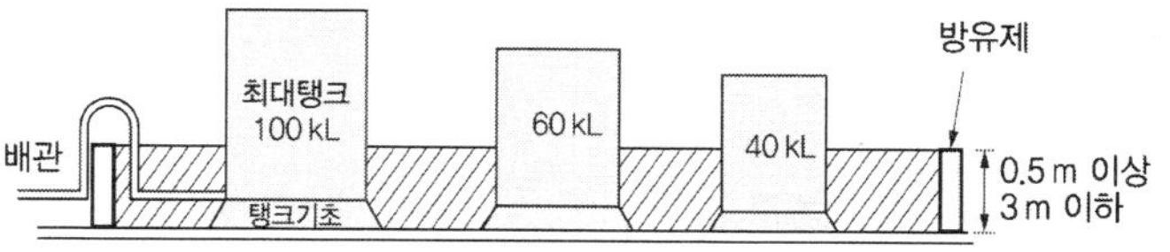

※ 방유제 용량에 산정되는 부분(사선부분)은 100×1/2+(60+40)×1/10=60 kL 이상이어야 한다.

그림 12-16 방유제 용량 산정

(2) 위험물제조소의 옥내에 있는 위험물취급탱크

① 탱크 구조 및 설비는 옥내탱크저장소 기준을 준용할 것

② 위험물탱크 주위 방유턱을 설치하여 위험물누설 시 유출을 방지하는 조치를 할 것

㉮ 탱크 1기는 당해 탱크에 수납하는 위험물의 양을 전부 수용할 수 있는 양

㉯ 탱크 2기 이상은 당해 탱크에 수납하는 위험물의 최대인 탱크의 양을 전부 수용할 수 있는 양

(3) 위험물제조소의 지하에 있는 위험물취급탱크

탱크 구조 및 설비는 지하탱크저장소 기준을 준용할 것

10) 위험물제조소의 배관

① 배관의 재질은 강관 그 밖의 유사한 금속성으로 하여야 한다.

② 다음의 경우는 제외

㉮ 배관의 재질은 KS의 유리섬유강화플라스틱·고밀도폴리에틸렌 또는 폴리우레탄으로 한다.

㉯ 배관구조는 내관 및 외관의 이중배관 사용하고 내·외관 사이 틈새공간을 두어 누설여부를 외부에서 확인할 수 있도록 한다.

㉰ 배관은 지하에 매설한다.

② 배관 수압시험 : 최대상용압력의 1.5배 이상의 압력(액체 : 불연성 액체 또는 기체를 이용하여 실시하는 시험 포함)으로 시험하여 누설 등의 이상이 없을 것

③ 지상의 배관 : 지진·풍압·지반침하·온도변화에 안전한 구조의 지지물에 설치, 배관 외면에 부식방지 도장 처리

④ 지하의 배관 매설 기준

㉮ 부식방지 도복장, 코팅, 전기방식 등 조치

㉯ 배관 접합부(용접접합부 제외) 누설여부 점검구 설치

11) 위험물 성질에 따른 제조소 특례

(1) 위험물의 성질에 따른 특례 대상

① 제3류 위험물 중 알킬알루미늄·알킬리튬 또는 이 중 하나 이상을 함유하는 것

② 제4류 위험물 중 특수인화물의 아세트알데이드·산화프로필렌 또는 이 중 하나 이상을 함유하는 것

③ 제5류 위험물 중 히드록실아민·히드록실아민염류 이 중 하나 이상을 함유하는 것

(2) 알킬알루미늄 등을 취급하는 제조소

① 알킬알루미늄 등을 취급하는 설비의 주위에는 누설범위를 국한하기 위한 설비와 누설된 알킬알루미늄등을 안전한 장소에 설치된 저장실에 유입시킬수 있는 설비를 갖출 것

② 알킬알루미늄 등을 취급하는 설비에는 불활성 기체를 봉입하는 장치를 갖출 것

(3) 아세트알데히드 등을 취급하는 제조소

① 취급설비는 은·수은·동·마그네슘 또는 이들을 성분으로 하는 합금으로 만들지 아니할 것

② 취급설비에는 폭발을 방지하기 위한 불활성 기체 또는 수증기를 봉입하는 장치를 갖출 것

③ 취급 탱크(옥외 또는 옥내탱크로서 그 용량이 지정수량의 1/5 미만의 것 제외)에는 냉각장치 또는 저온을 유지하기 위한 장치("보냉장치") 및 폭발을 방지하기 위한 불활성 기체를 봉입하는 장치를 갖출 것

④ 냉각장치·보냉장치는 2 이상 설치하여 하나의 냉각장치 또는 보냉장치가 고장난 때에도 일정 온도를 유지할 수 있도록 비상전원을 갖출 것

㉮ 상용전력원이 고장인 경우에 자동으로 비상전원으로 전환되어 가동되도록 할 것

㉯ 비상전원의 용량은 냉각장치 또는 보냉장치를 유효하게 작동할 수 있는 정도일 것

⑤ 취급 탱크를 지하에 매설하는 경우에는 당해 탱크를 탱크전용실에 설치할 것

(4) 히드록실아민 등을 취급하는 제조소

① 지정수량 이상의 히드록실아민 등을 취급하는 제조소의 위치는 다음 식에 의하여 요구되는 거리 이상의 안전거리를 둘 것

$$D = \frac{51.1 \times N}{3}$$

여기서, D : 안전거리

N : 취급하는 히드록실아민 지정수량의 배수

② 제조소의 주위에 다음 기준에 적합한 담 또는 토제(土堤)를 설치할 것

㉮ 담 또는 토제는 당해 제조소의 외벽 또는 공작물의 외측으로부터 2 m 이상 떨어진 장소에 설치할 것

㉯ 담 또는 토제의 높이는 히드록실아민 등을 취급하는 부분의 높이 이상으로 할 것

㉰ 담은 두께 15 cm 이상의 철근콘크리트조·철골철근콘크리트조 또는 두께 20 cm 이상의 보강콘크리트블록조로 할 것

㉱ 토제의 경사면의 경사도는 60도 미만으로 할 것

③ 히드록실아민 등을 취급하는 설비에는 히드록실아민 등의 온도 및 농도의 상승에 의한 위험한 반응을 방지하기 위한 조치를 강구할 것

④ 히드록실아민 등을 취급하는 설비에는 철이온 등의 혼입에 의한 위험한 반응을 방지하기 위한 조치를 강구할 것

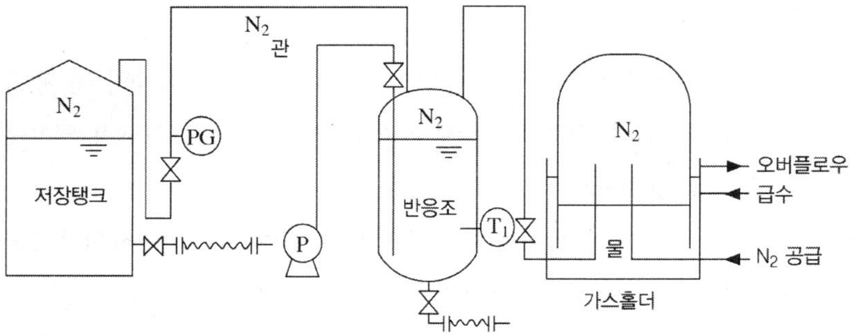

그림 12-17 불연성 가스 봉입장치

12.4.3 위험물 저장소

1) 저장소 개요

(1) 개요

저장소는 지정수량 이상의 위험무를 저장하기 위하여 일정시설을 갖추고 위험물안전관리법에 따라 적정하게 허가를 받은 장소를 말한다.

(2) 저장소 구분

① 전체 건물 내 또는 외부에 저장하는 시설

② 위험물을 탱크에 담아서 저장하는 시설

③ 지하 암반에 저장하는 시설

(3) 저장소의 종류

표 12-16 지정수량 이상의 위험물을 저장하기 위한 장소와 저장소의 구분

지정수량 이상의 위험물을 저장하기 위한 장소	저장소의 구분
1. 옥내(지붕과 기둥 또는 벽 등에 의하여 둘러싸인 곳)에 저장(위험물을 저장하는데 따르는 취급을 포함)하는 장소	옥내저장소
2. 옥외에 있는 탱크에 위험물을 저장하는 장소	옥외탱크저장소
3. 옥내에 있는 탱크에 위험물을 저장하는 장소	옥내탱크저장소
4. 지하에 매설한 탱크에 위험물을 저장하는 장소	지하탱크저장소
5. 간이탱크에 위험물을 저장하는 장소	간이탱크저장소
6. 차량에 고정된 탱크에 위험물을 저장하는 장소	이동탱크저장소
7. 옥외에 다음에 해당하는 위험물을 저장하는 장소 가. 제2류 위험물 중 유황 또는 인화성 고체(인화점이 0℃ 이상인 것) 나. 제4류 위험물 중 제1석유류(인화점이 0℃ 이상인 것)·알코올류·제2석유류·제3석유류·제4석유류 및 동식물유류 다. 제6류 위험물 라. 제2류 위험물 및 제4류 위험물 중 특별시·광역시 또는 도의 조례에서 정하는 위험물(「관세법」에 의한 보세구역안에 저장하는 경우에 한함) 마. 「국제해사기구에 관한 협약」에 의하여 설치된 국제해사기구가 채택한 「국제해상위험물규칙」(IMDG Code)에 적합한 용기에 수납된 위험물	옥외저장소
8. 암반 내의 공간을 이용한 탱크에 액체의 위험물을 저장하는 장소	암반탱크저장소

2) 옥내저장소

(1) 옥내저장소의 개요

① 옥내에 저장소하는 장소를 말한다.

② 건축물의 형태는 단층건물, 다층건물, 복합용도 건축물의 옥내저장소로 나눈다.

(2) 옥내저장소 안전거리

① 위험물제조소의 안전거리에 준함

② 옥내저장소 안전거리 예외

㉮ 최대수량이 지정수량 20배 미만의 제4석유류 또는 동식물류

㉯ 제6류 위험물을 저장 또는 취급하는 옥내저장소

③ 지정수량의 20배(하나의 저장창고 바닥면적이 150 m^2 이하인 경우 지정수량 50배) 이하의 위험물을 저장·취급하는 옥내저장소로 다음 기준에 적합한 것

㉮ 저장창고의 벽·바닥·기둥·보 및 지붕을 내화구조인 것

㉯ 저장창고 출입구에 자동폐쇄방식의 갑종방화문 설치

㉰ 저장창고의 창을 설치하지 아니할 것

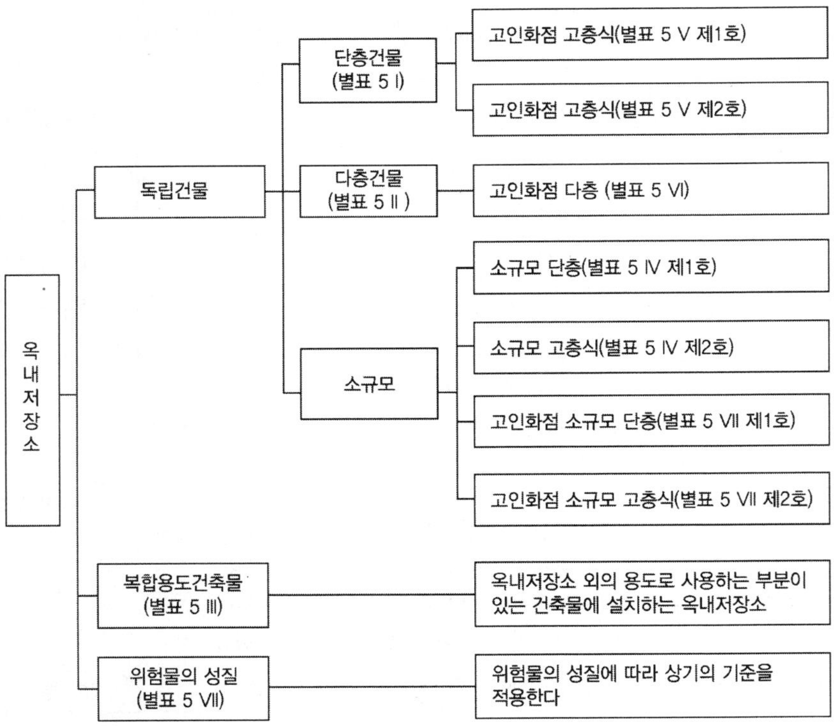

그림 12-18 옥내저장소 분류

(3) 옥내저장소의 보유공지

① 보유공지는 다음의 표에 의할 것

표 12-17 옥내저장소 보유공지

저장·취급하는 위험물의 최대수량	공지의 너비	
	벽·기둥·바닥이 내화구조로 된 경우	기타 건축물
지정수량 5배 이하		0.5 m 이상
지정수량 5배 초과 10배 이하	1 m 이상	1.5 m 이상
지정수량 10배 초과 20배 이하	2 m 이상	3 m 이상
지정수량 20배 초과 50배 이하	3 m 이상	5 m 이상
지정수량 50배초과 200배 이하	5 m 이상	10 m 이상
지정수량의 200배 초과	10 m 이상	15 m 이상

② 동일부지 내에 지정수량 20배를 초과하는 2이상의 옥내저장소를 인접할 경우 상호거리에 해당하는 보유공지 너비 1/3이상을 보유할 수 있으며 3 m 미만은 3 m일 것

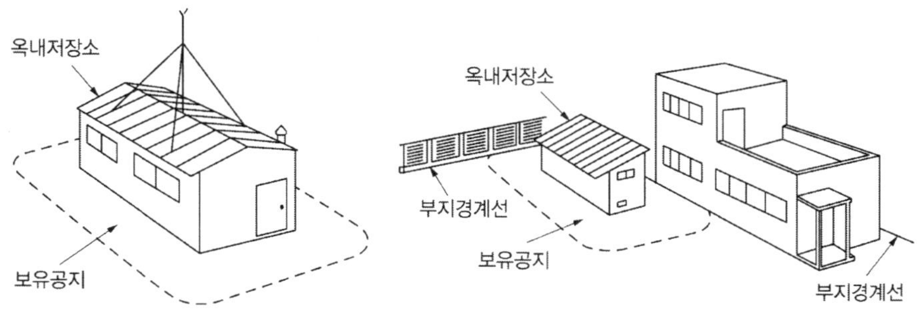

그림 12-19 보유공지

(4) 옥내저장소 표지 및 게시판

옥내저장소에는 '위험물 옥내저장소'라는 표지와 필요한 사항을 게시한 게시판을 설치해야 한다.

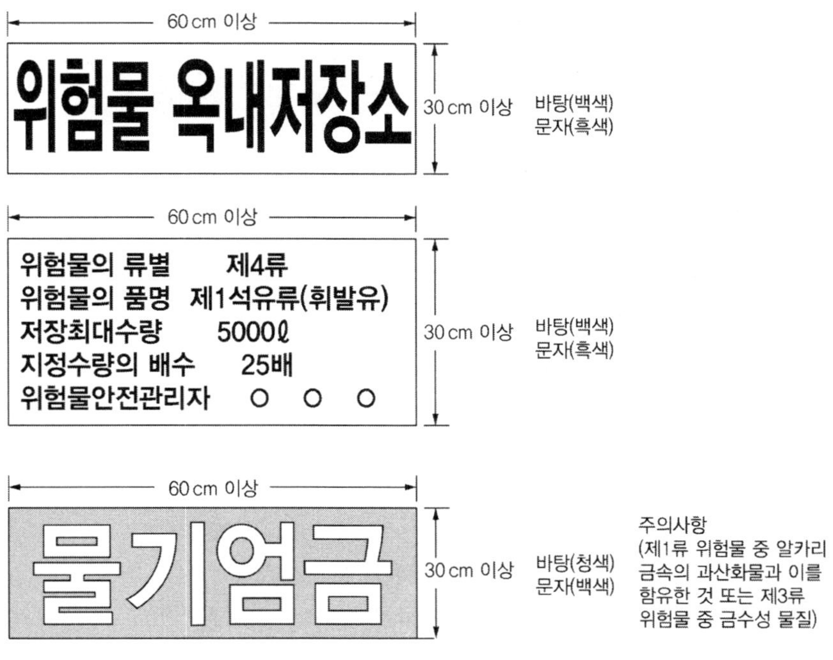

그림 12-20 옥내저장소의 표지 및 게시판

(5) 옥내저장소 저장창고 기준

① 위험물의 저장을 전용으로 하는 독립된 건축물로 하여야 한다.

② 저장창고의 처마높이(지면에서 처마까지의 높이)는 6 m 이하 단층건물로 하고, 바닥은 지면보다 높게 함. 단, 제2류 위험물, 4류위험물만을 저장하는 창고로 다음의 기준에 적합한 창고는 20 m 이하로 한다.

㉮ 벽·기둥·보 및 바닥을 내화구조로 할 것

㉯ 출입구에 갑종방화문을 설치할 것

㉰ 피뢰침을 설치할 것

(6) 저장창고의 바닥면적(2 이상의 구획된 실이 있는 경우 바닥면적의 합계)

① 위험등급 I 등급 위험물 : 1000 m^2 이하

㉮ 제1류 위험물 중 아염소산염류, 염소산염류, 과염소산염류, 무기과산화물 그 밖에 지정수량이 50 kg인 위험물

㉯ 제3류 위험물 중 칼륨, 나트륨, 알킬알루미늄, 알킬리튬 그 밖에 지정수량이 10 kg인 위험물 및 황린

㉰ 제4류 위험물 중 특수인화물, 제1석유류 및 알코올류

㉱ 제5류 위험물 중 유기과산화물, 질산에스테르류 그 밖에 지정수량이 10 kg 위험물

㉲ 제6류 위험물

② 위험등급 II등급 등(제4류 II 등급 제외) : 2000 m^2 이하

③ 위험등급 I등급과 II등급 위험물을 내화구조의 격벽으로 완전히 구획된 실에 각각 저장하는 창고 : 1500 m^2 이하(단, 위험등급 I 등급 위험물을 저장하는 실의 면적은 500 m^2를 초과할 수 없음)

(7) 저장창고

① 저장창고의 벽·기둥 및 바닥은 내화구조, 보와 서까래는 불연재료로 한다.

② 내화구조 예외(불연재료로 가능)

㉮ 지정수량의 10배 이하의 위험물의 저장창고

㉯ 제2류와 제4류의 위험물(인화성고체 및 인화점이 70℃ 미만인 제4류 위험물을 제외) 만의 저장창고 : 불연재료

③ 저장창고 지붕 : 폭발력이 위로 방출될 정도의 가벼운 불연재료로 하고, 천장을 만들지

않아야 한다.

예외)

㉮ 제2류 위험물과 제6류 위험물만의 저장창고지붕 : 내화구조

㉯ 제5류 위험물만의 저장창고 : 당해 저장창고내의 온도를 저온으로 유지하기 위하여 난연재료 또는 불연재료로 된 천장 설치 가능

④ 저장창고 출입구 : 자동폐쇄식의 갑종방화문 또는 을종방화문 설치

⑤ 저장창고의 창 또는 출입구 유리 : 유리를 이용한 망입유리

⑥ 저장창고 바닥에 물이 스며들지 않은 구조로 해야 하는 물질

㉮ 제1류 위험물 중 알칼리금속의 과산화물 또는 이를 함유하는 것

㉯ 제2류 위험물 중 철분·금속분·마그네슘 또는 이를 함유하는 것

㉰ 제3류 위험물 중 금수성 물질 또는 제4류 위험물

⑦ 액상 위험물 저장창고의 바닥

㉮ 위험물이 스며들지 않은 구조로 한다.

㉯ 적당하게 경사지게 하고 최저부에 집유설비를 한다.

⑧ <u>저장창고의 선반 등 수납장 기준</u>

㉮ 수납장은 불연재료로 만들어 견고한 기초위에 고정할 것

㉯ 수납장은 당해 수납장 및 그 부속설비의 자중, 저장하는 위험물의 중량 등의 하중에 의하여 생기는 응력에 대하여 안전한 것으로 할 것

㉰ 수납장에는 위험물을 수납한 용기가 쉽게 떨어지지 아니하게 하는 조치를 할 것

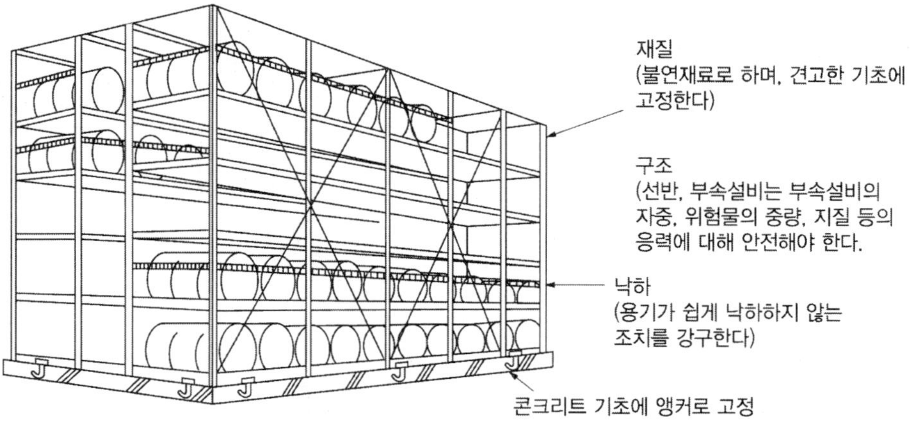

그림 12-21 옥내저장소 선반

⑨ 저장창고 조명·조명·환기 설비

㉮ 제조소에 준한다.

㉯ 배출설비 : 인화점이 70℃ 미만인 저장창고에 체류한 가연성증기를 지붕위로 배출하는 설비를 갖춘다.

⑩ 저장창고의 통풍·냉방장치(2대 이상)

㉮ 대상 : 제5류 위험물 중 셀룰로이드 그 밖에 온도의 상승에 의하여 분해·발화할 우려가 있는 것의 저장창고

㉯ 저장창고의 통풍·냉방장치의 비상전원 기준

- 상용전력원이 고장인 경우에 자동으로 비상전원으로 전환되어 가동되도록 할 것
- 비상전원의 용량은 통풍장치 또는 냉방장치 등의 설비를 유효하게 작동할 수 있는 정도일 것

⑪ 피뢰설비를 설치하여야 하는 곳

지정수량 10배 이상을 저장·취급하는 곳(제6류 위험물 제외)

(8) 다층건물 옥내저장소 기준

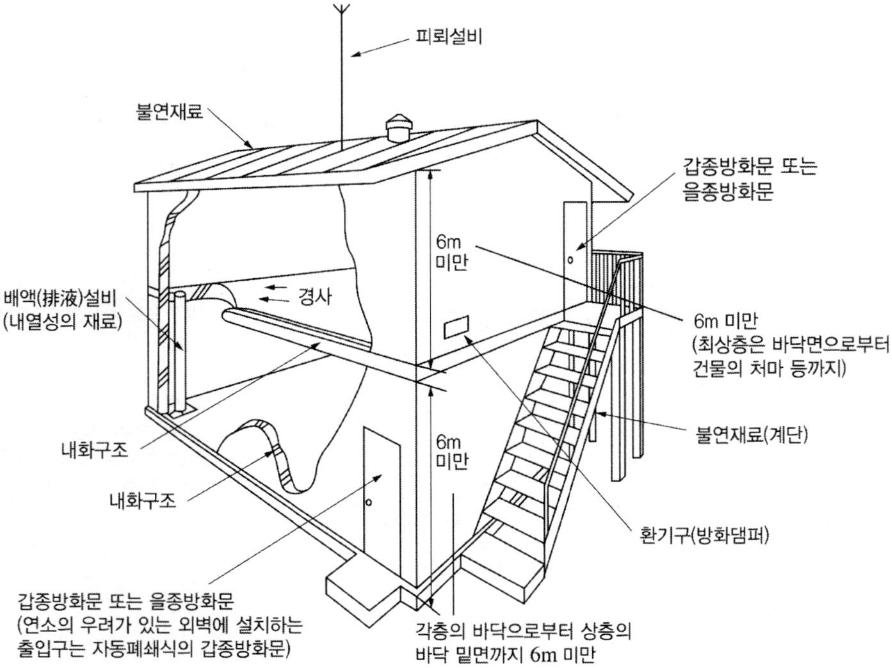

그림 12-22 다층건물의 저장창고

① 대상 : 제2류 또는 제4류의 위험물(인화성고체 및 인화점이 70℃ 미만인 제4류 위험물을 제외)만을 저장·취급하는 저장창고

② 저장창고 기준

㉮ 각 층의 바닥을 지면보다 높게 한다.

㉯ 층고(바닥면으로부터 상층의 바닥까지의 높이) : 6 m 미만

㉰ 하나의 저장창고 바닥면적 합계는 1,000 m^2 이하

㉱ 벽·기둥·바닥 및 보를 내화구조로 하고, 계단을 불연재료로 하며, 연소의 우려가 있는 외벽은 출입구 외의 개구부를 갖지 아니하는 벽으로 하여야 한다.

㉲ 2층 이상의 층의 바닥에는 개구부를 두지 아니하여야 한다.

(9) 복합용도 건축물의 옥내저장소의 기준

① 옥내저장소중 지정수량의 20배 이하의 것(옥내저장소 외의 용도로 사용하는 부분이 있는 건축물에 설치하는 것에 한함)의 위치·구조 및 설비의 기술기준

㉮ 벽·기둥·바닥 및 보가 내화구조인 건축물의 1층 또는 2층의 어느 하나의 층에 설치

㉯ 옥내저장소의 용도에 사용되는 부분의 바닥은 지면보다 높게 설치하고 그 층고를 6 m 미만으로 하여야 한다.

㉰ 옥내저장소의 용도에 사용되는 부분의 바닥면적은 75 m^2 이하

㉱ 옥내저장소의 용도에 사용되는 부분은 벽·기둥·바닥·보 및 지붕 : 내화구조

㉲ 옥내저장소의 용도에 사용되는 부분의 출입구 : 자동폐쇄방식 갑종방화문 설치

㉳ 옥내저장소의 용도에 사용되는 부분에는 창을 설치하지 아니하여야 한다.

㉴ 옥내저장소의 용도에 사용되는 부분 환기설비 및 배출설비 : 방화상 유효한 댐퍼 설치

(10) 지정과산화물 옥내저장소

가) 대상 위험물

① 제5류위험물 중 유기과산화물 또는 이를 함유하는 것으로서 지정수량이 10 kg인 것

② 알킬알루미늄 등

③ 히드록실아민 등

나) 지정유기과산화물 옥내저장소의 저장창고 기준

① 지정과산화물 저장창고 격벽

㉮ 바닥면적 150 m^2 이내마다 격벽으로 완전하게 구획

㉯ 격벽의 두께
- 철근 콘크리트조·철골철근콘크리트조 : 30 cm 이상
- 보강콘크리트 블록조 : 40 cm 이상

㉰ 격벽의 돌출기준
- 격벽의 양측 : 외벽으로부터 1 m 이상
- 격벽의 상부 : 지붕으로부터 50 cm 이상

② 저장창고 외벽의 두께

㉮ 철근 콘크리트, 철골철근콘크리트 : 20 cm 이상

㉯ 보강콘크리트 블록 : 30 cm 이상

③ 저장창고 지붕

㉮ 중도리 또는 서까래의 간격을 30 m 이하

㉯ 지붕의 아래쪽 면에는 한변 길이가 45 cm 이하의 환강·경량형강 등의 강제의 격자를 설치할 것

㉰ 지붕의 아래쪽 면에 철망을 쳐서 불연재료의 도리·보·서까래에 결합시킬 것

㉱ 두꼐 5 cm 이상, 너비 30 cm 이상의 목재로 만든 받침대를 설치할 것

④ 저장창고 출입구에는 갑종방화문을 설치할 것

⑤ 저장창고의 창

㉮ 바닥으로부터 창문까지의 거리 : 2 m 이상

㉯ 하나의 벽면에 두는 창의 면적의 합계 : 당해 벽면의 면적의 1/80 이내

㉰ 창문 1개의 면적 : 0.4 m^2 이내

⑥ 저장창고의 담 또는 토제

㉮ 담 또는 토제는 저장창고의 외벽으로부터 2 m 이상 떨어진 장소에 설치할 것 다만, 담 또는 토제와 당해 저장창고와의 간격은 당해 옥내저장소의 공지의 너비의 1/5을 초과할 수 없다.

㉯ 담 또는 토제의 높이는 저장창고의 처마높이 이상으로 할 것

㉰ 담은 두께 15 cm 이상의 철근콘크리트조나 철골철근콘크리트조 또는 두께 20 cm 이상의 보강콘크리트블록조로 할 것

㉱ 토제의 경사면의 경사도는 60도 미만으로 할 것

예외)
- 지정수량의 5배 이하인 지정과산화물의 옥내저장소

• 당해 옥내저장소의 저장창고의 외벽을 두께 30 cm 이상의 철근콘크리트조 또는 철골철근콘크리트조로 만드는 것으로서 담 또는 토제에 대신할 수 있다.

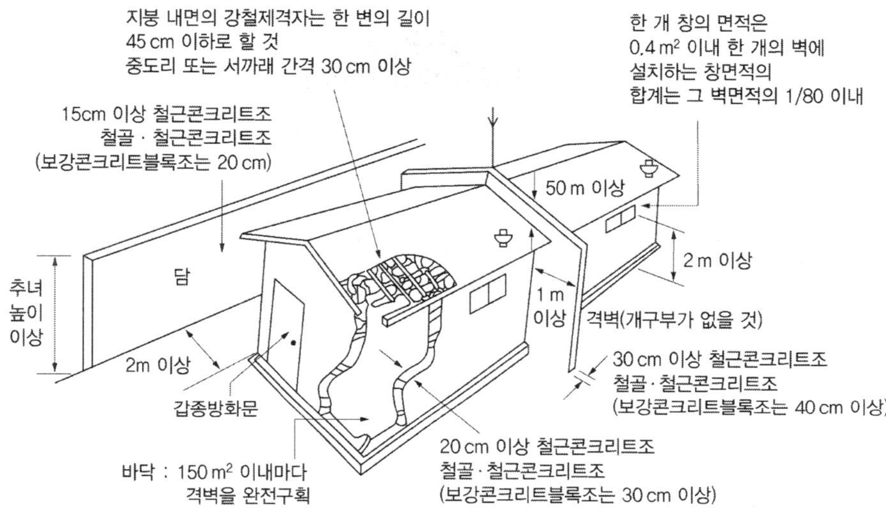

그림 12-23 지정과산화물 저장창고 기준

3) 옥외탱크저장소

(1) 옥외탱크저장소 개요

① 정의

옥외에 있는 탱크에 대부분 액체 위험물을 저장 또는 취급하기 위한 저장소.

② 옥외탱크저장소의 구성

옥외저장탱크, 방유제, 펌프설비, 소화설비, 보유공지 등

③ 위험물 용량에 따른 구분

㉮ 특정옥외탱크저장소 : 액체 위험물의 최대수량이 100만 L 이상인 것

㉯ 준특정옥외탱크저장소 : 액체 위험물의 최대수량이 50만 L 이상 100만 L 미만

(2) 탱크용적의 산정기준

① 위험물을 저장 또는 취급하는 탱크의 용량은 당해탱크의 내용적에서 공간용적을 뺀 용적으로 한다.

② 탱크의 내용적 및 공간용적

㉮ 탱크의 공간용적은 탱크 내용적의 5/100 이상 10/100 이하의 용적으로 한다.

㉯ 소화설비(소화약제 방출구를 탱크안의 윗부분에 설치하는 것에 한함)를 설치하는 탱크의 공간용적은 소화약제 방출구 아래 0.3 m 이상 1 m 미만 사이의 면으로부터 윗부분의 용적으로 한다.

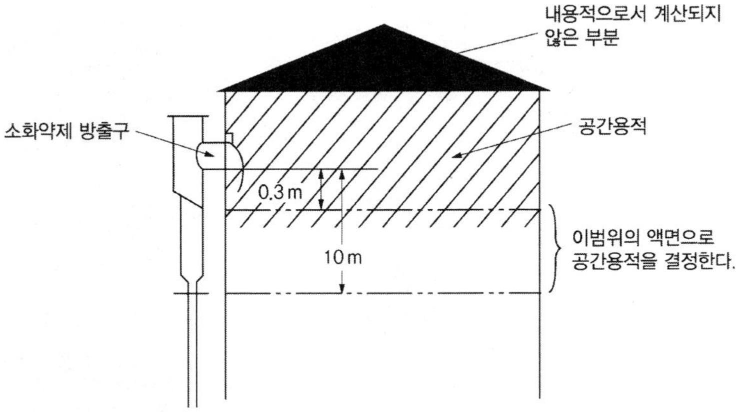

그림 12-24 소화설비를 설치한 탱크의 공간용적

③ 탱크 내용적 계산방법

㉮ 타원형 탱크 내용적

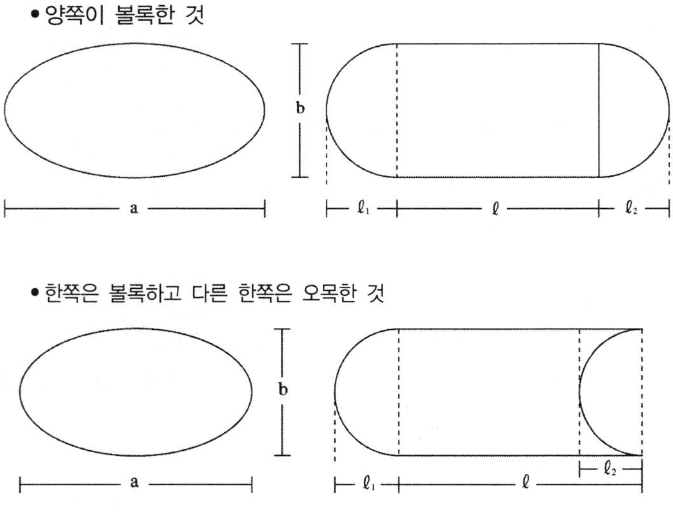

$$내용적 = \frac{\pi ab}{4}\left(\ell + \frac{\ell_1 + \ell_2}{3}\right)$$

$$내용적 = \frac{\pi ab}{4}\left(\ell + \frac{\ell_1 - \ell_2}{3}\right)$$

그림 12-25 타원형 탱크 내용적 계산

㉯ 원통형 탱크 내용적

• 횡으로 설치한 것

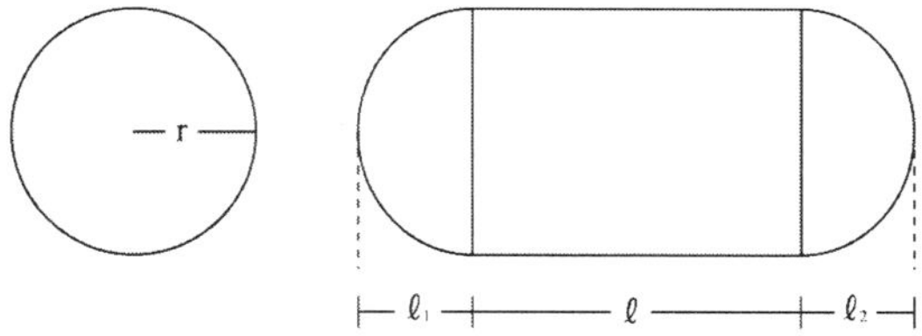

$$\text{내용적} = \frac{\pi r^2}{4}\left(\ell + \frac{\ell_1 + \ell_2}{3}\right)$$

• 종으로 설치한 것

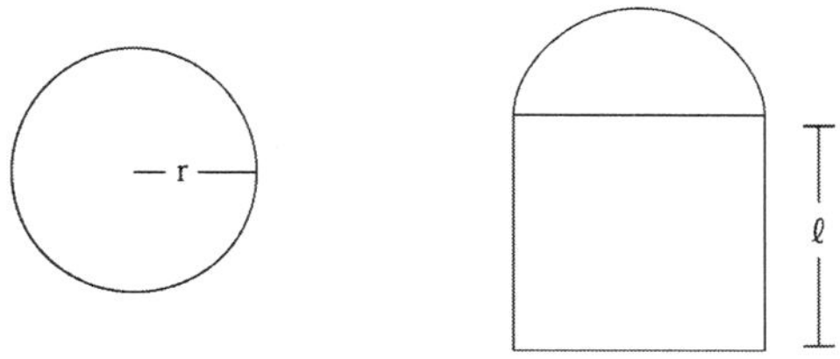

$$\text{내용적} = \pi r^2 \ell$$

그림 12-26 원통형 탱크 내용적 계산

(3) 옥외탱크저장소의 위치·구조 및 설비의 기준

① 안전거리 : 위험물제조소에 준함.

② 보유공지

표 12-18 옥외저장탱크저장소 보유공지

저장 또는 취급하는 위험물의 최대수량	공지의 너비
지정수량의 500배 이하	3 m 이상
지정수량의 500배 초과 1,000배 이하	5 m 이상
지정수량의 1,000배 초과 2,000배 이하	9 m 이상
지정수량의 2,000배 초과 3,000배 이하	12 m 이상
지정수량의 3,000배 초과 4,000배 이하	15 m 이상
지정수량의 4,000배 초과	당해 탱크의 수평단면의 최대지름(횡형인 경우에는 긴 변)과 높이 중 큰 것과 같은 거리 이상. 다만, 30 m 초과의 경우에는 30 m 이상으로 할 수 있고, 15 m 미만의 경우에는 15 m 이상으로 하여야 한다.

㉮ 보유공지의 너비를 1/3 이상으로 할 수 있는 경우

㉠ 위험물을 저장 또는 취급하는 옥외저장탱크(지정수량의 4,000배를 초과하여 저장 또는 취급하는 옥외저장탱크를 제외한다)를 동일한 방유제안에 2개 이상 인접하여 설치하는 경우(제6류 위험물 제외), 보유공지 너비 : 3 m 이상

㉡ 제6류 위험물 저장 또는 취급하는 옥외저장탱크의 보유공지 너비 : 1.5 m 이상

㉢ 제6류 위험물을 저장 또는 취급하는 옥외저장탱크를 동일구내에 2개 이상 인접하여 설치하는 경우(보유공지 너비 : 1.5 m 이상)

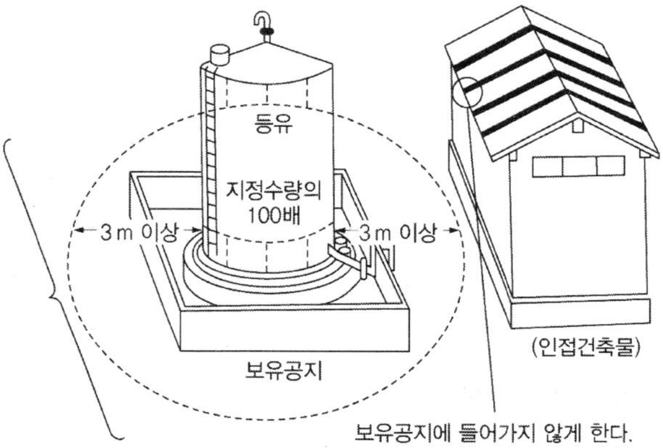

그림 12-27 옥외탱크저장소 보유공지

㉯ <u>옥외탱크저장소의 물분무설비 방호조치 시 설비기준</u>

㉠ 표 12-18의 보유공지 1/2 이상 가능, 최소 3 m 이상으로 할 수 있다.

㉡ 이 경우 공지단축 옥외저장탱크 화재 시 1 m^2당 20 kw 이상의 복사열에 노출되는 표면을 가진 옥외저장탱크

- 탱크의 표면에 방사하는 물의 양은 탱크의 원주길이 1m에 대하여 분당 37 L 이상으로 할 것
- 수원의 양은 20분 이상 방사할 수 있는 수량으로 할 것
- 탱크에 보강링이 설치된 경우에는 보강링의 아래에 분무헤드를 설치. 분무헤드는 탱크의 높이 및 구조를 고려하여 분무가 적정하게 이루어 질 수 있도록 배치할 것
- 물분무소화설비의 설치기준에 준할 것

③ 표지 및 게시판

㉮ 옥외탱크저장소에는 보기 쉬운 곳에 "위험물 옥외탱크저장소"라는 표시를 한 표지와 방화에 관하여 필요한 사항을 게시한 게시판을 설치

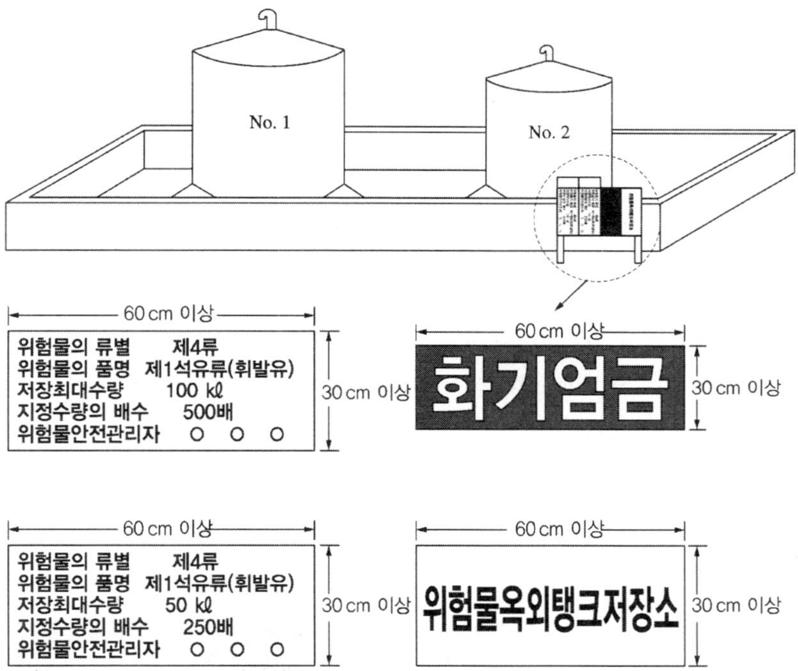

그림 12-28 옥외탱크저장소 표지 및 게시판

④ 옥외저장탱크의 구조 및 설비

㉮ 강철판의 두께 : 3.2 mm 이상

㉯ 강철판 또는 동등 이상의 기계적성질 및 용접성이 있는 재료로 틈이 없도록 제작

⑤ 압력탱크의 충수시험 및 수압시험

압력탱크(최대상용압력이 대기압을 초과하는 탱크) 외 : 충수시험

압력탱크 수압시험 : 최대상용압력의 1.5배의 압력으로 10분간 실시

⑥ 특정옥외저장탱크의 용접부

방사선투과시험, 진공시험 등의 비파괴시험을 함.

⑦ 옥외저장탱크 밑판(에뉼러판)이 지반면에 접할 때 외면의 부식을 방지하는 조치

㉮ 탱크의 밑판 아래에 밑판의 부식을 유효하게 방지할 수 있도록 아스팔트샌드 등의 방식재료를 댈 것

㉯ 탱크의 밑판에 전기방식의 조치를 강구할 것

㉰ 위의 ㉮, ㉯ 규정과 동등 이상으로 밑판의 부식을 방지할 수 있는 조치를 강구할 것

⑧ 통기관

㉮ 설치대상 : 옥외저장탱크 중 압력탱크(최대상용압력이 부압 또는 정압 5 kPa를 초과하는 탱크) 외의 탱크(제4류 위험물의 옥외저장탱크에 한함)

㉯ 설치목적 : 가연성 증기를 회수하기 위한 밸브

㉰ 밸브 없는 통기관

㉠ 지름 30 mm 이상

㉡ 선단은 수평면보다 45° 이상 구부려 빗물 등의 침투를 막는 구조로 할 것

㉢ 가는 눈의 구리망 등으로 인화방지장치를 할 것

㉣ 항상 개방되어 있는 구조(저장탱크에 위험물을 주입하는 경우 제외)와 폐쇄하였을 경우에는 10 kPa 이하의 압력에서 개방되는 구조로 할 것

㉱ 대기밸브 부착 통기관

㉠ 5 kPa 이하의 압력차이로 작동할 수 있을 것

㉡ 가는 눈의 구리망 등으로 인화방지장치를 할 것

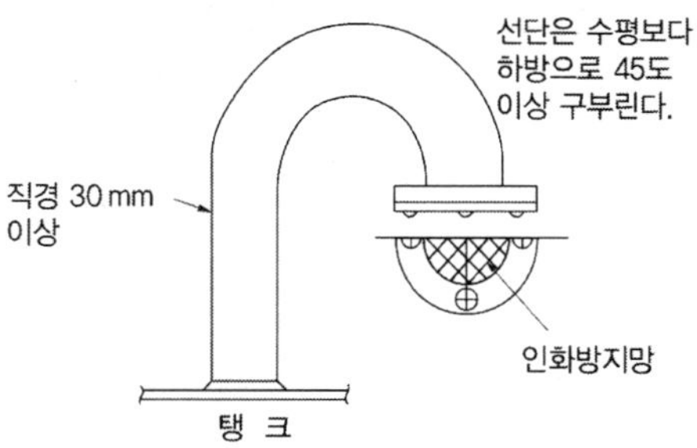

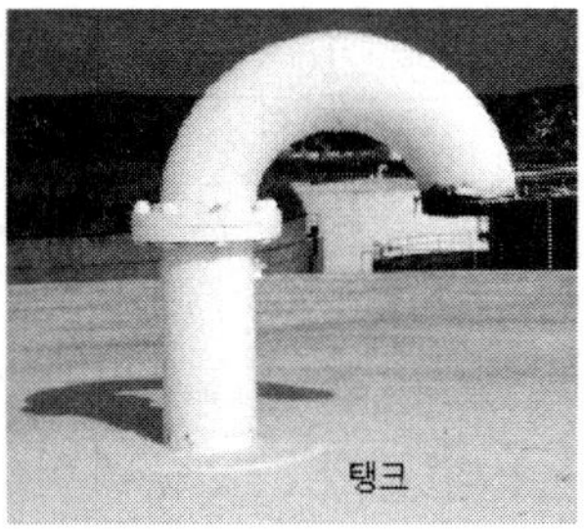

그림 12-29 밸브 없는 통기관

⑨ 액체위험물 저장탱크 자동계량장치

㉮ 기밀부유식 계량장치 : 위험물의 양을 자동적으로 표시할 수 있도록 하는 장치

㉯ 부유식 계량장치 : 증기가 비산하지 아니하는 구조

㉰ 자동계량장치·유리게이지 : 전기압력자동방식, 방사성동위원소를 이용한 방식

⑩ 옥외저장탱크 주입구

㉮ 화재예방상 지장이 없는 장소에 설치할 것

㉯ 주입호스 또는 주입관과 결합할 수 있고, 결합하였을 때 위험물이 새지 아니할 것

㉰ 주입구에는 밸브 또는 뚜껑을 설치할 것

㉱ 휘발유, 벤젠 등 정전기에 의한 재해가 발생할 우려가 있는 액체위험물의 저장탱크의 주입구 부근에는 정전기를 유효하게 제거하기 위한 접지전극을 설치할 것

㉲ 인화점이 21℃ 미만인 위험물의 옥외저장탱크의 주입구에는 보기 쉬운 곳에 다음의 기준에 의한 게시판을 설치할 것

㉠ 게시판은 한 변이 0.3 m 이상, 다른 한 변이 0.6 m 이상인 직사각형으로 할 것

㉡ 게시판에는 "옥외저장탱크 주입구"라고 표시하는 것 외에 취급하는 위험물의 유별, 품명 및 주의사항을 표시할 것

㉢ 게시판은 백색바탕에 흑색문자 (주의사항은 적색문자)로 할 것

⑪ <u>옥외탱크저장소의 펌프설비 기준</u>

㉮ 펌프설비의 주위에는 너비 3 m 이상의 공지를 보유할 것

예외)

㉠ 방화상 유효한 격벽을 설치하는 경우

㉡ 제6류 위험물 또는 지정수량의 10배 이하 위험물의 옥외저장탱크

㉯ 펌프설비로부터 옥외저장탱크까지의 사이에는 당해 옥외저장탱크의 보유공지 너비의 3분의 1 이상의 거리를 유지할 것

㉰ 펌프설비는 견고한 기초 위에 고정할 것

㉱ 펌프 및 이에 부속하는 전동기를 위한 건축물 그 밖의 공작물의 벽·기둥·바닥 및 보는 불연재료로 할 것

㉲ 펌프실의 지붕을 폭발력이 위로 방출될 정도의 가벼운 불연재료로 할 것

㉳ 펌프실의 창 및 출입구에는 갑종방화문 또는 을종방화문을 설치할 것

㉴ 펌프실의 창 및 출입구에 유리를 이용하는 경우에는 망입유리로 할 것

㉵ 펌프실의 바닥의 주위에는 높이 0.2 m 이상의 턱을 만들고, 바닥은 최저부에는 위험물이 스며들지 않도록 집유설비를 설치할 것

㉶ 펌프실에는 채광, 조명 및 환기의 설비를 설치할 것

㉷ 가연성 증기가 체류할 우려가 있는 펌프실에는 그 증기를 옥외의 높은 곳으로 배출하는 설비를 설치할 것

㉸ 펌프실외의 장소에 설치하는 펌프설비는 그 직하의 지반면 주위에 0.15 m 이상의 턱을 만들고 제4류 위험물를 취급하는 펌프설비에는 집유설비에 유분리장치를 설치할 것

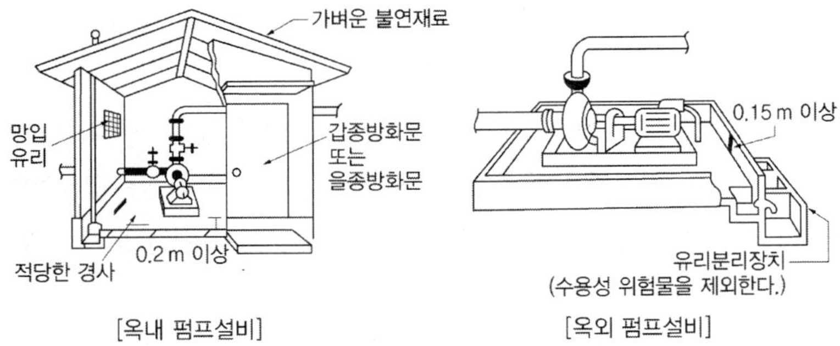

그림 12-30 옥외저장탱크 펌프설비

⑫ 기타설비

㉮ 배수관 : 탱크의 옆판에 설치한다. 지진우려가 있는 경우에 밑판에 설치 가능하다.

㉯ 피뢰설비 : 지정수량의 10배 이상인 옥외저장탱크(6류 위험물 저장탱크 제외)에는 피뢰침을 설치한다.

㉰ 방유제 : 탱크 주위에 위험물이 새었을 경우 유출방지를 위한 방유제를 설치한다.

㉱ 피복설비 : 제3류 금수성물질(고체에 한함)의 저장탱크에는 피복설비를 한다.

㉲ 수조 : CS_2의 탱크는 벽 및 바닥의 두께가 0.2 m 이상이고 누수가 되지 않도록 철근콘크리트 수조에 넣어 보관하여야 한다.

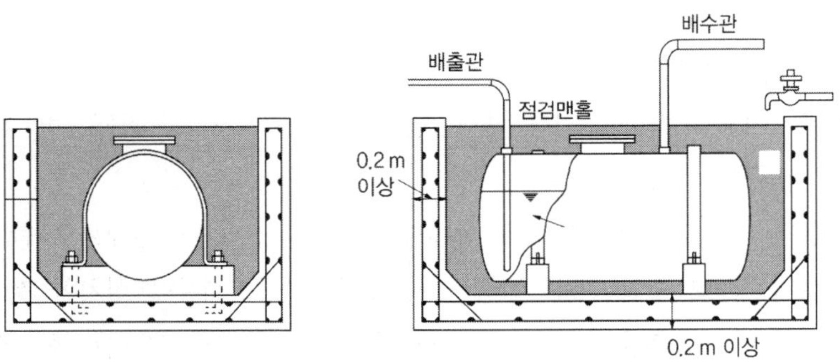

그림 12-31 철근콘크리트 수조

⑬ <u>방유제</u>

㉮ 정의

탱크의 균열 및 파손에 의하여 기름의 누설 확대를 방지하기 위한 둑을 말한다.

㉯ 방유제의 용량

㉠ 탱크가 한 개 있을 경우 : 당해용량의 110% 이상으로 할 것

㉡ 탱크가 두 개 있을 경우 : 당해 탱크 중 최대인 것의 용량의 110% 이상이 된 것

㉰ <u>방유제의 면적과 높이 등</u>

㉠ 면적 : 8만 m^2 이하로 할 것

㉡ 높이 : 0.5 m 이상 3 m 이하로 할 것

㉢ 두께 : 0.2 m 이상으로 할 것

㉣ 지하매설깊이 : 1 m 이상으로 할 것

㉣ 방유제 내에 설치하는 옥외저장탱크의 수 : 10 이하로 할 것

예외) 방유제 탱크 안의 개수가 20 이하로 할 경우

- 방유제 내의 전 탱크 용량이 20만 L 이하
- 위험물의 인화점이 70℃ 이상 200℃ 미만인 경우

㉱ 자동차 통행을 위한 구내도로

㉠ 방유제 외면의 1/2 이상은 구내도로 설치(옥외저장탱크가 있는 부지 내의 도로)

㉡ 노면 폭 : 3 m 이상

㉲ 옥외저장탱크 직경에 따른 탱크 옆판으로부터 거리(인화점이 200℃ 미만)

㉠ 지름이 15 m 미만인 경우에는 탱크 높이의 3분의 1 이상

㉡ 지름이 15 m 이상인 경우에는 탱크 높이의 2분의 1 이상

㉳ 방유제의 구조

㉠ 방유제는 <u>철근콘크리트</u>로 하고, <u>방유제와 옥외저장탱크 사이의 지표면은 불연성과 불침윤성이 있는 구조</u>(철근콘크리트 등)로 할 것

㉡ 단, 누출된 위험물을 수용할 수 있는 전용유조(專用油槽) 및 펌프 등의 설비를 갖춘 경우에는 방유제와 옥외저장탱크 사이의 지표면을 흙으로 할 수 있다.

㉴ 칸막이 둑 설치

㉠ 대상 : 용량이 1,000만 L 이상인 옥외저장탱크

㉡ 기준

- 간막이 둑의 높이는 0.3 m(탱크 용량 2억 L 이상은 1 m) 이상
- 방유제의 높이보다 0.2 m 이상 낮게 할 것
- 간막이 둑은 흙 또는 철근콘크리트로 할 것
- 간막이 둑의 용량은 간막이 둑 안에 설치된 탱크의 용량의 10% 이상일 것

㉵ 방유제 계단·경사로

높이가 1 m를 넘는 방유제 및 간막이 둑의 안팎에는 방유제 내에 출입하기 위한 계단 또는 경사로를 약 50 m마다 설치할 것

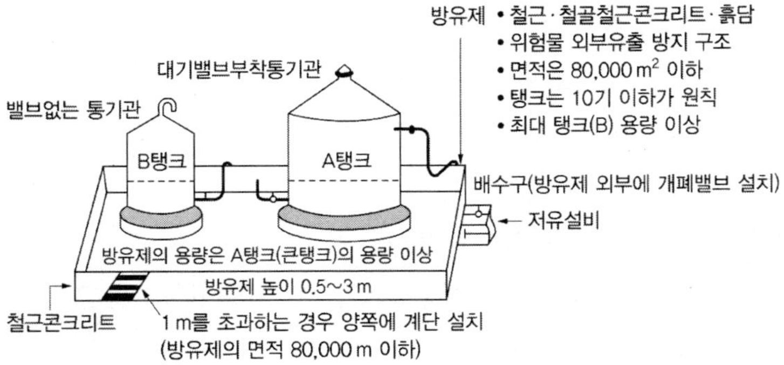

그림 12-32 옥외저장탱크 방유제

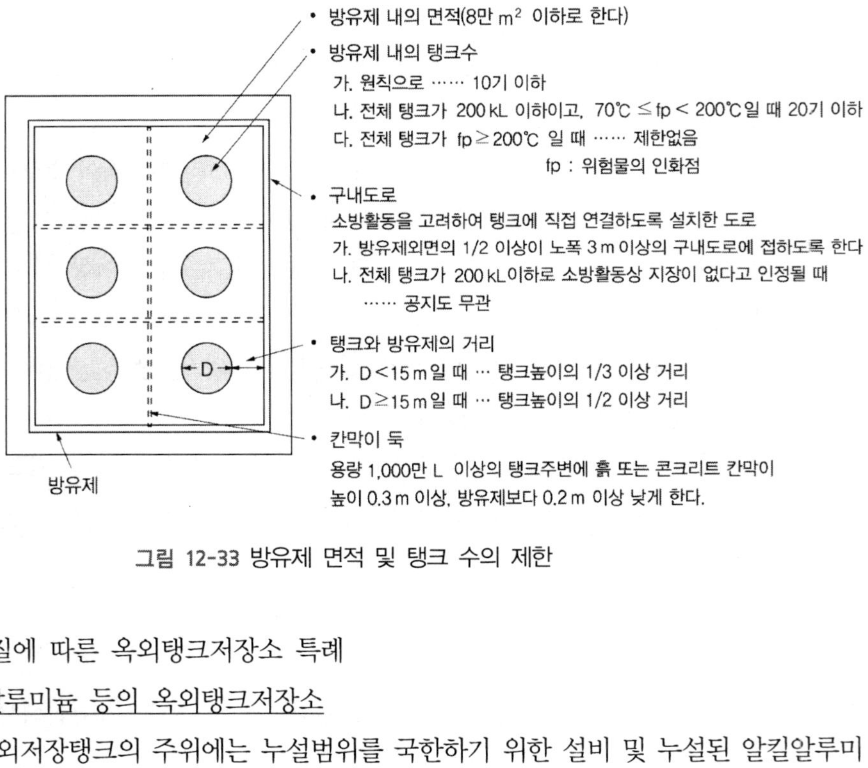

그림 12-33 방유제 면적 및 탱크 수의 제한

⑭ 위험물성질에 따른 옥외탱크저장소 특례

㉮ 알킬알루미늄 등의 옥외탱크저장소

㉠ 옥외저장탱크의 주위에는 누설범위를 국한하기 위한 설비 및 누설된 알킬알루미늄등을 안전한 장소에 설치된 조에 이끌어 들일 수 있는 설비를 설치할 것

㉡ 옥외저장탱크에는 불활성의 기체를 봉입하는 장치를 설치할 것

㉯ 아세트알데히드등의 옥외탱크저장소

㉠ 옥외저장탱크의 설비는 동·마그네슘·은·수은 또는 이들을 성분으로 하는 합금으로 만들지 아니할 것

㉡ 옥외저장탱크에는 냉각장치 또는 보냉장치, 연소성 혼합기체의 생성에 의한 폭발을 방지하기 위한 불활성의 기체의 봉입장치를 설치할 것

㉰ 히드록실아민 등의 옥외탱크저장소

㉠ 옥외탱크저장소에는 히드록실아민 등의 온도의 상승에 의한 위험한 반응을 방지하기 위한 조치를 강구할 것

㉡ 옥외탱크저장소는 철이온 등 혼입에 의한 위험한 반응을 방지하기 위한 조치를 할 것

4) 옥내탱크저장소

(1) 안전거리, 보유공지 : 해당 없음

(2) 단층건축물의 옥내탱크저장소의 기준

① 옥내탱크저장소 기술기준

㉮ 단층건축물에 설치된 탱크전용실에 설치

㉯ 옥내저장탱크와 탱크전용실의 벽과의 사이 및 옥내저장탱크의 상호 간에는 0.5 m 이상의 간격을 유지할 것

㉰ 옥내탱크저장소에는 보기 쉬운 곳에 "위험물 옥내탱크저장소"라는 표시를 한 표지와 방화에 관하여 필요한 사항을 게시한 게시판을 설치하여야 한다.

㉱ 옥내저장탱크의 용량(동일한 탱크전용실에 옥내저장탱크를 2 이상 설치하는 경우에는 각 탱크의 용량의 합계)은 지정수량의 40배 이하일 것

- 예외 : 제4석유류 및 동식물유류 외의 제4류 위험물에 있어서 당해 수량이 20,000 L를 초과할 때에는 20,000 L

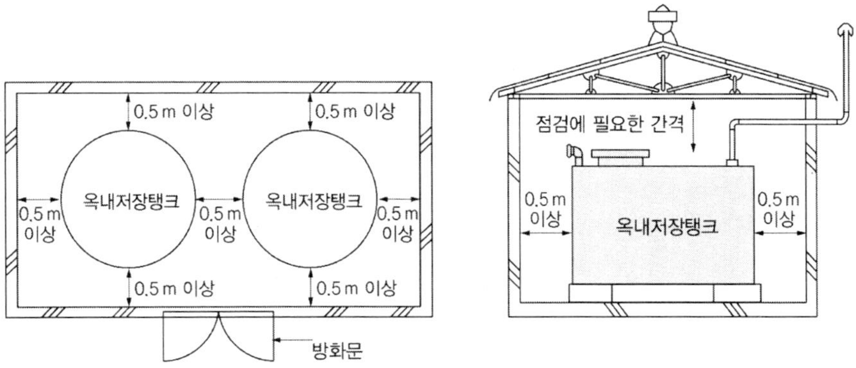

그림 12-34 단층건물의 옥내탱크저장소 및 전용실 내의 간격

② 통기관

㉮ 설치대상 : 옥내저장탱크 중 압력탱크(최대상용압력이 부압 또는 정압 5 kPa를 초과하는 탱크) 외의 탱크(제4류 위험물의 옥외저장탱크에 한함)

㉯ 밸브없는 통기관

㉠ 지름 30 mm 이상

㉡ 통기관의 선단은 건축물의 창·출입구 등의 개구부로부터 1 m 이상 떨어진 옥외의 장소에 지면으로부터 4 m 이상의 높이로 설치

㉢ 인화점이 40℃ 미만인 위험물의 탱크에 설치하는 통기관은 부지경계선으로부터 1.5 m 이상 이격할 것

㉣ 고인화점 위험물만을 100℃ 미만의 온도로 저장 또는 취급하는 탱크에 설치하는 통기관은 그 선단을 탱크전용실 내에 설치할 수 있다.

㉤ 통기관은 가스 등이 체류할 우려가 있는 굴곡이 없도록 할 것

㉥ 가는 눈의 구리망 등으로 인화방지장치를 할 것

㉰ 대기밸브 부착 통기관

㉠ 밸브 없는 통기관 기준을 적용

㉡ 5 kPa 이하의 압력 차이로 작동할 수 있을 것

㉢ 가는 눈의 구리망 등으로 인화방지장치를 할 것

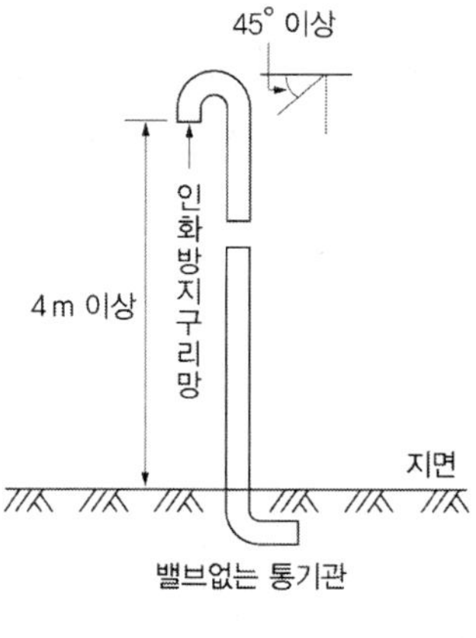

그림 12-35 옥내탱크저장소의 통기관

③ 옥내저장탱크 펌프설비

㉮ 탱크전용실이 있는 건축물 외의 장소

㉠ 옥외저장탱크의 펌프설비를 준용한다(별표 6 제10호 (가목 및 나목 제외)).

㉡ 펌프실의 지붕은 내화구조 또는 불연재료로 할 수 있다.

㉯ 탱크전용실이 있는 건축물

펌프설비를 견고한 기초 위에 고정시킨 다음 주위에 불연재료로 된 턱을 탱크전용실의 문턱높이 이상으로 설치할 것

④ 탱크전용실

㉮ 벽·기둥 및 바닥 : 내화구조, 보 : 불연재료

㉯ 연소의 우려가 있는 외벽 : 출입구 외에는 개구부가 없도록 할 것
(제4류 위험물 중 인화점이 70℃ 이상인 위험물만을 저장하는 탱크전용실은 외벽·기둥 및 바닥 : 불연재료)

㉰ 지붕을 불연재료로 하고, 천장을 설치하지 아니할 것

㉱ 창 및 출입구에는 갑종방화문 또는 을종방화문을 설치하되, 연소우려가 있는 외벽에 두는 출입구에는 수시로 열 수 있는 자동폐쇄식의 갑종방화문을 설치할 것

㉲ 창 또는 출입구에 유리를 이용하는 경우에는 망입유리로 할 것

㉳ 탱크전용실의 바닥은 위험물이 침투하지 아니하는 구조와, 적당한 경사를 두고 집유설비를 설치할 것

㉴ 탱크전용실의 출입구의 턱의 높이

㉠ 탱크전용실내의 옥내저장탱크(저장탱크가 2 이상인 경우에는 최대용량의 탱크)의 용량을 수용할 수 있는 높이 이상으로 할 것

㉡ 옥내저장탱크로부터 누설된 위험물이 탱크전용실 외의 부분으로 유출하지 아니하는 구조로 할 것

㉵ 탱크전용실의 채광·조명·환기 및 배출의 설비 : 옥내저장소에 준용

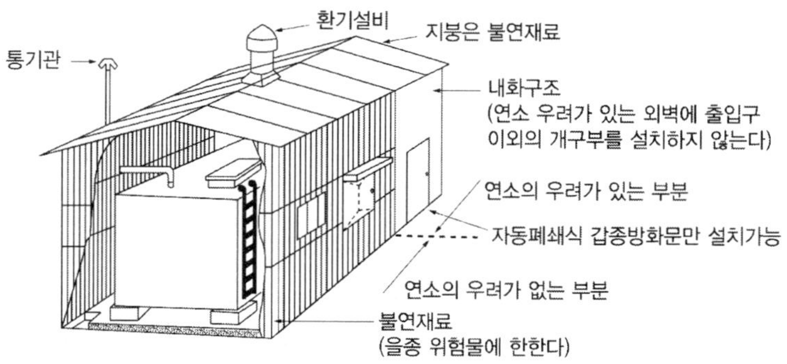

그림 12-36 단층건물에 설치된 옥내탱크전용실 구조

(3) 단층건물 외의 옥내탱크저장소의 기준

① 저장 위험물

제2류 위험물 중 황화린·적린 및 덩어리 유황, 제3류 위험물 중 황린, 제6류 위험물 중 질산 및 제4류 위험물 중 인화점이 38℃ 이상인 위험물

② 단층건물 외의 옥내탱크저장소 위치·구조 및 설비의 기술기준

㉮ 옥내저장탱크는 탱크전용실에 설치할 것

<u>탱크전용실 건축물의 1층 또는 지하층에 설치해야 하는 위험물</u> : 제2류위험물 중 황화린·적린 및 덩어리 유황, 제3류 위험물 중 황린, 제6류 위험물 중 질산

㉯ 옥내저장탱크의 주입구 부근에는 당해 옥내저장탱크의 위험물의 양을 표시하는 장치를 설치할 것

㉰ 탱크전용실이 있는 건축물에 설치하는 옥내저장탱크의 펌프설비

㉠ 탱크전용실 외의 장소에 설치하는 경우의 기준

- 펌프실은 벽·기둥·바닥 및 보를 내화구조로 할 것
- 펌프실은 상층이 있는 경우 : 상층의 바닥은 내화구조, 상층이 없는 경우의 지붕은 불연재료로 하며. 천장을 설치하지 아니할 것
- 펌프실에는 창을 설치하지 아니할 것. 다만, 제6류 위험물의 탱크전용실에 있어서는 갑종방화문 또는 을종방화문이 있는 창을 설치할 수 있다.
- 펌프실의 출입구에는 갑종방화문을 설치할 것. 제6류 위험물의 탱크전용실에 있어서는 을종방화문을 설치할 수 있다.

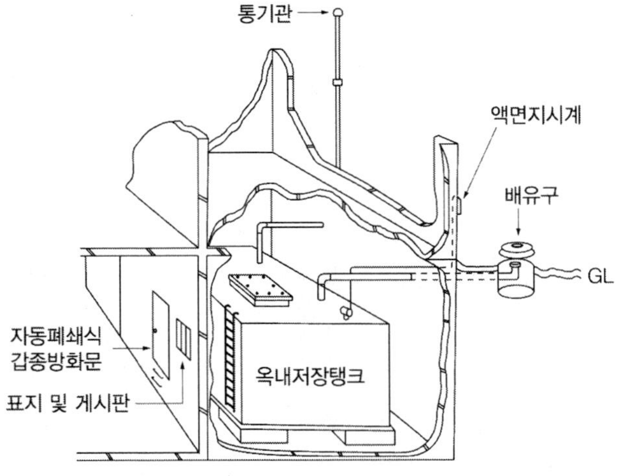

그림 12-37 단층건물 외의 옥내탱크 저장소

• 펌프실의 환기 및 배출의 설비에는 방화상 유효한 댐퍼 등을 설치할 것

㉡ 탱크전용실에 펌프설비를 설치하는 경우
견고한 기초 위에 고정한 다음 그 주위에는 불연재료로 된 턱을 0.2 m 이상의 높이로 설치하는 등 누설된 위험물이 유출되거나 유입되지 아니하도록 하는 조치를 할 것

㉣ 탱크전용실의 기준은 탱크전용실 외의 기준에 준용할 것

5) 지하탱크저장소

(1) 안전거리 · 보유공지 · 용량제한 : 해당 없음

(2) 지하탱크저장소 기준

① 위험물을 저장 · 취급하는 지하탱크는 지면 하에 설치된 탱크전용실에 설치하여야 한다. 다만, 제4류위험물의 저장탱크가 다음 기준에 적합할 때는 그러하지 아니하다.

㉮ 당해 탱크를 지하철 · 지하가 · 지하터널 : 수평거리 10 m 이내의 장소 또는 지하 건축물 내의 장소에 설치하지 아니할 것

㉯ 탱크를 그 수평투영의 세로 및 가로보다 각각 0.6 m 이상 크고 두께가 0.3 m 이상인 철근콘크리트조의 뚜껑으로 덮을 것

㉰ 뚜껑에 걸리는 중량이 직접 당해 탱크에 걸리지 아니하는 구조일 것

㉱ 당해 탱크를 견고한 기초 위에 고정할 것

㉲ 탱크를 지하의 가장 가까운 벽 · 피트 · 가스관 등의 시설물 및 대지경계선으로부터 0.6 m 이상 떨어진 곳에 매설할 것

② 탱크전용실

㉮ 지하의 가장 가까운 벽 · 피트 · 가스관 등의 시설물 및 대지경계선으로부터 0.1 m 이상 떨어진 곳에 설치한다.

㉯ 지하저장탱크와 탱크전용실의 안쪽과의 사이는 0.1 m 이상의 간격을 유지하도록 한다.

㉰ 당해 탱크의 주위에 마른 모래 또는 습기 등에 의하여 응고되지 아니하는 입자 지름 5 mm 이하의 마른 자갈분을 채워야 한다.

③ 지하저장탱크의 윗부분은 지면으로부터 0.6 m 이상 아래에 있어야 한다.

④ 지하저장탱크를 2기 인접할 때 탱크 상호간의 거리 : 1 m(당해 2 이상의 지하저장탱크의 용량의 합계가 지정수량의 100배 이하인 경우 : 0.5 m) 이상의 간격을 유지

⑤ 지하탱크저장소에는 "위험물 지하탱크저장소"라는 표시를 한 표지와 방화에 필용한 사항

을 게시한 게시판을 설치하여야 한다.

⑥ 지하저장탱크의 용량에 따른 구조 기준

㉮ 강철판의 두께 : 3.2 mm 이상

㉯ 수압시험

㉠ 압력탱크(최대상용압력이 46.7 kPa 이상인 탱크) 외의 탱크 : 70 kPa

㉡ 압력탱크는 최대상용압력의 1.5배의 압력으로 각각 10분간 실시하여 새거나 변형이 없어야 한다.

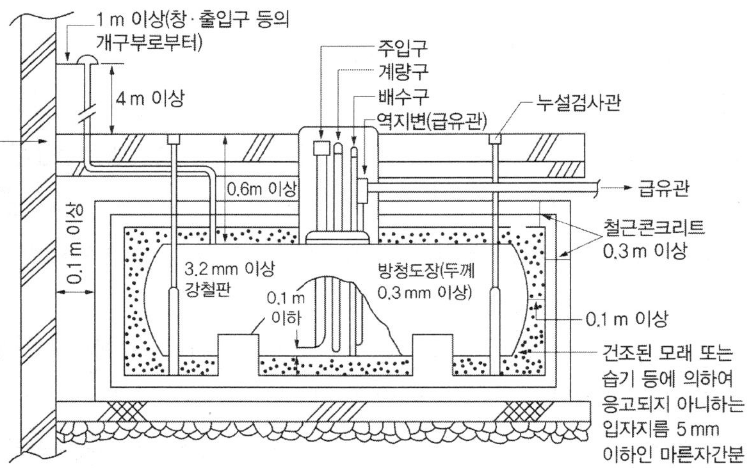

그림 12-38 지하저장탱크의 구조

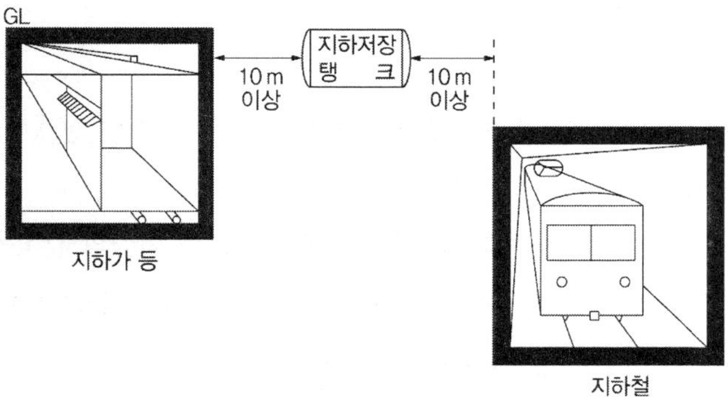

그림 12-39 지하철, 지하가 등과의 거리

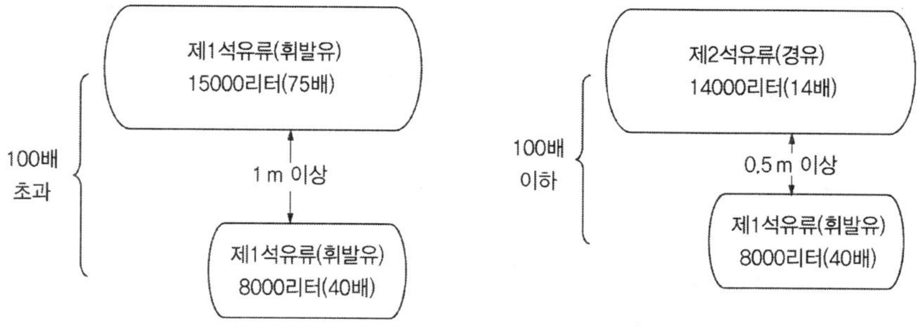

그림 12-40 지하저장탱크의 상호간의 거리

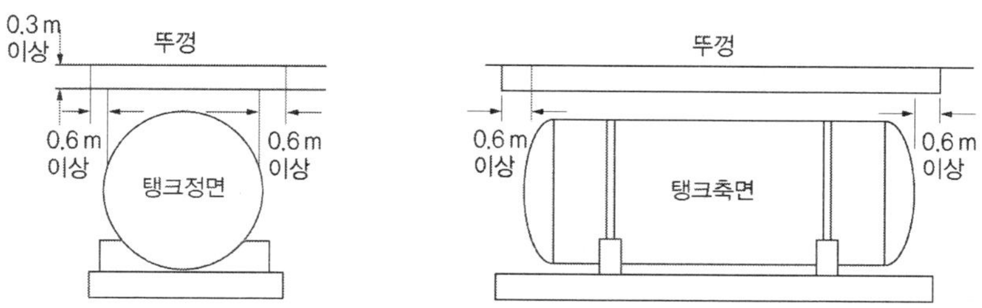

그림 12-41 철근콘크리트 뚜껑의 구조

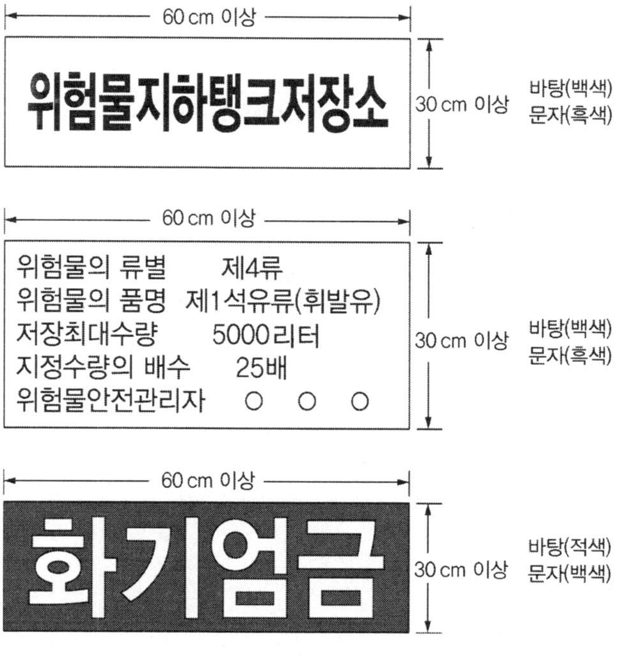

그림 12-42 지하저장탱크 표지 및 게시판

표 12-19 지하저장탱크의 구조

탱크용량(L)	탱크의최대직경(mm)	강철판의 최소두께(mm)
1,000 이하	1,067	3.20
1,000 초과 2,000 이하	1,219	3.20
2,000 초과 4,000 이하	1,625	3.20
4,000 초과 15,000 이하	2,450	4.24
15,000 초과 45,000 이하	3,200	6.10
45,000 초과 75,000 이하	3,657	7.67
75,000 초과 189,000 이하	3,657	9.27
189,000 초과	-	10.00

⑦ 탱크전용실에 설치하는 지하저장탱크 외면

㉮ 탱크의 외면에는 방청도장을 할 것(단, 재질이 부식의 우려가 없는 스테인레스강판 등인 경우에는 방청도장을 하지 않을 수 있다.).

㉯ 탱크의 외면에 방청제 및 아스팔트프라이머의 순으로 도장을 한 후 아스팔트 루핑 및 철망의 순으로 탱크를 피복하고, 그 표면에 두께가 2 cm 이상에 이를 때까지 모르타르를 도장할 것

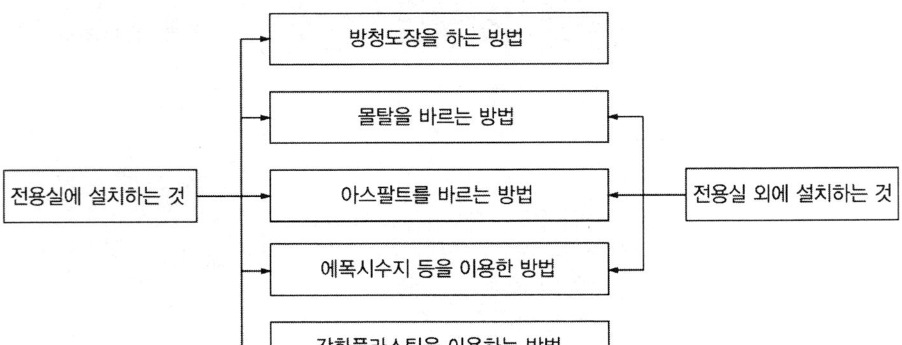

그림 12-43 지하저장탱크의 외면보호

⑧ <u>통기관</u>

㉮ 설치대상 : 옥내저장탱크 중 압력탱크(최대상용압력이 부압 또는 정압 5 kPa를 초과하는 탱크) 외의 제4류 위험물탱크

㉯ 밸브 없는 통기관

㉠ 통기관은 지하저장탱크 윗부분에 설치할 것

㉡ 통기관 중 지하의 부분은 그 상부의 지면에 걸리는 중량이 직접 해당 부분에 미치지 아니하도록 보호하고, 해당 통기관의 접합부분(용접이나 위험물의 누설의 우려가 없다고 인정되는 방법에 의하여 접합된 것은 제외)에 대하여는 해당 접합부분의 손상유무를 점검할 수 있는 조치를 할 것

㉢ 통기관의 선단은 건축물의 창·출입구 등의 개구부로부터 1 m 떨어진 옥외의 장소에 4 m 이상의 높이에 설치한다.

㉣ 인화점이 40℃ 미만인 위험물의 탱크에 설치하는 통기관은 부지경계선으로 부터 1.5 m 이상 이격할 것

㉤ 고인화점 위험물만을 100℃ 미만의 온도로 저장 또는 취급하는 탱크에 설치하는 통기관은 그 선단을 탱크전용실 내에 설치할 수 있다.

㉥ 통기관은 가스 등이 체류할 우려가 있는 굴곡이 없도록 할 것

㉦ 가는 눈의 구리망 등으로 인화방지장치를 할 것

㉰ <u>대기밸브 부착 통기관</u>

㉠ 밸브 없는 통기관 ㉯의 ㉠, ㉡ 기준을 적용

㉡ <u>5 kPa 이하의 압력 차이로 작동할 수 있을 것</u> (다만, 제4류 제1석유류를 저장하는 탱크는 다음의 압력차이에서 작동하여야 한다.)

- 정압 : 0.6 kPa 이상 1.5 kPa 이하
- 부압 : 1.5kPa 이상 3kPa 이하

㉢ 가는 눈의 구리망 등으로 인화방지장치를 할 것

㉣ 기타는 옥내저장탱크 통기관의 기준에 적합할 것

⑨ 액체위험물의 지하저장탱크에는 위험물의 양을 자동적으로 표시하는 장치 및 계량구를 설치하고, 계량구 직하에 있는 탱크의 밑판에 그 손상을 방지하기 위한 조치를 하여야 한다.

⑩ 지하저장탱크 펌프설비

㉮ 지하저장탱크 밖에 설치 : 옥외저장탱크의 펌프설비 준용

㉯ 지하저장탱크 안에 설치하는 액중펌프설비의 전동기 구조는 다음 기준에 의한다.

㉠ 고정자는 위험물에 침투되지 않도록 수지가 충전된 금속제의 용기에 수납되어 있을 것

㉡ 운전 중에 고정자가 냉각되는 구조로 할 것

㉢ 전동기의 내부에 공기가 체류하지 아니하는 구조로 할 것

㉰ 전동기에 접속되는 전선은 위험물이 침투되지 아니하는 것으로 하고, 직접 위험물에 접하지 아니하도록 보호할 것

㉱ 액중펌프설비는 체절운전에 의한 전동기의 온도상승을 방지하기 위한 조치를 할 것

㉲ 액중펌프설비는 다음의 경우에 있어서 전동기를 정지하는 조치가 강구될 것

㉠ 전동기의 온도가 현저하게 상승한 경우

㉡ 펌프의 흡입구가 노출된 경우

㉳ 액중펌프설비는 다음에 의하여 설치할 것

㉠ 액중펌프설비는 지하저장탱크와 플랜지접합으로 할 것

㉡ 액중펌프설비 중 지하저장탱크 내에 설치되는 부분은 보호관 내에 설치할 것

㉢ 액중펌프설비 중 지하저장탱크의 상부에 설치되는 부분은 위험물의 누설을 점검할 수 있는 조치가 강구된 안전상 필요한 강도가 있는 피트 내에 설치할 것

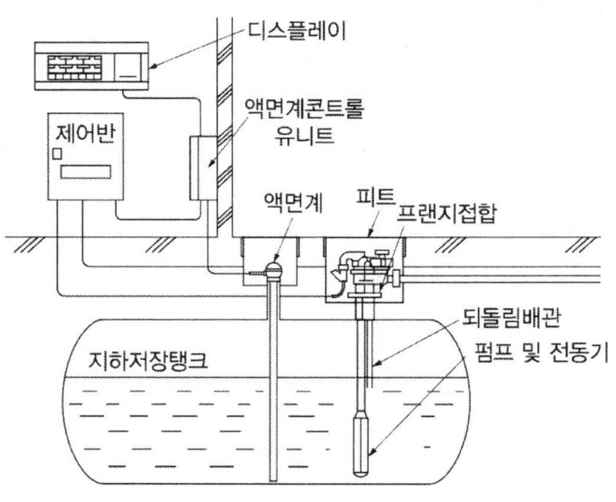

그림 12-44 액중펌프 설치

⑪ 지하탱크 저장소의 배관 : 다음 기준 외는 제조소의 기준을 준용한다.

배관은 당해 탱크의 윗부분에 설치하여야 한다. 다만, 제4류 위험물 중 제2석유류(인화점이 40℃ 이상인 것에 한한다), 제3석유류, 제4석유류 및 동식물유류의 탱크에 있어서 그 직근에 유효한 제어밸브를 설치한 경우에는 그러하지 아니하다.

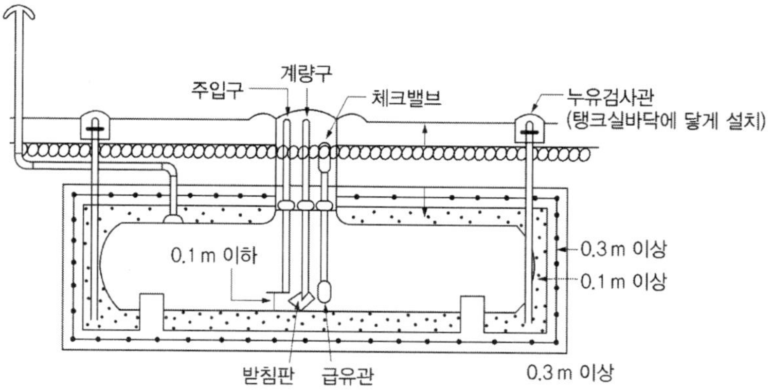

그림 12-45 지하탱크의 배관

⑫ <u>누유검사관</u>

㉮ 당해 탱크로부터 액체위험물의 누설을 검사하기 위한 관을 <u>적당한 위치에 4개소</u> 설치

㉯ <u>누유검사관의 기준</u>

㉠ 이중관으로 할 것. 다만, 소공이 없는 상부는 단관으로 가능

㉡ 재료는 금속관 또는 경질합성수지관으로 할 것

㉢ 관의 밑부분으로부터 탱크의 중심 높이까지의 부분에는 소공이 뚫려 있을 것

㉣ 관은 탱크전용실의 바닥 또는 탱크의 기초까지 닿게 할 것

㉤ 상부는 물이 침투하지 않은 구조로 하고 뚜껑은 검사 시에 쉽게 열릴 수 있는 구조로 할 것

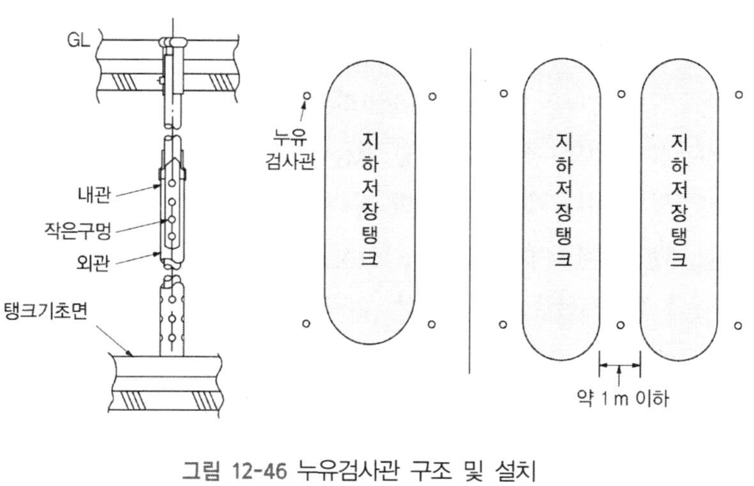

그림 12-46 누유검사관 구조 및 설치

⑬ 탱크전용실의 벽·바닥 및 뚜껑을 다음 기준에 적합한 철근콘크리트 구조 또는 이와 동등 이상의 강도가 있는 구조로 하여야 한다.

㉮ 벽·바닥 및 뚜껑의 두께는 0.3 m 이상일 것

㉯ 벽·바닥 및 뚜껑의 내부에는 직경 9 mm부터 13 mm까지의 철근을 가로 및 세로로 5 cm부터 20 cm까지의 간격으로 배치할 것

㉰ 벽·바닥 및 뚜껑의 재료에 수밀콘크리트를 혼입하거나 벽·바닥 및 뚜껑의 중간에 아스팔트층을 만드는 방법으로 적정한 방수조치를 할 것

⑭ 지하저장탱크의 과충전을 방지하는 다음의 방법으로 장치 설치

㉮ 탱크용량을 초과하는 위험물이 주입될 때 자동으로 그 주입구를 폐쇄하거나 위험물의 공급을 자동으로 차단하는 방법

㉯ 탱크용량의 90%가 찰 때 경보음을 울리는 방법

6) 간이탱크저장소

(1) 간이탱크저장소 정의

간이탱크저장소는 용량이 600 L 이하의 간이탱크에 위험물을 저장하는 저장소이다.

(2) 간이탱크저장소의 설치 기준

① 설치위치 : 간이저장탱크는 옥외에 설치한다.

㉮ 옥외에 설치하지 않아도 되는 경우(전용실 안에 설치)

㉠ 전용실의 구조는 옥내탱크저장소의 탱크전용실의 구조의 기준에 적합할 것

㉡ 전용실의 창 및 출입구는 옥내탱크저장소의 창 및 출입구의기준에 적합할 것

㉢ 전용실의 바닥은 옥내탱크저장소의 탱크전용실 바닥의 구조의 기준에 적합할 것

㉣ 전용실의 채광·조명·환기 및 배출의 설비는 옥내저장소의 채광·조명·환기 및 배출의 설비의 기준에 적합할 것

② 하나의 간이탱크저장소에 설치하는 간이저장탱크는 그 수를 3 이하로 하고, 동일한 품질의 위험물의 간이저장탱크를 2 이상 설치하지 아니하여야 한다.

③ 간이탱크저장소에는 보기 쉬운 곳에 "위험물 간이탱크저장소"라는 표지와 방화에 관하여 필요한 사항을 게시한 게시판을 설치하여야 한다.

④ 간이저장탱크는 움직이거나 넘어지지 아니하도록 지면 또는 가설대에 고정시키되, 옥외에 설치하는 경우에는 그 탱크의 주위에 너비 1 m 이상의 공지를 두고, 실 안에 설치하는

경우는 탱크와 전용실의 벽과의 사이에 0.5 m 이상의 간격을 유지하여야 한다.

⑤ 간이저장탱크의 용량은 600 L 이하이어야 한다.

⑥ 간이저장탱크는 두께 3.2 mm 이상의 강판으로 흠이 없도록 제작하여야 하며, 70 kPa의 압력으로 10분간의 수압시험을 실시하여 새거나 변형되지 아니하여야 한다.

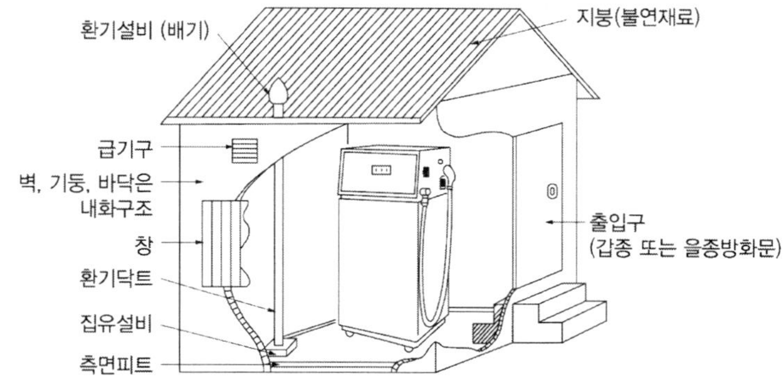

그림 12-47 옥내에 설치하는 간이탱크저장소

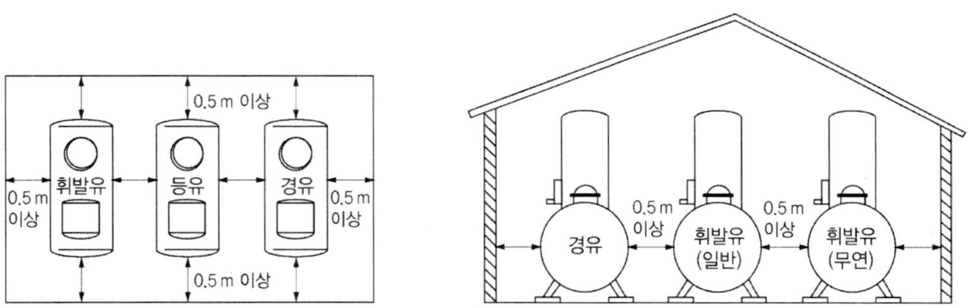

그림 12-48 전용실에 설치하는 간이저장탱크 설치 기준

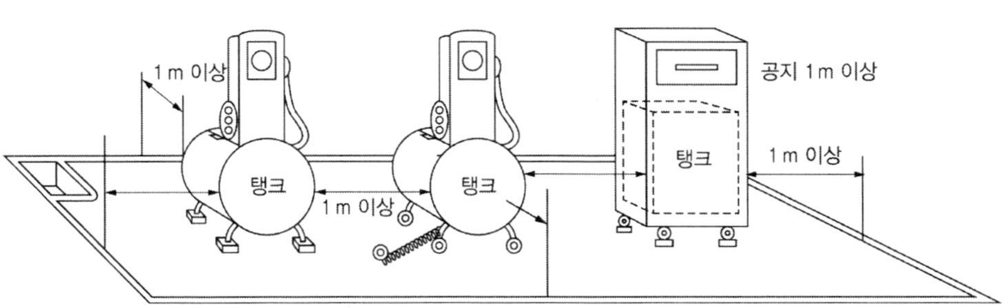

그림 12-49 옥외설치 시 간이탱크 주변공지 폭

⑦ 탱크의 외면에는 녹을 방지하기 위한 도장을 하여야 한다(스테인레스판 제외).

⑧ 간이저장탱크에는 다음 각 목의 구분에 따른 기준에 적합한 밸브 없는 통기관 또는 대기 밸브부착 통기관을 설치하여야 한다.

㉮ 밸브 없는 통기관

㉠ 통기관의 지름은 25 mm 이상으로 할 것

㉡ 통기관은 옥외에 설치하되, 그 선단의 높이는 지상 1.5 m 이상으로 할 것

㉢ 통기관의 선단은 수평면에 대하여 아래로 45° 이상 구부려 빗물 등이 침투하지 아니하도록 할 것

㉣ 가는 눈의 구리망 등으로 인화방지장치를 할 것. 다만, 인화점 70℃ 이상의 위험물만을 해당 위험물의 인화점 미만의 온도로 저장 또는 취급하는 탱크에 설치하는 통기관에 있어서는 그러하지 아니하다.

㉯ 대기밸브 부착 통기관

㉠ 통기관은 옥외에 설치하되, 그 선단의 높이는 지상 1.5 m 이상으로 할 것

㉡ 가는 눈의 구리망 등으로 인화방지장치를 할 것

㉢ 5 kPa 이하의 압력 차이로 작동할 수 있을 것

7) 이동탱크저장소

(1) 이동탱크저장소 개요

이동탱크저장소는 차량(피견인자동차에 있어서는 앞 차축을 갖지 않은 아니하는 것으로서 당해 피견인자동차의 일부가 견인자동차에 적재되고 당해 피견인자동차와 그 적재물의 중량의 상단부분이 견인자동차에 의하여 지탱되는 구조의 것에 한함)에 고정된 탱크에 위험물을 저장하는 장소를 말한다.

(2) 이동탱크저장소의 상치장소

이동탱크저장소는 상치장소가 있어야 하며 탱크에 위험물을 저장한 상태에서 주차하지 않는 것을 원칙으로 하고 있다.

① 옥외 상치장소

화기를 취급하는 장소 또는 인근의 건축물로부터 5 m 이상(인근의 건축물이 1층인 경우에는 3 m 이상)의 거리를 확보

예외) 하천의 공지나 수면, 내화구조 또는 불연재료의 담 또는 벽 등에 접하는 경우

② 옥내 상치장소

벽·바닥·보·서까래 및 지붕이 내화구조 또는 불연재료로 된 건축물의 1층에 설치

(3) 이동저장탱크의 구조

① 탱크(맨홀 및 주입관의 뚜껑 포함) 두께는 3.2 mm 이상의 강철판 또는 동등 이상의 강도·내식성 및 내열성이 있는 재료 및 구조로 위험물이 새지 않도록 제작할 것

② 압력탱크 수압시험

㉮ 압력탱크(최대상용압력이 46.7 kPa 이상인 탱크) 외의 시험

㉠ 수압시험 : 70 kPa 압력으로 10분 간 실시하여 새거나 변형되지 아니할 것

㉡ 용접부에 대한 비파괴시험과 기밀시험으로 대신할 수 있다.

㉯ 압력탱크 시험

㉠ 최대상용압력의 1.5배 압력으로 10분간 수압시험

㉡ 용접부에 대한 기밀시험 및 비파괴시험으로 대신할 수 있다.

③ 탱크 칸막이

내부에 4,000 L 이하마다 3.2 mm 이상의 강철판 또는 이와 동등 이상의 강도·내열성및 내식성이 있는 금속성의 것으로 칸막이를 설치하여야 한다. 다만, 고체인 위험물을 저장하거나 고체인 위험물을 가열하여 액체 상태로 저장하는 경우에는 그러하지 아니하다.

④ 안전장치 및 방파판

칸막이로 구획된 각 부분마다 맨홀과 안전장치 및 방파판을 설치(다만, 칸막이로 구획된 부분의 용량이 2,000 L 미만인 부분에는 방파판을 설치하지 아니할 수 있다.

㉮ 안전장치

㉠ 상용압력이 20 kPa 이하인 탱크 : 20 kPa 이상 24 kPa 이하의 압력에서 작동

㉡ 상용압력이 20 kPa 초과하는 탱크 : 상용압력의 1.1배 이하의 압력에서 작동하는 것으로 할 것

㉯ 방파판 : 탱크(유조차)가 급회전할 경우 탱크 내의 유체가 원심력에 의하여 탱크가 전복되는 것을 막기 위하여 설치한 것

㉠ 두께 1.6 mm 이상의 강철판 또는 이와 동등 이상의 강도·내열성 및 내식성이 있는 금속성의 것으로 할 것

㉡ 하나의 구획부분에 2개 이상의 방파판을 이동탱크저장소의 진행방향과 평행으로 설치하되, 각 방파판은 그 높이 및 칸막이로부터의 거리를 다르게 할 것

㉢ 하나의 구획부분에 설치하는 각 방파판의 면적의 합계는 당해 구획부분의 최대 수직단면적의 50% 이상으로 할 것. 다만, 수직단면이 원형이거나 짧은 지름이 1m 이하의 타원형일 경우에는 40% 이상으로 할 수 있다.

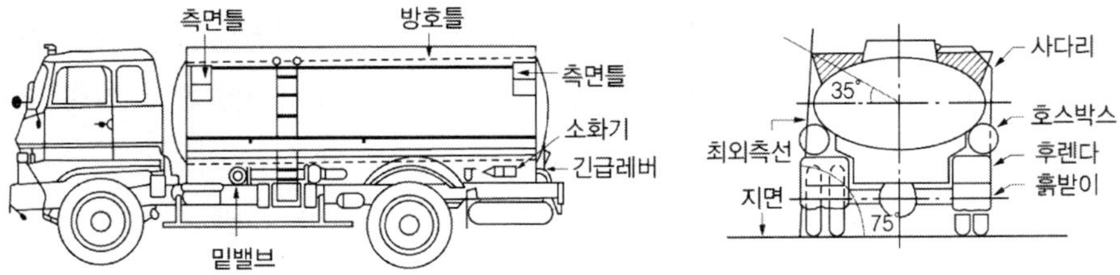

그림 12-50 이동탱크 저장소 구조

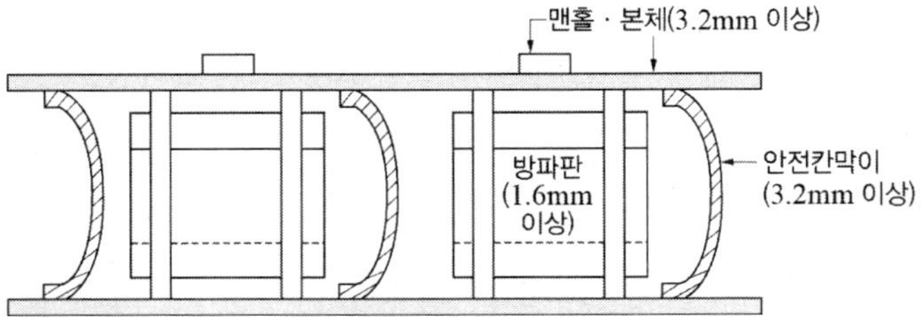

그림 12-51 안전칸막이 및 방파판

⑤ 측면틀과 방호틀

㉮ 측면틀 : 탱크가 전도되었을 때 전도에 의한 맨홀 등 부속장치의 손상을 방지하기 위하여 설치한 것

㉠ 탱크 뒷부분의 입면도에 있어서 측면틀의 최외측과 탱크의 최외측을 연결하는 직선(이하 "최외측선")의 수평면에 대한 내각이 75도 이상이 되도록 한다.

㉡ 최대수량의 위험물을 저장한 상태에 있을 때의 당해 탱크중량의 중심점과 측면틀의 최외측을 연결하는 직선과 그 중심점을 지나는 직선 중 최외측선과 직각을 이루는 직선과의 내각이 35도 이상이 되도록 할 것

㉢ 외부로부터 하중에 견딜 수 있는 구조로 할 것

㉣ 탱크상부의 네 모퉁이에 당해 탱크의 전단 또는 후단으로부터 각각 1 m 이내의 위치에 설치할 것

㉤ 측면틀에 걸리는 하중에 의하여 탱크가 손상되지 아니하도록 측면틀의 부착부분에 받침판을 설치할 것

㉯ 방호틀

㉠ 강철판의 두께 : 3.2 mm 이상

㉡ 산모양의 형상으로 하고 이와 동등이상의 강도가 있는 형식으로 하여야 함

㉢ 탱크 정상부분은 부속장치보다 50 mm 이상 높게 할 것

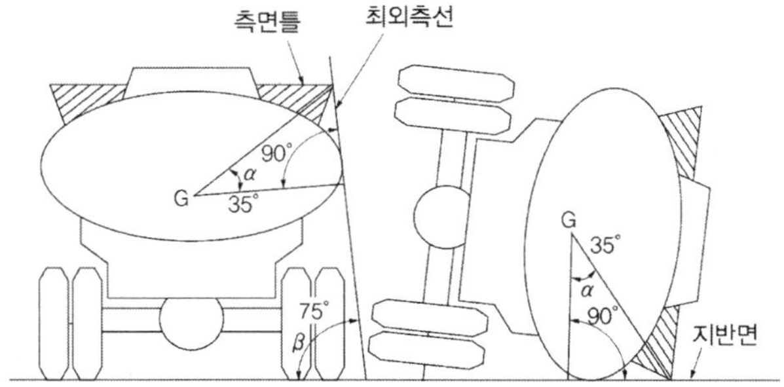

그림 12-52 측면틀 설치

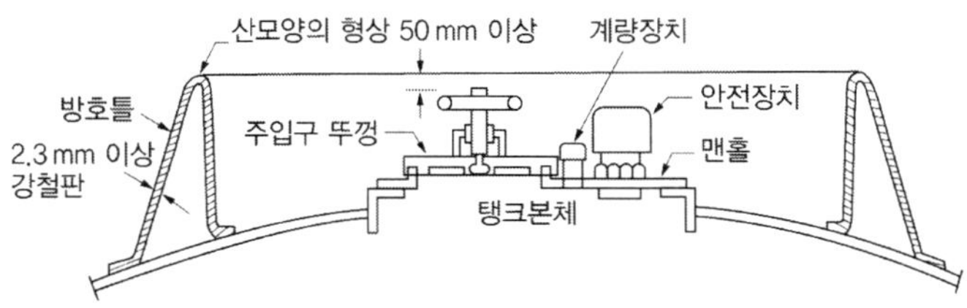

그림 12-53 방호틀

(4) 탱크의 배출밸브 및 폐쇄장치

① 배출구 설치의 경우

㉮ 배출밸브 설치 위치 : 이동저장탱크 아랫부분

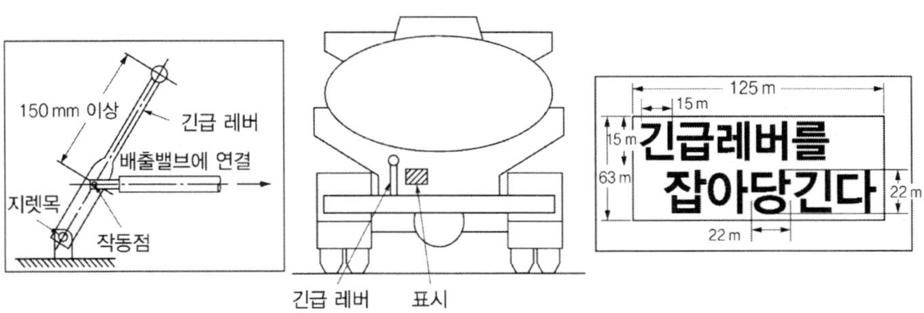

그림 12-54 수동배출장치 긴급레버

㉯ 배출밸브 : 비상시에 배출밸브를 폐쇄할 수 있는 수동폐쇄장치 자동폐쇄장치 설치

㉰ 수동식폐쇄장치를 설치하는 경우 손으로 잡아당겨 수동폐쇄장치를 작동시킬 수 있는 길이 15 cm 이상의 레버를 설치할 것

② 탱크 배관의 선단부에는 개폐밸브를 설치한다.

(5) 결합금속구 등

① 액체위험물의 이동탱크저장소의 주입호스(이동저장탱크로부터 위험물을 저장 또는 취급하는 다른 탱크로 위험물을 공급하는 호스를 말한다.)는 위험물을 저장 또는 취급하는 탱크의 주입구와 결합할 수 있는 금속구를 사용하되, 그 결합금속구(제6류위험물의 탱크의 것을 제외)는 놋쇠, 그 밖에 마찰 등에 의하여 불꽃이 생기지 아니하는 재료로 하여야 한다.

② 이동탱크저장소에 주입설비(주입호스의 선단에 개폐밸브를 설치한 것)를 설치하는 경우에는 다음 기준에 의하여야 한다.

㉮ 위험물이 샐 우려가 없고 화재예방상 안전한 구조로 할 것

㉯ 주입설비의 길이는 50 m 이내로 하고, 그 선단에 축적되는 정전기를 유효하게 제거할 수 있는 장치를 할 것

㉰ 분당 토출량은 200 L 이하로 할 것

(6) 펌프설비

① 펌프설비는 당해 이동탱크저장소의 차량구동용엔진(피견인식 이동탱크저장소의 견인 부분에 설치된 것은 제외한다)의 동력원을 이용하여 위험물을 이송하여야 한다. 다만, 외부로부터 전원을 공급받는 방식의 모터펌프를 설치하는 경우는 다음 기준과 같다.

㉮ 저장 또는 취급가능 한 위험물은 인화점 40℃ 이상의 것 또는 비인화성의 것에 한할 것

㉯ 화재예방상 지장이 없는 위치에 고정하여 설치할 것

② 피견인식 이동탱크저장소의 견인부분에 설치된 차량구동용 엔진의 동력원을 이용하여 위험물을 이송하는 경우에는 다음의 기준에 적합하여야 한다.

㉮ 견인부분에 작동유탱크 및 유압펌프를 설치하고, 피견인부분에 오일모터 및 펌프를 설치할 것

㉯ 트랜스미션(Transmission)으로부터 동력전동축을 경유하여 견인부분의 유압펌프를 작동시키고 그 유압에 의하여 피견인부분의 오일모터를 경유하여 펌프를 작동시키는

구조일 것

③ 이동탱크저장소에 설치하는 펌프설비는 당해 이동저장탱크로부터 위험물을 토출하는 용도에 한한다.

예외) 진공흡입방식펌프 설치대상 : 폐유의 회수 등의 용도에 사용되는 이동탱크저장소

㉮ 저장 또는 취급가능한 위험물은 인화점이 70℃ 이상인 폐유 또는 비인화성의 것에 한함

㉯ 감압장치의 배관 및 배관의 이음은 금속제일 것

㉰ 호스 선단에는 돌 등의 고형물이 혼입되지 아니하도록 망 등을 설치할 것

㉱ 이동저장탱크로부터 위험물을 다른 저장소로 옮겨 담는 경우에는 당해 저장소의 펌프 또는 자연하류의 방식에 의하는 구조일 것

(7) 접지도선

① 접지도선 설치대상

제4류 위험물중 특수인화물, 제1석유류 또는 제2석유류의 이동탱크저장소

② 접지도선 기준

㉮ 양도체(良導體)의 도선에 비닐 등의 절연재료로 피복하여 선단에 접지전극 등을 결착시킬 수 있는 클립(clip) 등을 부착할 것

㉯ 도선이 손상되지 아니하도록 도선을 수납할 수 있는 장치를 부착할 것

(8) 컨테이너식 이동탱크저장소 특례

① 컨테이너식 이동탱크저장소(이동저장탱크를 차량 등에 옮겨 싣는 구조) 기준

㉮ 이동저장탱크는 옮겨 싣는 때에 이동저장탱크하중에 의하여 생기는 응력 및 변형에 대하여 안전한 구조로 할 것

㉯ 컨테이너식 이동탱크저장소에는 이동저장탱크하중의 4배의 전단하중에 견디는 걸고리 체결 금속구 및 모서리체결금속구를 설치할 것

② 칸막이, 측면틀, 방호틀의 규정을 적용받지 않은 컨테이너식 이동탱크저장소 구조

㉮ 이동저장탱크 및 부속장치(맨홀·주입구 및 안전장치 등)는 강재로 된 상자형태의 틀(상자틀)에 수납할 것

㉯ 상자틀의 구조물 중 이동저장탱크의 이동방향과 평행한 것과 수직인 것의 이동탱크하중

㉠ 이동저장탱크·부속장치 및 상자틀의 자중+저장하는 위험물의 무게를 합한 하중)의 2배 이상의 하중에 견딜 수 있는 강도

㉡ 이동저장탱크의 이동방향과 직각인 것은 이동저장탱크하중 이상의 하중에 각각 견딜수 있는 강도가 있는 구조로 할 것

㉰ 이동저장탱크·맨홀 및 주입구의 뚜껑의 두께 : 6 mm(당해 탱크의 직경 또는 장경이 1.8 m 이하인 것은 5 mm) 이상의 강판이나 동등 이상의 기계적 성질이 있는 재료로 할 것

㉱ 이동저장탱크에 칸막이를 설치하는 경우

㉠ 탱크의 내부를 완전히 구획하는 구조로 한다.

㉡ 두께 3.2 mm 이상의 강판 또는 이와 동등 이상의 기계적 성질이 있는 재료로 할 것

㉲ 이동저장탱크에는 맨홀 및 안전장치를 할 것

㉳ 부속장치는 상자틀의 최외측과 50 mm 이상의 간격을 유지할 것

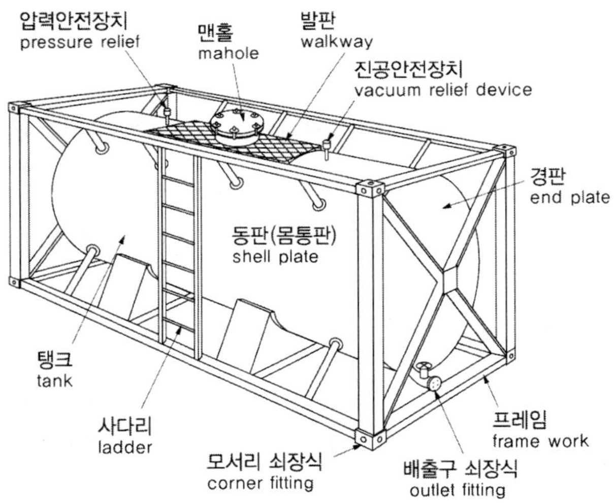

그림 12-55 탱크 컨테이너 및 상자 틀

③ 컨테이너식 이동탱크저장소의 허가청의 명칭 및 완공검사번호를 표시

이동저장탱크의 보기 쉬운 곳에 가로 0.4 m 이상, 세로 0.15 m 이상의 백색 바탕에 흑색 문자로 하여야 한다.

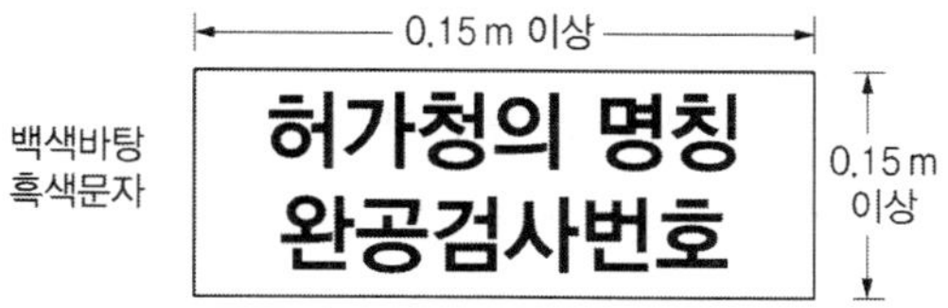

그림 12-56 허가청 및 완공검사번호 표시

(9) 주유탱크차

항공기주유취급소에 있어서 항공기의 연료탱크에 직접 주유하기 위하여 주유설비를 갖춘 이동탱크저장소(주유탱크차)는 이동탱크저장소의 일반기준에 대하여 일부기준의 적용을 배제한 특례를 인정하고 다음 기준에 적합하여야 한다.

① 주유탱크차 기준

㉮ 주유탱크차에는 엔진배기통의 선단부에 화염의 분출을 방지하는 장치를 설치할 것

㉯ 주유탱크차에는 주유호스 등이 적정하게 격납되지 아니하면 발진되지 아니하는 장치를 설치할 것

㉰ 주유설비는 다음의 기준에 적합한 구조로 할 것

㉠ 배관은 금속제로서 최대상용압력의 1.5배 이상의 압력으로 10분간 수압시험을 실시하였을 때 누설 그 밖의 이상이 없는 것으로 할 것

㉡ 주유호스의 선단에 설치하는 밸브는 위험물의 누설을 방지할 수 있는 구조로 할 것

㉢ 외장은 난연성이 있는 재료로 할 것

㉱ 주유설비에는 당해 주유설비의 펌프기기를 정지하는 등의 방법에 의하여 이동저장탱크로부터의 위험물 이송을 긴급히 정지할 수 있는 장치를 설치할 것

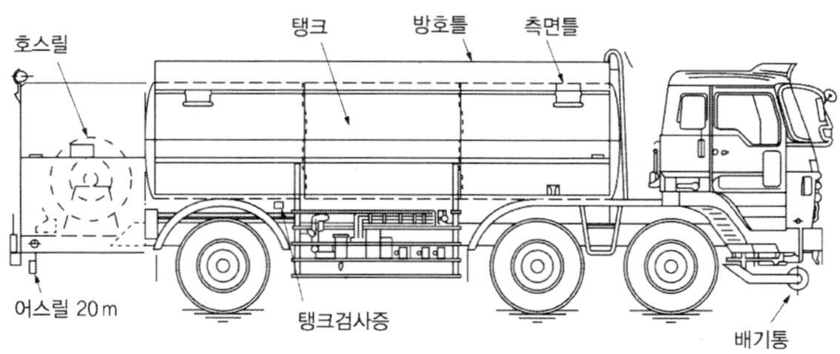

그림 12-57 주유탱크차

㉮ 주유설비에는 개방조작 시에만 개방하는 자동폐쇄식의 개폐장치를 설치하고, 주유호스의 선단부에는 연료탱크의 주입구에 연결하는 결합금속구를 설치할 것

㉯ 주유설비에는 주유호스 선단에 축적된 정전기를 유효하게 제거하는 장치를 설치할 것

㉰ 주유호스는 최대상용압력의 2배 이상의 압력으로 수압시험을 실시하여 누설 그 밖의 이상이 없는 것으로 할 것

(9) 위험물의 성질에 따른 이동탱크저장소의 특례

① 알킬알루미늄등을 저장·취급하는 이동탱크저장소의 위험물성질에 따른 강화되는 기준

㉮ 이동저장탱크는 두께 10 mm 이상의 강판 또는 이와 동등 이상의 기계적 성질이 있는 재료로 기밀하게 제작되고 1 MPa 이상의 압력으로 10분 간 실시하는 수압시험에서 새거나 변형하지 아니하는 것일 것

㉯ 이동저장탱크의 용량은 1,900 L 미만일 것

㉰ 안전장치는 이동저장탱크의 수압시험의 압력의 2/3를 초과하고 4/5를 넘지 아니하는 범위의 압력으로 작동할 것

㉱ 이동저장탱크의 맨홀 및 주입구의 뚜껑은 두께 10 mm 이상의 강판 또는 이와 동등 이상의 기계적 성질이 있는 재료로 할 것

㉲ 이동저장탱크의 배관 및 밸브 등은 당해 탱크의 윗부분에 설치할 것

㉳ 이동탱크저장소에는 이동저장탱크하중의 4배의 전단하중에 견딜 수 있는 걸고리체결금속구 및 모서리체결금속구를 설치할 것

㉴ 이동저장탱크는 불활성의 기체를 봉입할 수 있는 구조로 할 것

㉵ 이동저장탱크는 그 외면을 적색으로 도장하는 한편, 백색문자로서 동판(胴板)의 양측면 및 경판(鏡板)에 위험물제조소의 주의사항을 표시한 게시판을 설치할 것

② 아세트알데히드등을 저장·취급하는 이동탱크저장소의 강화되는 기준

㉮ 이동저장탱크는 불활성의 기체를 봉입할 수 있는 구조로 할 것

㉯ 이동저장탱크 및 그 설비는 은·수은·동·마그네슘 또는 이들을 성분으로 하는 합금으로 만들지 아니할 것

③ 히드록실아민등을 저장·취급하는 이동탱크저장소의 강화되는 기준은 옥외탱크저장소의 특례기준에 따른 규정을 준용한다.

8) 옥외저장소

(1) 옥외저장소 정의

옥외의 장소에서 용기나 드럼 등에 위험물을 넣어 저장하는 저장소로서 위험물을 옥외에 저장, 취급하기 때문에 인화성, 발화성 위험이 적은 위험물에 대하여 인정한다.

(2) 옥외저장소 중 위험물을 용기에 저장·취급하는 설비의 기술기준

① 안전거리 : 제조소에 준함

② 옥외저장소는 습기가 없고 배수가 잘되는 장소에 설치할 것

③ 위험물을 저장 또는 취급하는 장소의 주위에는 경계표시(울타리의 기능이 있는 것에 한함)를 하여 명확하게 구분할 것

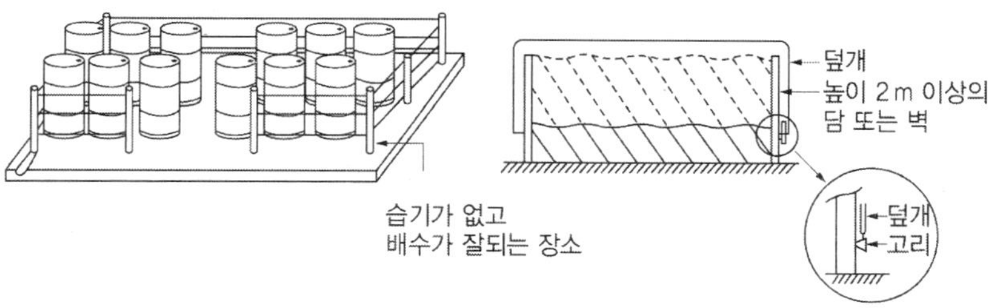

그림 12-58 옥외저장소

④ 보유공지

위험물을 취급하는 건축물 기타 시설의 주위에 그 취급하는 위험물의 최대수량에 따라 보유하여야 할 공지

표 12-20 옥외저장소 보유공지

위험물의 저장 최대수량	공지의 너비
지정수량의 10배 이하	3m 이상
지정수량의 10배 초과 20배 이하	5m 이상
지정수량의 20배 초과 50배 이하	9m 미상
지정수량의 50배 초과 200배 이하	12m 이상
지정수량의 200배 초과	15m 이상

• 보유공지의 너비를 1/3로 감축할 수 있는 경우 위험물

　㉮ 제4류 위험물 중 제4석유류

　㉯ 제6류 위험물

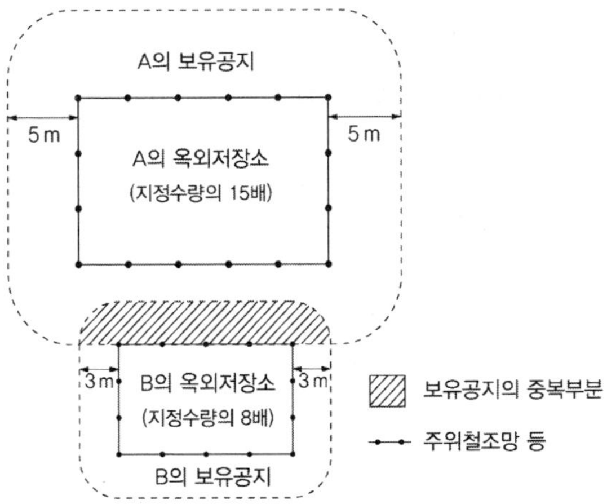

그림 12-58 보유공지 설치 예

⑤ 옥외저장소 표지 및 게시판 설치 :

그림 12-60 옥외저장소 표지

⑥ 옥외저장소 선반 설치 기준

　㉮ 선반은 불연재료로 만들고 견고한 지반면에 고정할 것

　㉯ 선반은 당해 선반 및 그 부속설비의 자중·저장하는 위험물의 중량·풍하중·지진의 영향 등에 의하여 생기는 응력에 대하여 안전할 것

　㉰ 선반의 높이는 6 m를 초과하지 아니할 것

　㉱ 선반에는 위험물을 수납한 용기가 쉽게 낙하하지 아니하는 조치를 강구할 것

⑦ 과산화수소 또는 과염소산을 저장하는 옥외저장소에는 불연성 또는 난연성의 천막 등을 설치하여 햇빛을 가릴 것

⑧ 눈·비 등을 피하거나 차광 등을 위하여 옥외저장소에 캐노피 또는 지붕을 설치하는 경우에는 환기 및 소화활동에 지장을 주지 아니하는 구조로 할 것

(3) 덩어리 상태의 유황만을 저장·취급하는 옥외저장소 기술기준

① 하나의 경계표시의 내부의 면적은 100 m^2 이하일 것

② 2 이상의 경계표시를 설치하는 경우 : 각각의 경계표시 내부의 면적을 합산한 면적은 1,000 m^2 이하로 하고 인접하는 경계표시와 경계표시와의 간격을 공지의 너비의 2분의 1 이상으로 할 것

예외) 저장 또는 취급하는 위험물의 최대수량이 지정수량의 200배 이상인 경우 : 10 m 이상

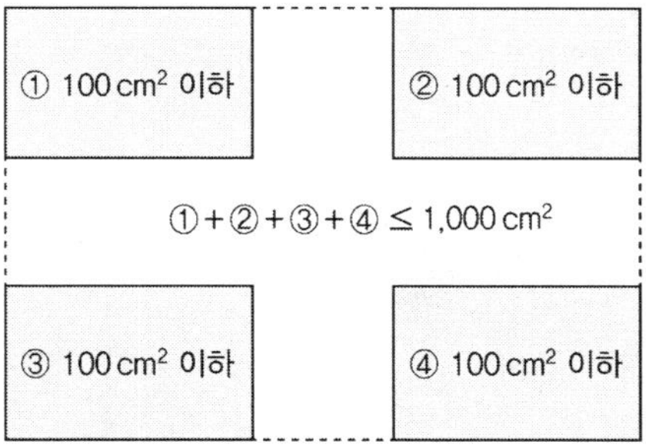

그림 12-61 경계표시

③ 경계표시는 불연재료로 만드는 동시에 유황이 새지 아니하는 구조로 할 것

④ 경계표시의 높이는 1.5 m 이하로 할 것

⑤ 경계표시에는 유황이 넘치거나 비산하는 것을 방지하기 위한 천막 등을 고정하는 장치를 설치하되, 천막 등을 고정하는 장치는 경계표시의 길이 2 m마다 한 개 이상 설치할 것

⑥ 유황을 저장 또는 취급하는 장소의 주위에는 배수구와 분리장치를 설치할 것

(4) 인화성고체, 제1석유류 또는 알코올류의 옥외저장소의 특례

① 인화성고체, 제1석유류 또는 알코올류를 저장 또는 취급하는 장소에는 당해 위험물을 적당한 온도로 유지하기 위한 살수설비 등을 설치하여야 한다.

② 제1석유류 또는 알코올류를 저장 또는 취급하는 장소 : 배수구 및 집유설비를 설치. 이 경우 제1석유류(온도 20℃의 물 100 g에 용해되는 양이 1 g 미만인 것에 한한다)를 저장 또는 취급하는 장소에 있어서는 집유설비에 유분리장치를 설치하여야 한다.

9) 암반탱크저장소

(1) 암반탱크 설치기준

① 암반탱크는 암반투수계수가 10^{-5} m/sec 이하인 천연 암반 내에 설치할 것

② 암반탱크는 저장할 위험물의 증기압을 억제할 수 있는 지하수면 하에 설치할 것

③ 암반탱크의 내벽은 암반 균열에 의한 낙반을 방지할 수 있도록 볼트·콘크리트 등으로 보강할 것

(2) 암반탱크 수리조건

① 암반탱크 내로 유입되는 지하수의 양은 암반 내의 지하수 충전량보다 적을 것

② 암반탱크 상부로 물을 주입하여 수압을 유지할 필요가 있는 경우 수벽공을 설치할 것

③ 암반탱크에 가해지는 지하수압은 저장소의 최대운영압보다 항상 크게 유지할 것

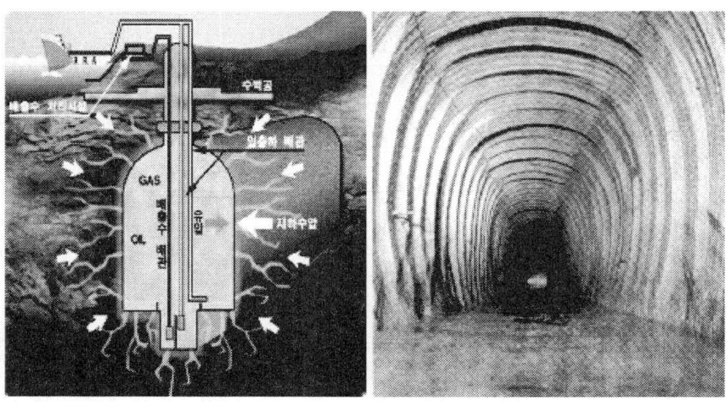

그림 12-62 암반탱크 개요도 및 내부 전경

(3) 지하수위 관측공의 설치

암반탱크저장소 주위에는 지하수위 및 지하수의 흐름 등을 확인·통제할 수 있는 관측공을 설치하여야 한다.

(4) 계량장치

암반탱크저장소에는 위험물의 양과 내부로 유입되는 지하수의 양을 측정할 수 있는 계량구와 자동측정이 가능한 계량장치를 설치할 것

(5) 배수시설

암반탱크저장소에는 주변 암반으로부터 유입되는 침출수를 자동으로 배출할 수 있는 시설을 설치하되 위험물이 직접 배수구로 흘러가지 않도록 유분리장치를 설치할 것

(6) 펌프설비

암반탱크저장소의 펌프설비는 점검 및 보수를 위하여 사람의 출입이 용이한 구조의 전용공동에 설치한다. 다만, 액중펌프를 설치한 경우는 그러하지 아니하다.

12.4.4 위험물 취급소

1) 주유취급소

(1) 개요

① 정의

취급소는 지정수량 이상의 위험물을 고정된 주유설비에 의하여 위험물을 자동차 등의 연료탱크에 직접 주유하거나 실소비자에게 직접 판매하는 취급소

② 주유취급소와 일반취급소 구별

㉮ 주유취급소

㉠ 고정된 급유설비에 의해 등유 경유를 용기에 옮겨 담는 시설

㉡ 고정된 급유설비에 의해 차량에 고정된 이동저장탱크(3,000 L 이하)에 등유, 경유를 주입하는 시설

㉯ 일반취급소로 규제

㉠ 이동탱크저장소나 유조선 등의 수송용 탱크에 급유하는 시설

㉡ 위험물을 원료로 여러 가지 화학반응을 동반하는 등 제조소와 유사한 시설이면서 최종제품이 위험물이 아니면 일반취급소로 규제

(2) 종류

① 주유취급소

고정된 주유설비(항공기에 주유하는 경우에는 차량에 설치된 주유설비 포함)에 의하여 자동차·항공기 또는 선박 등의 연료탱크에 직접 주유하기 위하여 위험물(가짜 석유제품

제외)을 취급하는 장소(위험물을 용기에 옮겨 담거나 차량에 고정된 3,000 L 이하의 탱크에 주입하기 위하여 고정된 급유설비를 병설한 장소 포함)

② 판매취급소
점포에서 위험물을 용기에 담아 판매하기 위하여 지정수량의 40배 이하의 위험물을 취급하는 장소

③ 이송취급소
배관 및 이에 부속된 설비에 의하여 위험물을 이송하는 장소.

④ 일반취급소
위험물을 취급하기 위한 설치한 주유취급소, 판매취급소, 이송취급소 외의 장소

(3) <u>주유취급소의 주유공지 및 급유공지 기준</u>

① 주유공지 : 고정주유설비의 주위에는 주유를 받으려는 자동차 등이 출입할 수 있도록 너비 15 m 이상, 길이 6 m 이상의 콘크리트로 포장한 공지(주유공지)를 보유

② 고정급유설비
㉮ 고정급유설비의 호스기기의 주위에 필요한 공지(급유공지)를 보유
㉯ 탱크로리에 주입하는 경우 그 차량규모에 적정한 공지 정차 및 작업의 공지

③ 공지의 기준
㉮ 바닥은 주위 지면보다 높게 할 것
㉯ 바닥의 표면은 적당하게 경사지게 할 것
㉰ 새어나온 기름이나 기타 액체가 보유공지의 외부로 유출되지 않도록 배수구, 저유설비 및 유분리장치를 할 것

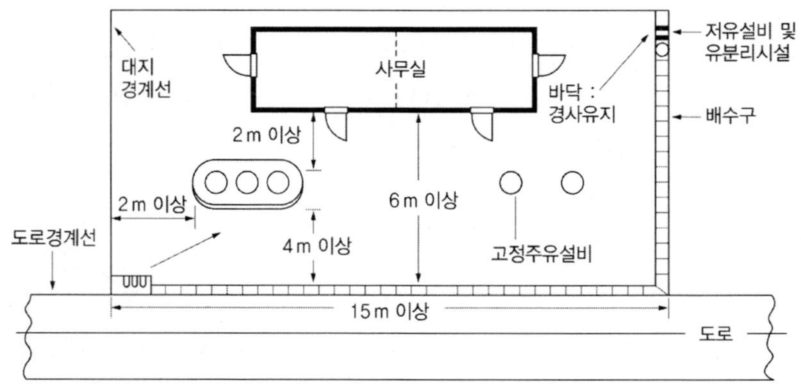

그림 12-63 주유취급소의 공지

(4) <u>주유취급소의 표지 및 게시판의 기준</u>

① 위험물 주유취급소 표지

㉮ 규격 : 가로 0.6 m 이상, 세로 0.3 m 이상

㉯ 색깔 : 바탕 백색, 문자 흑색

② 화기엄금 게시판의 기준

㉮ 규격 : 가로 0.6 m 이상, 세로 0.3 m 이상

㉯ 색깔 : 적색바탕에 백색문자

③ 주유 중 엔진정지 표지판의 기준

㉮ 규격 : 가로 0.6 m 이상, 세로 0.3 m 이상

㉯ 색깔 : 황색바탕에 흑색문자

④ 방화상 필요한 사항 게시판

㉮ 규격 : 가로 0.6 m 이상, 세로 0.3 m 이상

㉯ 색깔 : 바탕 백색, 문자 흑색

그림 12-64 주유취급소의 표지판 및 게시판의 기준

(5) 주유취급소의 탱크

① 주유취급소에는 다음의 탱크 외에는 위험물을 저장, 취급하는 탱크를 설치할 수 없다.

㉮ 자동차 등에 주유하기 위한 고정주유설비에 직접 접속하는 전용탱크로 50,000 L 이하의 것

㉯ 고정급유설비에 직접 접속하는 전용탱크로서 50,000 L 이하의 것

㉰ 보일러 등에 직접 접속하는 전용탱크로서 10,000 L 이하의 것

㉱ 자동차 등을 점검·정비하는 작업장 등(주유취급소안에 설치된 것)에서 사용하는 폐유·윤활유 등의 위험물을 저장하는 탱크로서 용량(2 이상 설치하는 경우에는 각 용량의 합계)이 2,000 L 이하인 탱크(이하 "폐유탱크등"이라 한다)

㉲ 고정주유설비 또는 고정급유설비에 직접 접속하는 3기 이하의 간이탱크.

② 위 ㉮ 내지 ㉱의 규정에 의한 탱크(㉰ 및 ㉱의 탱크는 1,000 L를 초과하는 것에 한함)는 옥외의 지하 또는 캐노피 아래의 지하에 매설하여야 한다.

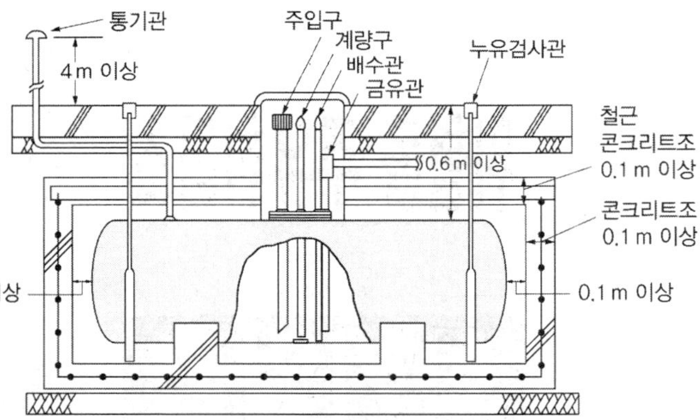

그림 12-65 지하저장탱크 탱크전용실

(6) 고정주유설비 등

① 주유취급소에는 자동차 등의 연료탱크에 직접 주유하기 위한 고정주유설비를 설치

② 고정주유설비 또는 고정급유설비는 (5)의 ㉮, ㉯, ㉲ 규정에 의한 탱크 중 하나의 탱크만으로부터 위험물을 공급받을 수 있도록 한다.

㉮ 고정주유설비 또는 고정급유설비 구조

㉠ <u>펌프기기의 주유관 선단에서의 최대토출량</u>

- 제1석유류의 경우에는 분당 50 L 이하

- 경유의 경우에는 분당 180 L 이하
- 등유의 경우에는 분당 80 L 이하
- 이동저장탱크에 주입하기 위한 최대토출량 분당 300 L 이하

㉡ 분당 토출량이 200 L 이상인 것의 경우에는 주유설비에 관계된 모든 배관의 안지름을 40 mm 이상으로 하여야 한다.

㈏ 이동저장탱크의 상부를 통하여 주입하는 고정급유설비의 주유관에는 당해 탱크의 밑부분에 달하는 주입관을 설치하고, 그 토출량이 분당 80 L를 초과하는 것은 이동저장탱크에 주입하는 용도로만 사용할 것

㈐ 고정주유설비 또는 고정급유설비는 난연성 재료로 만들어진 외장을 설치할 것

㈑ 고정주유설비 또는 고정급유설비의 본체 또는 노즐 손잡이에 주유작업자의 인체에 축적되는 정전기를 유효하게 제거할 수 있는 장치를 설치할 것

③ 고정주유설비 또는 고정급유설비의 주유관의 길이(선단의 개폐밸브를 포함)는 5 m(현수식의 경우에는 지면위 0.5 m의 수평면에 수직으로 내려 만나는 점을 중심으로 반경 3 m) 이내로 하고 그 선단에는 축적된 정전기를 유효하게 제거할 수 있는 장치를 설치하여야 한다.

④ 고정주유설비 또는 고정급유설비는 설치 위치

㈎ 고정주유설비의 중심선을 기점으로 하여 도로경계선까지 4 m 이상, 부지경계선·담 및 건축물의 벽까지 2 m(개구부가 없는 벽까지는 1 m) 이상의 거리를 유지하고, 고정급유 설비의 중심선을 기점으로 하여 도로경계선까지 4 m 이상, 부지경계선 및 담까지 1 m 이상, 건축물의 벽까지 2 m(개구부가 없는 벽까지는 1 m) 이상의 거리를 유지할 것

㈏ 고정주유설비와 고정급유설비의 사이에는 4 m 이상의 거리를 유지할 것

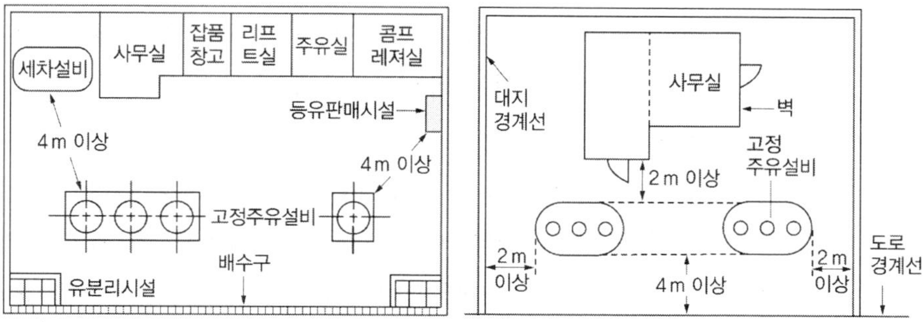

그림 12-66 주유취급소의 부대설비

(7) 건축물 등의 제한 등

① 주유취급소에는 주유 또는 그에 부대하는 업무를 위하여 사용되는 다음의 건축물 또는 시설 외에는 다른 건축물 그 밖의 공작물을 설치할 수 없다.

㉮ 주유 또는 등유·경유를 옮겨 담기 위한 작업장

㉯ 주유취급소의 업무를 행하기 위한 사무소

㉰ 자동차 등의 점검 및 간이정비를 위한 작업장

㉱ 자동차 등의 세정을 위한 작업장

㉲ 주유취급소에 출입하는 사람을 대상으로 한 점포·휴게음식점 또는 전시장

㉳ 주유취급소의 관계자가 거주하는 주거시설

㉴ 전기자동차용 충전설비

㉵ 그 밖의 소방청장이 정하여 고시하는 건축물 또는 시설

② 위의 ①의 각목의 건축물 중 주유취급소의 직원 외의 자가 출입하는 ㉯·㉰ 및 ㉲의 용도에 제공하는 부분의 면적의 합은 1,000 m^2를 초과할 수 없다.

③ 다음의 옥내주유취급소는 주유취급소로 사용하는 부분이 없는 건축물(자동화재탐지설비 등을 설치한 건축물에 한함)에 설치할 수 있다.

㉮ 건축물 안에 설치하는 주유취급소

㉯ 캐노피·처마·차양·부연·발코니 및 루버의 수평투영면적이 주유취급소의 공지면적(주유취급소의 부지면적에서 건축물 중 벽 및 바닥으로 구획된 부분의 수평투영면적을 뺀 면적을 말한다)의 3분의 1을 초과하는 주유취급소

(8) 건축물 등의 구조

① 주유취급소에 설치하는 건축물 등 위치 및 구조의 기준

㉮ 건축물, 창 및 출입구의 구조

㉠ 건축물의 벽·기둥·바닥·보 및 지붕을 내화구조 또는 불연재료로 할 것. 다만 (7)의 ②호에 따른 면적의 합이 500 m^2를 초과하는 경우에는 건축물의 벽을 내화구조로 하여야 한다.

㉡ 창 및 출입구(자동차 등의 점검, 간이정비, 세정을 위한 작업장의 용도에 사용하는 부분의 자동차 출입구 제외)에는 방화문 또는 불연재료로 된 문을 설치할 것. 이 경우 (7)의 ②호에 따른 면적의 합이 500 m^2를 초과하는 주유취급소로서 하나의 구획실의 면적이 500 m^2를 초과하거나 2층 이상의 층에 설치하는 경우에는 해

당 구획실 또는 해당 층의 2면 이상의 벽에 각각 출입구를 설치하여야 한다.

㉯ 주유취급소의 관계자가 거주하는 주거시설 용도에 사용하는 부분은 개구부가 없는 내화구조의 바닥 또는 벽으로 당해 건축물의 다른 부분과 구획하고 주유를 위한 작업장 등 위험물 취급장소에 면한 쪽의 벽에는 출입구를 설치하지 아니할 것

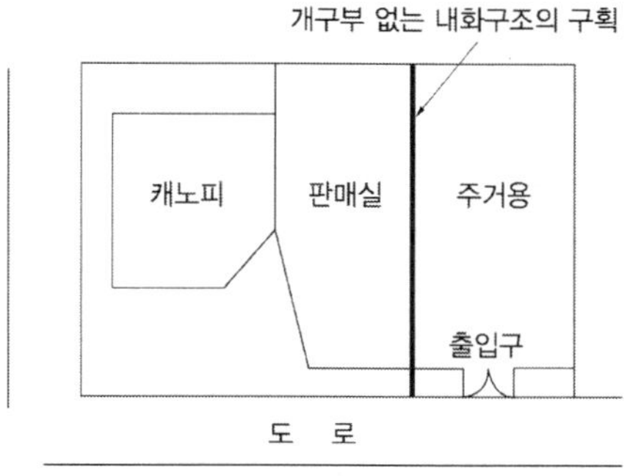

그림 12-67 주유취급소와 주거용의 구획 예

㉰ 사무실 등의 창 및 출입구에 유리를 사용하는 경우에는 망입유리 또는 강화유리로 할 것. 강화유리의 두께는 창에는 8 mm 이상, 출입구에는 12 mm 이상으로 하여야 한다.

㉱ 건축물 중 사무실 그 밖의 화기를 사용하는 곳(자동차 등의 점검, 간이정비, 세정을 위한 작업장 용도에 사용하는 부분을 제외)은 누설한 가연성의 증기가 그 내부에 유입되지 않은 다음 기준에 적합한 구조로 할 것

㉠ 출입구는 건축물의 안에서 밖으로 수시로 개방할 수 있는 자동폐쇄식의 것으로 할 것

㉡ 출입구 또는 사이통로의 문턱의 높이를 15 cm 이상으로 할 것

㉢ 높이 1 m 이하의 부분에 있는 창 등은 밀폐시킬 것

㉲ 자동차 등의 점검·정비를 행하는 설비는 다음의 기준에 적합하게 할 것

㉠ 고정주유설비로부터 4 m 이상, 도로경계선으로부터 2 m 이상 떨어지게 할 것

㉡ 위험물을 취급하는 설비는 위험물의 누설·넘침 또는 비산을 방지할 수 있는 구조로 할 것

㉳ 자동차 등의 세정을 행하는 설비는 다음의 기준에 적합하게 할 것

㉠ 증기세차기를 설치하는 경우에는 그 주위의 불연재료로 된 높이 1 m 이상의 담을

설치하고 출입구가 고정주유설비에 면하지 아니하도록 할 것. 이 경우 담은 고정주유설비로부터 4 m 이상 떨어지게 하여야 한다.

㉡ 증기세차기 외의 세차기를 설치하는 경우에는 고정주유설비로부터 4 m 이상, 도로경계선으로부터 2 m 이상 떨어지게 할 것. 다만, 자동차 등의 세정을 위한 작업장 중 바닥 및 벽으로 구획된 옥내의 작업장에 설치하는 경우에는 그러하지 아니하다.

㉳ 주유원 간이대기실은 다음의 기준에 적합할 것

㉠ 불연재료로 할 것

㉡ 바퀴가 부착되지 아니한 고정식일 것

㉢ 차량의 출입 및 주유작업에 장애를 주지 아니하는 위치에 설치할 것

㉣ 바닥면적이 2.5 m^2 이하일 것. 다만, 주유공지 및 급유공지 외의 장소에 설치하는 것은 그러하지 아니하다.

㉴ 전기자동차용 충전설비는 다음의 기준에 적합할 것

㉠ 충전기기의 주위에 전기자동차 충전을 위한 전용 공지(주유공지 또는 급유공지 외의 장소, 이하 "충전공지")를 확보하고, 충전공지 주위를 페인트 등으로 표시하여 그 범위를 알아보기 쉽게 할 것

㉡ 전기자동차용 충전설비를 (7)의 건축물 등의 제한 등의 ①호의 건축물 밖에 설치하는 경우 충전 공지는 고정주유설비 및 고정급유설비의 주유관을 최대한 펼친 끝 부분에서 1 m 이상 떨어지도록 할 것

㉢ 전기자동차용 충전설비를 부대용도 건축물 또는 시설의 건축물 안에 설치하는 경우에는 다음의 기준에 적합할 것

- 해당 건축물의 1층에 설치할 것
- 해당 건축물에 가연성 증기가 남아 있을 우려가 없도록 환기설비 또는 배출설비를 설치할 것

㉣ 전기자동차용 충전설비의 전력공급설비(전기자동차에 전원을 공급하기 위한 전기성비로서 전력량계, 인입구배선, 분전반 및 배선용 차단기 등)는 다음의 기준에 적합할 것

- 분전반은 방폭성능을 갖출 것. 다만, 분전반을 고정주유설비(제1석유류를 취급하는 고정 주유설비만 해당)의 중심선으로부터 6 m 이상, 전용탱크(제1석유류를 취급하는 전용 탱크만 해당) 주입구의 중심선으로부터 4 m 이상, 전용탱크 통기관 선단의 중심선으로 부터 2 m 이상 이격하여 설치하는 경우에는 그러하

지 아니하다.

- 전력량계, 누전차단기 및 배선용 차단기는 분전반 내에 설치할 것
- 인입구 배선은 지하에 설치할 것
- 「전기사업법에 따른 전기설비의 기술기준」에 적합할 것

㉤ 충전기기와 인터페이스는 다음의 기준에 적합할 것

- 충전기기는 방폭성능을 갖출 것. 다만, 충전설비의 전원공급을 긴급히 차단할 수 있는 장치를 사무소 내부 또는 충전기기 주변에 설치하고, 충전기기를 고정주유설비의 중심선으로부터 6 m 이상, 전용탱크 주입구의 중심선으로부터 4 m 이상, 전용탱크 통기관 선단의 중심선으로부터 2 m 이상 이격하여 설치하는 경우에는 그러하지 아니하다.
- 인터페이스의 구성 부품은 「전기용품안전 관리법」에 따른 기준에 적합할 것

㉥ 충전작업에 필요한 주차장을 설치하는 경우에는 다음의 기준에 적합할 것

- 주유공지, 급유공지 및 충전공지 외의 장소로서 주유를 위한 자동차 등의 진입·출입에 지장을 주지 않는 장소에 설치할 것
- 주차장의 주위를 페인트 등으로 표시하여 그 범위를 알아보기 쉽게 할 것
- 지면에 직접 주차하는 구조로 할 것

참고

전력공급설비

전기자동차에 전원을 공급하기 위한 전기설비로서 전력량계, 인입구 배선, 분전반 및 배선용 차단기 등을 말한다.

인터페이스

충전기기에서 전기자동차에 전기를 공급하기 위하여 연결하는 커플러, 인렛, 케이블 등을 말한다.

② (7)의 ③호에 따른 옥내주유취급소의 다음의 기준에 적합한 구조로 하여야 한다.

㉮ 건축물에서 옥내주유취급소의 용도에 사용하는 부분은 벽·기둥·바닥·보 및 지붕을 내화구조로 하고, 개구부가 없는 내화구조의 바닥 또는 벽으로 당해 건축물의 다른 부분과 구획할 것. 다만, 건축물의 옥내주유취급소의 용도에 사용하는 부분의 상부에 상층이 없는 경우에는 지붕을 불연재료로 할 수 있다.

㉯ 건축물에서 옥내주유취급소 용도에 사용하는 부분의 2 이상의 방면은 자동차 등이 출입하는 측 또는 통풍 및 피난상 필요한 공지에 접하도록 하고 벽을 설치하지 아니할 것

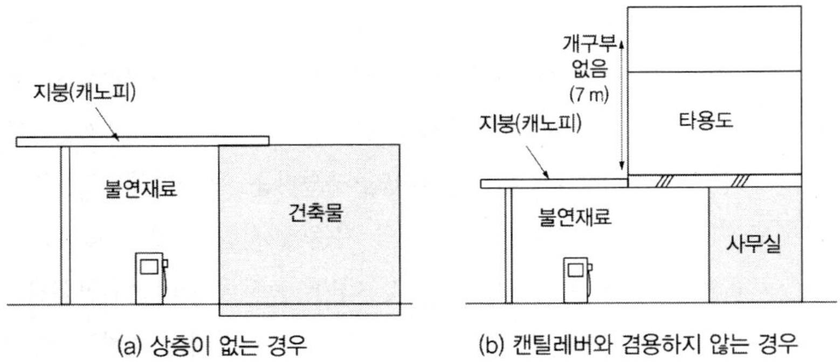

그림 12-68 옥내주유취급소 구획

㉰ 건축물에서 옥내주유취급소의 용도에 사용하는 부분에는 가연성 증기가 체류할 우려가 있는 구멍·구덩이 등이 없도록 할 것

㉱ 건축물에서 옥내주유취급소의 용도에 사용하는 부분에 상층이 있는 경우에는 상층으로의 연소를 방지하기 위하여 다음 기준에 적합하게 내화구조로 된 캔틸레버를 설치할 것

㉠ 옥내주유취급소의 용도에 사용하는 부분(고정주유설비와 접하는 방향 및 벽이 개방된 부분에 한함)의 바로 위층의 바닥에 이어서 1.5 m 이상 내어 붙일 것. 다만, 바로 위층의 바닥으로부터 높이 7 m 이내에 있는 위층의 외벽에 개구부가 없는 경우에는 제외된다.

㉡ 캔틸레버 선단과 위층의 개구부(열지 못하게 만든 방화문과 연소방지 상 필요한 조치를 한 것을 제외)까지의 사이에는 7 m에서 당해 캔틸레버의 내어 붙인 거리를 뺀 길이 이상의 거리를 보유할 것

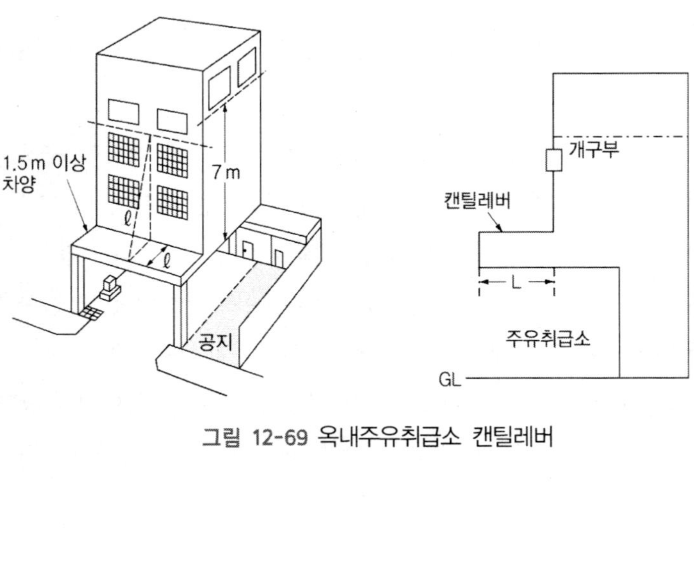

그림 12-69 옥내주유취급소 캔틸레버

㉲ 건축물 중 옥내주유취급소의 용도에 사용하는 부분 외에는 주유를 위한 작업장 등 위험물 취급장소와 접하는 외벽에 창(망입유리로 된 붙박이 창을 제외) 및 출입구를 설치하지 아니할 것

(9) 담 또는 벽

① 주유취급소의 주위에는 자동차 등이 출입하는 쪽외의 부분에 높이 2 m 이상의 내화구조 또는 불연재료의 담 또는 벽을 설치하되, 주유취급소의 인근에 연소의 우려가 있는 건축물이 있는 경우에는 소방청장이 정하여 고시하는 바에 따라 방화상 유효한 높이로 하여야 한다.

② ①에도 불구하고 다음 각 목의 기준에 모두 적합한 경우에는 담 또는 벽의 일부분에 방화상 유효한 구조의 유리를 부착할 수 있다.

㉠ 유리를 부착하는 위치는 주입구, 고정주유설비 및 고정급유설비로부터 4 m 이상 이격될 것

㉡ 유리를 부착하는 방법

- 주유취급소 내의 지반면으로부터 70 cm를 초과하는 부분에 한하여 유리를 부착할 것
- 하나의 유리판의 가로의 길이는 2 m 이내일 것
- 유리판의 테두리를 금속제의 구조물에 견고하게 고정하고 해당 구조물을 담 또는 벽에 견고하게 부착할 것
- 유리의 구조는 접합유리(두장의 유리를 두께 0.76 mm 이상의 폴리비닐부티랄 필름으로 접합한 구조를 말한다)로 하되, 「유리구획 부분의 내화시험방법(KS F 2845)」에 따라 시험하여 비차열 30분 이상의 방화성능이 인정될 것

㉢ 유리를 부착하는 범위는 전체의 담 또는 벽의 길이의 10분의 2를 초과하지 아니할 것

(10) <u>캐노피 설치기준</u>

① 배관이 캐노피 내부를 통과할 경우에는 1개 이상의 점검구를 설치할 것

② 캐노피 외부의 점검이 곤란한 장소에 배관을 설치하는 경우에는 용접이음으로 할 것

③ 캐노피 외부의 배관이 일광열의 영향을 받을 우려가 있는 경우에는 단열재로 피복할 것

(11) 펌프실 등의 구조

주유취급소 펌프실 그 밖에 위험물을 취급하는 실을 설치하는 경우의 기준

① 바닥은 위험물이 침투하지 못하는 구조로 하고 적당한 경사를 두어 집유설비를 설치할 것

② 펌프실 등에는 위험물을 취급하는 데 필요한 채광·조명 및 환기의 설비를 할 것

③ 가연성 증기가 체류할 우려가 있는 펌프실 등에는 그 증기를 옥외에 배출하는 설비를 설치할 것

④ 고정주유설비 또는 고정급유설비 중 펌프기기를 호스기기와 분리하여 설치하는 경우에는 펌프실의 출입구를 주유공지 또는 급유공지에 접하도록 하고, 자동폐쇄식의 갑종방화문을 설치할 것

⑤ 펌프실 등에는 제조소 기준에 의하여 보기 쉬운 곳에 "위험물 펌프실", "위험물 취급실" 등의 표시를 한 표지와 방화에 관하여 필요한 사항을 게시한 게시판을 설치하여야 한다.

⑥ 출입구에는 바닥으로부터 0.1 m 이상의 턱을 설치할 것

(12) 항공기주유취급소 특례

① 비행장에서 항공기, 비행장에 소속된 차량 등에 주유하는 주유취급소에 대하여는 주유공지 및 급유공지, 표지 및 게시판, 탱크종류 및 최대수량, 고장주유설비 및 고정급유설비 구조, 주유관, 담 또는 벽, 캐노피 등의 구정을 적용하지 않는다.

② ①외의 항공기주유취급소에 대한 특례

㉮ 항공기주유취급소에는 항공기 등에 직접 주유하는 데 필요한 공지를 보유할 것

㉯ 주유공지 및 급유공지는 그 지면을 콘크리트 등으로 포장할 것

㉰ 공지에는 누설한 위험물 그 밖의 액체가 공지의 외부로 유출되지 아니하도록 배수구 및 유분리장치를 설치할 것. 다만, 누설한 위험물 등의 유출을 방지하기 위한 조치를 한 경우에는 제외한다.

㉱ 지하식(호스기기가 지하의 상자에 설치된 형식)의 고정주유설비를 사용하여 주유하는 항공기주유취급소의 경우에는 다음의 기준에 의할 것

㉠ 호스기기를 설치한 상자에는 적당한 방수조치를 할 것

㉡ 고정주유설비의 펌프기기와 호스기기를 분리하여 설치한 항공기주유취급소의 경우에는 당해 고정주유설비의 펌프기기를 정지하는 등의 방법에 의하여 위험물저장탱크로부터 위험물의 이송을 긴급히 정지할 수 있는 장치를 설치할 것

㉲ 연료를 이송하기 위한 배관(주유배관) 및 당해 주유배관의 선단부에 접속하는 호스기

기를 사용하여 주유하는 항공기주유취급소의 경우의 기준

㉠ 주유배관의 선단부에는 밸브를 설치할 것

㉡ 주유배관의 선단부를 지면 아래의 상자에 설치한 경우에는 당해 상자에 대하여 적당한 방수조치를 할 것

㉢ 주유배관의 선단부에 접속하는 호스기기는 누설우려가 없도록 하는 등 화재예방상 안전한 구조로 할 것

㉣ 주유배관의 선단부에 접속하는 호스기기에는 주유호스의 선단에 축적되는 정전기를 유효하게 제거하는 장치를 설치할 것

㉤ 항공기주유취급소에는 펌프기기를 정지하는 등의 방법에 의하여 위험물저장탱크로 부터 위험물의 이송을 긴급히 정지할 수 있는 장치를 설치할 것

㉳ 주유배관의 선단부에 접속하는 호스기기를 적재한 차량(주유호스차)을 사용하여 주유하는 항공기주유취급소의 경우에는 ㉲의 ㉠·㉡ 및 ㉤의 규정에 의하는 외에 다음의 기준에 의할 것

㉠ 주유호스차는 화재예방상 안전한 장소에 상치할 것

㉡ 주유호스차에는 화염분출장방지장치 및 발진방지장치를 설치할 것(별표 10 IX 제1호 가, 나목 참고)

㉢ 주유호스차의 호스기기는 이동탱크저장소의 주유탱크차의 특례 규정에 의한 주유설비 구조, 자동폐쇄식 개폐장치, 주유호스 수압시험의 기준을 준용할 것(별표 10 IX 제1호 다, 마, 사목 참고)

㉣ 주유호스차의 호스기기에는 접지도선을 설치하고 주유호스의 선단에 축적되는 정전기를 유효하게 제거할 수 있는 장치를 설치할 것

㉤ 항공기주유취급소에는 정전기를 유효하게 제거할 수 있는 접지전극을 설치할 것

㉴ 주유탱크차를 사용하여 주유하는 항공기주유취급소에는 정전기를 유효하게 제거할 수 있는 접지전극을 설치할 것

2) 판매취급소

(1) 판매취급소

① 정의

점포에서 위험물을 용기에 담아 판매하기 위하여 지정수량 <u>40배 이하의 위험물</u>을 저장 또는 취급하는 장소로서 저장할 수 있는 위험물의 수량에 따라 제1종 판매취급소

와 제2종 판매취급소로 구분한다.

② 제1종 판매취급소(위험물이 수량이 지정수량의 20배 이하)의 기준

㉮ 제1종 판매취급소는 건축물의 1층에 설치할 것

㉯ 제1종 판매취급소에는 제조소의 표시 및 게시판의 기준에 따라 쉬운 곳에 "위험물 판매취급소(제1종)"라는 표시를 한 표지와 방화에 관하여 필요한 사항을 게시한 게시판을 설치하여야 한다.

그림 12-70 제1종 판매취급소 표지

㉰ 제1종 판매취급소의 용도로 사용되는 건축물의 부분은 내화구조 또는 불연재료로 하고, 판매취급소로 사용되는 부분과 다른 부분과의 격벽은 내화구조로 할 것

㉱ 제1종 판매취급소의 용도로 사용하는 건축물의 부분은 보를 불연재료로 하고, 천장을 설치하는 경우에는 천장을 불연재료로 할 것

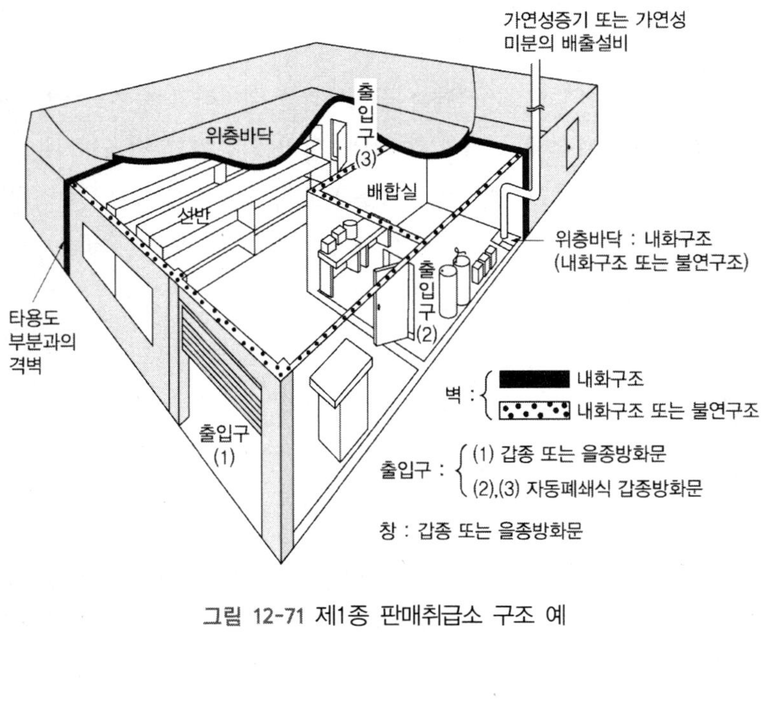

그림 12-71 제1종 판매취급소 구조 예

㉮ 제1종 판매취급소의 용도로 사용하는 부분에 상층이 있는 경우에 있어서는 그 상층의 바닥을 내화구조로 하고, 상층이 없는 경우에 있어서는 지붕을 내화구조 또는 불연재료로 할 것

㉯ 제1종 판매취급소의 용도로 사용하는 부분의 창 및 출입구에는 갑종방화문 또는 을종방화문을 설치할 것

㉰ 제1종 판매취급소의 용도로 사용하는 부분의 창 또는 출입구에 유리를 이용하는 경우에는 망입유리로 할 것

㉱ 위험물을 배합하는 실은 다음에 의할 것

㉠ 바닥면적은 6 m^2 이상 15 m^2 이하로 할 것

㉡ 내화구조 또는 불연재료로 된 벽으로 구획할 것

㉢ 바닥은 위험물이 침투하지 않는 구조로 하여 적당한 경사를 두고 집유설비를 할 것

㉣ 출입구에는 수시로 열 수 있는 자동폐쇄식의 갑종방화문을 설치할 것

㉤ 출입구 문턱의 높이는 바닥면으로부터 0.1 m 이상으로 할 것

㉥ 내부에 체류한 가연성증기 또는 가연성 미분을 지붕 위로 방출하는 설비를 할 것

③ 제2종 판매취급소(위험물이 수량이 지정수량의 40배 이하)의 기준

㉮ 제2종 판매취급소의 용도로 사용하는 부분은 벽·기둥·바닥 및 보를 내화구조로 하고, 천장이 있는 경우에는 이를 불연재료로 하며, 판매취급소로 사용되는 부분과 다른 부분과의 격벽은 내화구조로 할 것

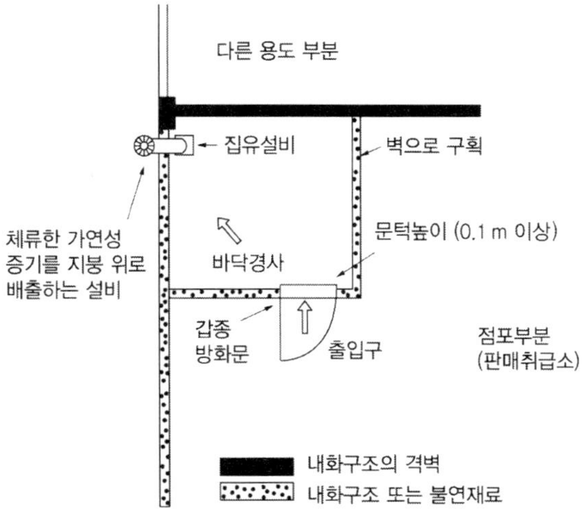

그림 12-72 제1종 판매취급소 배합실 예

㉯ 제2종 판매취급소의 용도로 사용하는 부분에 상층이 있는 경우에 있어서는 상층의 바닥을 내화구조로 하는 동시에 상층으로의 연소를 방지하기 위한 조치를 강구하고, 상층이 없는 경우에는 지붕을 내화구조로 할 것

㉰ 제2종 판매취급소의 용도로 사용하는 부분 중 연소의 우려가 없는 부분에 한하여 창을 두되, 당해 창에는 갑종방화문 또는 을종방화문을 설치할 것

㉱ 제2종 판매취급소의 용도로 사용하는 부분의 출입구에는 갑종방화문 또는 을종방화문을 설치할 것. 다만, 연소의 우려가 있는 벽 또는 창의 부분에 설치하는 출입구에는 수시로 열 수 있는 자동폐쇄식의 갑종방화문을 설치하여야 한다.

3) 이송취급소

(1) 정의

이송취급소는 배관 및 부속설비에 의하여 위험물을 이송하는 취급소로서 일종의 파이프라인 시설이다. 이송취급소 위험물 최대 취급량은 1일에 이송하는 양을 기준으로 한다.

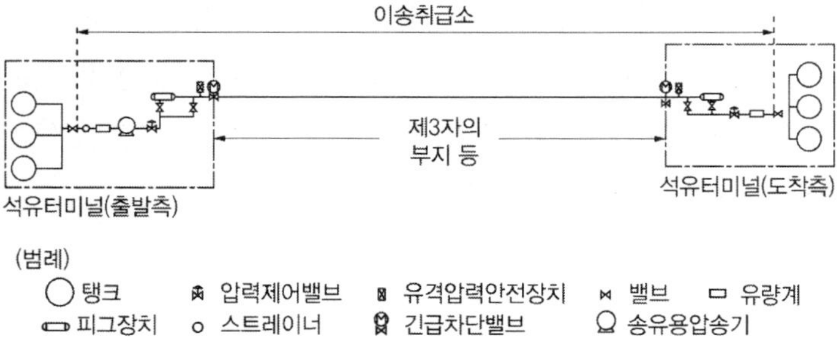

그림 12-73 이송취급소 범위 및 구성요소

(2) 이송취급소 범위

다음의 경우는 이송취급소에 해당하지 않는다.

① 「송유관 안전관리법」에 의한 송유관에 의하여 위험물을 이송하는 경우

② 제조소 등에 관계된 시설(배관을 제외한다) 및 그 부지가 같은 사업소 안에 있고 당해 사업소 안에서만 위험물을 이송하는 경우

③ 사업소와 사업소 사이에 도로(폭 2 m 이상의 일반교통에 이용되는 도로로서 자동차 통행이 가능한 것)만 있고 사업소와 사업소 사이의 이송배관이 그 도로를 횡단하는 경우

④ 사업소와 사업소 사이의 이송배관이 제3자의 토지만을 통과하는 경우로서 당해 배관의

길이가 100 m 이하인 경우

⑤ 해상구조물에 설치된 배관(이송되는 위험물중 제1석유류인 경우의 배관 내경이 30 cm 미만인 것에 한함)으로서 당해 해상구조물에 설치된 배관이 길이가 30 m 이하인 경우

⑥ 사업소와 사업소 사이의 이송배관이 ③ 내지 ⑤의 규정에 의한 경우 중 2 이상에 해당하는 경우

⑦ 「농어촌 전기공급사업 촉진법」에 따라 설치된 자가발전시설에 사용되는 위험물을 이송하는 경우

(3) 이송취급소의 설치 장소

① 이송취급소는 다음 각목의 장소 외의 장소에 설치하여야 한다.

㉮ 철도 및 도로의 터널 안

㉯ 고속국도 및 자동차전용도로의 차도·길어깨 및 중앙분리대

㉰ 호수·저수지 등으로서 수리의 수원이 되는 곳

㉱ 급경사지역으로서 붕괴의 위험이 있는 지역

② 다음에 해당하는 경우에는 위의 (3)의 ①의 장소에 이송취급소를 설치할 수 있다.

㉮ 지형상황 등 부득이한 사유가 있고 안전에 필요한 조치를 하는 경우

㉯ (3)의 ㉯ 또는 ㉰의 장소에 횡단하여 설치하는 경우

(4) 배관 등의 재료 및 구조

① 배관·관이음쇠 및 밸브의 재료는 다음의 규격에 적합한 것으로 하거나 이와 동등 이상의 기계적 성질이 있는 것으로 하여야 한다.

㉮ 배관 : 고압배관용 탄소강관(KS D 3564), 압력배관용 탄소강관(KS D 3562), 고온배관용 탄소강관(KS D 3570) 또는 배관용 스테인레스강관(KS D 3576)

㉯ 관이음쇠 : 배관용강제 맞대기용접식 관이음쇠(KS B 1541), 철강재 관플랜지 압력단계(KS B 1501), 관플랜지의 치수허용자(KS B 1502), 강제 용접식 관플랜지(KS B 1503), 철강재 관플랜지의 기본치수(KS B 1511)또는 관플랜지의 개스킷자리치수(KS B 1519)

㉰ 밸브 : 주강 플랜지형 밸브(KS B 2361)

② 배관 등의 구조는 다음의 하중의 응력에 대한 안전성이 있어야 한다.

㉮ 위험물의 중량, 배관등의 내압, 배관등과 그 부속설비의 자중, 토압, 수압, 열차하중,

자동차하중 및 부력 등의 주하중

㉯ 풍하중, 설하중, 온도변화의 영향, 진동의 영향, 지진의 영향, 배의 닻에 의한 충격의 영향, 파도와 조류의 영향, 설치공정상의 영향 및 다른 공사에 의한 영향 등의 종하중

③ 교량에 설치하는 배관은 교량의 굴곡·신축·진동 등에 대하여 안전한 구조로 하여야 한다.

④ 배관의 두께는 배관의 외경에 따른 다음 표에 정한 것으로 하여야 한다.

표 12-21 이송취급소 배관의 외경에 따른 두께

배관의 외경(mm)	배관의 두께(mm)
114.3 미만	4.5
114.3 이상 139.8 미만	4.9
139.8 이상 165.2 미만	5.1
165.2 이상 216.3 미만	5.5
216.3 이상 355.6 미만	6.4
356.6 이상 508.0 미만	7.9
508.0 이상	9.5

⑤ 배관의 안전에 영향을 미칠 수 있는 신축이 생길 우려가 있는 부분에는 그 신축을 흡수하는 조치를 강구하여야 한다.

⑥ 배관 등의 이음은 아크용접 또는 이와 동등 이상의 효과를 갖는 용접방법에 의하여야 한다. 다만, 용접에 의하는 것이 적당하지 않은 경우는 플랜지이음으로 할 수 있다.

⑦ 플랜지이음을 하는 경우에는 당해 이음부분의 점검을 하고 위험물의 누설확산을 방지하기 위한 조치를 하여야 한다. 다만, 해저 입하배관의 경우에는 누설확산방지조치를 아니할 수 있다.

⑧ 지상 또는 해상에 설치한 배관 등에는 외면부식을 방지하기 위한 도장을 실시하여야 한다.

⑨ 배관 등에 가열 또는 보온하기 위한 설비를 설치하는 경우에는 화재예방상 안전하고 다른 시설물에 영향을 주지 아니하는 구조로 하여야 한다.

(5) 배관설치의 기준

① 지하매설

㉮ 배관은 그 외면으로부터 건축물·지하가·터널 또는 수도시설까지 각각 다음의 규정에 의한 안전거리를 둘 것. 다만, ㉡ 또는 ㉢의 공작물에 있어서는 적절한 누설확산방지조치를 하는 경우에 그 안전거리를 1/2의 범위 안에서 단축할 수 있다.

㉠ 건축물(지하가내의 건축물을 제외) : 1.5 m 이상

㉡ 지하가 및 터널 : 10 m 이상

㉢ 「수도법」에 의한 수도시설(위험물의 유입우려가 있는 것에 한함) : 300 m 이상

㉯ 배관은 그 외면으로부터 다른 공작물에 대하여 0.3 m 이상의 거리를 보유 할 것

㉰ 배관의 외면과 지표면과의 거리는 산이나 들에 있어서는 0.9 m 이상, 그 밖의 지역에 있어서는 1.2 m 이상으로 할 것

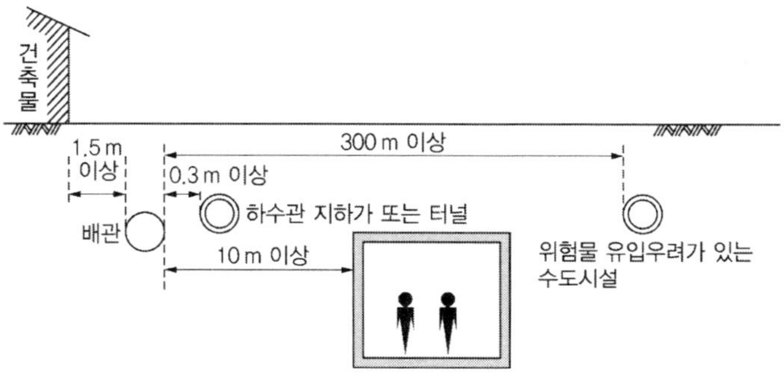

그림 12-74 지하매설 시 배관과 건축물 등과의 거리

㉱ 배관은 지반의 동결로 인한 손상을 받지 아니하는 적절한 깊이로 매설할 것

㉲ 성토 또는 절토를 한 경사면의 부근에 배관을 매설하는 경우에는 경사면의 붕괴에 의한 피해가 발생하지 아니하도록 매설할 것

㉳ 시가지 외의 도로의 노면 아래에 매설하는 경우에는 배관의 외면과 노면과의 거리는 1.2 m 이상으로 할 것

㉴ 포장된 차도에 매설하는 경우에는 포장부분의 노반(차단층이 있는 경우는 차단층을 말함)의 밑에 매설하고, 배관의 외면과 노반의 최하부와의 거리는 0.5 m 이상으로 할 것

㉵ 노면 밑 외의 도로 밑에 매설하는 경우에는 배관의 외면과 지표면과의 거리는 1.2 m[보호판 또는 방호구조물에 의하여 보호된 배관에 있어서는 0.6 m(시가지의 도로 밑에 매설하는 경우에는 0.9 m)] 이상으로 할 것

㉶ 전선·수도관·하수도관·가스관 또는 이와 유사한 것이 매설되어 있거나 매설할 계획이 있는 도로에 매설하는 경우에는 이들의 상부에 매설하지 아니할 것. 다만, 다른 매설물의 깊이가 2 m 이상인 때에는 그러하지 아니하다.

② 도로 밑 매설

㉮ 배관은 원칙적으로 자동차 하중의 영향이 적은 장소에 매설할 것

㉯ 배관은 그 외면으로부터 도로의 경계에 대하여 1 m 이상의 안전거리를 둘 것

㉰ 시가지(공업지역 제외) 도로의 밑에 매설하는 경우에는 배관의 외경보다 10 cm 이상 넓은 견고하고 내구성이 있는 재질의 보호판을 배관의 상부로부터 30 cm 이상 위에 설치할 것. 다만, 방호구조물 안에 설치하는 경우에는 제외된다.

참고

비보호판

다른 공사에 의한 배관의 손상방지의 한 방법으로 설치하는 것으로 강철판 또는 철근콘크리트판이 해당된다.

방호구조물

열차, 자동차 등의 하중 및 부등침하에 의한 하중을 배관이 직접 받는 것을 방지하기 위하여 설치하는 시설물을 말한다.

㉱ 배관은 그 외면으로부터 다른 공작물에 대하여 0.3 m 이상의 거리를 보유할 것. 배관의 외면에서 다른 공작물에 대하여 0.3 m 이상의 거리를 보유하기 곤란한 경우로서 공작물의 보전을 위하여 필요한 조치를 해야 한다.

㉲ 시가지 도로의 노면 아래에 매설하는 경우에는 배관(방호구조물의 안에 설치된 것을 제외)의 외면과 노면과의 거리는 1.5 m 이상, 보호판 또는 방호구조물의 외면과 노면과의 거리는 1.2 m 이상으로 할 것

㉳ 시가지 외의 도로의 노면 아래에 매설하는 경우에는 배관의 외면과 노면과의 거리는 1.2 m 이상으로 할 것

㉴ 포장된 차도에 매설하는 경우에는 포장부분의 노반(차단층이 있는 경우는 차단층을 말함)의 밑에 매설하고, 배관 외면과 노반의 최하부와의 거리는 0.5 m 이상으로 할 것

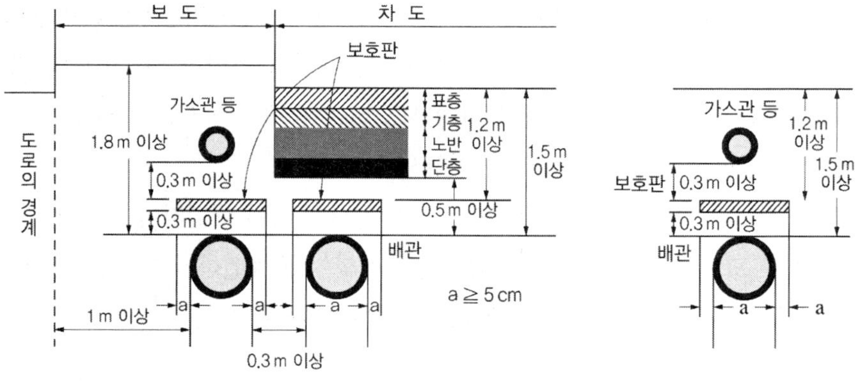

그림 12-75 시가지 도로의 노면 및 매설방법

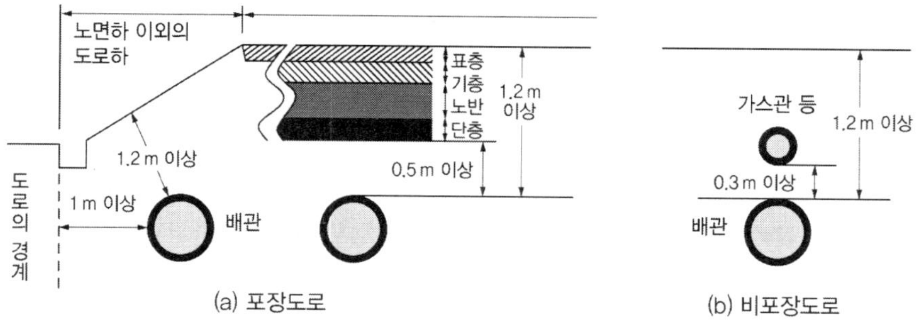

그림 12-76 시가지 이외의 도로 밑 매설방법

㉸ 노면 밑외의 도로 밑에 매설하는 경우에는 배관의 외면과 지표면과의 거리는 1.2 m [보호판 또는 방호구조물에 의하여 보호된 배관에 있어서는 0.6 m(시가지의 도로 밑에 매설하는 경우에는 0.9 m)] 이상으로 할 것

㉶ 전선·수도관·하수도관·가스관 또는 이와 유사한 것이 매설되어 있거나 매설할 계획이 있는 도로에 매설하는 경우에는 이들의 상부에 매설하지 아니할 것. 다만, 다른 매설물의 깊이가 2 m 이상인 때에는 그러하지 아니하다.

③ 철도부지 밑 매설

배관을 철도 부지에 인접하여 매설하는 경우에는 (5)의 ①(㉰제외)의 규정에 의하는 것 외에 다음의 기준에 의하여야 한다.

㉮ 배관은 그 외면으로부터 철도 중심선에 대하여는 4 m 이상, 당해 철도부지(도로에 인접한 경우 제외)의 용지경계에 대하여는 1 m 이상의 거리를 유지할 것. 다만, 열차하중의 영향을 받지 않도록 매설하거나 배관 구조가 열차하중에 견딜 수 있도록 된 경우에는 제외된다.

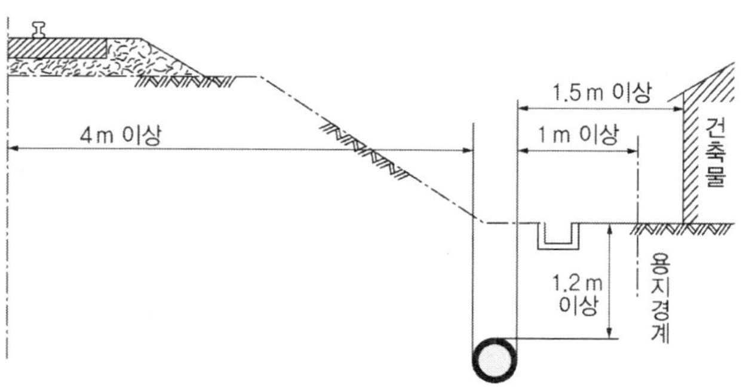

그림 12-77 철도부지 밑 매설방법

㉯ 배관의 외면과 지표면과의 거리는 1.2 m 이상으로 할 것

④ 하천 홍수관리지역 내 매설

배관을 「하천법」 제12조에 따라 지정된 홍수관리구역 내에 매설하는 경우에는 제방 또는 호안이 하천 홍수 관리구역의 지반면과 접하는 부분으로부터 하천관리상 필요한 거리를 유지하여야 한다.

⑤ 지상설치

㉮ 배관이 지표면에 접하지 아니하도록 할 것

㉯ 배관(이송기지의 구내에 설치되어진 것 제외)은 다음 기준에 의한 안전거리를 둘 것

㉠ 철도(화물수송용으로만 쓰이는 것 제외) 또는 도로 (공업지역 또는 전용공업지역에 있는 것 제외)의 경계선으로부터 25 m 이상

㉡ 학교·병원·극장 그 밖의 다수인을 수용하는 시설로부터 45 m 이상

㉢ 유형문화재와 기념물 중 지정문화재로부터 65 m 이상

㉣ 고압가스·액화석유가스 또는 도시가스를 저장 또는 취급하는 시설로부터 35 m 이상

㉤ 「국토의 계획 및 이용에 관한 법률」에 의한 공공공지 또는 「도시공원법」에 의한 도시공원으로부터 45 m 이상

㉥ 판매시설·숙박시설·위락시설 등 불특정다중을 수용하는 시설 중 연면적 1,000 m^2 이상인 것으로부터 45 m 이상

㉦ 1일 평균 20,000명 이상 이용하는 기차역 또는 버스터미널로부터 45 m 이상

㉧ 「수도법」에 의한 수도시설 중 위험물이 유입될 가능성이 있는 것으로부터 300 m 이상

㉨ 주택 또는 ㉠ 내지 ㉨과 유사한 시설 중 다수의 사람이 출입하거나 근무하는 것으로부터 25 m 이상

㉰ 배관(이송기지의 구내에 설치된 것 제외)의 양측면으로 부터 배관의 최대상용압력에 따라 다음 표에 의한 너비의 공지를 보유할 것. 다만, 양단을 폐쇄한 밀폐구조의 방호구조물 안에 배관을 설치하거나 위험물의 유출확산을 방지할 수 있는 방화상 유효한 담을 설치하는 등 안전상 필요한 조치를 하는 경우에는 제외된다.

표 12-22 배관을 지상설치시 최대상용압력에 따른 보유공지

배관의 최대상용압력	공지의 너비
0.3 MPa 미만	5m 이상
0.3 MPa 이상 1 MPa 미만	9m 이상
1 MPa 이상	15m 이상

참고

철도부지

철도차량을 운행하기 위한 궤도와 이를 받치는 노반 또는 공작물로 구성된 시설을 설치하거나 설치하기 위한 용지

이송기지

펌프에 의하여 위험물을 보내거나 받는 작업을 행하는 장소를 말한다.

최대상용압력

정상운전시 이송취급소의 최고운전압력을 말한다.

㉣ 배관은 지진·풍압·지반침하·온도변화에 의한 신축 등에 대하여 안전성이 있는 철근콘크리트조 또는 이와 동등 이상의 내화성이 있는 지지물에 의하여지지 되도록 할 것. 다만, 화재에 의하여 당해 구조물이 변형될 우려가 없는 지지물에 의하여 지지되는 경우에는 제외한다.

㉤ 자동차·선박 등의 충돌에 의하여 배관 또는 그 지지물이 손상을 받을 우려가 있는 경우에는 견고하고 내구성이 있는 보호설비를 설치 할 것

㉥ 배관은 다른 공작물(당해 배관의 지지물을 제외)에 대하여 배관의 유지관리상 필요한 간격을 가질 것

㉦ 단열재 등으로 배관을 감싸는 경우에는 일정구간마다 점검구를 두거나 단열재 등을 쉽게 떼고 붙일 수 있도록 하는 등 점검이 쉬운 구조로 할 것

⑥ 해저설치

㉮ 배관은 해저면 밑에 매설할 것. 다만, 선박의 닻 내림 등에 의하여 배관이 손상을 받을 우려가 없거나 그 밖에 부득이한 경우에는 그러하지 아니하다.

㉯ 배관은 이미 설치된 배관과 교차하지 말 것. 다만, 교차가 불가피한 경우로서 배관의 손상을 방지하기 위한 방호조치를 하는 경우에는 그러하지 아니하다.

㉰ 배관은 원칙적으로 이미 설치된 배관에 대하여 30 m 이상의 안전거리를 둘 것

㉣ 2본 이상의 배관을 동시에 설치하는 경우에는 배관이 상호 접촉하지 아니하도록 필요한 조치를 할 것

㉤ 배관의 입상부에는 방호시설물을 설치할 것. 다만, 계선부표(繫船浮標)에 도달하는 입상 배관이 강제 외의 재질인 경우에는 그러하지 아니하다.

참고

계선장치
선박을 매어둔 장치

계선부표
충분한 부력 및 강도를 가진 강철판으로 된 원형부표

㉥ 배관을 매설하는 경우에는 배관외면과 해저면(당해 배관을 매설하는 해저에 대한 준설계획이 있는 경우에는 그 계획에 의한 준설 후 해저면의 0.6 m 아래를 말함)과의 거리는 닻 내림의 충격, 토질, 매설하는 재료, 선박교통사정 등을 감안하여 안전한 거리로 할 것

㉦ 패일 우려가 있는 해저면 아래에 매설하는 경우에는 배관의 노출을 방지하기 위한 조치를 할 것

㉧ 배관을 매설하지 아니하고 설치하는 경우에는 배관이 연속적으로 지지되도록 해저면을 고를 것

㉨ 배관이 부양 또는 이동할 우려가 있는 경우에는 이를 방지하기 위한 조치를 할 것

⑦ 해상설치

㉮ 배관은 지진·풍압·파도 등에 대하여 안전한 구조의 지지물에 의하여 지지할 것

㉯ 배관은 선박 등의 항행에 의하여 손상을 받지 아니하도록 해면과의 사이에 필요한 공간을 확보하여 설치할 것

㉰ 선박의 충돌 등에 의해서 배관 또는 그 지지물이 손상을 받을 우려가 있는 경우에는 견고하고 내구력이 있는 보호설비를 설치할 것

㉱ 배관은 다른 공작물(당해 배관의 지지물을 제외)에 대하여 배관의 유지관리상 필요한 간격을 보유할 것

⑧ 도로횡단설치

㉮ 배관을 도로 아래에 매설할 것. 다만, 지형의 상황 그 밖에 특별한 사유에 의하여 도로상공 외의 적당한 장소가 없는 경우에는 안전상 적절한 조치를 강구하여 도로상공

을 횡단하여 설치할 수 있다

㉯ 배관을 매설하는 경우에는 ②의 도로 밑 매설(㉮ 및 ㉯ 제외)의 규정을 준용하되, 배관을 금속관 또는 방호구조물 안에 설치할 것

㉰ 배관을 도로상공을 횡단하여 설치하는 경우에는 ⑤의 지상설치(㉮목 제외)의 규정을 준용하되, 배관 및 당해 배관에 관계된 부속설비는 그 아래의 노면과 5 m 이상의 수직거리를 유지할 것

⑨ 철도 밑 횡단매설

철도부지를 횡단하여 배관을 매설하는 경우에는 ③의 철도부지 밑 매설(㉮목을 제외) 및 ⑧의 도로횡단설치 ㉯목의 규정을 준용한다.

⑩ 하천 등 횡단설치

㉮ 하천 또는 수로를 횡단하여 배관을 설치하는 경우에는 배관에 과대한 응력이 생기지 않도록 필요한 조치를 하여 교량에 설치할 것. 다만, 교량에 설치하는 것이 적당하지 아니한 경우에는 하천 또는 수로의 밑에 매설할 수 있다.

㉯ 하천 또는 수로를 횡단하여 배관을 매설하는 경우에는 배관을 금속관 또는 방호구조물 안에 설치하고, 당해 금속관 또는 방호구조물의 부양이나 선박의 닻 내림 등에 의한 손상을 방지하기 위한 조치를 할 것

㉰ 하천 또는 수로의 밑에 배관을 매설하는 경우에는 배관의 외면과 계획하상(계획하상이 최심하상보다 높은 경우에는 최심하상)과의 거리는 다음의 규정에 의한 거리 이상으로 하되, 호안 그 밖에 하천관리시설의 기초에 영향을 주지 아니하고 하천바닥의 변동·패임 등에 의한 영향을 받지 아니하는 깊이로 매설하여야 한다.

㉠ 하천을 횡단하는 경우 : 4.0 m

㉡ 수로를 횡단하는 경우

- 「하수도법」 제2조제3호에 따른 하수도(상부가 개방되는 구조로 된 것에 한함)또는 운하 : 2.5 m
- 위의 규정에 의한 수로에 해당되지 아니하는 좁은 수로(용수로 그 밖에 유사한 것을 제외) : 1.2 m

㉱ 하천 또는 수로를 횡단하여 배관을 설치하는 경우에는 ㉮ 내지 ㉰의 규정에 의하는 외에 도로 밑 매설(②의 ㉯·㉰ 및 ㉶를 제외) 및 지상설치(⑤의 ㉮를 제외)의 규정을 준용할 것

(6) 기타설비 등

① 누설확산방지조치

배관을 시가지·하천·수로·터널·도로·철도 또는 투수성(透水性) 지반에 설치하는 경우에는 누설된 위험물의 확산을 방지할 수 있는 강철제의 관·철근콘크리트조의 방호구조물 등 견고하고 내구성이 있는 구조물의 안에 설치하여야 한다.

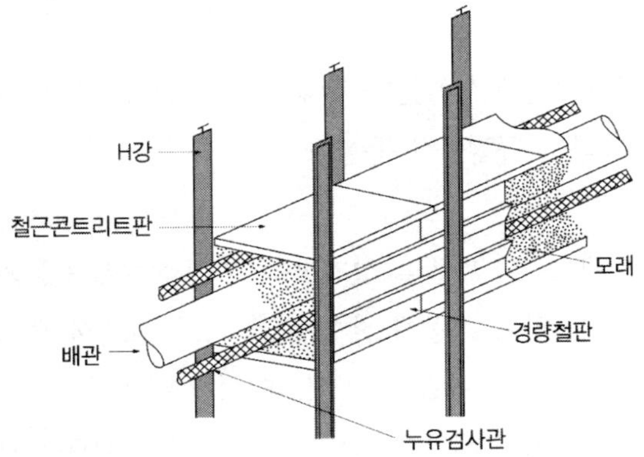

그림 12-78 누설확산방지조치

② 가연성증기의 체류방지조치

배관을 설치하기 위하여 설치하는 터널(높이 1.5 m 이상인 것에 한함)에는 가연성 증기의 체류를 방지하는 조치를 하여야 한다.

③ 부등침하 등의 우려가 있는 장소에 설치하는 배관

부등침하 등 지반의 변동이 발생할 우려가 있는 장소에 배관을 설치하는 경우에는 배관이 손상을 받지 아니하도록 필요한 조치를 하여야 한다.

④ 굴착에 의하여 주위가 노출된 배관의 보호

굴착에 의하여 주위가 일시 노출되는 배관은 손상되지 아니하도록 적절한 보호조치를 하여야 한다.

⑤ 비파괴시험

㉮ 배관 등의 용접부는 비파괴시험을 실시하여 합격할 것. 이 경우 이송기지 내의 지상에 설치된 배관 등은 전체 용접부의 20% 이상을 발췌하여 시험할 수 있다.

㉯ ㉮의 규정에 의한 비파괴시험의 방법, 판정기준 등은 소방청장이 정하여 고시하는 바에 의할 것

⑥ 내압시험

㉮ 배관 등은 최대상용압력의 1.25배 이상의 압력으로 4시간 이상 수압을 가하여 누설 그 밖의 이상이 없을 것. 다만, 수압시험을 실시한 배관등의 시험구간 상호 간을 연결하는 부분 또는 수압시험을 위하여 배관 등의 내부공기를 뽑아낸 후 폐쇄한 곳의 용접부는 ⑤의 비파괴시험으로 갈음할 수 있다.

㉯ ㉮의 규정에 의한 내압시험의 방법, 판정기준 등은 소방청장이 정하여 고시하는 바에 의할 것

⑦ 운전상태의 감시장치

㉮ 배관계(배관 등 및 위험물 이송에 사용되는 일체의 부속설비)에는 펌프 및 밸브의 작동상황 등 배관계의 운전상태를 감시하는 장치를 설치할 것

㉯ 배관계에는 압력 또는 유량의 이상변동 등 이상한 상태가 발생하는 경우에 그 상황을 경보하는 장치를 설치할 것

⑧ 안전제어장치

배관계에는 다음 각목에 정한 제어기능이 있는 안전제어장치를 설치하여야 한다.

㉮ 압력안전장치·누설검지장치·긴급차단밸브 그 밖의 안전설비의 제어회로가 정상으로 있지 아니하면 펌프가 작동하지 아니하도록 하는 제어기능

㉯ 안전상 이상상태가 발생한 경우에 펌프·긴급차단밸브 등이 자동 또는 수동으로 연동하여 신속히 정지 또는 폐쇄되도록 하는 제어기능

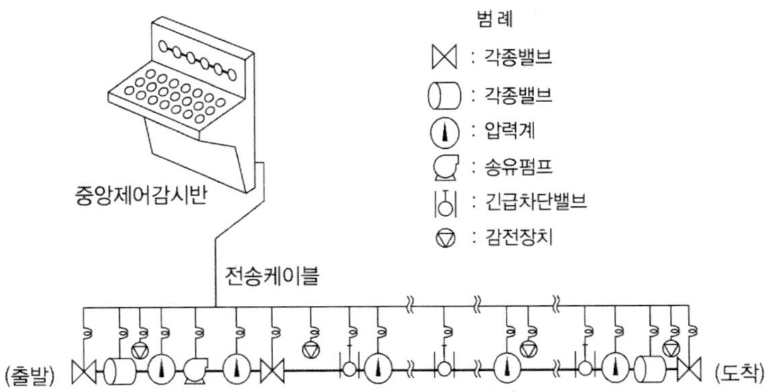

그림 12-79 이송취급소 배관계의 감시장치 시스템

⑨ 압력안전장치

㉮ 배관계에는 배관내의 압력이 최대상용압력을 초과하거나 유격작용 등에 의하여 생긴

압력이 최대상용압력의 1.1배를 초과하지 아니하도록 제어하는 장치를 설치할 것

㉯ 압력안전장치 재료 및 구조는 배관 등의 재료 및 구조 (4)의 ① 내지 ⑤의 기준에 의할 것

㉰ 압력안전장치는 배관계의 압력변동을 충분히 흡수할 수 있는 용량을 가질 것

⑩ <u>누설검지장치 등</u>

㉮ 배관계에는 다음의 기준에 적합한 누설검지장치를 설치할 것

㉠ 가연성 증기를 발생하는 위험물을 이송하는 배관계의 점검상자에는 가연성 증기를 검지하는 장치

㉡ 배관계 내의 위험물의 양을 측정하는 방법에 의하여 자동적으로 위험물의 누설을 검지하는 장치 또는 이와 동등 이상의 성능이 있는 장치

㉢ 배관계 내의 압력을 측정하는 방법에 의하여 위험물의 누설을 자동적으로 검지하는 장치 또는 이와 동등 이상의 성능이 있는 장치

㉣ 배관계 내의 압력을 일정하게 정지시키고 당해 압력을 측정하는 방법에 의하여 위험물의 누설을 검지하는 장치 또는 이와 동등 이상의 성능이 있는 장치

㉯ 배관을 지하에 매설한 경우에는 안전상 필요한 장소(하천 등의 아래에 매설한 경우에는 금속관 또는 방호구조물의 안을 말함)에 누설검지구를 설치할 것. 다만, 배관을 따라 일정한 간격으로 누설을 검지할 수 있는 장치를 설치하는 경우에는 제외된다.

⑪ <u>긴급차단밸브</u>

㉮ 배관에는 다음의 기준에 의하여 긴급차단밸브를 설치할 것

㉠ 시가지에 설치하는 경우에는 약 4 km의 간격

㉡ 하천·호소 등을 횡단하여 설치하는 경우에는 횡단하는 부분의 양 끝

㉢ 해상 또는 해저를 통과하여 설치하는 경우에는 통과하는 부분의 양 끝

㉣ 산림지역에 설치하는 경우에는 약 10 km의 간격

㉤ 도로 또는 철도를 횡단하여 설치하는 경우에는 횡단하는 부분의 양 끝

㉯ 긴급차단밸브는 다음의 기능이 있을 것

㉠ 원격조작 및 현지조작에 의하여 폐쇄되는 기능

㉡ ⑩의 규정에 의한 누설검지장치에 의하여 이상이 검지된 경우에 자동으로 폐쇄되는 기능

㉰ 긴급차단밸브는 그 개폐상태가 긴급차단밸브 설치장소에서 용이하게 확인될 수 있을 것

㉱ 긴급차단밸브를 지하에 설치하는 경우에는 긴급차단밸브를 점검상자 안에 유지할 것

㉮ 긴급차단밸브는 당해 긴급차단밸브의 관리에 관계하는 자외의 자가 수동으로 개폐할 수 없도록 할 것

⑫ 위험물 제거조치

배관에는 서로 인접하는 2개의 긴급차단밸브 사이의 구간마다 당해 배관 안의 위험물을 안전하게 물 또는 불연성 기체로 치환할 수 있는 조치를 하여야 한다.

⑬ 감진장치 등

배관의 경로에는 안전상 필요한 장소와 25 km의 거리마다 감진장치 및 강진계를 설치하여야 한다.

⑭ 경보설비

㉮ 이송기지에는 비상벨장치 및 확성장치를 설치할 것

㉯ 가연성 증기를 발생하는 위험물을 취급하는 펌프실등에는 가연성 증기 경보설비를 설치할 것

⑮ 순찰차 등

배관의 경로에는 다음 기준에 따라 순찰차를 배치하고 기자재창고를 설치하여야 한다.

㉮ 순찰차

㉠ 배관계의 안전관리상 필요한 장소에 둘 것

㉡ 평면도·종횡단면도 그 밖에 배관 등의 설치상황을 표시한 도면, 가스탐지기, 통신장비, 휴대용조명기구, 응급누설방지기구, 확성기, 방화복(또는 방열복), 소화기, 경계로프, 삽, 곡괭이 등 점검·정비에 필요한 기자재를 비치할 것

㉯ 기자재창고

㉠ 이송기지, 배관경로(5 km 이하인 것 제외)의 5 km 이내마다의 방재상 유효한 장소 및 주요한 하천·호소·해상·해저를 횡단하는 장소의 근처에 각각 설치할 것. 다만, 특정이송취급소 외의 이송취급소에 있어서는 배관경로에는 설치하지 아니할 수 있다.

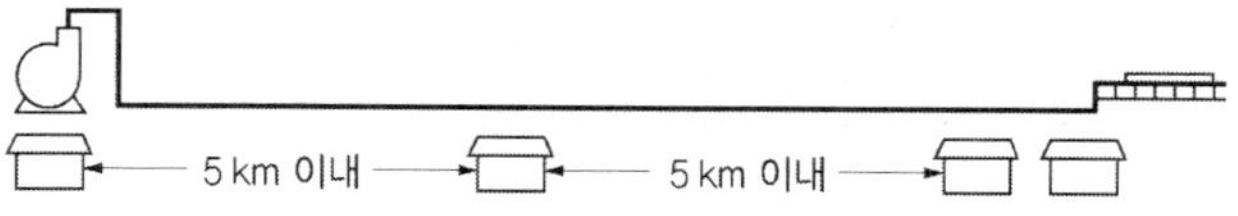

그림 12-80 기자재 창고 설치 예

㉡ 기자재창고에는 다음의 기자재를 비치할 것

• 3%로 희석하여 사용하는 포소화약제 400 L 이상, 방화복(또는 방열복) 5벌 이

상, 삽 및 곡괭이 각 5개 이상

• 유출한 위험물을 처리하기 위한 기자재 및 응급조치를 위한 기자재

⑯ 비상전원

운전상태의 감시장치 · 안전제어장치 · 압력안전장치 · 누설검지장치 · 긴급차단밸브 · 소화설비 및 경보설비에는 상용전원이 고장인 경우에 자동적으로 작동할 수 있는 비상전원을 설치하여야 한다.

⑰ 접지 등

㉮ 배관계에는 안전상 필요에 따라 접지 등의 설비를 할 것

㉯ 배관계는 안전상 필요에 따라 지지물 그 밖의 구조물로부터 절연할 것

㉰ 배관계에는 안전상 필요에 따라 절연용 접속을 할 것

㉱ 피뢰설비의 접지장소에 근접하여 배관을 설치하는 경우에는 절연을 위하여 필요한 조치를 할 것

⑱ 피뢰설비

이송취급소(위험물을 이송하는 배관 등의 부분을 제외)에는 피뢰설비를 설치하여야 한다.

⑲ 표지 및 게시판

㉮ 이송취급소(위험물을 이송하는 배관 등의 부분 제외)에는 제조소의 표지 및 게시판의 기준에 따라 보기 쉬운 곳에 "위험물 이송취급소"라는 표시를 한 표지와 방화에 관하여 필요한 사항을 게시한 게시판을 설치하여야 한다.

㉯ 배관의 경로에는 소방청장이 정하여 고시하는 바에 따라 위치표지 · 주의표시 및 주의표지를 설치하여야 한다.

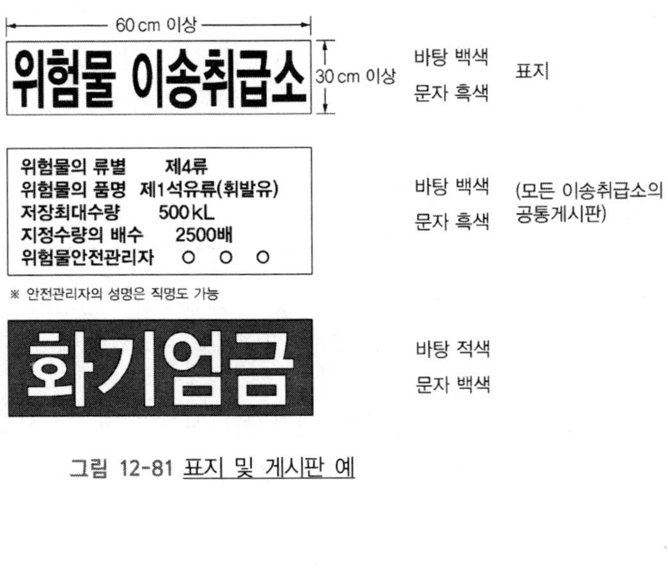

그림 12-81 표지 및 게시판 예

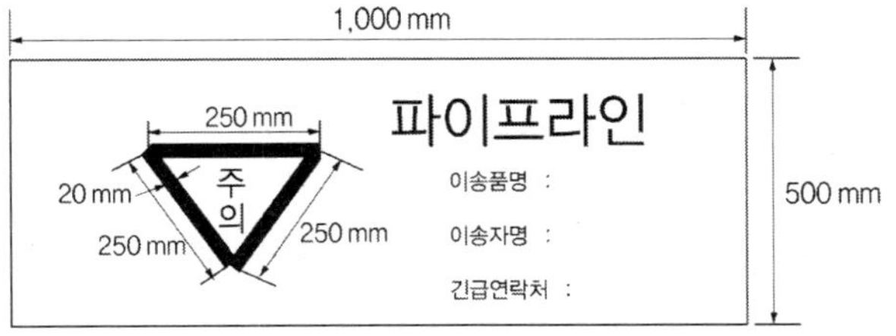

그림 12-82 이송취급소 주의표지 예

⑳ 안전설비의 작동시험

안전설비로서 소방청장이 정하여 고시하는 것은 소방청장이 정하여 고시하는 방법에 따라시험을 실시하여 정상으로 작동하는 것이어야 한다.

㉑ 펌프 등 부속설비

㉮ 펌프 등(펌프를 펌프실 내에 설치한 경우에는 당해 펌프실을 말함)은 그 주위에 다음 표 7-23에 의한 공지를 보유할 것. 다만, 벽·기둥 및 보를 내화구조로 하고 지붕을 폭발력이 위로 방출될 정도의 가벼운 불연재료로 한 펌프실에 펌프를 설치한 경우에는공지의 너비의 1/3으로 할 수 있다.

㉯ 펌프 등은 배관의 지상설치 [(5)의 ⑤의 ㉯] 규정에 준하여 그 주변에 안전거리를 둘 것. 다만, 위험물의 유출확산을 방지할 수 있는 방화상 유효한 담 등의 공작물을 주위 상황에 따라 설치하는 등 안전상 필요한 조치를 하는 경우에는 그러하지 아니하다.

표 12-23 펌프 등의 보유공지

펌프 등의 최대상용압력	공지의 너비
1 MPa 미만	3m 이상
1 MPa 이상 3 MPa 미만	5m 이상
3 MPa 이상	15m 이상

㉰ 펌프는 견고한 기초 위에 고정하여 설치할 것

㉱ 펌프를 설치하는 펌프실은 다음의 기준에 적합하게 할 것

㉠ 불연재료의 구조로 할 것. 이 경우 지붕은 폭발력이 위로 방출될 정도의 가벼운 불연재료이어야 한다.

㉡ 창 또는 출입구를 설치하는 경우에는 갑종방화문 또는 을종방화문으로 할 것

㉢ 창 또는 출입구에 유리를 이용하는 경우에는 망입유리로 할 것

㉣ 바닥은 위험물이 침투하지 아니하는 구조로 하고 그 주변에 높이 20cm 이상의

턱을 설치할 것

ⓜ 누설한 위험물이 외부로 유출되지 아니하도록 바닥은 적당한 경사를 두고 그 최저부에 집유설비를 할 것

ⓑ 가연성증기가 체류할 우려가 있는 펌프실에는 배출설비를 할 것

ⓢ 펌프실에는 위험물을 취급하는 데 필요한 채광·조명 및 환기 설비를 할 것

㉮ 펌프 등을 옥외에 설치하는 경우에는 다음의 기준에 의할 것

㉠ 펌프등을 설치하는 부분의 지반은 위험물이 침투하지 아니하는 구조로 하고 그 주위에는 높이 15 cm 이상의 턱을 설치할 것

㉡ 누설한 위험물이 외부로 유출되지 아니하도록 배수구 및 집유설비를 설치할 것

㉒ 피그장치(12.1.2 위험물관련시설 용어의 피그장치 참고)

㉮ 피그장치는 배관의 강도와 동등 이상의 강도를 가질 것

㉯ 피그장치는 당해 장치의 내부압력을 안전하게 방출할 수 있고 내부압력을 방출한 후가 아니면 피그를 삽입하거나 배출할 수 없는 구조로 할 것

㉰ 피그장치는 배관 내에 이상응력이 발생하지 아니하도록 설치할 것

㉱ 피그장치를 설치한 장소의 바닥은 위험물이 침투하지 아니하는 구조로 하고 누설한 위험물이 외부로 유출되지 아니하도록 배수구 및 집유설비를 설치할 것

㉲ 피그장치의 주변에는 너비 3 m 이상의 공지를 보유할 것. 다만, 펌프실 내에 설치하는 경우에는 그러하지 아니하다.

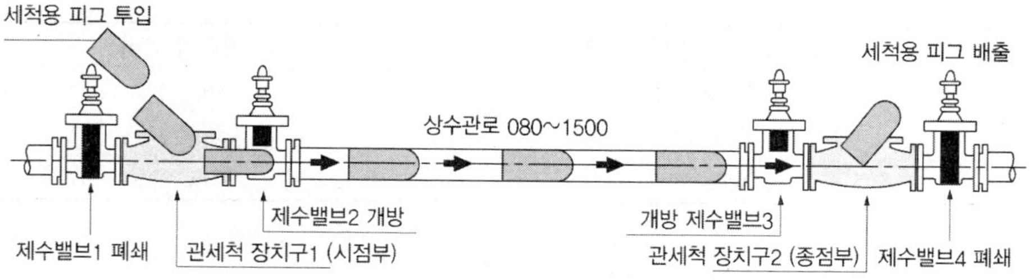

그림 12-83 세척작업 시 피그장치

㉓ 밸브

교체밸브·제어밸브 등은 다음 각목의 기준에 의하여 설치하여야 한다.

㉮ 밸브는 원칙적으로 이송기지 또는 전용부지 내에 설치할 것

㉯ 밸브는 그 개폐상태가 당해 밸브의 설치장소에서 쉽게 확인할 수 있도록 할 것

㉰ 밸브를 지하에 설치하는 경우에는 점검상자 안에 설치할 것

㉱ 밸브는 당해 밸브의 관리에 관계하는 자가 아니면 수동으로 개폐할 수 없도록 할 것

㉔ 위험물의 주입구 및 토출구

위험물의 주입구 및 토출구는 다음 각목의 기준에 의하여야 한다.

㉮ 위험물의 주입구 및 토출구는 화재예방상 지장이 없는 장소에 설치할 것

㉯ 위험물의 주입구 및 토출구는 위험물을 주입하거나 토출하는 호스 또는 배관과 결합이 가능하고 위험물의 유출이 없도록 할 것

㉰ 위험물의 주입구 및 토출구에는 위험물의 주입구 또는 토출구가 있다는 내용과 화재예방과 관련된 주의사항을 표시한 게시판을 설치할 것

㉱ 위험물의 주입구 및 토출구에는 개폐가 가능한 밸브를 설치할 것

㉕ 이송기지의 안전조치

㉮ 이송기지의 구내에는 관계자 외의 자가 함부로 출입할 수 없도록 경계표시를 할 것

㉯ 이송기지에는 다음 기준에 의하여 이송기지 밖으로 위험물이 유출 방지조치를 할 것

㉠ 위험물을 취급하는 시설(지하에 설치된 것 제외)은 이송기지의 부지경계선으로부터 당해 배관의 최대상용압력에 따라 표 12-24에서 정한 거리(전용공업지역 또는 공업지역에 설치하는 경우에는 당해 거리의 1/3의 거리)를 둘 것

표 12-24 배관의 최대상용압력에 따른 보유공지

배관의 최대상용압력	거리
0.3 MPa 미만	5 m 이상
0.3 MPa 이상 1 MPa 미만	9 m 이상
1 MPa 이상	15 m 이상

㉡ 제4류 위험물(온도 20℃의 물 100 g에 용해되는 양이 1 g 미만인 것에 한함)을 취급하는 장소에는 누설한 위험물이 외부로 유출되지 아니하도록 유분리장치를 설치할 것

㉢ 이송기지의 부지경계선에 높이 50 cm 이상의 방유제를 설치할 것

4) 일반취급소

(1) 개요

주유취급소, 판매취급소, 이송취급소에 해당하지 않은 장소로서 석유사업법 규정에 유사석유

제품에 해당하는 위험물을 취급하는 경우의 장소를 제외하며, 시설기준은 위험물제조소 기준을 준용한다. 제조공정을 가지고 있다고 하더라도 생산제품이 위험물이 아닌 점에서 제조소와 구별된다.

(2) 위험물 취급수량 및 기준

① 위험물 취급수량 및 배수

일반취급소에 있어서 위험물의 최대수량 및 배수의 산정은 제조소에 준해서 산정한다.

㉮ 위험물을 원료로 비위험물을 제조하는 일반취급소

원료인 위험물의 1일 최대사용량을 기준으로 하며, 최대사용량의 산정기준은 공정의 형태에 따라 제조소의 산정기준을 준용한다.

㉯ 보일러 등으로 위험물을 소비하는 일반취급소

1일 최대소비량을 기준으로 하며(비상발전기는 2시간 사용량을 기준) 소비량 산정에 있어 취급탱크가 있는 경우에는 취급탱크의 용량의 합과 최대소비량 중 큰 것을 기준으로 한다.

㉰ 충전하는 일반취급소

1일 최대 취급량을 기준으로 한다.

㉱ 옮겨 담는 일반취급소

1일 최대 취급량과 지하전용탱크의 용량 중 큰 것을 기준으로 한다.

㉲ 위험물을 유압·순환장치 등을 설치하는 일반취급소

해당설비의 순단 최대 정체량을 기준으로 한다.

㉳ 그 외의 일반취급소

1일 최대취급량을 기준으로 하며 취급량 산정에 있어 취급탱크가 있는 경우는 취급탱크의 용량의 합과 취급량 중 큰 것을 기준으로 한다.

② 일반취급소의 규제 형태

원칙적으로 건물 내에 설치하는 것은 건축물의 동단위로, 옥외에 설치하는 것은 공정단위를 하나의 허가단위로 한다. 그러나 일반취급소 중 제조소의 기술기준을 그대로 준용하면 과도한 규제가 되는 경우가 있으므로 이에 대한 보완책으로 기술기준을 특례로 정하고 있는 것이다.

표 12-24 일반취급소의 형태

<table>
<tr><th colspan="2">종류</th><th>범위</th><th>비고</th></tr>
<tr><td colspan="2">원칙</td><td>제조소와 동일</td><td></td></tr>
<tr><td rowspan="9">특례</td><td>분무도장작업 등</td><td>실단위</td><td></td></tr>
<tr><td>세정작업</td><td rowspan="3">실단위 또는 설비단위</td><td>· 실단위 : 지정수량 30배 미만
· 설비단위 : 지정수량 10배 미만</td></tr>
<tr><td>열처리작업 등</td><td>· 실단위 : 지정수량 30배 미만
· 설비단위 : 지정수량 10배 미만</td></tr>
<tr><td>보일러 등</td><td>· 실단위 : 지정수량 30배 미만
· 설비단위 : 지정수량 10배 미만</td></tr>
<tr><td>충전하는 것</td><td>충전설비(출하대 · 고정급유설비) 및 부속건축물 등을 포함하는 단위</td><td>일반취급소 내의 건축물 · 공작물 및 출하설비는 부속실이며 독립된 제조소 등이 아니다</td></tr>
<tr><td>옮겨담는 것</td><td>옮겨담는 설비(출하대 · 고정급유설비), 지하전용탱크 및 부속건축물 등을 포함하는 단위</td><td>일반취급소 내의 건축물 · 공작물 및 출하설비 및 지하전용탱크는 부소설비이며 독립된 제조소 등이 아니다</td></tr>
<tr><td>유압장치 등</td><td rowspan="2">실 또는 설비 단위</td><td>· 실단위 : 지정수량 50배 미만
· 설비단위 : 지정수량 30배 미만</td></tr>
<tr><td>절삭장치 등</td><td>· 실단위 : 지정수량 30배 미만
· 설비단위 : 지정수량 10배 미만</td></tr>
<tr><td>열매체유순환</td><td>실단위</td><td></td></tr>
</table>

(3) 일반취급소 기준

① 제조소의 안전거리부터 배관(별표4, I부터 X)까지의 규정은 일반취급소소의 위치 · 구조 및 설비의 기술기준에 대하여 준용한다.

② ①에도 불구하고 다음에 정하는 일반취급소에 대하여는 각각 분무도장작업 등의 특례부터 화학실험의 특례(II부터X까지의 규정 및 X의2)에서 정한 특례에 의할 수 있다.

㉮ 분무도장작업 등의 일반취급소

도장, 인쇄 또는 도포를 위하여 제2류 위험물 또는 제4류 위험물(특수인화물을 제외)를 지정수량의 30배 미만의 것(위험물을 취급하는 설비를 건축물에 설치하는 것에 한함)을 취급하는 일반취급소

㉯ 세정작업의 일반취급소

세정을 위하여 위험물(인화점이 40℃ 이상인 제4류 위험물에 한함)을 지정수량의 30배 미만의 것(위험물을 취급하는 설비를 건축물에 설치하는 것에 한함)을 취급하는

일반취급소

㉰ 열처리작업 등의 일반취급소

열처리작업 또는 방전가공을 위하여 위험물(인화점이 70℃ 이상인 제4류 위험물에 한함)을 지정수량의 30배 미만의 것(위험물을 취급하는 설비를 건축물에 설치하는 것에 한함)을 취급하는 일반취급소

㉱ 보일러 등으로 위험물을 소비하는 일반취급소

보일러, 버너 등 이와 유사한 장치로 위험물(인화점이 38℃ 이상인 제4류 위험물에 한함)을 소비하는 일반취급소로서 지정수량의 30배 미만의 것(위험물을 취급하는 설비를 건축물에 설치하는 것에 한함)

㉲ 충전하는 일반취급소

이동저장탱크에 액체위험물(알킬알루미늄등, 아세트알데히드 등 및 히드록실아민 등을 제외)을 주입하는 일반취급소(액체위험물을 용기에 옮겨 담는 취급소를 포함)

㉳ 옮겨 담는 일반취급소

고정급유설비에 의하여 위험물(인화점이 38℃ 이상인 제4류 위험물에 한함)을 용기에 옮겨 담거나 4,000 L 이하의 이동저장탱크(용량이 2,000 L를 넘는 탱크에 있어서는 그 내부를 2,000 L 이하마다 구획한 것에 한함)에 주입하는 일반취급소로서 지정수량의 40배 미만인 것)

㉴ 유압장치 등을 설치하는 일반취급소

위험물을 이용한 유압장치 또는 윤활유 순환장치를 설치하는 일반취급소(고인화점 위험물만을 100℃ 미만의 온도로 취급하는 것에 한함)로서 지정수량의 50배 미만의 것(위험물을 취급하는 설비를 건축물에 설치하는 것에 한함)

㉵ 절삭장치 등을 설치하는 일반취급소

절삭유의 위험물을 이용한 절삭장치, 연삭장치 그 밖의 이와 유사한 장치를 설치하는 일반취급소(고인화점 위험물만을 100℃ 미만의 온도로 취급하는 것에 한함)로서 지정 수량의 30배 미만의 것(위험물을 취급하는 설비를 건축물에 설치하는 것에 한함)

㉶ 열매체유 순환장치를 설치하는 일반취급소

위험물 외의 물건을 가열하기 위하여 위험물(고인화점 위험물)을 이용한 열매체유 순환장치를 설치하는 일반취급소로서 지정수량의 30배 미만의 것(위험물을 취급하는 설비를 건축물에 설치하는 것에 한함)

㉷ 화학실험의 일반취급소

화학실험을 위하여 위험물을 취급하는 일반취급소로서 지정수량의 30배 미만의 것 (위험물을 취급하는 설비를 건축물에 설치하는 것만 해당)

③ ① 및 ②의 규정에 불구하고 고인화점 위험물만은 고인화점 위험물 일반취급소의 특례(XI) 규정에 따라 취급하는 일반취급소에 있어서는 고인화점 위험물의 일반취급소의 특례(XI)에 의할 수 있다.

④ 알킬알루미늄 등, 아세트알데히드 등 또는 히드록실아민 등을 취급하는 일반취급소는 ①의 규정에 의하되, 당해 위험물의 성질에 따라 강화되는 기준은 위험물의 성질에 따른 일반취 급소의 특례(제XII)의 규정에 의하여야 한다.

⑤ 발전소·변전소·개폐소 그 밖에 이에 준하는 장소에 설치되는 일반취급소

①의 규정에 불구하고 발전소 등에 설치되는 일반취급소에 대하여는 제조소의 안전거리부터 배관까지 규정에 의하여 준용되는 제조소의 안전거리·보유공지·건축물의 구조 및 옥외설비의 바닥(별표 4 I·II·IV 및 VII)의 규정을 적용하지 아니하며, 발전소 등에 설치되는 변압기·반응기·전압조정기·유입(油入)개폐기·차단기·유입콘덴서·유입케이블 및 이에 부속된 장치로서 기기의 냉각 또는 절연을 위한 유류를 내장하여 사용하는 것에 대하여는 제조소의 의치·구조 및 설비기준(별표 4)의 규정을 적용하지 아니한다.

(4) <u>분무도장작업 등의 일반취급소의 특례</u>

분무도장작업 등의 일반취급소 중 그 위치·구조 및 설비가 다음의 규정에 의한 기준에 적합한 것에 대하여는 제조소의 안전거리·보유공지·건축물의 구조·채광·조명·환기설비 및 배출설비의 규정은 적용하지 아니한다.

① 건축물 중 일반취급소의 용도로 사용하는 부분에 지하층이 없을 것

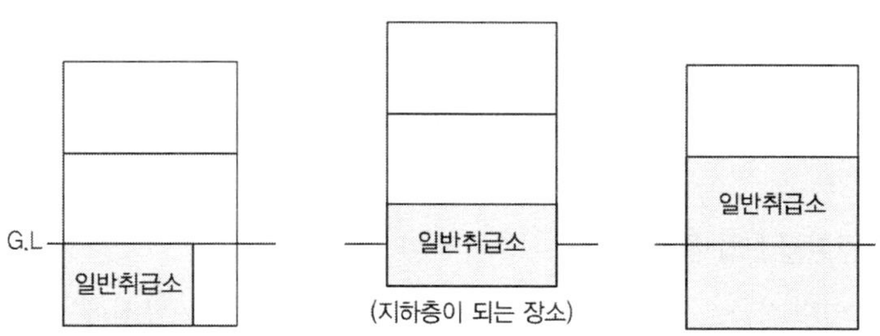

그림 12-84 분무도장작업 일반취급소 용도로 사용할 수 없는 경우

② 건축물 중 일반취급소의 용도로 사용하는 부분은 벽·기둥·바닥·보 및 지붕(상층이 있는

경우에는 상층의 바닥)을 내화구조로 하고, 출입구 외의 개구부가 없는 두께 70 mm 이상의 철근콘크리트조 또는 이와 동등 이상의 강도가 있는 구조의 바닥 또는 벽으로 당해 건축물의 다른 부분과 구획될 것

③ 건축물 중 일반취급소의 용도로 사용하는 부분에는 창을 설치하지 아니할 것

④ 건축물 중 일반취급소의 용도로 사용하는 부분의 출입구에는 갑종방화문을 설치하되, 연소의 우려가 있는 외벽 및 당해 부분 외의 부분과의 격벽에 있는 출입구에는 수시로 열 수 있는 자동폐쇄식의 것으로 할 것

⑤ 액상의 위험물을 취급하는 건축물 중 일반취급소의 용도로 사용하는 부분의 바닥은 위험물이 침투하지 아니하는 구조로 하고, 적당한 경사를 두어 집유설비를 설치할 것

⑥ 건축물 중 일반취급소의 용도로 사용하는 부분에는 위험물을 취급하는 데 필요한 채광·조명 및 환기의 설비를 설치할 것

⑦ 가연성의 증기 또는 가연성의 미분이 체류할 우려가 있는 일반취급소의 용도로 사용하는 부분에는 그 증기 또는 미분을 옥외의 높은 곳으로 배출하는 설비를 설치할 것

⑧ 환기설비 및 배출설비에는 방화상 유효한 댐퍼 등을 설치할 것

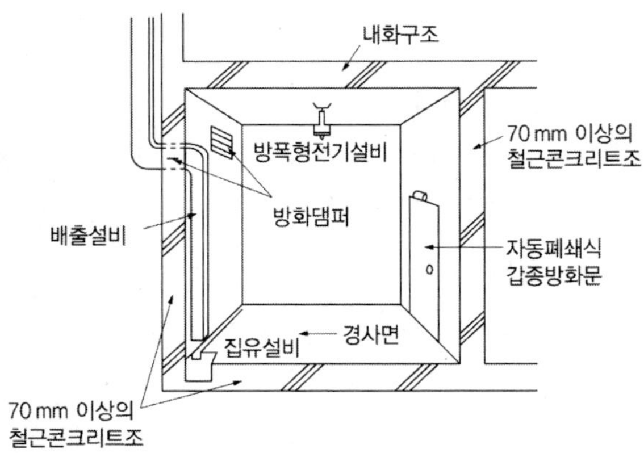

그림 12-85 분무도장작업 일반취급소의 구조 예

(5) 세정작업의 일반취급소의 특례

① 세정작업의 일반취급소 중 그 위치·구조 및 설비가 다음의 규정에 의한 기준에 적합한 것에 대하여는 제조소의 안전거리·보유공지·건축물의 구조·채광·조명·환기설비 및 배출설비의 규정은 적용하지 아니한다.

㉮ 위험물을 취급하는 탱크(용량이 지정수량의 1/5 미만인 것을 제외)의 주위에는 제조소

의 방유제 설치기준(별표 4 IX 제1호 나목1)의 규정을 준용하여 방유턱을 설치할 것

㉯ 위험물을 가열하는 설비에는 위험물의 과열을 방지할 수 있는 장치를 설치할 것

㉰ 분무도장작업의 일반취급소 특례 기준에 적합할 것

② 세정작업의 일반취급소 중 지정수량의 10배 미만의 것으로서 그 위치·구조 및 설비가 다음 기준에 적합한 것에 대하여는 제조소의 안전거리·보유공지·건축물의 구조·채광·조명·환기설비 및 배출설비의 규정은 적용하지 아니한다.

불연재료로 만들어진 천장이 없는 단층건물 내에 위험물을 취급하는 설비 주위에 3 m 이상의 공지를 보유하는 설비단위의 부분규제의 일반 취급소에 해당된다.

㉮ 일반취급소는 벽·기둥·바닥·보 및 지붕이 불연재료로 되어 있고, 천장이 없는 단층 건축물에 설치할 것

㉯ 위험물을 취급하는 설비(위험물을 이송하기 위한 배관을 제외)는 바닥에 고정하고, 당해 설비의 주위에 너비 3 m 이상의 공지를 보유할 것. 다만, 당해 설비로부터 3 m 미만의 거리에 있는 건축물의 벽(수시로 열 수 있는 자동폐쇄식의 갑종방화문이 달려 있는 출입구 외의 개구부가 없는 것에 한함) 및 기둥이 내화구조인 경우에는 당해 설비에서 당해 벽 및 기둥까지의 공지를 보유하는 것으로 할 수 있다.

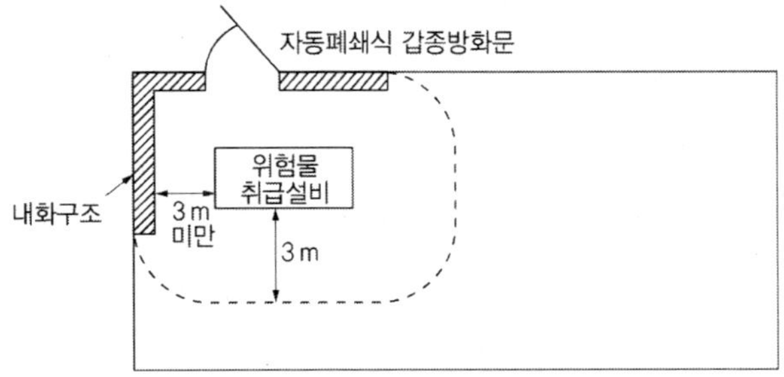

그림 12-86 세정작업의 일반취급소 보유공지

㉰ 건축물 중 일반취급소의 용도로 사용하는 부분(㉯의 공지를 포함)의 바닥은 위험물이 침투하지 아니하는 구조로 하고 적당한 경사를 두어 집유설비를 설치하는 한편, 집유설비 및 바닥의 주위에 배수구를 설치할 것

㉱ 위험물을 취급하는 설비는 당해 설비의 내부에서 발생한 가연성의 증기 또는 가연성의 미분이 당해 설비의 외부에 확산하지 아니하는 구조로 할 것. 다만, 그 증기 또는 미분을 직접 옥외의 높은 곳으로 유효하게 배출할 수 있는 설비를 설치하는 경우에는

제외된다.

㉮ ㉱의 설비에는 방화상 유효한 댐퍼 등을 설치할 것

㉯ 분무도장작업의 특례 중 채광·조명 및 환기설비, 배출설비, 댐퍼의 기준에 적합할 것

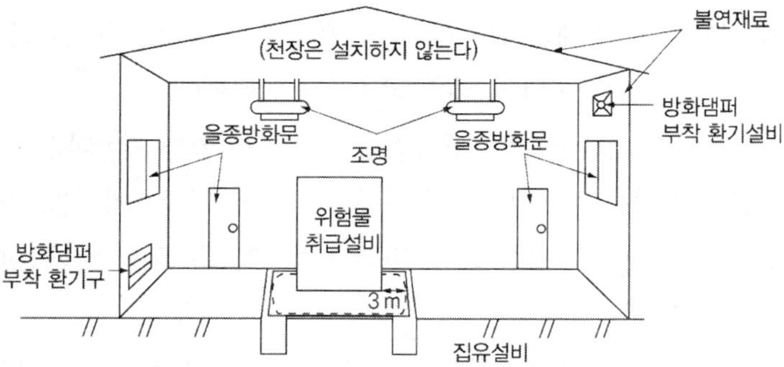

그림 12-87 세정작업의 일반취급소 구조

(6) 열처리작업 등의 일반취급소의 특례

건축물 내 열처리 또는 방전가공 작업을 하기 위해 인화점이 70℃ 이상의 위험물을 취급하는 일반취급소로서 지정수량 30배 미만의 경우에 적용된다.

① 열처리작업 등의 일반취급소 중 위치·구조 및 설비가 다음에 정하는 기준에 적합한 것에 대하여는 제조소의 안전거리·보유공지·건축물의 구조·채광·조명·환기설비 및 배출설비의 규정은 적용하지 아니한다.

㉮ 건축물 중 일반취급소의 용도로 사용하는 부분은 벽·기둥·바닥 및 보를 내화구조로 하고, 출입구 외의 개구부가 없는 두께 70 mm 이상의 철근콘크리트조 또는 이와 동등 이상의 강도가 있는 구조의 바닥 또는 벽으로 당해 건축물의 다른 부분과 구획될 것

㉯ 건축물 중 일반취급소의 용도로 사용하는 부분은 상층이 있는 경우는 상층의 바닥을 내화구조로 하고, 상층이 없는 경우에 있어서는 지붕을 불연재료로 할 것

㉰ 건축물 중 일반취급소의 용도로 사용하는 부분에는 위험물이 위험한 온도에 이르는 것을 경보할 수 있는 장치를 설치할 것

㉱ 분무도장작업 등의 일반취급소 기준에 적합할 것

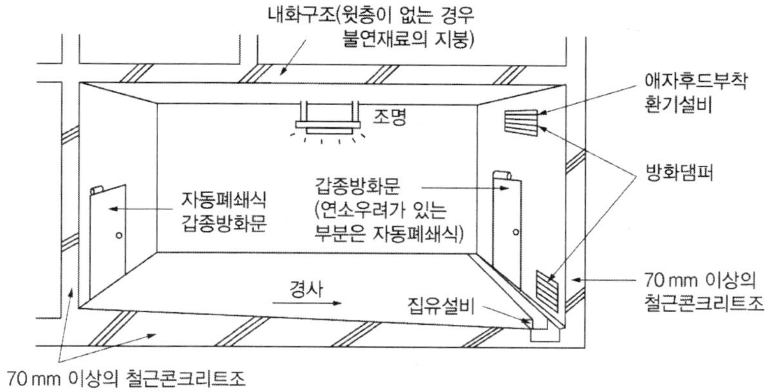

그림 12-88 열처리작업 등 일반취급소의 구조 예

② 열처리작업 등의 일반취급소 중 지정수량 10배 미만의 것으로서 그 위치·구조 및 설비가 다음에 정하는 기준에 적합한 것에 대하여는 제조소의 안전거리·보유공지·건축물의 구조·채광·조명·환기설비 및 배출설비의 규정은 적용하지 않는다. 지정수량이 10배 미만인 것은 설비단위의 규제를 받는다.

㉮ 위험물을 취급하는 설비(위험물을 이송하기 위한 배관을 제외)는 바닥에 고정하고, 당해 설비의 주위에 너비 3 m 이상의 공지를 보유할 것. 다만, 당해 설비로부터 3 m 미만의 거리에 있는 건축물의 벽(수시로 열 수 있는 자동폐쇄식의 갑종방화문이 달려 있는 출입구 외의 개구부가 없는 것에 한함) 및 기둥이 내화구조인 경우에는 당해 설비에서 벽 및 기둥까지의 공지를 보유하는 것으로 할 수 있다.

㉯ 건축물 중 일반취급소의 용도로 사용하는 부분(㉮의 공지를 포함)의 바닥은 위험물이 침투하지 아니하는 구조로 하고 적당한 경사를 두어 집유설비를 설치하는 한편, 집유설비 및 바닥의 주위에 배수구를 설치할 것

㉰ 분무도장작업의 특례 중 채광·조명 및 환기설비, 배출설비, 댐퍼의 기준에 적합할 것

(7) 보일러 등으로 위험물을 소비하는 일반취급소의 특례

보일러, 냉온수기, 급탕설비, 소각로, 발전설비 등 인화점이 38℃ 이상의 제4류 위험물만을 소비하는 일반취급소로서 취급하는 위험물의 총량이 지정수량 30배 미만의 것이 적용된다.

① 보일러 등으로 위험물을 소비하는 일반취급소 중 그 위치·구조 및 설비가 다음에 정하는 기준에 적합한 것에 대하여는 제조소의 안전거리·보유공지·건축물의 구조·채광·조명·환기설비 및 배출설비의 규정은 적용하지 아니한다.

㉮ 분무도장작업 등의 특례 중 창문 내지 댐퍼 및 열처리작업 등의 특례 중 건축물 구조 및 재료의 규정에 의한 기준에 적합할 것

㉯ 건축물 중 일반취급소의 용도로 제공하는 부분에는 지진 시 및 정전 시 등의 긴급 시에보일러, 버너 이와 유사한 장치(비상용전원과 관련되는 것을 제외)에 대한 위험물의 공급을 자동적으로 차단하는 장치를 설치할 것

㉰ 위험물을 취급하는 탱크는 그 용량의 총계를 지정수량 미만으로 하고, 당해 탱크(용량이 지정수량 1/5 미만의 것은 제외)의 주위에 제조소의 방유제 설치기준(별표 4 IX 제1호나목1)의 규정을 준용하여 방유턱을 설치할 것

② 보일러 등으로 위험물을 소비하는 일반취급소 중 지정수량의 10배 미만의 것으로서 그 위치·구조 및 설비가 다음에 정하는 기준에 적합한 것에 대하여는 제조소의 안전거리·보유 공지·건축물의 구조·채광·조명·환기설비 및 배출설비의 규정은 적용하지 아니한다. 불연재료로 된 천장이 없는 단층 건축물 내에서 위험물을 취급하는 주위에 3 m의 공지를 두는 설비단위의 부분규제를 받는 일반취급소이다.

㉮ 위험물을 취급하는 설비(위험물을 이송하기 위한 배관을 제외)는 바닥에 고정하고, 당해 설비의 주위에 너비 3 m 이상의 공지를 보유할 것. 다만, 당해 설비로부터 3 m 미만의 거리에 있는 건축물의 벽(수시로 열 수 있는 자동폐쇄식의 갑종방화문이 달려있는 출입구 외의 개구부가 없는 것에 한함) 및 기둥이 내화구조인 경우에는 당해 설비에서 당해 벽 및 기둥까지의 공지를 보유하는 것으로 할 수 있다.

㉯ 건축물 중 일반취급소의 용도로 사용하는 부분(㉮의 공지 포함)의 바닥은 위험물이 침투하지 않은 구조로 하고 적당한 경사를 두는 한편, 집유설비 및 당해 바닥의 주위에 배수구를 설치할 것

㉰ 분무도장작업 등의 특례 중 채광·조명 및 환기설비·배출설비, 댐퍼, 세정작업의 특례 중 지정수량 10배 미만의 건축물 구조(III 제2호 가목, 제1호 나목 및 다목)의 기준에 적합할 것

③ 보일러 등으로 위험물을 소비하는 일반취급소 중 지정수량의 10배 미만의 것으로서 위치·구조 및 설비가 다음의 규정에 의한 기준에 적합한 것에 대하여는 제조소의 안전거리·보유공지·건축물의 구조·채광·조명·환기설비 및 배출설비 , 옥외시설의 바닥 및 위험물 취급탱크의 방유제의 규정은 적용하지 아니한다.

㉮ 일반취급소는 벽·기둥·바닥·보 및 지붕이 내화구조인 건축물의 옥상에 설치할 것

㉯ 위험물을 취급하는 설비(위험물을 이송하기 위한 배관을 제외)는 옥상에 고정할 것

㉰ 위험물을 취급하는 설비(위험물을 취급하는 탱크 및 위험물을 이송하기 위한 배관 제외)는 큐비클식(강판으로 만들어진 보호상자에 수납되어 있는 방식)의 것으로 하고, 당해 설비의 주위에 높이 0.15 m 이상의 방유턱을 설치할 것

㉱ ㉰의 설비 내부에는 위험물을 취급하는 데 필요한 채광·조명 및 환기의 설비를 설치할 것

㉲ 위험물을 취급하는 탱크는 그 용량의 총계를 지정수량 미만으로 할 것

㉳ 옥외에 있는 위험물을 취급하는 탱크의 주위에는 높이 0.15 m 이상의 방유턱을 설치할 것

㉴ ㉰ 및 ㉳의 방유턱의 주위에 너비 3 m 이상의 공지를 보유할 것. 다만, 당해 설비로부터 3 m 미만의 거리에 있는 건축물의 벽(수시로 열 수 있는 자동폐쇄식의 갑종방화문이 달려있는 출입구 외의 개구부가 없는 것에 한함) 및 기둥이 내화구조인 경우에는 당해 설비에서 벽 및 기둥까지의 공지를 보유하는 것으로 할 수 있다.

㉵ 방유턱의 내부는 위험물이 침투하지 아니하는 구조로 하고, 적당한 경사를 두어 집유설비를 설치할 것. 이 경우 위험물이 직접 배수구에 유입하지 아니하도록 집유설비에 유분리장치를 설치하여야 한다.

㉶ 옥내에 있는 위험물을 취급하는 탱크는 다음의 기준에 적합한 탱크전용실에 설치할 것

㉠ 옥내탱크저장소의 지붕, 창 및 출입구, 방입유리, 바닥(별표 7 Ⅰ 제1호 너목 내지 머목)의 기준을 준용할 것

㉡ 탱크전용실은 바닥을 내화구조로 하고, 벽·기둥 및 보를 불연재료로 할 것

㉢ 탱크전용실에는 위험물을 취급하는 데 필요한 채광·조명 및 환기의 설비를 설치할 것

㉣ 가연성의 증기 또는 가연성의 미분이 체류할 우려가 있는 탱크전용실에는 그 증기 또는 미분을 옥외의 높은 곳으로 배출하는 설비를 설치할 것

㉤ 위험물을 취급하는 탱크의 주위에는 위험물제조소의 방유턱(별표 4 IX 제1호 나목1)을 설치하거나 탱크전용실의 출입구의 턱의 높이를 높게 할 것

㉷ 환기설비 및 배출설비에는 방화상 유효한 댐퍼 등을 설치할 것

㉸ 정전 및 지진 등 긴급 시 위험물을 차단하는 장치(①의 ㉯) 기준에 적합할 것

(8) 충전하는 일반취급소의 특례

충전하는 일반취급소 중 위치·구조 및 설비가 다음 기준에 적합한 것에 대하여는 제조소의 건축물의 구조, 채광·조명 및 환기설비, 배출설비, 옥외설비의 바닥의 규정은 적용하지 아니한다.

① 건축물을 설치하는 경우에 있어서 당해 건축물은 벽·기둥·바닥·보 및 지붕을 내화구조 또는 불연재료로 하고, 창 및 출입구에 갑종방화문 또는 을종방화문을 설치하여야 한다.
② ①의 건축물의 창 또는 출입구에 유리를 설치하는 경우에는 망입유리로 하여야 한다.
③ ①의 건축물의 2 방향 이상은 통풍을 위하여 벽을 설치하지 아니하여야 한다.
④ 위험물을 이동저장탱크에 주입하기 위한 설비(위험물을 이송하는 배관 제외)의 주위에 필요한 공지를 보유하여야 한다.
⑤ 위험물을 용기에 옮겨 담기 위한 설비를 설치하는 경우에는 당해 설비(위험물을 이송하는 배관을 제외)의 주위에 필요한 공지를 ④의 공지 외의 장소에 보유하여야 한다.

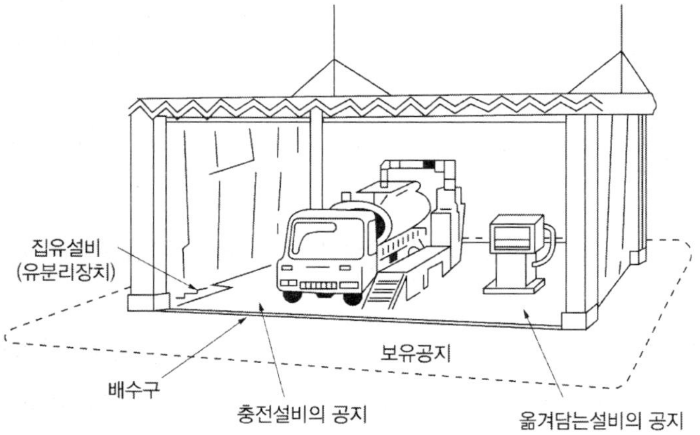

그림 12-89 충전하는 일반취급소의 예

⑥ ④ 및 ⑤의 공지는 그 지반면을 주위의 지반면보다 높게 하고, 그 표면에 적당한 경사를 두며, 콘크리트 등으로 포장하여야 한다.
⑦ ④ 및 ⑤의 공지에는 누설한 위험물 그 밖의 액체가 당해 공지 외의 부분에 유출하지 아니 하도록 집유설비 및 주위에 배수구를 설치하여야 한다. 이 경우 제4류 위험물(온도 20℃의 물 100 g에 용해되는 양이 1 g 미만인 것에 한함)을 취급하는 공지에 있어서는 집유설비에 유분리장치를 설치하여야 한다.

(9) 옮겨 담는 일반취급소의 특례

옮겨 담는 일반취급소 중 그 위치·구조 및 설비가 다음의 규정에 의한 기준에 적합한 것에 대하여는 제조소의 건축물의 구조, 채광·조명 및 환기설비, 배출설비, 옥외설비의 바닥, 기타 설비 및 위험물탱크 규정은 적용하지 아니한다.

고정된 주유설비에 의해서 인화점이 38℃ 이상의 제4류 위험물을 용기에 옮겨 담거나 차량에 고정된 용량 4,000 L 이하의 탱크(2,000 L를 넘는 탱크는 내부를 2,000 L 이하마다 칸막이를 한 것)에 주입하는 일반취급소로 지정수량 40배 미만인 것이 적용된다.

① 일반취급소에는 고정급유설비 중 호스기기의 주위(현수식의 고정급유설비에 있어서는 호스기기의 아래)에 용기에 옮겨 담거나 탱크에 주입하는 데 필요한 공지를 보유하여야 한다.

② ①의 공지는 그 지반면을 주위의 지반면보다 높게 하고, 그 표면에 적당한 경사를 두며, 콘크리트 등으로 포장하여야 한다.

③ ①의 공지에는 누설한 위험물 그 밖의 액체가 당해 공지 외의 부분에 유출하지 아니하도록 배수구 및 유분리장치를 설치하여야 한다.

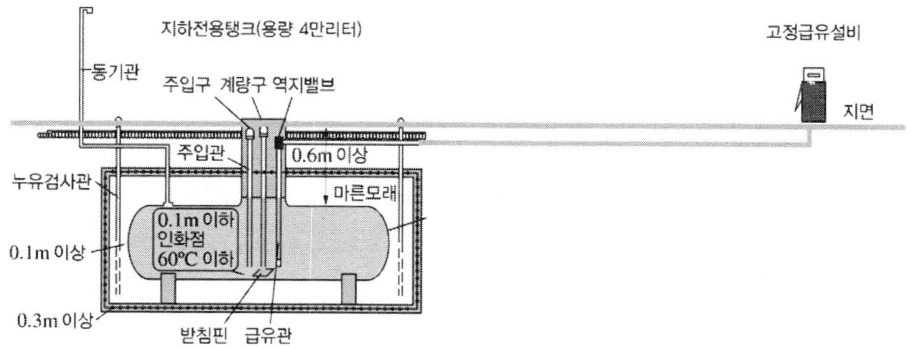

그림 12-90 옮겨 담는 일반취급소의 구성

④ 일반취급소에는 고정급유설비에 접속하는 용량 40,000 L 이하의 지하의 전용탱크를 지반면 아래에 매설하는 경우 외에는 위험물을 취급하는 탱크를 설치하지 아니하여야 한다.

⑤ 지하전용탱크의 위치·구조 및 설비는 지하탱크저장소 기준·이중벽탱크의 지하탱크 저장소 기준 또는 특수누설방지구조의 지하탱크저장소 기준 중 표지 및 게시판, 주입구, 펌프설비, 전기설비 제외(게시판에 관한 부분에 한함)의 규정에 의한 지하저장탱크의 기준을 준용하여야 한다.

⑥ 고정급유설비에 위험물을 주입하기 위한 배관은 당해 고정급유설비에 접속하는 지하전용탱크로부터의 배관만으로 하여야 한다.

⑦ 고정급유설비는 주유취급소의 고정주유설비 또는 고정급유설비(별표 13 Ⅳ(제4호를 제외)의 규정에 의한 주유취급소의 고정주유설비 또는 고정급유설비의 기준을 준용하여야 한다.

⑧ 고정급유설비는 도로경계선으로부터 표 12.24에 정하는 거리 이상, 건축물의 벽으로부터 2 m(일반취급소의 건축물의 벽에 개구부가 없는 경우에는 당해 벽으로부터 1 m) 이상, 부지 경계선으로부터 1 m 이상의 간격을 유지해야 한다. 다만, 호스기기와 분리하여 주유취급소의 펌프실 등의 구조(별표 13 IX)의 기준에 적합하고 벽·기둥·바닥·보 및 지붕(상층이 있는 경우에는 상층의 바닥)이 내화구조인 펌프실에 설치하는 펌프기기 또는 액중펌프기기에 있어서는 그러하지 아니하다.

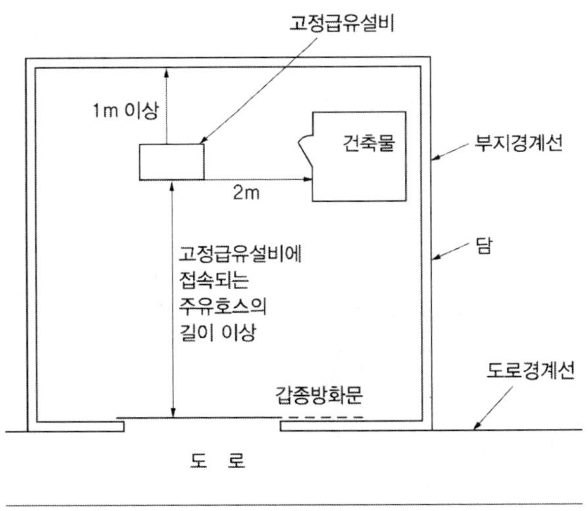

그림 12-91 고정급유설비의 설치 위치

표 12-24 고정급유설비의 안전거리

고정급유설비의 구분		거리
현수식의 고정급유설비		4m
그 밖의 고정급유설비	고정급유설비에 접속되는 급유호스중 그 전체길이가 최대인 것의 전체길이(이하 이 표에서 “최대급유호스길이”라 한다)가 3m 이하의 것	4m
	최대급유호스길이가 3m 초과 4m 이하의 것	5m
	최대급유호스길이가 4m 초과 5m 이하의 것	6m

⑨ 현수식의 고정급유설비를 설치하는 일반취급소에는 고정급유설비의 펌프기기를 정지하는 등에 의하여 지하전용탱크로부터의 위험물의 이송을 긴급히 중단할 수 있는 장치를 설치하여야 한다.

⑩ 일반취급소의 주위에는 높이 2 m 이상의 내화구조 또는 불연재료로 된 담 또는 벽을 설치하여야 한다. 이 경우 당해 일반취급소에 인접하여 연소의 우려가 있는 건축물이 있을 때에는 담 또는 벽을 주유취급소의 담 또는 벽(별표 13 VII. 담 또는 벽의 제1호)의 규정에 준하여 방화상 안전한 높이로 하여야 한다.

⑪ 일반취급소의 출입구에는 갑종방화문 또는 을종방화문을 설치하여야 한다.

⑫ 펌프실 그 밖에 위험물을 취급하는 실은 주유취급소의 펌프실 또는 그 밖의 위험물을 취급하는 실(별표 13 IX)의 기준을 준용하여야 한다.

⑬ 일반취급소에 지붕, 캐노피 그 밖에 위험물을 옮겨 담는 데 필요한 건축물을 설치하는 경우에는 지붕 등은 불연재료로 하여야 한다.

⑭ 지붕 등의 수평투영면적은 일반취급소의 부지면적의 1/3 이하이어야 한다.

(10) 유압장치 등을 설치하는 일반취급소의 특례

건축물 내에 있어서 유입장치 및 대형기계의 전동기축, 공작기계 등에 사용되는 윤활유 순환장치 등에 인화점 100℃ 이상의 제4류 위험물을 100℃ 미만의 온도에서 취급하는 일반취급소로서 지정수량의 배수가 50 미만인 것이 적용된다.

① 유압장치 등을 설치하는 일반취급소 중 위치·구조 및 설비가 다음의 규정에 의한 기준에 적합한 것에 대하여는 제조소의 안전거리·보유공지·건축물의 구조·채광·조명·환기설비 및 배출설비, 정전기 제거설비 및 피뢰설비 규정은 적용하지 아니한다.

㉮ 일반취급소는 벽·기둥·바닥·보 및 지붕이 불연재료로 만들어진 단층의 건축물에 설치할 것

㉯ 건축물 중 일반취급소의 용도로 사용하는 부분은 벽·기둥·바닥·보 및 지붕을 불연재료로 하고, 연소의 우려가 있는 외벽은 출입구 외의 개구부가 없는 내화구조의 벽으로 할 것

㉰ 건축물 중 일반취급소의 용도로 사용하는 부분의 창 및 출입구에는 갑종방화문 또는 을종방화문을 설치하고, 연소의 우려가 있는 외벽에 있는 출입구에는 수시로 열 수 있는 자동폐쇄식의 갑종방화문을 설치할 것

㉱ 건축물 중 일반취급소의 용도로 사용하는 부분의 창 또는 출입구에 유리를 이용하는

경우에는 망입유리로 할 것

㉮ 위험물을 취급하는 설비(위험물을 이송하기 위한 배관 제외)는 건축물 중 일반취급소의 용도로 사용하는 부분의 바닥에 견고하게 고정할 것

㉯ 위험물을 취급하는 탱크(용량이 지정수량의 1/5 미만인 것)의 직하에는 방유턱(별표 4 IX 제1호 나목1) 방유턱을 설치하거나 건축물 중 일반취급소의 용도로 사용하는 부분의 문턱의 높이를 높게 할 것

㉰ 분무도장작업의 특례 중 채광·조명 및 환기설비, 배출설비, 댐퍼의 기준에 적합할 것

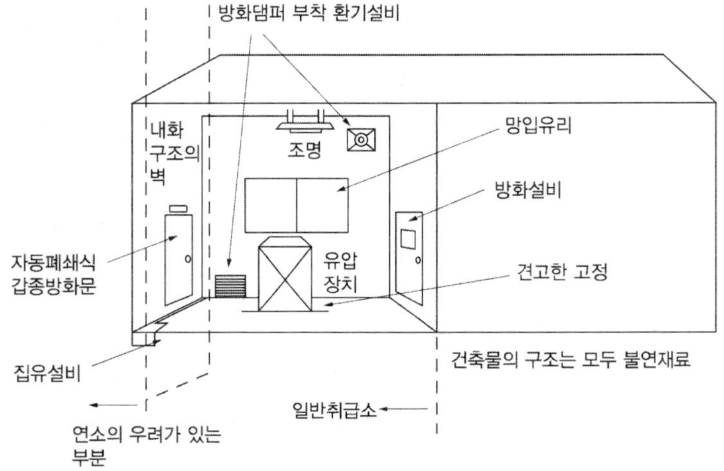

그림 12-92 유압장치 등을 설치하는 일반취급소 구조 예

② 유압장치 등을 취급하는 일반취급소 중 위치·구조 및 설비가 다음의 기준에 적합한 것에 대하여는 제조소의 안전거리·보유공지·건축물의 구조·채광·조명·환기설비 및 배출설비, 정전기 제거설비 및 피뢰설비 규정은 적용하지 아니한다.

㉮ 건축물 중 일반취급소의 용도로 사용하는 부분은 벽·기둥·바닥 및 보를 내화구조로 할 것

㉯ 분무도장작업 등의 특례 중 창문, 출입구, 바닥, 채광, 조명 및 환기설비, 배출설비, 댐퍼, 열처리작업 등의 특례 중 상층 바닥 또는 지붕의 기준에 적합할 것

③ 유압장치 등을 설치하는 일반취급소 중 지정수량의 30배 미만의 것으로서 그 위치·구조 및 설비가 다음 각목의 규정에 의한 기준에 적합한 것에 대하여는 제조소의 안전거리·보유 공지·건축물의 구조·채광·조명·환기설비 및 배출설비, 정전기 제거설비 및 피뢰설비 규정은 적용하지 아니한다.

㉮ 위험물을 취급하는 설비는 바닥에 고정하고, 당해 설비의 주위에 너비 3 m 이상의 공지를 보유할 것. 다만, 당해 설비로부터 3 m 미만의 거리에 있는 건축물의 벽(수시로 열 수 있는 자동폐쇄식의 갑종방화문이 달려 있는 출입구 외의 개구부가 없는 것에 한함) 및 기둥이 내화구조인 경우에는 당해 설비에서 당해 벽 및 기둥까지의 공지를 보유하는 것으로 할 수 있다.

㉯ 건축물 중 일반취급소의 용도로 사용하는 부분(㉮의 공지 포함)의 바닥은 위험물이 침투하지 않은 구조로 하고, 적당한 경사를 두어 집유설비 및 당해 바닥의 주위에 배수구를 설치할 것

㉰ 위험물을 취급하는 탱크(용량이 지정수량의 1/5미만의 것 제외)의 직하에는 방유턱(별표 4 IX 제1호 나목1)을 설치할 것

㉱ 분무도장작업의 특례 중 채광·조명 및 환기설비, 배출설비, 댐퍼 및 세정작업의 특례 중 지정수량 10배 미만의 단층건물의 기준에 적합할 것

(11) 절삭장치 등을 설치하는 일반취급소의 특례

① 절삭장치 등을 설치하는 일반취급소 중 그 위치·구조 및 설비가 분무도장작업 등의 특례 중 지하층, 창문, 출입구, 바닥, 채광·조명 및 환기설비, 배출설비, 댐퍼(II제1호 및 제3호 내지 제8호), 열처리작업 특례 중 상층 바닥 또는 지붕(IV제1호나목) 및 유압장치 등의 설치 특례 중 방유턱 또는 문턱·건축물구조(VIII제1호 바목·제2호 가목)의 규정에 의한 기준에 적합한 것에 대하여는 제조소의 안전거리, 보유공지, 건축물의 구조 및 기타설비 중 정전기 제거 및 피뢰설비 규정은 적용하지 아니한다.
건축물 내에 있어서 절삭, 연삭을 위해 고인화점 위험물만을 100℃ 미만의 온도에서 취급하는 것으로 지정수량이 30배 미만인 것에 적용한다.

② 절삭장치 등을 설치하는 일반취급소 중 지정수량의 10배 미만의 것으로서 그 위치·구조 및 설비가 다음의 기준에 적합한 것에 대하여는 제조소의 안전거리, 보유공지, 건축물의 구조 및 기타설비 중 정전기제거 및 피뢰설비 규정은 적용하지 아니한다.

㉮ 위험물을 취급하는 설비(위험물을 이송하기 위한 배관을 제외)는 바닥에 고정하고, 당해 설비의 주위에 너비 3 m 이상의 공지를 보유할 것. 다만, 당해 설비로부터 3m 미만의 거리에 있는 건축물의 벽(수시로 열 수 있는 자동폐쇄식의 갑종방화문이 달려 있는 출입구 외의 개구부가 없는 것에 한함) 및 기둥이 내화구조인 경우에는 당해 설비에서 당해 벽 및 기둥까지의 공지를 보유하는 것으로 할 수 있다.

㉯ 건축물 중 일반취급소의 용도로 사용하는 부분(㉮의 공지를 포함)의 바닥은 위험물이 침투하지 아니하는 구조로 하고, 적당한 경사를 두어 집유설비 및 당해 바닥의 주위에 배수구를 설치할 것

㉰ 분무도장작업의 특례 중 채광·조명 및 환기설비, 배출설비, 댐퍼 및 세정작업의 특례 중 지정수량 10배 미만의 단층건물 및 유압장치 등의 설치 특례 중 지정수량 30배 미만인 것에 방유턱의 기준에 적합할 것

(12) 열매체유 순환장치를 설치하는 일반취급소의 특례

열매체유 순환장치를 설치하는 일반취급소 중 그 위치·구조 및 설비가 다음의 기준에 적합한 것에 대하여는 제조소의 안전거리, 보유공지, 건축물의 구조, 채광, 조명 및 환기설비, 배출설비 규정은 적용하지 아니한다.

건축물 내에서 고인화점위험물을 사용하여 반응탱크 등을 가열하는 것으로 지정수량의 30배 미만의 것에 사용된다.

① 위험물을 취급하는 설비는 위험물의 체적팽창에 의한 위험물의 누설을 방지할 수 있는 구조의 것으로 하여야 한다.

② 분무도장작업의 특례 중 채광·조명 및 환기설비, 배출설비, 댐퍼 및 세정작업의 특례 중 방유턱, 과열방지장치 및 열처리작업 등의 특례 중 건축물 구조, 상층 바닥 및 지붕 기준에 적합하여야 한다.

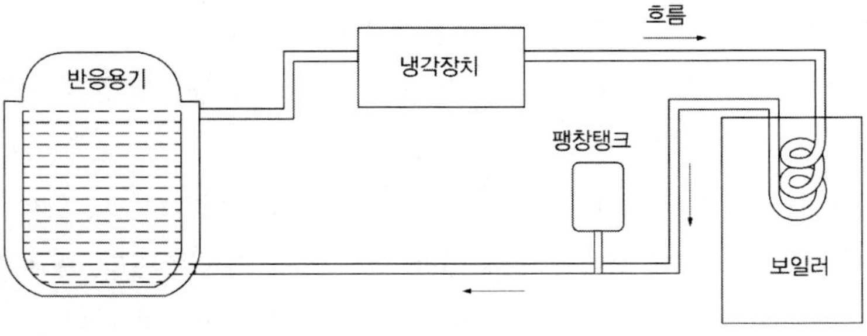

그림 12-93 열매체유 순환장치의 설치 예

(13) 화학실험의 일반취급소의 특례

화학실험의 일반취급소 중 그 위치·구조 및 설비가 다음 각 호에 정한 기준에 적합한 것에 대해서는 제조소의 안전거리, 보유공지, 건축물의 구조, 채광, 조명 및 환기설비, 배출설비, 옥

외시설의 바닥, 기타설비(전기설비 제외), 위험물 취급탱크, 배관의 규정은 준용하지 아니한다.

① 화학실험의 일반취급소는 벽·기둥·바닥 및 보가 내화구조인 건축물의 지하층 외의 층에 설치할 것

② 건축물 중 화학실험의 일반취급소의 용도로 사용하는 부분은 벽·기둥·바닥·보 및 지붕(상층이 있는 경우에는 상층의 바닥)을 내화구조로 하고, 벽에 설치하는 창 또는 출입구에 관한 기준은 다음의 기준에 모두 적합할 것

㉮ 해당 건축물의 다른 용도 부분(복도를 제외한다)과 구획하는 벽에는 창 또는 출입구를 설치하지 않을 것

㉯ 해당 건축물의 복도 또는 외부와 구획하는 벽에 설치하는 창은 망입유리 또는 방화유리로 하고, 출입구에는 수시로 열 수 있는 자동폐쇄식의 갑종방화문을 설치할 것

③ 건축물 중 화학실험의 일반취급소의 용도로 사용하는 부분에는 위험물을 취급하는데 필요한 채광·조명 및 환기를 위한 설비를 설치할 것

④ 가연성의 증기 또는 가연성의 미분이 체류할 우려가 있는 화학실험의 일반취급소의 용도로 사용하는 부분에는 그 증기 또는 미분을 옥외의 높은 곳으로 배출하는 설비를 설치하고, 배출덕트가 관통하는 벽부분의 바로 가까이에 화재 시 자동으로 폐쇄되는 방화댐퍼를 설치 할 것

⑤ 위험물을 보관하는 설비는 외장을 불연재료로 하되, 제3류 위험물 중 자연발화성물질 또는 제5류 위험물을 보관하는 설비는 다음 각 목의 기준에 모두 적합한 것으로 할 것

㉮ 외장을 금속재질로 할 것

㉯. 보냉장치를 갖출 것

㉰ 밀폐형 구조로 할 것

㉱ 문에 유리를 부착하는 경우에는 망입유리 또는 방화유리로 할 것

(14) 고인화점 위험물의 일반취급소의 특례

인화점이 100℃ 이상의 제4류 위험물만을 100℃ 미만의 온도에서 취급하는 동(棟)단위 규제의 일반취급소이고, 제조소의 일부 기준에 적합한 경우 일반취급소 기준의 일부가 완화되어 적용된다.

① 고인화점 위험물의 일반취급소 중 위치 및 구조가 고인화점 위험물의 제조소 특례(별표 4 XI)의 기준에 적합한 것에 대하여는 제조소의 안전거리, 보유공지, 건축물의 구조, 기타설비(정전기제거 및 피뢰설비), 위험물 취급탱크 방유제에 의하여 준용하는 옥외탱크

저장소의 방유제(별표 6 IX 제1호 나목)의 규정은 적용하지 아니한다.

② 고인화점 위험물의 일반취급소 중 충전하는 일반취급소로서 그 위치·구조 및 설비가 다음의 규정에 의한 기준에 적합한 것에 대하여는 제조소의 안전거리, 보유공지, 건축물의 구조, 채광·조명 및 환기설비, 배출설비 내지 옥외시설의 바닥, 기타설비(정전기제거 및 피뢰설비), 위험물 취급탱크 방유제에 의하여 준용하는 옥외탱크저장소의 방유제의 규정[별표 6 IX제1호 나목]은 적용하지 아니한다.

㉮ 제조소의 옥내 및 옥외에 있는 위험물의 취급탱크(별표 4 XI제1호·제2호) 및 충전하는 일반취급소 특례 중 벽의 통풍 내지 집유설비 및 배수구(VI제3호 내지 제7호)의 규정에 의한 기준에 적합할 것

㉯ 건축물을 설치하는 경우에 있어서는 당해 건축물은 벽·기둥·바닥·보 및 지붕을 내화구조 또는 불연재료로 하고, 창 및 출입구에는 갑종방화문·을종방화문 또는 불연재료나 유리로 된 문을 설치할 것

(15) 위험물의 성질에 따른 일반취급소의 특례

① 위험물의 성질에 따른 알킬알루미늄(알킬리튬 포함) 등을 취급하는 제조소 특례(별표 4 XII제2호)의 규정은 알킬알루미늄 등을 취급하는 일반취급소에 대하여 강화되는 기준에 있어서 준용한다.

② 위험물의 성질에 따른 아세트알데이드 등(산화프로필렌 포함)을 취급하는 제조소 특례(별표 4 XII제3호)의 규정은 아세트알데이드 등을 취급하는 일반취급소에 대하여 강화되는 기준에 있어서 준용한다.

③ 위험물 성질에 따른 히드록실아민 등을 취급하는 제조소 특례(별표 4 XII제4호)의 규정은 히드록실아민 등을 취급하는 일반취급소에 대하여 강화되는 기준에 있어서 준용한다.

PART 4
폭발

13. 폭발

CHAPTER

13 폭발

13.1 폭발과 폭굉

13.1.1 폭발의 정의

폭발이란 연소의 한 형태로서 격렬한 연소를 의미하고 연소와 마찬가지로 가연물, 산화제(산소), 점화원이 필요하다. 반응의 전파속도는 1,000～3,500 m/s로서 매우 빠르면서도 순간적인 에너지를 발생하고 현저하게 체적이 증대되는 동시에 빛과 열을 동반하며, 순간적으로 화학에너지가 열에너지 또는 기계적에너지로 변환되어서 사방으로 전달되는 결과 거대한 에너지의 순간적인 발산이다.

결국 폭발이란 압력의 급격한 개방 또는 발생에 의해 급속히 폭음을 발생하며 팽창 또는 파열하는 현상을 말한다.

13.1.2 폭발의 원인

폭발은 보통 화학반응 또는 물리·화학적 변화에 기인한 기체의 급격한 부피의 팽창에 의해서 일어난다.

- 화학반응 : 연소반응, 분해반응, 중합반응, 폭굉반응, 폭연반응
- 물리적 변화 : 고체 또는 액상의 응상체에서 기체로의 이상 변화

예) 보일러 폭발 등

1) 연소반응

특히 비정상 연소의 경우로 열의 발생속도가 연소속도를 능가하는 현상이다.

2) 발화 및 가연조건

발화에 필요한 에너지가 주어졌을 때 또는 발화에 충분할 정도로 온도가 상승되었을 때, 기체상태가 폭발범위 내의 농도, 압력, 온도로 되었을 때 일어난다.

3) 예혼합 화염과 그 전파

기상폭발을 일으키는 압력의 상승은 가연조건에 있는 기상 중에 연속적으로 화염이 전파되므로 발생된다. 이 때 가연성 기체와 지연성 기체는 미리 혼합되어 혼합기를 형성하며, 이 혼합기는 연소범위 내에 있게 됨으로서 화염이 전파될 때 예혼합화염이 형성된다.

4) 화염의 가속

일정압력 하에서 전파속도가 증대되면 격심한 연소가 진행되며 나아가서는 폭발현상이 발생한다.

13.1.3 폭발의 성립조건

1) 가연조건의 성립

개방공간 또는 밀폐공간에서의 가연성 혼합기의 형성

2) 발화

① 발화온도 이상의 온도

② 최소발화 에너지 이상의 에너지

③ 온도상승을 지배하는 발화원의 특성

3) 화염의 전파와 압력의 움직임

① 화염의 가속에 따라 압축파는 계속 발생하며 화염 전방으로 전달된다.

② 뒤에서 전파되는 압축파의 속도가 선행하는 파의 속도보다 커져 압축파의 중첩이 발생

③ 화염의 가속이 현저하게 클 경우 중첩된 강한 압축파가 변화되어 폭발의 전형적인 형태인 폭굉으로 전이된다.

13.1.4 연소와 폭발

┌ 연소(combustion) : 가연성 물질 + 점화에너지 + 산소
⇒ 발열 → 온도상승 → 연소속도 완만(0.03 ~ 10 m/s) → flame
└ 폭발(explosion) : 연소의 3대 요소 ⇒ 연소 → 연소속도가 빠르게 진행
→ 생성기체가 팽창(압력수반) → 급격한 압력상승

13.1.5 폭굉(detonation)

1) 폭굉의 개요

폭발 중에서도 특히 격렬한 경우를 폭굉이라고 하며 폭굉이라 함은 가스 중의 음속보다도 화염전파속도가 큰 경우로 이 때는 파면선단에 충격파라고 하는 솟구치는 압력파가 발생하여 격렬한 파괴작용을 하는 원인이 된다.

폭굉 이외의 연소 및 폭발은 화염전파속도가 음속 이하이며 파면에는 충격파가 생기지 않으므로 반응 직후에 약간의 상승이 있을 뿐 압력은 파면 전후에 없어진다.

폭굉이 전하는 연소속도를 폭속(폭굉속도)이라고 하는데 음속보다 빠르며 폭속이 클수록 파괴작용은 격렬해진다.

- 폭굉 시 : 1,000 ~ 3,500 m/s
- 정상연소 시 : 0.03 ~ 10 m/s

2) 폭굉유도거리

최초의 완만한 연소가 격렬한 폭굉으로 발전할 때까지 거리를 폭굉유도거리라고 하며, 그 거리가 짧은 경우는 다음과 같다.

- 폭굉거리가 짧을 경우
  ① 정상연소속도가 큰 혼합가스일수록 짧다.
  ② 관속에 방해물이 있거나 관경이 가늘수록 짧다.
  ③ 압력이 높을수록 짧다.

④ 점화원의 에너지가 강할수록 짧다.

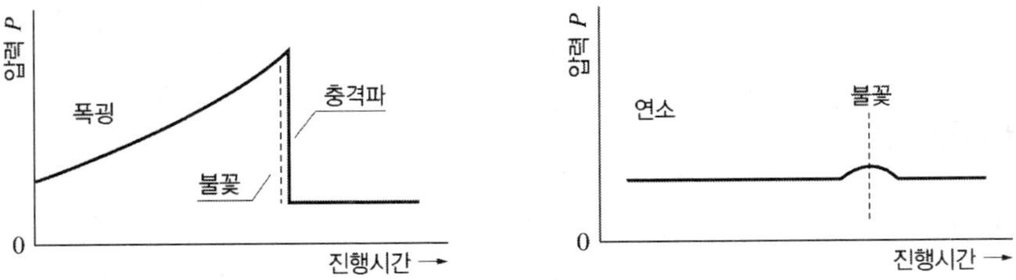

그림 13-1 폭굉과 연소압력의 전파 현상

3) 폭발과정과 폭발을 저지하는 방법

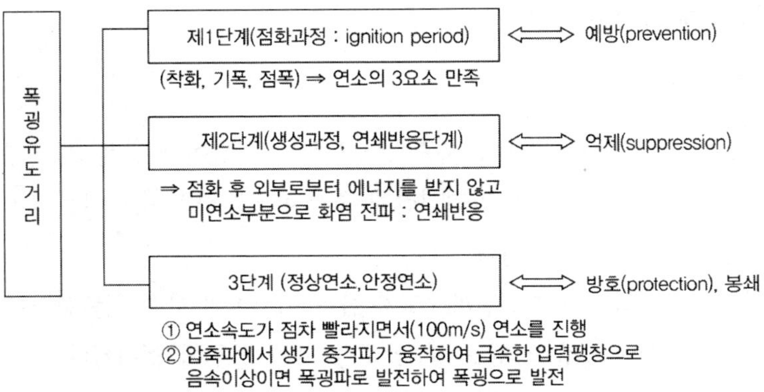

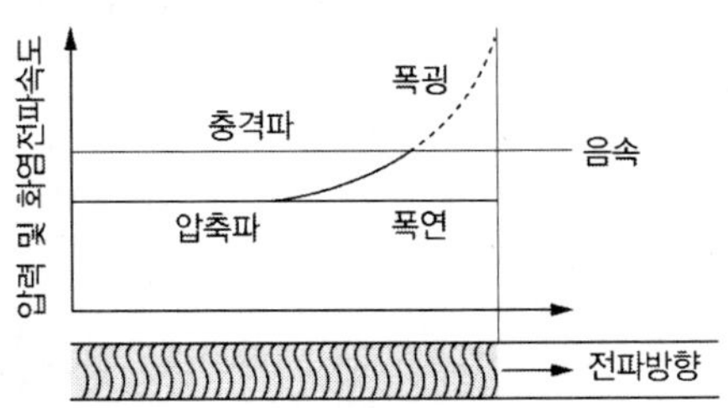

그림 13-2 화염전파속도에 따른 폭굉유도거리

4) 폭발의 파동(충격파)

(1) 압력과 파동의 다른 점

① 압력 : 유체를 이동시키는 힘(유체 자체가 이동한다.)

② 파동 : 진동의 전달(유체 자체는 이동하지 않고 유체의 진동을 통해 에너지를 전달

(2) 충격파

① 개요 : 충격파는 매질 내의 한 점에서 생긴 매질의 진동상태가 매질을 통해서 퍼져 나가는 현상의 한 가지로 유체 속으로 전파되는 파동의 이동속도가 음속보다 빨리 전파되는 경우에는 파장이 겹쳐지면서 보강간섭이 발생하여 위력이 커지는 형태의 파동을 말한다.

② 충격파 특성

㉮ 충격파의 가스의 방출속도는 언제나 음속이거나 초음속이 되어야 한다.

㉯ 충격파의 초기강도는 방출순간의 가스압력에 의해 결정된다.

㉰ 충격파의 전체 에너지는 방출가스의 전체량과 방출순간의 압력과 온도에 관계된다.

㉱ 음파의 진폭이 클수록, 파장이 짧을수록 충격파로 변하는 데 걸리는 시간이 짧아 진다.

㉲ 충격파를 받는 매질은 같은 압력의 단열압축보다 높은 온도상승을 일으킨다.

13.2 폭발의 분류

13.2.1 개요

폭발을 공정별로 분류하면 핵폭발, 물리적 폭발, 화학적 폭발 및 물리적 폭발과 화학적 폭발의 혼합에 의한 폭발 등으로 분류하고 있으며, 대부분의 경우 폭발이 발생할 때의 원인, 물질의 물리적 상태에 따라서 기상폭발과 응상폭발로 분류하고 있다.

1) 기상폭발

기상폭발에는 가스폭발(혼합가스폭발), 분무폭발, 분진폭발, 가스의 분해폭발 등이 포함된다.

① 혼합가스에 의한 폭발 : 수소, 일산화탄소, 메탄, 프로판, 아세틸렌 등의 가연성 가스와 지연성 가스(공기 또는 산소)와의 혼합기체에서 발생한다.

② 분무폭발 : 공기 중에 분출된 가연성 액체의 미세한 액적이 무상으로 되어 공기 중에 부유하고 있을 때 발생한다.

③ 분진폭발 : 가연성 고체 미분이나 가연성 액체의 무적(mist) 등이 어느 농도 이상으로 조연성 가스 중에 분산되어 있을 때 발화원에 의해 착화되어 있을 때 폭굉을 일으킨다. 보통 100 μ 이하이다.

예) 황, 플라스틱, 식품, 사료 등의 분말, 마그네슘, 티타늄, 칼슘, 실리콘의 분말 등

④ 증기운폭발 : 다량의 가연성 가스 또는 기화하기 쉬운 가연성 액체가 지표면에 유출되어 다량의 혼합기체가 형성되어 폭발이 일어난 경우이다.

⑤ 분해폭발 : 분해폭발은 가스폭발의 특수한 경우로서 분해폭발을 일으키는 가스를 분해폭발성 가스라고 부르고 있으나 그 대부분이 가연성 가스로서 공기가 혼재할 때는 가스폭발의 위험이 크다.

2) 응상폭발

(1) 수증기폭발

폭발사고의 대표적인 응상폭발은 수증기 폭발이다. 용융금속이나 slug 같은 고온물질이 물속에 투입되었을 때에 그 고온물질이 갖는 열이 저온의 물에 짧은 시간에 전달되면 일시적으로 물은 과열상태가 되고 조건에 따라서는 순간적으로 급격하게 비등하고 이러한 상변화(액상 → 기상)에 따른 폭발현상이 일어난다.

또한 보일러 관체가 어떤 사고에 의하여 일부분이라도 파손되면 대기압 하에서의 비점 이상으로 과열되어 평형상태에 있던 물(액상)이 순간적으로 대기압으로 방출됨으로써 평형상태가 파괴되고 이 때에 발생하는 상(相)변화로 폭발현상을 나타내는 경우가 있다.

(2) 증기폭발

저온 액화가스(LPG, LNG 등)가 사고로 인하여 물 위에 분출되었을 때에는 조건에 따라서는 급격한 기화에 동반하는 비등현상을 나타내는 것으로 액상에서 기상으로의 급격한 상변화에 의한 폭발현상에 수증기 폭발을 포함시켜 증기폭발이라고 부른다.

(3) 고상 간의 전이에 의한 폭발

증기폭발은 액상과 기상 간의 상변화가 급격히 일어날 때의 현상이나 고체인 무정형 안티몬이 동일한 고상의 안티몬으로 전이할 때에 발열함으로서 주위의 공기가 팽창하여 폭발현상을 나타낸다.

(4) 전선폭발

고상에서 급격히 액상을 거쳐 기상으로 전이할 때도 폭발현상이 일어난다. 예를 들면, 금속선에 큰 전류가 흐르면 주울열에 의한 고온고압의 금속가스가 발생해 팽창에 의해 충격파가 발생하는 것을 말한다.

3) 분진폭발

분진이란 가연성 고체를 세분화한 것으로 생각할 수 있는데 대단히 입자가 작아서(예를 들어 직경이 10^{-5} cm 이하로 되면) 에어로졸로 공기 중에 분산된다. 분진의 연소폭발 위험성을 고찰할 때 공기 중에 부유한 경우와 구조물 상에 퇴적한 경우로 나눌 수 있으며 어느 경우도 가연성이다. 실제로 우리가 직면하는 분진은 더욱 입자가 커서 대강 10^{-3} cm 정도 이하의 입자이며 영구적으로 부유상태로 있는 것은 아니다.

(1) 분진폭발을 일으키는 조건

① 가연성이어야 한다.

② 미분상태

③ 조연성 가스(공기) 중에서 잘 교반과 유동이 되어야 하며

④ 발화원이 존재해야 한다.

(2) 가연성 분진의 폭발과정

① 입자표면에 열에너지가 주어져 표면온도가 상승

② 입자표면의 분자가 열분해를 일으켜 기체가 되어 입자의 주위에 방출한다.

③ 이 기체가 공기와 혼합되어 발화해서 화염을 일으키게 한다.

④ 이 화염으로 생긴 열은 다시 분말의 분해를 촉진시켜 차례로 가연성 기체가 방출되어 공기와 혼합해서 발화 전파된다.

(3) 분진폭발의 현상

① 분자입자의 표면에서 산소와 반응이 일어나는 것이다.

② 가스폭발처럼 산화제(공기)와 가연물이 균일하게 혼합하여 반응하는 것이 아니다.

③ 가연물의 주위에 산화제가 존재하는 불균일한 상태에서 반응이 발생한다.

④ 마치 가스폭발과 화약폭발의 중간에 있다고 생각할 수 있으며, 폭발에 의해 방출된 에너지는 가스폭발의 수배가 된다.

⑤ 분진폭발은 발화에 요하는 에너지가 훨씬 크다.

(4) 분진폭발의 특징

① 분진폭발의 연소속도나 폭발압력은 가스폭발보다는 작지만 연소대의 길이가 길고 발생

되는 에너지가 크기 때문에 가해지는 힘은 매우 크다.

② 최초의 폭발은 그리 큰 것은 아니지만 이로 이하여 주변에 퇴적되어 있는 분진을 교반하여 열, 빛의 전달 및 방사에 의해서 다시 폭발을 일으키는데, 이것은 최초에 비하여 규모가 확대되면서 큰 파괴력을 가지게 되는 2차, 3차 폭발을 한다. 따라서 건물의 구조나 퇴적분진의 처리가 분진 방폭에 중요한 요소가 된다.

③ 연소하면서 비산하므로 가연물에 국부적으로 심한 탄화를 발생하고 특히 인체에 받는 경우 심한 화상을 입는다.

④ 폭발 중에 발생하는 가스 중에 CO 성분이 많아 일산화탄소의 중독피해의 우려가 있다.

(5) 분진폭발에 영향을 주는 요인

① 분진입도 및 입도분포

분진폭발의 난이도는 분진의 입도나 분포에 의해 크게 좌우된다. 입도(粒度)가 작을수록 비표면적이 커지고 표면적이 크면 반응속도가 커져서 폭발성을 크게 한다. 그러나 입도가 너무 작으면 분진 입자가 서로 끌어 당겨서 분산이 나빠져 오히려 폭발성이 감소되는 경우도 있다.

$$S = \frac{\phi}{\rho d} \tag{13-1}$$

여기서, S : 비표면적

ϕ : kv, ks : 형상계수

ρ : 분진밀도

d : 평균입자 지름

② 입자의 형성과 표면상태

분진의 형상(구형, 침상, 편평함) 등에 따라 달라지는데, 구형일수록 폭발성이 약하고 입자표면이 산소에 대해 활성일수록 폭발성이 높다.

③ 분진의 부유성

입자가 적고 가벼운 것은 공기 중에 산란, 부유하기 쉽고, 부유성이 큰 것일수록 공기 중에 체류하는 시간이 길고 위험성도 커진다.

④ 분진의 화학적 성질과 조성

산화반응에 의해서 발생되는 기체량이나 연소열의 대소, 반응전후에 용적의 변화가 큰 것 등이 분진폭발의 격렬도에 영향을 주고 또 분진 속에 휘발성분의 함유의 대소(大小)가 큰 영향을 준다.

(6) 분진폭발의 위험성과 급별

① 폭발의 크기와 발화성 감도

$$\text{폭발의크기} = \frac{\text{시료분진의}[\text{최대압력} \times \text{최대압력상승속도}]}{\text{탄진의}[\text{최대압력} \times \text{최대압력상승속도}]} \qquad (13\text{-}2)$$

$$\text{발화성감도} = \frac{\text{탄진의}[\text{최소발화에너지} \times \text{발화온도}]}{\text{시료분진의}[\text{최소발화에너지} \times \text{폭발하한} \times \text{발화온도}]} \qquad (13\text{-}3)$$

② 폭발지수와 위험등급

폭발지수에 따른 위험등급은 표 13-1과 같다.

㉮ 폭발지수 = 폭발의 크기 × 발화성 감도 (13-4)

(발화감도) × 폭발강도

㉯ 위험등급

표 13-1 폭발 위험 등급

위험등급	폭발지수
약한폭발	0.1 이하
중위폭발	0.1～1.0
강한폭발	1.0～10
매우 강한 폭발	10 이상

13.3 가스폭발의 원리

13.3.1 가연성 가스 폭발한계

1) 폭발의 성립조건

폭발현상이 발생하는 데에는 다음의 3가지 조건이 동시에 충족되어야 한다.

① 가연성 가스 및 증기 또는 분진이 공기와 혼합되어 동시에 충족되어야 한다.

② 밀폐된 공간이 존재하여야 한다. 즉, 혼합되어 있는 가스가 어떤 구획되어 있는 방이나 용기 같은 것의 공간에 충만하게 존재해야 한다.

③ 점화원이 있어야 한다.

2) 폭발한계(폭발범위, Range of Explosion)

가연성 가스나 증기가 아무리 밀폐된 공간에 충만해 있고, 또 점화원이 존재한다 하더라도 공기(조연성 가스)와의 조성(부피비율)이 폭발범위 내에 있지 않으면 폭발하지 않는다. 이와 같이 폭발(또는 연소)에 필요한 혼합가스의 농도범위를 폭발범위(연소범위)라 하며 낮은 쪽을 폭발하한계(LEL), 높은 쪽을 폭발상한계(UEL)라 한다.

(1) 폭발하한계(LEL)

공기 또는 산소 속에서 증기 또는 기체가 발화원과 접했을 때 불꽃의 전파가 가능한 가연성 물질의 최소 농도를 말한다.

(2) 폭발상한계(UEL)

발화원과 접촉할 때 불꽃의 전파가 가능한 공기 중의 증기나 기체의 최대 농도를 말한다.

(3) 공기 중의 양론농도(완전연소조성농도 : C_{st})와 폭발한계와의 관계

양론농도(C_{st})는 가연성 물질 1몰이 완전히 연소할 수 있는 공기와의 혼합기체 중 가연성 물질의 부피(%)를 말한다. 즉, 가연성 물질의 발열량이 최대이고 폭발파괴력이 가장 강한 농도를 말한다.

유기물$C_nH_xO_y$에 대한 양론농도는 다음과 같이 구한다.

탄화수소계열($C_nH_mO_\lambda Cl_f$)인 경우

$$C_{st} = \frac{100}{1 + 4.773\left(n + \frac{m - f - 2\lambda}{4}\right)} (\%) \qquad (13\text{-}5)$$

여기서, n : 탄소

m : 수소

λ : 산소의 원자수

f : 할로겐 원소

예제

메탄(CH_4)가스의 완전연소 조성농도를 구하시오.

풀이

$$C_{st} = \frac{100(\%)}{1+4.773\left(n+\frac{m-f-2\lambda}{4}\right)}$$

$$= \frac{100(\%)}{1+4.773\left(1+\frac{4}{4}\right)} \fallingdotseq 9.48(\%)$$

(4) C_{st}와 폭발한계와의 관계

① 유기화합물의 폭발하한값(LEL)은 양론농도(C_{st})의 약 55%로 추정한다.

② 폭발상한값은 양론농도의 약 3.5배가 된다.

예제

아세틸렌(C_2H_2)의 공기 중의 완전연소조성농도(vol%)를 구하고 폭발한계를 산정하시오.

(5) 르-사틀리에 법칙(Le-Chatelier' law)

가연성 물질의 한 종류가 아닌 여러 가지 물질이 혼합되었을 때 폭발범위 값은 다음식에 의한다.

$$\frac{100}{L} = \frac{V_1}{L_1} + \frac{V_2}{L_2} + \frac{V_3}{L_3} + \cdots + \frac{V_n}{L_n} \tag{13-6}$$

여기서, L : 혼합기체의 폭발하한계

$L_1, L_2, L_3 \cdots L_n$: 각 성분의 폭발하한계 (vol %)

$V_1, V_2, V_3 \cdots V_n$: 성분가스의 용량 (%)

예제

CH_4 70%, 에탄 20%, 프로판 10% 혼합가스의 공기 중의 폭발한계는 다음 중 몇 Vol(%)인가? 단, 메탄·에탄·프로판의 폭발하한계는 각각 5.0%, 3.0%, 2.1%이다.

풀이

$$\frac{100}{L} = \frac{70}{5} + \frac{20}{3} + \frac{10}{2.1}$$

$$\therefore L \fallingdotseq 3.9 \text{ (vol \%)}$$

(6) 위험도

폭발한계를 폭발하한값으로 나눈 값으로 위험도를 산정한다.

$$H = \frac{UEL - LEL}{LEL} \tag{13-7}$$

(7) 폭발한계에 영향을 주는 요인

① 온도 : 폭발하한계는 100℃ 증가할 때마다, 25℃에서의 값이 8%가 감소되며 폭발상한계는 8%가 증가한다.
따라서 온도 t℃에 대해서는 다음 식과 같다.

$$\text{폭발하한계 } L_t = L_{25}[℃] - (0.8 L_{25}[℃] \times 10^{-3})(t-25) \tag{13-8}$$

$$\text{폭발상한계 } U_t = U_{25}[℃] - (0.8 U_{25}[℃] \times 10^{-3})(t-25) \tag{13-9}$$

② 압력 : 폭발하한값에는 경미한 영향을 미치나 폭발상한 값은 크게 영향을 받는다. 일반적으로 가스 압력이 높아질수록 폭발범위는 넓어진다.

③ 산소 : 폭발하한값에는 변함이 없으나 상한값은 산소의 농도가 증가하면 현저히 상승한다.

(8) 안전간격 및 폭발등급

① 안전간격 : 8 L의 구형 용기 안에 폭발성 혼합가스를 채우고 점화시켜 발생된 화염이 용기 외부의 폭발성 혼합가스에 전달되는가의 여부를 측정하였을 때 화염을 전달시킬 수 없는 한계의 틈 사이를 말한다. 안전간격이 작을수록 위험하다.

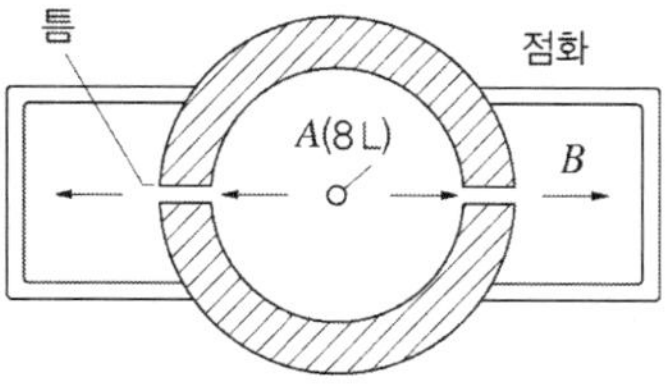

그림 13-3 안전간격

② 안전간격에 따른 폭발등급

표 13-2 폭발등급과 해당물질

폭발등급	안전간격(mm)	해당물질
1등급	0.6 이상	메탄, 에탄, 프로판, n-부탄, 가솔린, 일산화탄소, 암모니아, 아세톤, 벤젠, 에틸, 에테르
2등급	0.6~0.4	에틸렌, 석탄가스, 이소프렌, 산화에틸렌
3등급	0.4 이하	수소, 아세틸렌, 이황화탄소, 수성가스

13.3.2 폭발 압력

1) 밀폐된 용기 내에서 최대폭발압력

(1) 기체몰수 및 온도와의 관계

밀폐된 용기 내에서 일반적인 폭발의 발생 시 용기 내에서 발달된 최대폭발압력(P_m)은 처음 압력(P_1), 기체몰수의 변화량($n_1 \rightarrow n_2$), 온도변화($T_1 \rightarrow T_2$)에 의하여 다음과 같이 계산한다.

$$P_m = P_1 \times \frac{n_2 \times T_2}{n_1 \times n_2} \tag{13-10}$$

(2) 폭발압력과 가연성 가스의 농도와의 관계

① 가연성 가스의 농도가 너무 희박하거나 진하여도 폭발압력은 낮아진다.

② 폭발압력은 양론농도보다 약간 높은 농도에서 가장 높아져 최대폭발압력이 되며, 최대폭발압력의 크기는 공기와의 혼합기체에서 보다 산소의 농도가 큰 혼합기체에서 더 높아진다.

(3) 폭발압력 상승온도

최대폭발압력 상승속도(r_m)는 폭발의 종점 가까이 에서 존재하며, 가연성 물질의 농도는 양론농도보다 약간 높은 농도에서 r_m이 된다.

2) 밀폐된 용기 안에서 폭발압력에 영향을 주는 요인

최대 폭발압력(p_m)과 최대폭발압력 상승속도(r_m)는 온도, 압력, 용기의 크기 및 형태, 발화원의 강도, 흐름상태 등의 영향을 받는다.

(1) 온도

① 최대폭발압력(p_m)

높은 온도에서는 같은 조건에서 물질의 양이 감소하기 때문에 온도의 증가에 따라 p_m은 감소한다.

② 최대폭발압력 상승속도(r_m)

연소속도가 처음 온도 증가에 따라 증가되기 때문에 처음 온도 상승에 따라 상승 속도(r_m)는 증가한다.

(2) 최초압력

① 최대폭발압력은 최초 압력에 영향을 받으며, 피크폭발압력은 최초 압력의 8배가 된다는 관계는 높은 압력에서도 유지된다.

② 최대폭발압력 상승속도는 최초 압력과 선형관계를 유지하며 증가한다.

(3) 용기의 형태

① 최대폭발압력(P_m)은 용기의 부피나 모양에 크게 영향받지 않으나 용기의 지름에 대한 길이의 비가 큰 용기는 P_m이 낮아진다.

② 최대폭발압력의 상승속도(r_m)은 용기의 부피(V)에 큰 영향을 받는다. 주어진 화합물, 같은 용기 형태, 주어진 난류도와 발화원 강도일 경우 부피 V와 r_m은 다음 관계식이 성립된다.

$$r_m V^{1/3} = const \tag{13-11}$$

③ 용기가 몇 개의 구간으로 구분된 격실일 때 한 격실에서 발화되면 화염면 전방의 기체가 두 격실 사이를 연결한 통로에 밀려가 압축되어 두 번째 격실의 압력과 온도가 상승된 후 다시 폭발하게 되므로 최종 폭발압력은 커지게 된다.

④ 발화원의 강도가 클수록 최대폭발압력(P_m)은 약간 증가되나 최대폭발압력상승 속도(r_m)는 크게 높아진다.

13.4 폭발의 방호

13.4.1 폭발재해의 대책

1) 예방대책

① 폭발을 일으킬 수 있는 위험성 물질과 발화원의 특성을 충분히 연구하여 양자 조합에 의한 폭발발생의 조건이 성립되지 않도록 적절한 관리를 하여야 한다.

② 근본적으로 화학공정도(전계통에 걸쳐 온도, 압력, 조성, 불순물, 유속, 밸브의 조작, 계측, 세척, 폐기, 수리 기타의 모든 요소)에 대하여 폭발을 일으킬 모든 가능성을 검토하여 확실하게 폭발을 예방할 수 있도록 페일세이프의 원칙을 적용하여 대책을 수립한다.

2) 국한대책

폭발의 발생을 예방할 수 없었을 때 폭발의 피해를 최소화하기 위한 것을 국한대책이라고 하며 다음과 같은 방법 등이 있다.

① 안전장치를 설치한다.

② 폭발 위험이 있는 설비 주위에는 방폭벽을 설치한다.

13.4.2 폭발의 방호방법

1) 폭발봉쇄(Explosion Containment)

반응 용기 안에 들어있는 유독성 물질이나 공기 중으로 방출되어서는 안 되는 물질을 폭발 방산 시에 포집, 처리해야 할 경우에는 폭발 시 압력안전밸브나 파열판을 통하여 다른 탱크나 저장소 등으로 보내어 용기내의 압력을 다소 완화시켜 파열을 방지하는 방법을 폭발봉쇄라고 한다. 밀폐용기나, 방폭벽(Blast Wall), 차단물을 설치하여 공정장치를 보호한다.

2) 폭발억제(Explosion Suppression)

압력이 비교적 서서히 상승하는 아주 짧은 시간이지만 폭발의 초기 단계에 압력에 민감한 다이아프램 감지기 같은 압력감지장치나 자외선 검지기 같은 방사 에너지 검지기를 사용하여 압력이 어느 정도 상승하면 폭발억제장치가 작동하여 고압 불활성 가스가 감겨 있는 소화기가 터져 증기, 가스 또는 분진폭발 등의 폭발을 진압하여 큰 파괴적인 폭발압력이 되지 않도록 하는 방법을 폭발억제라고 한다.

3) 폭발방산(Explosion Venting)

용기에 안전밸브나 파열판을 설치하여 비상시 설정된 압력에 도달되면 안전밸브나 파열판이 파열하여 용기 내 기체를 밖으로 방출시켜 용기내의 압력을 정상화시키는 방법으로 더 큰 폭발을 방지하는 방법을 폭발방산이라고 한다.

(1) 폭발방산 면적(A_v)

파열판의 파열압력(P_b)이 높으면 폭발방산 면적은 작아진다. 그러나 폭발압력이 증가되면 폭발압력 상승속도는 크게 되므로 높은 방산압력에 대하여 파열판의 파열압력이 높아져도 방산면적은 크게 변화되지 않는다. 따라서 최대 방산폭발압력(P_v)에서는 파열압력(P_b)의 크기에 크게 좌우되지 않으므로 P_b는 실제로 공정의 조작압력과 비슷하게 설정하는 것이 좋다. 저압 방산 시 폭발방산면적에 영향을 주는 요인은 다음과 같다.

① 최대방산 폭발압력(P_v)은 파열판의 파열압력(P_b)에 제한을 받지 않는다.

② 발화원이 약한 경우보다 강한 경우가 더 큰 폭발방산면적(A_v)을 필요로 한다.

③ 허용할 수 있는 P_v가 크면 클수록 A_v는 점차 작아진다. 따라서 설계압력을 아주 크게 한 용기인 경우에는 A_v는 크게 고려하지 않아도 된다.

(2) 파열판의 설치 및 유지 시 주의사항

① 파열판은 특정한 압력에 의해 파열되며 특정한 파열압력이 색인되어 있다. 그러나 색인된 압력은 온도 및 부식 등에 영향을 받으므로 이를 충분히 고려하여 설치하여야 한다.

② 파열판의 안전두(safety head : 파열판을 고정시키는 부품과 파열판으로 구성된 것) 등 부속품들도 재질, 압력, 온도, 크기 형태 등에 따라 파열판에 영향을 주므로 이를 고려하여 정확히 설치하여야 한다.

③ 일반 건축물의 벽은 압력에 약하므로 밀폐된 다른 방으로 폭발방산을 시키지 말아야 한다(특히 연소되지 않은 방산된 물질은 방산된 방에서 제2의 폭발을 일으킬 수 있음).

④ 방산의 끝 지점은 인명에 위험을 주지 않도록 설치하여야 한다.

⑤ 파열판은 항상 정격압력에서 작동되어야 하므로 최상의 상태로 유지되도록 유지 보수에 최선을 다하여야 한다.

4) 대기방출(Atmospheric Release)

(1) 공기를 포함하는 방출

① 공기를 포함한 가연성 가스를 방출시킬 때 가스 유출속도가 연소속도보다 낮아지면 역화가 일어날 수 있다(역화속도는 공기 속에서 가연성 물질의 농도가 양론농도일 때 가장 높다.).

② 가연성 가스의 방출은 역화를 방지하기 위해 유체의 흐름속도를 역화속도보다 크게 하여야 한다(수소를 제외한 모든 평균 방산속도 4.5 m/s 이상으로 해야 함).

③ 가연성 혼합기체가 방출되는 파이프에는 화염방지기를 설치하여야 한다.

(2) 공기가 없는 기체방출

① 공기를 포함하지 않은 가연성 기체를 대기 중으로 방출시킬 때는 적당한 불활성 가스로 희석하여 가연성 혼합기의 농도를 만들지 못하게 하거나 발화원을 제거하는 등 적절한 조치가 요망된다.

② 방출기체가 공기를 포함하지 않는다면 화염방지기는 필요 없다.

(3) 압력완화밸브(Pressure Relief Valve)

안전밸브와 안전릴리프는 공정장치를 파손시킬 수 있는 과압을 방지하기 위해 장치에서 기체나 증기를 방출시키는 데 사용된다.

(4) 개방계의 증기운폭발

① 공기보다 비중이 무거운 기체는 가벼운 기체보다 공기 중에 덜 분산되어지면 가까이에서

층을 형성하기 때문에 매우 위험하다. 또한, 증기운폭발은 인화성 액체의 유출로부터 발생할 수도 있다.

② 대기압에서 그 물질의 비점 이상에 있는 액체가 방출될 때는 극히 큰 증기가 되므로 위험성이 크다.

5) 분질폭발의 방호

분진폭발을 방지하기 위한 방법에는 분진운의 생성방지, 발화원의 제거, 불활성 물질의 첨가 등이 있다. 분진을 다루는 공정장치 내에서 분진운의 생성방지는 거의 불가능할 때가 많기 때문에 공정장치 내에 1차 분진폭발이 일어난 후 2차 폭발방지에 주력해야 한다.

13.5 가스폭발과 가스화재

13.5.1 개요

연소입장에서 발화 다음의 스텝은 무염(無炎)연소의 경우를 제외하고 화염전파이며 여기에는 두 가지가 있는데 한 가지는 기상 중의 화염전파, 다른 것은 기상, 액상 또는 고상표면에 대한 화염전파이다.

기상 중의 화염전파가 일어나려면 메탄이나 수소와 같은 가연성 가스가 공기와 혼합되어 가연성 혼합기를 형성하고 있는 것이 필요하고 이 현상이 가스폭발이며 예혼합연소이다. 한편 후자는 가연성 액체 혹은 가연성 고체의 표면에서 발생하는 석유화재나 건물의 화재를 비롯하여 도시가스 배관이나 저장조에서 가연성 가스가 누출하여 타는 가스화재가 있으며 확산연소이다. 따라서 현실적으로 발생하는 화재는 가스폭발, 석유화재, 건물화재로 구분할 수 있다.

13.5.2 가스폭발

가스폭발과 가스화재의 가장 기본적인 차이는 에너지 방출속도를 달리하는 폭발과 화재의 차이에 있다. 가스폭발은 메탄, 수소, 아세틸렌, 프로판 등의 가연성 가스와 가솔린, 알코올 등의 인화성 액체증기가 공기 중의 산소와 산화반응에 의하여 발생한다. 즉, 폭발은 공기와의 혼합상태의 기상부분의 용적이 크고 또한 밀폐공간 상태에 있을 때 착화원이 존재함으로써 발생한다.

더욱이 분해반응과 중합반응에 의해 대량의 가스가 공기와 함께 밀폐공간 내에 축적되어 있음으로써 폭발이 발생한다. 가스폭발은 가연성 가스와 지연성 가스에 의한 혼합가스 폭발, 분해폭발성 가스에 의한 분해폭발, 대량 유출된 가연성 가스의 폭발로 정리하여 구분할 수 있다.

13.5.3 가스화재(E급 화재)

1) 가스화재 개요

① 가스화재는 에너지의 원천이 되는 연료용 가스에 의해서 주로 발생되고 있으며, 이를 취급 및 사용하는 사람의 부주의나 불안정한 상태에 기인해서 발생되는데 폭발과 함께 폭굉을 동반하기 때문에 많은 사상자가 발생되는 화재이다.

② 가스화재를 일으키는 가연성 가스는 상태에 따라 압축, 액화, 용해가스로 존재한다.

③ 가스화재는 전형적인 확산연소이므로 연소 구조는 방출된 가스와 주위의 공기가 혼합되면서 계속 타는 현상이다. 발생하는 화재는 난류확산 화염이다.

④ 가스는 대부분 기체 상태로 존재하며, 불규칙하게 운동하고 있으므로 저장·취급이 곤란하며 연소범위가 넓어 점화원이 존재하면 화재를 일으킬 위험성이 다른 가연성 물질보다 높은 편이다.

⑤ 가스를 연소성에 따라 분류하면 가연성, 불연성, 지연성 가스로 분류한다.

2) 가스화재의 발생원인

가스화재는 도시가스, 천연가스, 수소가스, 아세틸렌, LP가스 등의 가연성 가스가 배관이나 기타 설비에서 누설되어 공기 중의 산소와 만나 가연성 혼합기를 형성한 상태에서 점화원에 의해 착화되어 연소되는 화재이다.

① 가스의 사용 및 취급 시 부주의에 의해 발생

② 가스기구·기기 및 설비 등의 불량제품에 의해 발생

③ 가스기구·기기 및 설비 등의 취급 시 부주의에 의해 발생

④ 가스기구·기기 및 설비 등의 관리 소홀로 인한 가스누설에 의해 발생

⑤ 가스배관의 부식으로 인한 가스배관의 폭발에 의해 발생

3) 가스화재의 예방대책

① 가스기구·기기 및 설비 등에 적합한 연료만을 사용한다.

② 가스기구·기기 및 설비 등의 통풍을 양호하게 한다.

③ 가스사용 시설의 밸브, 콕(Cock) 부분에 비누거품을 발라 가스의 누설 여부를 확인한다.

④ 가스 누설 시 창문을 열어 환기를 시킨다. 이때 환기를 위한 배기팬이나 다른 전기기구의 사용은 스파크 등의 점화원을 발생시키는 역할을 하므로 사용하지 말아야 한다.

4) 가연성 가스의 취급시 주의 사항

① 액화가스, 압축가스, 기타 가스의 누설 유무를 반드시 점검할 것

② 용기는 반드시 용기증명서 및 검사필증이 있는 것만 사용할 것

③ 사용 후는 반드시 밸브를 잠그고 보호 캡을 죄어 놓을 것

④ 용기는 일광 및 불의 직사로부터 피할 것

⑤ 용기를 떨어뜨리거나 충격을 주지 말 것

⑥ 충전된 용기는 항상 온도 40℃ 이하로 유지할 것

⑦ 용기를 세워 놓을 때에는 넘어지지 않도록 로프나 체인으로 묶어 놓을 것

⑧ 용기는 지붕이 있고 통풍이 잘되는 장소에 보관할 것

⑨ 빈 용기와 충전된 용기는 구별하여 각각의 위치에 놓을 것

⑩ 용기중인 가스는 전부 사용하지 말고 약간 남기도록 할 것

⑪ 충전용기, 밸브, 배관 등을 데울 필요가 있을 때에는 따뜻한 수건이나 온도 40℃ 이하의 물을 사용할 것

⑫ 가스누설을 검사할 때에는 비눗물 또는 전문적인 가스검지기를 사용할 것

⑬ 용기 저장소에 용적 300 m^3 이상의 고압가스를 저장할 때에는 반드시 각 저장소마다 그 신청서를 시장, 군수, 구청장에게 제출할 것

■ 가연성 가스 봄베 도색

㉮ 수소(H_2) : 주황색

㉯ 메탄(CH_4) : 회색

㉰ 아세틸렌(C_2H_2) : 황색

㉱ 프로판(C_3H_8) : 회색

㉲ 부탄(C_4H_{10}) : 회색

㉳ 암모니아(NH_3) : 백색

13.5.4 비등액체증기폭발(BLEVE)

1) 개요

BLEVE(Boiling Liquid Expanding Vapor Explosion)는 가연성 액화가스 주위에 화재가 발생한 경우 기상부 탱크강관이 국부 가열되어 그 부분의 강도가 약해지면 탱크가 파열되고 이때 내부의 가열된 액화가스가 급속히 팽창하면서 폭발하는 현상을 말한다.

2) 발생단계

① 액체가 들어 있는 탱크의 주위에서 화재가 발생한다.

② 화재에 의한 열 때문에 탱크의 벽이 가열된다.

③ 액위 이하의 탱크벽은 액에 의하여 냉각되나 액의 온도는 올라가고 탱크 내의 압력이 증가된다.

④ 화염이 열을 제거시킬 액은 없고 증기만 존재하는 탱크의 벽이나 천장에 도달하면 화염과 접촉하는 부위의 금속의 온도는 상승하여 그의 구조적 강도를 잃게 된다.

⑤ 탱크는 파열되고 그 내용물은 폭발적으로 증발한다.
만약 액체가 가연성이고 화재가 BLEVE의 원인이라면 탱크가 파열될 때 점화될 것이다. BLEVE가 화재에 기인한 것이 아닐 때에는 증기운이 형성될 수 있고 그 결과 증기운폭발을 일으킬 수 있으며, 증기는 피부에 화상이나 독성효과를 준다.

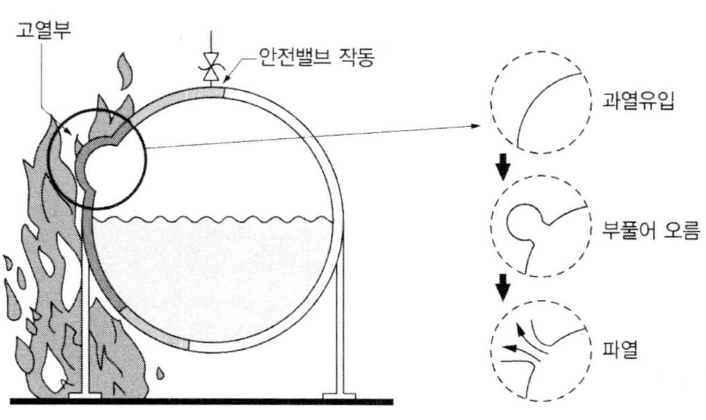

그림 13-4 국부가열에 의한 탱크의 파열 개요

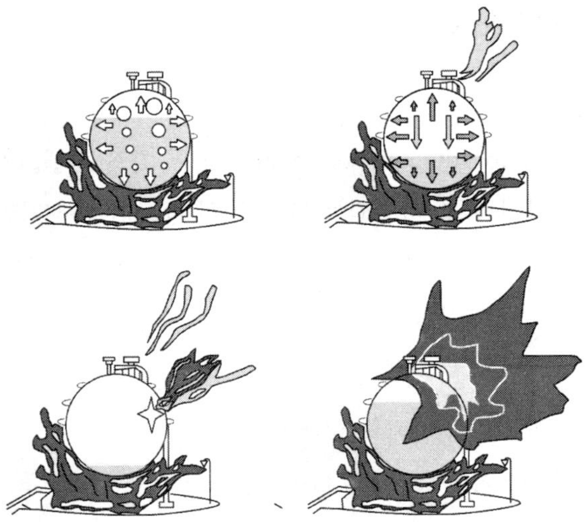

그림 13-5 BLEVE 발생 메카니즘

3) BLEVE 위험성

① 탱크 내 체적의 200배 정도 증대되어 압력이 급격하게 증가하므로 탱크에 설치된 안전장치(Relief Valve, Vent Stack)가 아무리 잘 되어도 소용없다.

② 불연성 물질의 저장탱크(예 : 물탱크)는 BLEVE 발생 후 다른 2차적인 위험2조건이 계속 일어나지 않으나, 인화성 액체 저장탱크는 BLEVE와 동시에 Fire Ball이 형성되므로 위험성이 증대된다.

③ BLEVE는 복사열이 피해를 가중시키는 중요한 요소이다.

4) BLEVE 예방법

① 탱크 내의 압력을 감압시킨다.

탱크 내의 압력을 내리게 되면 탱크강판의 응력을 파괴치 아래로 떨어지게 하는 효과를 얻을 수 있다.

② 화염으로부터 탱크의 입열을 억제시킨다.

탱크 외벽의 단열조치, 탱크의 지하설치, 물에 의한 탱크표면의 냉각장치 설치 및 가스의 이송장치 등의 방법이 있다. 단열에 의해서 화염으로부터 탱크로 들어가는 입열(入熱)을 제한한다면 탱크강판의 온도상승을 감소시키고 단열에 의해 탱크 내부에서의 증기발생을 감소시킨다. 탱크로의 입열을 억제하는 방법으로 탱크를 흙으로 덮는 방법이 있으며, 이

방법에는 탱크를 지상에 설치하고 흙을 쌓아 탱크를 덮는 방법과 탱크를 지하에 설치하는 방법이 있다. 한편 탱크표면에 수막을 설치하거나 탱크 외벽에 물을 분무하는 데 냉각시켜야 할 주요부위는 탱크 내부의 액체(액화가스)에 의해 보호되지 않는 기상부이다.

③ 폭발방지장치

폭발방지장치는 탱크 내벽에 열전도도가 좋은 물질을 설치하여 탱크가 화염에 노출되어 있을 때 탱크 기상부 강판으로 흡수되는 열을 탱크 내의 액상가스로 신속히 전달시킴으로써 탱크 기상부 강판의 온도를 파괴점 이하로 유지하여 BLEVE 발생을 방지한다.

13.5.5 증기운폭발(UVCE ; Unconfined Vapor Cloud Explosion)

1) 개요

① UVCE는 자유공간 증기운폭발로 급격한 화학적인 변화에 의한 폭발로서 원인계와 생성계가 다른 화학적 폭발의 대표적인 예이다.

② UVCE는 저장탱크에서 유출된 가스가 증기운을 형성하여 떠다니다가 폭발농도 범위 내의 상태에서 점화원과 접촉 시 발생할 수 있는 누설 착화형 폭발사고로 가장 위험한 사고 유형이다.

2) UVCE의 발생과정 및 위험성

① 인화성 또는 가연성 액체 저장탱크에서 가스가 누설되어 급격히 증발한다.

② 증발된 가스와 공기와 혼합하여 증기운을 형성한다(실제로는 압축가스가 팽창하거나 휘발성 액체가 증발할 때 증기운 형성).

③ 형성된 증기운이 주위 점화원으로부터 점화한다.

④ 폭연에서 폭굉과정을 거쳐 UVCE를 일으킨다.

⑤ Fire Ball로 발전한다.

3) UVCE 형성조건 및 형성물질

(1) UVCE 형성조건

① 방출되는 물질이 가연성일 것

② 발화전에 충분한 증기운을 형성할 것

③ 충분한 증기운이 연소범위 이내일 것

④ 난류에 의한 빠른 화염전파속도를 가질 것

⑤ UVCE를 일으키기 위해서는 고에너지 상태인 액화상태이어야 하므로 온도를 낮추거나 압력을 가압해 주어야 한다.

(2) 형성물질의 분류

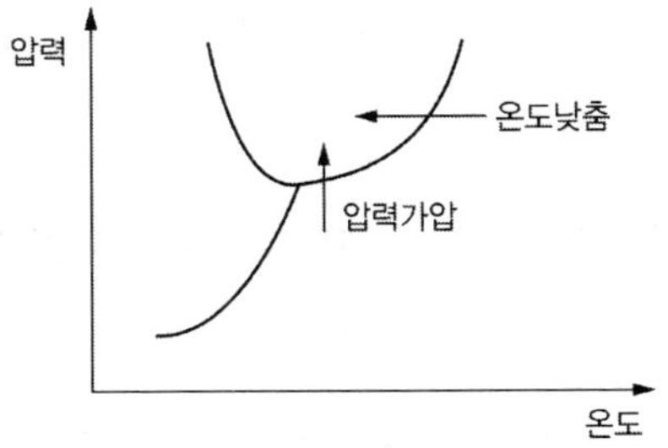

그림 13-6 UVCE 형성물질의 개념

표 13-3 UVCE 형성물질의 분류

Class	물질 예	특성	증발형태
Ⅰ	LNG	대기압 저온액화	열전달 증발제한
Ⅱ	LPG, 액화HCl, 액화NH_3	상온 가압액화	Flashing
Ⅲ	벤젠, 헥산	비점 이상 가압액화	열전달, 확산 증발제한
Ⅳ	화학공정상의 유기액체	주위온도 이상 가압액화	Flashing

① Class II, IV의 액체가 Flashing 되기 쉬워 위험성이 더 높다.

② ㄴFlash 증발률

$$\frac{q}{Q} = \frac{H_{t_1} - H_{t_2}}{L}$$

여기서, q : 기화된 액량(kg)

Q : 전체 액량(kg)

H_{t_1} : 가압 액체 엔탈피(kcal/kg)

H_{y_2} : 대기압 액체 엔탈피(kcal/kg)

㉰ Flash 증발률이 30% 이하이면 Pool Fire, 초과 시 Fire Ball로 발전한다.

4) UVCE의 방지대책

일반적인 폭발방지대책에는 예방과 방화대책이 있으나 UVCE는 제어나 진압을 통한 특별한 방화대책이 없으므로 예방만이 최선의 대책이다.

① 가연성 물질의 유출을 막는다.
② 가연성 물질의 재고량을 최소화한다.
③ 누설대비 가스누설 검지기를 설치한다.
④ 누설 시 초기단계에서 시스템을 자동정지하게 한다(자동차단밸브 설치).
⑤ 사례연구를 통한 누출지역 보완 및 종사자 교육과 홍보를 한다.

13.5.6 파이어볼(Fire Ball)

1) 개요

파이어볼이란 BLEVE 등에 의한 인화성 또는 가연성 액체 저장탱크가 파열되면서 가연성 증기가 대량으로 분출되고 상승 확산하여 공기와의 혼합이 폭발범위에 이르렀을 때 커다란 버섯형 공의 형태로 화염을 만드는 현상으로 폭발에 의한 과압에 화재에 의한 복사열이 가중되므로 더욱 위험한 형태이다. 즉, 액화가스의 탱크가 파열하면 flash 증발을 일으켜서 가연성의 기액 혼합물이 대량 분출한다. 이것이 발생하면 지면에서 반구상의 화염이 되어 이것이 부력으로 상승하여 동시에 주변의 공기를 끌어들여 화염은 공모양으로 되고 더욱 상승하여 버섯형 화염을 만든다.

그림 13-7 Fire Ball

2) Fire Ball 방정식

Fire Ball 크기를 D라고 하면

$$D = 3.77\,W^{0.320} \tag{13-12}$$

여기서, D : 직경(m)

W : 가연성 혼합물(가연성 물질 + 산소)의 중량(kg)이다.

Fire Ball의 연소시간을 T(sec)라고 하면

$$T = 0.258\,W^{0.340} \tag{13-13}$$

3) 발생단계

① 1단계 폭발 후 Fire Ball의 형성
1단계 폭발에 의해 확산 및 열에너지를 얻은 증기운이 Fire Ball을 형성하여 2단계 폭발을 일으킨다.

② 가연성 증기가 외부 연소화재의 열을 흡수하여 Fire Ball을 형성한 후 폭발을 일으킨다.

4) Fire Ball의 특징

가스 저장탱크의 대표적인 중대재해는 UVCE와 BLEVE이다. UVCE는 저장탱크에서 유출한 가스가 구름을 형성하여 떠다니다가 점화원과 접촉 시 발생하는 폭발사고로 가장 위험한 사고 유형이며, BLEVE는 가스 저장탱크 지역의 화재발생 시 저장탱크가 가열되어 탱크 내 액체가 급격히 증발하여 탱크 내 압력이 저장탱크의 설계압력을 초과하여 탱크가 폭발하는 형태이다.

인화성 액체 저장탱크는 BLEVE와 동시에 Fire Ball이 형성되므로 그 위험성이 증가된다. UVCE로 인한 위험성은 폭발압이고 BLEVE와 Fire Ball은 복사열이 피해를 가중시키는 중요 요소이다.

5) Fire Ball 형성에 영향을 미치는 요인

① 넓은 폭발 범위

② 낮은 증기밀도

③ 높은 연소열

④ 유출되는 형태에 따라 증기-공기 혼합물의 조성이 결정되며 이 조성은 Fire Ball 형성 조건에 결정적인 영향을 미친다.

찾아보기

ㄴ

ㄷ

ㄹ

ㅁ

ㅂ

ㅈ

ㅊ

ㅋ

ㅌ

ㅍ

ㅎ

기타

| 저자소개 |

추병길_공학박사

청암대학교 소방안전관리과 교수

정경석_공학박사

청암대학교 소방안전관리과 교수

송영호_공학박사

대전과학기술대학교 소방안전관리과 교수

소방학개론

1판 1쇄 발행 2020년 3월 10일
1판 2쇄 발행 2023년 1월 30일

지은이 추병길 · 정경석 · 송영호
발행인 서철종
발행처 도서출판 지우북스
주소 경기도 파주시 문발로 115 세종출판벤처타운 209호
전화 031-915-6670(代)
팩스 031-915-6671
이메일 jwbooks@nate.com
홈페이지 www.jwbooks.co.kr
출판등록 제406-251002017-000032호
ISBN 979-11-92639-03-1 93530

정가 32,0000원